Technische Mechanik · Statik

Hans-Jürgen Frieske

Technische Mechanik · Statik

Modul Flächenschwerpunkt

Hans-Jürgen Frieske
Konstruktionstechnik und Technische Mechanik
Hochschule Bochum
Bochum, Deutschland

ISBN 978-3-658-17957-1   ISBN 978-3-658-17958-8 (eBook)
DOI https://doi.org/10.1007/978-3-658-17958-8

Die Deutsche Nationalbibliothek verzeichnet diese Publikation in der Deutschen Nationalbibliografie; detaillierte bibliografische Daten sind im Internet über http://dnb.d-nb.de abrufbar.

Springer Vieweg
© Springer Fachmedien Wiesbaden GmbH 2017

Lektorat: Thomas Zipsner

Gedruckt auf säurefreiem und chlorfrei gebleichtem Papier.

Springer Vieweg ist Teil von Springer Nature
Die eingetragene Gesellschaft ist Springer Fachmedien Wiesbaden GmbH
Die Anschrift der Gesellschaft ist: Abraham-Lincoln-Str. 46, 65189 Wiesbaden, Germany

Vorwort

Die Technische Mechanik ist eine Wissenschaftsdisziplin, die sich auf die technischen Belange des Ingenieurs bezieht. Sie stellt die wichtigste Wissensgrundlage des Ingenieurwesens dar. Zu ihr gehören die Teilgebiete Statik, Festigkeitslehre, Kinematik und die Kinetik, die sich alle noch weiter unterteilen lassen.

Das von mir hier ausgewählte Teilgebiet ist die Statik. Sie wird von mir noch weiter unterteilt in Einführung / Grundbegriffe, Kräftesysteme, Gleichgewicht, Schwerpunkt, Schnittgrößen, Verschiebung / Arbeit, Stabilität und Reibung. Diese Unterteilungen stellen Bestandteile in Form von Modulen dar. Aus diesen Modulen wähle ich zunächst eins aus (weitere sind in Arbeit) und stelle es im Weiteren vor. Die nächsten Module folgen.

Es ist das Modul Flächenschwerpunkt.

Das Modul Flächenschwerpunkt stellt einen wesentlichen Bestandteil der Statik dar. In diesem Modul werden die Flächenschwerpunkte der gebräuchlichsten Flächengrundformen ermittelt. Das geschieht mittels Überlegungen, einfacher Algebra sowie mit Hilfe infinitesimal-mathematischer Herleitungen. Die so ermittelten Ergebnisse dieser Flächengrundformen erlauben es, die Flächenschwerpunkte aller denkbaren zusammengesetzten Flächen zu ermitteln.

Die Technische Mechanik wird an Universitäten, Hochschulen und weiteren Bildungseinrichtungen den Studierenden über den Zeitraum einer bestimmten Anzahl von Semestern angeboten. Erfahrungsgemäß reicht für eine solch wichtige Wissenschaftsdisziplin die Zeit für Vorlesungen und Übungen nicht aus.

Den Studierenden werden in den Vorlesungen durch die Dozenten, unter bestmöglichen pädagogischen und didaktischen Gesichtspunkten, die Informationen der Technischen Mechanik zugänglich gemacht. Dadurch wird ihnen der darin enthaltene Stoff als Wissen vermittelt - aber eben nur so viel und so gut, wie die dafür vorgesehene Zeit es erlaubt. Eine bildungstechnisch vollständige Wissensübertragung auf die Studierenden kann schwerlich stattfinden. Verhalten sich die Studierenden bildungstechnisch korrekt, d. h. verhalten sie sich so, dass sie sich dem ihnen vorgestellten Stoff zunächst einmal kritisch gegenüber stellen, so bleibt für sie kaum Zeit für Diskussionen und auch kaum Zeit, mit dem Stoff in eine gewisse Harmonie zu gelangen. Danach werden meist noch Beispiele vorgestellt und Aufgabenstellungen angesprochen mit der Bitte, zu Hause zu einem Ergebnis zu kommen. Eine Bitte, die die Studierenden nur schwer erfüllen können.

Das vorliegende Modul Flächenschwerpunkt hilft den Studierenden bei der Lösung von Aufgaben. Alle Aufgaben, einschließlich Lösungen und Ergebnisse, sind pädagogisch und didaktisch so aufbereitet und mit einleuchtenden Grafiken versehen, dass die Studierenden methodisch und strukturiert selbständig zum Ergebnis kommen. Die Kleinschrittigkeit innerhalb der Lösung der Aufgaben ist dabei übungstechnisch unerlässlich. Die Begründung dafür liegt in der dahinterliegenden, teilweise elementaren Mathematik - standardisierte Algebra. Gehen die Studierenden diesen Weg ein-, zwei-, dreimal, so haben sie auch die methodische und strukturierte Vorgehensweise verinnerlicht. Sie erkennen eine Systematik und eine Struktur in den Aufgaben.

Ich empfehle den Studierenden, hinsichtlich der Phänomenologie zugehörig sowohl zum Stoff als auch zu den Aufgaben, die fachliche, mathematische und positiv-aggressive Auseinandersetzung mit den Dozenten und mit anderen Kommilitonen zu führen. Das gewährleistet, dass die Phänomenologie zum Thema Flächenschwerpunkt als Wissen in den Köpfen der Studierenden abgelegt wird. Als Folge wird bei ihnen eine Bewusstseinsänderung hinsichtlich der Technischen Mechanik auftreten - davon ist auszugehen.

Die Wissensvermittlung sowie die Wissensübertragung übernehmen die Dozenten. Die Festigung des Wissens und der Verbleib als nachhaltiges Wissen in den Köpfen der Studierenden übernimmt genau dieses Modul.

Die Studierenden kommen somit über eine positiv-aggressive Auseinandersetzung mit den Dozenten und ihren Kommilitonen **mit Hilfe der FRIESKE-Mechanik zu einem nachhaltigen Wissen.**

Vorgehensweise und Darstellung innerhalb dieses Moduls Flächenschwerpunkt resultieren aus einer mehr als 40-jährigen Lehrerfahrung mit stetem studentischen Feedback. Das ist mit ein Grund, dass das Modul Flächenschwerpunkt so aufgebaut ist. Im Weiteren und letztendlich hilft das Modul auch den Dozenten nennenswert bei der Gestaltung und Vorbereitung ihrer eigenen Vorlesungen und Übungen.

Bei allem Verständnis und vollster Überzeugung für den Einsatz eines Notebooks, gehören die 'Vokabeln' der Technischen Mechanik für den Ingenieur zu einem absoluten Wissens-Muss. Eine Auseinandersetzung in Form einer Plausibilitätsüberlegung hinsichtlich eines ermittelten Ergebnisses muss ganz einfach für den Studierenden möglich sein.

Mein Dank gilt dem Springer Vieweg Verlag. Mein Dank gilt ferner Frau Klabunde, die mit ihrem Verständnis für die Technische Mechanik und einem Gespür für die Studierenden das Projekt begleitet hat. Mein besonderer Dank gilt dem Cheflektor Herrn Dipl.-Ing. Thomas Zipsner für seine stete Diskussionsbereitschaft sowie für die fachkompetente und ausgesprochen angenehme Zusammenarbeit. Das alles führte zu richtungsweisenden Anregungen, die in das vorliegende Modul Flächenschwerpunkt einfließen konnten.

Ergeben sich für den Leser dieses Buches Anregungen und konstruktive Kritikpunkte, so nehme ich diese gerne entgegen. Benutzen Sie dabei bitte folgende E-Mail Adresse: **frieske_mechanik@yahoo.com.**

Troisdorf, im August 2017   Hans-Jürgen Frieske

Prof. Dr.-Ing. Hans-Jürgen Frieske

wurde in Mülheim an der Ruhr geboren.

Nach Schule und Ausbildung absolvierte er sein erstes Studium an der Staatlichen Ingenieurschule für Maschinenwesen Essen mit dem Abschluss Graduierter Ingenieur.

Im Anschluss daran studierte er in Aachen an der RWTH Maschinenbau. Als Vertiefungsrichtung wählte er Luft- und Raumfahrt und schloss als Diplom-Ingenieur ab.

Während seiner gesamten Studienzeit arbeitete er am Institut für Allgemeine Mechanik, Institutsdirektor Prof. Dr. sc. techn., Dr.-Ing. E. h. F. Schultz-Grunow.

Er war in der Lehre sehr aktiv und hielt in dieser Zeit seine ersten Vorlesungen einschließlich zugehöriger Übungen sowie Kolloquien und Prüfungsseminare. Aufgrund des Vorliegens einer nahezu perfekten pädagogischen und didaktischen Struktur

am Institut für Allgemeine Mechanik konnte er seine eigenen didaktischen Fähigkeiten erweitern und sein pädagogisches Geschick und Gespür steigern.

Das setzte sich unter dem neuen Institutsdirektor Prof. Dr.-Ing. G. Adomeit nahtlos fort. Vorlesungen in der Allgemeinen Mechanik, Übungen sowie Repetitorien gehörten weiterhin zu seinen Lehrtätigkeiten. In dieser Zeit erfolgte auch seine Promotion am Institut für Allgemeine Mechanik in der mathematisch-naturwissenschaftlichen Fakultät. Betreuender Professor war Herr Adomeit. Das Thema der Promotionsarbeit lautete 'Schnelle Pyrolyse von pulverisierter Braunkohle in einem Chemischen Stoßwellenrohr'.

Danach schloss sich eine Industrietätigkeit bei der Dynamit Nobel in Köln und Troisdorf an u. a. als Leiter der Abteilung 'Grundlagen und Zukunftstechniken'.

Es folgte der Ruf an die Hochschule Bochum in den Fachbereich Maschinenbau. Neben der Erweiterung des Fachbereichs 'Maschinenbau' zum Fachbereich 'Mechatronik und Maschinenbau' gehörten zu seinen weiteren Aufgaben die Durchführung von Lehrtätigkeiten wie die der Technischen Mechanik, der Konstruktionstechnik, der Mechatronischen Bauelemente sowie der Grundprinzipien der Mechatronik. Die in dieser Zeit mit der Mechatronik eingeführten Internationalismen und Go-Global-Strukturen in Form von internationalen Praxisstudiensemestern gehen auf ihn zurück.

Bestandteile der Statik / Module

Die Statik als Teilgebiet der Technischen Mechanik lässt sich weiter unterteilen. Diese Unterteilungen stellen Bestandteile in Form von Modulen dar.

Module

1   Einführung / Grundbegriffe

SI-Basiseinheiten, NEWTON und die drei NEWTONschen Axiome, die Kraft, Gravitationsgesetz und Gravitationskraft, Gewichtskraft.

2   Zentrale Kräftesysteme / Nicht-Zentrale Kräftesysteme

Resultierende Kraft, Zusammensetzen von Kräften, Zerlegen einer Kraft, Gleichgewichthaltende Kraft, Zwei-Kräfte-Satz, Drei-Kräfte-Satz, Moment (Kraft-Moment), Satz vom Resultierenden Moment.

3   Gleichgewicht des starren Körpers

Gleichgewichtsbedingungen, CULMAN-Verfahren, Lagerungen, Seileckverfahren, Ebenes Fachwerk, Knotenpunktverfahren, CREMONA-Plan, RITTERsches Schnittverfahren, Prinzip der abgeschnittenen Teilsysteme.

4   Schwerpunkt

Kräftemittelpunkt, Massenmittelpunkt, Volumenmittelpunkt, Linienschwerpunkt.

5   Flächenschwerpunkt

Grundformen, Zusammengesetzte Flächen, Ermittlung von Schwerpunktkoordinaten.

6   Schnittgrößen

Stab, Balken, Rahmen und Welle sowie Kombinationen.

7   Verschiebung / Arbeit / Prinzip der virtuellen Arbeit / Stabilität der Gleichgewichtslage

8   Reibung

Haftreibung, Gleitreibung, Seilreibung, Rollreibung.

Inhaltsverzeichnis - Flächenschwerpunkt

5.4 Flächenschwerpunkt

Flächenschwerpunkt - Vorbemerkungen

Zunächst werden einige Gedanken und Überlegungen zum Thema **Schwerpunkt** (allgemein) und **Flächenschwerpunkt** (im Besonderen) angeführt sowie einige Anmerkungen dazu gemacht werden.

Dabei sind Dinge enthalten, die Sie einfach mal gehört haben sollten sowie Fakten, an die Sie sich im Weiteren auch streng zu halten haben. Diese Dinge und Fakten können allerdings auch widersprüchlich ausgelegt werden.

Der Wunsch des Autors dabei ist, über diese Widersprüchlichkeiten mittels einer zugehörigen Auseinandersetzung, zu einem nachhaltigen Wissen zu gelangen.

Die beiden wichtigen Wörter, 'Schwerpunkt' und 'Flächenschwerpunkt' sind schon zuvor gefallen. Der darin enthaltene zentrale Begriff ist der Begriff der **'Schwere'**.

Sie sollten den Begriff **'Schwere'** gedanklich einmal herausnehmen und beiseite legen, aber so, dass Sie ihn jederzeit gedanklich parat haben.

Gedanken und Überlegungen

über die Auseinandersetzung zur
➜ **Nachhaltigkeit**

Schwere,
Begriff der 'Schwere'

Begriff der 'Schwere',
er sollte Sie begleiten.

Gewichtskraft (phänomenologisch)

Betrachtet man die Gewichtskraft phänomenologisch, so stellt sie das Äquivalent aus Gravitationskraft und Zentrifugalkraft dar.

Die Gravitationskraft ist eine Schwerkraft und die Zentrifugalkraft eine Trägheitskraft.

Die Gravitationskraft enthält die schweren Massen und die Trägheitskraft die träge Masse.

Phänomenologisch betrachtet, setzt sich die Gewichtskraft aus einem schweren und einem trägen Anteil zusammen.

Gewichtskraft
Äquivalent aus Gravitationskraft und Zentrifugalkraft

Gewichtskraft
schwer und träge

Gewichtskraft
ortsabhängig

Der träge Anteil innerhalb der Gewichtskraft ist verantwortlich dafür, dass der Betrag der Gewichtskraft auf der Erde ortsabhängig ist.

Fallbeschleunigung
örtliche

Aus der Ortsabhängigkeit der Gewichtskraft ergeben sich konsequenterweise die örtlichen Fallbeschleunigungen.

Gewichtskraft
keine Schwerkraft

Damit kann streng genommen, aufgrund des trägen Anteils, die so definierte Gewichtskraft keine Schwerkraft sein.

Gewichtskraft (ingenieurmäßig)

Gewichtskraft
Masse mal Erdbeschleunigung

Betrachtet man die Gewichtskraft ingenieurmäßig, so stellt sie das Produkt aus Masse mal Erdbeschleunigung dar.

Die Masse ist ortsunabhängig und damit konstant.

Der Betrag der Erdbeschleunigung ist ebenfalls ortsunabhängig und konstant **(aufgrund einer Internationalen Konvention).**

Gewichtskraft
konstant

Damit kann die ingenieurmäßig definierte Gewichtskraft als konstant und unabhängig vom Ort betrachtet werden.

Gewichtskraft
$\vec{F}_G = m \cdot \vec{g}$

Die Gewichtskraft ist ein Vektor. Die Vektoreigenschaft kommt durch die Erdbeschleunigung zustande.

Gewichtskraft
ortsunabhängig

Man darf nun nicht mehr sagen, dass sie ihren Betrag ändert, wenn man beispielsweise vom Äquator zum Nordpol geht.

Die ingenieurmäßig definierte Gewichtskraft ist ortsunabhängig.

Gewichtspunkt (ein klein wenig provokativ!)

ausgezeichneter Punkt

Betrachtet man eine ebene Fläche von allgemeiner Form, so gibt es auf dieser Fläche einen ausgezeichneten Punkt.

Fläche ruht

Wenn man die Fläche mit genau diesem ausgezeichneten Punkt auf eine vertikal zur Erdoberfläche stehende Nadel / Nadelspitze legt, so scheint diese Fläche ausbalanciert zu sein - **sie ruht**.

Sie befindet sich im Gleichgewicht.

Gleichgewicht

Aufgrund dessen bezeichne ich diesen ausgezeichneten Punkt als 'Gewichtspunkt'.

Gewichtspunkt
Willkürliche Bezeichnung

Die Gewichtskraft, **phänomenologisch** betrachtet, ist nicht ausschließlich eine Schwerkraft, da aufgrund der Zentrifugalkraft noch ein träger Anteil vorhanden ist.

Gewichtskraft
phänomenologisch

Die Gewichtskraft, **ingenieurmäßig** betrachtet, ist aufgrund ihrer Definition eine 'synthetische' Kraft - eine künstlich als Produkt zusammengefügte Kraft - (denken Sie bitte u. a. an die Internationale Konvention).

Gewichtskraft
ingenieurmäßig

Den 'Gewichtspunkt' kann man nicht als 'Gravizentrum' bezeichnen.

'Gewichtspunkt'
kein 'Gravizentrum'

Trotzdem findet man den Ausdruck 'Gravizentrum' häufig in der Literatur.

'Gravizentrum'

Kann man das so machen, oder nicht? **Man kann !**

Man bezeichnet den **Gewichtspunkt** im Weiteren als **Schwerpunkt**.

Schwerpunkt !

Wir tun das auch !

Es folgen im Weiteren einige begründende Sätze, die man durchaus als Argumente ansehen kann.

Vom Gewichtspunkt zum Schwerpunkt

Die Gewichtskraft ist immer dort zu finden, wo es um irgendwelche Belastungen auf der Erde bzw. auf der Erdoberfläche geht.

Um sich das Weitere etwas zu verdeutlichen, sollte man sich ein Stückchen Erdoberfläche, egal wo, ansehen. Dabei erkennt man senkrecht zur Erdoberfläche verlaufende 'grüne Linien'. Diese 'grünen Linien' haben die Eigenschaft mit der jeweiligen Wirkungslinie der Erdbeschleunigung identisch zu sein. Das bedeutet auch, dass die 'grünen Linien' mit der jeweiligen Wirkungslinie der ingenieurmäßig definierten Gewichtskraft identisch sind.

Erdoberfläche

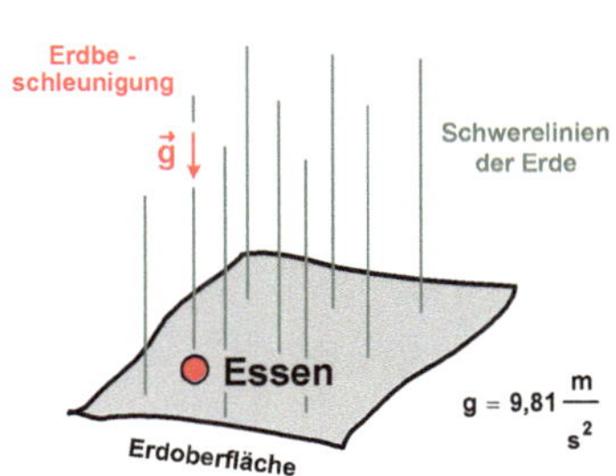

Dieses Szenario sollte man stets vor Augen haben.

Gewichtskraft
ingenieurmäßig

Die ingenieurmäßig definierte Gewichtskraft korrespondiert mit den 'grünen Linien'.

Erdschwerefeld

Diese 'grünen Linien' werden als Erdschwerelinien bezeichnet, und die Gesamtheit wird als **Erdschwerefeld** angesehen.

Gewichtskraft
als Schwerkraft

Wenn die ingenieurmäßig definierte Gewichtskraft sich aus dem Schwerefeld der Erde ableiten lässt, kann man ihr den Charakter einer Schwerkraft zuschreiben.

➜ Schwerpunkt

Der 'Gewichtspunkt' wird zum 'Schwerpunkt'.

Schwerpunkt

Der Schwerpunkt heißt 'Schwerpunkt', weil man sich in ihm die gesamte Schwere eines Körpers vereinigt denken kann.

Schwerpunkt

Der Schwerpunkt ist demnach ein Schwerezentrum.

Flächenschwerpunkt

Der Flächenschwerpunkt heißt Flächenschwerpunkt, weil man sich in ihm die gesamte Schwere der Fläche vereinigt denken kann.

Irrtumsbezeichnung
NEIN !

Schwerpunkt - eine Irrtumsbezeichnung ?

STATIK

Wo gehört der Schwerpunkt thematisch hin ?

Flächenschwerpunkt

Wir wollen uns im Weiteren auf den Flächenschwerpunkt beziehen. Er gehört thematisch in die STATIK.

Lagerung
Nadel / Nadelspitze

Ist die Fläche in einem Punkt, dem Flächenschwerpunkt, gelagert, so reicht **eine** Kraft aus, um die Fläche in Ruhe zu halten.

Gleichgewicht

Die Fläche befindet sich im Gleichgewicht.

Diese **eine** Kraft wird von der Nadel / Nadelspitze aufgebracht. Das ist die Kraft (Auflagerkraft), die der Gewichtskraft das Gleichgewicht hält.

Gewichtskraft
Auflagerkraft

Beide Kräfte, Gewichtskraft und Auflagerkraft, sind betraglich gleich groß, liegen auf der gleichen Wirkungslinie und sind entgegengesetzt orientiert.

Es liegt von der Statik her ein Zwei-Kräfte-Problem vor.

Es gilt in der STATIK der Zwei-Kräfte-Satz.

Zwei-Kräfte-Satz
Wissens-MUSS

Wo kommt der Flächenschwerpunkt zur Anwendung ?

Der Flächenschwerpunkt kommt in der STATIK zur Anwendung.

STATIK

Ebenfalls wird der Flächenschwerpunkt in der FESTIG-KEITSLEHRE benötigt.

FESTIGKEITSLEHRE

Es gibt einen Themenpunkt innerhalb der FESTIGKEITS-LEHRE, in dem die Biegespannungsverteilung zugehörig zu einer Schnittfläche innerhalb eines Bauteils von großem Interesse ist.

Biegespannungsverteilung

Dabei ist die Biegespannung umgekehrt proportional einem 'Widerstand', der sich durch das Widerstandsmoment charakterisieren lässt.

Biegespannung

Für den Konstrukteur ist die Kenntnis dieses Widerstandsmoments von entscheidender Bedeutung.

Widerstandsmoment

Das Widerstandsmoment ist eine rein geometrische Größe und stellt den Quotienten aus Flächenträgheitsmoment und Randfaserabstand dar.

Flächenträgheitsmoment
Randfaserabstand

Flächenträgheitsmoment und Randfaserabstand sind ohne genaue Kenntnis der Schwerpunktlage nicht formulierbar.

Beherrscht der Ingenieur ein solches Szenario, so ist er in der Lage, auf einfache Art und Weise die Biegespannungsverteilung in der Schnittfläche konstruktiv zu optimieren.

Wie kommt man an den Flächenschwerpunkt S ?

Gemeint mit dieser Frage ist,

Wo liegt der Flächenschwerpunkt ?

Wo liegt der Flächenschwerpunkt?

Koordinaten

Die Frage lässt sich beantworten, indem man bezogen auf ein zuvor festgelegtes (x-y)-Koordinatensystem, die Koordinaten, die sogenannten Schwerpunktkoordinaten, angibt.

Schwerpunktkoordinaten

Man muss die Schwerpunktkoordinaten ermitteln.

Bezogen auf das festgelegte (x-y)-Koordinatensystem sind das die Schwerpunktkoordinate x_S sowie die Schwerpunktkoordinate y_S.

Es gibt nun mehrere Möglichkeiten die Schwerpunktkoordinaten zu ermitteln.

Überlegen / Hinschreiben

❶ Man schaut sich die Fläche an, überlegt und schreibt die Schwerpunktkoordinaten hin.

Das gilt sowohl für Grundformen als auch für Zusammengesetzte Flächen.

Führt diese Vorgehensweise nicht zum Ziel, so muss man die Schwerpunktkoordinaten berechnen.

Berechnen

❷ Der Berechnung der Schwerpunktkoordinaten liegt der 'Satz vom Resultierenden Kraft-Moment' zugrunde.

Mit entsprechenden Überlegungen und Annahmen kommt man über die Gewichtskraft, Masse und dem Volumen zur Fläche - und zum 'Satz vom Resultierenden Flächen-Moment'.

Grundformen

Für die Grundformen lautet er wie folgt:

Satz vom Resultierenden Flächen-Moment

infinitesimal

Das Flächenmoment (das Produkt aus Schwerpunktkoordinate und Fläche) ist gleich der Summe der infinitesimalen Flächenmomente.

$$x_S \cdot A = \int_A x \cdot dA \, ,$$

Daraus ergibt sich für die Grundformen der entsprechende Ansatz für die infinitesimalmathematische Herleitung beispielsweise der Schwerpunktkoordinate x_S,

Bestimmungsgleichung für x_S

$$x_S = \frac{1}{A} \int_A x \cdot dA \, .$$

Für die Zusammengesetzten Flächen lautet er wie folgt:

Das Flächenmoment (das Produkt aus Schwerpunktkoordinate und Fläche) ist gleich der Summe der Einzel-Flächenmomente,

$$x_S \cdot A = x_{S,1} \cdot A_1 + x_{S,2} \cdot A_2 + \ldots \, .$$

Dieser Satz ist mathematisch als Summenformel formuliert.

Diese Gleichung enthält Flächenmomente. Die Flächenmomente haben einen Drehsinn. Von daher sind die Vorzeichen der Flächenmomente von größter Wichtigkeit.

Das Vorhandensein oder Nicht-Vorhandensein einer Teilfläche ist uninteressant für die Individualität des Vorzeichens. Bedenken Sie das bitte. In der Literatur werden Ihnen teilweise sonderbare Begründungen angeboten.

Diese Summenformel kommt bevorzugt mit den Flächenquotienten zur Anwendung (eine große rechentechnische Vereinfachung).

$$x_S = x_{S,1} \cdot \frac{A_1}{A} + x_{S,2} \cdot \frac{A_2}{A} + \ldots \, .$$

Der 'Satz vom Resultierenden Moment' muss innerhalb der Thematik 'Flächenschwerpunkt' jederzeit als 'Eselsbrücke' abrufbar sein.

Es gibt weitere Möglichkeiten den Flächenschwerpunkt zu ermitteln.

❸ Interessant dabei ist die grafische Ermittlung des Flächenschwerpunkts mit den Mitteln der STATIK, beispielsweise mit dem Seileckverfahren.

❹ Aber auch experimentell lässt sich der Flächenschwerpunkt ermitteln. Das Erdschwerefeld spielt dabei eine entscheidende Rolle.

Zusammengesetzte Flächen

Satz vom Resultierenden Flächen-Moment

Summenformel

Flächenmomente
Sie haben einen Drehsinn !

Vorzeichen der Flächenmomente

Vorsicht !

Bestimmungsgleichung für x_S

Grafische Ermittlung
beispielsweise Seileckverfahren

Experimentelle Ermittlung

Flächenschwerpunkt - konkret

Flächenschwerpunkt
Lage des Flächenschwerpunktes

In diesem Kapitel geht es um die Ermittlung von Flächenschwerpunkten, genauer gesagt, um die Ermittlung der 'Lage' von Flächenschwerpunkten.

Der Flächenschwerpunkt trägt die Bezeichnung S.

Ebene Flächen

Die Flächen sind ebene Gebilde.

Ihr Flächeninhalt ist A.

Abbildung 5.4-1 a) zeigt eine in der (x-y)-Ebene liegende Fläche A.

Überlegung

Man sollte hier von der Vorstellung / Überlegung ausgehen, dass die Erdschwerelinien sowohl senkrecht zur (x-y)-Ebene als auch senkrecht zur Fläche A verlaufen.

(Man sollte die Erdschwerelinien als 'grüne Linien' sehen!)

Wo liegt der Flächenschwerpunkt S dieser Fläche A?

Ermittlung des Flächenschwerpunktes S durch Probieren
spielerisch

Die Fläche A ruht im Schwerefeld der Erde.
(Abbildung 5.4-1 b)

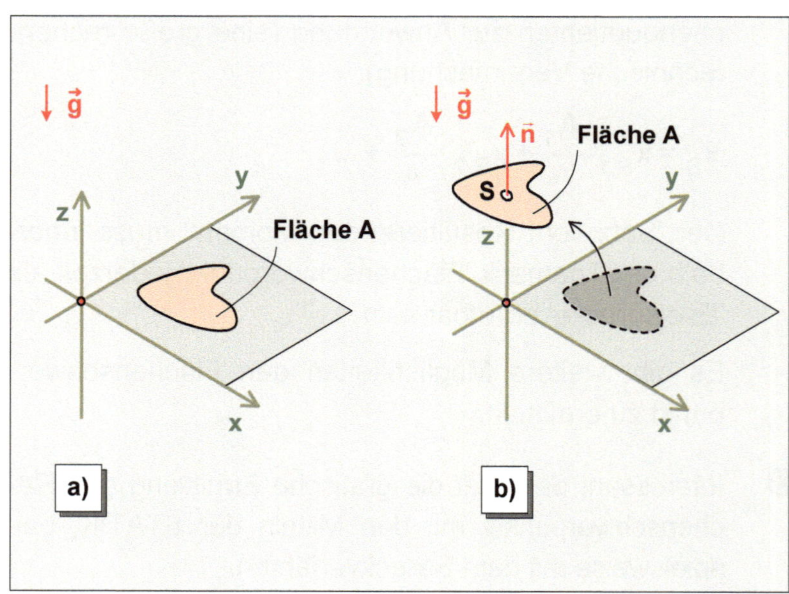

Abb. 5.4-1   Anschauliche Darstellung des Flächenschwerpunktes S

beispielsweise

Um dies herauszufinden, kann man einmal folgende spielerische Vorgehensweise wählen.

Man versucht die Fläche A (durch Probieren) auf die Spitze der z-Achse zu legen, derart, dass die Fläche A parallel zur (x-y)-Ebene zu liegen kommt - **und ruht**, (siehe Abbildung 5.4-1 b)).

Abbildung 5.4-1 b): Die Fläche A ruht.

Die Fläche A befindet sich im Gleichgewicht.

Dort, wo in diesem Fall die Spitze der positiven z-Achse die Fläche A kontaktet, liegt der Flächenschwerpunkt S.

Man darf auch sagen, dass die Spitze der positiven z-Achse die Fläche A im Flächenmittelpunkt kontaktet.

Der Flächenschwerpunkt S ist identisch mit dem Flächenmittelpunkt.

> **Merke : Flächenschwerpunkt S**
>
> **Der Flächenschwerpunkt S ist identisch mit dem Flächenmittelpunkt.**

Die Orientierung einer Fläche lässt sich durch eine Flächennormale angeben.

Wenn man hier von einer Flächennormalen spricht, meint man genau die, die im Flächenschwerpunkt S senkrecht zur Fläche steht und orientierungsmäßig vom Material weg weist.

Wir bezeichnen genau diese spezielle Flächennormale mit $\vec{n}$ und schreiben ihr den Betrag 'Eins' zu,

$$|\vec{n}| = n = 1.$$

Diese Flächennormale $\vec{n}$ ist in der Abbildung 5.4.-1 b) wirkungslinien- und orientierungsmäßig identisch mit der positiven z-Achse.

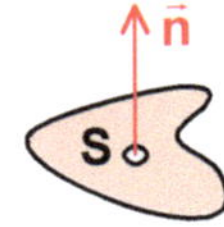

> **Merke : Flächennormale $\vec{n}$**
>
> **Die Flächennormale $\vec{n}$ steht im Flächenschwerpunkt S senkrecht zur Fläche A und weist orientierungsmäßig vom Material weg.**

Gleichgewicht

Flächenschwerpunkt S

Flächenschwerpunkt S

Flächenschwerpunkt S

Orientierung einer Fläche

Flächennormale $\vec{n}$

Flächennormale $\vec{n}$

Lage des Flächenschwerpunktes S
Standard

Die Lage des Flächenschwerpunktes S wird im Allgemeinen mittels zweier Schwerpunktkoordinaten in folgender Form angegeben,

$$S : (x_S ; y_S) = (...; \, ...) \, .$$

Die Vorgehensweise bei der Ermittlung des Flächenschwerpunktes S erfolgt ingenieurmäßig - und damit immer auf praktische Art und Weise.

Das soll heißen:

- Weiß man die Schwerpunktkoordinaten, so schreibt man sie hin.

- Weiß man sie nicht, so berechnet man sie.

Sind die Schwerpunktkoordinaten bekannt (infolge Wissen oder Berechnung), schreibt man diese in folgender Form hin,

Lage des Flächenschwerpunktes S
Standard

$$S : (x_S ; y_S) = (...; \, ...)$$

und hat damit die Lage des Flächenschwerpunktes S ermittelt.

Anmerkung

Zusammenfassung Tabelle

An dieser Stelle sollten Sie bereits wissen, dass innerhalb dieses Themenpunktes eine umfangreiche Tabelle existiert, die Schwerpunktkoordinaten zugehörig zu den unterschiedlichsten Grundformen (Einzelflächen) enthält.

Die Tabelle dient dem Nachschlagen!

Sie ersetzt nicht das Berechnen und insbesondere nicht die Fähigkeit des 'Berechnen-Könnens' von Schwerpunktkoordinaten.

Normallage

Bei der Handhabung dieser Tabelle achten Sie bitte genau auf die Lage des (x-y)-Koordinatensystems.

Normallage

Die Lage des (x-y)-Koordinatensystems zur Fläche bzw. umgekehrt ist ungemein wichtig.

Normallage
ein MUSS

Die Fläche A **sollte** sich in der 'Normallage' befinden.

Der Begriff 'Normallage' wird ein klein wenig später detailliert erörtert.

Der Berechnung der Schwerpunktkoordinaten liegt der 'Satz vom Resultierenden Moment' zugrunde - ein wichtiger Satz in der Statik.

Er ist hier zur Erinnerung noch einmal genannt.

> **Merke :** **Satz vom Resultierenden Moment**
> **Das Moment der Resultierenden um einen Bezugspunkt ist gleich der Summe der Momente der Einzelkräfte - ebenfalls um diesen Bezugspunkt.**

Satz vom Resultierenden Moment

$$\vec{M}_{(0),R} = \sum_i \vec{M}_{(0),i}$$

Der 'Satz vom Resultierenden Moment' sollte innerhalb des Themenpunktes 'Flächenschwerpunkt' jederzeit als 'Eselsbrücke' abrufbar sein.

Geht man einmal davon aus, dass beispielsweise die Schwerpunktkoordinate x_S nicht bekannt ist, so muss sie berechnet werden.

Berechnung einer Schwerpunktkoordinate

Dazu bedient man sich als 'Eselsbrücke' des 'Satzes vom Resultierenden Moment'.

Die Fläche denkt man sich aus lauter kleinen Flächenelementen $(\Delta A)_i$ zusammengesetzt.

Die Summe all dieser Flächenelemente ergibt die Fläche A,

$$A = S\,(\Delta A)_i.$$

altes Summenzeichen / Achtung!

Der im 'Satz vom Resultierenden Moment' angesprochene Bezugspunkt ist der Koordinatenursprung des (x-y)-Koordinatensystems,

$$x_S \cdot A = x_{S,1} \cdot (\Delta A)_1 + x_{S,2} \cdot (\Delta A)_2 + \dots x_{S,i} \cdot (\Delta A)_i,$$

Satz vom Resultierenden Moment

$$x_S \cdot A = S\, x_{S,i} \cdot (\Delta A)_i.$$

Statt Verwendung des alten Summenzeichens überlegt man - und sollte obige Beziehung in Integralschreibweise hinschreiben können,

Übergang zur Integralschreibweise

$$x_S \cdot A = \int_A x \cdot dA.$$

'Satz vom Resultierenden Moment' in Integralschreibweise

Diese Beziehung stellt die Ausgangsgleichung für die infinitesimalmathematische Herleitung der Schwerpunktkoordinate x_S dar. Gleiches gilt für die Schwerpunktkoordinate y_S,

$$y_S \cdot A = \int_A y \cdot dA \,.$$

Infinitesimalmathematische Herleitung der
Schwerpunktkoordinaten

> **Merke : Schwerpunktkoordinaten x_S und y_S**
>
> **Die Herleitung der Schwerpunktkoordinaten x_S und y_S erfolgt infinitesimalmathematisch:**
>
> $$x_S \cdot A = \int_A x \cdot dA \,,$$
>
> $$y_S \cdot A = \int_A y \cdot dA \,.$$

Sind die Schwerpunktkoordinaten x_S und y_S bekannt, schreibt man sie in folgender Form hin,

$$S : (x_S ; y_S) = (... ; ...) \,,$$

Lage des Flächenschwerpunktes S

und hat somit die Lage des Flächenschwerpunktes S ermittelt.

Diese so aufgestellten Beziehungen sind immer die Ausgangsgleichungen für die infinitesimalmathematischen Herleitungen der Schwerpunktkoordinaten x_S und y_S.

Anmerkung

Die Ausgangsgleichungen für die infinitesimalmathematischen Herleitungen der Schwerpunktkoordinaten zeigen mathematisch noch etwas sehr Interessantes,

$$x_S \cdot A = \int_A x \cdot dA \,,$$

$$y_S \cdot A = \int_A y \cdot dA \,.$$

Flächenmoment 1. Ordnung

$$... = \int_A x^1 \cdot dA$$

Die rechten Seiten der Ausgangsgleichungen stellen jeweils das Flächenmoment 1. Ordnung dar.

Man sollte jetzt zur Kenntnis nehmen und im Weiteren wissen, dass sich die Schwerpunktkoordinaten mit Hilfe der jeweiligen 'Flächenmomente 1. Ordnung' berechnen lassen.

An dieser Stelle sollte man noch einmal darauf hinweisen, dass der Flächenschwerpunkt S sich natürlich immer auf eine Fläche bezieht.

Die Fläche kann eine Grundform sein, beispielsweise eine Rechteckfläche, eine Dreieckfläche, eine Kreisfläche usw.

Bei den zuvor Genannten handelt es sich um einfache Grundformen. Es sind aber auch Formen dabei, die sich aus mathematisch komplizierten Funktionen ergeben. Auch diese werden im Weiteren als Grundformen betrachtet - und sind in der schon angesprochenen Tabelle aufgeführt.

Die Fläche kann aber auch eine aus Grundformen zusammengesetzte Fläche sein. So kann die Zusammengesetzte Fläche aus einer Rechteckfläche und einer Dreieckfläche (beides Grundformen) oder aus einer Rechteckfläche und einer Halbkreisfläche (ebenfalls beides Grundformen) bestehen usw.

Die Ermittlung des jeweiligen Flächenschwerpunktes S sowohl für Grundformen als auch für zusammengesetzte Flächen basiert auf dem 'Satz vom Resultierenden Moment' - als Eselsbrücke.

Bei der formalen Vorgehensweise sollte man darauf achten für welche Fläche - Grundform oder zusammengesetzte Fläche - man die Lage des Flächenschwerpunktes S ermitteln will.

So sollte man wissen, dass die Herleitung einer Schwerpunktkoordinate, z. Bsp. x_S, des Flächenschwerpunktes S, für eine Grundform im Allgemeinen infinitesimalmathematisch zu erfolgen hat, - oder aber ganz einfach - man weiß sie und schreibt sie hin.

Die Ermittlung der Lage des Flächenschwerpunktes S einer zusammengesetzten Fläche erfolgt mit Hilfe der Summenformel.

Grundformen

usw.

Zusammengesetzte Flächen

usw.

Satz vom Resultierenden Moment
Eselsbrücke

$$x_S \cdot A = \int_A x \cdot dA$$

$$x_S \cdot A = \sum_i x_{S,i} \cdot A_i$$

Grundformen - Flächenschwerpunkt S

Infinitesimalmathematische Herleitung

Ausgangsgleichung für die infinitesimalmathematische Herleitung der Schwerpunktkoordinate x_S

$$x_S \cdot A = \int_A x \cdot dA$$

$$x_S = \frac{1}{A} \int_A x \cdot dA$$

Für die infinitesimalmathematische Herleitung der Schwerpunktkoordinate x_S ist das die Ausgangsgleichung.

Für die Herleitung der Schwerpunktkoordinate y_S gilt entsprechend das Gleiche,

Infinitesimalmathematische Herleitung

Ausgangsgleichung für die infinitesimalmathematische Herleitung der Schwerpunktkoordinate y_S

$$y_S \cdot A = \int_A y \cdot dA \, ,$$

$$y_S = \frac{1}{A} \int_A y \cdot dA \, .$$

Zusammengesetzte Fläche - Flächenschwerpunkt S

Handelt es sich bei der Fläche um eine zusammengesetzte Fläche, so kommt die Summenformel zur Anwendung,

Summenformel

$$x_S \cdot A = \sum_i x_{S,i} \cdot A_i \, ,$$

$$x_S \cdot A = x_{S,1} \cdot A_1 + x_{S,2} \cdot A_2 \dots ,$$

Ausgangsgleichung für die Berechnung der Schwerpunktkoordinate x_S ist die Summenformel

$$x_S = x_{S,1} \cdot \frac{A_1}{A} + x_{S,2} \cdot \frac{A_2}{A} + \dots .$$

Die eingerahmte Form der Gleichung ist als Ausgangsgleichung bevorzugt in Erwägung zu ziehen. Der Grund liegt im gebildeten Quotienten aus Einzel- und Gesamtfläche. Der rechentechnische Aufwand kann sich dadurch erheblich reduzieren.

Gleiches gilt für die Berechnung der Schwerpunktkoordinate y_S,

$$y_S \cdot A = \sum_i y_{S,i} \cdot A_i \,,$$

Summenformel

$$y_S \cdot A = y_{S,1} \cdot A_1 + y_{S,2} \cdot A_2 \dots \,,$$

$$\boxed{y_S = y_{S,1} \cdot \frac{A_1}{A} + y_{S,2} \cdot \frac{A_2}{A} + \dots \,.}$$

Ausgangsgleichung für die Berechnung der Schwerpunktkoordinate y_S ist die Summenformel

Ermittlung des Flächenschwerpunktes S

Es ist bereits Einiges über die Ermittlung des Flächenschwerpunktes S gesagt worden. Etwas genauer gesagt - gemeint ist damit die Ermittlung der Lage des Flächenschwerpunktes S.

Die Lage des Flächenschwerpunktes S lässt sich im Allgemeinen mittels der Schwerpunktkoordinaten x_S und y_S angeben.

Dabei stellt die Schwerpunktkoordinate x_S den 'Abstand' des Flächenschwerpunktes S von der y-Achse dar, und die Schwerpunktkoordinate y_S den 'Abstand' von der x-Achse.

Wie diese berechnet werden, wurde kurz vorher beschrieben und sollte jetzt bekannt sein.

Es soll nicht den Anschein haben, dass die Ermittlung eines Flächenschwerpunktes S, beispielsweise einer bestimmten Grundform, auch einer speziellen Vorgehensweise bedarf.

Methodik und Systematik

Die zugehörigen Berechnungen sollten methodisch und systematisch erfolgen.

Das größte Kompliment des Lernenden sollte sein:

Methodik und Systematik

"Das kenne ich doch. Es ist immer wieder die gleiche Vorgehensweise."

Damit kommt der Methodik und der Systematik bei der Ermittlung der Lage des Flächenschwerpunktes S der zu betrachtenden Fläche A bezogen auf das (x-y)-Koordinatensystems eine große Bedeutung zu.

Normallage
Ausgangslage

Deswegen sollte die Ausgangslage der zu betrachtenden Fläche A grundsätzlich eine ganz bestimmte sein, d. h. der 'westlichste Punkt' der Fläche **berührt** die y-Achse und der 'südlichste Punkt' die x-Achse.

Handelt es sich um Seiten, dann **liegt** die 'westlichste Seite' auf der y-Achse und die 'südlichste Seite' auf der x-Achse.

Eine solche Lage bezeichnet man als Normallage.

Normallage

MUSS

> **Merke :   Normallage**
>
> **Darunter versteht man eine bestimmte Lage der zu betrachtenden Fläche A zum (x-y)-Koordinatensystem.**
>
> **Der 'westlichste Punkt' berührt die y-Achse bzw. die 'westlichste Seite' liegt auf der y-Achse und der 'südlichste Punkt berührt die x-Achse bzw. die 'südlichste Seite' liegt auf der x-Achse.**

Noch einmal, bei ingenieurmäßiger Vorgehensweise ist die Normallage bevorzugt in Erwägung zu ziehen.

Abweichungen von der Normallage

In Ausnahmefällen kann davon abgewichen werden, und zwar dann, wenn sich bedingt durch die Abweichung nennenswerte mathematische Vereinfachungen ergeben.

Hinweis auf Abbildung 5.4-2 a)

Abbildung 5.4-2 a) zeigt die Normallage der Fläche A.

Die infinitesimalmathematische Herleitung für die Berechnung der Schwerpunktkoordinate y_S gestaltet sich vom mathematischen her äußerst schwierig.

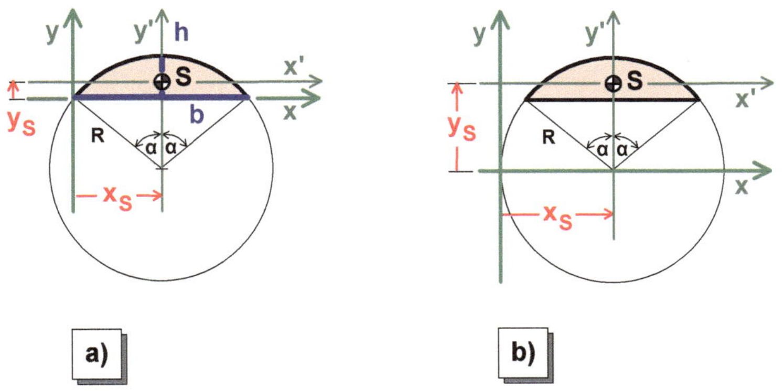

a) Kreissegment
in Normallage

b) Kreissegment
abweichend von der Normallage

Abb. 5.4-2   a) **Normallage der Fläche A**
b) **Abweichung der Fläche A von der Normallage**

Abbildung 5.4-2 b) zeigt die Abweichung der Fläche A von der Normallage.

Die infinitesimalmathematische Herleitung für die Berechnung der Schwerpunktkoordinate y_S ist mit einfachen Mitteln der Mathematik durchführbar.

Das ist einer von einigen wenigen Sonderfällen.

Ermittlung des Flächenschwerpunktes S
Sonderverfahren

Die Ermittlung des Flächenschwerpunktes S bzw. die Ermittlung der Lage des Flächenschwerpunktes S erfolgt im Wesentlichen über die Berechnung der Schwerpunktkoordinaten x_S und y_S.

Es muss angemerkt werden, dass es nicht nur rechnerische Möglichkeiten gibt. So gibt es beispielsweise auch interessante grafische Lösungsmöglichkeiten. Diese werden an anderer Stelle, bzw. innerhalb eines gesonderten Kapitels, angesprochen und auch detailliert aufgezeigt.

Es gibt auch grafische Lösungsmöglichkeiten,
z. Bsp. Seileckverfahren.

5.4.1 Flächenschwerpunkt S / Grundformen

**ausschließlich
Grundformen**

Innerhalb dieses Themenpunktes geht es um die Ermittlung der Lage des Flächenschwerpunktes S von ausschließlich Grundformen.

Damit sind Einzelflächen gemeint.

Unter Ermittlung der Lage des Flächenschwerpunktes S ist die Berechnung sowohl der Schwerpunktkoordinate x_S als auch der Schwerpunktkoordinate y_S zu verstehen.

**Lage des
Flächenschwerpunktes S**
Ergebnisdarstellung

Die Ergebnisdarstellung der Lage des Flächenschwerpunktes S hat grundsätzlich in folgender Form zu erfolgen,

$$S : (x_S ; y_S) = (...; \ ...).$$

Koordinaten

Da es sich um Koordinaten handelt, gehört das entsprechende Vorzeichen, Plus oder Minus, zwangsläufig dazu.

Abstand

Lässt man die Vorzeichen der Koordinaten weg, so hat man die Abstände von den jeweiligen Koordinatenachsen.

Die Herleitung der Schwerpunktkoordinate x_S erfolgt infinitesimalmathematisch,

Infinitesimalmathematische Herleitung

$$x_S \cdot A = \int_A x \cdot dA \, ,$$

Ausgangsgleichung für die infinitesimalmathematische Herleitung der Schwerpunktkoordinate x_S

$$x_S = \frac{1}{A} \int_A x \cdot dA \, .$$

Ausgangsgleichung

Ebenso erfolgt die Herleitung der Schwerpunktkoordinate y_S infinitesimalmathematisch,

Infinitesimalmathematische Herleitung

$$y_S \cdot A = \int_A y \cdot dA \, ,$$

Ausgangsgleichung für die infinitesimalmathematische Herleitung der Schwerpunktkoordinate y_S

$$y_S = \frac{1}{A} \int_A y \cdot dA \, .$$

Ausgangsgleichung

Man muss an dieser Stelle sagen, dass der Sinn der infinitesimalmathematischen Herleitung in der mathematischen Herausforderung liegt.

Infinitesimalmathematische Herleitung
mathematische Herausforderung

Der angehende Ingenieur muss das können bzw. mal gemacht haben.

Hat er das einmal gemacht, sollte er die Ergebnisse auf seinen 'Phänomenologischen Kleiderhaken' ablegen und in der Lage sein, bei Bedarf, z. B. bei der Behandlung der Flächenschwerpunkte für zusammengesetzte Flächen, diese Ergebnisse abzurufen.

Als Hilfestellung ist am Ende dieses Themenpunktes eine Tabelle angegeben.

Tabelle
Grundformen

Noch einmal bitte, - die in der Tabelle angegebenen Ergebnisse sollten streng genommen auf Ihrem 'Phänomenologischen Kleiderhaken' hängen und jederzeit abrufbar sein.

Sie sollten hinsichtlich dieses Themenpunktes zu einem nachhaltigen Wissen gehören.

Grundformen

Auflistung

Nachfolgend sind die gebräuchlichsten Grundformen aufgelistet.

Sollten Sie es später einmal mit einer hier nicht aufgelisteten Fläche als Grundform zu tun haben, beispielsweise mit einer Fläche, die von der y-Achse, einer Parallelen zur x-Achse und einer Hyperbelfunktion begrenzt wird, so gehen Sie bitte genauso vor, wie es Ihnen hier vorgemacht wurde.

Sie werden ans Ziel kommen.

- ❑ Rechteck
- ❑ Quadrat
- ❑ Dreieck (allgemein)
- ❑ Dreieck (rechtwinklig)
- ❑ Dreieck (gleichschenklig)

- ❏ Dreieck (gleichseitig)
- ❏ Parallelogramm
- ❏ Trapez (allgemein)
- ❏ Trapez (symmetrisch)
- ❏ Halbkreis
- ❏ Viertelkreis
- ❏ Quadratteil
- ❏ Kreis
- ❏ Kreisausschnitt (symmetrisch)
- ❏ Kreisausschnitt (allgemein)
- ❏ Kreissegment
- ❏ Kreisringstück (symmetrisch)
- ❏ Ellipse
- ❏ Halbellipse
- ❏ Viertelellipse
- ❏ Parabel (2. Grades / nach unten offen)
- ❏ Halb-Parabel (2. Grades / nach oben offen)
- ❏ Fläche unter der 1. Hälfte einer Sinuskurve, Halbe Sinuskurve
- ❏ Fläche unter dem 1. Viertel einer Kosinuskurve, Viertel Kosinuskurve

Aufgabe 1

Flächenschwerpunkt / Grundform / Rechteck / infinitesimalmathematische Herleitung / Überlegen / Hinschreiben

x-Richtung: Überlegen / Hinschreiben
y-Richtung: infinitesimalmathematisch

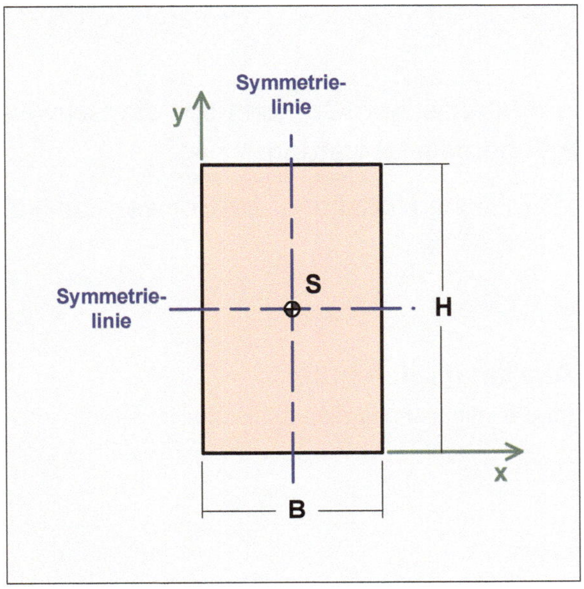

Nebenstehende Abbildung zeigt eine rechteckförmige Fläche.

Gegeben

Die rechteckförmige Fläche ist gegeben durch die Breite B und die Höhe H.

Gesucht

Die Schwerpunktkoordinaten x_S und y_S bezogen auf das (x-y)-Koordinatensystem.

Geben Sie bitte die Lage des Flächenschwerpunktes S in folgender Form an:

$$S: \left(x_S; y_S\right) = \left(\ldots; \ldots\right).$$

Forderung (Reihenfolge): Leiten Sie bitte die Schwerpunktkoordinate y_S infinitesimalmathematisch her.

Es soll sich dabei um eine mathematische Übung handeln.

Schreiben Sie bitte die Schwerpunktkoordinate x_S einfach hin.

Ergebnis : $S: \left(x_S; y_S\right) = \left(+\dfrac{B}{2}; +\dfrac{H}{2}\right)$

Lösung

Bei dieser rechteckförmigen Fläche liegt Mehrfachsymmetrie vor. Wenn Mehrfachsymmetrie vorliegt, ist der Schnittpunkt der Symmetrielinien identisch mit dem Schwerpunkt S. Damit lauten die Schwerpunktkoordinaten,

$$S:\left(x_S\,;\,y_S\right)=\left(+\frac{B}{2}\,;\,+\frac{H}{2}\right).$$

Das ist natürlich trivial.

Aus didaktischen sowie aus systematischen und methodischen Gründen soll die Schwerpunktkoordinate y_S aber infinitesimalmathematisch hergeleitet werden.

Die Ausgangsgleichung für die infinitesimalmathematische Herleitung der Schwerpunktkoordinate y_S lautet wie folgt,

$$y_S=\frac{1}{A}\int_A y\cdot dA$$

Ausgangsgleichung
für die infinitesimalmathematische Herleitung

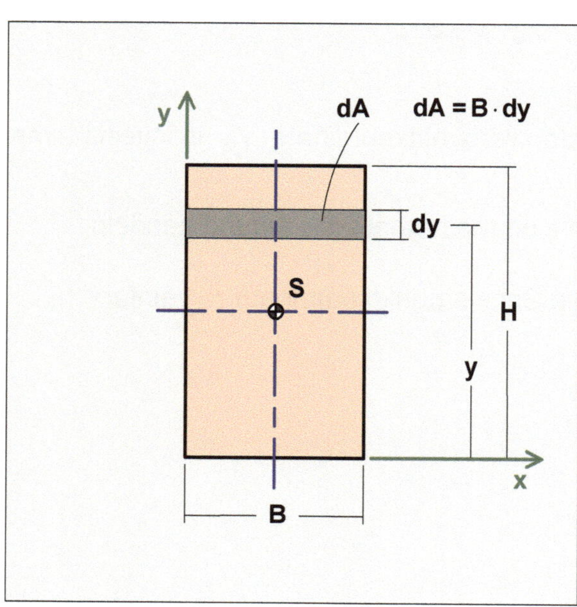

Hinsichtlich der weiteren Vorgehensweise ist es immer eine große Kunst, ein entsprechendes infinitesimal kleines Flächenelement dA zu definieren.

Wenn man sich allerdings an die Empfehlung hält, immer ein Flächenelement zu nehmen, das von der Bezugsachse überall den gleichen Abstand hat, sollten sich die weiteren Schwierigkeiten in Grenzen halten.

Von daher kommt als infinitesimal kleines Flächenelement dA nur das Flächenelement in Frage, das mit seiner Breite B parallel zur x-Achse liegt und die Höhe dy hat. Es kommt hinzu, dass die Breite B konstant ist und somit kein funktionaler Zusammenhang mit y besteht.

$$y_S = \frac{1}{A} \int_A + y \cdot dA$$

Ausgangsgleichung

für die infinitesimalmathematische Herleitung
vorliegender Aufgabe

mit $dA = B \cdot dy$

$$y_S = + \frac{1}{A} \int_{y=0}^{H} y \cdot B \cdot dy$$

Die Integrationsvariable hat sich geändert - und damit auch die Integrationsgrenzen.

Die Integrationsgrenzen richten sich immer nach der Integrationsvariablen.

B ist eine konstante Größe. B zeigt keine Abhängigkeit von y und kann vor das Integral gezogen werden.

$$y_S = + \frac{B}{A} \int_{y=0}^{H} y \cdot dy$$

Die Integration wird durchgeführt.

$$y_S = + \frac{B}{A} \cdot \frac{1}{2} \cdot y^2 \Big|_0^H$$

Die Integrationsgrenzen werden eingesetzt, wobei die untere Grenze von der oberen abgezogen wird.

$$y_S = + \frac{B}{A} \cdot \frac{1}{2} \cdot \left(H^2 - 0\right)$$

$$y_S = + \frac{B}{A} \cdot \frac{1}{2} \cdot H^2$$

$$y_S = + \frac{B \cdot H^2}{2 \cdot A}$$

Multiplikation mit '1', $1 = \dfrac{A}{B \cdot H}$

$$y_S = + \frac{B \cdot H^2}{2 \cdot A} \cdot \left(\frac{A}{B \cdot H}\right)$$

$$\boxed{y_S = + \frac{H}{2}}$$

Schwerpunktkoordinate y_S

Es wäre langweilig die Schwerpunktkoordinate x_S auf gleichem Weg zu ermitteln.

Ziel der Vorgehensweise sollte lediglich das Auffinden des richtigen infinitesimal kleinen Flächenelementes dA sowie die Durchführung der Integration sein.

D. h., der Sinn dieser Vorgehensweise lag in der infinitesimalmathematischen Herleitung.

Geben Sie bitte die Lage des Schwerpunktes S in folgender Form an:

$$S : \left(x_S;\ y_S \right) = (...;\ ...).$$

$$S : \left(x_S;\ y_S \right) = \left(+\frac{B}{2};\ +\frac{H}{2} \right)$$

Lage des Flächenschwerpunktes S

Aufgabe 2

Flächenschwerpunkt / Grundform / Quadrat / infinitesimalmathematische Herleitung / Überlegen / Hinschreiben

x-Richtung: Überlegen / Hinschreiben
y-Richtung: infinitesimalmathematisch

Nebenstehende Abbildung zeigt eine quadratförmige Fläche.

Gegeben

Die quadratförmige Fläche ist gegeben durch die Seitenlänge a.

Gesucht

Die Schwerpunktkoordinaten x_S und y_S bezogen auf das (x-y)-Koordinatensystem.

Geben Sie bitte die Lage des Flächenschwerpunktes S in folgender Form an:

$$S : \left(x_S ; y_S \right) = (... ; ...) .$$

Forderung (Reihenfolge): Leiten Sie bitte die Schwerpunktkoordinate y_S infinitesimalmathematisch her.

Es soll sich dabei um eine mathematische Übung handeln.

Schreiben Sie bitte die Schwerpunktkoordinate x_S einfach hin.

Ergebnis : $S : \left(x_S ; y_S \right) = \left(+\dfrac{a}{2} ; +\dfrac{a}{2} \right)$

Lösung

Bei dieser quadratförmigen Fläche liegt Mehrfachsymmetrie vor. Wenn Mehrfachsymmetrie vorliegt, ist der Schnittpunkt der Symmetrielinien identisch mit dem Schwerpunkt. Damit lauten die Schwerpunktkoordinaten,

$$S:\left(x_S\,;\,y_S\right)=\left(+\frac{a}{2}\,;\,+\frac{a}{2}\right).$$

Das ist natürlich trivial.

Aus didaktischen sowie aus systematischen und methodischen Gründen soll die Schwerpunktkoordinate y_S aber infinitesimalmathematisch hergeleitet werden.

Die Ausgangsgleichung für die infinitesimalmathematische Herleitung der Schwerpunktkoordinate y_S lautet wie folgt,

$$y_S=\frac{1}{A}\int_A y\cdot dA$$

Ausgangsgleichung
für die infinitesimalmathematische Herleitung

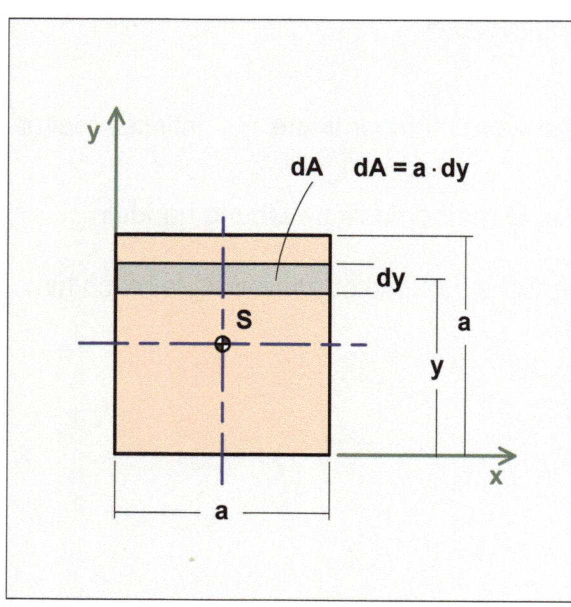

Hinsichtlich der weiteren Vorgehensweise ist es immer eine große Kunst, ein entsprechendes infinitesimal kleines Flächenelement dA zu definieren.

Wenn man sich allerdings an die Empfehlung hält, immer ein Flächenelement zu nehmen, das von der Bezugsachse überall den gleichen Abstand hat, sollten sich die weiteren Schwierigkeiten in Grenzen halten.

Von daher kommt als infinitesimal kleines Flächenelement dA nur das Element in Frage, das mit seiner Breite a parallel zur x-Achse liegt und die Höhe dy hat. Es kommt hinzu, dass die Breite a konstant ist und somit kein funktionaler Zusammenhang mit y besteht.

$$y_S = \frac{1}{A}\int_A + y \cdot dA$$

Ausgangsgleichung

für die infinitesimalmathematische Herleitung
vorliegender Aufgabe

mit $dA = a \cdot dy$.

$$y_S = +\frac{1}{A}\int_{y=0}^{a} y \cdot a \cdot dy$$

Die Integrationsvariable hat sich geändert - und damit auch die Integrationsgrenzen.

Die Integrationsgrenzen richten sich immer nach der Integrationsvariablen.

a ist eine konstante Größe. a zeigt keine Abhängigkeit von y und kann vor das Integral gezogen werden,

$$y_S = +\frac{a}{A}\int_{y=0}^{a} y \cdot dy \; .$$

Die Integration wird durchgeführt.

$$y_S = +\frac{a}{A}\cdot\frac{1}{2}\cdot y^2 \Big|_0^a \; .$$

Die Integrationsgrenzen werden eingesetzt, wobei die untere Grenze von der oberen abgezogen wird.

$$y_S = +\frac{a}{A}\cdot\frac{1}{2}\cdot\left(a^2 - 0\right)$$

$$y_S = +\frac{a}{A}\cdot\frac{1}{2}\cdot a^2$$

$$y_S = +\frac{a^3}{2\cdot A}$$

Multiplikation mit '1', $1 = \dfrac{A}{a^2}$

$$y_S = +\frac{a^3}{2\cdot A}\cdot\left(\frac{A}{a^2}\right)$$

$$y_S = +\frac{a}{2}$$

Schwerpunktkoordinate y_S

Es wäre langweilig die Schwerpunktkoordinate x_S auf gleichem Weg zu ermitteln.

Ziel der Vorgehensweise sollte lediglich das Auffinden des richtigen infinitesimal kleinen Flächenelementes dA sowie die Durchführung der Integration sein.

D. h., der Sinn dieser Vorgehensweise lag in der infinitesimalmathematischen Herleitung.

Geben Sie bitte die Lage des Schwerpunktes S in folgender Form an:

$$S : \left(x_S;\ y_S \right) = (\ldots;\ \ldots)\,.$$

$$S : \left(x_S;\ y_S \right) = \left(+\frac{a}{2};\ +\frac{a}{2} \right)$$

Lage des Flächenschwerpunktes S

Aufgabe 3

Flächenschwerpunkt / Grundform / Allgemeines Dreieck / infinitesimalmathematische Herleitung / Summenformel

x-Richtung: zusammengesetzt / Summenformel
y-Richtung: infinitesimalmathematisch

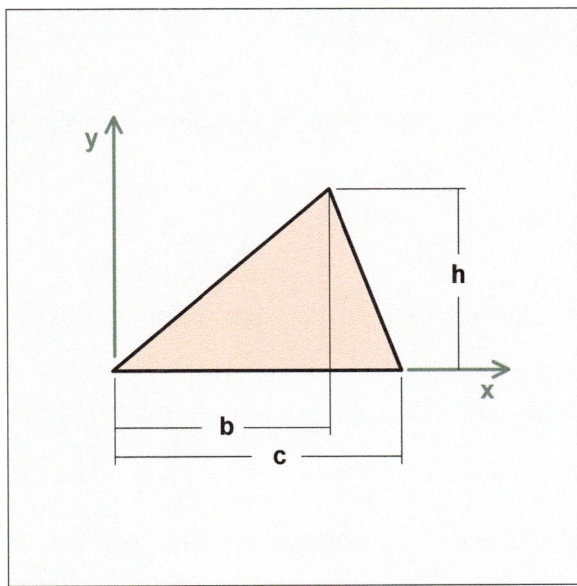

Nebenstehende Abbildung zeigt eine dreieckförmige Fläche. Es handelt sich dabei **nicht** um ein rechtwinkliges Dreieck.

Gegeben

Die dreieckförmige Fläche ist gegeben durch die Grundseite c, die Höhe h und durch das Maß b.

Gesucht

(1) Berechnen Sie bezogen auf das (x-y)-Koordinatensystem infinitesimalmathematisch die Schwerpunktkoordinate y_S.

(2) Berechnen Sie die Schwerpunktkoordinate x_S mit Hilfe der Summenformel.

(3) Geben Sie bitte die Lage des Flächenschwerpunktes S in folgender Form an:

$$S : \left(x_S ; y_S \right) = \left(\dots ; \ \dots \right).$$

Ergebnis : $S : \left(x_S ; \ y_S \right) = \left(+\dfrac{1}{3}(b+c) ; \ +\dfrac{1}{3}h \right)$

Lösung

(1) Berechnen Sie bezogen auf das (x-y)-Koordinatensystem infinitesimalmathematisch die Schwerpunktkoordinate y_S.

Bei dieser dreieckförmigen Fläche liegt weder Einfach- noch Mehrfachsymmetrie vor. D. h. beide Schwerpunktkoordinaten müssen (irgendwie) ermittelt werden.

Die y_S-Schwerpunktkoordinate sollte man kennen bzw. muss man ganz einfach wissen. Sie beträgt ein Drittel der Höhe,

$$y_S = +\frac{1}{3}h \ .$$

Aus übungstechnischen Gründen soll die Schwerpunktkoordinate y_S aber infinitesimalmathematisch hergeleitet bzw. berechnet werden.

Das Ergebnis sollte dann aber für den Studierenden zum Bestandteil seines nachhaltigen Wissens gehören.

Die x_S-Schwerpunktkoordinate kann so ohne Weiteres nicht angegeben werden. Da es sich um zwei zusammengesetzte, unterschiedliche dreieckförmige, Flächen handelt, kann man allerdings bei der Berechnung der x_S-Schwerpunktkoordinate auf bereits Bekanntes zurückgreifen.

Die Ausgangsgleichung für die Schwerpunktkoordinate y_S lässt sich wie folgt formulieren,

$$y_S \cdot A = \int_A y \cdot dA$$

$$y_S = \frac{1}{A} \int_A y \cdot dA$$

Ausgangsgleichung

für die infinitesimalmathematische Herleitung

Eine Formel, die wir auf jeden Fall kennen sollten.

Anmerkung

Phänomenologischer Kleiderhaken,
'Satz vom Resultierenden Moment',
$M_R = \Sigma M_i \ .$

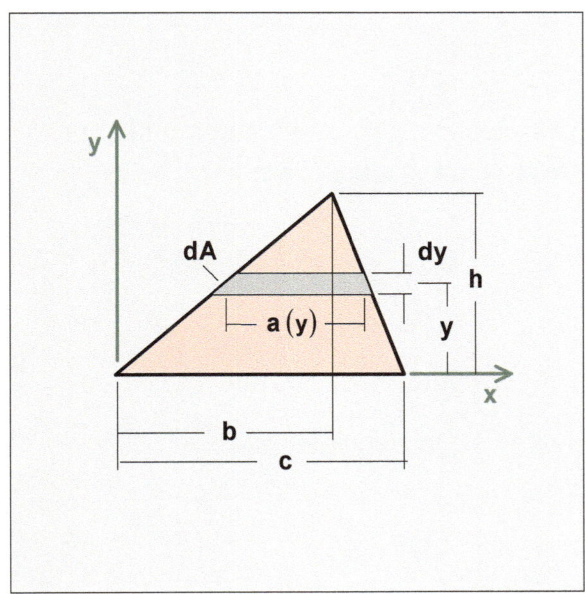

$$y_S = +\frac{1}{A}\int_A y \cdot dA$$

$$y_S = +\frac{1}{A}\int_{y=0}^{h} y \cdot a(y) \cdot dy$$

Hinsichtlich der weiteren Vorgehensweise ist es immer eine große Kunst, ein entsprechendes infinitesimal kleines Flächenelement dA zu definieren.

Als infinitesimal kleines Flächenelement dA kommt das Element in Frage, das mit seiner Breite parallel zur x-Achse liegt, und damit zur x-Achse überall den gleichen Abstand y hat.

Dieses infinitesimal kleine Flächenelement dA zeichnet sich dadurch aus, dass die Breite a funktional von y abhängt, also

$$a = a(y).$$

Ausgangsgleichung

für die infinitesimalmathematische Herleitung
vorliegender Aufgabe

Infinitesimal kleine Fläche dA,
$$dA = a(y) \cdot dy$$

Die Integrationsvariable hat sich geändert - und damit auch die Integrationsgrenzen.

Die Integrationsgrenzen richten sich immer nach der Integrationsvariablen.

Ein weiteres Problem besteht darin, für die Ausführung der Integration einen funktionalen Zusammenhang zwischen a und y zu finden.

Wenn man überlegt, erkennt man, dass es zwischen der Größe a und y ein proportionales Verhalten gibt, (Strahlensatz),

$$\frac{a(y)}{c} = \frac{h-y}{h},$$

$$a(y) = \frac{c}{h}(h-y).$$

$$y_S = + \frac{1}{A} \int_{y=0}^{h} y \cdot \frac{c}{h} \cdot (h-y) \cdot dy$$

Der Quotient c/h ist konstant und kann vor das Integral gezogen werden.

$$y_S = + \frac{1}{A} \cdot \frac{c}{h} \cdot \int_{y=0}^{h} y(h-y) \cdot dy$$

$$y_S = + \frac{1}{A} \cdot \frac{c}{h} \int_{y=0}^{h} \left(h \cdot y - y^2\right) \cdot dy$$

Aufteilung in zwei Integrale

$$y_S = + \frac{1}{A} \cdot \frac{c}{h} \left[h \int_{y=0}^{h} y \cdot dy - \int_{y=0}^{h} y^2 \cdot dy \right]$$

Durchführung der Integration

$$y_S = + \frac{1}{A} \cdot \frac{c}{h} \left[h \cdot \frac{1}{2} y^2 \Big|_{0}^{h} - \frac{1}{3} y^3 \Big|_{0}^{h} \right]$$

Die untere Grenze wird von der oberen abgezogen.

$$y_S = + \frac{1}{A} \cdot \frac{c}{h} \left[\frac{1}{2} h\left(h^2 - 0\right) - \frac{1}{3}\left(h^3 - 0\right) \right]$$

$$y_S = + \frac{1}{A} \cdot \frac{c}{h} \left(\frac{1}{2} h^3 - \frac{1}{3} h^3 \right)$$

$$y_S = + \frac{1}{A} \cdot \frac{c}{h} \left(\frac{3}{6} h^3 - \frac{2}{6} h^3 \right)$$

$$y_S = + \frac{1}{A} \cdot \frac{c}{h} \cdot \frac{1}{6} h^3$$

$$y_S = + \frac{1}{A} \cdot \frac{1}{6} \cdot c \cdot h^2$$

Multiplikation mit '1', $1 = \dfrac{A}{\frac{1}{2} c \cdot h}$

$$y_S = + \frac{1}{\cancel{A}} \cdot \frac{1}{6} \cdot \cancel{c} \cdot h^{\cancel{2}} \cdot \underbrace{\left(\frac{2 \cdot \cancel{A}}{\cancel{c \cdot h}} \right)}_{\equiv 1}$$

$$\boxed{y_S = + \frac{1}{3} h}$$

Schwerpunktkoordinate y_S

(2) Berechnen Sie die Schwerpunktkoordinate x_S mit Hilfe der Summenformel.

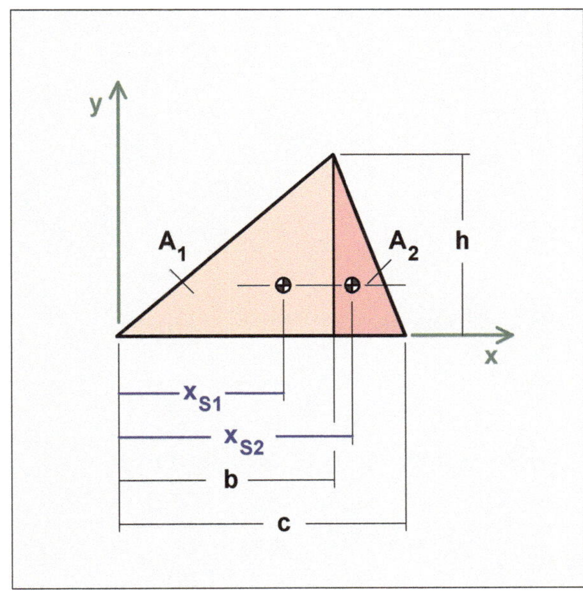

Zur Berechnung der Schwerpunktkoordinate x_S unterteilt man die dreieckförmige Fläche in zwei handhabbare dreieckförmige Flächen A_1 und A_2.

Übrigens, die zwei dreieckförmigen Flächen A_1 und A_2 sind rechtwinklige Dreiecke.

Es gilt:

'Das Produkt aus Gesamtschwerpunkt mal Gesamtfläche ist gleich der Summe der Produkte aus Einzelschwerpunkt und zugehöriger Einzelfläche.'

Somit lässt sich die Schwerpunktkoordinate x_S einer zusammengesetzten Fläche wie folgt formulieren,

$$x_S \cdot A = \sum_i x_{Si} \cdot A_i$$

Summenformel

Phänomenologischer Kleiderhaken:
'Satz vom Resultierenden Moment'

für den vorliegenden Fall,
zwei Flächen A_1 und A_2

$$x_S = \frac{1}{A} \sum_{i=1}^{2} x_{Si} \cdot A_i$$

$$x_S = + x_{S1} \cdot \frac{A_1}{A} + x_{S2} \cdot \frac{A_2}{A}$$

angepasst auf **vorliegende** Aufgabe

$$x_{S1} = + \frac{2}{3}b; \qquad x_{S2} = + b + \frac{1}{3}(c - b)$$

$$x_{S2} = + \frac{3}{3}b + \frac{1}{3}c - \frac{1}{3}b$$

$$x_{S2} = + \frac{2}{3}b + \frac{1}{3}c$$

$$x_{S2} = + \frac{1}{3}(2b + c)$$

Eine Dreieckfläche ist grundsätzlich 'einhalb mal Grundseite mal Höhe'.

$$A_1 = \frac{1}{2}\,b \cdot h\,;\quad A_2 = \frac{1}{2}\,(c-b) \cdot h\,;\quad A = \frac{1}{2}\,c \cdot h$$

$$x_S = +\frac{2}{3}\,b \cdot \frac{\frac{1}{2}\,b \cdot h}{\frac{1}{2}\,c \cdot h} + \frac{1}{3}(c+2b) \cdot \frac{\frac{1}{2}\,(c-b)\,h}{\frac{1}{2}\,c \cdot h}$$

$$x_S = +\frac{2}{3}\,b \cdot \frac{b}{c} + \frac{1}{3}(c+2b) \cdot \frac{c-b}{c}$$

Ausrechnen der runden Klammer

$$x_S = +\frac{2}{3} \cdot \frac{b^2}{c} + \left(\frac{1}{3}c + \frac{2}{3}b\right) \cdot \left(1 - \frac{b}{c}\right)$$

Multiplikation der runden Klammern

$$x_S = +\frac{2}{3} \cdot \frac{b^2}{c} + \frac{1}{3}c - \frac{1}{3}b + \frac{2}{3}b - \frac{2}{3} \cdot \frac{b^2}{c}$$

$$x_S = +\frac{2}{3} \cdot \frac{b^2}{c} + \frac{1}{3}c - \frac{1}{3}b + \frac{2}{3}b - \frac{2}{3} \cdot \frac{b^2}{c}$$

$$x_S = +\frac{1}{3}c - \frac{1}{3}b + \frac{2}{3}b$$

$$x_S = +\frac{1}{3}c + \frac{1}{3}b$$

$$\boxed{x_S = +\frac{1}{3}(b+c)}$$

Schwerpunktkoordinate x_S

(3) Geben Sie die Lage des Flächenschwerpunktes S in folgender Form an:

$$S : (x_S\,;\,y_S) = (\ldots\,;\,\ldots)\,.$$

$$\boxed{S : (x_S\,;\,y_S) = \left(+\frac{1}{3}(b+c)\,;\,+\frac{1}{3}h\right)}$$

Lage des Flächenschwerpunktes S

Aufgabe 4

Flächenschwerpunkt / Grundform / Rechtwinkliges Dreieck / Überlegen / Hinschreiben

x-Richtung: Überlegen / Hinschreiben
y-Richtung: Überlegen / Hinschreiben

Nebenstehende Abbildung zeigt eine dreieckförmige Fläche. Es handelt sich dabei um ein rechtwinkliges Dreieck.

Gegeben

Die dreieckförmige Fläche ist gegeben durch die Grundseite c und die Höhe h.

Gesucht

Geben Sie bitte die Lage des Flächenschwerpunktes S in folgender Form an:

$$S : \left(x_S;\, y_S \right) = \left(\ldots;\ \ldots \right).$$

Ergebnis : S : $\left(x_S;\ y_S \right) = \left(+\dfrac{1}{3}\,c\ ;\ +\dfrac{1}{3}\,h \right)$

Lösung

Geben Sie bitte die Lage des Flächenschwerpunktes S in folgender Form an:

$$S:\left(x_S; y_S\right) = (\dots; \dots).$$

Bei jeder dreieckförmigen Fläche liegt der Schwerpunkt S in einem Abstand **'ein Drittel mal der Höhe'** von der Grundlinie.

Das hat Allgemeingültigkeit und sollte in Form eines Merksatzes formuliert werden.

> **Merke : Flächenschwerpunkt S eines Dreiecks / Wissens-MUSS**
> **Der Flächenschwerpunkt S eines Dreiecks liegt bei einem Drittel der Höhe.**

Ermittlung der Schwerpunktkoordinate y_S

Wir betrachten das Rechtwinklige Dreieck. Die Grundseite ist 'c' und die Höhe 'h'.

$$y_S = +\frac{1}{3}h \qquad\qquad \text{Schwerpunktkoordinate } y_S$$

Ermittlung der Schwerpunktkoordinate x_S

Wir betrachten das Rechtwinklige Dreieck. Die Grundseite ist nun 'h' und die Höhe 'c'.

$$x_S = +\frac{1}{3}c \qquad\qquad \text{Schwerpunktkoordinate } x_S$$

Ergebnisdarstellung / Lage des Flächenschwerpunktes S

$$S:\left(x_S; y_S\right) = \left(+\frac{1}{3}c;\ +\frac{1}{3}h\right) \qquad\qquad \text{Lage des Flächenschwerpunktes S}$$

Aufgabe 5

Flächenschwerpunkt / Grundform / Gleichschenkliges Dreieck / Überlegen / Hinschreiben

x-Richtung: Überlegen / Hinschreiben
y-Richtung: Überlegen / Hinschreiben

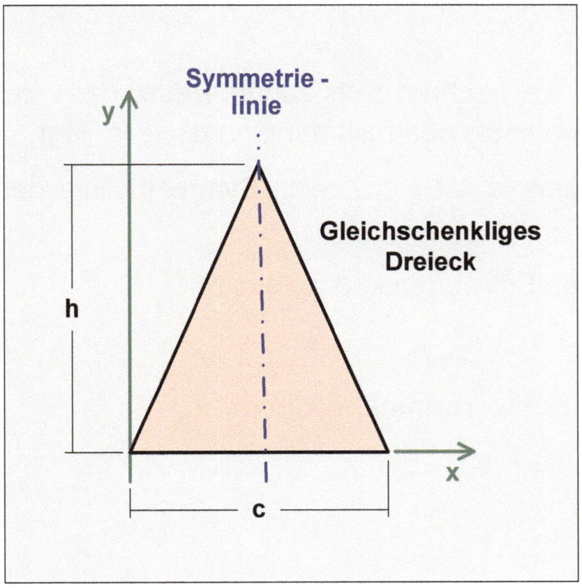

Nebenstehende Abbildung zeigt eine dreieckförmige Fläche. Es handelt sich dabei um ein Gleichschenkliges Dreieck.

Gegeben

Die dreieckförmige Fläche ist gegeben durch die Grundseite c und die Höhe h.

Gesucht

Geben Sie bitte die Lage des Flächenschwerpunktes S in folgender Form an:

$$S : \left(x_S ; y_S \right) = \left(\dots ; \dots \right).$$

Ergebnis : $S : \left(x_S ; y_S \right) = \left(+\dfrac{1}{2} c ; +\dfrac{1}{3} h \right)$

Lösung

Geben Sie bitte die Lage des Flächenschwerpunktes S in folgender Form an:

$$S:\left(x_S; y_S\right) = \left(\dots; \dots\right).$$

Ermittlung der Schwerpunktkoordinate x_S

Wir betrachten das Gleichschenklige Dreieck. Es zeichnet sich dadurch aus, dass der Schnittpunkt der **beiden gleich langen Schenkel** mittig oberhalb der Grundlinie 'c' liegt.

Das Lot dieses Schnittpunktes auf die Grundlinie 'c' ist gleichzeitig Symmetrielinie des Gleichschenkligen Dreiecks.

Die Symmetrielinie ist wiederum die Linie, die den Schwerpunkt S aufnimmt.

Überlegen / Hinschreiben

$$x_S = +\frac{1}{2}c \qquad\qquad \text{Schwerpunktkoordinate } x_S$$

Ermittlung der Schwerpunktkoordinate y_S

Wir betrachten das Gleichschenklige Dreieck. Die Grundseite ist 'c' und die Höhe 'h'.

> **Merke : Flächenschwerpunkt S eines Dreiecks / Wissens-MUSS**
> **Der Flächenschwerpunkt S eines Dreiecks liegt bei einem Drittel der Höhe.**

$$y_S = +\frac{1}{3}h \qquad\qquad \text{Schwerpunktkoordinate } y_S$$

Ergebnisdarstellung / Lage des Flächenschwerpunktes S

$$S:\left(x_S; y_S\right) = \left(+\frac{1}{2}c;\ +\frac{1}{3}h\right) \qquad\qquad \text{Lage des Flächenschwerpunktes S}$$

Aufgabe 6

Flächenschwerpunkt / Grundform / Gleichseitiges Dreieck / Überlegen / Hinschreiben

x-Richtung: Überlegen / Hinschreiben
y-Richtung: Überlegen / Hinschreiben

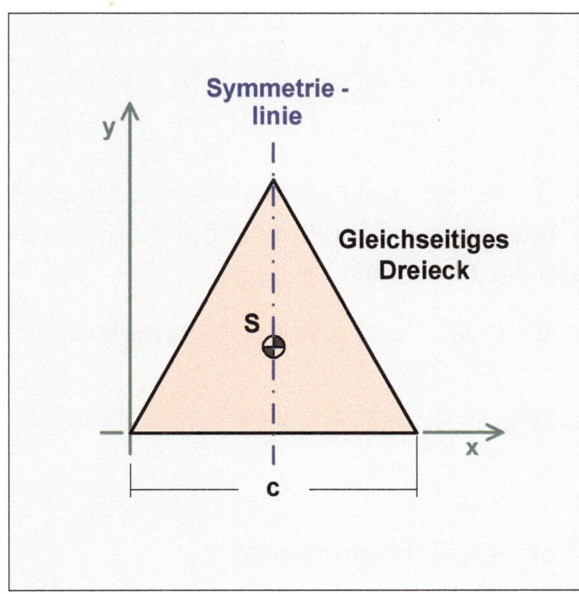

Nebenstehende Abbildung zeigt eine drei-eckförmige Fläche. Es handelt sich dabei um ein Gleichseitiges Dreieck.

Gegeben

Das gleichseitige Dreieck ist gegeben durch die Seite c.

Gesucht

Geben Sie bitte die Lage des Flächen-schwerpunktes S in folgender Form an:

$$S : \left(x_S ; y_S \right) = \left(\dots ; \dots \right).$$

Ergebnis : $\quad S : \left(x_S ; \ y_S \right) = \left(+\dfrac{1}{2}\,c ; \ +\dfrac{1}{3} \cdot \dfrac{\sqrt{3}}{2}\,c \right)$

Lösung

Geben Sie bitte die Lage des Flächenschwerpunktes S in folgender Form an:

$$S : \left(x_S ; y_S \right) = (\dots ; \dots) .$$

Ermittlung der Schwerpunktkoordinate x_S

Wir betrachten das Gleichseitige Dreieck. Es zeichnet sich dadurch aus, dass zum einen alle **drei Seiten gleich lang** sind, und dass zum anderen der Schnittpunkt der beiden - der Grundseite anliegenden - Schenkel mittig oberhalb der Grundseite 'c' liegt.

Das Lot dieses Schnittpunktes auf die Grundseite 'c' ist gleichzeitig Symmetrielinie des Gleichseitigen Dreiecks.

Die Symmetrielinie ist wiederum die Linie, die den Flächenschwerpunkt S aufnimmt.

Überlegen / Hinschreiben

$$\underline{\underline{x_S = + \frac{1}{2} c}} \qquad\qquad \text{**Schwerpunktkoordinate** } x_S$$

Ermittlung der Schwerpunktkoordinate y_S

Bei jeder dreieckförmigen Fläche liegt der Schwerpunkt bei einem Drittel der Höhe.

Das heißt, es gibt eine Grundseite. Oberhalb der Grundseite liegt der Schnittpunkt der beiden gleich langen und anliegenden Seiten des Dreiecks. Der Abstand dieses Schnittpunktes von der Grundlinie ist identisch mit der 'Höhe'.

In einem Abstand 'ein Drittel mal der Höhe' von der Grundseite liegt der Schwerpunkt.

Das hat Allgemeingültigkeit und sollte in Form eines Merksatzes formuliert werden.

> **Merke : Flächenschwerpunkt S eines Dreiecks / Wissens-MUSS**
> **Der Flächenschwerpunkt S eines Dreiecks liegt bei einem Drittel der Höhe.**

Wir betrachten das Gleichseitige Dreieck. Die Grundseite ist 'c', die Höhe ist 'h'. Die Höhe 'h' des Gleichseitigen Dreiecks ist aber nicht gegeben.

Es bietet sich an, die Höhe 'h' mit Hilfe des Satzes von PYTHAGORAS zu ermitteln.

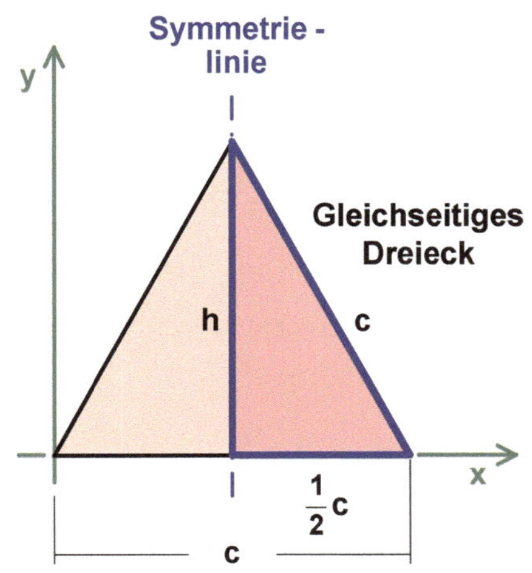

Satz von PYTHAGORAS

$$c^2 = h^2 + \left(\frac{1}{2}c\right)^2$$

$$h^2 = c^2 - \left(\frac{1}{2}c\right)^2$$

$$h^2 = \frac{4}{4}c^2 - \frac{1}{4}c^2$$

$$h^2 = \frac{3}{4}c^2$$

$$h = \frac{\sqrt{3}}{2}c$$

Noch einmal.

> **Merke : Flächenschwerpunkt S eines Dreiecks / Wissens-MUSS**
>
> **Der Flächenschwerpunkt S eines Dreiecks liegt bei einem Drittel der Höhe.**

$$y_S = +\frac{1}{3}h$$

$$\text{mit } h = \frac{\sqrt{3}}{2}c$$

$$y_S = +\frac{1}{3} \cdot \frac{\sqrt{3}}{2}c \qquad \text{Schwerpunktkoordinate } y_S$$

Ergebnisdarstellung / Lage des Flächenschwerpunktes S

$$S : \left(x_S; y_S\right) = \left(+\frac{1}{2}c; \ +\frac{1}{3} \cdot \frac{\sqrt{3}}{2}c\right) \qquad \text{**Lage des Flächenschwerpunktes S**}$$

Aufgabe 7

Flächenschwerpunkt / Grundform / Parallelogramm oder Rhomboid / Summenformel / Überlegen / Hinschreiben

x-Richtung: Summenformel
y-Richtung: Überlegen / Hinschreiben

Nebenstehende Abbildung zeigt ein Parallelogramm oder Rhomboid.

Ein solches Gebilde zeichnet sich dadurch aus, dass die jeweiligen gegenüberliegenden Seiten parallel sind.

Gegeben

Die parallelogrammförmige Fläche ist gegeben durch die Abmessungen b und c sowie durch die Höhe h.

Gesucht

Die Lage des Flächenschwerpunktes S.

(1)   Schwerpunktkoordinate x_S / (Summenformel)

(2)   Schwerpunktkoordinate y_S / (Überlegen / Hinschreiben)

(3)   Geben Sie bitte die Lage des Flächenschwerpunktes S in folgender Form an:
$$S: \left(x_S; y_S\right) = \left(\ldots;\ \ldots\right).$$

Ergebnis : $S : \left(x_S; y_S\right) = \left(+\dfrac{1}{2}(b+c);\ +\dfrac{1}{2}h\right)$

(1) Schwerpunktkoordinate x_S mit Hilfe der Summenformel

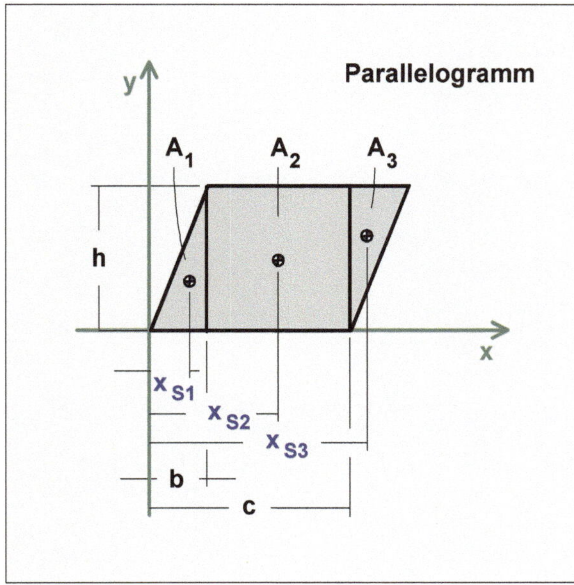

Zur Berechnung der Schwerpunktkoordinate x_S unterteilt man die parallelogrammförmige Fläche in drei handhabbare Flächen, A_1, A_2 und A_3.

Übrigens, die zwei dreieckförmigen Flächen A_1 und A_3 sind rechtwinklige Dreiecke.

Es gilt:

'Das Produkt aus Gesamtschwerpunkt mal Gesamtfläche ist gleich der Summe der Produkte aus Einzelschwerpunkt und zugehöriger Einzelfläche.'

Somit lässt sich die Schwerpunktkoordinate x_S einer zusammengesetzten Fläche mit Hilfe der Summenformel formulieren,

$$x_S \cdot A = \sum_i x_{Si} \cdot A_i \cdot$$

Summenformel

Phänomenologischer Kleiderhaken:
'Satz vom Resultierenden Moment'

für den vorliegenden Fall,
drei Flächen A_1, A_2 und A_3

$$x_S = \frac{1}{A} \sum_{i=1}^{3} x_{Si} \cdot A_i$$

$$x_S = \frac{1}{A} \left(x_{S1} \cdot A_1 + x_{S2} \cdot A_2 + x_{S3} \cdot A_3 \right)$$

$$x_S = + x_{S1} \cdot \frac{A_1}{A} + x_{S2} \cdot \frac{A_2}{A} + x_{S3} \cdot \frac{A_3}{A} \frac{1}{A}$$

angepasst auf **vorliegende** Aufgabe

$$x_{S1} = + \frac{2}{3} b;$$

$$x_{S2} = + b + \frac{1}{2} (c - b) = + \frac{1}{2} (b + c);$$

$$x_{S3} = + c + \frac{1}{3} b.$$

$$A_1 = \frac{1}{2}\, b \cdot h$$

$$A_2 = (c - b) \cdot h$$

$$A_3 = \frac{1}{2}\, b \cdot h$$

$$A = c \cdot h$$

$$x_S = +\frac{2}{3}\, b \cdot \frac{\frac{1}{2}\, b \cdot h}{c \cdot h} + \frac{1}{2}(c + b) \cdot \frac{(c-b) \cdot h}{c \cdot h} + \left(c + \frac{1}{3}\, b\right) \cdot \frac{\frac{1}{2}\, b \cdot h}{c \cdot h}$$

Zähler und Nenner durch 'h' teilen

$$x_S = +\frac{2}{3}\, b \cdot \frac{\frac{1}{2}\, b}{c} + \frac{1}{2}(c + b) \cdot \frac{(c-b)}{c} + \left(c + \frac{1}{3}\, b\right) \cdot \frac{\frac{1}{2}\, b}{c}$$

$$x_S = +\frac{2}{2 \cdot 3}\, b^2 \cdot \frac{1}{c} + \frac{1}{2}(c + b) \cdot \frac{(c-b)}{c} + \frac{b}{2 \cdot c}\left(c + \frac{1}{3}\, b\right)$$

$'\frac{1}{2c}'$ ausklammern

$$x_S = +\frac{1}{2\,c}\left[\frac{2}{3}\, b^2 + (c + b) \cdot (c - b) + b \cdot \left(c + \frac{1}{3}\, b\right)\right]$$

3tes Binom / **Wissens-MUSS**

$$x_S = +\frac{1}{2\,c}\left[\frac{2}{3}\, b^2 + c^2 - b^2 + b \cdot c + \frac{1}{3}\, b^2\right]$$

$$x_S = +\frac{1}{2\,c}\left[\frac{2}{3}\, b^2 + c^2 - \frac{3}{3}\, b^2 + b \cdot c + \frac{1}{3}\, b^2\right]$$

$$x_S = +\frac{1}{2\,c}\left[\frac{2}{3}\, b^2 + c^2 - \frac{3}{3}\, b^2 + b \cdot c + \frac{1}{3}\, b^2\right]$$

$$x_S = +\frac{1}{2\,c}\left(c^2 + b\cdot c\right)$$

$$x_S = \frac{1}{2}(b + c)$$

Schwerpunktkoordinate x_S

(2) Schwerpunktkoordinate y_S / (Überlegen und Hinschreiben)

Überlegung

Man betrachtet die Skizze des vorhergehenden Aufgabenpunktes. Die parallelogrammförmige Fläche ist in drei Flächen A_1, A_2 und A_3 eingeteilt.

Nimmt man die Fläche A_3 und verschiebt diese nach links - an die Fläche A_1, so ergibt sich exakt ein Rechteck mit der Grundseite c und der Höhe h.

Man weiß, dass der Schwerpunkt einer rechteckförmigen Fläche - in y-Richtung - auf der halben Höhe liegt,

$$y_S = +\frac{1}{2}h.$$

Schwerpunktkoordinate y_S

(3) Geben Sie bitte die Lage des Flächenschwerpunktes S in folgender Form an:

$$S:\left(x_S;\,y_S\right) = \left(\dots;\ \dots\right).$$

$$S:\left(x_S;\,y_S\right) = \left(+\frac{1}{2}(b+c);\ +\frac{1}{2}h\right)$$

Lage des Flächenschwerpunktes S

Aufgabe 8

Flächenschwerpunkt / Grundform / Allgemeines Trapez / Summenformel

x-Richtung: Summenformel
y-Richtung: Summenformel

Nebenstehende Abbildung zeigt ein Allgemeines Trapez.

Ein Trapez zeichnet sich dadurch aus, dass **zwei** Seiten parallel zueinander sind. Diese beiden parallelen Seiten werden Grundseiten des Trapezes genannt.

Gegeben

Das Trapez ist gegeben durch die beiden Grundseiten b_1 und b_2 sowie durch die Abmessung c und die Höhe h.

Gesucht

(1)   Schwerpunktkoordinate x_S / (Summenformel)

(2)   Schwerpunktkoordinate y_S / (Summenformel)

(3)   Geben Sie bitte die Lage des Flächenschwerpunktes S in folgender Form an:

$$S : \left(x_S ; y_S \right) = \left(... ; ... \right).$$

$$Ergebnis : S : \left(x_S ; y_S \right) = \left(+ \frac{1}{3} \cdot \frac{b_1^2 + b_2^2 + b_1 \left(b_2 + c \right) + 2\, b_2\, c}{b_1 + b_2} \; ; \; + \frac{1}{3}\, h \cdot \frac{b_1 + 2\, b_2}{b_1 + b_2} \right)$$

(1)   Schwerpunktkoordinate x_S mit Hilfe der Summenformel

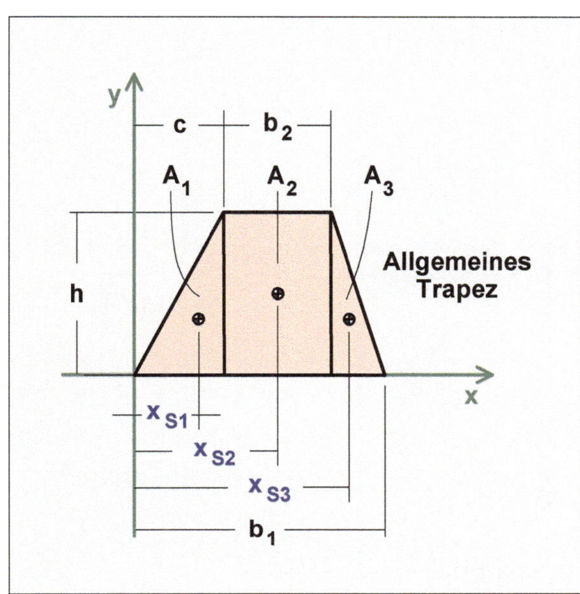

Zur Berechnung der Schwerpunktkoordinate x_S unterteilt man die Trapezfläche in drei handhabbare Flächen A_1, A_2 und A_3.

Übrigens, die zwei dreieckförmigen Flächen A_1 und A_3 sind rechtwinklige Dreiecke.

Es gilt:

'Das Produkt aus Gesamtschwerpunkt und Gesamtfläche ist gleich der Summe der Produkte aus Einzelschwerpunkt und zugehöriger Einzelfläche.'

Somit lässt sich die Schwerpunktkoordinate x_S einer zusammengesetzten Fläche mit Hilfe der Summenformel formulieren,

$$x_S \cdot A = \sum_i x_{Si} \cdot A_i.$$

Summenformel
Phänomenologischer Kleiderhaken:
'Satz vom Resultierenden Moment'

für den vorliegenden Fall,
drei Flächen A_1, A_2 und A_3

$$x_S = \frac{1}{A} \sum_{i=1}^{3} x_{Si} \cdot A_i$$

$$x_S = \frac{1}{A} \left(+ x_{S1} \cdot A_1 + x_{S2} \cdot A_2 + x_{S3} \cdot A_3 \right)$$

$$x_S = + x_{S1} \cdot \frac{A_1}{A} + x_{S2} \cdot \frac{A_2}{A} + x_{S3} \cdot \frac{A_3}{A}$$

angepasst auf **vorliegende** Aufgabe

$$x_{S1} = + \frac{2}{3} c \, ;$$

$$x_{S2} = + c + \frac{1}{2} b_2 \, ;$$

$$x_{S3} = + b_1 - \frac{2}{3} \left[b_1 - \left(c + b_2 \right) \right].$$

$$A_1 = \frac{1}{2}c \cdot h;$$

$$A_2 = b_2 \cdot h;$$

$$A_3 = \frac{1}{2}\left[b_1 - \left(c + b_2\right)\right] \cdot h;$$

$$A = \frac{1}{2}\left(b_1 + b_2\right) \cdot h.$$

$$x_S = +\frac{2}{3}c \cdot \frac{\frac{1}{2}c\,\cancel{h}}{\frac{1}{2}\left(b_1 + b_2\right)\cancel{h}} + \left(c + \frac{1}{2}b_2\right) \cdot \frac{b_2\,\cancel{h}}{\frac{1}{2}\left(b_1 + b_2\right)\cancel{h}} + \left[b_1 - \frac{2}{3}\left[b_1 - \left(c + b_2\right)\right]\right] \cdot \frac{\frac{1}{2}\left[b_1 - \left(c + b_2\right)\right]\cancel{h}}{\frac{1}{2}\left(b_1 + b_2\right)\cancel{h}}$$

Die Gleichung auf der rechten Seite besteht aus drei Summanden. Aus allen dreien wird die Größe 'h' herausgekürzt.

$$x_S = +\frac{2}{3}c \cdot \frac{c}{b_1 + b_2} + \left(c + \frac{1}{2}b_2\right) \cdot \frac{2b_2}{b_1 + b_2} + \left[b_1 - \frac{2}{3}\left[b_1 - \left(c + b_2\right)\right]\right] \cdot \frac{b_1 - \left(c + b_2\right)}{b_1 + b_2}$$

'$\dfrac{1}{3 \cdot \left(b_1 + b_2\right)}$' ausklammern

$$x_S = +\frac{1}{3 \cdot \left(b_1 + b_2\right)}\left[2c^2 + \left(c + \frac{1}{2}b_2\right)6b_2 + 3\left[b_1 - \frac{2}{3}\left[b_1 - \left(c + b_2\right)\right]\right] \cdot \left[b_1 - \left(c + b_2\right)\right]\right]$$

Arbeiten in den Klammern

$$x_S = +\frac{1}{3 \cdot \left(b_1 + b_2\right)}\left[2c^2 + \left(\frac{1}{2}b_2 + c\right)6b_2 + 3\left[b_1 - \frac{2}{3}\left[b_1 - c - b_2\right]\right] \cdot \left[b_1 - c - b_2\right]\right]$$

Arbeiten in der Klammer

$$x_S = +\frac{1}{3 \cdot \left(b_1 + b_2\right)}\left[2c^2 + \left(\frac{1}{2}b_2 + c\right)6b_2 + 3\left(b_1 - \frac{2}{3}b_1 + \frac{2}{3}c + \frac{2}{3}b_2\right) \cdot \left(b_1 - c - b_2\right)\right]$$

$$x_S = +\frac{1}{3 \cdot \left(b_1 + b_2\right)}\left[2c^2 + \left(\frac{1}{2}b_2 + c\right)6b_2 + 3\left(\frac{1}{3}b_1 + \frac{2}{3}c + \frac{2}{3}b_2\right) \cdot \left(b_1 - c - b_2\right)\right]$$

Klammer bearbeiten

$$x_S = + \frac{1}{3 \cdot (b_1 + b_2)} \left[2c^2 + \left(\frac{1}{2}b_2 + c \right) 6b_2 + (b_1 + 2c + 2b_2) \cdot (b_1 - c - b_2) \right]$$

Ausrechnen der runden Klammern

$$x_S = + \frac{1}{3(b_1 + b_2)} \left(2c^2 + 3b_2^2 + 6b_2c + b_1^2 - b_1c - b_1b_2 + 2b_1c - 2c^2 - 2b_2c + 2b_1b_2 - 2b_2c - 2b_2^2 \right)$$

Zusammenfassen zugehöriger Terme

$$x_S = + \frac{1}{3(b_1 + b_2)} \left(b_1^2 + b_2^2 + b_1b_2 + b_1c + 2b_2c \right)$$

$$x_S = + \frac{1}{3(b_1 + b_2)} \left[b_1^2 + b_2^2 + b_1(b_2 + c) + 2b_2c \right]$$

$$x_S = + \frac{1}{3} \cdot \frac{b_1^2 + b_2^2 + b_1(b_2 + c) + 2b_2c}{b_1 + b_2}$$

Schwerpunktkoordinate x_S

(2) Schwerpunktkoordinate y_S mit Hilfe der Summenformel

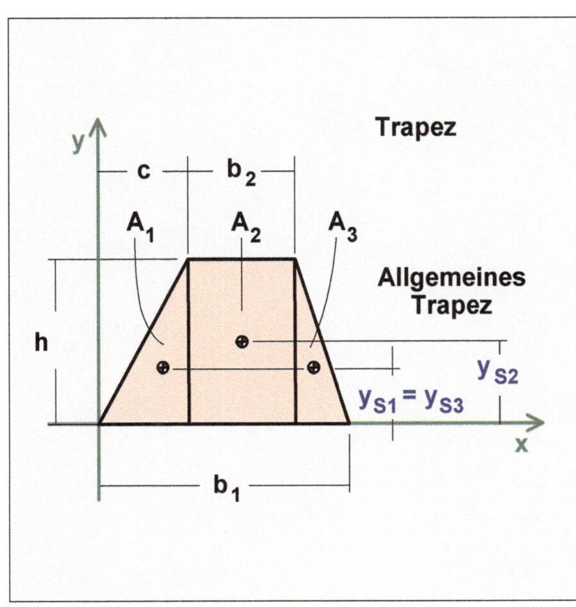

Zur Berechnung der Schwerpunktkoordinate y_S unterteilt man die Trapezfläche in drei handhabbare Flächen A_1, A_2 und A_3.

Übrigens, die zwei dreieckförmigen Flächen A_1 und A_3 sind rechtwinklige Dreiecke.

Es gilt:

'Das Produkt aus Gesamtschwerpunkt und Gesamtfläche ist gleich der Summe der Produkte aus Einzelschwerpunkt und zugehöriger Einzelfläche.'

Somit lässt sich die Schwerpunktkoordinate y_S einer zusammengesetzten Fläche mit Hilfe der Summenformel formulieren.

$$x_S \cdot A = \sum_i x_{Si} \cdot A_i$$

Summenformel

Phänomenologischer Kleiderhaken:
'Satz vom Resultierenden Moment'

für den vorliegenden Fall,
drei Flächen A_1, A_2 und A_3

$$y_S = \frac{1}{A} \sum_{i=1}^{3} y_{Si} \cdot A_i \,,$$

$$y_S = \frac{1}{A} \left(+ y_{S1} \cdot A_1 + y_{S2} \cdot A_2 + y_{S3} \cdot A_3 \right)$$

angepasst auf **vorliegende** Aufgabe

mit $y_{S1} = y_{S3}$

$$y_S = \frac{1}{A} \left(+ y_{S1} \cdot A_1 + y_{S2} \cdot A_2 + y_{S1} \cdot A_3 \right)$$

$$y_S = \frac{1}{A} \left[+ y_{S1} \cdot \left(A_1 + A_3 \right) + y_{S2} \cdot A_2 \right]$$

$$y_S = + y_{S1} \cdot \frac{A_1 + A_3}{A} + y_{S2} \cdot \frac{A_2}{A}$$

$$y_{S1} = y_{S3} = + \frac{1}{3} h \,;$$

$$y_{S2} = + \frac{1}{2} h \,.$$

$$A_1 = \frac{1}{2} c \cdot h \,;$$

$$A_2 = b_2 \cdot h \,;$$

$$A_3 = \frac{1}{2} \left[b_1 - \left(c + b_2 \right) \right] \cdot h \,;$$

$$A = \frac{1}{2} \left(b_1 + b_2 \right) \cdot h \,.$$

$$y_S = + \frac{1}{3} h \cdot \frac{\frac{1}{2} c h + \frac{1}{2} \left[b_1 - \left(c + b_2 \right) \right] h}{\frac{1}{2} \left(b_1 + b_2 \right) h} + \frac{1}{2} h \cdot \frac{b_2 h}{\frac{1}{2} \left(b_1 + b_2 \right) h}$$

$$y_S = +\frac{1}{3}\,h\cdot\frac{\frac{1}{2}\,c\,h+\frac{1}{2}\left[b_1-(c+b_2)\right]h}{\frac{1}{2}\left(b_1+b_2\right)h}+\frac{1}{2}\,h\cdot\frac{b_2\,h}{\frac{1}{2}\left(b_1+b_2\right)h}$$

Herauskürzen der Größe 'h'

$$y_S = +\frac{1}{3}\,h\cdot\frac{\frac{1}{2}\,c+\frac{1}{2}\left[b_1-(c+b_2)\right]}{\frac{1}{2}\left(b_1+b_2\right)}+\frac{1}{2}\,h\cdot\frac{b_2}{\frac{1}{2}\left(b_1+b_2\right)}$$

Herauskürzen der Größe '$\frac{1}{2}$'

$$y_S = +\frac{1}{3}\,h\cdot\frac{\frac{1}{2}\,c+\frac{1}{2}\left[b_1-(c+b_2)\right]}{\frac{1}{2}\left(b_1+b_2\right)}+\frac{1}{2}\,h\cdot\frac{b_2}{\frac{1}{2}\left(b_1+b_2\right)}$$

$$y_S = +\frac{1}{3}\,h\cdot\frac{c+\left[b_1-(c+b_2)\right]}{b_1+b_2}+h\cdot\frac{b_2}{b_1+b_2}$$

'$\frac{1}{3}\,h\cdot\frac{1}{b_1+b_2}$' ausklammern

$$y_S = +\frac{1}{3}\,h\cdot\frac{1}{b_1+b_2}\cdot\left\{c+\left[b_1-(c+b_2)\right]+3\,b_2\right\}$$

die innere runde Klammer auflösen

$$y_S = +\frac{1}{3}\,h\cdot\frac{1}{b_1+b_2}\cdot\left[c+\left(b_1-c-b_2\right)+3\,b_2\right]$$

die runde Klammer auflösen

$$y_S = +\frac{1}{3}\,h\cdot\frac{1}{b_1+b_2}\cdot\left(c+b_1-c-b_2+3\,b_2\right)$$

$$y_S = +\frac{1}{3}\,h\cdot\frac{1}{b_1+b_2}\cdot\left(b_1-b_2+3\,b_2\right)$$

$$y_S = +\frac{1}{3}h \cdot \frac{1}{b_1 + b_2} \cdot \left(b_1 + 2\,b_2\right)$$

$$y_S = +\frac{1}{3}h \cdot \frac{b_1 + 2\,b_2}{b_1 + b_2} \qquad \text{Schwerpunktkoordinate } y_S$$

(3)   Geben Sie die Lage des Flächenschwerpunktes S in folgender Form an:

$$S : \left(x_S ; y_S\right) = (\ldots ; \ldots).$$

$$S : \left(x_S ; y_S\right) = \left(+\frac{1}{3} \cdot \frac{b_1^2 + b_2^2 + b_1\left(b_2 + c\right) + 2\,b_2\,c}{b_1 + b_2} ; \ +\frac{1}{3}h \cdot \frac{b_1 + 2\,b_2}{b_1 + b_2} \right)$$

Die Lage des Flächenschwerpunktes S.

Aufgabe 9

Flächenschwerpunkt / Grundform / Allgemeines Trapez / Summenformel (und formelmäßige Anpassung an die bereits bekannten 'allgemeinen' Formeln)

x-Richtung: Summenformel
y-Richtung: Summenformel

Nebenstehende Abbildung zeigt ein Allgemeines Trapez.

Ein Trapez zeichnet sich dadurch aus, dass zwei Seiten parallel zueinander sind. Diese beiden parallelen Seiten werden Grundseiten des Trapezes genannt.

Gegeben

Das Trapez ist gegeben durch die beiden Grundseiten (charakteristisches Maß b) sowie durch die Höhe h.

Gesucht

Die Lage des Flächenschwerpunktes S bezogen auf das (x-y)-Koordinatensystem.

(1)   Schwerpunktkoordinate x_S / (Summenformel)

(2)   Schwerpunktkoordinate y_S / (Summenformel)

(3)   Geben Sie bitte die Lage des Flächenschwerpunktes S in folgender Form an:

$$S: \left(x_S; y_S\right) = (\ldots; \ldots).$$

(4)   Überprüfen Sie die Schwerpunktkoordinaten x_S und y_S anhand der Ihnen bereits bekannten 'allgemeineren' Formeln.

Ergebnis : $S : \left(x_S; y_S\right) = \left(+\dfrac{41}{44}\,b;\ +\dfrac{20}{44}\,h \right)$

(1) Schwerpunktkoordinate x_S mit Hilfe der Summenformel

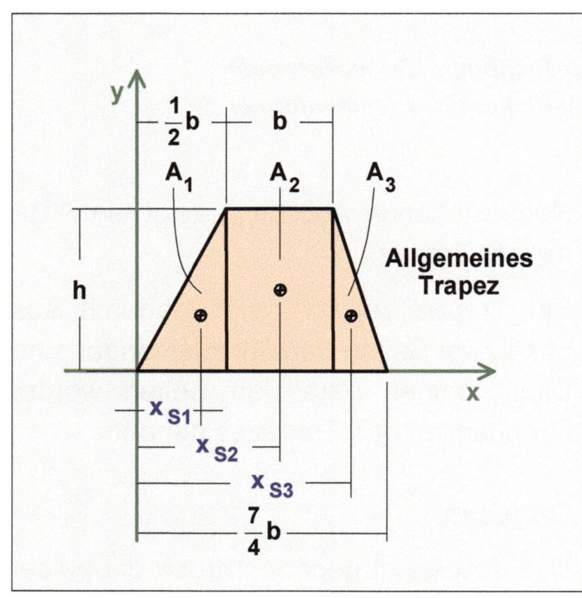

Zur Berechnung der Schwerpunktkoordinate x_S unterteilt man die Trapezfläche in drei handhabbare Flächen A_1, A_2 und A_3.

Übrigens, die zwei dreieckförmigen Flächen A_1 und A_3 sind rechtwinklige Dreiecke.

Es gilt:

'Das Produkt aus Gesamtschwerpunkt und Gesamtfläche ist gleich der Summe der Produkte aus Einzelschwerpunkt und zugehöriger Einzelfläche.'

Somit lässt sich die Schwerpunktkoordinate x_S einer zusammengesetzten Fläche mit Hilfe der Summenformel formulieren,

$$x_S \cdot A = \sum_i x_{Si} \cdot A_i.$$

Summenformel
Phänomenologischer Kleiderhaken:
'Satz vom Resultierenden Moment'

für den vorliegenden Fall,
drei Flächen A_1, A_2 und A_3

$$x_S = \frac{1}{A} \sum_{i=1}^{3} x_{Si} \cdot A_i$$

$$x_S = \frac{1}{A}\left(+ x_{S1} \cdot A_1 + x_{S2} \cdot A_2 + x_{S3} \cdot A_3\right)$$

$$x_S = + x_{S1} \cdot \frac{A_1}{A} + x_{S2} \cdot \frac{A_2}{A} + x_{S3} \cdot \frac{A_3}{A}$$

angepasst auf **vorliegende** Aufgabe

$$x_{S1} = + \frac{2}{3} \cdot \frac{1}{2}b = + \frac{1}{3}b \;;$$

$$x_{S2} = + \frac{1}{2}b + \frac{1}{2}b = + b \;;$$

$$x_{S3} = + \frac{1}{2}b + b + \frac{1}{3}\left[\frac{7}{4}b - \left(\frac{1}{2}b + b\right)\right];$$

$$x_{S3} = +\frac{3}{2}b + \frac{1}{3}\left(\frac{7}{4}b - \frac{3}{2}b\right);$$

$$x_{S3} = +\frac{3}{2}b + \frac{1}{3}\left(\frac{7}{4}b - \frac{6}{4}b\right);$$

$$x_{S3} = +\frac{3}{2}b + \frac{1}{3}\cdot\frac{1}{4}b;$$

$$x_{S3} = +\frac{18}{12}b + \frac{1}{12}b;$$

$$x_{S3} = +\frac{19}{12}b;$$

$$A_1 = \frac{1}{2}\cdot\frac{1}{2}b\cdot h;$$

$$A_1 = \frac{1}{4}b\cdot h = \frac{2}{8}b\cdot h;$$

$$A_2 = b\cdot h = \frac{8}{8}b\cdot h;$$

$$A_3 = \frac{1}{2}\left[\frac{7}{4}b - \left(\frac{1}{2}b + b\right)\right]\cdot h;$$

$$A_3 = \frac{1}{2}\left(\frac{7}{4}b - \frac{3}{2}b\right)\cdot h;$$

$$A_3 = \frac{1}{2}\left(\frac{7}{4}b - \frac{6}{4}b\right)\cdot h;$$

$$A_3 = \frac{1}{2}\cdot\frac{1}{4}b\cdot h;$$

$$A_3 = \frac{1}{8}b\cdot h;$$

$$A = \frac{1}{2}\left(\frac{7}{4}b + b\right)\cdot h;$$

$$A = \frac{1}{2}\left(\frac{7}{4}b + \frac{4}{4}b\right)\cdot h;$$

$$A = \frac{1}{2} \cdot \frac{11}{4} \, b \cdot h \, ;$$

$$A = \frac{11}{8} \, b \cdot h \, .$$

$$x_S = + x_{S1} \cdot \frac{A_1}{A} + x_{S2} \cdot \frac{A_2}{A} + x_{S3} \cdot \frac{A_3}{A}$$

$$x_S = + \frac{1}{3} \, b \cdot \frac{\frac{2}{8} \, b \cdot h}{\frac{11}{8} \, b \cdot h} + b \cdot \frac{\frac{8}{8} \, b \cdot h}{\frac{11}{8} \, b \cdot h} + \frac{19}{12} \, b \cdot \frac{\frac{1}{8} \, b \cdot h}{\frac{11}{8} \, b \cdot h}$$

herauskürzen des Produktes ' $\frac{1}{8} b \cdot h$ '

$$x_S = + \frac{1}{3} \, b \cdot \frac{\frac{2}{8} \, b \cdot h}{\frac{11}{8} \, b \cdot h} + b \cdot \frac{\frac{8}{8} \, b \cdot h}{\frac{11}{8} \, b \cdot h} + \frac{19}{12} \, b \cdot \frac{\frac{1}{8} \, b \cdot h}{\frac{11}{8} \, b \cdot h}$$

$$x_S = + \frac{1}{3} \, b \cdot \frac{2}{11} + b \cdot \frac{8}{11} + \frac{19}{12} \, b \cdot \frac{1}{11}$$

auf Hauptnenner '132' bringen'

$$x_S = + \frac{8}{132} \, b + \frac{96}{132} \, b + \frac{19}{132} \, b$$

zusammenfassen

$$x_S = + \frac{123}{132} \, b$$

Zähler und Nenner entsprechend kürzen - durch '3'

$$\boxed{x_S = + \frac{41}{44} \, b}$$

Schwerpunktkoordinate x_S

(2) Schwerpunktkoordinate y_S mit Hilfe der Summenformel

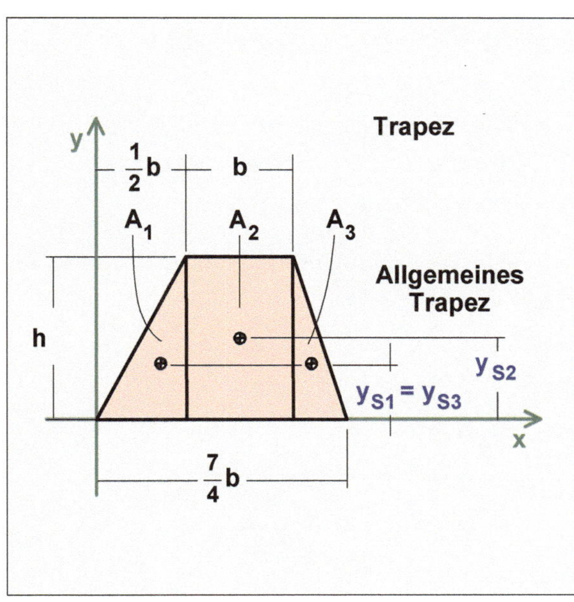

Zur Berechnung der Schwerpunktkoordinate y_S unterteilt man die Trapezfläche in drei handhabbare Flächen A_1, A_2 und A_3.

Übrigens, die zwei dreieckförmigen Flächen A_1 und A_3 sind rechtwinklige Dreiecke.

Es gilt:

'Das Produkt aus Gesamtschwerpunkt und Gesamtfläche ist gleich der Summe der Produkte aus Einzelschwerpunkt und zugehöriger Einzelfläche.'

Somit lässt sich die Schwerpunktkoordinate y_S einer zusammengesetzten Fläche mit Hilfe der Summenformel formulieren,

$$y_S \cdot A = \sum_i y_{Si} \cdot A_i \cdot$$

Summenformel

Phänomenologischer Kleiderhaken:
'Satz vom Resultierenden Moment'

für den vorliegenden Fall,
drei Flächen A_1, A_2 und A_3

$$y_S = \frac{1}{A} \sum_{i=1}^{3} y_{Si} \cdot A_i$$

$$y_S = \frac{1}{A} \left(+ y_{S1} \cdot A_1 + y_{S2} \cdot A_2 + y_{S3} \cdot A_3 \right)$$

angepasst auf **vorliegende** Aufgabe

mit $y_{S3} = y_{S1}$

$$y_S = \frac{1}{A} \left(+ y_{S1} \cdot A_1 + y_{S2} \cdot A_2 + y_{S1} \cdot A_3 \right)$$

$$y_S = \frac{1}{A} \left[+ y_{S1} \cdot \left(A_1 + A_3 \right) + y_{S2} \cdot A_2 \right]$$

$$y_S = + y_{S1} \cdot \frac{A_1 + A_3}{A} + y_{S2} \cdot \frac{A_2}{A}$$

$$y_{S1} = y_{S3} = +\frac{1}{3}\,h\,;$$

$$y_{S2} = +\frac{1}{2}h\,.$$

Die Flächen A_1, A_2 und A_3 können vom 1. Aufgabenpunkt 'Schwerpunktkoordinate x_S' übernommen werden.

Es handelt sich um die gleichen Flächen.

$$A_1 = \frac{2}{8}\,b\cdot h\,;$$

$$A_2 = \frac{8}{8}\,b\cdot h\,;$$

$$A_3 = \frac{1}{8}\,b\cdot h\,;$$

$$A = \frac{11}{8}\,b\cdot h\,.$$

$$y_S = +\,y_{S1}\cdot\frac{A_1 + A_3}{A} + y_{S2}\cdot\frac{A_2}{A}$$

$$y_S = +\frac{1}{3}\,h\cdot\frac{\dfrac{2}{8}\,b\cdot h + \dfrac{1}{8}\,b\cdot h}{\dfrac{11}{8}\,b\cdot h} + \frac{1}{2}\,h\cdot\frac{\dfrac{8}{8}\,b\cdot h}{\dfrac{11}{8}\,b\cdot h}$$

herauskürzen des Produktes '$\dfrac{1}{8}\,b\cdot h$'

$$y_S = +\frac{1}{3}\,h\cdot\frac{\dfrac{2}{8}\,b\cdot h + \dfrac{1}{8}\,b\cdot h}{\dfrac{11}{8}\,b\cdot h} + \frac{1}{2}\,h\cdot\frac{\dfrac{8}{8}\,b\cdot h}{\dfrac{11}{8}\,b\cdot h}$$

$$y_S = +\frac{1}{3}\,h\cdot\frac{2+1}{11} + \frac{1}{2}\,h\cdot\frac{8}{11}$$

beide Summanden etwas vereinfachen

$$y_S = + \frac{1}{\cancel{3}} h \cdot \frac{\cancel{3}}{11} + h \cdot \frac{4}{11}$$

$$y_S = + h \cdot \frac{1}{11} + h \cdot \frac{4}{11}$$

beide Summanden addieren

$$y_S = + \frac{5}{11} \cdot h$$

$$\boxed{y_S = + \frac{5}{11} \cdot h} \quad = + \frac{20}{44} \cdot h$$

Schwerpunktkoordinate y_S

(3)   Geben Sie die Lage des Flächenschwerpunktes S in folgender Form an:
$$S : \left(x_S ; y_S \right) = (\dots ; \dots) .$$

Beide Schwerpunktkoordinaten haben die gleichen Nennergrößen.

Das ist eine Frage des 'mathematischen Aussehens'.

Man kann die Schwerpunktkoordinaten selbstverständlich auch anders darstellen - gekürzt.

$$S : \left(x_S ; y_S \right) = \left(+ \frac{41}{44} b ; \ + \frac{20}{44} \cdot h \right)$$

Lage des Flächenschwerpunktes S

(4) **Überprüfen Sie die Schwerpunktkoordinaten x_S und y_S anhand der Ihnen bereits bekannten 'allgemeineren' Formeln.**

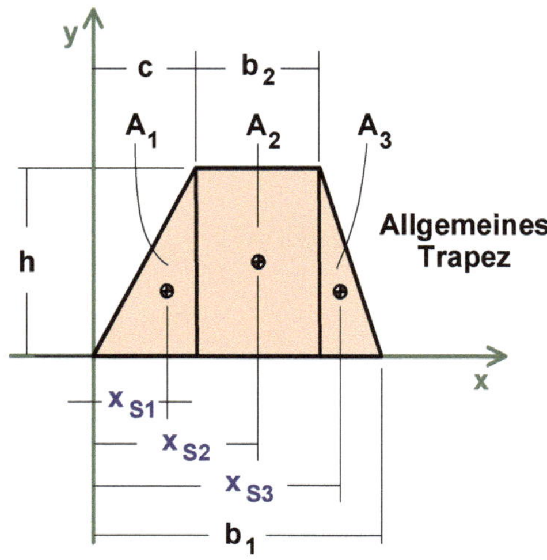

Nebenstehende Skizze zeigt das Allgemeine Trapez. Damit ist gemeint, ein Trapez in seiner allgemeinsten Form.

Die zugehörige Schwerpunktkoordinate x_S lautet wie folgt:

$$x_S = +\frac{1}{3} \cdot \frac{b_1^2 + b_2^2 + b_1\left(b_2 + c\right) + 2b_2 c}{b_1 + b_2}.$$

Diese Gleichung wird zugrunde gelegt, um zu überprüfen, in wieweit die 'normal gerechnete' Gleichung mit anderen Bezeichnungen der Abmessungen richtig ist.

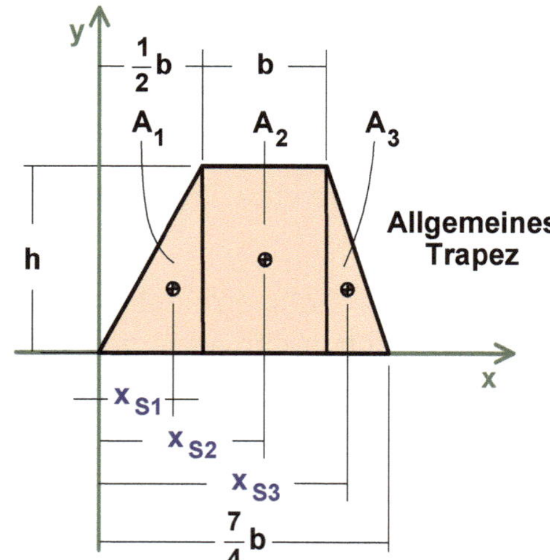

Nebenstehende Skizze zeigt ebenfalls ein Allgemeines Trapez, allerdings mit anderen Bezeichnungen der Abmessungen.

Durch Vergleich beider Skizzen ergibt sich:

$$c = \frac{1}{2}b\,;$$

$$b_2 = b\,;$$

$$b_1 = \frac{7}{4}b\,.$$

$$x_S = +\frac{1}{3} \cdot \frac{b_1^2 + b_2^2 + b_1\left(b_2 + c\right) + 2b_2 c}{b_1 + b_2}$$

Allgemeines Trapez

$$x_S = +\frac{1}{3} \cdot \frac{\left(\frac{7}{4}b\right)^2 + b^2 + \frac{7}{4}b\left(b + \frac{1}{2}b\right) + 2b \cdot \frac{1}{2}b}{\frac{7}{4}b + b}$$

$$x_S = +\frac{1}{3} \cdot \frac{\left(\frac{7}{4}b\right)^2 + b^2 + \frac{7}{4}b\left(\frac{2}{2}b + \frac{1}{2}b\right) + 2b \cdot \frac{1}{2}b}{\frac{7}{4}b + \frac{4}{4}b}$$

$$x_S = +\frac{1}{3} \cdot \frac{\left(\frac{7}{4}b\right)^2 + b^2 + \frac{7}{4}b \cdot \frac{3}{2}b + 2b \cdot \frac{1}{2}b}{\frac{11}{4}b}$$

$$x_S = +\frac{1}{3} \cdot \frac{\left(\frac{7}{4}b\right)^2 + b^2 + \frac{7}{4}b \cdot \frac{3}{2}b + 2b \cdot \frac{1}{2}b}{\frac{11}{4}b}$$

$$x_S = +\frac{\frac{49}{16}b^2 + b^2 + \frac{21}{8}b^2 + b^2}{\frac{33}{4}b}$$

Multiplikation mit '16' im Zähler und Nenner

$$x_S = +\frac{49\,b^2 + 16\,b^2 + 42\,b^2 + 16\,b^2}{132\,b}$$

herauskürzen der Größe 'b'

$$x_S = +\frac{49\,b + 16\,b + 42\,b + 16\,b}{132}$$

$$x_S = +\frac{123\,b}{132}$$

herauskürzen der Zahl '3'

$$\boxed{x_S = +\frac{41}{44}b}$$

Schwerpunktkoordinate x_S

Das Ergebnis, das wir durch 'Anpassung der Formeln' erhalten haben, stimmt mit dem Ergebnis überein, das wir zuvor durch Anwendung der Summenformel erhalten haben.

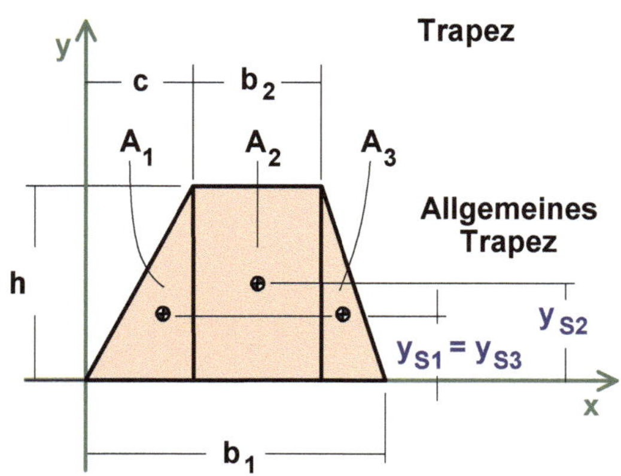

Nebenstehende Skizze zeigt das Allgemeine Trapez. Damit ist gemeint, ein Trapez in seiner allgemeinsten Form.

Die zugehörige Schwerpunktkoordinate y_S lautet wie folgt:

$$y_S = + \frac{1}{3} h \cdot \frac{b_1 + 2\,b_2}{b_1 + b_2} \; .$$

Diese Gleichung wird zugrunde gelegt, um zu überprüfen, in wieweit die 'normal gerechnete' Gleichung mit anderen Bezeichnungen der Abmessungen richtig ist.

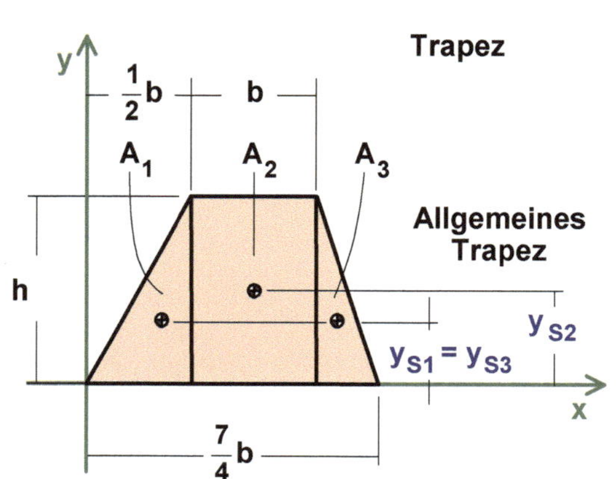

Nebenstehende Skizze zeigt ebenfalls ein Allgemeines Trapez, allerdings mit anderen Bezeichnungen der Abmessungen.

Durch Vergleich beider Skizzen ergibt sich:

$$c = \frac{1}{2} b \; ;$$

$$b_2 = b \; ;$$

$$b_1 = \frac{7}{4} b \; .$$

$$y_S = + \frac{1}{3} h \cdot \frac{\frac{7}{4}b + 2\,b}{\frac{7}{4}b + b}$$

$$y_S = + \frac{1}{3} h \cdot \frac{\frac{7}{4}b + \frac{8}{4}b}{\frac{7}{4}b + \frac{4}{4}b}$$

$$y_S = + \frac{1}{3} h \cdot \frac{15\,b}{11\,b}$$

$$\boxed{\; y_S = + \frac{5}{11} h \;} \quad = + \frac{20}{44} h \qquad \textbf{Schwerpunktkoordinate } y_S$$

Das Ergebnis, das wir durch 'Anpassung der Formeln' erhalten haben, stimmt mit dem Ergebnis überein, das wir zuvor durch Anwendung der Summenformel erhalten haben.

Aufgabe 10

Flächenschwerpunkt / Grundform / Symmetrisches Trapez / Summenformel

x-Richtung: Summenformel
y-Richtung: Summenformel

Nebenstehende Abbildung zeigt ein Symmetrisches Trapez. Es ist hinsichtlich der eingezeichneten Vertikalen symmetrisch.

Ein Trapez zeichnet sich dadurch aus, dass zwei Seiten parallel zueinander sind. Diese beiden parallelen Seiten werden Grundseiten des Trapezes genannt.

Gegeben

Das Trapez ist gegeben durch die beiden Grundseiten b und c, wobei b die größere Grundseite ist - sowie durch die Höhe h.

Gesucht

(1) Schwerpunktkoordinate x_S / (Summenformel)

Überlegt man, so kann man das Ergebnis direkt hin schreiben - und trotzdem - es besteht der Wunsch, dass auf das bekannte Ergebnis hin gerechnet wird.

(2) Schwerpunktkoordinate y_S / (Summenformel)

(3) Geben Sie die Lage des Flächenschwerpunktes S in folgender Form an:

$$S: \left(x_S; y_S \right) = \left(\ldots; \ldots \right).$$

(4) Überprüfen Sie die Schwerpunktkoordinaten x_S und y_S anhand der Ihnen bereits bekannten 'allgemeineren' Formeln.

Ergebnis : $S : \left(x_S; y_S \right) = \left(+\dfrac{1}{2} b; \ \ +\dfrac{1}{3} h \cdot \dfrac{b + 2c}{b + c} \right)$

(1) Schwerpunktkoordinate x_S mit Hilfe der Summenformel

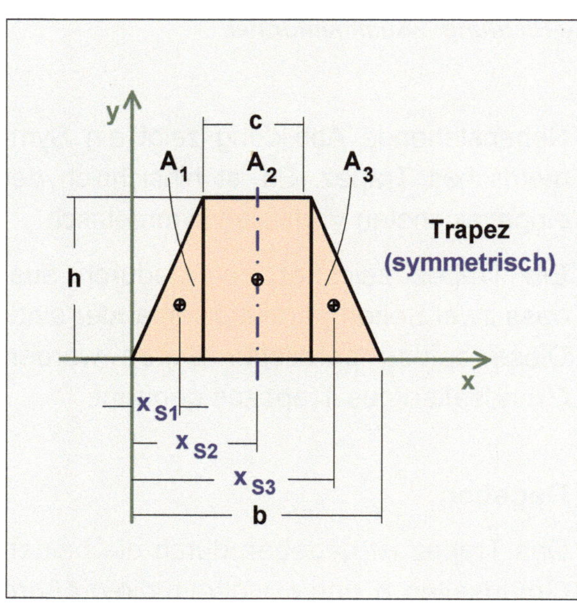

Zur Berechnung der Schwerpunktkoordinate x_S unterteilt man die symmetrische Trapezfläche in drei handhabbare Flächen A_1, A_2 und A_3.

Übrigens, die zwei dreieckförmigen Flächen A_1 und A_3 sind rechtwinklige Dreiecke und flächenmäßig gleich.

Es gilt:

'Das Produkt aus Gesamtschwerpunkt und Gesamtfläche ist gleich der Summe der Produkte aus Einzelschwerpunkt und zugehöriger Einzelfläche.'

Somit lässt sich die Schwerpunktkoordinate x_S einer zusammengesetzten Fläche mit Hilfe der Summenformel formulieren,

$$x_S \cdot A = \sum_i x_{Si} \cdot A_i.$$

Summenformel

Phänomenologischer Kleiderhaken:
'Satz vom Resultierenden Moment'

für den vorliegenden Fall,
drei Flächen A_1, A_2 und A_3

$$x_S = \frac{1}{A} \sum_{i=1}^{3} x_{Si} \cdot A_i$$

$$x_S = \frac{1}{A} \left(+ x_{S1} \cdot A_1 + x_{S2} \cdot A_2 + x_{S3} \cdot A_3 \right)$$

angepasst auf **vorliegende** Aufgabe

$$x_S = + x_{S1} \cdot \frac{A_1}{A} + x_{S2} \cdot \frac{A_2}{A} + x_{S3} \cdot \frac{A_3}{A}$$

$$x_{S1} = + \frac{2}{3} \cdot \frac{1}{2} (b - c) = + \frac{1}{3} (b - c) \, ;$$

$$x_{S2} = + \frac{1}{2} b \, ;$$

$$x_{S3} = +b - \frac{2}{3} \cdot \frac{1}{2}(b-c);$$

$$x_{S3} = +b - \frac{1}{3}(b-c);$$

$$x_{S3} = +\frac{3}{3}b - \frac{1}{3}b + \frac{1}{3}c;$$

$$x_{S3} = +\frac{2}{3}b + \frac{1}{3}c;$$

$$x_{S3} = +\frac{1}{3}(2b+c).$$

$$A_1 = \frac{1}{2} \cdot \frac{1}{2}(b-c) \cdot h = \frac{1}{4}(b-c) \cdot h;$$

$$A_2 = c \cdot h = \frac{4}{4}c \cdot h;$$

$$A_3 = A_1;$$

$$A = \frac{1}{2}(b+c) \cdot h = \frac{2}{4}(b+c) \cdot h.$$

$$x_S = +x_{S1} \cdot \frac{A_1}{A} + x_{S2} \cdot \frac{A_2}{A} + x_{S3} \cdot \frac{A_3}{A}$$

mit $A_3 = A_1$

$$x_S = +x_{S1} \cdot \frac{A_1}{A} + x_{S2} \cdot \frac{A_2}{A} + x_{S3} \cdot \frac{A_1}{A}$$

$$x_S = +\left(x_{S1} + x_{S3}\right) \cdot \frac{A_1}{A} + x_{S2} \cdot \frac{A_2}{A}$$

Die ermittelten Größen werden eingesetzt.

$$x_S = +\left[\frac{1}{3}(b-c) + \frac{1}{3}(2b+c)\right] \cdot \frac{\frac{1}{4}(b-c) \cdot h}{\frac{2}{4}(b+c) \cdot h} + \frac{1}{2}b \cdot \frac{\frac{4}{4}c \cdot h}{\frac{2}{4}(b+c) \cdot h}$$

herauskürzen des Produktes '$\frac{1}{4}h$'

$$x_S = +\left[\frac{1}{3}(b-c) + \frac{1}{3}(2b+c)\right] \cdot \frac{b-c}{2(b+c)} + \frac{1}{2}b \cdot \frac{4c}{2(b+c)}$$

Die eckige Klammer ergibt '$+b$'.

$$x_S = +b \cdot \frac{b-c}{2(b+c)} + \frac{1}{2} b \cdot \frac{4c}{2(b+c)}$$

$$x_S = +b \cdot \frac{b-c}{2(b+c)} + b \cdot \frac{2c}{2(b+c)}$$

Beide Summanden können addiert werden.

$$x_S = +b \cdot \frac{b+c}{2(b+c)}$$

$$\boxed{x_S = +\frac{1}{2} b}$$

Schwerpunktkoordinate x_S

Anmerkung

Dieses Ergebnis hätte man durch 'Hinschauen' und 'Überlegen' direkt hinschreiben können.

Aus übungstechnischen Gründen haben wir die Summenformel angewandt und gerechnet.

(2)   Schwerpunktkoordinate y_S mit Hilfe der Summenformel

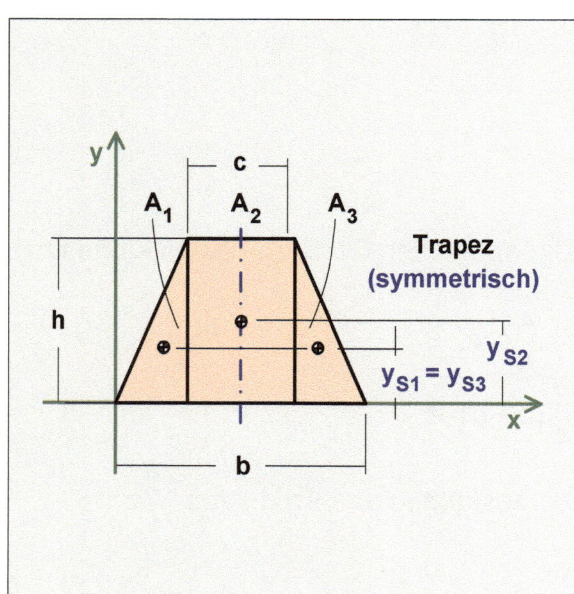

Zur Berechnung der Schwerpunktkoordinate y_S unterteilt man die symmetrische Trapezfläche in drei handhabbare Flächen A_1, A_2 und A_3.

Übrigens, die zwei dreieckförmigen Flächen A_1 und A_3 sind rechtwinklige Dreiecke und flächenmäßig gleich.

Es gilt:

'Das Produkt aus Gesamtschwerpunkt und Gesamtfläche ist gleich der Summe der Produkte aus Einzelschwerpunkt und zugehöriger Einzelfläche.'

Somit lässt sich die Schwerpunktkoordinate y_S einer zusammengesetzten Fläche mit Hilfe der Summenformel formulieren,

$$y_S \cdot A = \sum_i y_{Si} \cdot A_i \cdot$$

Summenformel

Phänomenologischer Kleiderhaken:
'Satz vom Resultierenden Moment'

für den vorliegenden Fall,
drei Flächen A_1, A_2 und A_3

$$y_S = \frac{1}{A} \sum_{i=1}^{3} y_{Si} \cdot A_i$$

$$y_S = \frac{1}{A}\left(+ y_{S1} \cdot A_1 + y_{S2} \cdot A_2 + y_{S3} \cdot A_3\right)$$

angepasst auf **vorliegende** Aufgabe

$$y_S = \frac{1}{A}\left(+ y_{S1} \cdot A_1 + y_{S2} \cdot A_2 + y_{S3} \cdot A_3\right)$$

mit $y_{S3} = y_{S1}$ und $A_3 = A_1$

$$y_S = \frac{1}{A}\left(+ y_{S1} \cdot A_1 + y_{S2} \cdot A_2 + y_{S1} \cdot A_1\right)$$

$$y_S = \frac{1}{A}\left(+ 2 \cdot y_{S1} \cdot A_1 + y_{S2} \cdot A_2\right)$$

$$y_S = + 2 \cdot y_{S1} \cdot \frac{A_1}{A} + y_{S2} \cdot \frac{A_2}{A}$$

$$y_{S1} = y_{S3} = + \frac{1}{3} h;$$

$$y_{S2} = + \frac{1}{2} h.$$

Die Flächen A_1, A_2 und A_3 können vom
1. Aufgabenpunkt 'Schwerpunktkoordinate
x_S' übernommen werden.

Es handelt sich um die gleichen Flächen.

$$A_1 = \frac{1}{2} \cdot \frac{1}{2}(b - c) \cdot h = \frac{1}{4}(b - c) \cdot h;$$

$$A_2 = c \cdot h = \frac{4}{4} c \cdot h;$$

$$A_3 = A_1;$$

$$A = \frac{1}{2}(b + c) \cdot h = \frac{2}{4}(b + c) \cdot h.$$

$$y_S = +2 \cdot \frac{1}{3} h \cdot \frac{\frac{1}{4}(b-c) \cdot h}{\frac{2}{4}(b+c) \cdot h} + \frac{1}{2} h \cdot \frac{\frac{4}{4} c \cdot h}{\frac{2}{4}(b+c) \cdot h}$$

herauskürzen des Produktes '$\frac{1}{4} h$'

$$y_S = +2 \cdot \frac{1}{3} h \cdot \frac{\frac{1}{4}(b-c) \cdot \cancel{h}}{\frac{2}{4}(b+c) \cdot \cancel{h}} + \frac{1}{2} h \cdot \frac{\frac{4}{4} c \cdot \cancel{h}}{\frac{2}{4}(b+c) \cdot \cancel{h}}$$

Zähler und Nenner entsprechend kürzen

$$y_S = +\cancel{2} \cdot \frac{1}{3} h \cdot \frac{b-c}{\cancel{2}(b+c)} + \frac{1}{\cancel{2}} h \cdot \frac{\cancel{4} c}{\cancel{2}(b+c)}$$

$$y_S = +\frac{1}{3} h \cdot \frac{b-c}{b+c} + h \cdot \frac{c}{b+c}$$

ausklammern des Ausdrucks '$\frac{1}{3} \cdot \frac{h}{b+c}$'

$$y_S = +\frac{1}{3} \cdot \frac{h}{b+c}(b-c+3c)$$

$$\boxed{y_S = +\frac{1}{3} \cdot h \cdot \frac{b+2c}{b+c}}$$

Schwerpunktkoordinate y_S

(3) Geben Sie die Lage des Flächenschwerpunktes S in folgender Form an:

$$S:\left(x_S; y_S\right) = (\ldots; \ldots).$$

$$\boxed{S:\left(x_S; y_S\right) = \left(+\frac{1}{2} b; \ +\frac{1}{3} \cdot h \cdot \frac{b+2c}{b+c}\right)}$$

Lage des Flächenschwerpunktes S

(4) **Überprüfen Sie die Schwerpunktkoordinaten x_S und y_S anhand der Ihnen bereits bekannten 'allgemeineren' Formeln.**

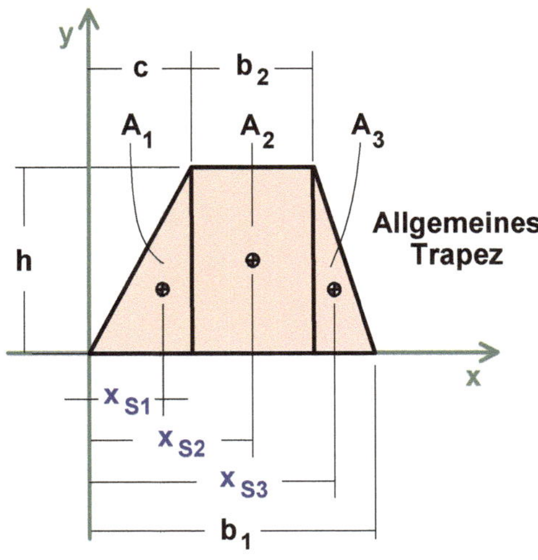

Nebenstehende Skizze zeigt das Allgemeine Trapez. Damit ist gemeint, ein Trapez in seiner allgemeinsten Form.

Die zugehörige Schwerpunktkoordinate x_S lautet wie folgt:

$$x_S = +\frac{1}{3} \cdot \frac{b_1^2 + b_2^2 + b_1\left(b_2 + c\right) + 2b_2 c}{b_1 + b_2}.$$

Diese Gleichung wird zugrunde gelegt, um zu überprüfen, in wieweit für das Symmetrische Trapez die 'normal gerechnete' Gleichung mit anderen Bezeichnungen richtig ist.

Nebenstehende Skizze zeigt ein Symmetrisches Trapez, mit anderen Bezeichnungen der entsprechenden Abmessungen.

Durch Vergleich beider Skizzen ergibt sich:

$$b_1 = b;$$

$$b_2 = c;$$

$$c = \frac{1}{2}\left(b - c\right). \text{ (Bitte Aufpassen!)}$$

$$x_S = +\frac{1}{3} \cdot \frac{b^2 + c^2 + b\left[c + \frac{1}{2}(b - c)\right] + 2c \cdot \frac{1}{2}(b - c)}{b + c}$$

eckige Klammer bearbeiten

$$x_S = +\frac{1}{3} \cdot \frac{b^2 + c^2 + b\left(c + \frac{1}{2}b - \frac{1}{2}c\right) + c \cdot (b - c)}{b + c}$$

$$x_S = +\frac{1}{3} \cdot \frac{b^2 + c^2 + b\left(\frac{2}{2}c + \frac{1}{2}b - \frac{1}{2}c\right) + bc - c^2}{b + c}$$

runde Klammer bearbeiten

$$x_S = +\frac{1}{3} \cdot \frac{b^2 + c^2 + b\left(\frac{1}{2}c + \frac{1}{2}b\right) + bc - c^2}{b + c}$$

runde Klammer bearbeiten

$$x_S = +\frac{1}{3} \cdot \frac{b^2 + \cancel{c^2} + \frac{1}{2}bc + \frac{1}{2}b^2 + bc - \cancel{c^2}}{b + c}$$

$$x_S = +\frac{1}{3} \cdot \frac{b^2 + \frac{1}{2}bc + \frac{1}{2}b^2 + bc}{b + c}$$

Addition im Zähler

$$x_S = +\frac{1}{3} \cdot \frac{\frac{3}{2}b^2 + \frac{3}{2}bc}{b + c}$$

ausklammern des Ausdrucks '$\frac{3}{2} \cdot b$'

$$x_S = +\frac{3}{6}b \cdot \frac{b + c}{b + c}$$

$$x_S = +\frac{3}{6}b \cdot \frac{\cancel{b + c}}{\cancel{b + c}}$$

$$\boxed{x_S = +\frac{1}{2}b}$$

Schwerpunktkoordinate x_S

Das Ergebnis, das wir durch 'Anpassung der Formeln' erhalten haben, stimmt mit dem Ergebnis überein, das wir zuvor durch Anwendung der Summenformel erhalten haben.

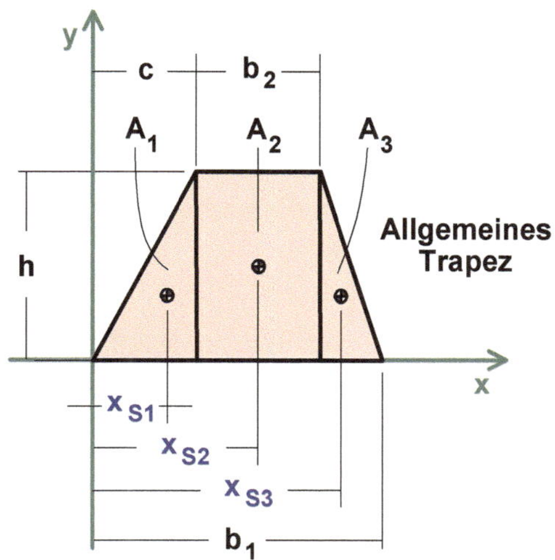

Nebenstehende Skizze zeigt das Allgemeine Trapez. Damit ist gemeint, ein Trapez in seiner allgemeinsten Form.

Die zugehörige Schwerpunktkoordinate y_S lautet wie folgt:

$$y_S = +\frac{1}{3}\,h \cdot \frac{b_1 + 2\,b_2}{b_1 + b_2}\,.$$

Diese Gleichung wird zugrunde gelegt, um zu überprüfen, in wieweit für das Symmetrische Trapez die 'normal gerechnete' Gleichung mit anderen Bezeichnungen richtig ist.

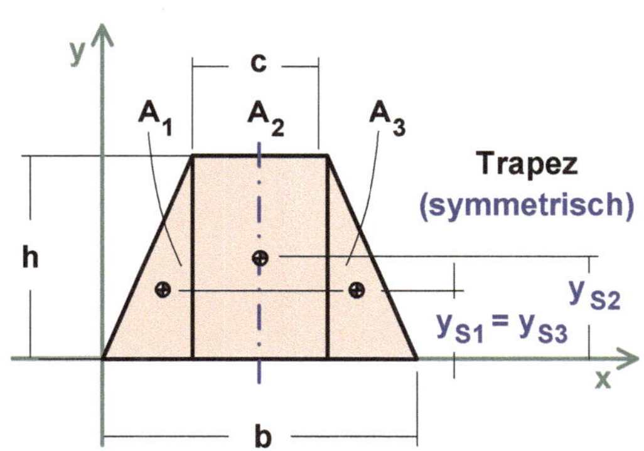

Nebenstehende Skizze zeigt ein Symmetrisches Trapez, mit selbstverständlich anderen Bezeichnungen der Abmessungen.

Durch Vergleich beider Skizzen ergibt sich:

$$b_1 = b\,;$$

$$b_2 = c\,;$$

$$c = \frac{1}{2}\,(b - c)\,. \text{ (Bitte Aufpassen!)}$$

$$y_S = +\frac{1}{3}\,h \cdot \frac{b + 2\,c}{b + c}$$

Schwerpunktkoordinate y_S

$$\boxed{y_S = +\frac{1}{3}\,h \cdot \frac{b + 2\,c}{b + c}}$$

Das Ergebnis, das wir durch 'Anpassung der Formeln' erhalten haben, stimmt mit dem Ergebnis überein, das wir zuvor durch Anwendung der Summenformel erhalten haben.

Aufgabe 11

Flächenschwerpunkt / Grundform / Halbkreis / Überlegen / Hinschreiben / infinitesimalmathematische Herleitung

x-Richtung: Überlegen / Hinschreiben
y-Richtung: infinitesimalmathematisch

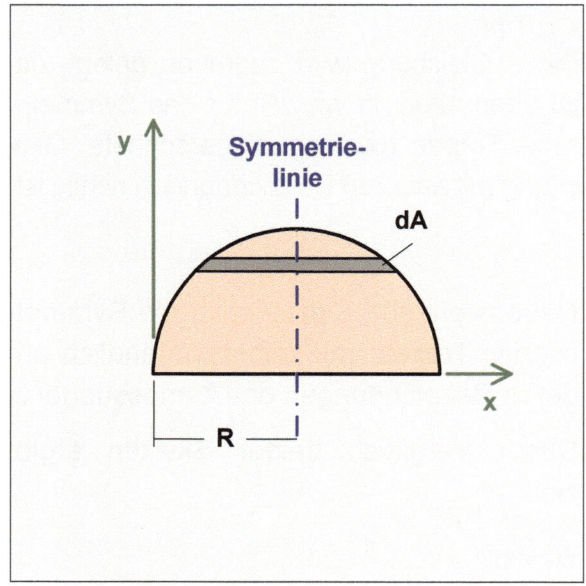

Nebenstehende Abbildung zeigt eine halbkreisförmige Fläche.

Gegeben

Die halbkreisförmige Fläche ist gegeben durch den Radius R.

Das zu verwendende infinitesimal kleine Flächenelement dA ist eingezeichnet.

Gesucht

(1) Geben Sie die Schwerpunktkoordinate x_S an (Überlegen / Hinschreiben).

(2) Leiten Sie bezogen auf das (x-y)-Koordinatensystem die Schwerpunktkoordinate y_S infinitesimalmathematisch her.

Verwenden Sie bitte das eingezeichnete Infinitesimal kleine Flächenelement dA.

Lösungshilfe - (falls benötigt)

Lothar PAPULA
Integraltafel / Integral (142)

$$\int x \sqrt{a^2 - x^2}\, dx = -\frac{1}{3} \sqrt{\left(a^2 - x^2\right)^3} + C$$

(3) Geben Sie die Lage des Flächenschwerpunktes S in folgender Form an:

$$S : \left(x_S;\, y_S\right) = \left(...;\ ...\right).$$

Ergebnis : $S : \left(x_S;\, y_S\right) = \left(+R;\ +\dfrac{4\,R}{3\,\pi}\right)$

Lösung

(1) Geben Sie die Schwerpunktkoordinate x_S an (Überlegen / Hinschreiben).

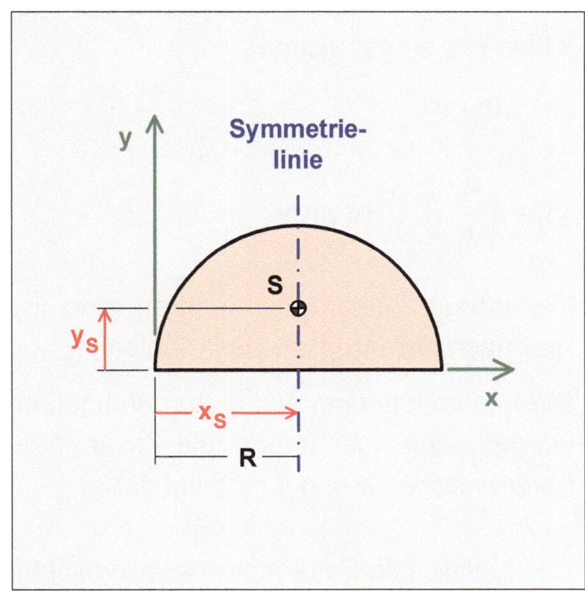

Die halbkreisförmige Fläche ist symmetrisch. Es liegt Einfach-Symmetrie vor.

Der Schwerpunkt S liegt auf der Symmetrielinie.

Man erkennt, dass die Schwerpunktkoordinate x_S bei 'x_S gleich plus R' liegt, d. h. $x_S = +R$.

→   Überlegen / Hinschreiben

Schwerpunktkoordinate x_S

$$x_S = +R$$

Aber in welchem Abstand von der x-Achse liegt der Schwerpunkt S, d. h. wie lautet die Schwerpunktkoordinate y_S?

Diese soll im nächsten Aufgabenpunkt infinitesimalmathematisch hergeleitet werden.

(2) Leiten Sie bezogen auf das (x-y)-Koordinatensystem die Schwerpunktkoordinate y_S infinitesimalmathematisch her.

Die Ausgangsgleichung zur infinitesimalen Herleitung der Schwerpunktkoordinate y_S ist wie folgt gegeben:

Merke: Das Moment der Fläche ist gleich der integralen Summe der Momente der infinitesimalen Flächen.

$$y_S \cdot A = \int_A y \cdot dA\,.$$

Infinitesimalmathematische Herleitung

$$y_S = +\frac{1}{A} \int_A y \cdot dA$$

Ausgangsgleichung

für die infinitesimalmathematische Herleitung **vorliegender** Aufgabe

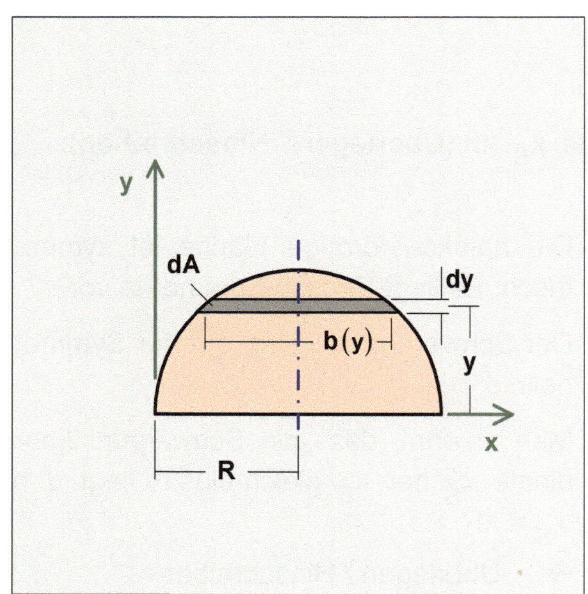

Hier setzt die infinitesimalmathematische Herleitung ein,

$$y_S = +\frac{1}{A}\int_A y \cdot dA \, .$$

Das zu verwendende Flächenelement dA ist bereits eingezeichnet,

$$dA = b(y)\,dy \, ,$$

$$y_S = +\frac{1}{A}\int_{y=0}^{R} y \cdot b(y)\,dy \, .$$

Die Integrationsgrenzen richten sich immer nach der Integrationsvariablen.

Die Integration kann erst dann durchgeführt werden, wenn der funktionale Zusammenhang zwischen b und y gegeben ist.

Der funktionale Zusammenhang zwischen b und y ergibt sich mit Hilfe des Satzes des PYTHAGORAS.

Satz des PYTHAGORAS

$$\left(\frac{1}{2}b(y)\right)^2 + y^2 = R^2$$

$$\left(\frac{1}{2}b(y)\right)^2 = R^2 - y^2$$

$$\frac{1}{2}b(y) = \sqrt{R^2 - y^2}$$

$$\underline{b(y) = 2\sqrt{R^2 - y^2}}$$

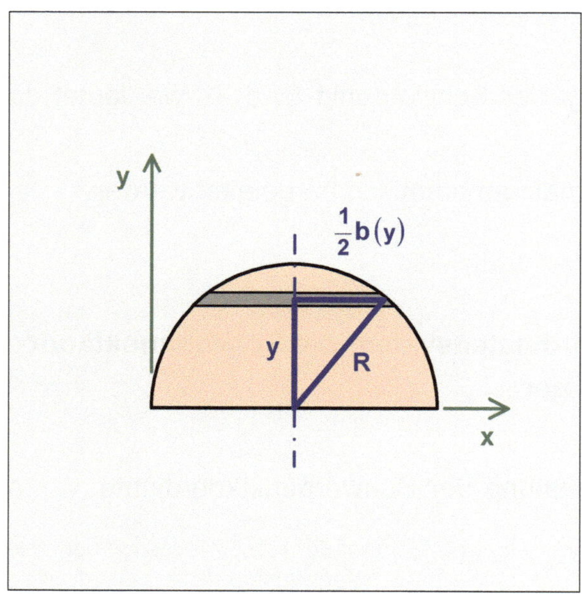

Der Faktor '2' kommt vor das Integral.

$$y_S = +\frac{1}{A}\int_{y=0}^{R} y \cdot 2\sqrt{R^2 - y^2}\;dy$$

$$y_S = +\frac{2}{A}\int_{y=0}^{R} y \cdot \sqrt{R^2 - y^2}\;dy$$

Im Allgemeinen hat man die Lösung eines solchen Integrals nicht im Kopf. Es gibt zwei Möglichkeiten. Man löst dieses Integral - oder aber bedient sich einer Lösungshilfe.

Hier ist in diesem Fall eine Lösungshilfe angegeben.

Lothar PAPULA
Integraltafel / Integral (142)

$$\int x \sqrt{a^2 - x^2}\, dx = -\frac{1}{3}\sqrt{\left(a^2 - x^2\right)^3} + C$$

angepasst auf vorliegendes Problem,

$$\int y \sqrt{R^2 - y^2}\, dy = -\frac{1}{3}\sqrt{\left(R^2 - y^2\right)^3} + C$$

$$y_S = +\frac{2}{A}\left[-\frac{1}{3}\sqrt{\left(R^2 - y^2\right)^3}\right]_{y=0}^{R}$$

Integration

Der Faktor '$-1/3$' wird aus der eckigen Klammer vorgezogen.

$$y_S = -\frac{2}{3A}\left[\sqrt{\left(R^2 - y^2\right)^3}\right]_{y=0}^{R}$$

Die untere Grenze wird von der oberen abgezogen.

$$y_S = -\frac{2}{3A}\left[\sqrt{\left(R^2 - R^2\right)^3} - \sqrt{\left(R^2 - 0^2\right)^3}\right]$$

Der erste Term ergibt sich zu Null.

$$y_S = -\frac{2}{3A}\left(-\sqrt{R^6}\right)$$

Minus mal Minus ergibt plus.

$$y_S = +\frac{2R^3}{3A}$$

Multiplikation mit '1', $1 = \dfrac{A}{\frac{1}{2}R^2\pi} = \dfrac{2A}{R^2\pi}$

$$y_S = +\frac{2R^3}{3A} \cdot \left(\frac{2A}{R^2\pi}\right)$$

$$\boxed{y_S = +\frac{4R}{3\pi}}$$

Schwerpunktkoordinate y_S

(3)   Geben Sie die Lage des Flächenschwerpunktes S in folgender Form an:

$$S : \left(x_S ; y_S \right) = \left(\ldots ; \ldots \right).$$

$$S : \left(x_S ; y_S \right) = \left(+R; \ +\frac{4\,R}{3\,\pi} \right)$$

Lage des Flächenschwerpunktes S

Aufgabe 12

Flächenschwerpunkt / Grundform / Halbkreis / Überlegen / Hinschreiben / infinitesimalmathematische Herleitung

x-Richtung: Überlegen / Hinschreiben
y-Richtung: infinitesimalmathematisch

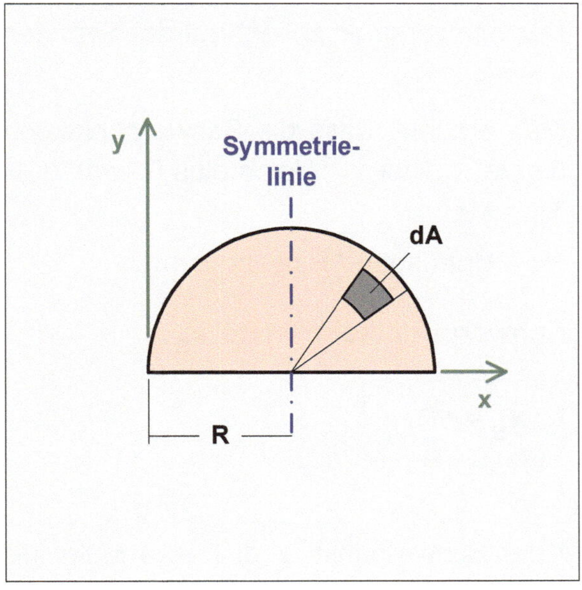

Nebenstehende Abbildung zeigt eine halbkreisförmige Fläche.

Gegeben

Die halbkreisförmige Fläche ist gegeben durch den Radius R.

Gesucht

(1) Geben Sie die Schwerpunktkoordinate x_S an (Überlegen / Hinschreiben).

(2) Leiten Sie bezogen auf das (x-y)-Koordinatensystem die Schwerpunktkoordinate y_S infinitesimalmathematisch her.

Verwenden Sie bitte das eingezeichnete Infinitesimal kleine Flächenelement dA.

(3) Geben Sie bitte die Lage des Flächenschwerpunktes S in folgender Form an:

$$S : \left(x_S ; y_S\right) = \left(\ldots ; \ldots\right).$$

Ergebnis : $\;S : \left(x_S ; y_S\right) = \left(+R ; +\dfrac{4\,R}{3\,\pi}\right)$

Lösung

(1) Geben Sie die Schwerpunktkoordinate x_S an (Überlegen / Hinschreiben).

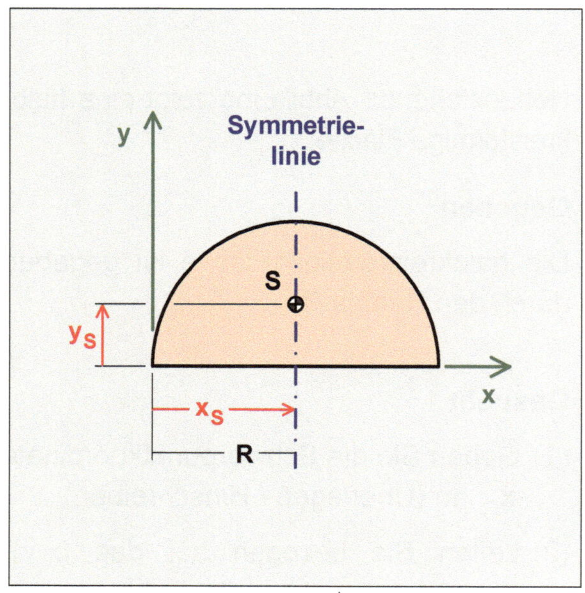

Die halbkreisförmige Fläche ist symmetrisch. Es liegt Einfach-Symmetrie vor.

Der Schwerpunkt S liegt auf der Symmetrielinie.

Man erkennt, dass die Schwerpunktkoordinate x_S bei x_S gleich plus R liegt, d. h. $x_S = +R$.

→ Überlegen / Hinschreiben

Schwerpunktkoordinate x_S

$$x_S = +R$$

Aber in welchem Abstand von der x-Achse liegt der Schwerpunkt S, d. h. wie lautet die Schwerpunktkoordinate y_S?

Diese soll im nächsten Aufgabenpunkt infinitesimalmathematisch hergeleitet werden.

(2) Ermitteln Sie bezogen auf das (x-y)-Koordinatensystem infinitesimalmathematisch die Schwerpunktkoordinate y_S.

Die Ausgangsgleichung zur infinitesimalen Herleitung der Schwerpunktkoordinate y_S ist wie folgt gegeben:

Merke: Das Moment der Fläche ist gleich der integralen Summe der Momente der infinitesimalen Flächen.

$$y_S \cdot A = \int_A y \cdot dA \,.$$

Infinitesimalmathematische Herleitung

$$y_S = +\frac{1}{A} \int_A y \cdot dA$$

Ausgangsgleichung

für die infinitesimalmathematische Herleitung **vorliegender** Aufgabe

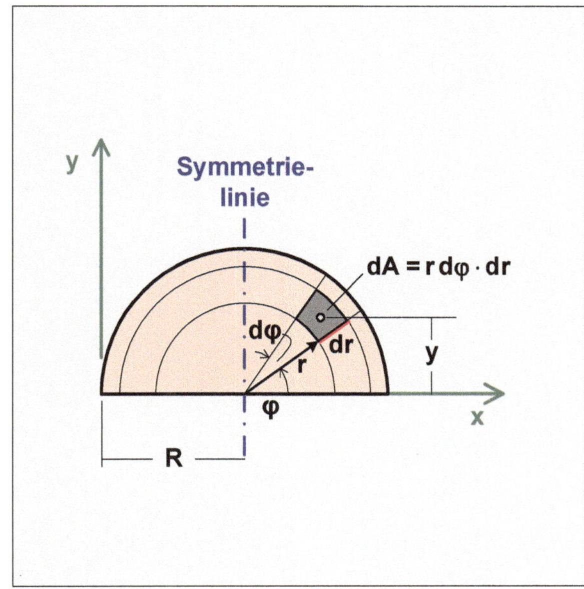

Hinsichtlich der Vorgehensweise ist es immer eine große Kunst, ein entsprechendes infinitesimal kleines Flächenelement dA zu definieren.

Wenn man sich allerdings an die Empfehlung hält, immer ein der Flächenform in etwa angepasstes Flächenelement zu nehmen, sollten sich die weiteren Schwierigkeiten in Grenzen halten.

Hier setzt die infinitesimalmathematische Herleitung ein,

$$y_S = +\frac{1}{A} \int_A y \cdot dA \,.$$

Das zu verwendende infinitesimal kleine Flächenelement dA ist eingezeichnet,

$$dA = r \, d\varphi \cdot dr \,. \qquad \textcolor{red}{\textbf{(Polarkoordinaten)}}$$

Der Abstand des Flächenelementes dA von der x-Achse ist y,

$$y = r \cdot \sin\varphi \,.$$

$$y_S = +\frac{1}{A} \int_{r=0}^{R} \int_{\varphi=0}^{\pi} r \cdot \sin\varphi \cdot r \, d\varphi \cdot dr$$

Es ergibt sich ein Doppelintegral.

Es sind mit dφ und dr zwei Integrationsvariable vorhanden. Somit erhält man entsprechend zugehörig auch zwei (voneinander unabhängige) Integrale.

$$y_S = +\frac{1}{A} \int_{r=0}^{R} r^2 \, dr \int_{\varphi=0}^{\pi} \sin\varphi \, d\varphi$$

Durchführung der Integration

$$y_S = +\frac{1}{A} \cdot \frac{1}{3} r^3 \Big|_0^R \cdot (-\cos\varphi) \Big|_0^{\pi}$$

vorziehen des Minus-Zeichens

$$y_S = -\frac{1}{A} \cdot \frac{1}{3} r^3 \Big|_0^R \cdot \cos\varphi \Big|_0^{\pi}$$

Die untere Grenze wird von der oberen abgezogen.

$$y_S = -\frac{1}{A} \cdot \frac{1}{3} \left(R^3 - 0\right) \cdot \left[\underbrace{\cos\pi}_{-1} - \underbrace{\cos 0}_{+1}\right]$$

$$y_S = -\frac{1}{A} \cdot \frac{1}{3} R^3 \cdot (-1-1)$$

$$y_S = -\frac{1}{A} \cdot \frac{1}{3} R^3 \cdot (-2)$$

Minus mal Minus ergibt Plus.

$$y_S = +\frac{1}{A} \cdot \frac{1}{3} R^3 \cdot 2$$

$$y_S = +\frac{1}{A} \cdot \frac{2}{3} R^3$$

Multiplikation mit '1', $1 = \dfrac{A}{\frac{1}{2}R^2\pi} = \dfrac{2A}{R^2\pi}$

$$y_S = +\frac{1}{A} \cdot \frac{2}{3} R^3 \cdot \left(\frac{2A}{R^2\pi}\right)$$

$$\boxed{y_S = +\frac{4R}{3\pi}}$$

Schwerpunktkoordinate y_S

(3) Geben Sie bitte die Lage des Flächenschwerpunktes S in folgender Form an:

$$S : \left(x_S ; y_S\right) = (\ldots ; \ldots).$$

$$\boxed{S : \left(x_S ; y_S\right) = \left(+R ; +\frac{4R}{3\pi}\right)}$$

Lage des Flächenschwerpunktes S

Aufgabe 13

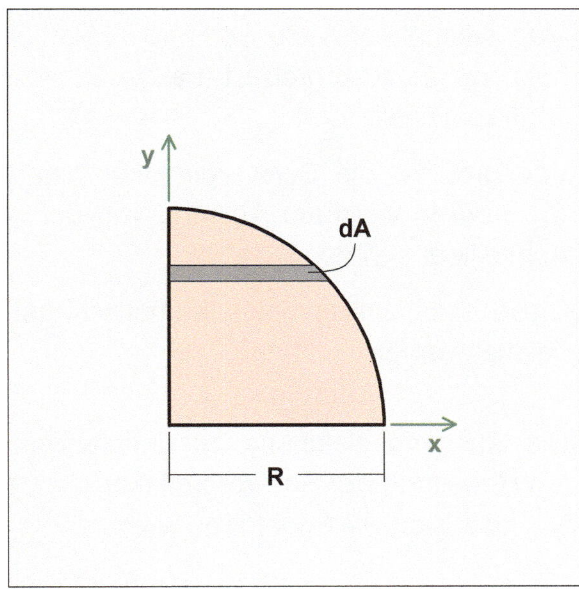

Flächenschwerpunkt / Grundform / Viertelkreis / infinitesimalmathematische Herleitung / Überlegen / Hinschreiben

x-Richtung: Überlegen / Hinschreiben
y-Richtung: infinitesimalmathematisch

Nebenstehende Abbildung zeigt eine viertelkreisförmige Fläche.

Gegeben

Die viertelkreisförmige Fläche ist gegeben durch den Radius R.

Das zu verwendende infinitesimale Flächenelement dA ist bereits eingezeichnet.

Gesucht

(1) Leiten Sie bezogen auf das (x-y)-Koordinatensystem die Schwerpunktkoordinate y_S infinitesimalmathematisch her.

   Verwenden Sie bitte das eingezeichnete infinitesimale Flächenelement dA.

(2) Geben Sie die Schwerpunktkoordinate x_S an (Überlegen / Hinschreiben).

(3) Geben Sie die Lage des Flächenschwerpunktes S in folgender Form an:

$$S:\left(x_S;\, y_S\right)=\left(...;\ ...\right).$$

Lösungshilfe - (falls benötigt)

Lothar PAPULA
Integraltafel / Integral (142)

$$\int x\,\sqrt{a^2-x^2}\ dx = -\frac{1}{3}\,\sqrt{\left(a^2-x^2\right)^3}+C$$

Anmerkung

Das Ergebnis dieser Aufgabe könnte man überlegen und hinschreiben.

Der Lernende aber wird gebeten das infinitesimalmathematisch herzuleiten - aus übungstechnischen Gründen.

Ergebnis : $S:\left(x_S;\, y_S\right)=\left(+\dfrac{4R}{3\pi};\ +\dfrac{4R}{3\pi}\right)$

Lösung

> **(1) Leiten Sie bezogen auf das (x-y)-Koordinatensystem die Schwerpunktkoordinate y_S infinitesimalmathematisch her.**

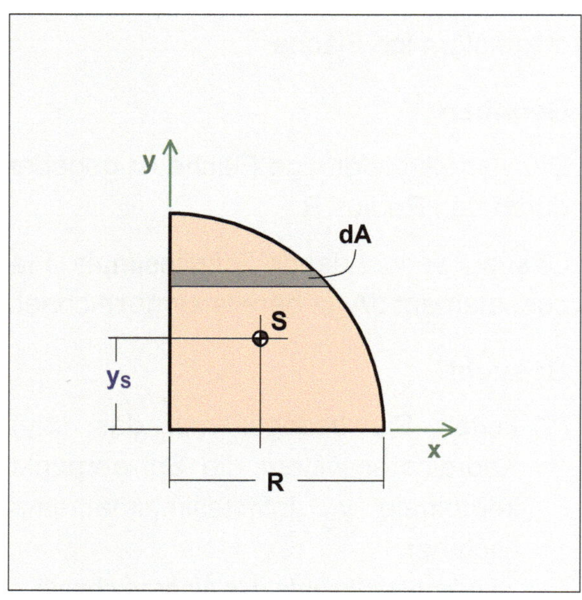

Man erkennt, dass die Schwerpunktkoordinate y_S genauso groß ist wie die Schwerpunktkoordinate x_S.

Wie groß ist die Schwerpunktkoordinate y_S bzw. in welchem Abstand von der x-Achse liegt sie?

Diese soll infinitesimalmathematisch hergeleitet werden.

Die Ausgangsgleichung zur infinitesimalen Herleitung der Schwerpunktkoordinate y_S lässt sich wie folgt formulieren:

> Merke: Das Moment der Fläche ist gleich der integralen Summe der Momente der infinitesimalen Flächen.

$$y_S \cdot A = \int_A y \cdot dA .$$

$$y_S = + \frac{1}{A} \int_A y \cdot dA$$

Infinitesimalmathematische Herleitung

Ausgangsgleichung

für die infinitesimalmathematische Herleitung **vorliegender** Aufgabe

Hier setzt die infinitesimalmathematische Herleitung ein,

$$y_S = + \frac{1}{A} \int_A y \cdot dA .$$

Das zu verwendende infinitesimale Flächenelement dA ist bereits eingezeichnet,

$$dA = b(y)\,dy .$$

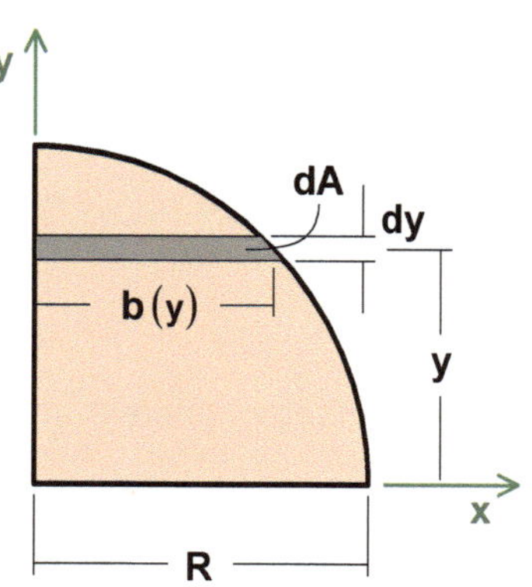

$$y_S = + \frac{1}{A} \int_{y=0}^{R} y \cdot b(y)\,dy$$

Die Integrationsgrenzen richten sich immer nach der Integrationsvariablen.

Die Integration kann erst dann durchgeführt werden, wenn der funktionale Zusammenhang zwischen b und y gegeben ist.

Der funktionale Zusammenhang zwischen b und y ergibt sich mit Hilfe des Satzes des PYTHAGORAS.

Satz des PYTHAGORAS

$$R^2 = y^2 + \left(b(y)\right)^2$$

$$\left(b(y)\right)^2 = R^2 - y^2$$

$$b(y) = \sqrt{R^2 - y^2}$$

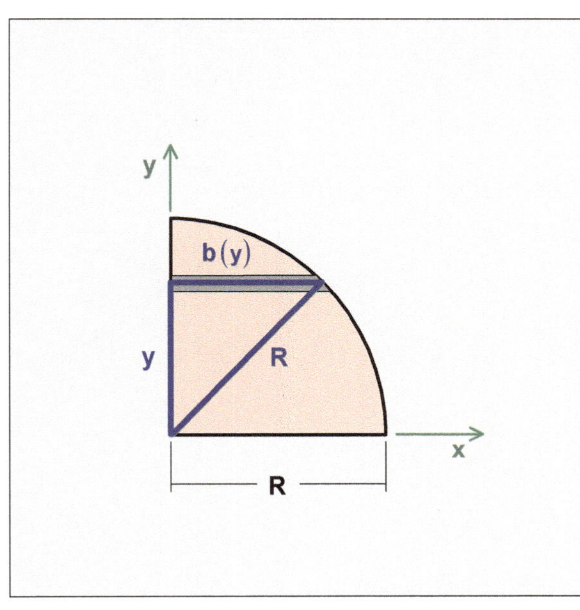

$$y_S = +\frac{1}{A} \int_{y=0}^{R} y \sqrt{R^2 - y^2}\, dy$$

Im Allgemeinen hat man die Lösung eines solchen Integrals nicht im Kopf. Es gibt zwei Möglichkeiten. Man löst dieses Integral - oder aber man schaut nach.

Lothar PAPULA
Integraltafel / Integral (142)

$$\int x \sqrt{a^2 - x^2}\, dx = -\frac{1}{3} \sqrt{\left(a^2 - x^2\right)^3} + C$$

angepasst auf vorliegendes Problem

$$\int y \sqrt{R^2 - y^2}\, dy = -\frac{1}{3} \sqrt{\left(R^2 - y^2\right)^3} + C$$

$$y_S = +\frac{1}{A} \left[-\frac{1}{3} \sqrt{\left(R^2 - y^2\right)^3} \right]_{y=0}^{R}$$

Das Minuszeichen in der eckigen Klammer wird vorgezogen.

$$y_S = -\frac{1}{3A} \left[\sqrt{\left(R^2 - y^2\right)^3} \right]_{y=0}^{R}$$

Es wird die untere Grenze von der oberen Grenze abgezogen.

$$y_S = -\frac{1}{3A} \left[\sqrt{\left(R^2 - R^2\right)^3} - \sqrt{\left(R^2 - 0^2\right)^3} \right]$$

Der erste Term ergibt sich zu Null.

$$y_S = -\frac{1}{3A} \left(-\sqrt{R^6} \right)$$

Minus mal Minus ergibt Plus.

$$y_S = +\frac{1}{3A} R^3$$

Multiplikation mit '1', $1 = \dfrac{A}{\frac{1}{4}R^2\,\pi} = \dfrac{4\,A}{R^2\,\pi}$

$$y_S = +\frac{R^3}{3A} \cdot \frac{4\,A}{R^2\,\pi} \quad \left(= 1\right)$$

$$\boxed{y_S = +\frac{4R}{3\pi}}$$

Schwerpunktkoordinate y_S

---

(2)   Geben Sie die Schwerpunktkoordinate x_S an (Überlegen / Hinschreiben).

Überlegen / Hinschreiben

$$\boxed{x_S = +\frac{4R}{3\pi}}$$

Schwerpunktkoordinate x_S

---

(3)   Geben Sie die Lage des Flächenschwerpunktes S in folgender Form an:

$$S : \left(x_S ; y_S\right) = (\ldots ; \ldots).$$

$$\boxed{S : \left(x_S ; y_S\right) = \left(+\frac{4\,R}{3\,\pi} ; +\frac{4\,R}{3\,\pi} \right)}$$

Lage des Flächenschwerpunktes S

Aufgabe 14

Flächenschwerpunkt / Grundform / Viertelkreis / infinitesimalmathematische Herleitung / Überlegen / Hinschreiben

x-Richtung: Überlegen / Hinschreiben
y-Richtung: infinitesimalmathematisch

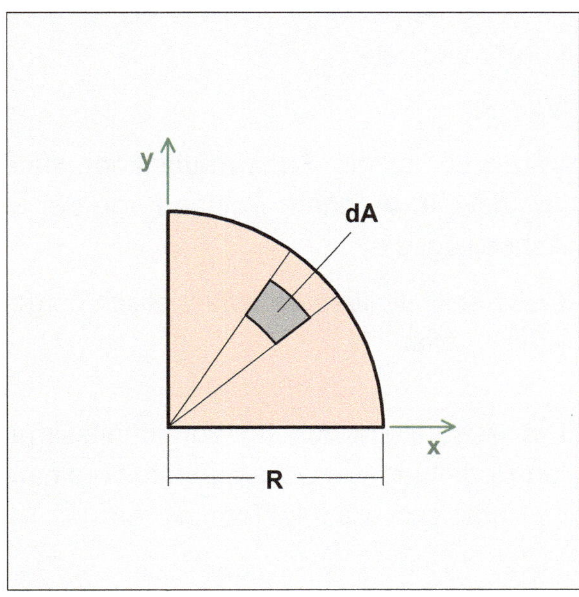

Nebenstehende Abbildung zeigt eine viertelkreisförmige Fläche.

Gegeben

Die viertelkreisförmige Fläche ist gegeben durch den Radius R.

Das zu verwendende infinitesimal kleine Flächenelement dA ist eingezeichnet.

Gesucht

(1) Leiten Sie bezogen auf das (x-y)-Koordinatensystem die Schwerpunktkoordinate y_S infinitesimalmathematisch her.

Verwenden Sie bitte das eingezeichnete Infinitesimal kleine Flächenelement dA.

(2) Geben Sie die Schwerpunktkoordinate x_S an (Überlegen / Hinschreiben).

(3) Geben Sie die Lage des Flächenschwerpunktes S in folgender Form an:

$$S : \left(x_S ; y_S \right) = (\ldots ; \ldots) .$$

Anmerkung

Das Ergebnis dieser Aufgabe könnte man überlegen und hinschreiben.

Der Lernende aber wird gebeten das infinitesimalmathematisch herzuleiten - aus übungstechnischen Gründen.

*Ergebnis : * $S : \left(x_S ; y_S \right) = \left(+ \dfrac{4R}{3\pi} ; + \dfrac{4R}{3\pi} \right)$

Lösung

(1) Leiten Sie bezogen auf das (x-y)-Koordinatensystem die Schwerpunktkoordinate y_S infinitesimalmathematisch her

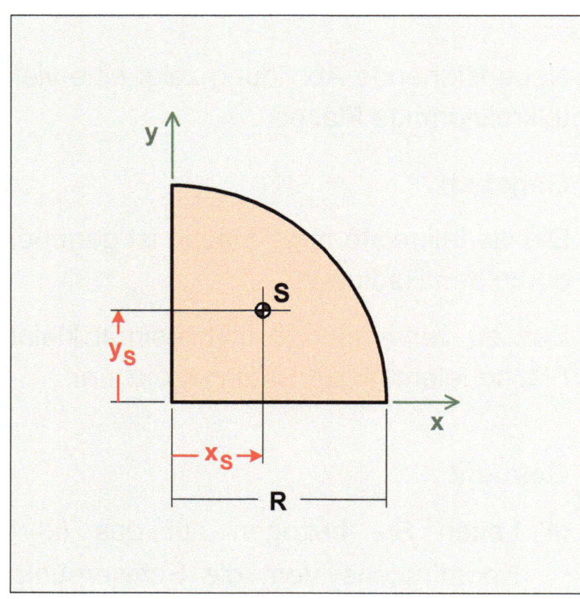

Man erkennt, dass die Schwerpunktkoordinate y_S genauso groß ist wie die Schwerpunktkoordinate x_S,

$$y_S = x_S.$$

Wie groß ist die Schwerpunktkoordinate y_S bzw. in welchem Abstand von der x-Achse liegt sie?

Diese soll infinitesimalmathematisch hergeleitet werden.

Die Ausgangsgleichung zur infinitesimalen Herleitung der Schwerpunktkoordinate y_S lässt sich wie folgt formulieren:

Merke: Das Moment der Fläche ist gleich der integralen Summe der Momente der infinitesimalen Flächen.

$$y_S \cdot A = \int_A y \cdot dA.$$

$$y_S = +\frac{1}{A} \int_A y \cdot dA$$

Infinitesimalmathematische Herleitung

Ausgangsgleichung

für die infinitesimalmathematische Herleitung **vorliegender** Aufgabe

Hier setzt die infinitesimalmathematische Herleitung ein.

$$y_S = +\frac{1}{A} \int_A y \cdot dA$$

Das zu verwendende infinitesimal kleine Flächenelement dA ist eingezeichnet,

$$dA = r \, d\varphi \cdot dr.$$

Der Abstand des Flächenelementes y von der x-Achse ist

$$y = + r \cdot \sin\varphi.$$

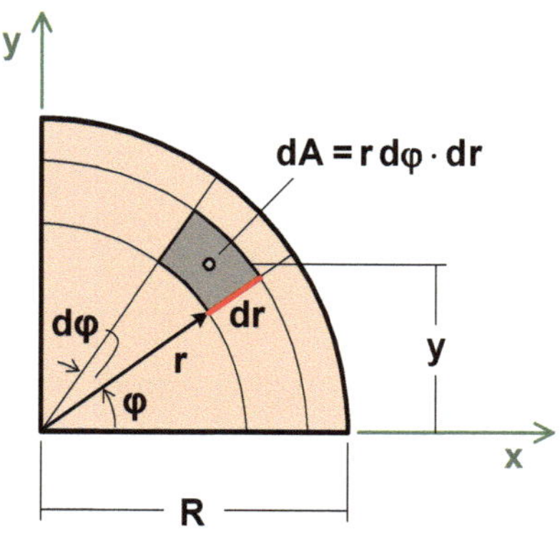

$$y_S = +\frac{1}{A} \int\limits_{r=0}^{R} \int\limits_{\varphi=0}^{\pi/2} r \cdot \sin\varphi \cdot r \, d\varphi \cdot dr$$

Es sind mit $d\varphi$ und dr zwei Integrationsvariable vorhanden, somit erhält man zugehörig auch zwei (voneinander unabhängige) Integrale.

$$y_S = +\frac{1}{A} \int\limits_{r=0}^{R} r^2 \, dr \int\limits_{\varphi=0}^{\pi/2} \sin\varphi \, d\varphi$$

Durchführung der Integration

$$y_S = +\frac{1}{A} \cdot \frac{1}{3} r^3 \Big|_0^R \cdot (-\cos\varphi) \Big|_0^{\pi/2}$$

vorziehen des Minus-Zeichens

$$y_S = -\frac{1}{A} \cdot \frac{1}{3} r^3 \Big|_0^R \cdot \cos\varphi \Big|_0^{\pi/2}$$

Die untere Grenze wird von der oberen abgezogen.

$$y_S = -\frac{1}{A} \cdot \frac{1}{3}\left(R^3 - 0\right) \cdot \left[\underbrace{\cos\frac{\pi}{2}}_{0} - \underbrace{\cos 0}_{+1} \right]$$

$$y_S = -\frac{1}{A} \cdot \frac{1}{3} R^3 \cdot (-1)$$

$$y_S = +\frac{1}{A} \cdot \frac{1}{3} R^3$$

Minus mal Minus ergibt Plus.

Multiplikation mit '1', $1 = \dfrac{A}{\frac{1}{4}R^2\,\pi} = \dfrac{4\,A}{R^2\,\pi}$

$$y_S = +\frac{1}{A} \cdot \frac{1}{3} R^3 \cdot \left(\frac{4\,A}{R^2\,\pi} \right)$$

$$\boxed{\; y_S = +\frac{4\,R}{3\,\pi} \;}$$

Schwerpunktkoordinate y_S

(2)   Geben Sie die Schwerpunktkoordinate x_S an (Überlegen / Hinschreiben).

Überlegen / Hinschreiben

$$x_S = +\frac{4R}{3\pi}$$

Schwerpunktkoordinate x_S

(3)   Geben Sie die Lage des Flächenschwerpunktes S in folgender Form an:

$$S:\left(x_S;y_S\right)=(\ldots\,;\,\ldots)\,.$$

$$S:\left(x_S;y_S\right)=\left(+\frac{4R}{3\pi}\,;\,+\frac{4R}{3\pi}\right)$$

Lage des Flächenschwerpunktes S

Aufgabe 15

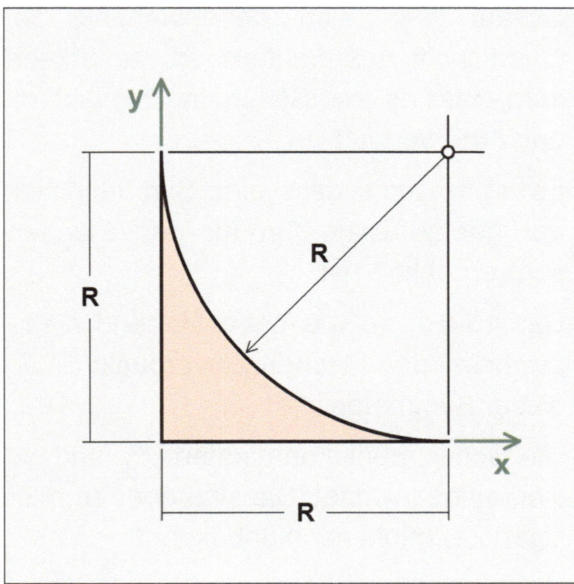

Flächenschwerpunkt / Grundform / Quadratteil / infinitesimalmathematische Herleitung / Überlegen / Hinschreiben

x-Richtung: infinitesimalmathematisch
y-Richtung: Überlegen / Hinschreiben

Nebenstehende Abbildung zeigt den Querschnitt eines Bauteils.

Es handelt sich dabei um ein **Quadratteil** (Quadrat minus Viertelkreis). Von daher ist es offensichtlich, dass ein konstruktiv sehr interessanter Querschnitt vorliegt.

Gegeben

Das Quadratteil ist durch den Radius R gegeben.

Gesucht

(1) Leiten Sie bezogen auf das (x-y)-Koordinatensystem die Schwerpunktkoordinate x_S infinitesimalmathematisch her.

(2) Geben Sie die Schwerpunktkoordinate y_S an (Überlegen / Hinschreiben).

(3) Geben Sie bitte die Lage des Flächenschwerpunktes S in folgender Form an:

$$S : \left(x_S ; y_S \right) = \left(\dots ; \dots \right).$$

Anmerkung

So wie diese Aufgabe hier - mit dem gewünschten Lösungsweg - gestellt ist, ist sie nicht klausurrelevant.

Sie sollte unter dem Gesichtspunkt der rechnerischen Herausforderung, verbunden mit den mathematischen Schönheiten, gesehen werden.

Ergebnis: $\left(x_S ; y_S \right) = \left(+ \dfrac{1}{3} \dfrac{10 - 3\pi}{12 - 3\pi} \cdot R ; \ + \dfrac{1}{3} \dfrac{10 - 3\pi}{12 - 3\pi} \cdot R \right)$

Lösung

> **(1) Leiten Sie bezogen auf das (x-y)-Koordinatensystem die Schwerpunktkoordinate x_S infinitesimalmathematisch her.**

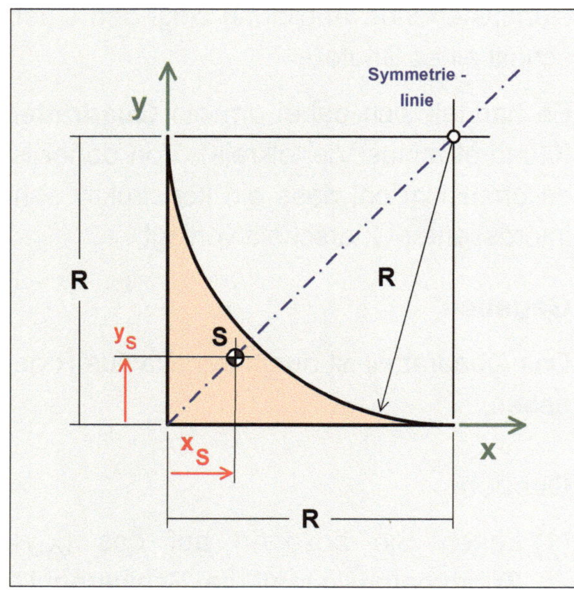

Schaut man sich nebenstehend den Querschnitt des Bauteils an, so erkennt man, dass es eine Symmetrielinie gibt, die unter 45° verläuft.

Es ist bekannt, dass eine Symmetrielinie der geometrische Ort für den Flächenschwerpunkt S, ist.

Damit liegt, so wie nebenstehend eingezeichnet, der Flächenschwerpunkt S auf dieser Symmetrielinie.

Die Schwerpunktkoordinaten x_S und y_S sind eingezeichnet. Sie sind aber zum jetzigen Zeitpunkt noch unbekannt.

Was man sagen kann, ist, dass sie gleich groß sind, $x_S = y_S$.

D. h., kennt man die Schwerpunktkoordinate x_S, so kennt man auch die Schwerpunktkoordinate y_S.

Die Schwerpunktkoordinate x_S soll infinitesimalmathematisch hergeleitet werden. Die Ausgangsgleichung (Satz vom Resultierenden Flächenmoment) lässt sich wie folgt formulieren:

$$x_S \cdot A = \int_A x \cdot dA .$$

Infinitesimalmathematische Herleitung

$$x_S = + \frac{1}{A} \int_A x \cdot dA$$

Ausgangsgleichung
für die infinitesimalmathematische Herleitung
vorliegender Aufgabe

Hier setzt die infinitesimalmathematische Herleitung ein,

$$x_S = + \frac{1}{A} \int_A x \cdot dA .$$

Man sollte an dieser Stelle erkennen, dass zwei infinitesimalmathematische Rechengänge erforderlich sind, einmal für die Ermittlung der **Fläche A** (gewünscht !) und einmal für die Ermittlung der integralen Summe der **infinitesimalen Flächenmomente** $\int_A x \cdot dA$.

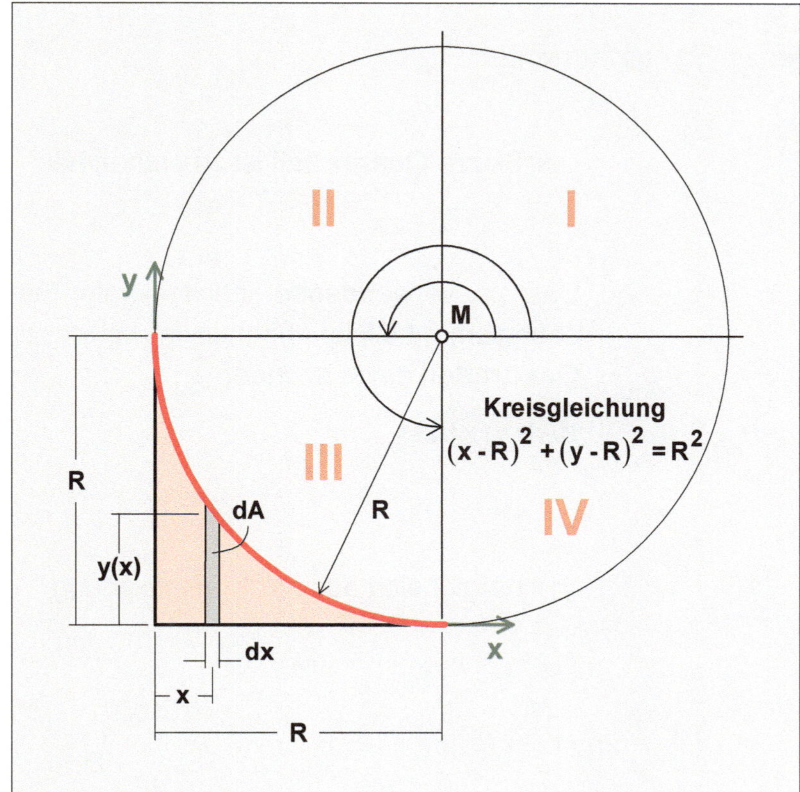

Quadratteil

Quadrat vermindert um einen Viertelkreis

Die Fläche A des Quadratteils ist die rot angelegte Fläche.

Die Fläche A soll sich aus einer Integration ergeben.

Das Ergebnis der Integration ist somit die Fläche unterhalb der roten Kurve.

Von daher kommt der roten Kurve, zugehörig zum 3ten Quadranten des Kreises, eine große Bedeutung zu.

Nebenstehende Abbildung zeigt noch einmal das **Quadratteil**.

Man kann sich vorstellen, wie das **Quadratteil** aus einem Quadrat vermindert um einen Viertelkreis entstanden ist.

Man kann das Quadratteil aber auch als Zusammengesetzte Fläche betrachten, das aus zwei Teilflächen subtraktiv gebildet worden ist, nämlich aus einem Quadrat und einem Viertelkreis. Diese Betrachtungsweise bedient sich der Summenformel und gehört thematisch zum nächsten Themenpunkt 'Zusammengesetzte Fläche'.

Hinsichtlich der Viertelkreisfläche sollte man darauf hinweisen, dass es sich dabei um eine Ausnehmung handelt, die durch die Fläche des 3. Quadranten der Kreisfläche gegeben ist. Achten Sie von daher bitte auf die rote Kurve zugehörig zum 3. Quadranten des Kreises. Dieses zu wissen wird wichtig, wenn es um die Integration geht.

Man wird in x-Richtung integrieren von $x = 0$ bis $x = +R$.

Die begrenzende Kurve dabei ist die rote Kurve, Teil eines Kreises, die von 180° bis 270° bzw. von π bis $\frac{3}{2}\pi$ verläuft oder umgekehrt.

Zur Lösung der auftretenden Integrale empfiehlt es sich zu substituieren. Da ist es ratsam von diesen mathematischen Feinheiten bereits vorab Kenntnis zu haben.

Fläche A
infinitesimalmathematische Herleitung / gewünscht !

Der Skizze **Quadratteil** ist zu entnehmen,

$$A = \int_A dA.$$

Das zu verwendende infinitesimale Flächenelement dA ist ebenfalls in der Skizze **Quadratteil** eingezeichnet,

$$dA = y(x)\,dx.$$

$$A = \int_{x=0}^{R} y(x)\,dx.$$

$y(x)$ ergibt sich aus der Kreisgleichung

$$(x-R)^2 + (y-R)^2 = R^2$$

$$(y-R)^2 = R^2 - (x-R)^2$$

$$(y-R)^2 = R^2 \left[1 - \left(\frac{x}{R}-1\right)^2 \right]$$

$$y-R = R\sqrt{1 - \left(\frac{x}{R}-1\right)^2}$$

$$y = R\sqrt{1 - \left(\frac{x}{R}-1\right)^2} + R$$

$$y = R\left[\sqrt{1 - \left(\frac{x}{R}-1\right)^2} + 1 \right]$$

$$\underline{y = y(x)}$$

$$A = \int_{x=0}^{R} R \cdot \left[\sqrt{1 - \left(\frac{x}{R}-1\right)^2} + 1 \right] \cdot dx$$

R kann als Konstante vor das Integral gezogen werden.

$$A = R \int_{x=0}^{R} \left[\sqrt{1 - \left(\frac{x}{R} - 1\right)^2} + 1 \right] \cdot dx$$

Es empfiehlt sich, auf der rechten Seite zwei Integrale zu bilden.

$$A = R \left[\int_{x=0}^{R} \sqrt{1 - \left(\frac{x}{R} - 1\right)^2} \cdot dx + \int_{x=0}^{R} dx \right]$$

Beide Integrale müssen gelöst werden.

Während das 2. Integral keine Schwierigkeiten bereitet, empfiehlt es sich, das 1. Integral mit Hilfe einer Substitution zu lösen.

Substitution

(Es sollte selbstverständlich sein, dass die Grenzen mitsubstituiert werden.)

$$\frac{x}{R} - 1 = \sin \alpha$$

Differentiation

$$\frac{1}{R} dx = \cos \alpha \cdot d\alpha$$

$$dx = R \cdot \cos \alpha \cdot d\alpha$$

Substitution der Grenzen

$$\frac{x}{R} - 1 = \sin \alpha$$

$$x = 0 \qquad \text{untere Grenze}$$

$$-1 = \sin \alpha$$

$$\sin \alpha = -1$$

$$\rightarrow \alpha = \frac{3}{2} \pi$$

(Ende des 3. Quadranten)

$$x = +R \qquad \text{obere Grenze}$$

$$1 - 1 = \sin \alpha$$

$$0 = \sin \alpha$$

$$\sin \alpha = 0$$

$$\rightarrow \alpha = \pi$$

(Beginn des 3. Quadranten)

Statik 5.4.1 - Flächenschwerpunkt / Grundformen / Quadratteil

$$A = R \left(\int\limits_{\alpha = 3/2\,\pi}^{\pi} \sqrt{1 - \sin^2 \alpha} \cdot R \cdot \cos \alpha \cdot d\alpha + \int\limits_{x = 0}^{R} dx \right)$$

mit $1 - \sin^2 \alpha = \cos^2 \alpha$

$$A = R \left(\int\limits_{\alpha = 3/2\,\pi}^{\pi} \sqrt{\cos^2 \alpha} \cdot R \cdot \cos \alpha \cdot d\alpha + \int\limits_{x = 0}^{R} dx \right)$$

$$A = R \left(\int\limits_{\alpha = 3/2\,\pi}^{\pi} \cos \alpha \cdot R \cdot \cos \alpha \cdot d\alpha + \int\limits_{x = 0}^{R} dx \right)$$

$$A = R \left(R \cdot \int\limits_{\alpha = 3/2\,\pi}^{\pi} \cos^2 \alpha \cdot d\alpha + \int\limits_{x = 0}^{R} dx \right)$$

Lösungshilfe (falls erforderlich)

$$\int \cos^2 \alpha \cdot d\alpha = \frac{1}{2}\alpha + \frac{1}{4}\sin 2\alpha$$

Ausführung der Integration !

$$A = R \left[R \cdot \left(\frac{1}{2}\alpha + \frac{1}{4}\sin 2\alpha \right) \bigg|_{3/2\,\pi}^{\pi} + x \bigg|_{0}^{R} \right]$$

Die untere Grenze wird von der oberen abgezogen.

$$A = R \left\{ R \left[\left(\frac{1}{2}\pi + \frac{1}{4}\sin 2\pi \right) - \left(\frac{1}{2}\cdot\frac{3}{2}\pi + \frac{1}{4}\sin 2\cdot\frac{3}{2}\pi \right) \right] + (R - 0) \right\}$$

Wissen hinsichtlich der trigonometrischen Funktionen

$$A = R \left\{ R \left[\left(\frac{1}{2}\pi + \frac{1}{4}\underbrace{\sin 2\pi}_{0} \right) - \left(\frac{1}{2}\cdot\frac{3}{2}\pi + \frac{1}{4}\underbrace{\sin 2\cdot\frac{3}{2}\pi}_{0} \right) \right] + R \right\}$$

$$A = R \left[R \left(\frac{1}{2}\pi - \frac{1}{2}\cdot\frac{3}{2}\pi \right) + R \right]$$

Die Größe R aus der eckigen Klammer vorziehen.

$$A = R^2 \left[\left(\frac{1}{2}\pi - \frac{1}{2}\cdot\frac{3}{2}\pi \right) + 1 \right]$$

runde Klammer ausrechnen

$$A = R^2 \left[\left(\frac{2}{4}\pi - \frac{3}{4}\pi \right) + 1 \right]$$

$$A = R^2 \left(1 - \frac{1}{4}\pi \right)$$

$$A = R^2 \cdot \frac{4-\pi}{4}$$

$$\boxed{A = \frac{4-\pi}{4}\cdot R^2}$$

Fläche A des Quadratteils

Summe der infinitesimalen Flächenmomente $\displaystyle\int_A x\cdot dA$

infinitesimalmathematische Herleitung / gewünscht !

$$\int_A x\cdot dA =$$

Summe der infinitesimalen Flächenmomente,

$$\int_A x\cdot dA = \int_{x=0}^{R} x\cdot y(x)\,dx$$

mit $dA = y(x)\,dx$

$y(x)$ ergibt sich aus der Kreisgleichung

$$y = R\left[\sqrt{1-\left(\frac{x}{R}-1\right)^2} + 1 \right]$$

$$\underline{y = y(x)}$$

$$\int_A x\cdot dA = \int_{x=0}^{R} x\cdot R\cdot\left[\sqrt{1-\left(\frac{x}{R}-1\right)^2} + 1 \right]\cdot dx$$

R kann als Konstante vor das Integral gezogen werden.

$$\int_A x \cdot dA = R \int_{x=0}^{R} x \cdot \left[\sqrt{1 - \left(\frac{x}{R} - 1 \right)^2} + 1 \right] \cdot dx$$

Es empfiehlt sich, auf der rechten Seite zwei Integrale zu bilden.

$$\int_A x \cdot dA = R \left[\int_{x=0}^{R} x \cdot \sqrt{1 - \left(\frac{x}{R} - 1 \right)^2} \cdot dx + \int_{x=0}^{R} x \cdot dx \right]$$

Beide Integrale müssen gelöst werden.

Während das 2. Integral keine Schwierigkeiten bereitet, empfiehlt es sich, das 1. Integral mit Hilfe einer Substitution zu lösen.

Substitution

(Es sollte selbstverständlich sein, dass die Grenzen mitsubstituiert werden.)

- $\dfrac{x}{R} - 1 = \sin \alpha$

- $dx = R \cdot \cos \alpha \cdot d\alpha$

- $x = R \cdot (1 + \sin \alpha)$

Substitution der Grenzen

- $\alpha = \dfrac{3}{2} \pi$ (untere Grenze)

- $\alpha = \pi$ (obere Grenze)

$$\int_A x \cdot dA = R \left[\int_{\alpha = \frac{3}{2}\pi}^{\pi} R \cdot (1 + \sin \alpha) \cdot \sqrt{1 - \sin^2 \alpha} \cdot R \cdot \cos \alpha \cdot d\alpha + \int_{x=0}^{R} x \cdot dx \right]$$

Es folgen einige Vereinfachungen hinsichtlich des 1. Integrals.

$$\int_A x \cdot dA = R \left[\int_{\alpha = \frac{3}{2}\pi}^{\pi} R \cdot (1 + \sin \alpha) \cdot \sqrt{1 - \sin^2 \alpha} \cdot R \cdot \cos \alpha \cdot d\alpha + \int_{x=0}^{R} x \cdot dx \right]$$

$$\int_A x \cdot dA = R \left[R^2 \int_{\alpha=\frac{3}{2}\pi}^{\pi} (1+\sin\alpha)\cdot\sqrt{1-\sin^2\alpha}\cdot\cos\alpha\cdot d\alpha + \int_{x=0}^{R} x\cdot dx \right]$$

$$\int_A x \cdot dA = R \left[R^2 \int_{\alpha=\frac{3}{2}\pi}^{\pi} (1+\sin\alpha)\cdot\sqrt{1-\sin^2\alpha}\cdot\cos\alpha\cdot d\alpha + \int_{x=0}^{R} x\cdot dx \right]$$

$$\text{mit } 1-\sin^2\alpha = \cos^2\alpha$$

$$\int_A x \cdot dA = R \left[R^2 \int_{\alpha=\frac{3}{2}\pi}^{\pi} (1+\sin\alpha)\cdot\sqrt{\cos^2\alpha}\cdot\cos\alpha\cdot d\alpha + \int_{x=0}^{R} x\cdot dx \right]$$

$$\int_A x \cdot dA = R \left[R^2 \int_{\alpha=\frac{3}{2}\pi}^{\pi} (1+\sin\alpha)\cdot\cos\alpha\cdot\cos\alpha\cdot d\alpha + \int_{x=0}^{R} x\cdot dx \right]$$

$$\int_A x \cdot dA = R \left[R^2 \int_{\alpha=\frac{3}{2}\pi}^{\pi} (1+\sin\alpha)\cdot\cos^2\alpha\cdot d\alpha + \int_{x=0}^{R} x\cdot dx \right]$$

$$\int_A x \cdot dA = R \left[R^2 \int_{\alpha=\frac{3}{2}\pi}^{\pi} \left(\cos^2\alpha + \sin\alpha\cdot\cos^2\alpha\right)\cdot d\alpha + \int_{x=0}^{R} x\cdot dx \right]$$

Es wäre schön im 1. Integral nur die Sin-Funktion zu haben, also

$$\text{mit } \cos^2\alpha = 1-\sin^2\alpha.$$

$$\int_A x \cdot dA = R \left\{ R^2 \int_{\alpha=\frac{3}{2}\pi}^{\pi} \left[1-\sin^2\alpha + \sin\alpha\cdot\left(1-\sin^2\alpha\right)\right]\cdot d\alpha + \int_{x=0}^{R} x\cdot dx \right\}$$

$$\int_A x \cdot dA = R \left[R^2 \int_{\alpha=\frac{3}{2}\pi}^{\pi} \left(1-\sin^2\alpha + \sin\alpha - \sin^3\alpha\right)\cdot d\alpha + \int_{x=0}^{R} x\cdot dx \right]$$

$$\int_A x \cdot dA = R \left[R^2 \int_{\alpha=\frac{3}{2}\pi}^{\pi} \left(1+\sin\alpha - \sin^2\alpha - \sin^3\alpha\right)\cdot d\alpha + \int_{x=0}^{R} x\cdot dx \right]$$

Es empfiehlt sich, das 1. Integral in vier weitere Integrale aufzuteilen.

$$\int_A x \cdot dA = R\left[R^2\left(\int_{\alpha=\frac{3}{2}\pi}^{\pi} d\alpha + \int_{\alpha=\frac{3}{2}\pi}^{\pi}\sin\alpha\cdot d\alpha - \int_{\alpha=\frac{3}{2}\pi}^{\pi}\sin^2\alpha\cdot d\alpha \int_{\alpha=\frac{3}{2}\pi}^{\pi}\sin^3\alpha\cdot d\alpha\right) + \int_{x=0}^{R}x\cdot dx\right]$$

Lösungshilfe (falls erforderlich)

$$\int\sin^2\alpha\cdot d\alpha = \frac{1}{2}\alpha - \frac{1}{4}\sin 2\alpha$$

$$\int\sin^3\alpha\cdot d\alpha = -\cos\alpha + \frac{1}{3}\cos^3\alpha$$

Ausführung der Integration !

$$\int_A x \cdot dA = R\left\{R^2\left[\alpha\Big|_{\frac{3}{2}\pi}^{\pi} - \cos\alpha\Big|_{\frac{3}{2}\pi}^{\pi} - \left(\frac{1}{2}\alpha - \frac{1}{4}\sin 2\alpha\right)\Big|_{\frac{3}{2}\pi}^{\pi} - \left(-\cos\alpha + \frac{1}{3}\cos^3\alpha\right)\Big|_{\frac{3}{2}\pi}^{\pi}\right] + \frac{1}{2}x^2\Big|_0^R\right\}$$

Die untere Grenze wird von der oberen abgezogen.

$$\int_A x \cdot dA = R\left\langle R^2\left\{\left[\pi - \frac{3}{2}\pi\right] - \left[\cos\pi - \cos\frac{3}{2}\pi\right] - \left[\left(\frac{1}{2}\pi - \frac{1}{4}\sin 2\pi\right) - \left(\frac{1}{2}\frac{3}{2}\pi - \frac{1}{4}\sin 2\frac{3}{2}\pi\right)\right] - \right.\right.$$

$$\left.\left. - \left[\left(-\cos\pi + \frac{1}{3}\cos^3\pi\right) - \left(-\cos\frac{3}{2}\pi + \frac{1}{3}\cos^3\frac{3}{2}\pi\right)\right]\right\} + \frac{1}{2}\cdot\left(R^2 - 0\right)\Big|_0^R\right\rangle$$

Wissen hinsichtlich der trigonometrischen Funktionen

$$\int_A x \cdot dA = R\left\langle R^2\left\{\left[\pi - \frac{3}{2}\pi\right] - \left[\cos\pi - \underbrace{\cos\frac{3}{2}\pi}_{0}\right] - \left[\left(\frac{1}{2}\pi - \frac{1}{4}\underbrace{\sin 2\pi}_{0}\right) - \left(\frac{1}{2}\frac{3}{2}\pi - \frac{1}{4}\underbrace{\sin 2\frac{3}{2}\pi}_{0}\right)\right] - \right.\right.$$

$$\left.\left. - \left[\left(-\cos\pi + \frac{1}{3}\cos^3\pi\right) - \left(-\underbrace{\cos\frac{3}{2}\pi}_{0} + \frac{1}{3}\underbrace{\cos^3\frac{3}{2}\pi}_{0}\right)\right]\right\} + \frac{1}{2}\cdot\left(R^2 - 0\right)\right\rangle$$

$$\int_A x \cdot dA = R\left\{R^2\left[\left(\pi - \frac{3}{2}\pi\right) - \cos\pi - \left(\frac{1}{2}\pi - \frac{1}{2}\frac{3}{2}\pi\right) - \left(-\cos\pi + \frac{1}{3}\cos^3\pi\right)\right] + \frac{1}{2}\cdot R^2\right\}$$

$$\int_A x \cdot dA = R^3 \left[\left(\pi - \frac{3}{2}\pi \right) - \cos\pi - \left(\frac{1}{2}\pi - \frac{1}{2}\frac{3}{2}\pi \right) - \left(-\cos\pi + \frac{1}{3}\cos^3\pi \right) + \frac{1}{2} \right]$$

Einige Vereinfachungen, die der Übersicht dienen.

$$\int_A x \cdot dA = R^3 \left[\left(\frac{2}{2}\pi - \frac{3}{2}\pi \right) - \cos\pi - \left(\frac{2}{4}\pi - \frac{3}{4}\pi \right) - \left(-\cos\pi + \frac{1}{3}\cos^3\pi \right) + \frac{1}{2} \right]$$

$$\int_A x \cdot dA = R^3 \left[-\frac{1}{2}\pi - \cos\pi + \frac{1}{4}\pi - \left(-\cos\pi + \frac{1}{3}\cos^3\pi \right) + \frac{1}{2} \right]$$

$$\int_A x \cdot dA = R^3 \left[-\frac{1}{4}\pi - \cos\pi - \left(-\cos\pi + \frac{1}{3}\cos^3\pi \right) + \frac{1}{2} \right]$$

Überlegungen hinsichtlich der trigonometrischen Ausdrücke.

$$\int_A x \cdot dA = R^3 \left[-\frac{1}{4}\pi - \underset{-1}{\cos\pi} - \left(-\underset{-1}{\cos\pi} + \frac{1}{3}\underset{-1}{\cos^3\pi} \right) + \frac{1}{2} \right]$$

$$\int_A x \cdot dA = R^3 \left[-\frac{1}{4}\pi + 1 - \left(+1 - \frac{1}{3} \right) + \frac{1}{2} \right]$$

$$\int_A x \cdot dA = R^3 \left(-\frac{1}{4}\pi + 1 - 1 + \frac{1}{3} + \frac{1}{2} \right)$$

$$\int_A x \cdot dA = R^3 \left(-\frac{1}{4}\pi + \frac{1}{3} + \frac{1}{2} \right)$$

$$\int_A x \cdot dA = R^3 \left(-\frac{1}{4}\pi + \frac{2}{6} + \frac{3}{6} \right)$$

$$\int_A x \cdot dA = R^3 \left(-\frac{1}{4}\pi + \frac{5}{6} \right)$$

$$\int_A x \cdot dA = R^3 \left(-\frac{3}{12}\pi + \frac{10}{12} \right)$$

$$\int_A x \cdot dA = R^3 \cdot \frac{-3\pi + 10}{12}$$

$$\boxed{\int_A x \cdot dA = \frac{10 - 3\pi}{12} \cdot R^3}$$

Summe der infinitesimalen Flächen-momente

An dieser Stelle sollte man sich erinnern.

$$x_S \cdot A = \int_A x \cdot dA$$

Infinitesimalmathematische Herleitung

$$x_S = +\frac{1}{A} \int_A x \cdot dA$$

Ausgangsgleichung
für die infinitesimalmathematische Herleitung
vorliegender Aufgabe

$$\text{mit } A = \frac{4 - \pi}{4} \cdot R^2$$

und

$$\int_A x \cdot dA = \frac{10 - 3\pi}{12} \cdot R^3$$

$$x_S = +\frac{1}{\dfrac{4 - \pi}{4} \cdot R^2} \cdot \frac{10 - 3\pi}{12} \cdot R^3$$

$$x_S = +\frac{4}{4 - \pi} \cdot \frac{10 - 3\pi}{12} \cdot R$$

$$x_S = +\frac{1}{4 - \pi} \cdot \frac{10 - 3\pi}{3} \cdot R$$

$$\boxed{x_S = +\frac{1}{3} \cdot \frac{10 - 3\pi}{12 - 3\pi} \cdot R}$$

Schwerpunktkoordinate x_S

(2) **Geben Sie die Schwerpunktkoordinate y_S an,**
(Überlegen / Hinschreiben).

Die unter 45° verlaufende Linie ist eine Symmetrielinie.

Eine Symmetrielinie ist immer eine Schwerelinie.

Eine Schwerelinie ist der geometrische Ort für den Flächenschwerpunkt S.

Da die Schwerpunktkoordinate x_S bereits ermittelt wurde, ist der Abstand des Flächenschwerpunktes S von der y-Achse bekannt und damit seine exakte Position auf der Symmetrielinie gegeben. Das heißt im Weiteren,

$$y_S = x_S.$$

$$\text{mit } x_S = +\frac{1}{3} \cdot \frac{10 - 3\pi}{12 - 3\pi} \cdot R$$

$$y_S = +\frac{1}{3} \cdot \frac{10 - 3\pi}{12 - 3\pi} \cdot R.$$

Schwerpunktkoordinate y_S

(3) **Geben Sie bitte die Lage des Flächenschwerpunktes S in folgender Form an:**
$$S : \left(x_S;\ y_S \right) = (...;\ ...).$$

$$S : \left(x_S;\ y_S \right) = \left(+\frac{1}{3} \cdot \frac{10 - 3\pi}{12 - 3\pi} \cdot R;\ +\frac{1}{3} \cdot \frac{10 - 3\pi}{12 - 3\pi} \cdot R \right)$$

Lage des Flächenschwerpunktes S

Aufgabe 16

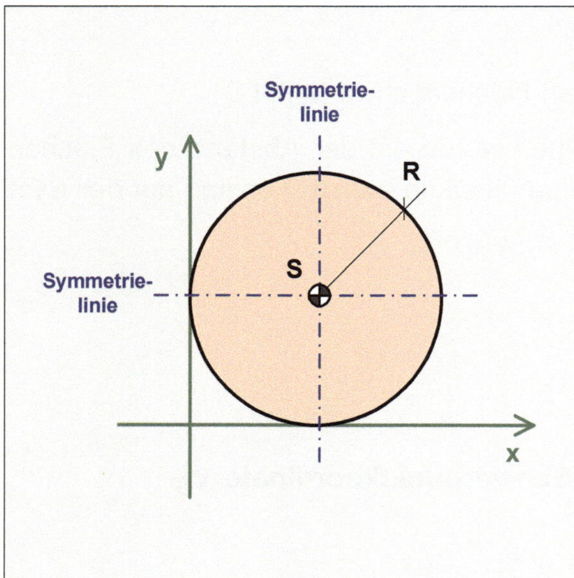

Flächenschwerpunkt / Grundform / Kreis / infinitesimalmathematische Herleitung

x-Richtung: Überlegen / Hinschreiben
y-Richtung: infinitesimalmathematisch

Nebenstehende Abbildung zeigt eine kreisförmige Fläche.

Gegeben

Die kreisförmige Fläche ist gegeben durch den Radius R.

Gesucht

(1) Leiten Sie bezogen auf das (x-y)-Koordinatensystem die Schwerpunktkoordinate y_S infinitesimalmathematisch her.

(2) Geben Sie die Schwerpunktkoordinate x_S an (Überlegen / Hinschreiben).

(3) Geben Sie bitte die Lage des Flächenschwerpunktes S in folgender Form an:

$$S:\left(x_S;\,y_S\right)=\left(\ldots;\,\ldots\right).$$

Anmerkung: Zu (1)

Setzen Sie sich bitte einmal mit dem sich ergebenden Integral mathematisch auseinander.

Bedenken Sie, dass Sie die Lösung kennen.

Anmerkung

So wie diese Aufgabe hier - mit dem gewünschten Lösungsweg - gestellt ist, ist sie nicht klausurrelevant.

Sie sollte unter dem Gesichtspunkt der rechnerischen Herausforderung, verbunden mit den mathematischen Schönheiten, gesehen werden.

Ergebnis : $S:\left(x_S;\,y_S\right)=\left(+R;\,+R\right)$

Lösung

> **(1)** **Leiten Sie bezogen auf das (x-y)-Koordinatensystem die Schwerpunktkoordinate y_S infinitesimalmathematisch her.**

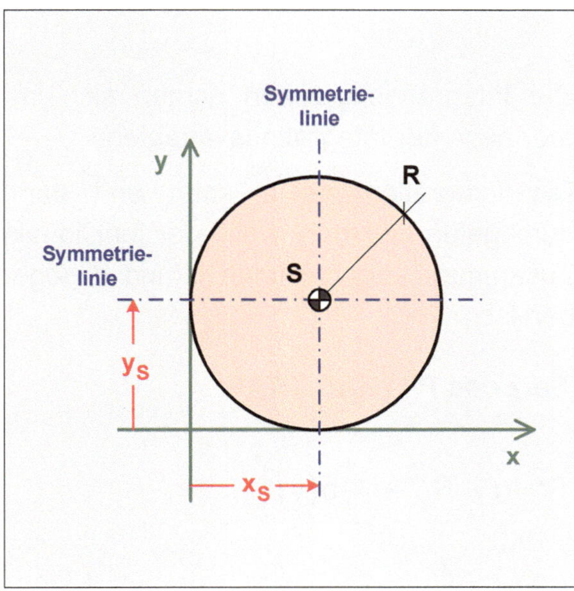

Bei dieser kreisförmigen Fläche liegt Mehrfachsymmetrie vor. Wenn Mehrfachsymmetrie vorliegt, ist der Schnittpunkt der Symmetrielinien identisch mit dem Schwerpunkt S. Damit lauten die Schwerpunktkoordinaten:

$$\left(x_S; y_S\right) = \left(+R; +R\right).$$

Das ist natürlich trivial.

Hier aber soll aus didaktischen und mathematischen Gründen, beispielsweise, die Schwerpunktkoordinate y_S hergeleitet werden, und zwar wie man so schön sagt 'infinitesimalmathematisch'.

Über den 'Satz vom Resultierenden Flächenmoment' kommt man zur Ausgangsgleichung für die infinitesimalmathematische Herleitung der Schwerpunktkoordinate y_S.

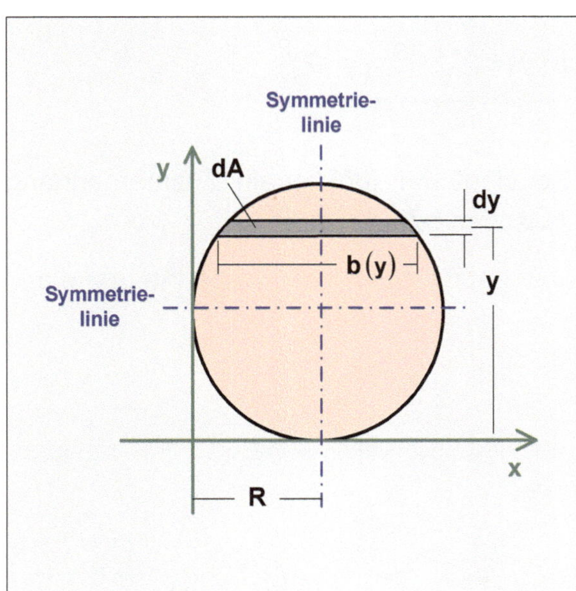

$$y_S = +\frac{1}{A} \int_A y \cdot dA$$

Ausgangsgleichung
für die infinitesimalmathematische Herleitung **vorliegender** Aufgabe

Hier setzt die infinitesimalmathematische Herleitung ein,

$$y_S = +\frac{1}{A} \int_A y \cdot dA.$$

Es ist schwierig auf Anhieb das für die weitere Berechnung optimale infinitesimal kleine Flächenelement dA zu finden.

Man entscheidet sich für das eingezeichnete infinitesimal kleine Flächenelement dA, weil das wohl das einfachste zu sein scheint,

$$dA = b(y)\,dy\,.$$

$$y_S = +\frac{1}{A}\int\limits_{y=0}^{2R} y\cdot b(y)\,dy$$

Die Integrationsgrenzen richten sich immer nach der Integrationsvariablen.

Die Integration selber kann erst dann durchgeführt werden, wenn der funktionale Zusammenhang zwischen b und y gegeben ist.

Satz des PYTHAGORAS

$$R^2 = (y-R)^2 + \left(\frac{1}{2}b(y)\right)^2$$

$$\left(\frac{1}{2}b(y)\right)^2 = R^2 - (y-R)^2$$

$$\frac{1}{2}b(y) = \sqrt{R^2 - (y-R)^2}$$

$$b(y) = 2\sqrt{R^2 - (y-R)^2}$$

So sieht der funktionale Zusammenhang zwischen b und y aus.

Man setzt diesen jetzt in das Integral ein.

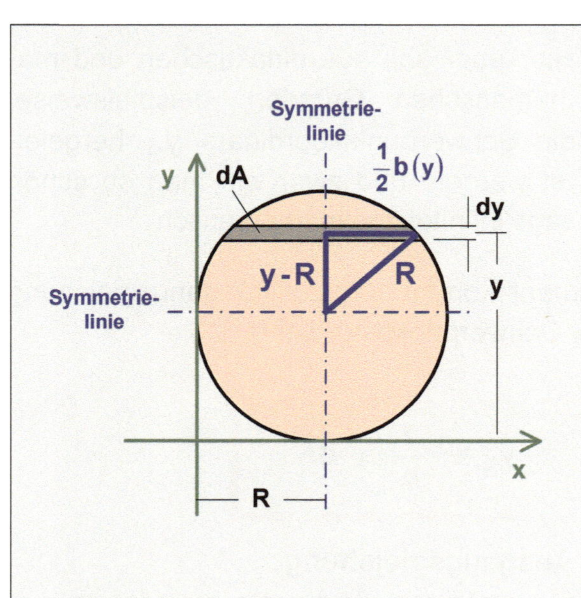

$$y_S = +\frac{1}{A}\int\limits_{y=0}^{2R} y\cdot 2\sqrt{R^2 - (y-R)^2}\,dy$$

Der Faktor '2' wird vor das Integral gezogen.

$$y_S = +\frac{2}{A}\int\limits_{y=0}^{2R} y\cdot \sqrt{R^2 - (y-R)^2}\,dy$$

Das Integral gilt es zu lösen, aber … .

Schaut man sich das Integral an, so ist zu verstehen, dass man die Lösung eines solchen Integrals nicht im Kopf hat und folglich auch nicht direkt hinschreiben kann.

Es gibt mehrere Möglichkeiten zur Lösung zu kommen. Man schaut beispielsweise 'irgendwo' nach oder aber löst dieses Integral 'von Hand'.

Ich weiß an dieser Stelle im Augenblick auch keinen Rat und muss nachdenken !

Man erinnert sich aber, dass es den Begriff der Substitution gibt. Das scheint eine Vorgehensweise zu sein, die Erfolg verspricht.

Bei genauerer Betrachtung des Integrals - und nach einigem ausprobieren - stellt man fest, dass das Integral, so geschrieben, 'substitutionsunfreundlich' ist.

Substitution

$$y - R = t$$

$$y = R + t$$

$$dy = dt$$

Es ist selbstverständlich, dass sich durch die Substitution auch die Grenzen ändern.

Da man nachher wieder zurück substituiert, erspart man sich aus schreibtechnischen Gründen zum jetzigen Zeitpunkt die Substitution der Grenzen.

$$y_S = + \frac{2}{A} \int\limits_{xxx}^{xxx} (R + t) \sqrt{R^2 - t^2}\, dt$$

Es empfiehlt sich, das Integral in zwei Integrale aufzuteilen.

$$y_S = + \frac{2}{A} \left(\int\limits_{xxx}^{xxx} R \cdot \sqrt{R^2 - t^2}\, dt + \int\limits_{xxx}^{xxx} t \cdot \sqrt{R^2 - t^2}\, dt \right)$$

Hinsichtlich des 1. Integrals ist es ratsam, die Konstante R vor das Integral zu ziehen.

$$y_S = + \frac{2}{A} \left(R \cdot \int\limits_{xxx}^{xxx} \sqrt{R^2 - t^2}\, dt + \int\limits_{xxx}^{xxx} t \cdot \sqrt{R^2 - t^2}\, dt \right)$$

Beide Integrale sollten einem bekannt vorkommen, und man sollte zum jetzigen Zeitpunkt - von der Mathematik und von der Mechanik-Erfahrung her - 'die Integrale können'.

Wenn nicht ➜ PAPULA

1. Integral: $\displaystyle\int_{xxx}^{xxx} \sqrt{R^2 - t^2}\, dt =$

Lothar PAPULA

Integraltafel / Integral (141)

$$\int \sqrt{a^2 - x^2}\, dx = \frac{1}{2}\left[x\cdot\sqrt{a^2 - x^2} + a^2\cdot\arcsin\left(\frac{x}{R}\right)\right] + C$$

1. Integral: $\displaystyle\int_{xxx}^{xxx} \sqrt{R^2 - t^2}\, dt = \frac{1}{2}\left[t\cdot\sqrt{R^2 - t^2} + R^2\cdot\arcsin\left(\frac{t}{R}\right)\right]\Big|_{xxx}^{xxx}$

2. Integral: $\displaystyle\int_{xxx}^{xxx} t\cdot\sqrt{R^2 - t^2}\, dt =$

Lothar PAPULA

Integraltafel / Integral (142)

$$\int x\,\sqrt{a^2 - x^2}\, dx = -\frac{1}{3}\sqrt{\left(a^2 - x^2\right)^3} + C$$

2. Integral: $\displaystyle\int_{xxx}^{xxx} t\cdot\sqrt{R^2 - t^2}\, dt = -\frac{1}{3}\cdot\sqrt{\left(R^2 - t^2\right)^3}\,\Big|_{xxx}^{xxx}$

$$y_S = +\frac{2}{A}\left(R\cdot\underbrace{\int_{xxx}^{xxx} \sqrt{R^2 - t^2}\, dt}_{\text{1. Integral}} + \underbrace{\int_{xxx}^{xxx} t\cdot\sqrt{R^2 - t^2}\, dt}_{\text{2. Integral}} \right)$$

Das sind die zu lösenden Integrale 1 und 2.

Integration

$$y_S = +\frac{2}{A}\left\{ R\cdot\underbrace{\frac{1}{2}\left[t\cdot\sqrt{R^2 - t^2} + R^2\cdot\arcsin\left(\frac{t}{R}\right)\right]\Big|_{xxx}^{xxx}}_{\text{Lösung 1. Integral}} + \underbrace{\left[-\frac{1}{3}\cdot\sqrt{\left(R^2 - t^2\right)^3}\,\Big|_{xxx}^{xxx}\right]}_{\text{Lösung 2. Integral}}\right\}$$

Minus-Zeichen aus der eckigen Klammer des 2. Terms vorziehen.

$$y_S = +\frac{2}{A}\left\{ R\cdot\frac{1}{2}\left[t\cdot\sqrt{R^2 - t^2} + R^2\cdot\arcsin\left(\frac{t}{R}\right)\right]\Big|_{xxx}^{xxx} - \frac{1}{3}\cdot\sqrt{\left(R^2 - t^2\right)^3}\,\Big|_{xxx}^{xxx}\right\}$$

An dieser Stelle, und zu diesem Zeitpunkt, sollte die Rücksubstitution erfolgen.

$$y_S = +\frac{2}{A}\left\{\frac{1}{2}R\cdot\left[(y-R)\cdot\sqrt{R^2-(y-R)^2}+R^2\cdot\arcsin\left(\frac{y-R}{R}\right)\right]\Bigg|_{y=0}^{2R}-\frac{1}{3}\cdot\sqrt{\left[R^2-(y-R)^2\right]^3}\,\Bigg|_{y=0}^{2R}\right\}$$

Die Radikanden können etwas vereinfacht werden.

$$R^2-(y-R)^2=R^2-\left(y^2-2yR+R^2\right),$$

$$R^2-(y-R)^2=\cancel{R^2}-y^2+2yR-\cancel{R^2},$$

$$R^2-(y-R)^2=(2R-y)\cdot y.$$

$$y_S = +\frac{2}{A}\left\{\frac{1}{2}R\cdot\left[(y-R)\cdot\sqrt{(2R-y)\cdot y}+R^2\cdot\arcsin\left(\frac{y-R}{R}\right)\right]\Bigg|_{y=0}^{2R}-\frac{1}{3}\cdot\sqrt{\left[(2R-y)\cdot y\right]^3}\,\Bigg|_{y=0}^{2R}\right\}$$

Im nächsten Schritt wird die untere Grenze von der oberen Grenze abgezogen.

$$y_S = +\frac{2}{A}\left\{\frac{1}{2}R\cdot\left[(2R-R)\cdot\sqrt{(2R-2R)\cdot 2R}+R^2\cdot\arcsin\left(\frac{2R-R}{R}\right)-\right.\right.$$

$$\left.-(0-R)\cdot\sqrt{(2R-0)\cdot 0}-R^2\cdot\arcsin\left(\frac{0-R}{R}\right)\right]-$$

$$\left.-\frac{1}{3}\left[\sqrt{\left[(2R-2R)\cdot 2R\right]^3}-\sqrt{\left[(2R-0)\cdot 0\right]^3}\right]\right\}$$

Man sollte im Folgenden schauen, welche Größen sich zu Null ergeben.

$$y_S = +\frac{2}{A}\left\{\frac{1}{2}R\cdot\left[(2R-R)\cdot\sqrt{\underbrace{\left(2R-2R\right)}_{0}\cdot 2R}+R^2\cdot\arcsin\left(\frac{2R-R}{R}\right)-\right.\right.$$

$$\left.-(0-R)\cdot\sqrt{\underbrace{(2R-0)\cdot 0}_{0}}-R^2\cdot\arcsin\left(\frac{0-R}{R}\right)\right]-$$

$$\left.-\frac{1}{3}\left[\sqrt{\left[\underbrace{\left(2R-2R\right)}_{0}\cdot 2R\right]^3}-\sqrt{\left[\underbrace{(2R-0)\cdot 0}_{0}\right]^3}\right]\right\}$$

$$y_S = +\frac{2}{A}\left\{\frac{1}{2}R\cdot\left[R^2\cdot\arcsin\left(\frac{R}{R}\right)-R^2\cdot\arcsin\left(-\frac{R}{R}\right)\right]\right\}$$

Bearbeitung der runden Klammern.

$$y_S = +\frac{2}{A}\left\{\frac{1}{2}R\cdot\left[R^2\cdot\arcsin(+1)-R^2\cdot\arcsin(-1)\right]\right\}$$

'R^2' wird vor die eckige Klammer gezogen.

$$y_S = +\frac{2}{A}\left\{\frac{1}{2}R^3\cdot\left[\arcsin(+1)-\arcsin(-1)\right]\right\}$$

'$\frac{1}{2}R^3$' wird vor die geschweifte Klammer gezogen.

$$y_S = +\frac{R^3}{A}\left[\arcsin(+1)-\arcsin(-1)\right]$$

Neben Kenntnissen hinsichtlich trigonometrischer Funktionen sollten auch Kenntnisse hinsichtlich deren Umkehrfunktionen vorhanden sein.

$$y_S = +\frac{R^3}{A}\left[\underbrace{\arcsin(+1)}_{+\frac{\pi}{2}}-\underbrace{\arcsin(-1)}_{-\frac{\pi}{2}}\right]$$

$$y_S = +\frac{R^3}{A}\left[\frac{\pi}{2}-\left(-\frac{\pi}{2}\right)\right]$$

$$y_S = +\frac{R^3}{A}\left(\frac{\pi}{2}+\frac{\pi}{2}\right)$$

$$y_S = +\frac{R^3}{A}\cdot 2\frac{\pi}{2}$$

$$y_S = +\frac{R^3\cdot\pi}{A}$$

Multiplikation mit '1', $1=\dfrac{A}{\pi\cdot R^2}$

$$y_S = +\frac{R^3\cdot\pi}{A}\cdot\frac{A}{\pi\cdot R^2}$$

$$\boxed{y_S = +R}$$

Schwerpunktkoordinate y_S

(2) **Geben Sie die Schwerpunktkoordinate x_S an.**
Überlegen / Hinschreiben

$$x_S = +R$$

Schwerpunktkoordinate x_S

(3) **Geben Sie bitte die Lage des Flächenschwerpunktes S in folgender Form an:**
$$\left(x_S; y_S\right) = \left(\ldots; \ldots\right).$$

$$S : \left(x_S; y_S\right) = \left(+R; +R\right)$$

Lage des Flächenschwerpunktes S

Aufgabe 17

Flächenschwerpunkt / Grundform / Kreisausschnitt / Überlegen (geometrische Beziehung) **/ Hinschreiben / infinitesimalmathematische Herleitung**

x-Richtung: Überlegen (geometrische Beziehung) */ Hinschreiben*

y-Richtung: infinitesimalmathematisch

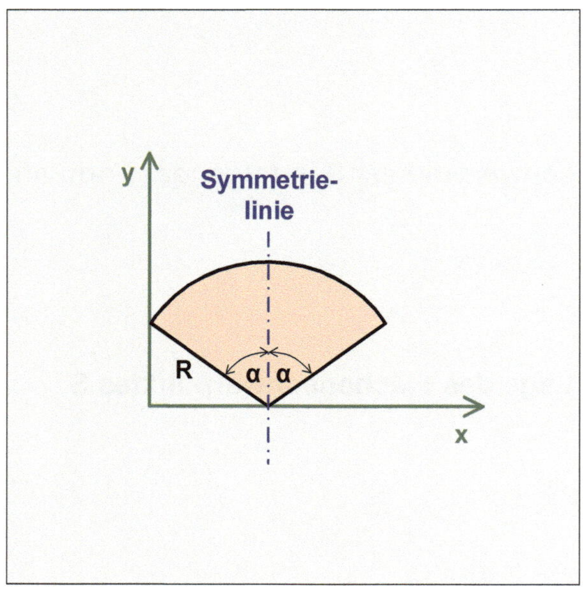

Nebenstehende Abbildung zeigt einen Kreisausschnitt. Die Symmetrielinie des Kreisausschnitts verläuft parallel zur y-Achse.

Gegeben

Der Kreisausschnitt ist gegeben durch den Radius R sowie durch den Winkel α.

Beachten Sie bitte, α ist nicht der Zentriwinkel. Der Zentriwinkel ist $2\,\alpha$.

Gesucht

(1) Berechnen Sie die Schwerpunktkoordinate x_S (Geometrische Beziehung).

(2) Leiten Sie bezogen auf das (x-y)-Koordinatensystem die Schwerpunktkoordinate y_S infinitesimalmathematisch her.

(3) Geben Sie bitte die Lage des Flächenschwerpunktes S in folgender Form an:

$$S : \left(x_S ; y_S \right) = (\dots ; \dots).$$

Ergebnis : $\; S : \left(x_S ; y_S \right) = \left(+ R \cdot \sin\alpha \; ; \; + \dfrac{2\,R}{3\,\alpha} \cdot \sin\alpha \right)$

Lösung

(1)   Berechnen Sie die Schwerpunktkoordinate x_S *(Geometrische Beziehung)*

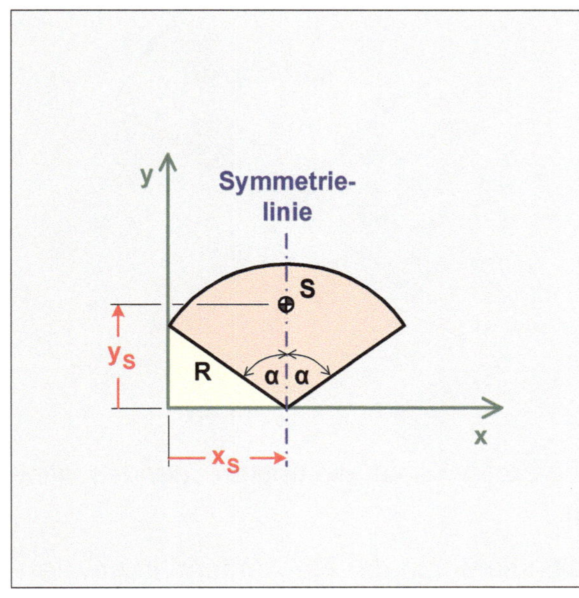

Der Schwerpunkt S liegt auf der Symmetrielinie des Kreisausschnitts.

Die Symmetrielinie des Kreisausschnitts verläuft parallel zur y-Achse.

Betrachtet man die Skizze, so erkennt man direkt das rechtwinklige Dreieck, das aus der x-Achse, der y-Achse und dem Radius R gebildet wird.

Die zugehörige trigonometrische Beziehung lautet,

$$x_S = R \cdot \cos\left(90° - \alpha\right).$$

Das Additionstheorem liefert,

$$\cos\left(90° - \alpha\right) = \underbrace{\cos 90°}_{0} \cdot \cos\alpha + \underbrace{\sin 90°}_{1} \cdot \sin\alpha,$$

$$\cos\left(90° - \alpha\right) = \sin\alpha.$$

$$x_S = R \cdot \cos\left(90° - \alpha\right)$$

$$\boxed{x_S = +R \cdot \sin\alpha}$$

Schwerpunktkoordinate x_S

(2)   Leiten Sie bezogen auf das (x-y)-Koordinatensystem die Schwerpunktkoordinate y_S infinitesimalmathematisch her.

Die Ausgangsgleichung zur infinitesimalen Herleitung der Schwerpunktkoordinate y_S ist wie folgt gegeben:

$$y_S = +\frac{1}{A}\int_A y \cdot dA.$$

Ausgangsgleichung
für die infinitesimalmathematische Herleitung
vorliegender Aufgabe

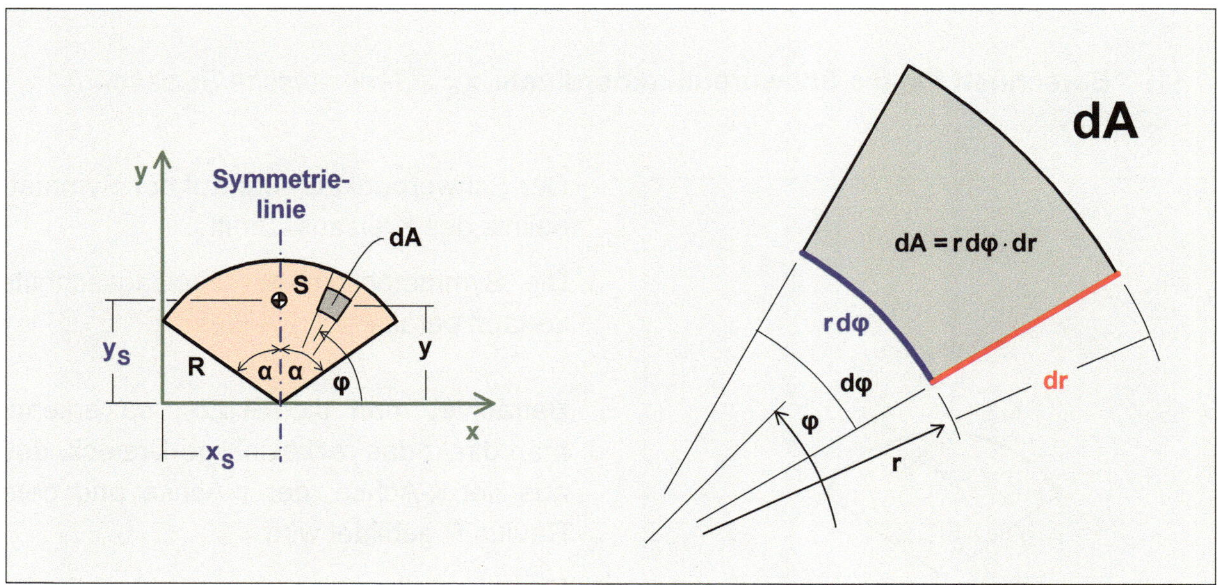

Hinsichtlich der Vorgehensweise ist es immer eine große Kunst, ein entsprechendes infinitesimal kleines Flächenelement dA zu definieren.

Wenn man sich allerdings an die Empfehlung hält, immer ein der Flächenform in etwa angepasstes Flächenelement zu nehmen, sollten sich die weiteren Schwierigkeiten in Grenzen halten.

Hier setzt jetzt die infinitesimalmathematische Herleitung ein,

$$y_S = + \frac{1}{A} \int_A y \cdot dA \, .$$

Das zu verwendende infinitesimale Flächenelement dA ist bereits eingezeichnet,

$$dA = r \, d\varphi \cdot dr \, .$$

Der Abstand des Flächenelementes y von der x-Achse ist

$$y = r \cdot \sin\varphi \, .$$

$$y_S = + \frac{1}{A} \int \int r \cdot \sin\varphi \cdot r \, d\varphi \cdot dr$$

Es sind mit dφ und dr zwei Integrationsvariable vorhanden. Somit erhält man (in diesem Fall) zwei voneinander unabhängige Integrale.

$$y_S = + \frac{1}{A} \int r^2 \cdot dr \int \sin\varphi \cdot d\varphi$$

Die Grenzen der beiden Integrale richten sich nach den jeweiligen Integrationsvariablen.

$$y_S = +\frac{1}{A} \int\limits_{r=0}^{R} r^2 \, dr \int\limits_{\varphi=90°-\alpha}^{90°+\alpha} \sin\varphi \, d\varphi$$

Durchführung der **Integration**

$$y_S = +\frac{1}{A} \cdot \frac{1}{3} r^3 \Big|_{0}^{R} \cdot (-\cos\varphi) \Big|_{90°-\alpha}^{90°+\alpha}$$

Das Minus-Zeichen aus der runden Klammer wird vorgezogen.

$$y_S = -\frac{1}{A} \cdot \frac{1}{3} r^3 \Big|_{0}^{R} \cdot \cos\varphi \Big|_{90°-\alpha}^{90°+\alpha}$$

Die untere Grenze wird von der oberen abgezogen.

$$y_S = -\frac{1}{A} \cdot \frac{1}{3} \left(R^3 - 0\right) \cdot \left[\cos(90°+\alpha) - \cos(90°-\alpha)\right]$$

$$y_S = -\frac{1}{A} \cdot \frac{1}{3} R^3 \left[\cos(90°+\alpha) - \cos(90°-\alpha)\right]$$

Additionstheoreme / Wissen

$$y_S = -\frac{1}{A} \cdot \frac{1}{3} R^3 \left[\cos 90° \cdot \cos\alpha - \sin 90° \cdot \sin\alpha - (\cos 90° \cdot \cos\alpha + \sin 90° \cdot \sin\alpha)\right]$$

Auflösen der runden Minus-Klammer

$$y_S = -\frac{1}{A} \cdot \frac{1}{3} R^3 \left(\cos 90° \cdot \cos\alpha - \sin 90° \cdot \sin\alpha - \cos 90° \cdot \cos\alpha - \sin 90° \cdot \sin\alpha\right)$$

Kenntnisse hinsichtlich der trigonometrischen Funktionen müssen vorhanden sein.

$$y_S = -\frac{1}{A} \cdot \frac{1}{3} R^3 \left(\underbrace{\cos 90°}_{0} \cdot \cos\alpha - \underbrace{\sin 90°}_{+1} \cdot \sin\alpha - \underbrace{\cos 90°}_{0} \cdot \cos\alpha - \underbrace{\sin 90°}_{+1} \cdot \sin\alpha\right)$$

$$y_S = -\frac{1}{A} \cdot \frac{1}{3} R^3 \left(-\sin\alpha - \sin\alpha\right)$$

$$y_S = -\frac{1}{A} \cdot \frac{1}{3} R^3 \left(-2\sin\alpha\right)$$

Minus mal Minus ergibt Plus.

$$y_S = +\frac{1}{A} \cdot \frac{2}{3} R^3 \cdot \sin\alpha$$

$$y_S = + \frac{1}{A} \cdot \frac{2}{3} R^3 \cdot \sin \alpha$$

Multiplikation mit '1', $1 = \dfrac{A}{R^2 \cdot \hat{\alpha}}$

$\hat{\alpha}$ ist der Winkel im Bogenmaß.

$$y_S = + \frac{1}{A} \cdot \frac{2}{3} R^3 \cdot \sin \alpha \cdot \left(\frac{A}{R^2 \cdot \hat{\alpha}} \right)$$

$$\boxed{y_S = + \frac{2R}{3\,\hat{\alpha}} \cdot \sin \alpha}$$

Schwerpunktkoordinate y_S

Beachten Sie bitte, dass es sich beim Winkel α um den halben Zentriwinkel handelt.

(3) Geben Sie bitte die Lage des Flächenschwerpunktes S in folgender Form an:

$$S : \left(x_S ; y_S \right) = \left(\ldots ; \ldots \right).$$

$$\boxed{S : \left(x_S ; y_S \right) = \left(+R \cdot \sin \alpha; \ + \frac{2R}{3\,\hat{\alpha}} \cdot \sin \alpha \right)}$$

Lage des Flächenschwerpunktes S

Aufgabe 18

Flächenschwerpunkt / Grundform / Kreisausschnitt (allgemeine Lage) / Überlegen (geometrische Beziehung) **/ Hinschreiben / infinitesimalmathematische Herleitung**

*x-Richtung: **Überlegen** (geometrische Beziehung) / Hinschreiben*
*y-Richtung: **infinitesimalmathematisch***

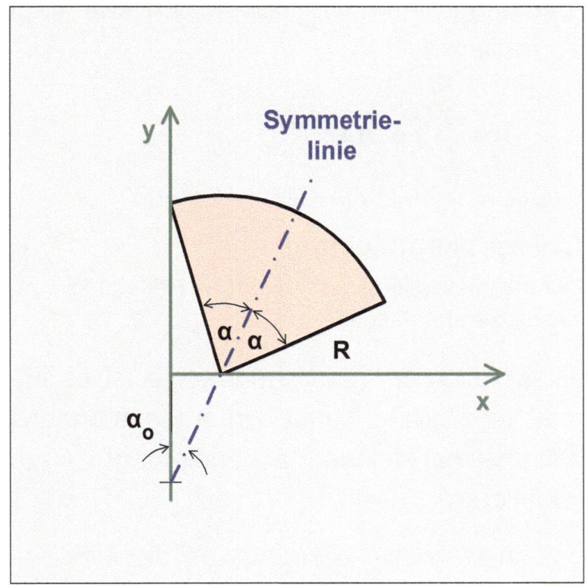

Nebenstehende Abbildung zeigt einen Kreisausschnitt. Die Symmetrielinie des Kreisausschnitts ist unter einem bestimmten Winkel zur y-Achse angestellt.

Gegeben

Der Kreisausschnitt ist gegeben durch den Radius R sowie durch den Winkel α.
Der Winkel α_o legt über die Symmetrielinie die Lage des Kreisausschnitts fest - und ist kleiner als α.

Beachten Sie bitte, α ist nicht der Zentriwinkel. Der Zentriwinkel ist $2\,\alpha$.

Gesucht

(1) Leiten Sie bezogen auf das (x-y)-Koordinatensystem die Schwerpunktkoordinate y_S infinitesimalmathematisch her.

(2) Berechnen Sie die Schwerpunktkoordinate x_S (Geometrische Beziehung).

(3) Geben Sie bitte die Lage des Flächenschwerpunktes S in folgender Form an:

$$S:\left(x_S\,;\,y_S\right)=\left(...\,;\,...\right).$$

Anmerkung

Die Reihenfolge innerhalb des Punktes **'Gesucht'** ist ein MUSS.

$$\textit{Ergebnis}: S:\left\{x_S\,;\,y_S\right\}=\left\{+R\left[\sin\alpha\cdot\cos\alpha_o-\sin\alpha_o\left(\cos\alpha-\frac{2}{3\bar{\alpha}}\sin\alpha\right)\right]\,;\,+\frac{2\,R}{3\,\alpha}\cdot\sin\alpha\cdot\cos\alpha_o\right\}$$

Lösung

(1) Leiten Sie bezogen auf das (x-y)-Koordinatensystem die Schwerpunktkoordinate y_S infinitesimalmathematisch her.

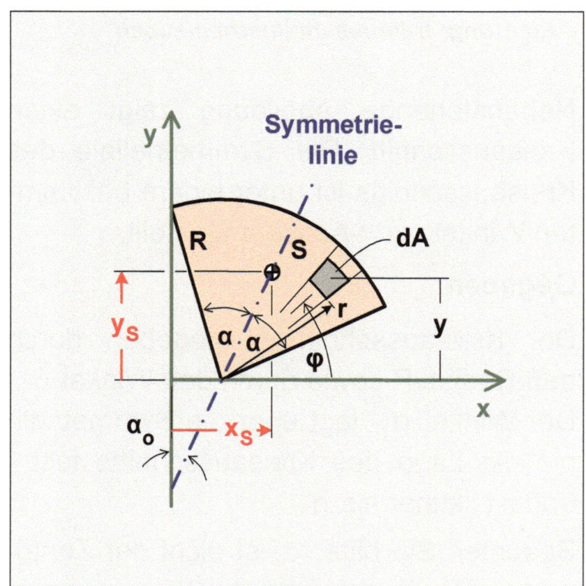

Die Ausgangsgleichung zur infinitesimalmathematischen Herleitung der Schwerpunktkoordinate y_S lässt sich wie folgt formulieren:

$$y_S = + \frac{1}{A} \int_A y \cdot dA \,.$$

Ausgangsgleichung

für die infinitesimalmathematische Herleitung **vorliegender** Aufgabe

Hinsichtlich der Vorgehensweise ist es immer eine große Kunst, ein entsprechendes infinitesimal kleines Flächenelement dA zu definieren.

Wenn man sich allerdings an die Empfehlung hält, immer ein der Flächenform in etwa angepasstes Flächenelement zu nehmen, sollten sich die weiteren Schwierigkeiten in Grenzen halten.

Hier setzt die infinitesimalmathematische Herleitung ein,

$$y_S = + \frac{1}{A} \int_A y \cdot dA \,.$$

Bitte noch einmal an dieser Stelle, der Drehsinn der infinitesimal kleinen Flächenmomente $y \cdot dA$ wird positiv angenommen.

Das zu verwendende infinitesimale Flächenelement dA ist

$$dA = r \, d\varphi \cdot dr \,.$$

Der Abstand des Flächenelementes y von der x-Achse ist

$$y = r \cdot \sin\varphi \,.$$

$$y_S = +\frac{1}{A} \int \int r \cdot \sin\varphi \cdot r \; d\varphi \cdot dr$$

Es sind mit $d\varphi$ und dr zwei Integrationsvariable vorhanden. Somit erhält man (in diesem Fall) zwei voneinander unabhängige Integrale.

$$y_S = +\frac{1}{A} \int r^2 \cdot dr \int \sin\varphi \cdot d\varphi$$

Die Grenzen der beiden Integrale richten sich nach den jeweiligen Integrationsvariablen.

Sowohl die untere als auch die obere Integrationsgrenze ergeben sich durch einfaches Hinschauen sowie aufgrund einfacher Überlegungen,

$$r_u = 0,$$
$$r_o = R,$$
$$\varphi_u = 90° - \left(\alpha + \alpha_o\right),$$
$$\varphi_o = 90° + \left(\alpha - \alpha_o\right).$$

Der Klammerausdruck hat diese Form, weil innerhalb der Aufgabenstellung die Forderung vorliegt, dass der Winkel α größer ist als der Winkel α_o.

$$y_S = +\frac{1}{A} \int_{r=0}^{R} r^2 \cdot dr \int_{\varphi=90°-(\alpha+\alpha_o)}^{90°+(\alpha-\alpha_o)} \sin\varphi \cdot d\varphi$$

Durchführung der **Integration**

$$y_S = +\frac{1}{A} \cdot \frac{1}{3} r^3 \Big|_0^R \cdot (-\cos\varphi) \Big|_{90°-(\alpha+\alpha_o)}^{90°+(\alpha-\alpha_o)}$$

Das Minus-Zeichen aus der runden Klammer wird vorgezogen.

$$y_S = -\frac{1}{A} \cdot \frac{1}{3} r^3 \Big|_0^R \cdot \cos\varphi \Big|_{90°-(\alpha+\alpha_o)}^{90°+(\alpha-\alpha_o)}$$

Die untere Grenze wird von der oberen Grenze abgezogen.

$$y_S = -\frac{1}{A} \cdot \frac{1}{3}\left(R^3 - 0\right) \cdot \left\{\cos\left[90° + \left(\alpha - \alpha_o\right)\right] - \cos\left[90° - \left(\alpha + \alpha_o\right)\right]\right\}$$

$$y_S = -\frac{1}{A} \cdot \frac{1}{3} \left(R^3 - \cancel{0} \right) \cdot \left\{ \cos\left[90° + (\alpha - \alpha_o) \right] - \cos\left[90° - (\alpha + \alpha_o) \right] \right\}$$

Additionstheoreme /

ein **Wissens-MUSS** für die weitere systematische Vorgehensweise

$$y_S = -\frac{1}{A} \cdot \frac{1}{3} R^3 \left\{ \cos 90° \cdot \cos(\alpha - \alpha_o) - \sin 90° \cdot \sin(\alpha - \alpha_o) - \left[\cos 90° \cdot \cos(\alpha + \alpha_o) + \sin 90° \cdot \sin(\alpha + \alpha_o) \right] \right\}$$

Auflösen der inneren eckigen Minus-Klammer

$$y_S = -\frac{1}{A} \cdot \frac{1}{3} R^3 \left[\cos 90° \cdot \cos(\alpha - \alpha_o) - \sin 90° \cdot \sin(\alpha - \alpha_o) - \cos 90° \cdot \cos(\alpha + \alpha_o) - \sin 90° \cdot \sin(\alpha + \alpha_o) \right]$$

An dieser Stelle sollte man schon erkennen, dass $\cos 90° = 0$ ist und $\sin 90° = 1$.

$$y_S = -\frac{1}{A} \cdot \frac{1}{3} R^3 \left[\underbrace{\cos 90°}_{0} \cdot \cos(\alpha - \alpha_o) - \underbrace{\sin 90°}_{+1} \cdot \sin(\alpha - \alpha_o) - \underbrace{\cos 90°}_{0} \cdot \cos(\alpha + \alpha_o) - \underbrace{\sin 90°}_{+1} \cdot \sin(\alpha + \alpha_o) \right]$$

$$y_S = -\frac{1}{A} \cdot \frac{1}{3} R^3 \left[-\sin(\alpha - \alpha_o) - \sin(\alpha + \alpha_o) \right]$$

Das Minus-Zeichen aus der eckigen Klammer wird vorgezogen.

$$y_S = +\frac{1}{A} \cdot \frac{1}{3} R^3 \left[\sin(\alpha - \alpha_o) + \sin(\alpha + \alpha_o) \right]$$

Additionstheoreme

ein **Wissens-MUSS** für die weitere systematische Vorgehensweise

$$y_S = +\frac{1}{A} \cdot \frac{1}{3} R^3 \left(\sin\alpha \cdot \cos\alpha_o - \cancel{\sin\alpha_o \cdot \cos\alpha} + \sin\alpha \cdot \cos\alpha_o + \cancel{\sin\alpha_o \cdot \cos\alpha} \right)$$

$$y_S = +\frac{1}{A} \cdot \frac{1}{3} R^3 \left(\sin\alpha \cdot \cos\alpha_o + \sin\alpha \cdot \cos\alpha_o \right)$$

$$y_S = +\frac{1}{A} \cdot \frac{1}{3} R^3 \left(2\sin\alpha \cdot \cos\alpha_o \right)$$

$$y_S = + \frac{1}{A} \cdot \frac{2}{3} R^3 \sin \alpha \cdot \cos \alpha_o$$

Multiplikation mit '1', $1 = \dfrac{A}{R^2 \cdot \widehat{\alpha}}$

$\widehat{\alpha}$ ist der Winkel im Bogenmaß.

$$\left(\text{mit } \underline{A = R^2 \pi \cdot \frac{2\,\widehat{\alpha}}{2\,\pi} = R^2 \cdot \widehat{\alpha}}\right)$$

$$y_S = + \frac{1}{A} \cdot \frac{2}{3} R^3 \cdot \sin \alpha \cdot \cos \alpha_o \cdot \left(\frac{A}{R^2 \cdot \widehat{\alpha}}\right)^{=1}$$

$$\boxed{y_S = + \frac{2R}{3\,\widehat{\alpha}} \cdot \sin \alpha \cdot \cos \alpha_o}$$

Schwerpunktkoordinate y_S

(2) Berechnen Sie die Schwerpunktkoordinate x_S
(Geometrische Beziehung).

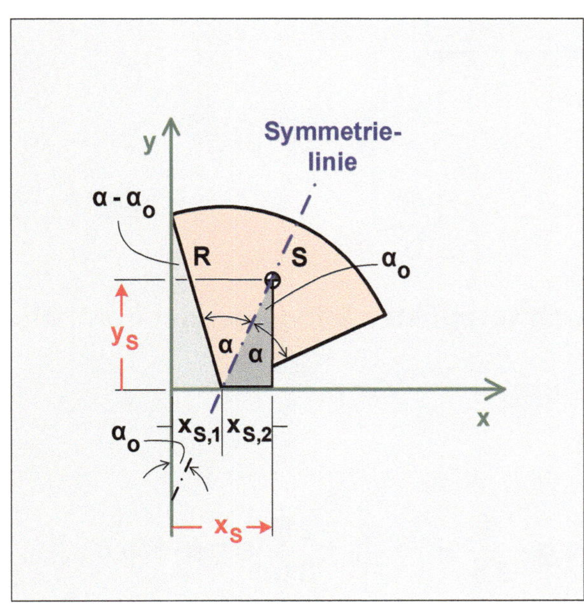

Der Schwerpunkt S liegt auf der Symmetrielinie des Kreisausschnitts.

Die Symmetrielinie des Kreisausschnitts verläuft unter einem Winkel α_o zur y-Achse.

Nebenstehende Skizze zeigt, dass die Schwerpunktkoordinate x_S aus zwei Anteilen besteht,

$$x_S = x_{S,1} + x_{S,2}\,.$$

Diese beiden Anteile stellen jeweils Katheten in den beiden eingezeichneten rechtwinkligen Dreiecken dar und lassen sich trigonometrisch wie folgt formulieren:

$$x_{S,1} = R \cdot \sin(\alpha - \alpha_o)\,,$$

$$x_{S,2} = y_S \cdot \tan \alpha_o\,.$$

$$x_S = + R \cdot \sin(\alpha - \alpha_o) + y_S \cdot \tan \alpha_o$$

$$\text{mit } y_S = \frac{2R}{3\,\hat{\alpha}} \sin\alpha \cdot \cos\alpha_o$$

$$\text{und } \tan\alpha_o = \frac{\sin\alpha_o}{\cos\alpha_o}$$

$$x_S = +R \cdot \sin(\alpha - \alpha_o) + \frac{2R}{3\,\hat{\alpha}} \sin\alpha \cdot \cos\alpha_o \cdot \frac{\sin\alpha_o}{\cos\alpha_o}$$

$$x_S = +R \cdot \sin(\alpha - \alpha_o) + \frac{2R}{3\,\hat{\alpha}} \sin\alpha \cdot \sin\alpha_o$$

Additionstheorem / **Wissens-MUSS**

$$x_S = +R \cdot \left(\sin\alpha \cdot \cos\alpha_o - \sin\alpha_o \cdot \cos\alpha \right) + \frac{2R}{3\,\hat{\alpha}} \sin\alpha \cdot \sin\alpha_o$$

Der Radius 'R' wird ausgeklammert.

$$x_S = +R \cdot \left(\sin\alpha \cdot \cos\alpha_o - \sin\alpha_o \cdot \cos\alpha + \frac{2}{3\,\hat{\alpha}} \sin\alpha \cdot \sin\alpha_o \right)$$

'$\sin\alpha_o$' sollte man noch ausklammern.

$$\boxed{x_S = +R \cdot \left[\sin\alpha \cdot \cos\alpha_o - \sin\alpha_o \left(\cos\alpha - \frac{2}{3\,\hat{\alpha}} \sin\alpha \right) \right]}$$

Schwerpunktkoordinate y_S

(3)   Geben Sie bitte die Lage des Flächenschwerpunktes S in folgender Form an:
$$S : \left(x_S ; y_S \right) = (\dots ; \dots).$$

$$S : \left(x_S ; y_S \right) = \left(+R \left[\sin\alpha \cdot \cos\alpha_o - \sin\alpha_o \left(\cos\alpha - \frac{2}{3\,\hat{\alpha}} \sin\alpha \right) \right] ; +\frac{2R}{3\,\hat{\alpha}} \cdot \sin\alpha \cdot \cos\alpha_o \right)$$

Lage des Flächenschwerpunktes S

Aufgabe 19

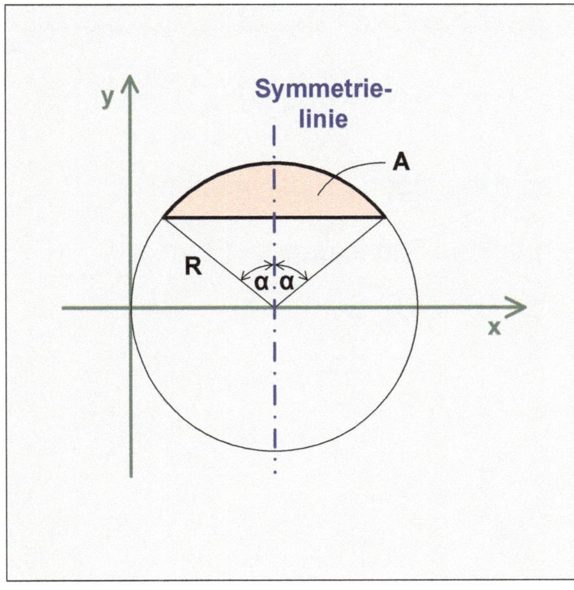

Flächenschwerpunkt / Grundform / Kreissegment / Überlegen (geometrische Beziehung) **/ Hinschreiben / infinitesimalmathematische Herleitung**

x-Richtung: Überlegen (geometrische Beziehung) / Hinschreiben
y-Richtung: infinitesimalmathematisch

Anmerkung / keine Normallage

Achten Sie bitte auf die besondere Lage des (x-y)-Koordinatensystems. Der Grund liegt in der etwas einfacheren mathematischen Vorgehensweise.

Nebenstehende Abbildung zeigt ein Kreissegment. Die Symmetrielinie des Kreissegments verläuft parallel zur y-Achse.

Gegeben

Das Kreissegment ist gegeben durch den Radius R sowie durch den Winkel α.

Beachten Sie bitte, α ist nicht der Zentriwinkel. Der Zentriwinkel ist 2 α.

Gesucht

(1) Die Fläche A des Kreissegments, (herkömmliche Vorgehensweise, d. h. Kreisausschnitt minus Dreieck).

(2) Die Fläche A des Kreissegments, (infinitesimalmathematische Herleitung, Substitution ➜ mathematisches MUSS).

(3) Die Fläche A des Kreissegments, (infinitesimalmathematische Herleitung mit Hilfe eines PAPULA-Hinweises).

Lösungshilfe - (falls benötigt)

➜ nächste Seite

Lothar PAPULA / Integraltafel / Integral (141)

$$\int \sqrt{a^2 - x^2}\, dx =$$

$$= \frac{1}{2}\left[x \cdot \sqrt{a^2 - x^2} + a^2 \cdot \arcsin\left(\frac{x}{R}\right)\right] + C$$

(4)   Leiten Sie bezogen auf das (x-y)-Koordinatensystem die Schwerpunktkoordinate y_S infinitesimalmathematisch her.

Lösungshilfe - (falls benötigt)

Lothar PAPULA / Integraltafel / Integral (142)

$$\int x \sqrt{a^2 - x^2}\, dx = -\frac{1}{3}\sqrt{\left(a^2 - x^2\right)^3} + C$$

(5)   Geben Sie die Schwerpunkt Koordinate x_S an (Überlegen / Hinschreiben).

(6)   Geben Sie bitte die Lage des Flächenschwerpunktes S in folgender Form an:

$$S:\left(x_S; y_S\right) = (\dots; \dots).$$

Ergebnis:

(1) $A = R^2 \left[\hat{\alpha} - \dfrac{1}{2}\sin(2\alpha)\right]$

(2) $A = R^2 \left[\hat{\alpha} - \dfrac{1}{2}\sin(2\alpha)\right]$

(3) $A = R^2 \left[\hat{\alpha} - \dfrac{1}{2}\sin(2\alpha)\right]$

(4) $y_S = +\dfrac{2R}{3} \cdot \dfrac{\sin^3 \alpha}{\hat{\alpha} - \dfrac{1}{2}\sin(2\alpha)}$

(5) $x_S = +R$

(6) $S:\left(x_S; y_S\right) = \left(+R\,; \ +\dfrac{2R}{3} \cdot \dfrac{\sin^3 \alpha}{\hat{\alpha} - \dfrac{1}{2}\sin(2\alpha)}\right)$

Lösung

(1) Die Fläche A des Kreissegments,
(herkömmliche Vorgehensweise, d. h. Kreisausschnitt minus Dreieck)

Die Fläche A des **Kreissegments** setzt sich zusammen aus der Fläche A_1 des **Kreisausschnitts** vermindert um die **dreieckförmige** Fläche A_2. Die nachfolgende Grafik zeigt die subtraktive Zusammensetzung der Fläche A und veranschaulicht damit die gewünschte herkömmliche Vorgehensweise.

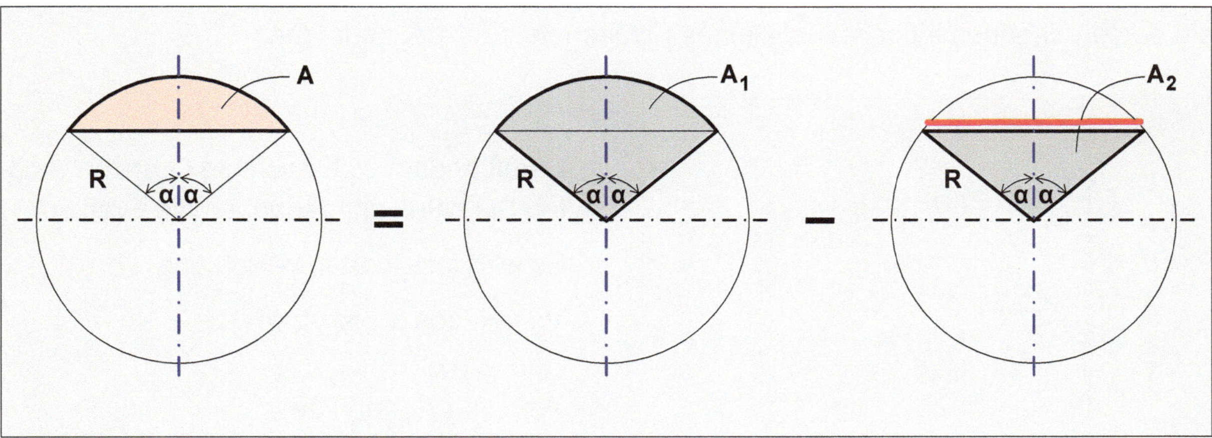

Fläche A gleich Differenz der Teilflächen

Kreisausschnitt

$$A_1 = \frac{R^2\pi}{2\pi} \cdot 2\,\hat{\alpha}$$

$$A_1 = R^2\,\hat{\alpha}$$

Dreieck

$A_2 = $ 'gleich ein halb Grundseite mal Höhe'

$$A_2 = \frac{1}{2} \cdot 2\,R \sin\alpha \cdot R \cos\alpha$$

$$A_2 = \frac{1}{2} R^2 \sin(2\alpha)$$

$$A = A_1 - A_2$$

$$A = R^2\,\hat{\alpha} - \frac{1}{2} R^2 \sin(2\alpha)$$

$$A = R^2 \left[\hat{\alpha} - \frac{1}{2} \sin(2\alpha) \right]$$

Flächeninhalt des Kreissegments

(2)   Die Fläche A des Kreissegments
(infinitesimalmathematische Herleitung, Substitution → mathematisches MUSS)

Die Fläche ist gegeben durch das Flächenmoment 0. Ordnung,

$$A = \int_A y^0 \cdot dA \,,$$

$$A = \int_A dA \,.$$

Im Weiteren ist es immer wieder eine große Kunst - und es bedarf einer großen Übung - ein entsprechendes infinitesimal kleines Flächenelement dA zu finden,

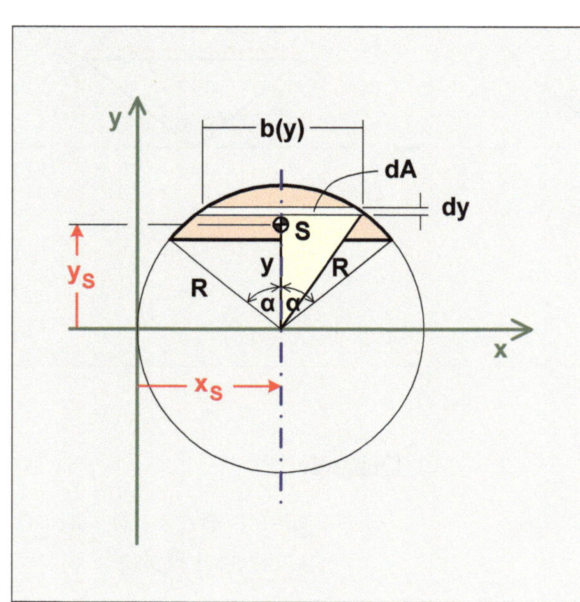

$$dA = b(y)\, dy \,.$$

Damit ändern sich auch die Grenzen. Achten Sie bitte sehr genau auf die Grenzen.

Es wird integriert in y-Richtung, von

$$y_u = R \cdot \cos\alpha \text{ bis } y_o = R \,,$$

$$A = \int\limits_{y=R\cdot\cos\alpha}^{R} b(y)\, dy \,.$$

Zur Durchführung der Integration muss b(y) detailliert als Funktion von y ermittelt werden. Das geschieht mit dem Satz des PYTHAGORAS.

Satz des PYTHAGORAS

$$\left[\frac{1}{2} b(y)\right]^2 + y^2 = R^2$$

$$\left[\frac{1}{2} b(y)\right]^2 = R^2 - y^2$$

$$\frac{1}{2} b(y) = \sqrt{R^2 - y^2}$$

$$\frac{1}{2} b(y) = \sqrt{R^2 \left(1 - \left(\frac{y}{R}\right)^2\right)}$$

$$A = \int\limits_{y\,=\,R\cdot\cos\alpha}^{R} b(y)\,dy\,.$$

$$\frac{1}{2}\,b(y) = R\sqrt{1-\left(\frac{y}{R}\right)^2}$$

$$b(y) = 2\,R\sqrt{1-\left(\frac{y}{R}\right)^2}$$

$$A = \int\limits_{y\,=\,R\cos\alpha}^{R} 2\,R\sqrt{1-\left(\frac{y}{R}\right)^2}\,dy$$

Das Produkt '$2\,R$' wird vor das Integral gezogen.

$$A = 2\,R \int\limits_{y\,=\,R\cos\alpha}^{R} \sqrt{1-\left(\frac{y}{R}\right)^2}\,dy$$

An dieser Stelle erfolgt die Substitution. Die Fähigkeit, vorteilhafte Substitutionen ausfindig zu machen, lässt sich nur durch Übung erlangen.

Im vorliegenden Fall bietet sich folgende Substitution an:

$$\frac{y}{R} = \cos t\,,$$

$$y = R\cdot\cos t\,,$$

$$dy = -\,R\cdot\sin t\cdot dt\,.$$

Diese Größen werden eingesetzt.

Man integriert und substituiert dann sofort zurück. Von daher brauchen die Grenzen nicht mitsubstituiert zu werden.

$$A = 2\,R \int \sqrt{1-\cos^2 t}\cdot(-\,R\cdot\sin t\cdot dt)$$

Das Minus-Zeichen aus der runden Klammer wird vorgezogen.

$$A = -\,2\,R^2 \int \sqrt{1-\cos^2 t}\cdot\sin t\cdot dt$$

$1-\cos^2 t = \sin^2 t$ / ergibt sich aus dem trigonometrischen PYTHAGORAS.

$$A = -2R^2 \int \sqrt{\sin^2 t} \cdot \sin t \cdot dt$$

$$A = -2R^2 \int \sin t \cdot \sin t \cdot dt$$

$$A = -2R^2 \int \sin^2 t \cdot dt$$

Dieses Integral sollte man kennen,

$$\int \sin^2 t \, dt = \frac{1}{2} t - \frac{1}{4} \sin(2t).$$

$$A = -2R^2 \left[\frac{1}{2} t - \frac{1}{4} \sin(2t) \right],$$

Eckige Klammer mit '2' multiplizieren.

$$A = -R^2 \left[t - \frac{1}{2} \sin(2t) \right],$$

Eckige Klammer mit '(-1)' multiplizieren.

$$A = R^2 \left[\frac{1}{2} \sin(2t) - t \right],$$

Wissens-Muss: $\sin(2t) = 2 \cdot \sin t \cdot \cos t$

$$A = R^2 \left(\frac{1}{\cancel{2}} \cdot \cancel{2} \cdot \sin t \cdot \cos t - t \right),$$

$$A = R^2 \left(\sin t \cdot \cos t - t \right).$$

Es erfolgt die Rücksubstitution.

- $$\dfrac{y}{R} = \cos t,$$

- $$\cos t = \dfrac{y}{R}$$

- $$t = \arccos\left(\dfrac{y}{R} \right)$$

$$\sin t = \sqrt{1 - \cos^2 t}$$

- $$\sin t = \sqrt{1 - \left(\dfrac{y}{R} \right)^2}$$

Rücksubstitution.

$$A = R^2 \left[\sqrt{1 - \left(\frac{y}{R}\right)^2} \cdot \frac{y}{R} - \arccos\left(\frac{y}{R}\right) \right]_{R\cos\alpha}^{R}$$

kleine mathematische Schönheitskorrektur

$$A = R^2 \left[\frac{y}{R}\sqrt{1 - \left(\frac{y}{R}\right)^2} - \arccos\left(\frac{y}{R}\right) \right]_{R\cos\alpha}^{R}$$

Die untere Grenze wird von der oberen Grenze abgezogen.

$$A = R^2 \left\{ \frac{R}{R}\sqrt{1 - \left(\frac{R}{R}\right)^2} - \arccos\left(\frac{R}{R}\right) - \left[\frac{R\cos\alpha}{R}\sqrt{1 - \left(\frac{R\cos\alpha}{R}\right)^2} - \arccos\left(\frac{R\cos\alpha}{R}\right) \right] \right\}$$

Es wird berücksichtigt, dass $\dfrac{R}{R} = 1$ ist.

$$A = R^2 \left\{ \underbrace{\sqrt{1-1}}_{0} - \arccos(1) - \left[\cos\alpha\sqrt{1 - \cos^2\alpha} - \arccos(\cos\alpha) \right] \right\}$$

Der erste Term ist NULL.
Auflösen der negativen eckigen Klammer.

$$A = R^2 \left[-\underbrace{\arccos(1)}_{0} - \cos\alpha\sqrt{1 - \cos^2\alpha} + \arccos(\cos\alpha) \right]$$

Der Term $\arccos(1)$ ergibt sich zu NULL, **Wissens-MUSS** aus der Mathematik.

$$A = R^2 \left[-\cos\alpha\sqrt{1 - \cos^2\alpha} + \arccos(\cos\alpha) \right]$$

Es bietet in sich an, die beiden Terme in der eckigen Klammer zu tauschen.

$$A = R^2 \left[\arccos(\cos\alpha) - \cos\alpha\sqrt{1 - \cos^2\alpha} \right]$$

$1 - \cos^2\alpha = \sin^2\alpha$ / ergibt sich aus dem trigonometrischen PYTHAGORAS.

$$A = R^2 \left[\arccos(\cos\alpha) - \cos\alpha \cdot \sin\alpha \right]$$

mit $2 \cdot \sin\alpha \cdot \cos\alpha = \sin(2\alpha)$

$\rightarrow \cos\alpha \cdot \sin\alpha = \dfrac{1}{2}\sin(2\alpha)$

$$A = R^2 \left[\arccos(\cos\alpha) - \frac{1}{2} \cdot \sin(2\alpha) \right]$$

Während der 2. Term verständlich ist, muss beim 1.Term überlegt werden.

Das Argument der Arkuscosinus-Funktion ($\cos\alpha$) liefert eine Zahl, die betraglich kleiner gleich 1 ist - sollte man wissen.

Damit sollte der Term $\arccos(\cos\alpha)$ den Winkel α im Bogenmaß, also $\hat{\alpha}$, ergeben.

$$\mathbf{\arccos(\cos\alpha) = \hat{\alpha}}.$$

$$A = R^2 \left[\hat{\alpha} - \frac{1}{2}\sin(2\alpha) \right]$$

Flächeninhalt des Kreissegments

(3) Die Fläche A des Kreissegments

(infinitesimalmathematische Herleitung mit Hilfe eines PAPULA-Hinweises).

Die Fläche ist gegeben durch das Flächenmoment 0. Ordnung,

$$A = \int_A y^0 \cdot dA,$$

$$A = \int_A dA.$$

Im Weiteren ist es immer wieder eine große Kunst - und es bedarf einer großen Übung - ein entsprechendes mathematikfreudiges infinitesimal kleines Flächenelement zu finden,

$$dA = b(y)\,dy.$$

Damit ändern sich auch die Grenzen. Achten Sie bitte sehr genau auf die Grenzen.

Es wird integriert in y-Richtung, von

$$y_u = R\cos\alpha \ \text{ bis } \ y_o = R,$$

$$A = \int\limits_{y=R\cos\alpha}^{R} \underline{b(y)\,dy}\,.$$

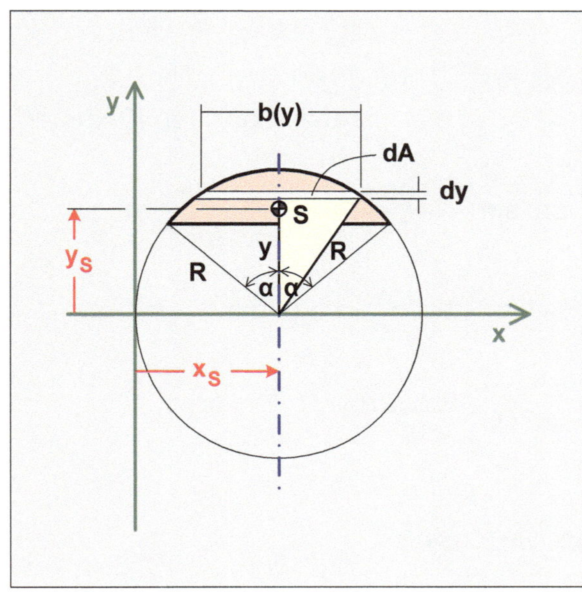

Zur Durchführung der Integration muss b(y) als Funktion von y ermittelt werden. Das geschieht mit dem Satz des PYTHA-GORAS.

Satz des PYTHAGORAS

$$\left[\frac{1}{2}b(y)\right]^2 + y^2 = R^2$$

$$\left[\frac{1}{2}b(y)\right]^2 = R^2 - y^2$$

$$\frac{1}{2}b(y) = \sqrt{R^2 - y^2}$$

$$\underline{b(y) = 2\sqrt{R^2 - y^2}}$$

$$A = \int\limits_{y=R\cos\alpha}^{R} \ \underline{2\sqrt{R^2 - y^2}\,dy}$$

Der Faktor '2' wird vor das Integral gezogen.

$$A = 2 \int\limits_{y=R\cos\alpha}^{R} \sqrt{R^2 - y^2}\,dy$$

An dieser Stelle kann man sich der in der Aufgabenstellung vorgegebenen Lösungshilfe von PAPULA bedienen.

Lothar PAPULA / Integraltafel / Integral (141)

$$\int \sqrt{a^2 - x^2}\,dx =$$

$$= \frac{1}{2}\left[x\cdot\sqrt{a^2 - x^2} + a^2\cdot\arcsin\left(\frac{x}{R}\right)\right] + C$$

$$A = 2\cdot\frac{1}{2}\left[y\sqrt{R^2 - y^2} + R^2\cdot\arcsin\left(\frac{y}{R}\right)\right]\Bigg|_{R\cos\alpha}^{R}$$

Die **Integration** ist erfolgt.

$$A = \left[y \sqrt{R^2 - y^2} + R^2 \arcsin\left(\frac{y}{R}\right) \right]\Bigg|_{R\cos\alpha}^{R}$$

Die untere Grenze wird von der oberen Grenze abgezogen.

$$A = R\sqrt{\underbrace{R^2 - R^2}_{0}} + R^2 \arcsin\left(\frac{R}{R}\right) - \left[R\cos\alpha \sqrt{R^2 - R^2\cos^2\alpha} + R^2 \arcsin\left(\frac{R\cos\alpha}{R}\right) \right]$$

Der erste Term ergibt sich zu NULL.
Auflösen der negativen eckigen Klammer.

$$A = R^2 \arcsin\left(\frac{R}{R}\right) - R\cos\alpha \sqrt{R^2\left(1 - \cos^2\alpha\right)} - R^2 \arcsin\left(\frac{R\cos\alpha}{R}\right)$$

Es wird berücksichtigt, dass $\frac{R}{R} = 1$ ist.

$$A = R^2 \arcsin\left(\frac{\cancel{R}}{\cancel{R}}\right) - R\cos\alpha \sqrt{R^2\left(1 - \cos^2\alpha\right)} - R^2 \arcsin\left(\frac{\cancel{R}\cos\alpha}{\cancel{R}}\right)$$

$$A = R^2 \arcsin(1) - R\cos\alpha \sqrt{R^2\left(1 - \cos^2\alpha\right)} - R^2 \arcsin(\cos\alpha)$$

Die Größe 'R^2' wird ausgeklammert.

$$A = + R^2 \left[\arcsin(1) - \cos\alpha \sqrt{1 - \cos^2\alpha} - \arcsin(\cos\alpha) \right]$$

$1 - \cos^2\alpha = \sin^2\alpha$ / ergibt sich aus dem trigonometrischen PYTHAGORAS.

$$A = + R^2 \left[\arcsin(1) - \cos\alpha \sqrt{\sin^2\alpha} - \arcsin(\cos\alpha) \right]$$

$$A = + R^2 \left[\arcsin(1) - \cos\alpha \cdot \sin\alpha - \arcsin(\cos\alpha) \right]$$

$$A = + R^2 \left[\underbrace{\arcsin(1)}_{\frac{\pi}{2}} - \sin\alpha \cdot \cos\alpha - \arcsin(\cos\alpha) \right]$$

Der Term $\arcsin(1)$ liefert den Wert '$\frac{\pi}{2}$'.

$$A = + R^2 \left[\frac{\pi}{2} - \sin\alpha \cdot \cos\alpha - \arcsin(\cos\alpha) \right]$$

mit $2 \cdot \sin\alpha \cdot \cos\alpha = \sin(2\alpha)$

$\rightarrow \sin\alpha \cdot \cos\alpha = \dfrac{1}{2}\sin(2\alpha)$

$$A = + R^2 \left[\frac{\pi}{2} - \frac{1}{2}\sin(2\alpha) - \arcsin(\cos\alpha) \right]$$

Der Term $\frac{1}{2}\sin(2\alpha)$ ist so wie er sein muss. Er liefert mit R^2 die dreieckförmige Fläche.

Umstellen / kleine Schönheitskorrektur.

$$A = + R^2 \left[\frac{\pi}{2} - \arcsin(\cos\alpha) - \frac{1}{2}\sin(2\alpha) \right]$$

Der Term $\arcsin(\cos\alpha)$ bereitet Schwierigkeiten.

Im Argument der Arkussinus-Funktion steht eine 'Cosinus-Funktion'.

Stände im Argument der Arkussinus-Funktion eine 'Sinus-Funktion', so könnte man, wie gehabt, das Ergebnis hinschreiben.

Also versucht man auf einfache Art und Weise eine Sinus-Funktion als Argument der Arkussinus-Funktion zu erzeugen.

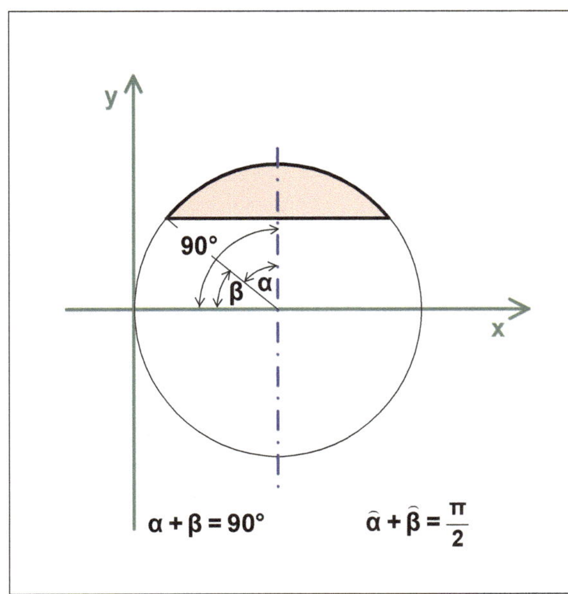

Nebenstehende Skizze zeigt den Zusammenhang zwischen den Winkeln α und β. Dabei ist der Winkel β eine Hilfsgröße,

$\alpha + \beta = 90°$,

$\alpha = 90° - \beta$.

Damit ergibt sich

$\cos\alpha = \cos(90° - \beta)$.

Das Additionstheorem gehört zum Wissens-MUSS.

$\cos\alpha = \underbrace{\cos 90°}_{0} \cdot \cos\beta + \underbrace{\sin 90°}_{1} \cdot \sin\beta$,

$\cos\alpha = \sin\beta$.

$$A = + R^2 \left[\frac{\pi}{2} - \arcsin\left(\cos\alpha\right) - \frac{1}{2}\sin\left(2\alpha\right) \right]$$

mit $\cos\alpha = \sin\beta$

$$A = + R^2 \left[\frac{\pi}{2} - \underline{\arcsin\left(\sin\beta\right)} - \frac{1}{2}\sin\left(2\alpha\right) \right]$$

Damit ergibt der Term $\arcsin\left(\sin\beta\right)$ den Winkel β im Bogenmaß, also $\widehat{\beta}$,

$$\arcsin\left(\sin\beta\right) = \widehat{\beta}\,.$$

$$A = + R^2 \left[\underbrace{\frac{\pi}{2} - \widehat{\beta}}_{\widehat{\alpha}} - \frac{1}{2}\sin\left(2\alpha\right) \right]$$

Schauen man sich noch einmal die Skizze an, so erkennt man, dass die Differenz von $\pi/2$ und $\widehat{\beta}$ gleich dem Winkel α im Bogenmaß ist, also $\widehat{\alpha}$,

$$\frac{\pi}{2} - \widehat{\beta} = \widehat{\alpha}\,.$$

$$\boxed{A = R^2 \left[\widehat{\alpha} - \frac{1}{2}\sin\left(2\alpha\right) \right]}$$

Flächeninhalt des Kreissegments

---

(4) Leiten Sie bezogen auf das (x-y)-Koordinatensystem die Schwerpunktkoordinate y_S infinitesimalmathematisch her.

Der Schwerpunkt einer Fläche ist gegeben durch das Flächenmoment 1. Ordnung,

$$y_S = \frac{1}{A} \int_A y^1 \cdot dA\,,$$

$$y_S = \frac{1}{A} \int_A y \cdot dA\,.$$

In **vorliegender** Problemstellung sind die infinitesimal kleinen Flächenmomente **positiv**.

$$y_S = +\frac{1}{A}\int\limits_A y \cdot dA \, .$$

Das ist die Ausgangsgleichung zur infinitesimalmathematischen Herleitung der Schwerpunktkoordinate y_S für die vorliegende Problemstellung.

$$\boxed{y_S = +\frac{1}{A}\int\limits_A y \cdot dA \, .}$$

Ausgangsgleichung

für die infinitesimalmathematische Herleitung
vorliegender Aufgabe

Im Weiteren ist es immer wieder eine große Kunst - und es bedarf einer großen Übung - ein entsprechendes infinitesimal kleines Flächenelement dA zu finden,

$$dA = b(y)\,dy \, .$$

Damit ändern sich natürlich auch die Grenzen. Achten Sie bitte sehr genau auf die Grenzen.

Es wird integriert in y-Richtung, von $\qquad y_u = R \cdot \cos\alpha$ bis $y_o = R$,

$$y_S = +\frac{1}{A}\int\limits_{y=R\cos\alpha}^{R} y \cdot b(y)\,dy \, .$$

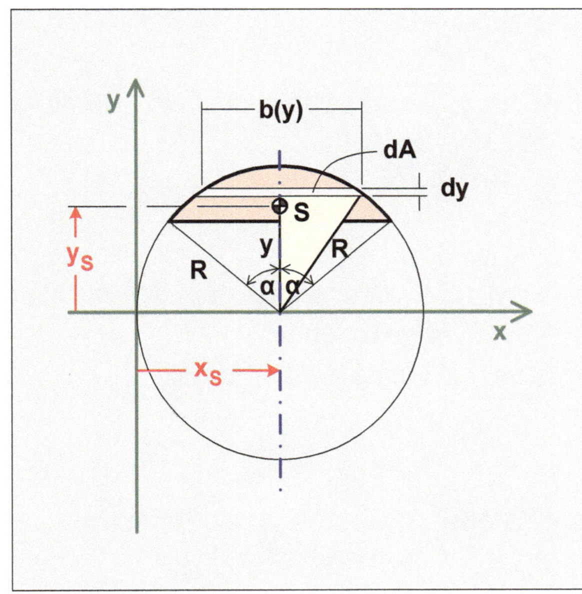

Zur Durchführung der Integration muss $b(y)$ als Funktion von y ermittelt werden. Das geschieht mit dem Satz des PYTHAGORAS.

Satz des PYTHAGORAS

$$\left[\frac{1}{2}b(y)\right]^2 + y^2 = R^2$$

$$\left[\frac{1}{2}b(y)\right]^2 = R^2 - y^2$$

$$\frac{1}{2}b(y) = \sqrt{R^2 - y^2}$$

$$b(y) = 2\sqrt{R^2 - y^2}$$

$$y_S = +\frac{1}{A}\int\limits_{y=R\cos\alpha}^{R} y \cdot 2\sqrt{R^2 - y^2}\,dy$$

Der Faktor '2' wird vor das Integral gezogen.

$$y_S = + \frac{2}{A} \int\limits_{y = R \cos \alpha}^{R} y \sqrt{R^2 - y^2} \; dy$$

Lothar PAPULA / Integraltafel / Integral (142)

$$\int x \sqrt{a^2 - x^2} \; dx = -\frac{1}{3} \sqrt{\left(a^2 - x^2\right)^3} + C$$

$$y_S = + \frac{2}{A} \left[-\frac{1}{3} \sqrt{\left(R^2 - y^2\right)^3} \right] \Bigg|_{R \cos \alpha}^{R}$$

Die **Integration** ist erfolgt.

Der Faktor '-1/3' wird aus der eckigen Klammer herausgezogen.

$$y_S = -\frac{2}{3A} \left[\sqrt{\left(R^2 - y^2\right)^3} \right] \Bigg|_{R \cos \alpha}^{R}$$

Die untere Grenze wird von der oberen abgezogen.

$$y_S = -\frac{2}{3A} \left[\sqrt{\underbrace{\left(R^2 - R^2\right)}_{0}^{3}} - \sqrt{\left(R^2 - R^2 \cos \alpha\right)^3} \right]$$

Der erste Term in der eckigen Klammer ergibt sich zu NULL.

$$y_S = -\frac{2}{3A} \left[-\sqrt{\left(R^2 - R^2 \cos \alpha\right)^3} \right]$$

Das Minus-Zeichen wird aus der eckigen Klammer vorgezogen.
(Minus mal Minus gleich Plus)

$$y_S = +\frac{2}{3A} \sqrt{\left(R^2 - R^2 \cos \alpha\right)^3}$$

Die Größe 'R^2' wird ausgeklammert.

$$y_S = +\frac{2}{3A} \sqrt{\left[R^2 \left(1 - \cos^2 \alpha\right)\right]^3}$$

Die eckige Klammer unter der Wurzel wird auspotenziert.

$$y_S = +\frac{2}{3A} \sqrt{R^6 \left(1 - \cos^2 \alpha\right)^3}$$

Aus R^6 wird die Wurzel gezogen.

$$y_S = +\frac{2\,R^3}{3\,A}\sqrt{\left(1-\cos^2\alpha\right)^3}$$

$1-\cos^2\alpha = \sin^2\alpha$ / ergibt sich aus dem trigonometrischen PYTHAGORAS.

$$y_S = +\frac{2\,R^3}{3\,A}\sqrt{\left(\sin^2\alpha\right)^3}$$

$$y_S = +\frac{2\,R^3}{3\,A}\sqrt{\sin^6\alpha}$$

Aus $\sin^6$ wird die Wurzel gezogen.

$$y_S = +\frac{2\,R^3}{3\,A}\sin^3\alpha$$

Multiplikation mit '1', $1 = \dfrac{A}{R^2\left[\hat{\alpha}-\dfrac{1}{2}\sin(2\alpha)\right]}$

$\hat{\alpha}$ ist der Winkel im Bogenmaß.

$$y_S = +\frac{2\,R^{\cancel{3}}}{3\,\cancel{A}}\sin^3\alpha\cdot\frac{\cancel{A}}{\cancel{R^2}\left[\hat{\alpha}-\dfrac{1}{2}\sin(2\alpha)\right]}$$

$$\boxed{\,y_S = +\frac{2\,R}{3}\cdot\frac{\sin^3\alpha}{\hat{\alpha}-\dfrac{1}{2}\sin(2\alpha)}\,}$$

Schwerpunktkoordinate y_S

Der Schwerpunkt liegt auf der Symmetrielinie - **Wissens-MUSS**. Die Symmetrielinie verläuft parallel zur y-Achse. Die Abbildung der Aufgabenstellung zeigt das. Damit ist $x_S = +R$.

$$\boxed{\,x_S = +R\,}$$

Schwerpunktkoordinate x_S

(6) **Geben Sie bitte die Lage des Flächenschwerpunktes S in folgender Form an:**

$$S : \left(x_S ; y_S \right) = \left(\dots ; \dots \right).$$

$$S : \left(x_S ; y_S \right) = \left(+R ; \; +\frac{2R}{3} \cdot \frac{\sin^3 \alpha}{\hat{\alpha} - \frac{1}{2}\sin(2\alpha)} \right)$$

Lage des Flächenschwerpunktes S

Aufgabe 20

Flächenschwerpunkt / Grundform / Kreissegment / (zahlenwertmäßig) / **Tabelle Grundformen**

Tabelle / Flächenschwerpunkt / Grundformen

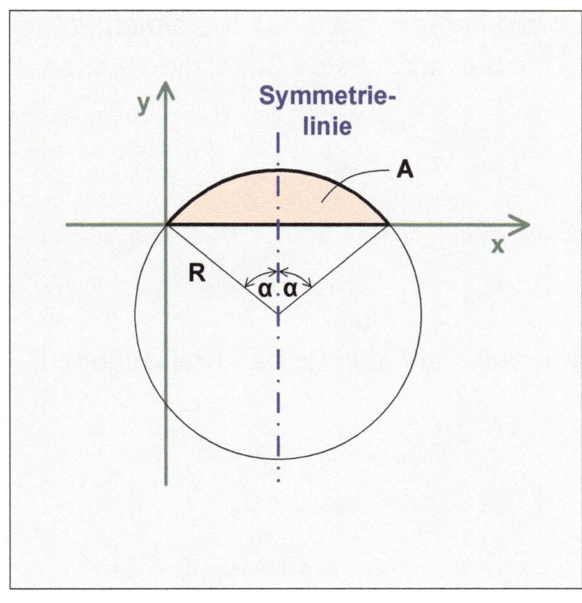

Nebenstehende Abbildung zeigt ein Kreissegment. Die Symmetrielinie des Kreissegments verläuft parallel zur y-Achse.

Achten Sie bitte auf die Normallage des Kreissegments !

Gegeben

Das Kreissegment ist gegeben durch den Radius R sowie durch den Winkel α.

Radius R: $R = 80\,mm$;

Winkel α: $\alpha = 60°$.

Beachten Sie bitte, α ist nicht der Zentriwinkel. Der Zentriwinkel ist $2\,\alpha$.

Gesucht

(1) Die Fläche A des Kreissegments,

(2) die Schwerpunktkoordinate x_S,

(3) die Schwerpunktkoordinate y_S.

(4) Geben Sie bitte die Lage des Flächenschwerpunktes S in folgender Form an:

$$S : \left(x_S ; y_S \right) = (\ldots ; \ldots).$$

Anmerkung

Bedienen Sie sich bitte der Tabelle **Flächenschwerpunkt / Grundformen**.

Ergebnis: (1) $\quad A = R^2 \left[\hat{\alpha} - \dfrac{1}{2}\,sin\,(2\alpha) \right]$ $\qquad A = 3\,930,8\,mm^2$

(2) $\quad x_S = +R\,sin\alpha$ $\qquad x_S = +69,3\,mm$

(3) $\quad y_S = +R \left[\dfrac{2}{3} \cdot \dfrac{sin^3\,\alpha}{\hat{\alpha} - \dfrac{1}{2}\,sin\,(2\alpha)} - cos\,\alpha \right]$ $\qquad y_S = +16,4\,mm$

(4) $\qquad S : \left(x_S ; y_S \right) = \left(+69,3\,mm ;\ +16,4\,mm \right)$

Lösung

Man wird in der Aufgabenstellung gebeten, sich der Tabelle **Flächenschwerpunkt / Grundformen** zu bedienen.

Es handelt sich bei dieser Aufgabe um ein Kreissegment. Dieses Kreissegment liegt zum (x-y)-Koordinatensystem in der **Normallage**. Das soll heißen, dass das Kreissegment mit dem 'westlichsten Punkt' die y-Achse berührt und mit der 'südlichsten Seite' die x-Achse.

Achten Sie bitte darauf!

(1) Die Fläche A des Kreissegments.

Der Tabelle **Flächenschwerpunkt / Grundformen** entnimmt man für das Kreissegment,

$$A = R^2 \left[\hat{\alpha} - \frac{1}{2} \sin(2\alpha) \right], \quad \Longleftarrow$$

mit $R = 80\,\text{mm}$ und $\alpha = 60°$.

Schwierigkeiten bereitet die Größe $\hat{\alpha}$. Aber, - sie ergibt sich wie folgt,

$$\frac{\hat{\alpha}}{2\pi} = \frac{60°}{360°}, \quad \textcolor{red}{\textbf{(Wissens-MUSS)}},$$

$$\hat{\alpha} = 2\pi \frac{60°}{360°},$$

$$\hat{\alpha} = 2\pi \frac{1}{6},$$

$$\hat{\alpha} = \frac{1}{3}\pi.$$

$$A = (80\,\text{mm})^2 \left[\frac{1}{3}\pi - \frac{1}{2}\sin(2 \cdot 60°) \right]$$

$$A = 80^2 \left(\frac{1}{3}\pi - \frac{1}{2}\sin 120° \right) \text{mm}^2$$

Eine Rechnereinstellung

$$\boxed{A = 3\,930,8\,\text{mm}^2}$$

Flächeninhalt A des Kreissegments

(2) Die Schwerpunktkoordinate x_S

Der Tabelle **Flächenschwerpunkt / Grundformen** entnimmt man für das Kreissegment,

$$x_S = +R \sin\alpha, \qquad \Leftarrow$$

mit $R = 80\,\text{mm}$ und $\alpha = 60°$,

$$x_S = +80\,\text{mm} \cdot \sin 60°,$$

$$\boxed{x_S = +69{,}3\,\text{mm}.}$$

Schwerpunktkoordinate x_S

(3) Die Schwerpunktkoordinate y_S

Der Tabelle **Flächenschwerpunkt / Grundformen** entnimmt man für das Kreissegment,

$$y_S = +R \left[\frac{2}{3} \cdot \frac{\sin^3 \alpha}{\widehat{\alpha} - \frac{1}{2}\sin(2\alpha)} - \cos\alpha \right], \qquad \Leftarrow$$

mit $R = 80\,\text{mm}$, $\alpha = 60°$ sowie $\widehat{\alpha} = \frac{1}{3}\pi$,

$$y_S = +80\,\text{mm} \left[\frac{2}{3} \cdot \frac{\sin^3 60°}{\frac{1}{3}\pi - \frac{1}{2}\sin(2 \cdot 60°)} - \cos 60° \right],$$

$$y_S = +80\,\text{mm} \left[\frac{2}{3} \cdot \frac{\sin^3 60°}{\frac{1}{3}\pi - \frac{1}{2}\sin 120°} - \cos 60° \right],$$

$$\boxed{y_S = +16{,}4\,\text{mm}.}$$

Schwerpunktkoordinate y_S

(4) Geben Sie bitte die Lage des Flächenschwerpunktes S in folgender Form an:

$$S : \left(x_S ; y_S \right) = (\ldots ; \ldots).$$

$$\boxed{S : \left(x_S ; y_S \right) = (+69{,}3\,\text{mm}; \ +16{,}4\,\text{mm})}$$

Lage des Flächenschwerpunktes S

Aufgabe 21

Flächenschwerpunkt / Grundform / Kreissegment / ingenieurmäßige Vorgehensweise (ineinander umrechnen)

Innerhalb eines Projekts soll aus Designgründen ein Kreissegment-Profil zur Anwendung kommen. Der betreuende Ingenieur geht mit dem Praxisstudiensemester-Studenten ins Lager. Beide entscheiden sich genau für das in der Grafik dargestellte Profil.

Der Student nimmt seinen Messschieber und greift am Profil die Maße ab, die er abgreifen kann - und das sind die Länge der Sekante sowie die Höhe.

Der betreuende Ingenieur bittet ihn, im Flächenschwerpunkt eine Bohrung anzubringen.

Der Student muss demzufolge zunächst die Lage des Flächenschwerpunktes ermitteln, d.h. er muss die Schwerpunktkoordinaten berechnen. Dabei gibt der betreuende Ingenieur ihm einen guten Rat:

"Junge, nimm Dir ein gutes Lehrbuch und schau Dir vorher die entsprechenden Lösungen an. Dann hast Du es leichter".

Die Lehrbuchlösungen bieten aber die Größen für die Fläche A sowie für die Schwerpunktkoordinaten x_S und y_S nur in Abhängigkeit von 'R', 'α' und '$\hat{\alpha}$' an. Der Student muss somit zuerst die Größen 'R', 'α' und '$\hat{\alpha}$' in Abhängigkeit von 'b' und 'h' ermitteln. Erst dann ist er in der Lage die Fläche A sowie die Schwerpunktkoordinaten x_S und y_S zu berechnen.

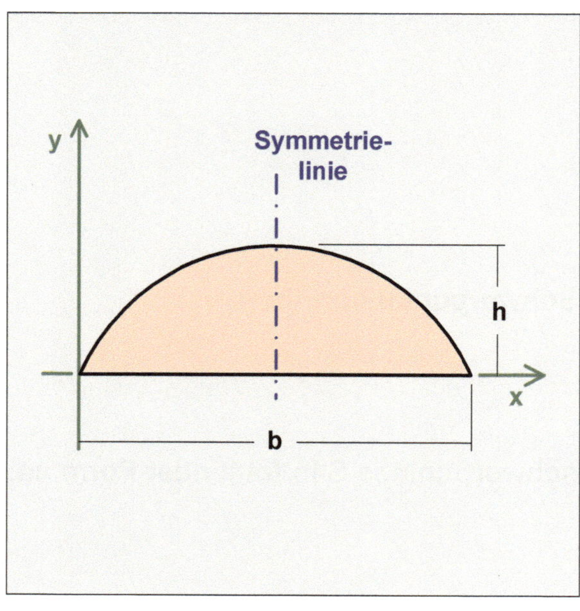

Nebenstehende Abbildung zeigt das Kreissegment. Die Symmetrielinie des Kreissegments verläuft parallel zur y-Achse.

Das Kreissegment befindet sich bezogen auf das (x-y)-Koordinatensystem in der **Normallage**.

Gegeben

Sekante b sowie die Höhe h.

Gesucht

(1) Die Fläche A des Kreissegments.

(2) Die Schwerpunktkoordinate x_S.

(3) Die Schwerpunktkoordinate y_S.

Ergebnis: *(1)* $A = R^2 \left[\hat{\alpha} - \dfrac{1}{2} \sin(2\alpha) \right]$

(2) $x_S = +\dfrac{1}{2}\, b$ *(s. Skizze)*

(3) $y_S = +R \left[\dfrac{2}{3} \cdot \dfrac{\sin^3 \alpha}{\hat{\alpha} - \dfrac{1}{2}\sin(2\alpha)} - \cos \alpha \right]$

mit $R = \dfrac{1}{2}\dfrac{b}{k}$

mit $\alpha = \arcsin\left(k\right)$

mit $\hat{\alpha} = \dfrac{\pi}{180°} \cdot \arcsin\left(k\right)$

Die Größe k ist dabei wie folgt definiert: $k = \dfrac{1}{\dfrac{1}{4}\dfrac{b}{h} + \dfrac{h}{b}}$

Lösung

Das in der Aufgabenstellung vorgegebene Kreissegment liegt zum (x-y)-Koordinatensystem in der **Normallage**.

Das heißt, das Kreissegment berührt mit seinem 'westlichsten Punkt' die y-Achse und mit seiner 'südlichsten Seite' die x-Achse.

Die Lehrbuchlösungen befinden sich am Ende dieses Moduls,
Flächenschwerpunkt / Grundformen / Zusammenfassung / Tabelle.

Mit den entsprechenden Lehrbuchlösungen sind hier folgende Lösungen gemeint:

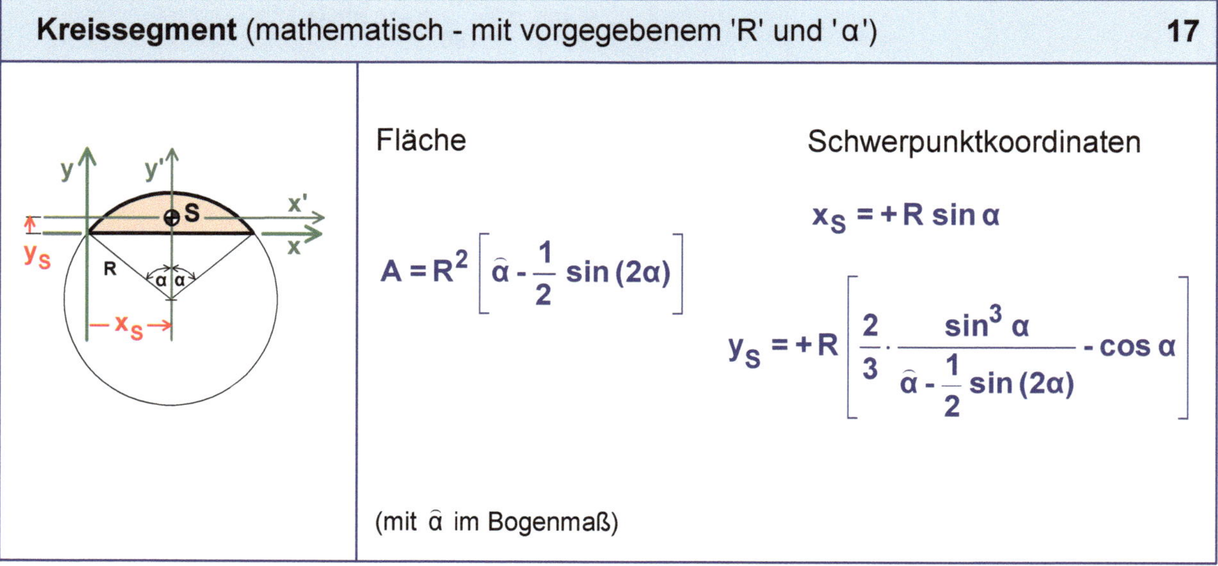

$$x_S = +R \sin \alpha$$

$$A = R^2 \left[\hat{\alpha} - \frac{1}{2} \sin(2\alpha) \right]$$

$$y_S = +R \left[\frac{2}{3} \cdot \frac{\sin^3 \alpha}{\hat{\alpha} - \frac{1}{2} \sin(2\alpha)} - \cos \alpha \right]$$

(mit $\hat{\alpha}$ im Bogenmaß)

Es gibt ein Problem !

Das Problem liegt darin, dass diese Lösungen in Abhängigkeit der Größen 'R', 'α' und '$\hat{\alpha}$' gegeben sind. Der Praxisstudiensemesterstudent hat aber bekanntlich lediglich die Größen 'b' und 'h' zur Verfügung.

Seine Aufgabe besteht nun darin die Größen 'R', 'α' und '$\hat{\alpha}$' in die Größen 'b' und 'h' umzurechnen.

Ermittlung der Größe 'R' als Funktion von 'b' und 'h'

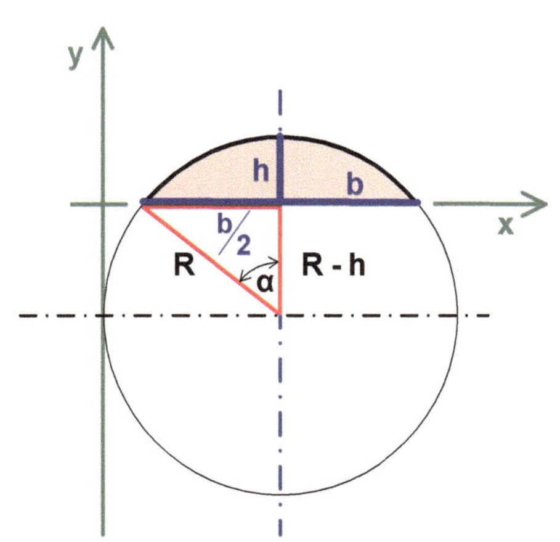

$$R^2 = \left(\frac{b}{2}\right)^2 + (R-h)^2 \qquad \textbf{PYTHAGORAS}$$

$$\cancel{R^2} = \frac{1}{4}b^2 + \cancel{R^2} - 2Rh + h^2$$

$$0 = \frac{1}{4}b^2 - 2Rh + h^2$$

$$2Rh = \frac{1}{4}b^2 + h^2$$

$$2R = \frac{1}{4}\frac{b}{h}b + h$$

$$R = \frac{1}{2}b\left(\frac{1}{4}\frac{b}{h} + \frac{h}{b}\right) \qquad \text{'R' als Funktion von 'b' und 'h'}$$

Es empfiehlt sich folgende abkürzende Schreibweise zu verwenden:

$$\frac{1}{\dfrac{1}{4}\dfrac{b}{h} + \dfrac{h}{b}} = k \, , \text{ mit } k \le 1.$$

$$\textbf{Radius R} \qquad \boxed{R = \frac{1}{2}\frac{b}{k}} \qquad R = R\left(b \text{ und } k(b,h)\right)$$

Ermittlung der Größe 'α' als Funktion von 'b' und 'h'
(gemeint damit ist 'α' im Gradmaß)

$$\sin\alpha = \frac{b/2}{R} \qquad\qquad\qquad \textbf{Sinus-Funktion}$$

$$\sin\alpha = \frac{b}{2R}$$

$$\text{mit } R = \frac{1}{2}\frac{b}{k} \text{ bzw. } 1 = \frac{R \cdot 2 \cdot k}{b}$$

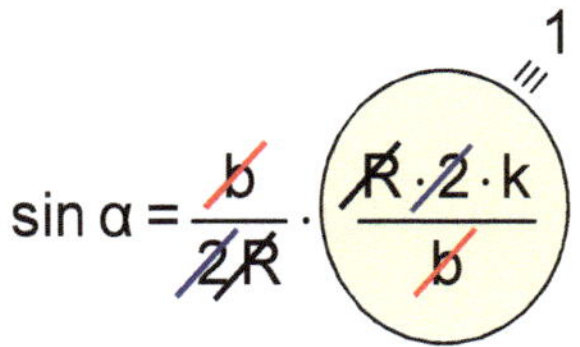

$$\sin\alpha = \frac{\not{b}}{2\not{R}} \cdot \left(\frac{\not{R}\cdot 2\cdot k}{\not{b}} \right)^{\!=1}$$

$$\sin\alpha = k$$

Multiplikation mit '1', $1 = \dfrac{R\cdot 2\cdot k}{b}$

$$\boxed{\alpha = \text{arc}\sin(k)}$$

'α' im Gradmaß als Funktion von 'k',
   mit k (b, h)

(Achten Sie bitte auf die richtige Rechnereinstellung, denn es muss sich ein Winkel im Gradmaß ergeben.)

Ermittlung der Größe '$\widehat{\alpha}$' als Funktion von 'b' und 'h'
(gemeint damit ist '$\widehat{\alpha}$' im Bogenmaß)

$$\widehat{\alpha} = \text{arc}\sin(k)$$

Diese Gleichung gilt auch hier.

(Aber achten Sie auch hier auf die richtige Rechnereinstellung, denn es muss sich ein Winkel im Bogenmaß ergeben.)

Tun Sie das nicht, dann gehen Sie doch den angedeuteten Weg.

$$\frac{\alpha}{360°} = \frac{\widehat{\alpha}}{2\pi}$$

$$\frac{\widehat{\alpha}}{2\pi} = \frac{\alpha}{360°}$$

$$\widehat{\alpha} = 2\pi \cdot \frac{\alpha}{360°}$$

$$\widehat{\alpha} = \frac{\pi}{180°} \cdot \alpha$$

Beziehung zwischen Gradmaß und Bogenmaß, ein **Wissens-MUSS**.

mit $\alpha = \text{arc}\sin(k)$

$$\boxed{\widehat{\alpha} = \frac{\pi}{180°}\underbrace{\text{arc}\sin(k)}_{\text{im Gradmaß}}}$$

'$\widehat{\alpha}$' im Bogenmaß als Funktion von 'k',
   mit k (b, h)

(1) Die Fläche A des Kreissegments.

Der Tabelle **Flächenschwerpunkt / Grundformen** entnimmt man für das Kreissegment,

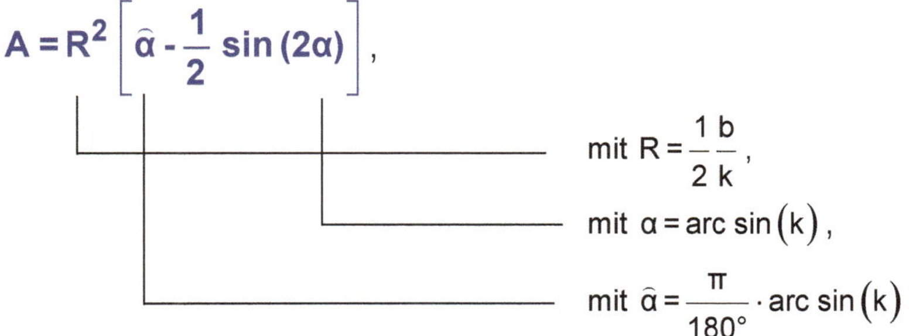

$$A = R^2 \left[\hat{\alpha} - \frac{1}{2} \sin(2\alpha) \right],$$

mit $R = \dfrac{1}{2}\dfrac{b}{k}$,

mit $\alpha = \arc\sin(k)$,

mit $\hat{\alpha} = \dfrac{\pi}{180°} \cdot \arc\sin(k)$.

(2) Die Schwerpunktkoordinate x_S.

Der Tabelle **Flächenschwerpunkt / Grundformen** entnimmt man für das Kreissegment,

$$x_S = + R \sin\alpha,$$

mit $R = \dfrac{1}{2}\dfrac{b}{k}$,

mit $\alpha = \arc\sin(k)$ bzw. $\sin\alpha = k$.

Setzen man das ein, so erhält man,

$$x_S = + \frac{1}{2} b.$$

Schaut man sich die Skizze an, so kann man das Ergebnis aber auch direkt ablesen.

(3) Die Schwerpunktkoordinate y_S

Der Tabelle **Flächenschwerpunkt / Grundformen** entnimmt man für das Kreissegment,

$$y_S = + R \left[\frac{2}{3} \cdot \frac{\sin^3 \alpha}{\hat{\alpha} - \frac{1}{2}\sin(2\alpha)} - \cos\alpha \right],$$

mit $R = \dfrac{1}{2}\dfrac{b}{k}$,

mit $\alpha = \arc\sin(k)$,

mit $\hat{\alpha} = \dfrac{\pi}{180°} \cdot \arc\sin(k)$.

Aufgabe 22

Flächenschwerpunkt / Grundform / Kreissegment / ingenieurmäßige Vorgehensweise

Tabelle / Flächenschwerpunkt / Grundformen

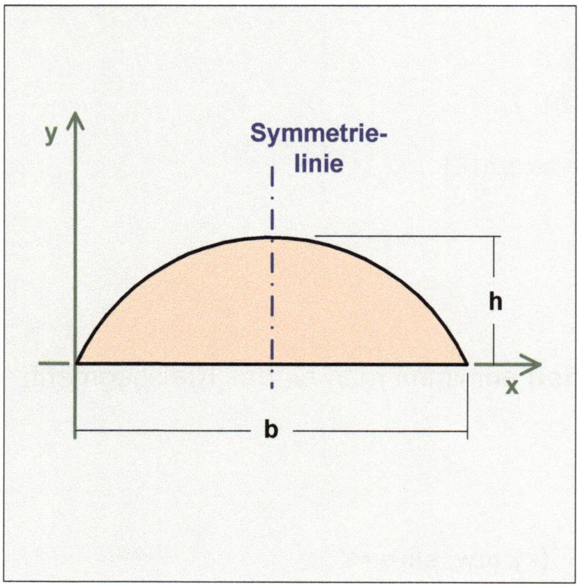

Nebenstehende Abbildung zeigt das Kreissegment. Die Symmetrielinie des Kreissegments verläuft parallel zur y-Achse.

Das Kreissegment befindet sich bezogen auf das (x-y)-Koordinatensystem in der **Normallage**.

Gegeben

Sekante b : $b = 98{,}8\,mm$;

Höhe h   : $h = 26{,}0\,mm$.

Gesucht

(1) Die Fläche A des Kreissegments.

(2) Die Schwerpunktkoordinate x_S .

(3) Die Schwerpunktkoordinate y_S .

Anmerkung:

Nutzen Sie bitte für das Lösen dieser Aufgabe die Tabelle **Flächenschwerpunkt / Grundformen**.

Ergebnis: *(1)* $A = 1778{,}5\ mm^2$

  (2) $x_S = +\,49{,}4\ mm$

  (3) $y_S = +\,10{,}7\ mm$

mit $k = 0{,}82$

$R = 60{,}2\ mm$

$\alpha = 55{,}1°$

$\widehat{\alpha} = 0{,}96$

Lösung

Die in der Aufgabenstellung stehende Anmerkung bezieht sich genau auf diesen Teil der Tabelle. Denn es geht um die ingenieurmäßige Handhabung eines Kreissegments mit vorgegebener Sekantenlänge 'b' und vorgegebener Höhe 'h' des Kreissegments.

Tabelle Flächenschwerpunkt / Grundformen

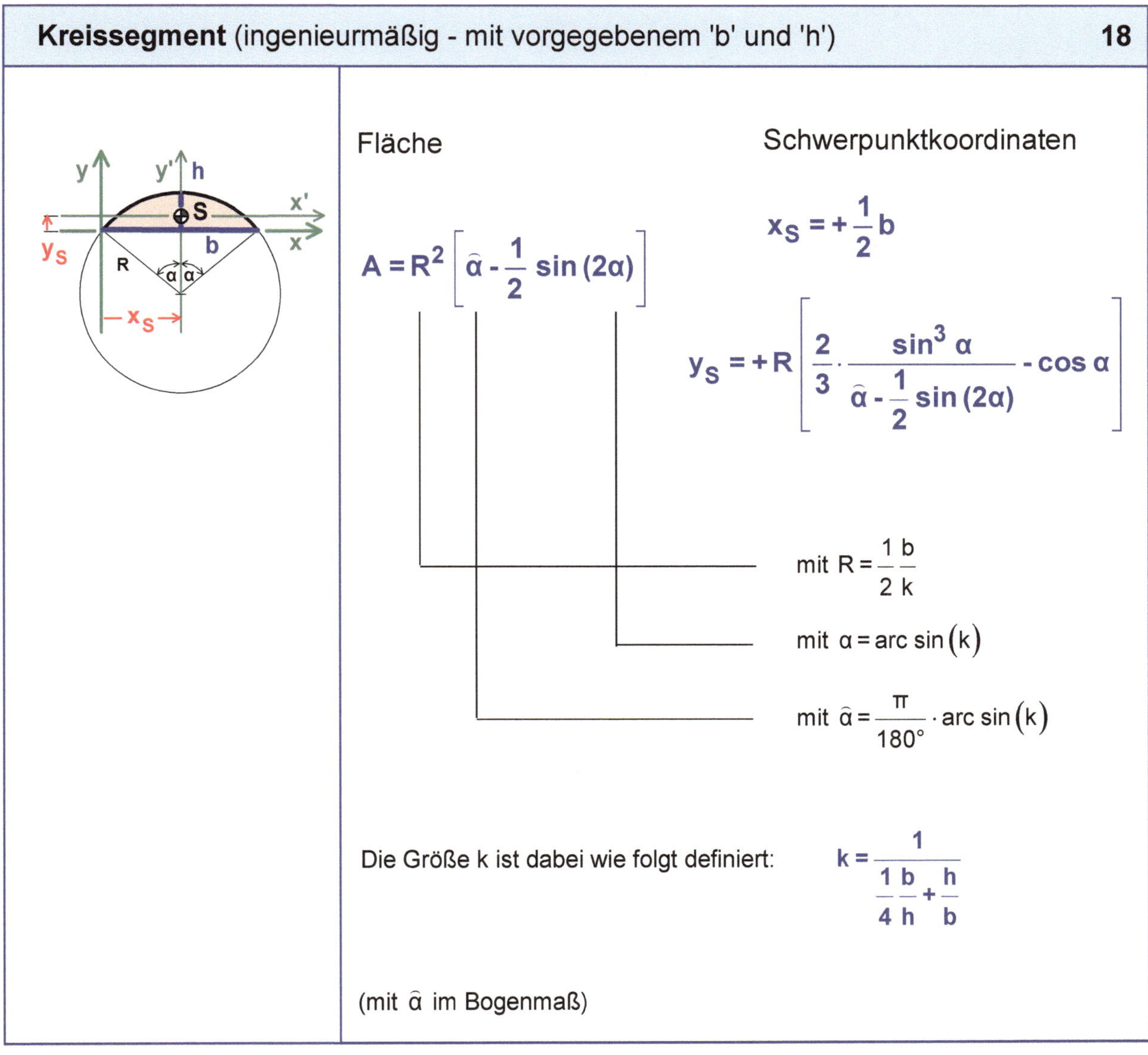

Kreissegment (ingenieurmäßig - mit vorgegebenem 'b' und 'h')   **18**

Fläche

$$A = R^2 \left[\hat{\alpha} - \frac{1}{2} \sin(2\alpha) \right]$$

Schwerpunktkoordinaten

$$x_S = +\frac{1}{2} b$$

$$y_S = +R \left[\frac{2}{3} \cdot \frac{\sin^3 \alpha}{\hat{\alpha} - \frac{1}{2} \sin(2\alpha)} - \cos \alpha \right]$$

mit $R = \dfrac{1}{2} \dfrac{b}{k}$

mit $\alpha = \arcsin(k)$

mit $\hat{\alpha} = \dfrac{\pi}{180°} \cdot \arcsin(k)$

Die Größe k ist dabei wie folgt definiert: $k = \dfrac{1}{\dfrac{1}{4} \dfrac{b}{h} + \dfrac{h}{b}}$

(mit $\hat{\alpha}$ im Bogenmaß)

Empfehlung

Es empfiehlt sich, mit der zahlenwertmäßigen Berechnung der zuvor definierten Größe 'k' zu beginnen.

Als Folge ergeben sich die Größen 'R', 'α' und '$\hat{\alpha}$'.

(a)   Größe 'k'

$$k = \cfrac{1}{\cfrac{1}{4}\,\cfrac{b}{h} + \cfrac{h}{b}}$$

mit $b = 98{,}8\,\text{mm}$ und $h = 26{,}0\,\text{mm}$

$$k = \cfrac{1}{\cfrac{1}{4}\cdot\cfrac{98{,}8}{26{,}0} + \cfrac{26{,}0}{98{,}8}}$$

$$k = 0{,}82$$

(b)   Radius 'R'

$$R = \frac{1}{2}\,\frac{b}{k}$$

mit $b = 98{,}8\,\text{mm}$ und $k = 0{,}82$

$$R = \frac{1}{2}\cdot\frac{98{,}8\,\text{mm}}{0{,}82}$$

$$R = 60{,}2\,\text{mm}$$

(c)   Winkel 'α' (im Gradmaß)

$$\alpha = \text{arc sin}\,(k)$$

mit $k = 0{,}82$

$$\alpha = \text{arc sin}\,(0{,}82)$$

$$\alpha = 55{,}1°$$

(d)   Winkel '$\hat{\alpha}$' (im Bogenmaß)

$$\hat{\alpha} = \frac{\pi}{180°}\cdot\text{arc sin}\,(k)$$

mit $k = 0{,}82$

$$\hat{\alpha} = \frac{\pi}{180°}\cdot\text{arc sin}\,(0{,}82)$$

$$\hat{\alpha} = 0{,}96$$

(1)   Die Fläche A des Kreissegments.

Der Tabelle **Flächenschwerpunkt-Grundformen** entnimmt man für das Kreissegment,

$$A = R^2 \left[\hat{\alpha} - \frac{1}{2}\sin(2\alpha) \right],$$

mit $R = 60{,}2\,\text{mm}$,

mit $\alpha = 55{,}1°$,

mit $\hat{\alpha} = 0{,}96$.

$$A = (60{,}2\,\text{mm})^2 \left[0{,}96 - \frac{1}{2}\sin(2 \cdot 55{,}1°) \right],$$

$$\boxed{A = 1778{,}5\,\text{mm}^2.}$$
  Fläche A des Kreissegments

(2)   Die Schwerpunktkoordinate x_S.

Der Tabelle **Flächenschwerpunkt-Grundformen** entnimmt man für das Kreissegment,

$$x_S = +R\sin\alpha,$$

mit $R = 60{,}2\,\text{mm}$,

mit $\alpha = 55{,}1°$.

$$x_S = +60{,}2\,\text{mm} \cdot \sin 55{,}1°,$$

$$\boxed{x_S = +49{,}4\,\text{mm}.}$$
  Schwerpunktkoordinate x_S

(3)   Die Schwerpunktkoordinate y_S .

Der Tabelle **Flächenschwerpunkt-Grundformen** entnimmt man für das Kreissegment,

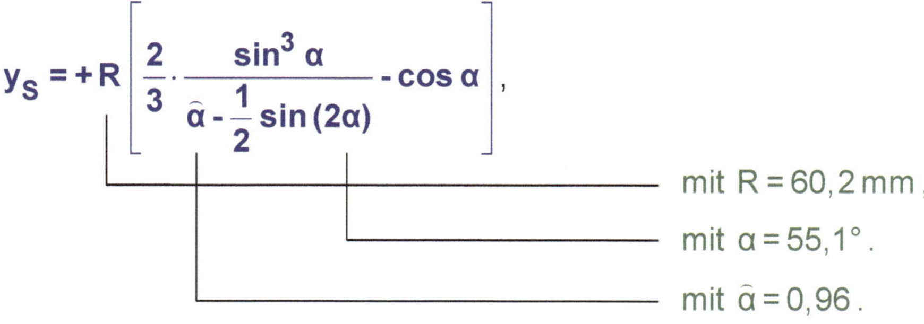

$$y_S = +R\left[\frac{2}{3}\cdot\frac{\sin^3\alpha}{\hat{\alpha}-\frac{1}{2}\sin(2\alpha)}-\cos\alpha\right],$$

mit $R = 60,2\,\text{mm}$,

mit $\alpha = 55,1°$.

mit $\hat{\alpha} = 0,96$.

$$y_S = +60,2\,\text{mm}\left[\frac{2}{3}\cdot\frac{\sin^3(55,1°)}{0,96-\frac{1}{2}\sin(2\cdot 55,1°)}-\cos(55,1°)\right],$$

eine Rechnereinstellung

$$\boxed{y_S = +10,7\,\text{mm}\,.}$$

Schwerpunktkoordinate y_S

Aufgabe 23

Flächenschwerpunkt / Grundform / Kreisringstück (Symmetrielinie parallel zur y-Achse) / **Überlegen / Hinschreiben / infinitesimalmathematische Herleitung**

x-Richtung: *Überlegen / Hinschreiben*
y-Richtung: *infinitesimalmathematisch*

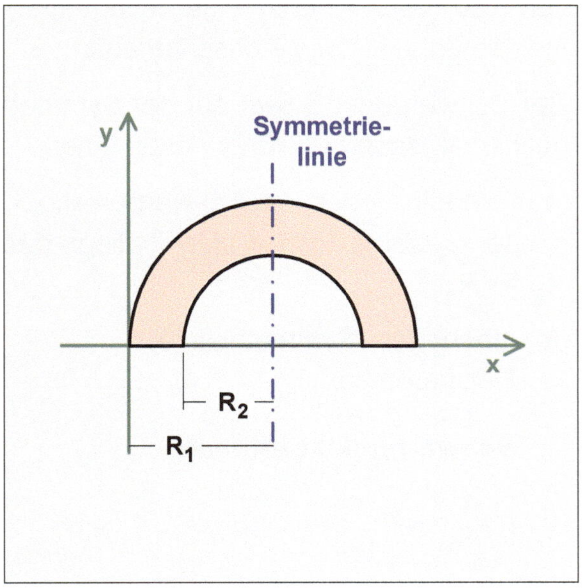

Nebenstehende Abbildung zeigt ein Kreisringstück, das sich dadurch auszeichnet, dass der Zentriwinkel 180° beträgt und die Symmetrielinie parallel zur y-Achse verläuft.

Gegeben

Das Kreisringstück ist durch die Radien R_1 und R_2 gegeben.

Gesucht

(1) Geben Sie die Schwerpunktkoordinate x_S an (Überlegen / Hinschreiben).

(2) Leiten Sie bezogen auf das (x-y)-Koordinatensystem die Schwerpunktkoordinate y_S infinitesimalmathematisch her.

(3) Geben Sie bitte die Lage des Flächenschwerpunktes S in folgender Form an:

$$S : \left(x_S ; y_S \right) = (\dots ; \dots) .$$

Ergebnis: *(1)* $x_S = + R_1$

(2) $y_S = + \dfrac{4}{3\pi} \cdot \dfrac{R_1^3 - R_2^3}{R_1^2 - R_2^2}$

(3) $S : \left(x_S ; y_S \right) = \left(+ R_1 ; \; + \dfrac{4}{3\pi} \cdot \dfrac{R_1^3 - R_2^3}{R_1^2 - R_2^2} \right)$

Lösung

(1) Geben Sie die Schwerpunktkoordinate x_S an (Überlegen / Hinschreiben).

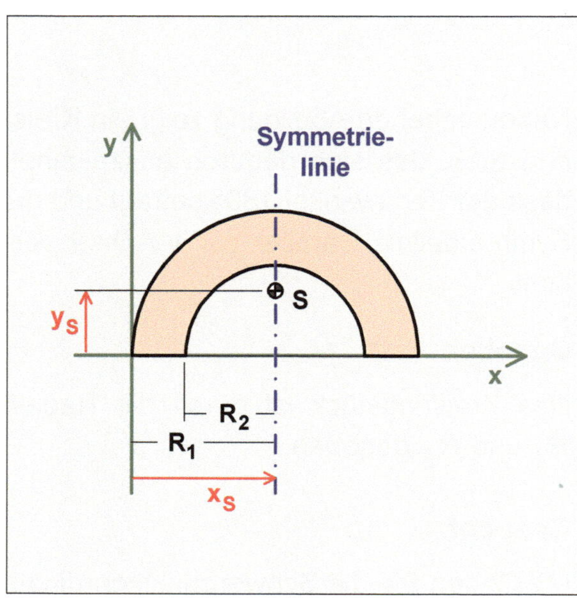

Das Kreisringstück ist im Wesentlichen charakterisiert durch einen Zentriwinkel von 180° sowie durch eine Symmetrielinie, die parallel zur y-Achse verläuft.

Der Schwerpunkt S liegt auf der Symmetrielinie / Wissen.

Man erkennt, dass die Schwerpunktkoordinate x_S bei x_S gleich plus R_1 liegt, d.h. $x_S = +R_1$.

→ Überlegen (Symmetrielinie)
   Hinschreiben

Schwerpunktkoordinate x_S

$$x_S = +R_1$$

(2) Leiten Sie bezogen auf das (x-y)-Koordinatensystem die Schwerpunktkoordinate y_S infinitesimalmathematisch her.

Die Ausgangsgleichung zur infinitesimalen Herleitung der Schwerpunktkoordinate y_S ist wie folgt gegeben:

Merke: Das Moment der Fläche ist gleich der integralen Summe der Momente der infinitesimal kleinen Flächen.

$$y_S \cdot A = \int_A y \cdot dA .$$

Infinitesimalmathematische Herleitung

$$y_S = + \frac{1}{A} \int_A y \cdot dA$$

Ausgangsgleichung

für die infinitesimalmathematische Herleitung **vorliegender** Aufgabe

An dieser Stelle wird empfohlen - aus rein übungstechnischen Gründen - die Fläche A (infinitesimalmathematisch) aus dem Flächenmoment 0. Ordnung zu berechnen.

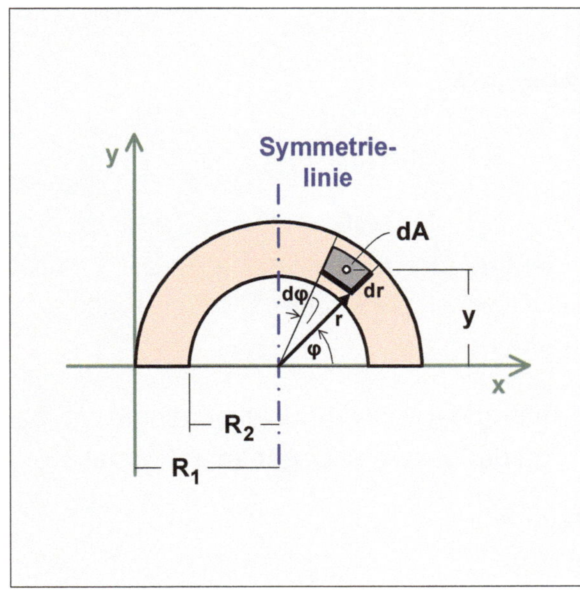

Zur Erinnerung - die Fläche A ergibt sich aus dem Flächenmoment 0. Ordnung, der Flächenschwerpunkt dagegen aus dem Flächenmoment 1. Ordnung.

Das bitte noch einmal als Anmerkung!

Flächenmoment 0. Ordnung / Fläche

$$A = \int_A dA$$

Das zu verwendende infinitesimal kleine Flächenelement dA ist bereits eingezeichnet,

$$dA = r\, d\varphi \cdot dr\,.$$

$$A = \int \int r\, d\varphi \cdot dr$$

Es sind mit $d\varphi$ und dr zwei Integrationsvariable vorhanden. Somit erhält man (in diesem Fall) zwei voneinander unabhängige Integrale.

$$A = \int d\varphi \int r \cdot dr$$

Die Grenzen der beiden Integrale richten sich nach den jeweiligen Integrationsvariablen.

$$A = \int_{\varphi=0}^{\pi} d\varphi \int_{r=R_2}^{R_1} r \cdot dr$$

Durchführung der **Integration**

$$A = \varphi \Big|_0^{\pi} \cdot \frac{1}{2} \cdot r^2 \Big|_{R_2}^{R_1}$$

Der Faktor '$\frac{1}{2}$' wird vorgezogen.

$$A = \frac{1}{2} \cdot \varphi \Big|_0^{\pi} \cdot r^2 \Big|_{R_2}^{R_1}$$

Die obere Grenze wird von der unteren Grenze abgezogen.

$$A = \frac{1}{2}(\pi - 0) \cdot \left(R_1^2 - R_2^2\right)$$

$$A = \frac{1}{2}\pi\left(R_1^2 - R_2^2\right)$$

Fläche A

Die Fläche A hätte man auch als Differenz zweier halbkreisförmiger Flächen berechnen können. Es bestand aber der Wunsch infinitesimalmathematisch zum Ergebnis zu kommen.

Hinsichtlich der infinitesimalmathematischen Berechnung der Schwerpunktkoordinate y_S bezogen auf das (x-y)-Koordinatensystem, geht man von der bereits angegebenen Formel aus.

Hier setzt die infinitesimalmathematische Herleitung ein,

$$y_S = +\frac{1}{A}\int_A y \cdot dA.$$

Das entsprechende infinitesimal kleine Flächenelement dA ist bereits vorgegeben,

$$dA = r\,d\varphi \cdot dr.$$

Der Abstand des Flächenelementes y von der x-Achse ist

$$y = r \cdot \sin\varphi.$$

$$y_S = +\frac{1}{A}\int \int r \cdot \sin\varphi \cdot r\,d\varphi \cdot dr$$

Es sind mit $d\varphi$ und dr zwei Integrationsvariable vorhanden. Somit erhält man (in diesem Fall) zwei voneinander unabhängige Integrale.

$$y_S = +\frac{1}{A}\int \sin\varphi \cdot d\varphi \int r^2 \cdot dr$$

Die Grenzen der beiden Integrale richten sich nach den Integrationsvariablen.

$$y_S = +\frac{1}{A}\int_{\varphi=0}^{\pi} \sin\varphi\,d\varphi \int_{r=R_2}^{R_1} r^2\,dr$$

Durchführung der **Integration**

$$y_S = +\frac{1}{A}(-\cos\varphi)\Big|_0^{\pi} \cdot \frac{1}{3}r^3\Big|_{R_2}^{R_1}$$

Sowohl das Minus-Zeichen aus der runden Klammer als auch der Faktor '$\frac{1}{3}$' werden vorgezogen.

$$y_S = -\frac{1}{A} \cdot \frac{1}{3} \cdot \cos\varphi \Big|_0^\pi \cdot r^3 \Big|_{R_2}^{R_1}$$

Die obere Grenze wird von der unteren Grenze abgezogen.

$$y_S = -\frac{1}{A} \cdot \frac{1}{3} \cdot \left(\underset{-1}{\underline{\cos\pi}} - \underset{+1}{\underline{\cos 0}} \right) \cdot \left(R_1^3 - R_2^3 \right)$$

$$y_S = -\frac{1}{A} \cdot \frac{1}{3} \cdot (-1-1) \cdot \left(R_1^3 - R_2^3 \right)$$

$$y_S = -\frac{1}{A} \cdot \frac{1}{3} \cdot (-2) \cdot \left(R_1^3 - R_2^3 \right)$$

Minus mal Minus ergibt Plus.

$$y_S = +\frac{1}{A} \cdot \frac{2}{3} \cdot \left(R_1^3 - R_2^3 \right)$$

mit $A = \frac{1}{2}\pi\left(R_1^2 - R_2^2 \right)$

Multiplikation mit '1', $1 = \dfrac{2A}{\pi\left(R_1^2 - R_2^2 \right)}$

$$y_S = +\frac{1}{A} \cdot \frac{2}{3} \cdot \left(R_1^3 - R_2^3 \right) \cdot \underbrace{\left(\frac{2A}{\pi\left(R_1^2 - R_2^2 \right)} \right)}_{=1}$$

$$\boxed{y_S = +\frac{4}{3\pi} \cdot \frac{R_1^3 - R_2^3}{R_1^2 - R_2^2}}$$

Schwerpunktkoordinate y_S

---

(3)   Geben Sie bitte die Lage des Flächenschwerpunktes S in folgender Form an:

$$S : \left(x_S ; y_S \right) = (\dots ; \dots).$$

$$\boxed{S : \left(x_S ; y_S \right) = \left(+R_1 ; \ +\frac{4}{3\pi} \cdot \frac{R_1^3 - R_2^3}{R_1^2 - R_2^2} \right)}$$

Lage des Flächenschwerpunktes S

Aufgabe 24

Flächenschwerpunkt / Grundform / Kreisringstück (Symmetrielinie parallel zur y-Achse) **/ Überlegen / Hinschreiben / infinitesimalmathematische Herleitung**

x-Richtung: Überlegen / Hinschreiben
y-Richtung: infinitesimalmathematisch

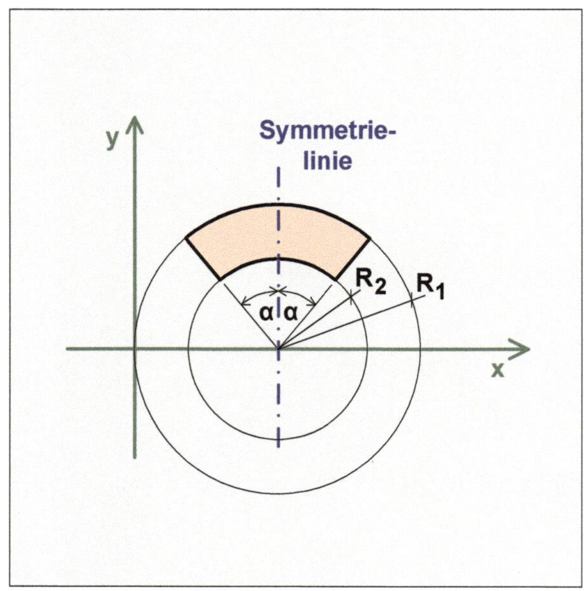

Nebenstehende Abbildung zeigt ein Kreisringstück, das sich dadurch auszeichnet, dass der Zentriwinkel 2α beträgt und die Symmetrielinie parallel zur y-Achse verläuft.

Gegeben

Das Kreisringstück ist gegeben durch die Radien R_1 und R_2 sowie durch den halben Zentriwinkel α.

Gesucht

(1) Fläche A des Querschnitts (infinitesimalmathematische Herleitung).

(2) Geben Sie die Schwerpunktkoordinate x_S an (Überlegen / Hinschreiben).

(3) Leiten Sie bezogen auf das (x-y)-Koordinatensystem die Schwerpunktkoordinate y_S infinitesimalmathematisch her.

(4) Geben Sie bitte die Lage des Flächenschwerpunktes S in folgender Form an:
$$S:\left(x_S; y_S\right)=(\dots ; \dots).$$

Ergebnis: *(1)* $A=\hat{\alpha}\left(R_1^2 - R_2^2\right)$ *(mit $\hat{\alpha}$ im Bogenmaß)*

(2) $x_S = + R_1$

(3) $y_S = +\dfrac{2}{3}\cdot\dfrac{\left(R_1^3 - R_2^3\right)\cdot \sin\alpha}{\left(R_1^2 - R_2^2\right)\cdot \hat{\alpha}}$ *(mit $\hat{\alpha}$ im Bogenmaß)*

(4) $S:\left(x_S; y_S\right)=\left(+R_1 \; ; \; +\dfrac{2}{3}\cdot\dfrac{\left(R_1^3 - R_2^3\right)\cdot \sin\alpha}{\left(R_1^2 - R_2^2\right)\cdot \hat{\alpha}}\right)$ *(mit $\hat{\alpha}$ im Bogenmaß)*

Lösung

(1) Die Fläche A des Querschnitts (infinitesimalmathematische Herleitung)

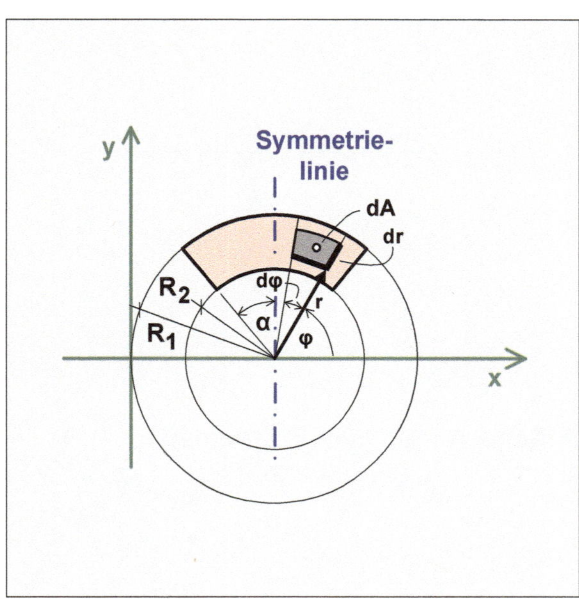

Fläche / Flächenmoment 0. Ordnung

$$A = \int_A y^0 \cdot dA = \int_A dA$$

Hinsichtlich der Vorgehensweise ist es immer eine große Kunst, ein entsprechendes infinitesimal kleines Flächenelement dA zu definieren.

Das zu verwendende infinitesimal kleine Flächenelement dA ist bereits eingezeichnet,

$$dA = r\, d\varphi \cdot dr \ .$$

$$A = \int \ \int r\, d\varphi \cdot dr$$

Es sind mit dφ und dr zwei Integrationsvariable vorhanden. Somit erhält man (in diesem Fall) zwei voneinander unabhängige Integrale.

Die Grenzen der beiden Integrale richten sich nach den jeweiligen Integrationsvariablen.

$$A = \int d\varphi \int r \cdot dr$$

$$A = \int_{\varphi = \frac{\pi}{2} - \hat{\alpha}}^{\frac{\pi}{2} + \hat{\alpha}} d\varphi \int_{r = R_2}^{R_1} r \cdot dr$$

Durchführung der **Integration**

$$A = \varphi \left|_{\frac{\pi}{2} - \hat{\alpha}}^{\frac{\pi}{2} + \hat{\alpha}} \right. \cdot \frac{1}{2} r^2 \left|_{R_2}^{R_1} \right.$$

Der Faktor ' $\frac{1}{2}$ ' wird vorgezogen.

$$A = \frac{1}{2}\,\varphi \left|\begin{array}{c}\frac{\pi}{2}+\hat{\alpha}\\[4pt]\frac{\pi}{2}-\hat{\alpha}\end{array}\right. \cdot r^2 \left|\begin{array}{c}R_1\\[4pt]R_2\end{array}\right.$$

Die untere Grenze wird von der oberen Grenze abgezogen.

$$A = \frac{1}{2}\left[\frac{\pi}{2}+\hat{\alpha}-\left(\frac{\pi}{2}-\hat{\alpha}\right)\right]\cdot\left(R_1^2 - R_2^2\right)$$

Auflösen der inneren runden Klammer.

$$A = \frac{1}{2}\left(\frac{\pi}{2}+\hat{\alpha}-\frac{\pi}{2}+\hat{\alpha}\right)\cdot\left(R_1^2 - R_2^2\right)$$

$$A = \frac{1}{2}\cdot 2\,\hat{\alpha}\cdot\left(R_1^2 - R_2^2\right)$$

$$\boxed{A = \hat{\alpha}\left(R_1^2 - R_2^2\right)}$$

Fläche A (mit $\hat{\alpha}$ im Bogenmaß)

(2)   Geben Sie die Schwerpunktkoordinate x_S an (Überlegen und Hinschreiben).

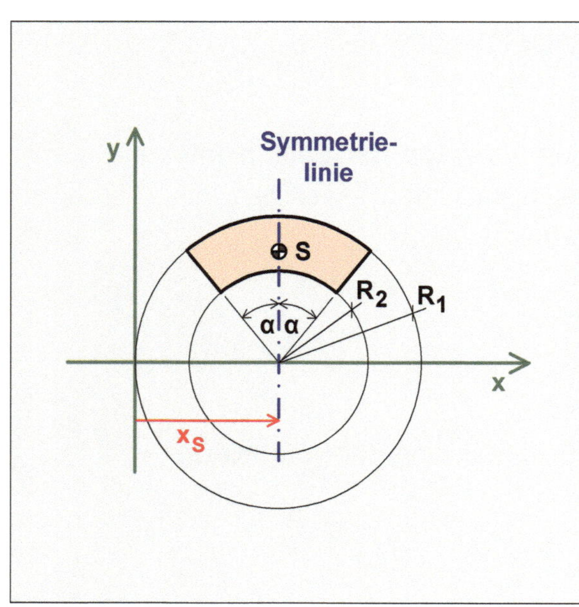

Das Kreisringstück ist im Wesentlichen charakterisiert durch einen Zentriwinkel 2α sowie durch eine Symmetrielinie, die parallel zur y-Achse verläuft.

Der Schwerpunkt S liegt auf der Symmetrielinie / Wissen.

Man erkennt, dass die Schwerpunktkoordinate x_S bei x_S gleich plus R_1 liegt, d.h. $x_S = +R_1$.

➜   Überlegen (Symmetrielinie)
Hinschreiben

Schwerpunktkoordinate x_S

$$\boxed{x_S = +R_1}$$

(3)   Leiten Sie bezogen auf das (x-y)-Koordinatensystem infinitesimalmathematisch die Schwerpunktkoordinate y_S her.

Die Ausgangsgleichung zur infinitesimalmathematischen Herleitung der Schwerpunktkoordinate y_S lässt sich wie folgt formulieren:

$$y_S \cdot A = \int_A y \cdot dA \,,$$

$$y_S = +\frac{1}{A} \int_A y \cdot dA \,.$$

Ausgangsgleichung
Satz vom Resultierenden Flächenmoment.

Schwerpunktkoordinate y_S
Eine Formel, die man für die **vorliegende** Problemstellung auf jeden Fall kennen sollte.

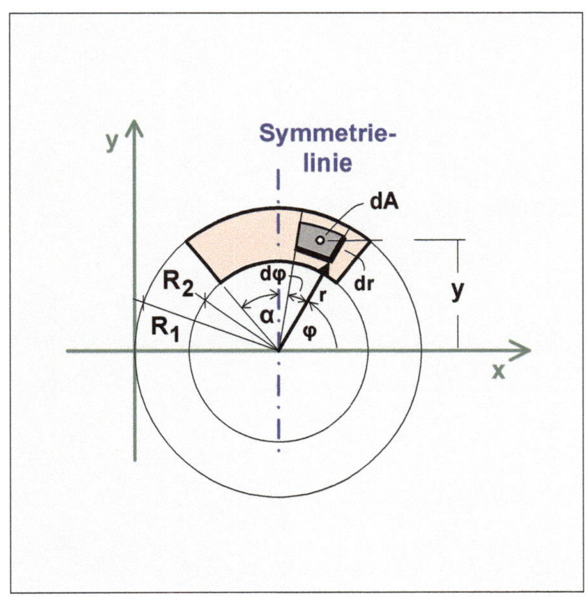

Hinsichtlich der infinitesimalmathematischen Herleitung der Schwerpunktkoordinate y_S bezogen auf das (x-y)-Koordinatensystem, geht man von der zuvor angegebenen Formel aus.

Achten Sie bitte auf das positive Vorzeichen hinsichtlich der infinitesimal kleinen Flächenmomente.

Hier setzt die infinitesimalmathematische Berechnung ein,

$$y_S = +\frac{1}{A} \int_A y \cdot dA \,.$$

Das entsprechende infinitesimal kleine Flächenelement dA ist bereits vorgegeben,

$$dA = r \, d\varphi \cdot dr \,.$$

Der Abstand des Flächenelementes y von der x-Achse ist

$$y = r \cdot \sin \varphi \,.$$

$$y_S = +\frac{1}{A} \int \int r \cdot \sin \varphi \cdot r \, d\varphi \cdot dr$$

Es sind mit dφ und dr zwei Integrationsvariable vorhanden. Somit erhält man (in diesem Fall) zwei voneinander unabhängige Integrale.

$$y_S = +\frac{1}{A}\int \sin\varphi \cdot d\varphi \int r^2 \cdot dr$$

Die Grenzen der beiden Integrale richten sich nach den Integrationsvariablen.

$$y_S = +\frac{1}{A}\int_{\varphi=\frac{\pi}{2}-\hat{\alpha}}^{\frac{\pi}{2}+\hat{\alpha}} \sin\varphi \, d\varphi \int_{r=R_2}^{R_1} r^2 \cdot dr$$

Durchführung der **Integration**

$$y_S = +\frac{1}{A}(-\cos\varphi)\Big|_{\frac{\pi}{2}-\hat{\alpha}}^{\frac{\pi}{2}+\hat{\alpha}} \cdot \frac{1}{3}r^3\Big|_{R_2}^{R_1}$$

Sowohl das Minus-Zeichen aus der runden Klammer als auch der Faktor '$\frac{1}{3}$' werden vorgezogen.

$$y_S = -\frac{1}{A}\cdot\frac{1}{3}\cdot\cos\varphi\Big|_{\frac{\pi}{2}-\hat{\alpha}}^{\frac{\pi}{2}+\hat{\alpha}} \cdot r^3\Big|_{R_2}^{R_1}$$

Die untere Grenze wird von der oberen Grenze abgezogen.

$$y_S = -\frac{1}{A}\cdot\frac{1}{3}\cdot\left[\cos\left(\frac{\pi}{2}+\hat{\alpha}\right)-\cos\left(\frac{\pi}{2}-\hat{\alpha}\right)\right]\cdot\left(R_1^3-R_2^3\right)$$

Die eckige Klammer enthält Additionstheoreme hinsichtlich zweier Cosinus-Funktionen.

Wissens-MUSS

$$\cos\left(\frac{\pi}{2}+\hat{\alpha}\right)=\underbrace{\cos\frac{\pi}{2}}_{0}\cdot\cos\hat{\alpha}-\underbrace{\sin\frac{\pi}{2}}_{1}\cdot\sin\hat{\alpha}$$

$$\cos\left(\frac{\pi}{2}+\hat{\alpha}\right)=-\sin\alpha$$

$$\cos\left(\frac{\pi}{2}-\hat{\alpha}\right)=\underbrace{\cos\frac{\pi}{2}}_{0}\cdot\cos\hat{\alpha}+\underbrace{\sin\frac{\pi}{2}}_{1}\cdot\sin\hat{\alpha}$$

$$\cos\left(\frac{\pi}{2}-\hat{\alpha}\right)=+\sin\alpha$$

$$y_S = -\frac{1}{A}\cdot\frac{1}{3}\cdot\left[\underbrace{\cos\left(\frac{\pi}{2}+\hat{\alpha}\right)}_{-\sin\alpha}-\underbrace{\cos\left(\frac{\pi}{2}-\hat{\alpha}\right)}_{+\sin\alpha}\right]\cdot\left(R_1^3-R_2^3\right)$$

$$y_S = -\frac{1}{A} \cdot \frac{1}{3} \cdot (-\sin\alpha - \sin\alpha) \cdot \left(R_1^3 - R_2^3\right)$$

$$y_S = -\frac{1}{A} \cdot \frac{1}{3} \cdot (-2\cdot\sin\alpha) \cdot \left(R_1^3 - R_2^3\right)$$

Minus mal Minus ergibt Plus.

$$y_S = +\frac{1}{A} \cdot \frac{2}{3} \cdot \sin\alpha \cdot \left(R_1^3 - R_2^3\right)$$

etwas elegantere Schreibweise

$$y_S = \frac{1}{A} \cdot \frac{2}{3} \cdot \left(R_1^3 - R_2^3\right) \cdot \sin\alpha$$

mit $A = \hat{\alpha}\left(R_1^2 - R_2^2\right)$

Multiplikation mit '1', $1 = \dfrac{2\,A}{\pi\left(R_1^2 - R_2^2\right)}$

$$y_S = +\frac{1}{A} \cdot \frac{2}{3} \cdot \left(R_1^3 - R_2^3\right) \cdot \sin\alpha \cdot \left(\frac{A}{\hat{\alpha}\left(R_1^2 - R_2^2\right)} \equiv 1\right)$$

$$\boxed{y_S = +\frac{2}{3} \cdot \frac{\left(R_1^3 - R_2^3\right)\cdot\sin\alpha}{\left(R_1^2 - R_2^2\right)\cdot\hat{\alpha}}}$$

Schwerpunktkoordinate y_S

(mit $\hat{\alpha}$ im Bogenmaß)

(4) **Geben Sie bitte die Lage des Flächenschwerpunktes S in folgender Form an:**

$$S : \left(x_S ; y_S\right) = \left(\ldots ; \ldots\right).$$

$$\boxed{S : \left(x_S ; y_S\right) = \left(+R_1 ; \; +\frac{2}{3} \cdot \frac{\left(R_1^3 - R_2^3\right)\cdot\sin\alpha}{\left(R_1^2 - R_2^2\right)\cdot\hat{\alpha}}\right)}$$

**Lage des Flächenschwer-
punktes S**

(mit $\hat{\alpha}$ im Bogenmaß)

Aufgabe 25

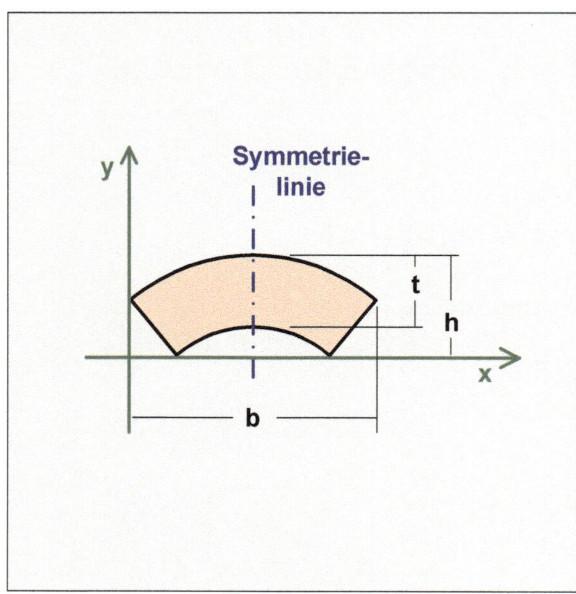

Gesucht

(1) Fläche A des Querschnitts.

(2) Die Schwerpunktkoordinate x_S.

(3) Die Schwerpunktkoordinate y_S.

Anmerkung I

Bedienen Sie sich bitte der Tabelle
Flächenschwerpunkt / Grundformen.

**Flächenschwerpunkt / Grundform / Kreis-
ringstück** (Symmetrieachse parallel zur y-
Achse) / **ingenieurmäßige Vorgehensweise**

Tabelle / Flächenschwerpunkt / Grundformen

Nebenstehende Abbildung zeigt ein Kreisringstück als Querschnitt. Die Symmetrielinie verläuft parallel zur y-Achse.

Es ist hier erkennbar, dass der Zentriwinkel kleiner ist als 180°.

Das Kreisringstück befindet sich bezogen
auf das (x-y)-Koordinatensystem in der
Normallage.

Die **Normallage** ist die Ausgangslage für
eine ingenieurmäßige Vorgehensweise,
denn die drei charakteristischen Haupt-
abmessungen 'b', 'h' und 't' lassen sich ein-
fachst mit einem Messschieber abgreifen.

Gegeben

Gesamtbreite b;
Gesamthöhe h;
Dicke t.

Statik 5.4.1 - Flächenschwerpunkt / Grundformen / Kreisringstück (ingenieurmäßig)

Ergebnis: *(1)* $A = \hat{\alpha}\left(R_1^2 - R_2^2\right)$ *(mit $\hat{\alpha}$ im Bogenmaß)*

(2) $x_S = + R_1 \cdot \sin\alpha$

(3) $y_S = + \dfrac{2}{3} \cdot \dfrac{\left(R_1^3 - R_2^3\right) \cdot \sin\alpha}{\left(R_1^2 - R_2^2\right) \cdot \hat{\alpha}} - R_2 \cdot \cos\alpha$ *(mit $\hat{\alpha}$ im Bogenmaß)*

mit R_1 als Lösung aus $a_3 \cdot R_1^3 + a_2 \cdot R_1^2 + a_1 \cdot R_1 + a_0 = 0$

$$a_3 = 8 \cdot (h - t)$$

$$a_2 = -\left[b^2 + 4 \cdot \left(h^2 - t^2\right)\right]$$

$$a_1 = 2b^2 \cdot t$$

$$a_0 = -b^2 \cdot t^2$$

mit $R_2 = R_1 - t$

mit $\alpha = \arcsin\left(\dfrac{b/2}{R_1}\right)$ *(α im Gradmaß)*

mit $\hat{\alpha} = \dfrac{\pi}{180°} \cdot \alpha$ *($\hat{\alpha}$ im Bogenmaß)*

Lösung

Das in der Aufgabenstellung vorgegebene Kreisringstück (Zentriwinkel kleiner 180° und parallel zur y-Achse verlaufender Symmetrielinie) liegt zum (x-y)-Koordinatensystem in der **Normallage**. Das heißt, das Kreisringstück berührt mit seinem 'westlichsten Punkt' die y-Achse und mit seinen 'südlichsten Punkten' die x-Achse.

Der Tabelle **Flächenschwerpunkt-Grundformen** entnimmt man für das Kreisringstück:

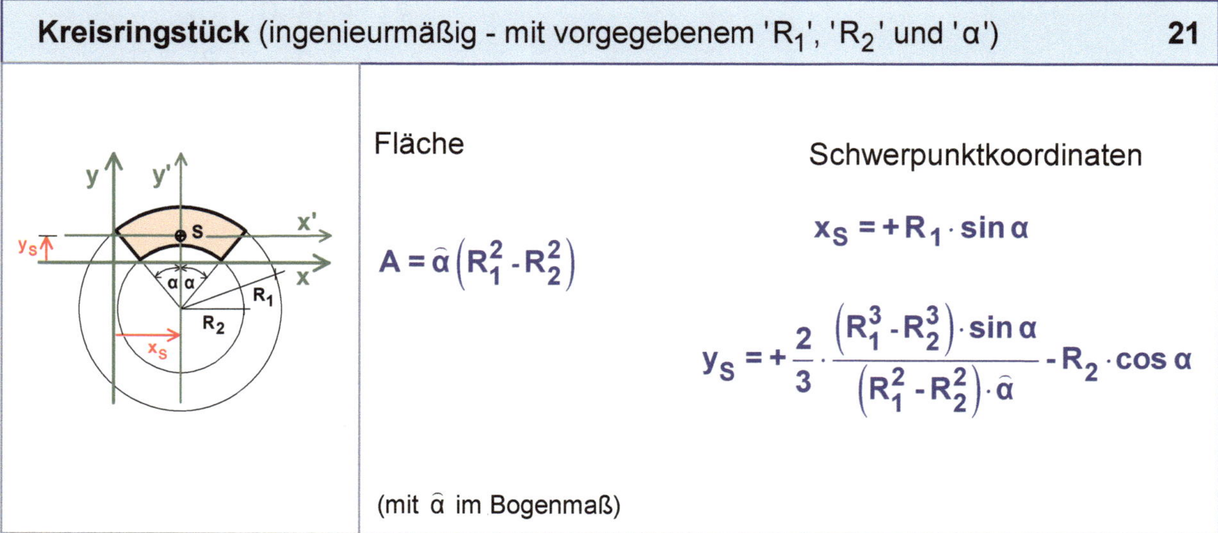

$$A = \hat{\alpha}\left(R_1^2 - R_2^2\right)$$

$$x_S = +R_1 \cdot \sin\alpha$$

$$y_S = +\frac{2}{3} \cdot \frac{\left(R_1^3 - R_2^3\right) \cdot \sin\alpha}{\left(R_1^2 - R_2^2\right) \cdot \hat{\alpha}} - R_2 \cdot \cos\alpha$$

(mit $\hat{\alpha}$ im Bogenmaß)

Dabei gibt es ein Problem.

Das Problem besteht darin, dass die in der Tabelle **Flächenschwerpunkt-Grundformen** gegebenen Lösungen in Abhängigkeit der Größen 'R_1', R_2' sowie 'α' und '$\hat{\alpha}$' gegeben sind. In der Aufgabenstellung stehen aber unter **'Gegeben'** ingenieurmäßig die Größen 'b', 'h' und 't'.

Die Aufgabe, zur Lösung des Problems, ist nun die, die Größen 'b', 'h' und 't' in die Größen 'R_1', R_2' sowie 'α' und '$\hat{\alpha}$'umzurechnen. Die Vorgehensweise gestaltet sich nicht ganz einfach, weil der erste Teil der Lösung auf die Behandlung eines Polynoms 3ten Grades hinauslaufen wird.

Man sollte aber zum jetzigen Zeitpunkt die Handhabung eines Polynoms 3ten Grades bis zu einem sinnvollen Ergebnis als selbstverständlich voraussetzen.

Der angehende Ingenieur nimmt das Kreisringstück, beispielsweise als Blechquerschnitt, in die Hand, nimmt einen Messschieber und greift mit den Messschenkeln auf einfache Art und Weise das Gesamtbreitenmaß 'b' sowie das das Gesamthöhenmaß 'h' ab. Die Dicke 't' misst er mit den Messschneiden seines Messschiebers aus.

Er geht zur Anreißplatte und bringt die Querschnittsfläche in die **Normallage**. Parallel zur y-Achse reißt er das ' x_S -Maß' an und parallel zur x-Achse das ' y_S -Maß'.

Wo aber liegen bezogen auf das (x-y)-Koordinatensystem die Schwerpunktkoordinaten x_S und y_S ?

Er nimmt die ihm bereits bekannte Lehrbuchlösung - in diesem Fall die Tabelle **Flächenschwerpunkt-Grundformen / Kreisringstück** - und beginnt mit der Berechnung des Radius 'R_1'. Es folgen die Größen 'R_2' und 'α' sowie '$\hat{\alpha}$'. Das ist alles nicht ganz einfach, da sich ein Gleichungssystem mit drei Gleichungen ergibt und die erste zu ermittelnde Größe 'R_1' Bestandteil eines Polynoms 3ter Ordnung ist.

Bei systematischer und konsequenter Vorgehensweise kommt er selbstverständlich zum Ziel. Dabei könnte seine Vorgehensweise in etwa wie im Folgenden dargestellt aussehen.

Als Erstes erfolgt eine Aussage über den Radius 'R_1', siehe Skizze,

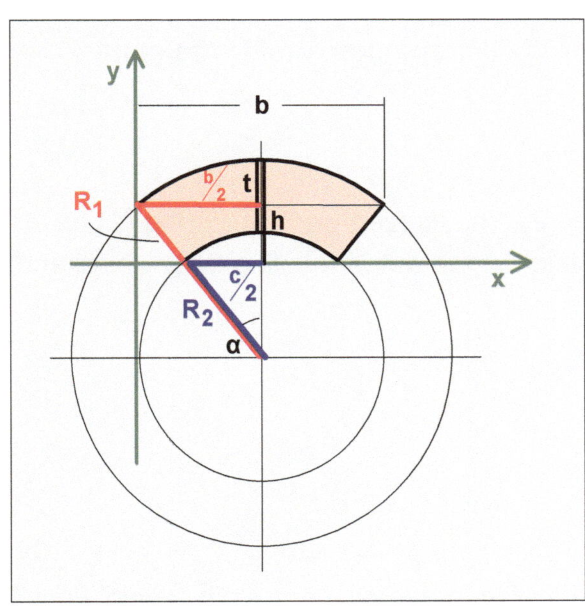

$$(1) \quad \overset{1}{\underset{}{R_1}} = \overset{2}{\underset{}{R_2}} + t \,.$$

Die Größe R_2 ergibt sich mit Hilfe des Satzes des **PYTHAGORAS**.

$$\overset{3}{R_2^2} = \left(\frac{c}{2}\right)^2 + \left[R_2 - (h-t)\right]^2$$

$$\cancel{R_2^2} = \frac{1}{4}c^2 + \cancel{R_2^2} - 2R_2 \cdot (h-t) + (h-t)^2$$

$$0 = \frac{1}{4}c^2 - 2R_2 \cdot (h-t) + (h-t)^2$$

$$2R_2 \cdot (h-t) = \frac{1}{4}c^2 + (h-t)^2$$

$$2\,R_2 = \frac{\frac{1}{4}\,c^2 + (h-t)^2}{(h-t)}$$

rechte Seite der Gleichung / Zähler und
Nenner mit '4' multiplizieren

$$2\,R_2 = \frac{c^2 + 4\,(h-t)^2}{4\,(h-t)}$$

$$(2)\quad R_2 = \frac{c^2 + 4\,(h-t)^2}{8\,(h-t)}$$

Es fehlt noch eine Aussage über die Größe 'c'. Schaut man sich die vorstehende Skizze noch einmal an, so ist ersichtlich, dass sich 'c' aus dem Strahlensatz ergibt,

$$\frac{c}{R_2} = \frac{b}{R_1}\,,\qquad\qquad \textbf{Strahlensatz}$$

$$(3)\quad c = \frac{R_2}{R_1}\cdot b\,.$$

Es liegt ein Gleichungssystem bestehend aus drei Gleichungen mit drei Unbekannten vor. Die drei Unbekannten sind 'R_1', 'R_2' und c.

$$(1)\quad R_1 = R_2 + t$$

$$(2)\quad R_2 = \frac{c^2 + 4\,(h-t)^2}{8\,(h-t)}$$

**Gleichungssystem,
drei Gleichungen, drei Unbekannte**

$$(3)\quad c = \frac{R_2}{R_1}\cdot b$$

Es bietet sich an, die Gleichung (3) in Gleichung (2) einzusetzen und Gleichung (1) beizubehalten. Damit reduziert sich die Anzahl der Gleichungen auf 'zwei'. Die zwei Unbekannten sind dann noch 'R_1' und 'R_2'.

$$(1a)\quad R_1 = R_2 + t$$

$$(2a)\quad R_2 = \frac{\left(\dfrac{R_2}{R_1}\cdot b\right)^2 + 4\,(h-t)^2}{8\,(h-t)}$$

Es bietet sich weiter an, Gleichung (2a) zwecks Vereinfachung, ein klein wenig umzuschreiben.

$$R_2 = \frac{\left(\dfrac{R_2}{R_1}\right)^2 \cdot b^2 + 4\,(h-t)^2}{8\,(h-t)}$$

$$8\,(h-t)\cdot R_2 = \left(\frac{R_2}{R_1}\right)^2 \cdot b^2 + 4\,(h-t)^2$$

$$8\,(h-t)\cdot R_2 - \left(\frac{R_2}{R_1}\right)^2 \cdot b^2 - 4\,(h-t)^2 = 0$$

$$8\,(h-t)\cdot R_2 - \frac{R_2^2}{R_1^2}\cdot b^2 - 4\,(h-t)^2 = 0$$

linke Seite der Gleichung / Zähler und Nenner mit 'R_1^2' multiplizieren

$$8\,(h-t)\cdot R_2 \cdot R_1^2 - R_2^2 \cdot b^2 - 4\,(h-t)^2 \cdot R_1^2 = 0$$

(1a) $\quad \mathbf{R_1 = R_2 + t}$

(2a) $\quad \mathbf{8\,(h-t)\cdot R_2 \cdot R_1^2 - R_2^2 \cdot b^2 - 4\,(h-t)^2 \cdot R_1^2 = 0}$

**Gleichungssystem,
zwei Gleichungen,
zwei Unbekannte**

Aus Gleichung (1a) setzt man nun 'R_2' in Gleichung (2a) ein

(1a) $\quad R_1 = R_2 + t \;\blacktriangleright\; \underline{R_2 = R_1 - t}$

und erhält eine **Bestimmungsgleichung für 'R_1'.**

Diese ist in nächster Zeile als Gleichung (2b) gegeben.

(2b) $\quad \mathbf{8\,(h-t)\cdot \left(R_1 - t\right)\cdot R_1^2 - \left(R_1 - t\right)^2 \cdot b^2 - 4\,(h-t)^2 \cdot R_1^2 = 0}$

Das Gleichungssystem hat jetzt sich auf eine Gleichung mit einer Unbekannten 'R_1' reduziert. Diese gilt es zu berechnen.

$$8\,(h-t)\cdot \left(R_1 - t\right)\cdot R_1^2 - \left(R_1 - t\right)^2 \cdot b^2 - 4\,(h-t)^2 \cdot R_1^2 = 0$$

Ausrechnen der runden Klammern

$$8\,(h-t)\cdot \left(R_1^3 - t\cdot R_1^2\right) - \left(R_1^2 - 2\cdot t\cdot R_1 + t^2\right)\cdot b^2 - 4\,(h-t)^2 \cdot R_1^2 = 0$$

$$8\left(h-t\right)\cdot\left(R_1^3 - t\cdot R_1^2\right) - \left(R_1^2 - 2\cdot t\cdot R_1 + t^2\right)\cdot b^2 - 4\left(h-t\right)^2\cdot R_1^2 = 0$$

Ausführung der jeweiligen Multiplikation

$$8\cdot\left(h-t\right)\cdot R_1^3 - 8\cdot\left(h-t\right)\cdot t\cdot R_1^2 - b^2\cdot R_1^2 + 2b^2\,t\cdot R_1 - b^2\,t^2 - 4\cdot\left(h-t\right)^2\cdot R_1^2 = 0$$

Ordnen in Richtung Polynombildung / R_1^3 / R_1^2 / R_1^1 / R_1^0

$$8\cdot\left(h-t\right)\cdot R_1^3 - 8\cdot t\cdot\left(h-t\right)\cdot R_1^2 - b^2\cdot R_1^2 - 4\cdot\left(h-t\right)^2\cdot R_1^2 + 2b^2\,t\cdot R_1 - b^2\,t^2 = 0$$

Beginn der Polynombildung

$$8\cdot\left(h-t\right)\cdot R_1^3 - \left[8\cdot t\cdot\left(h-t\right) + b^2 + 4\cdot\left(h-t\right)^2\right]\cdot R_1^2 + 2b^2\,t\cdot R_1 - b^2\,t^2 = 0$$

Zweckmäßige Umstellung, innerhalb der eckigen Klammer

$$8\cdot\left(h-t\right)\cdot R_1^3 - \left[b^2 + 8\cdot t\cdot\left(h-t\right) + 4\cdot\left(h-t\right)^2\right]\cdot R_1^2 + 2b^2\,t\cdot R_1 - b^2\,t^2 = 0$$

Ausrechnen der der eckigen Klammer

$$8\cdot\left(h-t\right)\cdot R_1^3 - \left[b^2 + 8\cdot h\cdot t - 8\cdot t^2 + 4\cdot h^2 - 8\cdot h\cdot t + 4\cdot t^2\right]\cdot R_1^2 + 2b^2\,t\cdot R_1 - b^2\,t^2 = 0$$

Arbeiten in der eckigen Klammer

$$8\cdot\left(h-t\right)\cdot R_1^3 - \left(b^2 - 4\cdot t^2 + 4\cdot h^2\right)\cdot R_1^2 + 2b^2\,t\cdot R_1 - b^2\,t^2 = 0$$

$$8\cdot\left(h-t\right)\cdot R_1^3 - \left[b^2 + 4\cdot\left(h^2 - t^2\right)\right]\cdot R_1^2 + 2b^2\,t\cdot R_1 - b^2\,t^2 = 0$$

Polynombildung

$$\underbrace{8\cdot\left(h-t\right)\cdot R_1^3}_{a_3} - \underbrace{\left[b^2 + 4\cdot\left(h^2 - t^2\right)\right]\cdot R_1^2}_{a_2} + \underbrace{2\cdot b^2\cdot t\cdot R_1}_{a_1} - \underbrace{b^2\cdot t^2}_{a_0} = 0$$

$$a_3\cdot R_1^3 + a_2\cdot R_1^2 + a_1\cdot R_1 + a_o = 0$$

Der Radius R_1 ergibt sich als Lösung des Polynoms 3ten Grades.

(Bitte, keinen großen Aufwand, jedes Handy ist mittlerweile in der Lage die Lösung direkt zu liefern.)

$$a_3 \cdot R_1^3 + a_2 \cdot R_1^2 + a_1 \cdot R_1 + a_0 = 0$$

$$a_3 = 8 \cdot (h - t)$$
$$a_2 = -\left[b^2 + 4 \cdot \left(h^2 - t^2 \right) \right]$$
$$a_1 = 2\, b^2 \cdot t$$
$$a_0 = - b^2 \cdot t^2$$

$$\rightarrow \quad R_1$$

Ermittlung der Größe 'R_2' als Funktion von 'b', 'h' und 't'

Der Radius 'R_1' ist bekannt. Somit lässt sich der Radius 'R_2' wie folgt formulieren,

$$R_2 = R_1 - t \,.$$

Der Radius 'R_1' ist als Lösung des Polynoms 3. Ordnung bekannt. Der funktionale Zusammenhang von den in der Fragestellung gegebenen Größen 'b', 'h' und 't' ist durch die Koeffizienten des Polynoms a_3, a_2, a_1 und a_0 gegeben.

Damit ergibt sich der Radius 'R_2',

$$R_2 = R_1 - t \,. \qquad\qquad \textbf{Radius } R_2 \text{ (als Funktion von 'b', 'h' und 't')}$$

Ermittlung der Größe 'α' als Funktion von 'b', 'h' und 't'
(gemeint damit ist 'α' im Gradmaß)

$$\sin \alpha = \frac{b/2}{R_1} \qquad\qquad \textbf{Sinus-Funktion}$$

$$\sin \alpha = \frac{b}{2\,R_1}$$

$$\alpha = \arcsin\left(\frac{b}{2\,R_1} \right) \qquad\qquad \begin{array}{l} \textbf{'}\alpha\textbf{' im Gradmaß} \\ \text{(als Funktion von 'b', 'h' und 't')} \end{array}$$

Ermittlung der Größe ' $\widehat{\alpha}$ ' als Funktion von 'b', 'h' und 't'
(gemeint damit ist ' $\widehat{\alpha}$ ' im Gradmaß)

$$\frac{\widehat{\alpha}}{2\,\pi} = \frac{\alpha}{360°}$$

Beziehung zwischen Gradmaß und Bogenmaß,
(eine Beziehung, die man kennen muss).

$$\widehat{\alpha} = 2\,\pi \cdot \frac{\alpha}{360°}$$

$$\widehat{\alpha} = \frac{\pi}{180°} \cdot \alpha$$

$$\widehat{\alpha} = \frac{\pi}{180°}\,\alpha$$

' $\widehat{\alpha}$ ' im Bogenmaß
(als Funktion von 'b', 'h' und 't')

---

(1)   Die Fläche A des Kreisringstücks.

Der Tabelle **Flächenschwerpunkt-Grundformen** entnimmt man für das Kreisringstück:

$$A = \widehat{\alpha}\left(R_1^2 - R_2^2\right),$$

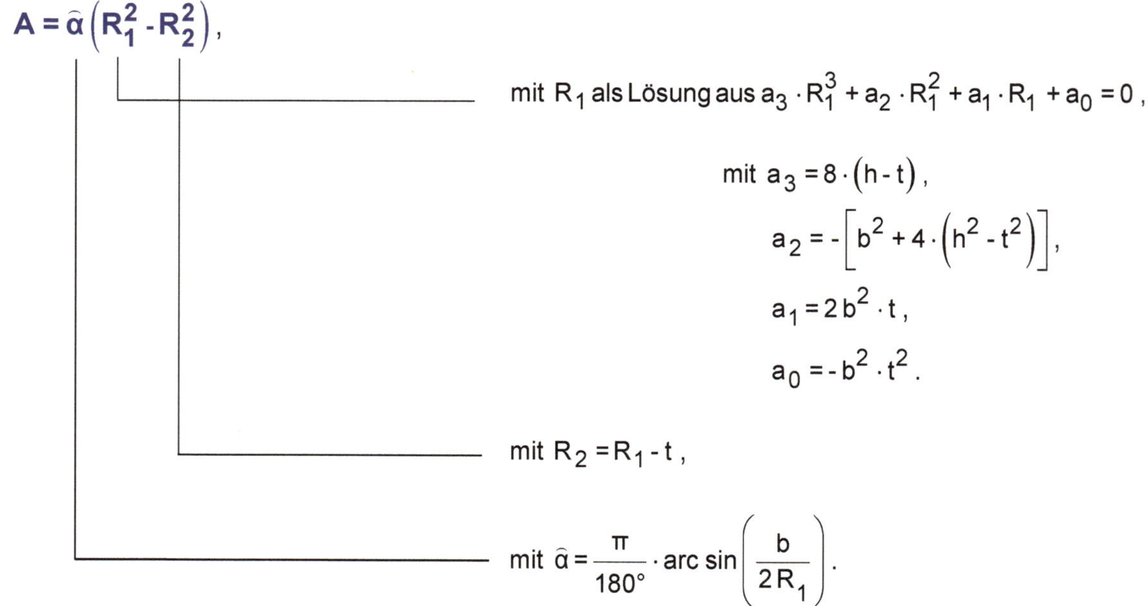

mit R_1 als Lösung aus $a_3 \cdot R_1^3 + a_2 \cdot R_1^2 + a_1 \cdot R_1 + a_0 = 0$,

$$\text{mit } a_3 = 8 \cdot (h - t),$$

$$a_2 = -\left[b^2 + 4 \cdot \left(h^2 - t^2\right)\right],$$

$$a_1 = 2\,b^2 \cdot t,$$

$$a_0 = -b^2 \cdot t^2.$$

mit $R_2 = R_1 - t$,

mit $\widehat{\alpha} = \dfrac{\pi}{180°} \cdot \arcsin\left(\dfrac{b}{2\,R_1}\right).$

(2) Die Schwerpunktkoordinate x_S .

Der Tabelle **Flächenschwerpunkt-Grundformen** entnimmt man für das Kreisringstück:

$$x_S = + R_1 \sin \alpha \, ,$$

mit R_1 als Lösung aus $a_3 \cdot R_1^3 + a_2 \cdot R_1^2 + a_1 \cdot R_1 + a_0 = 0$,

$$\text{mit } a_3 = 8 \cdot \left(h - t \right) ,$$
$$a_2 = - \left[b^2 + 4 \cdot \left(h^2 - t^2 \right) \right] ,$$
$$a_1 = 2\,b^2 \cdot t \, ,$$
$$a_0 = - b^2 \cdot t^2 \, .$$

$$\text{mit } \sin \alpha = \frac{b}{2\,R_1} \, .$$

(3) Die Schwerpunktkoordinate y_S .

Der Tabelle **Flächenschwerpunkt-Grundformen** entnimmt man für das Kreisringstück:

$$y_S = + \frac{2}{3} \cdot \frac{\left(R_1^3 - R_2^3 \right) \cdot \sin \alpha}{\left(R_1^2 - R_2^2 \right) \cdot \hat{\alpha}} - R_2 \cdot \cos \alpha \, ,$$

mit R_1 als Lösung aus $a_3 \cdot R_1^3 + a_2 \cdot R_1^2 + a_1 \cdot R_1 + a_0 = 0$,

$$a_3 = 8 \cdot \left(h - t \right) ,$$
$$a_2 = - \left[b^2 + 4 \cdot \left(h^2 - t^2 \right) \right] ,$$
$$a_1 = 2\,b^2 \cdot t \, ,$$
$$a_0 = - b^2 \cdot t^2 \, ,$$

$$\text{mit } R_2 = R_1 - t \, ,$$

$$\text{mit } \alpha = \arcsin \left(\frac{b}{2\,R_1} \right) ,$$

$$\text{mit } \hat{\alpha} = \frac{\pi}{180°} \cdot \alpha \, .$$

Aufgabe 26

Flächenschwerpunkt / Grundform / Kreisringstück (Symmetrieachse parallel zur x-Achse) **/ ingenieurmäßige Vorgehensweise**

Tabelle / Flächenschwerpunkt / Grundformen
(y-Richtung: Überlegen / Hinschreiben)

Das Bonner Architekturbüro 'K' plant ein gigantisches Hochhausprojekt in den Vereinigten Arabischen Emiraten. Das Hochhaus soll Teil eines Kreisringstücks sein.

Es ist selbstverständlich und auch Wunsch des Architekten, dass die 'Seele' des Hochhauses durch den Schwerpunkt geht und dieser innerhalb des Kreisringstücks liegt.

Ein Praktikant wird gebeten, für allererste Überlegungen die Schwerpunktlage zu ermitteln.

Gedacht ist hinsichtlich des Hochhauses an eine Höhe von über fünfhundert Meter und einer Tiefe von etwa vierzig Meter sowie einer ungefähren Gesamtbreite von neunzig Meter.

Diese Hochhauskonzeption zeichnet sich durch eine Restauration auf dem Dach aus sowie durch eine ebenerdige Poollandschaft mit Eventbereich.

Ein Hubschrauberlandeplatz gehört selbstverständlich dazu.

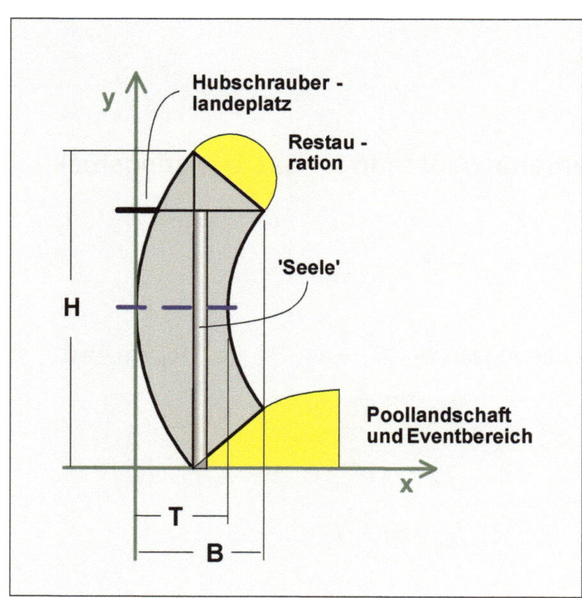

Nebenstehende Abbildung zeigt im Wesentlichen das Kreisringstück. Seine Symmetrielinie, wohlgemerkt die Symmetrielinie des Kreisringstücks, verläuft parallel zur x-Achse.

Es ist hier erkennbar, dass der Zentriwinkel kleiner ist als 180°.

Das Kreisringstück befindet sich bezogen auf das (x-y)-Koordinatensystem in der **Normallage**.

Die **Normallage** ist die Ausgangslage für die ingenieurmäßige Vorgehensweise.

Gegeben

Gesamtbreite B : $B = 90\,m$;
Dicke T   : $T = 40\,m$;
Gesamthöhe H : $H = 560\,m$.

Gesucht

Ermitteln Sie die Schwerpunktlage (nur) für das Kreisringstück und geben diese in folgender Form an: $S : \left(x_S ; y_S \right) = \left(... ; ... \right)$.

Anmerkung:

Bedienen Sie sich bitte der Tabelle **Flächenschwerpunkt / Grundformen**.

Ergebnis: Schwerpunktlage: $S : \left(x_S ; y_S \right) = \left(+33{,}7\,m ; \ +280\,m \right)$

Lösung

Das in der Aufgabenstellung vorgegebene Kreisringstück liegt zum (x-y)-Koordinatensystem in der **Normallage**. Das heißt, das Kreisringstück berührt mit seinem 'westlichsten Punkt' die y-Achse und mit seinem 'südlichsten Punkt' die x-Achse.

Bedient man sich der Tabelle **Flächenschwerpunkt / Grundformen**, so sind folgende Lösungen gemeint:

Kreisringstück (ingenieurmäßig - mit vorgegebenem 'b', 'h' und 't')	**22**

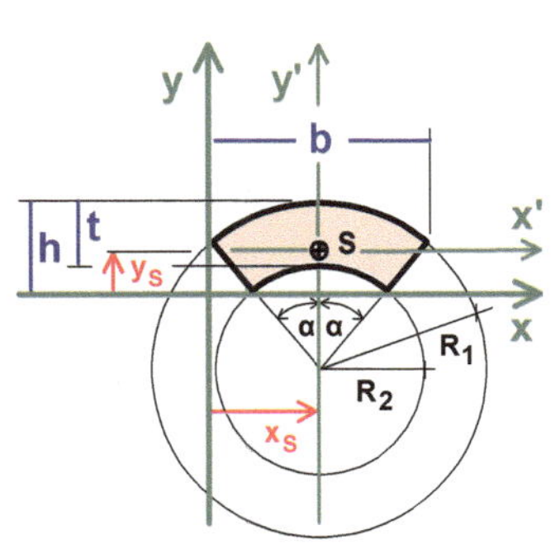

Fläche

$$A = \hat{\alpha}\left(R_1^2 - R_2^2\right)$$

Schwerpunktkoordinaten

$$x_S = +\frac{1}{2}\,b \quad \text{(s. Skizze)}$$

$$y_S = +\frac{2}{3}\cdot\frac{\left(R_1^3 - R_2^3\right)\cdot\sin\alpha}{\left(R_1^2 - R_2^2\right)\cdot\hat{\alpha}} - R_2\cdot\cos\alpha$$

mit R_1 als Lösung aus $a_3\cdot R_1^3 + a_2\cdot R_1^2 + a_1\cdot R_1 + a_0 = 0$

$$a_3 = 8\cdot(h-t)$$
$$a_2 = -\left[b^2 + 4\cdot\left(h^2 - t^2\right)\right]$$
$$a_1 = 2\,b^2\cdot t$$
$$a_0 = -b^2\cdot t^2$$

mit $R_2 = R_1 - t$

mit $\alpha = \arcsin\left(\dfrac{b}{2\,R_1}\right)$

mit $\hat{\alpha} = \dfrac{\pi}{180°}\cdot\alpha$

(mit $\hat{\alpha}$ im Bogenmaß)

Es gibt allerdings ein Problem für den Praktikanten.

Das Problem liegt darin, dass diese Lösungen in Abhängigkeit der Größen 'R_1', 'R_2' sowie 'α' und '$\hat{\alpha}$' gegeben sind. Der Praktikant hat aber lediglich die Größen 'B', 'T' und 'H' zur Verfügung.

Seine Aufgabe besteht nun darin die Größen 'B', 'T' und 'H' in die Größen 'R_1', 'R_2' sowie 'α' und '$\hat{\alpha}$' umzurechnen.

Außerdem befindet sich das Kreisringstück in einer besonderen Position, so dass hinsichtlich der Schwerpunktkoordinaten-Bezeichnungen und ihrer mathematischen Formulierungen der Praktikant sehr aufpassen muss.

Berechnung der Schwerpunktkoordinate x_S

Der Praktikant schaut sich die Skizze an, dann die Formeln in der Tabelle und benennt zunächst die Schwerpunktkoordinate y_S problemorientiert und angepasst in x_S^* um,

$$y_S = +\frac{2}{3} \cdot \frac{\left(R_1^3 - R_2^3\right) \cdot \sin\alpha}{\left(R_1^2 - R_2^2\right) \cdot \hat{\alpha}} - R_2 \cdot \cos\alpha \qquad \rightarrow \qquad x_S^* = +\frac{2}{3} \cdot \frac{\left(R_1^3 - R_2^3\right) \cdot \sin\alpha}{\left(R_1^2 - R_2^2\right) \cdot \hat{\alpha}} - R_2 \cdot \cos\alpha \,.$$

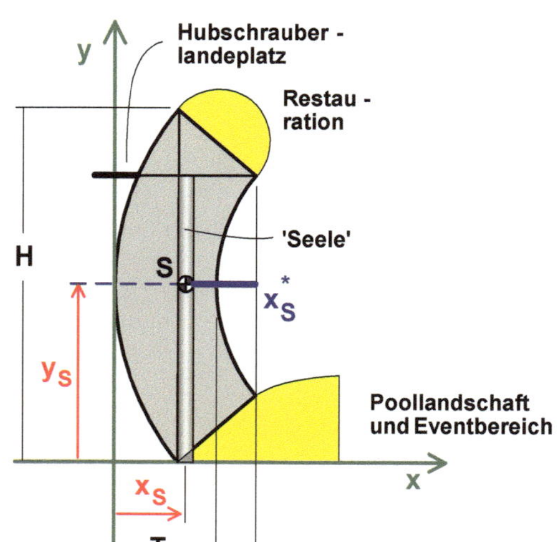

Damit ergibt sich die Schwerpunktkoordinate x_S wie folgt,

$$x_S = B - x_S^* \,,$$

mit $x_S^* = +\dfrac{2}{3} \cdot \dfrac{\left(R_1^3 - R_2^3\right) \cdot \sin\alpha}{\left(R_1^2 - R_2^2\right) \cdot \hat{\alpha}} - R_2 \cdot \cos\alpha \,.$

Bevor der Praktikant mit dieser Formel weiter arbeiten kann, muss er die Größen 'R_1', 'R_2' sowie 'α' und '$\hat{\alpha}$' mit Hilfe der in der Tabelle angegebenen Formeln ermitteln.

Dabei ist für die Koeffizienten des Polynoms noch Folgendes zu berücksichtigen,

$$h = B \,,$$
$$t = T \,,$$
$$b = H \,.$$

!!! Bitte aufpassen !!!

Koeffizient a_3 aus Tabelle **Flächenschwerpunkt / Grundformen**: $a_3 = 8 \cdot (h - t)$.

Koeffizient a_3 auf Problemstellung der Aufgabe angepasst:

$a_3 = 8 \cdot (B - T)$,

$$\text{mit } B = 90\,\text{m} \text{ und } T = 40\,\text{m}$$

$a_3 = 8 \cdot (90\,\text{m} - 40\,\text{m})$,

$\underline{a_3 = 400\,\text{m}}$.

Koeffizient a_2 aus Tabelle **Flächenschwerpunkt / Grundformen**:

$a_2 = -\left[b^2 + 4 \cdot (h^2 - t^2) \right]$.

Koeffizient a_2 auf Problemstellung der Aufgabe angepasst:

$a_2 = -\left[H^2 + 4 \cdot (B^2 - T^2) \right]$,

$$\text{mit } H = 560\,\text{m}, \ B = 90\,\text{m} \text{ und } T = 40\,\text{m}$$

$a_2 = -\left[560^2\,\text{m}^2 + 4 \cdot (90^2\,\text{m}^2 - 40^2\,\text{m}^2) \right]$,

$\underline{a_2 = -\,339\,600\,\text{m}^2}$.

Koeffizient a_1 aus Tabelle **Flächenschwerpunkt / Grundformen**: $a_1 = 2\,b^2 \cdot t$.

Koeffizient a_1 auf Problemstellung der Aufgabe angepasst:

$a_1 = 2\,H^2 \cdot T$,

$$\text{mit } H = 560\,\text{m} \text{ und } T = 40\,\text{m}$$

$a_1 = 2 \cdot 560^2\,\text{m}^2 \cdot 40\,\text{m}$,

$\underline{a_1 = 25\,088\,000\,\text{m}^3}$.

Koeffizient a_0 aus Tabelle **Flächenschwerpunkt / Grundformen**: $a_0 = -\,b^2 \cdot t^2$.

Koeffizient a_0 auf Problemstellung der Aufgabe angepasst:

$a_0 = -\,H^2 \cdot T^2$,

$a_0 = -\left(H \cdot T \right)^2$,

$$\text{mit } H = 560\,\text{m} \text{ und } T = 40\,\text{m}$$

$a_0 = -\left(560\,\text{m} \cdot 40\,\text{m} \right)^2$,

$\underline{a_0 = -\,501\,760\,000\,\text{m}^4}$.

Der Radius R_1 ergibt sich als Lösung des Polynoms 3ten Grades.

(Bitte, keinen großen Aufwand, jedes Handy ist mittlerweile in der Lage die Lösung direkt zu liefern.)

$$a_3 \cdot R_1^3 + a_2 \cdot R_1^2 + a_1 \cdot R_1 + a_0 = 0$$

$$a_3 = 400 \, m$$
$$a_2 = -339\,600 \, m^2$$
$$a_1 = 25\,088\,000 \, m^3$$
$$a_0 = -501\,760\,000 \, m^4$$

$$\rightarrow \quad \underline{\underline{R_1 = 769,6 \, m}}$$

Die Tabelle **Flächenschwerpunkt / Grundformen** liefert für den Radius R_2 folgende Beziehung: $R_2 = R_1 - t$.

Angepasst auf die Problemstellung der Aufgabe ergibt sich:

$$R_2 = R_1 - T \,,$$

$$\text{mit } R_1 = 769,6 \, m \text{ und } T = 40 \, m$$

$$R_2 = 769,6 \, m - 40 \, m \,,$$

$$\underline{\underline{R_2 = 729,6 \, m}} \,.$$

Die Tabelle **Flächenschwerpunkt / Grundformen** liefert für den Winkel α im Gradmaß folgende Beziehung:

$$\alpha = \arcsin\left(\frac{b}{2 \cdot R_1}\right).$$

Angepasst auf die Problemstellung dieser Aufgabe ergibt sich:

$$\alpha = \arcsin\left(\frac{H}{2 \cdot R_1}\right),$$

$$\text{mit } H = 560 \, m \text{ und } R_1 = 769,6 \, m$$

$$\alpha = \arcsin\left(\frac{560 \, m}{2 \cdot 769,6 \, m}\right),$$

$$\underline{\underline{\alpha = 21,3°}}$$

Die Tabelle **Flächenschwerpunkte / Grundformen** liefert für den Winkel $\hat{\alpha}$ im Bogenmaß folgende Beziehung:

$$\hat{\alpha} = \frac{\pi}{180°} \cdot \alpha \, ,$$

mit $\alpha = 21{,}3°$

$$\hat{\alpha} = \frac{\pi}{180°} \cdot 21{,}3° \, ,$$

$$\underline{\underline{\hat{\alpha} = 0{,}37}} \, .$$

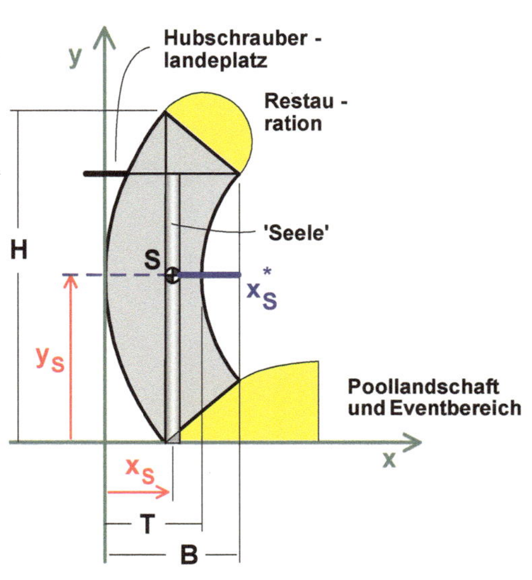

Der Praktikant wirft noch einmal einen Blick auf nebenstehende Skizze. Er möchte sich über die im nächsten Schritt zu berechnende Größe x_S^* im Klaren sein.

Für den Praktikanten gilt es nun die Größe x_S^* zu berechnen.

$$x_S^* = + \frac{2}{3} \cdot \frac{\left(R_1^3 - R_2^3\right) \cdot \sin \alpha}{\left(R_1^2 - R_2^2\right) \cdot \hat{\alpha}} - R_2 \cdot \cos \alpha$$

mit $R_1 = 769{,}6 \, \text{m}$,

$R_2 = 729{,}6 \, \text{m}$,

$\alpha = 21{,}3°$

$\hat{\alpha} = 0{,}37$

$$x_S^* = + \frac{2}{3} \cdot \frac{\left(R_1^3 - R_2^3\right) \cdot \sin \alpha}{\left(R_1^2 - R_2^2\right) \cdot \hat{\alpha}} - R_2 \cdot \cos \alpha$$

$$x_S^* = + \frac{2}{3} \cdot \frac{\left(769{,}6^3 \, \text{m}^3 - 729{,}6^3 \, \text{m}^3\right) \cdot \sin 21{,}3°}{\left(769{,}6^2 \, \text{m}^2 - 729{,}6^2 \, \text{m}^2\right) \cdot 0{,}37} - 729{,}6 \, \text{m} \cdot \cos 21{,}3°$$

$$\underline{\underline{x_S^* = 56{,}3 \, \text{m}}}$$

Der Praktikant berechnet nun die Schwerpunktkoordinate x_S nach folgender Beziehung:

$$x_S = B - x_S^*,$$

$$\text{mit } B = 90\,\text{m} \text{ und } x_S^* = 56,3\,\text{m}$$

$$x_S = 90\,\text{m} - 56,3\,\text{m},$$

$$\boxed{x_S = +33,7\,\text{m}.}$$

Schwerpunktkoordinate x_S

Berechnung der Schwerpunktkoordinate y_S

Die Abbildung der Aufgabenstellung zeigt sehr schön, dass der Schwerpunkt auf der Symmetrielinie liegt. Die Symmetrielinie verläuft parallel zur x-Achse. Damit liegt der Schwerpunkt S auf halber Höhe.

$$y_S = \frac{H}{2}$$

$$\text{mit } H = 560\,\text{m}$$

$$y_S = \frac{560\,\text{m}}{2}$$

$$\boxed{y_S = +280\,\text{m}}$$

Schwerpunktkoordinate y_S

Der Praktikant kann jetzt endlich die Lage des Schwerpunktes angeben. Er tut dies in folgender Form: $S : \left(x_S ; y_S \right) = \left(\ldots ; \ldots \right),$

$$\boxed{S : \left(x_S ; y_S \right) = \left(+33,7\,\text{m} ; +280\,\text{m} \right).}$$

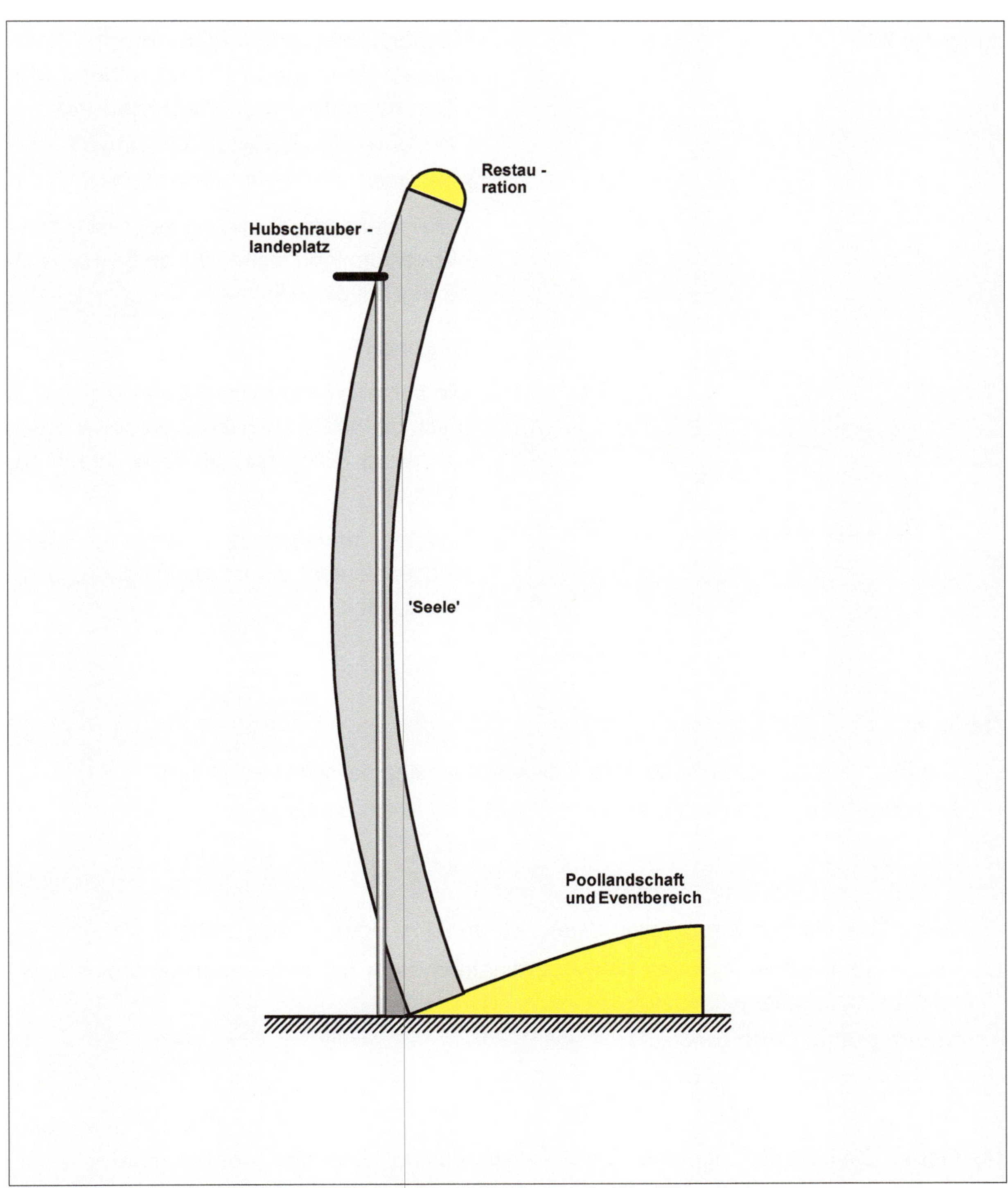

Das ist das Hochhaus des Bonner Architekturbüros 'K'- maßstäblich - als gigantisches Hochhausprojekt in den Vereinigten Arabischen Emiraten.

Es ist möglich!

Der Praktikant hat mit seinen aller-allerersten Überlegungen ein tolles Ergebnis geliefert.

Aufgabe 27

Flächenschwerpunkt / Grundform / Halbellipse / Überlegen / Hinschreiben / infinitesimalmathematische Herleitung

x-Richtung: Überlegen / Hinschreiben
y-Richtung: infinitesimalmathematisch

Nebenstehende Abbildung zeigt eine halbellipsenförmige Fläche. Die große Halbachse liegt auf der x-Achse.

Gegeben

Die halbellipsenförmige Fläche ist gegeben durch die große Halbachse 2a sowie durch die kleine Halbachse 2b (bzw. durch die Höhe b).

Das zu verwendende infinitesimal kleine Flächenelement dA ist entsprechend sinnvoll zu wählen.

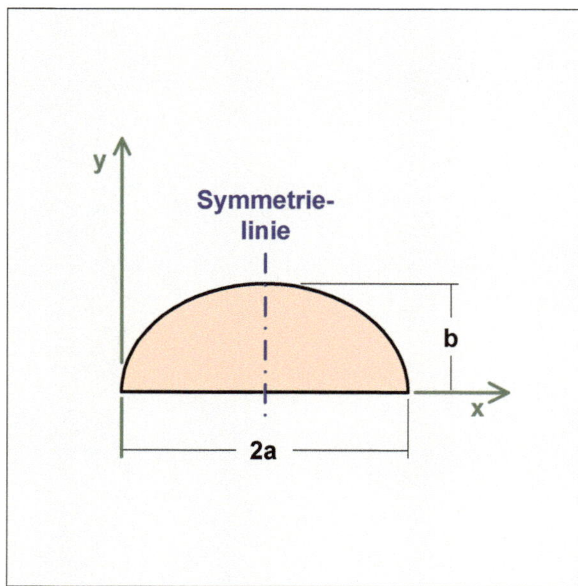

Gesucht

(1) Die Fläche A der Halbellipse, (bitte infinitesimalmathematische Herleitung).
Lösungshilfe - (falls benötigt) / Lothar PAPULA / Integraltafel / Integral (141)

$$\int \sqrt{a^2 - x^2}\, dx = \frac{1}{2}\left[x \cdot \sqrt{a^2 - x^2} + a^2 \cdot \arcsin\left(\frac{x}{a}\right)\right] + C$$

(2) Geben Sie die Schwerpunktkoordinate x_S an (Überlegen / Hinschreiben).

(3) Leiten Sie bezogen auf das (x-y)-Koordinatensystem die Schwerpunktkoordinate y_S infinitesimalmathematisch her.
Lösungshilfe - (falls benötigt) / Lothar PAPULA / Integraltafel / Integral (142)

$$\int x \sqrt{a^2 - x^2}\, dx = -\frac{1}{3}\sqrt{\left(a^2 - x^2\right)^3} + C$$

(4) Geben Sie bitte die Lage des Flächenschwerpunktes S in folgender Form an:
$$S:\left(x_S ; y_S\right) = (\ldots ;\ \ldots)\,.$$

Ergebnis: *(1) $A = \dfrac{\pi}{2}\cdot a\,b$*   *(2) $x_S = +a$ (s. Skizze)*   *(3) $y_S = +\dfrac{4\,b}{3\,\pi}$*

(4) $S:\left(x_S ; y_S\right) = \left(+a\,;\ +\dfrac{4\,b}{3\,\pi}\right)$

Lösung

(1) Die Fläche A der Halbellipse, (infinitesimalmathematische Herleitung).

Die Fläche ist gegeben durch das Flächenmoment 0. Ordnung,

$$A = \int_A y^0 \cdot dA \,,$$

$$A = \int_A dA \,.$$

Im Weiteren ist es immer wieder eine große Kunst - und es bedarf einer gewissen Übung - ein entsprechendes infinitesimal kleines Flächenelement dA zu finden.

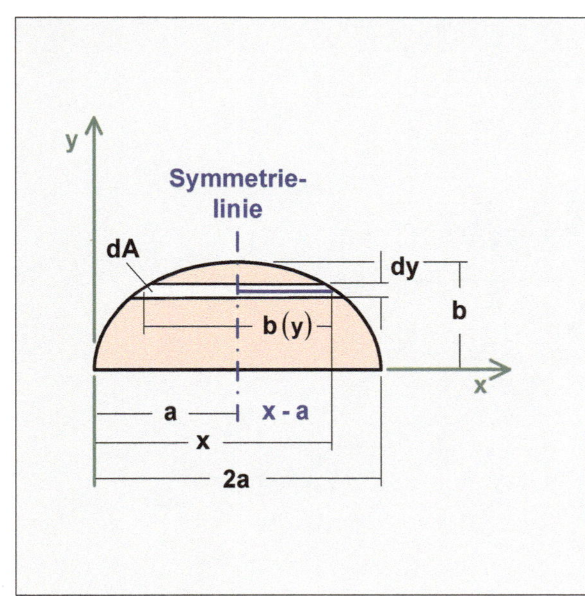

Hier in diesem Beispiel liegt es auf der Hand, genau dieses infinitesimal kleine Flächenelement dA zu nehmen,

$$dA = b(y)\,dy \,.$$

Mit Änderung der Integrationsvariablen ändern sich auch die Grenzen. Achten Sie bitte sehr genau auf die Grenzen.

Es wird integriert in y-Richtung, von

$$y_u = 0 \text{ bis } y_o = b \,,$$

$$A = \int_{y=0}^{b} b(y)\,dy \,.$$

Zur Durchführung der Integration muss b(y) als Funktion von y ermittelt werden,

$$b(y) = 2 \cdot \big[x(y) - a \big] \,.$$

Wie lautet der funktionale Zusammenhang zwischen x und y?

Der funktionale Zusammenhang ergibt sich aus der Ellipsengleichung, wobei darauf zu achten ist, dass die hier verschobene Halbellipse um das Maß 'a' in die positive x-Achse verschoben worden ist.

Der Grund für die Verschiebung der Halbellipse nach rechts liegt darin, aus systematischen und methodischen Gründen von der **Normallage** ausgehen zu können.

Dieser funktionale Zusammenhang lässt sich man in Form einer Nebenrechnung ermitteln.

Gleichung für eine um das Maß 'a' in die positive x-Richtung verschobene Halbellipse,

$$\frac{(x-a)^2}{a^2} + \frac{y^2}{b^2} = 1$$

$$b^2(x-a)^2 + a^2 y^2 = a^2 b^2$$

$$b^2(x-a)^2 = a^2 b^2 - a^2 y^2$$

$$b^2(x-a)^2 = a^2\left(b^2 - y^2\right)$$

$$(x-a)^2 = \frac{a^2}{b^2}\left(b^2 - y^2\right)$$

$$x-a = \frac{a}{b}\sqrt{b^2 - y^2}$$

$$x = \frac{a}{b}\sqrt{b^2 - y^2} + a$$

$$\mathbf{x = x(y)}$$

$$\text{mit } x(y) = \frac{a}{b}\sqrt{b^2 - y^2} + a$$

$$b(y) = 2\cdot\left[x(y) - a\right]$$

$$b(y) = 2\cdot\left(\frac{a}{b}\sqrt{b^2 - y^2} + a - a\right)$$

$$b(y) = 2\cdot\frac{a}{b}\sqrt{b^2 - y^2}$$

$$A = \int\limits_{y=0}^{b} b(y)\,dy$$

$$\text{mit } b(y) = 2\cdot\frac{a}{b}\sqrt{b^2 - y^2}$$

$$A = \int\limits_{y=0}^{b} 2\cdot\frac{a}{b}\cdot\sqrt{b^2 - y^2}\,dy$$

Der Faktor $'2\,\frac{a}{b}'$ kann vor das Integral gezogen werden.

$$A = 2 \cdot \frac{a}{b} \int\limits_{y=0}^{b} \sqrt{b^2 - y^2}\;dy$$

Lösungshilfe - (falls benötigt)

Lothar PAPULA / Integraltafel / Integral (141)

$$\int \sqrt{a^2 - x^2}\;dx =$$

$$= \frac{1}{2}\left[x \cdot \sqrt{a^2 - x^2} + a^2 \cdot \arg\sin\left(\frac{x}{R}\right)\right]$$

Lösung des Integrals

$$A = \cancel{2} \cdot \frac{a}{b} \cdot \frac{1}{\cancel{2}}\left[y\,\sqrt{b^2 - y^2} + b^2\,\arg\sin\left(\frac{y}{b}\right)\right]\Bigg|_{0}^{b}$$

$$A = \frac{a}{b}\left[y\,\sqrt{b^2 - y^2} + b^2\,\arg\sin\left(\frac{y}{b}\right)\right]\Bigg|_{0}^{b}$$

Die untere Grenze wird von der oberen Grenze abgezogen.

$$A = \frac{a}{b}\left\{ b\,\underbrace{\sqrt{b^2 - b^2}}_{0} + b^2\,\arg\sin\left(\frac{b}{b}\right) - \left[0 \cdot \sqrt{b^2 - 0} + b^2\,\arg\sin\left(\frac{0}{b}\right)\right]\right\}$$

Der erste Term ist NULL, der dritte ebenfalls. Bei den anderen Termen muss man etwas genauer hinsehen.

$$A = \frac{a}{b}\left[b^2\,\arg\sin\left(\frac{b}{b}\right) - b^2\,\arg\sin\left(\frac{0}{b}\right)\right]$$

$$A = \frac{a}{b}\left[b^2\,\arg\sin\left(1\right) - b^2\,\arg\sin\left(0\right)\right]$$

Der Term $\arg\sin\left(1\right)$ liefert den Wert $'\frac{\pi}{2}'$,

der Term $\arg\sin\left(0\right)$ dagegen ist $'0'$.

$$A = \frac{a}{\cancel{b}} \cdot b^{\cancel{2}} \cdot \frac{\pi}{2}$$

$$\boxed{A = \frac{\pi}{2} \cdot a\,b}$$

Fläche einer Halbellipse

(2)   Geben Sie die Schwerpunkt Koordinate x_S an (Überlegen / Hinschreiben).

Die Abbildung der Aufgabenstellung zeigt sehr schön, dass der Schwerpunkt auf der Symmetrielinie liegt. Die Symmetrielinie verläuft parallel zur y-Achse im Abstand 'a'. Damit ist $x_S = + a$.

$$x_S = + a$$

Schwerpunktkoordinate x_S

(3)   Leiten Sie bezogen auf das (x-y)-Koordinatensystem die Schwerpunktkoordinate y_S infinitesimalmathematisch her.

Die Ausgangsgleichung zur infinitesimalen Herleitung der Schwerpunktkoordinate y_S ist wie folgt gegeben:

$$y_S \cdot A = \int_A y \cdot dA .$$

Infinitesimalmathematische Herleitung

$$y_S = + \frac{1}{A} \int_A y \cdot dA$$

Ausgangsgleichung
für die infinitesimalmathematische Herleitung **vorliegender** Aufgabe

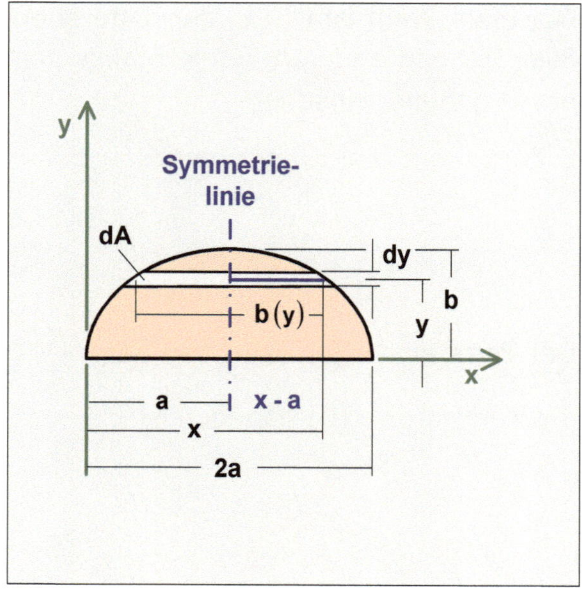

Hinsichtlich der Wahl eines entsprechenden infinitesimal kleinen Flächenelements dA ist innerhalb des Punktes (1) 'Die Fläche A der Halbellipse' das Entsprechende bereits gesagt. Genauso wird hier verfahren,

$$dA = b(y)\, dy .$$

Mit Änderung der Integrationsvariablen ändern sich auch die Grenzen. Achten Sie bitte sehr genau auf die Grenzen.

Es wird integriert in y-Richtung, von

$$y_u = 0 \text{ bis } y_o = b ,$$

$$y_S = + \frac{1}{A} \int_{y=0}^{b} y \cdot b(y) \cdot dy .$$

Zur Durchführung der Integration muss $b(y)$ als Funktion von y ermittelt werden,

$b(y) = 2 \cdot [x(y) - a]$ / das liefert die Skizze zugehörig zu Punkt (1).

Wie lautet der funktionale Zusammenhang zwischen x und y?

Der funktionale Zusammenhang zwischen x und y ist uns aus Punkt (1) 'Die Fläche A der Halbellipse' bekannt und lautet:

$$x = x(y) ,$$

$$x = \frac{a}{b} \sqrt{b^2 - y^2} + a .$$

$$b(y) = 2 \cdot [x(y) - a]$$

$$b(y) = 2 \cdot \left(\frac{a}{b} \sqrt{b^2 - y^2} + a - a \right)$$

$$b(y) = 2 \cdot \frac{a}{b} \sqrt{b^2 - y^2}$$

$$y_S = + \frac{1}{A} \int\limits_{y=0}^{b} y \cdot b(y) \cdot dy$$

mit $b(y) = 2 \cdot \dfrac{a}{b} \sqrt{b^2 - y^2}$

$$y_S = + \frac{1}{A} \int\limits_{y=0}^{b} y \cdot 2 \cdot \frac{a}{b} \sqrt{b^2 - y^2} \, dy$$

Der Faktor '$2 \frac{a}{b}$' kann vor das Integral gezogen werden.

$$y_S = + \frac{2 \cdot a}{b \cdot A} \int\limits_{y=0}^{b} y \cdot \sqrt{b^2 - y^2} \, dy$$

Lösungshilfe - (falls benötigt)

Lothar PAPULA / Integraltafel / Integral (142)

$$\int x \sqrt{a^2 - x^2} \, dx = - \frac{1}{3} \sqrt{(a^2 - x^2)^3}$$

Lösung des Integrals

$$y_S = + \frac{2 \cdot a}{b \cdot A} \cdot \left[- \frac{1}{3} \cdot \sqrt{(b^2 - y^2)^3} \right] \Big|_0^b$$

$$y_S = -\frac{2}{3} \cdot \frac{a}{b \cdot A} \cdot \left[\sqrt{\left(b^2 - y^2\right)^3} \right]\Bigg|_0^b$$

Vorziehen des Minus-Zeichens

Die untere Grenze wird von der oberen Grenze abgezogen.

$$y_S = -\frac{2}{3} \cdot \frac{a}{b \cdot A} \cdot \left[\sqrt{\left(\underbrace{b^2 - b^2}_{0}\right)^3} - \sqrt{\left(b^2 - 0^2\right)^3} \right]$$

Der erste Term in der eckigen Klammer ist NULL.

$$y_S = -\frac{2}{3} \cdot \frac{a}{b \cdot A} \cdot \left[-\sqrt{\left(b^2 - 0^2\right)^3} \right]$$

Minus mal Minus ergibt Plus.

$$y_S = +\frac{2}{3} \cdot \frac{a}{b \cdot A} \cdot b^3$$

$$y_S = +\frac{2}{3} \cdot \frac{a \cdot b^2}{A}$$

mit $A = \frac{\pi}{2} \cdot a\,b$

Multiplikation mit '1', $1 = \frac{2\,A}{a\,b}$

$$y_S = +\frac{2}{3} \cdot \frac{a \cdot b^2}{A} \cdot \left(\frac{2 \cdot A}{\pi \cdot a\,b}\right)^{\!1}$$

$$\boxed{y_S = +\frac{4\,b}{3\,\pi}}$$

Schwerpunktkoordinate y_S

(4) Geben Sie bitte die Lage des Flächenschwerpunktes S in folgender Form an:
$$S:\left(x_S; y_S\right) = (\ldots\,;\,\ldots)\,.$$

$$\boxed{S:\left(x_S; y_S\right) = \left(+a\,;\,+\frac{4\,b}{3\,\pi}\right)}$$

Lage des Flächenschwerpunktes S

Aufgabe 28

Flächenschwerpunkt / Grundform / Viertelellipse / infinitesimalmathematische Herleitung / Überlegen / Hinschreiben

x-Richtung: infinitesimalmathematisch
y-Richtung: Überlegen / Hinschreiben

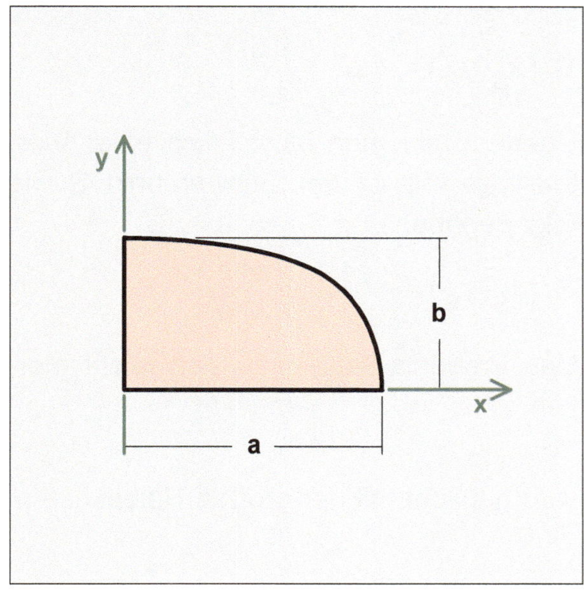

Nebenstehende Abbildung zeigt eine Viertelellipse.

Gegeben

Die Viertelellipse ist gegeben durch die große Halbachse a sowie durch die kleine Halbachse b.

Das zu verwendende infinitesimal kleine Flächenelement dA ist entsprechend sinnvoll zu wählen.

Gesucht

(1)   Leiten Sie bezogen auf das (x-y)-Koordinatensystem die Schwerpunktkoordinate x_S infinitesimalmathematisch her.

Lösungshilfe - (falls benötigt)

Lothar PAPULA / Integraltafel / Integral (142)

$$\int x \sqrt{a^2 - x^2}\, dx = -\frac{1}{3}\sqrt{\left(a^2 - x^2\right)^3}$$

(2)   Geben Sie die Schwerpunktkoordinate y_S an (Überlegen / Hinschreiben).

(3)   Geben Sie bitte die Lage des Flächenschwerpunktes S in folgender Form an:
$$S:\left(x_S; y_S\right) = (\ldots;\ \ldots).$$

Ergebnis: *(1)* $x_S = +\dfrac{4a}{3\pi}$ *(2)* $y_S = +\dfrac{4b}{3\pi}$ *(3)* $S:\left(x_S; y_S\right) = \left(+\dfrac{4a}{3\pi};\ +\dfrac{4b}{3\pi}\right)$

Lösung

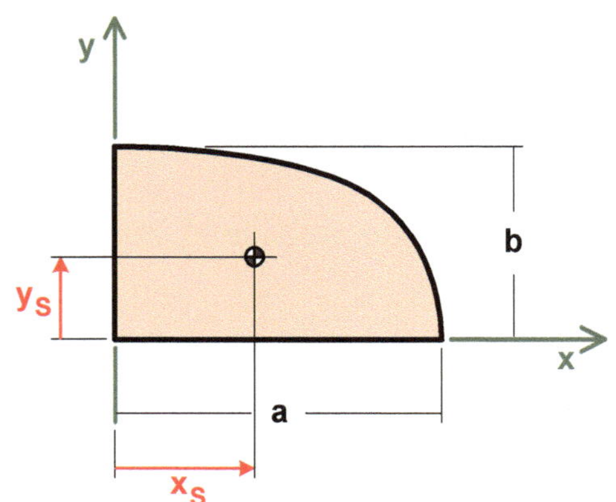

Eine Viertelellipse ist die Hälfte einer Halbellipse.

Zu diesem Zeitpunkt sollte der Schwerpunkt S einer Halbellipse bekannt sein, nämlich

$$S : \left(x_S ; y_S \right) = \left(+a ; \ +\frac{4\,b}{3\,\pi} \right).$$

Überlegt man nun hinsichtlich einer Viertelellipse, so ist der Schwerpunkt S wie folgt gegeben,

$$S : \left(x_S ; y_S \right) = \left(+\frac{4\,a}{3\,\pi} ; \ +\frac{4\,b}{3\,\pi} \right).$$

Das Ergebnis kann man sich leicht merken.

$x_S = +\dfrac{4\,a}{3\,\pi}$ die Schwerpunktkoordinate x_S wird gebildet mit der großen Halbachse a, die in x-Richtung liegt.

$y_S = +\dfrac{4\,b}{3\,\pi}$ die Schwerpunktkoordinate y_S wird gebildet mit der großen Halbachse b, die in y-Richtung liegt.

(1) Leiten Sie bezogen auf das (x-y)-Koordinatensystem die Schwerpunktkoordinate x_S infinitesimalmathematisch her.

Die Ausgangsgleichung zur infinitesimalen Herleitung der Schwerpunktkoordinate x_S ist wie folgt gegeben:

$$x_S \cdot A = \int_A x \cdot dA .$$

Infinitesimalmathematische Herleitung

$$x_S = +\frac{1}{A} \int_A x \cdot dA$$

Ausgangsgleichung

für die infinitesimalmathematische Herleitung **vorliegender** Aufgabe

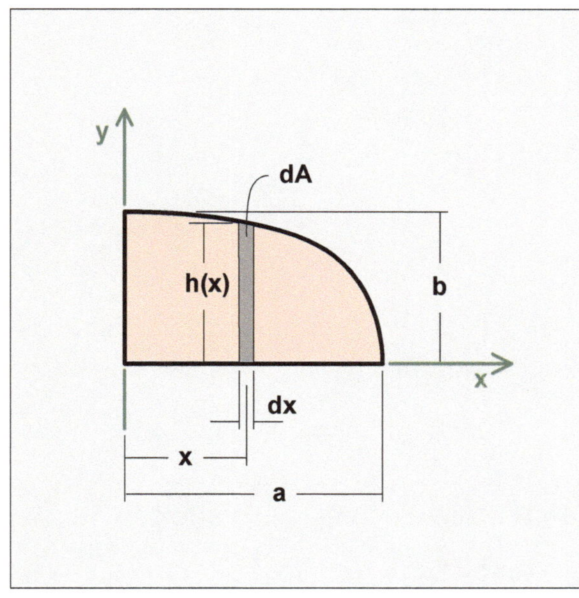

Hinsichtlich der Wahl eines entsprechenden infinitesimal kleinen Flächenelements dA fällt die Entscheidung auf das bereits eingezeichnete,

$$dA = h(x) \cdot dx.$$

Achtung, mit Änderung der Integrationsvariablen ändern sich auch die Grenzen.

Es wird integriert in x-Richtung, von

$$x_u = 0 \text{ bis } x_o = a,$$

$$x_S = +\frac{1}{A} \int_{x=0}^{a} x \cdot h(x) \cdot dx.$$

Zur Durchführung der Integration muss $h(x)$ als Funktion von x ermittelt werden.

Wie lautet der funktionale Zusammenhang zwischen h(x) und x?

Der funktionale Zusammenhang zwischen $h(x)$ und x ergibt sich aus der Ellipsengleichung.

Wissens-MUSS / Ellipsengleichung

$$\frac{x^2}{a^2} + \frac{y^2}{b^2} = 1$$

$$\frac{y^2}{b^2} = 1 - \frac{x^2}{a^2}$$

$$y^2 = b^2 \left(1 - \frac{x^2}{a^2} \right)$$

$$y^2 = \frac{b^2}{a^2} \left(a^2 - x^2 \right)$$

$$y = \frac{b}{a} \sqrt{a^2 - x^2}$$

$$y = y(x)$$

Überlegung

'An einer ganz bestimmten Stelle x wird y gleich $h(x)$', d. h. $y = h(x)$, s. obige Skizze.

$$\rightarrow \quad h(x) = \frac{b}{a} \sqrt{a^2 - x^2}.$$

Statik 5.4.1 - Flächenschwerpunkt / Grundformen / Viertelellipse (Ellipsenquadrant)

$$x_S = + \frac{1}{A} \int\limits_{x=0}^{a} x \cdot h(x) \cdot dx$$

mit $h(x) = \dfrac{b}{a} \sqrt{a^2 - x^2}$

$$x_S = + \frac{1}{A} \int\limits_{x=0}^{a} x \cdot \frac{b}{a} \cdot \sqrt{a^2 - x^2} \cdot dx$$

Der Faktor 'b/a' kann vor das Integral gezogen werden.

$$x_S = + \frac{b}{a} \cdot \frac{1}{A} \int\limits_{x=0}^{a} x \sqrt{a^2 - x^2} \cdot dx$$

Jetzt sollte die Integration erfolgen.

Lösungshilfe - (falls benötigt)

Lothar PAPULA / Integraltafel / Integral (142)

$$\int x \sqrt{a^2 - x^2}\, dx = -\frac{1}{3} \sqrt{\left(a^2 - x^2\right)^3} + C$$

Lösung des Integrals

$$x_S = + \frac{b}{a} \cdot \frac{1}{A} \left[-\frac{1}{3} \cdot \sqrt{\left(a^2 - x^2\right)^3} \right]\Bigg|_0^a$$

Der Faktor '$-1/3$' wird aus der eckigen Klammer vorgezogen.

$$x_S = -\frac{1}{3} \cdot \frac{b}{a} \cdot \frac{1}{A} \left[\sqrt{\left(a^2 - x^2\right)^3} \right]\Bigg|_0^a$$

Die untere Grenze wird von der oberen Grenze abgezogen.

$$x_S = -\frac{1}{3} \cdot \frac{b}{a} \cdot \frac{1}{A} \left[\sqrt{\left(\underset{0}{a^2 - a^2}\right)^3} - \sqrt{\left(a^2 - 0^2\right)^3} \right]$$

Der erste Term in der eckigen Klammer ist NULL.

$$x_S = -\frac{1}{3} \cdot \frac{b}{a} \cdot \frac{1}{A} \cdot \left(-a^3\right)$$

Minus mal Minus ergibt plus.

$$x_S = \frac{1}{3} \cdot \frac{b}{a} \cdot \frac{1}{A} \cdot a^3$$

$$x_S = +\frac{1}{3} \cdot \frac{a^2\,b}{A}$$

mit $A = \frac{1}{4}\pi\,a\,b$

Multiplikation mit '1', $1 = \dfrac{4\,A}{\pi\,a\,b}$

$$x_S = +\frac{1}{3} \cdot \frac{a^2\,b}{A} \cdot \left(\frac{4 \cdot A}{\pi \cdot a\,b} \right)$$

$$\boxed{x_S = +\frac{4\,a}{3\,\pi}}$$

Schwerpunktkoordinate x_S
(für eine Viertelellipse)

(2) Geben Sie die Schwerpunktkoordinate y_S an (Überlegen / Hinschreiben).

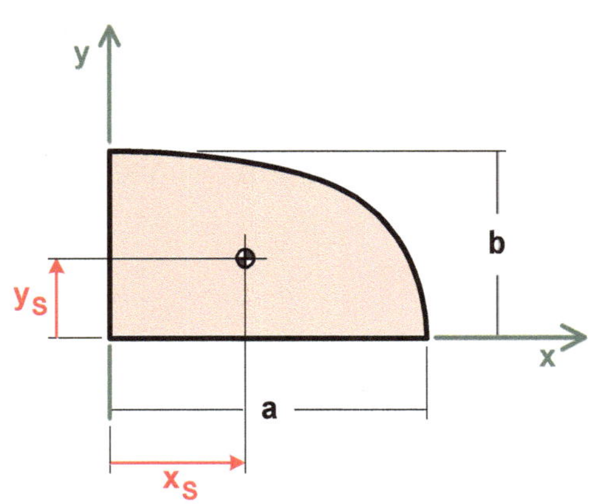

Man schaut sich nebenstehende Skizze an - erinnert sich an das in der Einleitung zu dieser Aufgabe Gesagte - und schreibt die Lösung hin,

$$\boxed{y_S = +\frac{4\,b}{3\,\pi}\,.}$$

Schwerpunktkoordinate y_S
(für eine Viertelellipse)

(3) Geben Sie bitte die Lage des Flächenschwerpunktes S in folgender Form an:
$$S:\left(x_S;\,y_S\right) = (\ldots;\,\ldots)\,.$$

$$\boxed{S:\left(x_S;\,y_S\right) = \left(+\frac{4\,a}{3\,\pi}\,;\, +\frac{4\,b}{3\,\pi} \right)}$$

Lage des Flächenschwerpunktes S
(für eine Viertelellipse)

Aufgabe 29

Flächenschwerpunkt / Grundform / Parabel (nach unten offen und Symmetrieachse parallel zur y-Achse) **/ Überlegen / Hinschreiben / infinitesimalmathematische Herleitung**

x-Richtung: Überlegen / Hinschreiben
y-Richtung: infinitesimalmathematisch

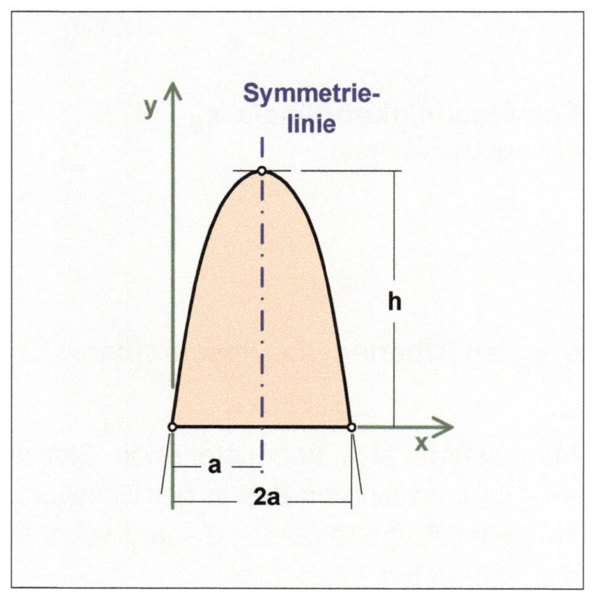

Nebenstehende Abbildung zeigt eine nach unten offene Parabel, deren Symmetrieachse parallel zur y-Achse verläuft und zu dieser um das Maß 'a' in die positive x-Richtung verschoben ist.

Gegeben

Die Parabel ist gegeben durch folgende Gleichung:

$$y = \frac{h}{a} \cdot \left(-\frac{1}{a} x^2 + 2 x \right).$$

Die Größe 'a' ist gegeben mit 4 cm, die Höhe 'h' mit 16 cm.

Das zu verwendende infinitesimal kleine Flächenelement dA ist entsprechend sinnvoll zu wählen.

Gesucht

(1) Die Fläche A, die von der quadratischen Parabel und der x-Achse begrenzt wird, (infinitesimalmathematische Herleitung).

(2) Geben Sie die Schwerpunktkoordinate x_S an (Überlegen / Hinschreiben).

(3) Leiten Sie bezogen auf das (x-y)-Koordinatensystem die Schwerpunktkoordinate y_S infinitesimalmathematisch her.

(4) Geben Sie bitte die Lage des Flächenschwerpunktes S in folgender Form an:
$S : \left(x_S ; y_S \right) = \left(... ; ... \right)$.

Ergebnis: *(1)* $A = \dfrac{4}{3} \cdot a \cdot h$ $A = 85,3 \, cm^2$

          (2) $x_S = + a$ $x_S = + 4 \, cm$

          (3) $y_S = + \dfrac{2}{5} \cdot h$ $y_S = + 6,4 \, cm$

          (4) $S : \left(x_S ; y_S \right) = \left(+ a \; ; + \dfrac{2}{5} a \right)$ $S : \left(x_S ; y_S \right) = \left(+ 4 \; ; + 6,4 \right) cm$

Lösung

(1) Die Fläche A, die von der quadratischen Parabel und der x-Achse begrenzt wird, (infinitesimalmathematische Herleitung).

Die Fläche A ist durch das Flächenmoment $0.$ Ordnung gegeben,

$$A = \int_A y^0 \cdot dA \,,$$

$$A = \int_A dA \,.$$

Im Weiteren ist es immer wieder eine große Kunst - und es bedarf einer gewissen Übung - ein entsprechendes infinitesimal kleines Flächenelement dA zu finden,

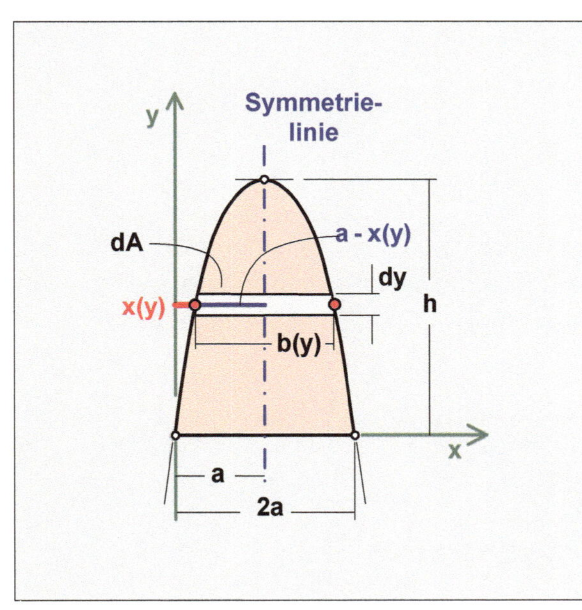

Hier in diesem Beispiel liegt es auf der Hand, genau **dieses** infinitesimal kleine Flächenelement dA zu nehmen,

$$dA = b(y)\,dy \,.$$

Mit Änderung der Integrationsvariablen ändern sich auch die Grenzen. Achten Sie bitte sehr genau auf die Grenzen.

Es wird integriert in y-Richtung, von

$$y_u = 0 \ \text{ bis } \ y_o = h \,,$$

$$A = \int_{y=0}^{h} b(y)\,dy \,.$$

Zur Durchführung der Integration muss b(y) als Funktion von y bekannt sein. Das ist aber nicht der Fall. Also muss b(y) ermittelt werden. Die Skizze liefert diesen Zusammenhang,

$$\frac{1}{2}\,b(y) = a - x(y)\,,$$

$$b(y) = 2\,[a - x(y)] \,.$$

Wie aber lautet der funktionale Zusammenhang zwischen x und y?

Der funktionale Zusammenhang x(y) ergibt sich aus der Parabelgleichung, wobei darauf zu achten ist, dass die Parabel um das Maß 'a' in die positive x-Achse verschoben worden ist.

Der Grund für die Verschiebung der Parabel nach rechts ist der, dass man aus systematischen und methodischen Gründen von der sogenannten **Normallage** ausgehen möchte.

Die Ermittlung der Fläche A wäre in der 'nichtverschobenen Lage' wesentlich einfacher, aber - noch einmal, - aus Gründen der Systematik und der Methodik geht man diesen Weg.

Dieser funktionale Zusammenhang $x(y)$ lässt sich in Form einer Nebenrechnung ermitteln.

Die Gleichung für die um das Maß 'a' in die positive x-Richtung verschobene Parabel lautet (s. Aufgabenstellung),

Parabelgleichung $y = y(x)$ $\rightarrow$

$$y = \frac{h}{a} \cdot \left(-\frac{1}{a} x^2 + 2x \right),$$

$$y = -\frac{h}{a^2} x^2 + \frac{2h}{a} x,$$

$$\frac{h}{a^2} \cdot x^2 - \frac{2h}{a} \cdot x + y = 0,$$

gewünscht $x = x(y)$ $\rightarrow$

$$x^2 - 2a \cdot x + \frac{a^2}{h} \cdot y = 0.$$

Es kommt die 'p-q-Lösungsformel' zur Anwendung.

$$x_{1,2} = +a \pm \sqrt{(-a)^2 - \frac{a^2}{h} \cdot y}$$

'a^2' unter der Wurzel ausklammern $\rightarrow$

$$x_{1,2} = +a \pm \sqrt{a^2 - \frac{a^2}{h} \cdot y}$$

$$x_{1,2} = +a \pm \sqrt{a^2 \left(1 - \frac{1}{h} \cdot y \right)}$$

noch einmal ausklammern $\rightarrow$

$$x_{1,2} = +a \pm a \sqrt{1 - \frac{1}{h} \cdot y}$$

$$x_{1,2} = a \cdot \left(1 \pm \sqrt{1 - \frac{1}{h} \cdot y} \right)$$

gewünscht $x = x(y)$ $\rightarrow$

$$x = x(y)$$

$$b(y) = 2 \cdot [a - x(y)]$$

$$\text{mit } x_{1,2} = a \cdot \left(1 \pm \sqrt{1 - \frac{1}{h} \cdot y} \right)$$

$$b(y) = 2 \cdot \left[a - a \cdot \left(1 \pm \sqrt{1 - \frac{1}{h} \cdot y} \right) \right]$$

'a' ausklammern

$$b(y) = 2\,a \cdot \left(1 - 1 \pm \sqrt{1 - \frac{1}{h} \cdot y} \right)$$

Betrachtung der runden Klammer

$$b(y) = 2\,a \cdot \left(\underbrace{1 - 1}_{0} \pm \sqrt{1 - \frac{1}{h} \cdot y} \right)$$

$$b(y) = \pm 2a \cdot \sqrt{1 - \frac{1}{h} \cdot y}$$

Überlegung hinsichtlich des Vorzeichens '±'

Es muss $b(y = 0) = 2\,a$ und $b(y = h) = 0$ sein. Somit kommt nur das 'Plus'-Zeichen in Frage.

$b(y)$ **muss** positiv sein.

$$b(y) = +\, 2a \cdot \sqrt{1 - \frac{1}{h} \cdot y}$$

$$A = \int\limits_{y=0}^{h} b(y)\, dy$$

$$\text{mit } b(y) = 2a \cdot \sqrt{1 - \frac{1}{h} \cdot y}$$

$$A = \int\limits_{y=0}^{h} 2a \cdot \sqrt{1 - \frac{1}{h} \cdot y}\, dy$$

Der Faktor '$2\,a$' wird vor das Integral gezogen.

$$A = 2a \cdot \int\limits_{y=0}^{h} \sqrt{1 - \frac{1}{h} \cdot y}\, dy$$

Zur Lösung des Integrals bietet sich eine Substitution an,

$$1 - \frac{1}{h} \cdot y = t^2.$$

$$-\frac{1}{h}\cdot y = t^2 - 1,$$

$$\frac{1}{h}\cdot y = 1 - t^2,$$

$$y = h\cdot\left(1 - t^2\right),$$

$$\underline{dy = -2h\cdot t\cdot dt}.$$

Die so ermittelten Größen für 'y' und 'dy' werden eingesetzt.

Es ist selbstverständlich, dass sich durch die Substitution auch die Grenzen ändern.

Da aber nachher wieder zurück substituiert wird, erspart man sich aus schreibtechnischen Gründen die Substitution der Grenzen.

$$A = -2a\cdot\int\sqrt{t^2}\cdot 2h\cdot t\cdot dt$$

Der Faktor '2 h' wird vor das Integral gezogen.

$$A = -4ah\cdot\int\underline{\sqrt{t^2}}\cdot t\cdot dt$$

Überlegung / Wurzelziehen u. Multiplizieren

$$A = -4ah\cdot\int t^2\cdot dt$$

Integration

$$A = -4ah\cdot\frac{1}{3}t^3\,\bigg|$$

$$A = -\frac{4}{3}ah\cdot t^3\,\bigg|$$

Rücksubstitution,

$$\text{mit } t^2 = 1 - \frac{1}{h}\cdot y \quad\text{bzw.}\quad t^3 = \sqrt{\left(1 - \frac{1}{h}\cdot y\right)^3}$$

$$A = -\frac{4}{3}ah\cdot\sqrt{\left(1 - \frac{1}{h}\cdot y\right)^3}\,\bigg|_{y=0}^{y=h}$$

Die untere Grenze wird von der oberen Grenze abgezogen.

$$A = -\frac{4}{3}\,a\,h \cdot \left[\sqrt{\left(1 - \underbrace{\frac{1}{h} \cdot h}_{0}\right)^{3}} - \sqrt{\left(1 - \underbrace{\frac{1}{h} \cdot 0}_{0}\right)^{3}}\,\right]$$

$$A = -\frac{4}{3}\,a\,h \cdot (-1)$$

Minus mal Minus ergibt plus.

$$\boxed{A = \frac{4}{3} \cdot a \cdot h}$$

Fläche A der Parabel

Setzt man die entsprechenden Größen ein,
$h = 4\,cm$ und $h = 16\,cm$.

$$A = \frac{4}{3} \cdot 4\,cm \cdot 16\,cm$$

$$\underline{\underline{A = 85{,}3\,cm^{2}}}$$

(2)   Geben Sie die Schwerpunkt Koordinate x_S an (Überlegen / Hinschreiben).

Es ist offensichtlich, dass der Schwerpunkt S auf der Symmetrielinie liegt. Die Symmetrielinie verläuft parallel zur y-Achse im Abstand 'a'. Damit ist $x_S = +\,a$.

$$\boxed{x_S = +\,a}$$

Schwerpunktkoordinate x_S

Setzt man die entsprechende Größe ein,
$a = 4\,cm$.

$$\underline{\underline{x_S = +\,4\,cm}}$$

(3)   Leiten Sie bezogen auf das (x-y)-Koordinatensystem die Schwerpunktkoordinate y_S infinitesimalmathematisch her.

Die Ausgangsgleichung zur infinitesimalmathematischen Herleitung der Schwerpunktkoordinate y_S ist wie folgt gegeben:

$$y_S \cdot A = \int_A y \cdot dA\,.$$

Infinitesimalmathematische Herleitung

$$y_S = + \frac{1}{A} \int_A y \cdot dA$$

Ausgangsgleichung

für die infinitesimalmathematische Herleitung
vorliegender Aufgabe

Hinsichtlich der Wahl eines entsprechenden infinitesimal kleinen Flächenelements dA ist innerhalb des Punktes (1) 'Die Fläche A der Parabel' das Entsprechende bereits gesagt. Genauso wird hier verfahren,

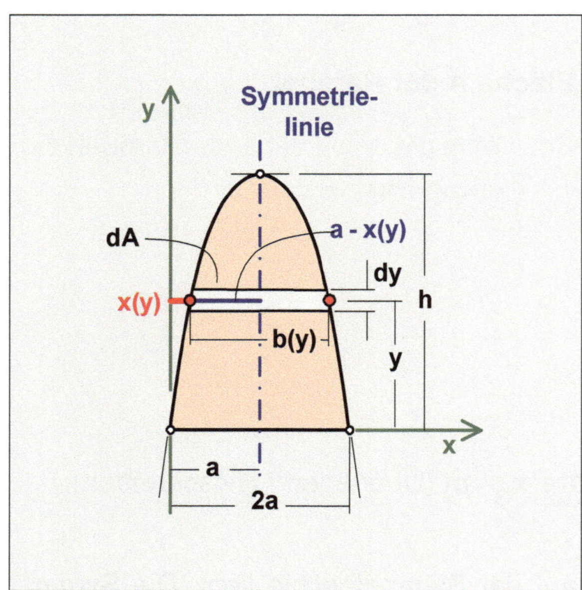

$$dA = b(y)\, dy \, .$$

Mit Änderung der Integrationsvariablen ändern sich auch die Grenzen. Achten Sie bitte sehr genau auf die Grenzen.

Es wird integriert in y-Richtung, von

$$y_u = 0 \ \text{bis} \ y_o = h \, ,$$

$$y_S = + \frac{1}{A} \int_{y=0}^{h} y \cdot b(y) \cdot dy \, .$$

Zur Durchführung der Integration muss b(y) als Funktion von y ermittelt werden,

$$b(y) = 2\,[a - x(y)] \, .$$

Wie lautet der funktionale Zusammenhang zwischen x und y?

Der funktionale Zusammenhang zwischen x und y ist uns aus Punkt (1) 'Die Fläche A der Parabel' bereits bekannt und lautet:

$$x = x(y) \, ,$$

$$x_{1,2} = a \cdot \left(1 \pm \sqrt{1 - \frac{1}{h} \cdot y} \right) .$$

$$b(y) = 2\,[a - x(y)]$$

$$b(y) = + 2a \cdot \sqrt{1 - \frac{1}{h} \cdot y}$$

$$y_S = + \frac{1}{A} \int_{y=0}^{h} y \cdot \underline{b(y)} \cdot dy$$

$$\text{mit } \underline{b(y)} = 2a \cdot \sqrt{1 - \frac{1}{h} \cdot y}$$

$$y_S = + \frac{1}{A} \int_{y=0}^{h} y \cdot \left(\underline{2\,a} \cdot \sqrt{1 - \frac{1}{h} \cdot y} \right) \cdot dy$$

Der Faktor '$\underline{2\,a}$' wird vor das Integral gezogen.

$$y_S = + \frac{2\,a}{A} \cdot \int_{y=0}^{h} y \cdot \sqrt{1 - \frac{1}{h} \cdot y} \cdot dy$$

Zur Lösung des Integrals bietet sich eine Substitution an,

$$1 - \frac{1}{h} \cdot y = t^2,$$

$$-\frac{1}{h} \cdot y = t^2 - 1,$$

$$\frac{1}{h} \cdot y = 1 - t^2,$$

$$y = h \cdot \left(1 - t^2\right),$$

$$dy = -2h \cdot t \cdot dt.$$

Die so ermittelten Größen u. a. für 'y' und 'dy' werden eingesetzt.

Es ist selbstverständlich, dass sich durch die Substitution auch die Grenzen ändern.

Da aber nachher wieder zurück substituiert wird, erspart man sich aus schreibtechnischen Gründen die Substitution der Grenzen.

$$y_S = + \frac{2\,a}{A} \cdot \int h \cdot \left(1 - t^2\right) \cdot \sqrt{t^2} \cdot \left(-2h \cdot t \cdot dt\right)$$

Das Minus-Zeichen wird vor das Integral gezogen.

$$y_S = - \frac{2\,a}{A} \cdot \int \underline{h} \cdot \left(1 - t^2\right) \cdot \sqrt{t^2} \cdot \underline{2h} \cdot t \cdot dt$$

Der konstante Faktor '$2\,h^2$' wird vor das Integral gezogen.

Statik 5.4.1 - Flächenschwerpunkt / Grundformen / Parabel (nach unten offen)

$$y_S = -\frac{4\,a\,h^2}{A} \cdot \int \left(1-t^2\right) \cdot \sqrt{t^2} \cdot t \cdot dt$$

Überlegung / Wurzelziehen u. Multiplizieren

$$y_S = -\frac{4\,a\,h^2}{A} \cdot \int \left(1-t^2\right) \cdot t^2 \cdot dt$$

$$y_S = -\frac{4\,a\,h^2}{A} \cdot \int \left(t^2 - t^4\right) \cdot dt$$

Es empfiehlt sich zwei Integrale zu bilden.

$$y_S = -\frac{4\,a\,h^2}{A} \cdot \left(\int t^2 \cdot dt - \int t^4 \cdot dt \right)$$

Integration

$$y_S = -\frac{4\,a\,h^2}{A} \cdot \left(\frac{1}{3} t^3 - \frac{1}{5} t^5 \right)$$

Hauptnenner '15'

$$y_S = -\frac{4\,a\,h^2}{A} \cdot \left(\frac{5}{15} t^3 - \frac{3}{15} t^5 \right)$$

Der Faktor ' $\frac{1}{15}$ ' wird ausgeklammert.

$$y_S = -\frac{4\,a\,h^2}{15\,A} \cdot \left(5\,t^3 - 3\,t^5 \right)$$

Rücksubstitution,

mit $t^3 = \sqrt{\left(1-\frac{1}{h}y\right)^3}$ und $t^5 = \sqrt{\left(1-\frac{1}{h}y\right)^5}$

$$y_S = -\frac{4\,a\,h^2}{15\,A} \cdot \left[5\sqrt{\left(1-\frac{1}{h}y\right)^3} - 3\sqrt{\left(1-\frac{1}{h}y\right)^5} \right]\Big|_0^h$$

Die untere Grenze wird von der oberen Grenze abgezogen.

$$y_S = -\frac{4\,a\,h^2}{15\,A} \cdot \left\{ 5\sqrt{\left(1-\frac{1}{h}h\right)^3} - 3\sqrt{\left(1-\frac{1}{h}h\right)^5} - \left[5\sqrt{\left(1-\frac{1}{h}0\right)^3} - 3\sqrt{\left(1-\frac{1}{h}0\right)^5} \right] \right\}$$

Achten Sie bitte darauf, nur die durchgestrichenen Terme sind gleich NULL.

$$y_S = -\frac{4\,a\,h^2}{15\,A} \cdot \left[-\left(5\sqrt{1^3} - 3\sqrt{1^5} \right) \right]$$

$$y_S = -\frac{4\,a\,h^2}{15\,A}\cdot\left[-(5-3)\right]$$

$$y_S = -\frac{4\,a\,h^2}{15\,A}\cdot(-2)$$

$$y_S = +\frac{8\,a\,h^2}{15\,A}$$

Minus mal Minus ergibt Plus.

mit $A = \dfrac{4}{3}\cdot a\cdot h$

Multiplikation mit '1', $1 = \dfrac{3\,A}{4\,a\,b}$

$$y_S = +\frac{8\cdot a\cdot h^2}{15\cdot A}\cdot\left(\frac{3\cdot A}{4\cdot a\cdot h}\right)$$

$$y_S = +\frac{8\cdot 3}{15\cdot 4}\cdot h$$

$$\boxed{y_S = +\frac{2}{5}\cdot h}$$

Schwerpunktkoordinate y_S

(Es ist bemerkenswert, dass die Schwerpunktkoordinate y_S von der Breite der Parabel unabhängig ist.)

Setzt man die entsprechende Größe ein,
$h = 16\,\text{cm}$.

$$y_S = +\frac{2}{5}\cdot h$$

$$y_S = +\frac{2}{5}\cdot 16\,\text{cm}$$

$$\underline{\underline{y_S = +6{,}4\,\text{cm}}}$$

Schwerpunktkoordinate y_S

(4) Geben Sie bitte die Lage des Flächenschwerpunktes S in folgender Form an:
$$S:\left(x_S;\,y_S\right) = (\dots;\,\dots)\,.$$

$$\boxed{S:\left(x_S;\,y_S\right) = \left(+a\,;\ +\frac{2}{5}\cdot h\right)}$$

Allgemein

$$\underline{\underline{S:\left(x_S;\,y_S\right) = (+4\,\text{cm}\,;\ +6{,}4\,\text{cm})}}$$

Zahlenwerte und Einheiten

Aufgabe 30

Flächenschwerpunkt / Grundform / Halb-Parabel (nach oben offen) **/ infinitesimalmathematische Herleitung**

x-Richtung: infinitesimalmathematisch
y-Richtung: infinitesimalmathematisch

Nebenstehende Abbildung zeigt die Fläche einer nach oben offenen 'Halb-Parabel'. Damit ist die Fläche gemeint, die von dem parabelförmigen Ast, der y-Achse und einer in der Höhe 'h' parallel zur x-Achse verlaufenden Geraden gebildet wird.

Gegeben

Die zugehörige Parabel ist gegeben durch folgende Gleichung:

$$y = \frac{h}{a^2} \cdot x^2 .$$

Ferner sind die Größen 'a' und 'h' gegeben.

Das bei der Herleitung jeweils zu verwendende infinitesimal kleine Flächenelement dA ist entsprechend sinnvoll zu wählen.

Gesucht

(1) Die Fläche A der 'Halb-Parabel', die von dem parabelförmigen Ast, der y-Achse und einer in der Höhe 'h' parallel zur x-Achse verlaufenden Geraden gebildet wird, (infinitesimalmathematische Herleitung).

(2) Leiten Sie bezogen auf das (x-y)-Koordinatensystem die Schwerpunktkoordinate x_S infinitesimalmathematisch her.

(3) Leiten Sie bezogen auf das (x-y)-Koordinatensystem die Schwerpunktkoordinate y_S infinitesimalmathematisch her.

(4) Geben Sie bitte die Lage des Flächenschwerpunktes S in folgender Form an:

$$S : \left(x_S ; y_S \right) = (... ; ...) .$$

Ergebnis: *(1)* $A = \frac{2}{3} \cdot a \cdot h$ *(2)* $x_S = +\frac{3}{8} \cdot a$ *(3)* $y_S = +\frac{3}{5} \cdot h$

(4) $S : \left(x_S ; y_S \right) = \left(+\frac{3}{8} \cdot a; \ +\frac{3}{5} \cdot h \right)$

Lösung

(1)   Die Fläche A der 'Halb-Parabel', die von dem parabelförmigen Ast, der y-Achse und einer in der Höhe 'h' parallel zur x-Achse verlaufenden Geraden gebildet wird, (infinitesimalmathematische Herleitung).

Die Fläche A ist durch das Flächenmoment 0. Ordnung gegeben,

$$A = \int_A \underbrace{y^0}_{1} \cdot dA = \int_A 1 \cdot dA = \int_A dA \, .$$

Im Weiteren ist es immer wieder eine große Kunst - und es bedarf einer gewissen Übung - ein entsprechendes infinitesimal kleines Flächenelement dA zu finden.

Beide Skizzen bieten solch ein Flächenelement dA an.

Bei einer Integration in x-Richtung verwendet man favorisierend das vertikal orientierte Flächenelement dA der linken Skizze.

Bei einer Integration in y-Richtung verwendet man favorisierend das horizontal orientierte Flächenelement dA der rechten Skizze.

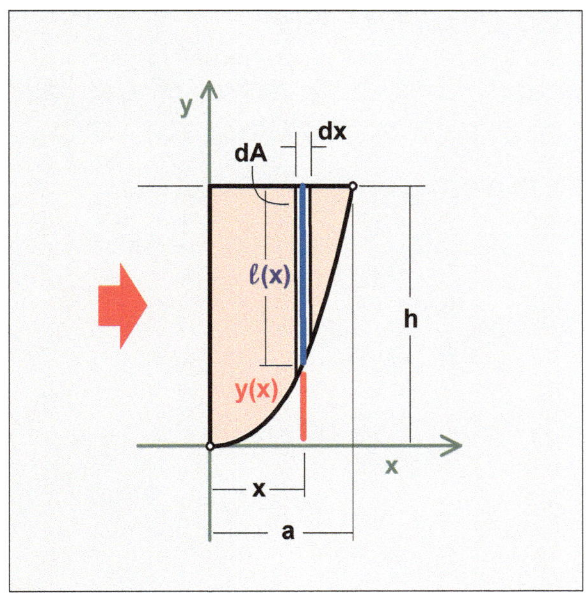

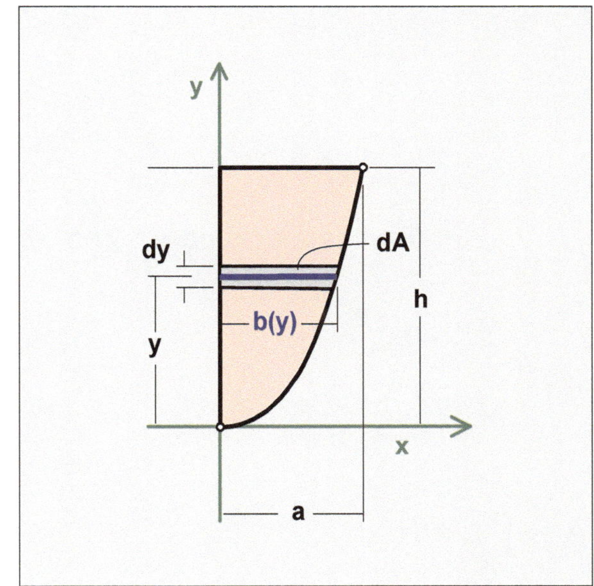

Es ist egal, wie man sich entscheidet.

Hier - im Nachfolgenden - entscheidet man sich für Verwendung des vertikal orientierten Flächenelementes dA (linke Skizze) zur infinitesimalmathematischen Herleitung der Fläche A. D. h. man integriert in x-Richtung.

Das vertikal orientierte Flächenelement dA (linke Skizze) lässt sich wie folgt formulieren,

$$dA = \ell(x)\, dx \, .$$

Mit Änderung der Integrationsvariablen ändern sich auch die Grenzen. Achten Sie bitte sehr genau auf die Grenzen.

Es wird integriert in x-Richtung, von $x_u = 0$ bis $x_o = a$.

$$A = \int_{x=0}^{a} \ell(x)\, dx\,.$$

Zur Durchführung der Integration muss $\ell(x)$ ermittelt werden.

Wie lautet der funktionale Zusammenhang zwischen ℓ und x?

Der funktionale Zusammenhang ergibt sich aus der Parabelgleichung.

Die Gleichung der zugehörigen Parabel ist gegeben durch,

$$y = \frac{h}{a^2} \cdot x^2\,.$$

Es handelt sich um eine 'Halb-Parabel',

$$y = \frac{h}{a^2} \cdot x^2 \text{ für } 0 \le x \le a\,.$$

Schaut man sich die Skizze an und überlegt, so ergibt sich die Größe '$\ell(x)$' wie folgt,

$$\ell(x) = h - y(x)\,,$$

Parabelgleichung $y = y(x) \;\rightarrow\;$ mit $y(x) = \dfrac{h}{a^2} \cdot x^2$

$$\ell(x) = h - \frac{h}{a^2} \cdot x^2\,,$$

$$\ell(x) = h \cdot \left(1 - \frac{1}{a^2} \cdot x^2\right)\,.$$

$$A = \int_{x=0}^{a} \ell(x)\, dx$$

mit $\ell(x) = h \cdot \left(1 - \dfrac{1}{a^2} \cdot x^2\right)$

$$A = \int_{x=0}^{a} h \cdot \left(1 - \frac{1}{a^2} \cdot x^2\right) dx$$

Der Faktor 'h' wird als Konstante vor das Integral gezogen.

$$A = h \cdot \int_{x=0}^{a} \left(1 - \frac{1}{a^2} \cdot x^2 \right) dx$$

Es empfiehlt sich zwei Integrale zu bilden.

$$A = h \cdot \left(\int_{x=0}^{a} dx - \int_{x=0}^{a} \frac{1}{a^2} \cdot x^2 \cdot dx \right)$$

Der Faktor $'1/a^2\,'$ wird als Konstante vor das 2. Integral gezogen.

$$A = h \cdot \left(\int_{x=0}^{a} dx - \frac{1}{a^2} \int_{x=0}^{a} x^2 \cdot dx \right)$$

Integration

$$A = h \cdot \left(x - \frac{1}{a^2} \cdot \frac{1}{3} x^3 \right) \Bigg|_{x=0}^{x=a}$$

Die untere Grenze wird von der oberen Grenze abgezogen.

$$A = h \cdot \left[(a - 0) - \frac{1}{3a^2} \cdot \left(a^3 - 0 \right) \right]$$

$$A = h \cdot \left(a - \frac{a^3}{3a^2} \right)$$

$$A = h \cdot \left(a - \frac{1}{3} \cdot a \right)$$

$$A = h \cdot \frac{2}{3} \cdot a$$

$$\boxed{A = \frac{2}{3} \cdot a \cdot h}$$

Fläche A der Halb-Parabel

(2)   Leiten Sie bezogen auf das (x-y)-Koordinatensystem die Schwerpunktkoordinate x_S infinitesimalmathematisch her.

Die Ausgangsgleichung zur infinitesimalen Herleitung der Schwerpunktkoordinate x_S ist wie folgt gegeben:

$$x_S \cdot A = \int_A x \cdot dA \, .$$

Infinitesimalmathematische Herleitung

$$x_S = + \frac{1}{A} \int_A x \cdot dA$$

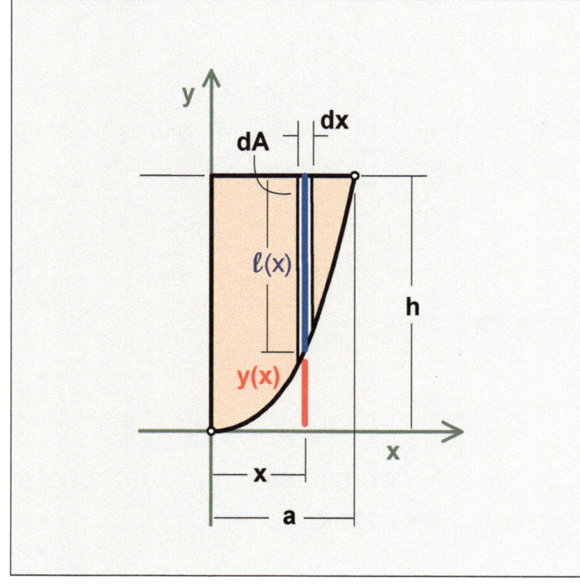

Ausgangsgleichung

für die infinitesimalmathematische Herleitung
vorliegender Aufgabe

Es handelt sich um eine Integration in x-Richtung. Das dabei zu verwendende infinitesimal kleine Flächenelement dA entnimmt man nebenstehender Skizze,

$dA = \ell(x)\,dx$.

Achtung, mit Änderung der Integrationsvariablen ändern sich auch die Grenzen.

Es wird integriert in x-Richtung, von
$x_u = 0$ bis $x_o = a$,

$$x_S = + \frac{1}{A} \int_{x=0}^{a} x \cdot \ell(x) \cdot dx.$$

Zur Durchführung der Integration muss
$\ell(x)$ ermittelt werden.

Wie lautet der funktionale Zusammenhang zwischen ℓ und x?

Der funktionale Zusammenhang ergibt sich aus der Parabelgleichung.

Die Gleichung der zugehörigen Parabel ist gegeben durch,

$$y = \frac{h}{a^2} \cdot x^2.$$

Es handelt sich um eine Halb-Parabel,

$y = \dfrac{h}{a^2} \cdot x^2$ für $0 \le x \le a$.

Schaut man sich die Skizze an und überlegt, so ergibt sich die Größe '$\ell(x)$' wie folgt,

$\ell(x) = h - y(x)$,

Parabelgleichung $y = y(x)$ $\rightarrow$ $\qquad$ mit $y(x) = \dfrac{h}{a^2} \cdot x^2$

$$\ell(x) = h - \frac{h}{a^2} \cdot x^2,$$

$$\ell(x) = h \cdot \left(1 - \frac{1}{a^2} \cdot x^2\right).$$

$$x_S = +\frac{1}{A} \int\limits_{x=0}^{a} x \cdot \ell(x) \cdot dx$$

mit $\ell(x) = h \cdot \left(1 - \frac{1}{a^2} \cdot x^2\right)$

$$x_S = +\frac{1}{A} \int\limits_{x=0}^{a} x \cdot \underline{h} \cdot \left(1 - \frac{1}{a^2} \cdot x^2\right) \cdot dx$$

Der Faktor 'h' wird als Konstante vor das Integral gezogen.

$$x_S = +\frac{\underline{h}}{A} \int\limits_{x=0}^{a} x \cdot \left(1 - \frac{1}{a^2} \cdot x^2\right) \cdot dx$$

Es empfiehlt sich zwei Integrale zu bilden.

$$x_S = +\frac{h}{A} \left(\int\limits_{x=0}^{a} x \cdot dx - \int\limits_{x=0}^{a} \frac{1}{\underline{a^2}} \cdot x^3 \cdot dx \right)$$

Der Faktor $'1/a^2'$ wird als Konstante vor das 2. Integral gezogen.

$$x_S = +\frac{h}{A} \left(\int\limits_{x=0}^{a} x \cdot dx - \frac{1}{\underline{a^2}} \int\limits_{x=0}^{a} x^3 \cdot dx \right)$$

Integration

$$x_S = +\frac{h}{A} \left(\frac{1}{2} \cdot x^2 - \frac{1}{4\,a^2} \cdot x^4 \right) \Bigg|_{x=0}^{x=a}$$

Der Faktor $'1/2'$ wird ausgeklammert.

$$x_S = +\frac{h}{2\,A} \left(x^2 - \frac{1}{2\,a^2} \cdot x^4 \right) \Bigg|_{x=0}^{x=a}$$

Die untere Grenze wird von der oberen Grenze abgezogen.

$$x_S = +\frac{h}{2\,A} \left[\left(a^2 - 0\right) - \frac{1}{2\,a^2} \cdot \left(a^4 - 0\right) \right]$$

$$x_S = +\frac{h}{2\,A} \cdot \left(a^2 - \frac{1}{2} a^2 \right)$$

$$x_S = +\frac{h \cdot a^2}{4\,A}$$

mit $A = \frac{2}{3} \cdot a \cdot h$

$$x_S = + \frac{h \cdot a^2}{4 \cdot A} \cdot \left(\frac{3 \cdot A}{2 \cdot a \cdot h} \right)$$

Multiplikation mit '1', $1 = \dfrac{3 \cdot A}{2 \cdot a \cdot h}$

$$\boxed{x_S = + \frac{3}{8} \cdot a}$$

Schwerpunktkoordinate x_S

(für eine Halb-Parabel)

(3) Leiten Sie bezogen auf das (x-y)-Koordinatensystem die Schwerpunktkoordinate y_S infinitesimalmathematisch her.

Die Ausgangsgleichung zur infinitesimalmathematischen Herleitung der Schwerpunktkoordinate y_S ist wie folgt gegeben:

$$y_S \cdot A = \int_A y \cdot dA .$$

Infinitesimalmathematische Herleitung

$$\boxed{y_S = + \frac{1}{A} \int_A y \cdot dA}$$

Ausgangsgleichung
für die infinitesimalmathematische Herleitung
vorliegender Aufgabe

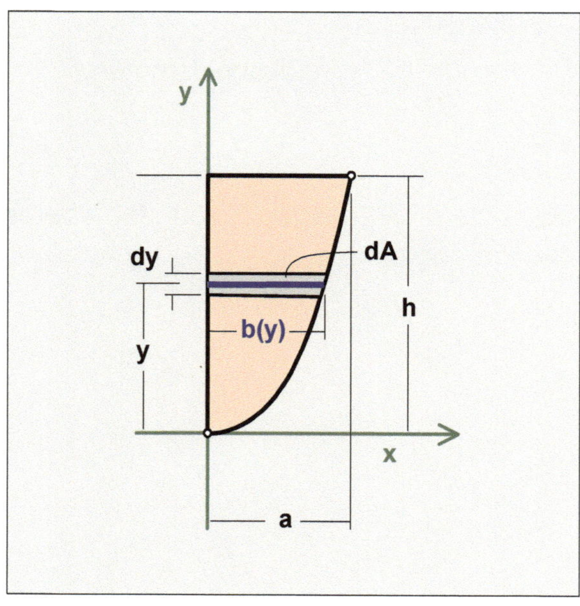

Es handelt sich um eine Integration in y-Richtung. Das dabei zu verwendende infinitesimal kleine Flächenelement dA entnimmt man nebenstehender Skizze

$$dA = b(y)\, dy .$$

Achtung, mit Änderung der Integrationsvariablen ändern sich auch die Grenzen.

Es wird integriert in y-Richtung, von $y_u = 0$ bis $y_o = h$,

$$y_S = + \frac{1}{A} \int_{y=0}^{h} y \cdot b(y) \cdot dy .$$

Zur Durchführung der Integration muss $b(y)$ ermittelt werden.

Schaut man sich die Skizze etwas genauer an, so erkennt man, dass bei dieser Parabel $b(y) = x(y)$ ist,

$$y_S = +\frac{1}{A} \int\limits_{y=0}^{h} y \cdot b(y) \cdot dy \,,$$

mit $b(y) = x(y)$

$$y_S = +\frac{1}{A} \int\limits_{y=0}^{h} y \cdot x(y) \cdot dy \,.$$

Wie aber lautet der funktionale Zusammenhang zwischen x und y?

Der funktionale Zusammenhang ergibt sich aus der Parabelgleichung.

Die Gleichung der zugehörigen Parabel ist gegeben durch,

$$y = \frac{h}{a^2} \cdot x^2 \,.$$

Es handelt sich um eine Halb-Parabel,

$$y = \frac{h}{a^2} \cdot x^2 \text{ für } 0 \leq x \leq a \,,$$

$$a^2 \cdot y = h \cdot x^2 \,,$$

$$h \cdot x^2 = a^2 \cdot y \,,$$

$$x^2 = \frac{a^2}{h} \cdot y \,,$$

$$x = \pm \frac{a}{h^{1/2}} \cdot y^{1/2} \,.$$

Die Halb-Parabel liegt auf der rechten Seite und damit im positiven x-Bereich. Wir entscheiden uns somit für das 'Plus-Zeichen',

$$x = +\frac{a}{h^{1/2}} \cdot y^{1/2} \,,$$

$$\underline{x = x(y)} \,.$$

$$y_S = +\frac{1}{A} \int\limits_{y=0}^{h} y \cdot x(y) \cdot dy$$

mit $x(y) = +\dfrac{a}{h^{1/2}} \cdot y^{1/2}$

$$y_S = + \frac{1}{A} \int\limits_{y=0}^{h} y \cdot \frac{a}{h^{1/2}} \cdot y^{1/2} \cdot dy$$

Der Faktor $'a/h^{1/2}'$ kommt vor das Integral.

$$y_S = + \frac{a}{h^{1/2}} \cdot \frac{1}{A} \int\limits_{y=0}^{h} y \cdot y^{1/2} \cdot dy$$

$$y_S = + \frac{a}{h^{1/2}} \cdot \frac{1}{A} \int\limits_{y=0}^{h} y^{3/2} \cdot dy$$

Integration

$$y_S = + \frac{a}{h^{1/2}} \cdot \frac{1}{A} \cdot \frac{2}{5} \cdot y^{5/2} \Bigg|_{y=0}^{y=h}$$

obere Grenze minus der unteren Grenze

$$y_S = + \frac{a}{h^{1/2}} \cdot \frac{1}{A} \cdot \frac{2}{5} \cdot \left(h^{5/2} - \underbrace{0^{5/2}}_{0} \right)$$

$$y_S = + \frac{a}{h^{1/2}} \cdot \frac{1}{A} \cdot \frac{2}{5} \cdot h^{5/2}$$

Division von Potenzen mit gleichen Basen

$$y_S = + \frac{2}{5} \cdot \frac{a \cdot h^2}{A}$$

mit $A = \frac{2}{3} \cdot a \cdot h$

Multiplikation mit '1', $1 = \dfrac{3 \cdot A}{2 \cdot a \cdot h}$

$$y_S = + \frac{2}{5} \cdot \frac{a \cdot h^2}{A} \cdot \underbrace{\frac{3 \cdot A}{2 \cdot a \cdot h}}_{1}$$

$$\boxed{y_S = + \frac{3}{5} \cdot h}$$

Schwerpunktkoordinate y_S
(für eine nach oben offene Halb-Parabel)

(4) **Geben Sie bitte die Lage des Flächenschwerpunktes S in folgender Form an:**
$$S : \left(x_S ; y_S \right) = \left(... ; ... \right).$$

$$S : \left(x_S ; y_S \right) = \left(+ \frac{3}{8} \cdot a ; + \frac{3}{5} \cdot h \right)$$

Lage des Flächenschwerpunktes S
(für eine nach oben offene Halb-Parabel)

Aufgabe 31

Flächenschwerpunkt / Grundform / Halb-sinusförmige Fläche / Überlegen / Hinschreiben / infinitesimalmathematische Herleitung

x-Richtung: Überlegen / Hinschreiben
y-Richtung: infinitesimalmathematisch

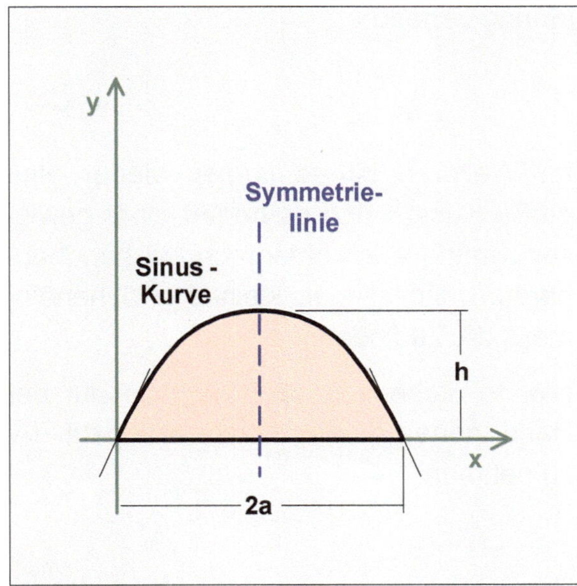

Nebenstehende Abbildung zeigt eine Halb-sinusförmige Fläche. Das ist die Fläche, die von der ersten Hälfte einer Sinuskurve und der x-Achse gebildet wird.

Gegeben

Die Sinuskurve ist gegeben durch folgende Gleichung:

$$y = h \cdot \sin\left(\frac{\pi}{2a} \cdot x\right).$$

Ferner sind die Größen 'a' und 'h' gegeben.

Das bei der Herleitung jeweils zu verwendende infinitesimal kleine Flächenelement dA ist entsprechend sinnvoll zu wählen.

Gesucht

(1) Die Fläche A, die von der ersten Hälfte einer Sinuskurve und der x-Achse gebildet wird, (infinitesimalmathematische Herleitung).

(2) Geben Sie die Schwerpunktkoordinate x_S an, (Überlegen / Hinschreiben).

(3) Leiten Sie bezogen auf das (x-y)-Koordinatensystem die Schwerpunktkoordinate y_S infinitesimalmathematisch her.

Lösungshilfe - (falls benötigt)

Lothar PAPULA / Integraltafel / Integral (301)

$$\int x \cdot \arcsin\left(\frac{x}{a}\right) \cdot dx = \left(\frac{2x^2 - a^2}{4}\right) \cdot \arcsin\left(\frac{x}{a}\right) + \frac{x}{4} \cdot \sqrt{a^2 - x^2}$$

(4) Geben Sie die Lage des Flächenschwerpunktes S in folgender Form an:

$$S : \left(x_S ; y_S\right) = (\ldots ; \ldots).$$

Ergebnis: (1) $A = \dfrac{4}{\pi} \cdot a \cdot h$ (2) $x_S = + a$ (3) $y_S = + \dfrac{\pi}{8} \cdot h$ (4) $S : \left(x_S ; y_S\right) = \left(+ a; \ + \dfrac{\pi}{8} \cdot h\right)$

Lösung

(1) Die Fläche A der halben Sinuskurve, die von der ersten Hälfte der Sinuskurve und der x-Achse gebildet wird,
(infinitesimalmathematische Herleitung).

Die Fläche A ist durch das Flächenmoment 0. Ordnung gegeben,

$$A = \int\limits_A \underbrace{y^0}_{1} \cdot dA = \int\limits_A 1 \cdot dA = \int\limits_A dA \, .$$

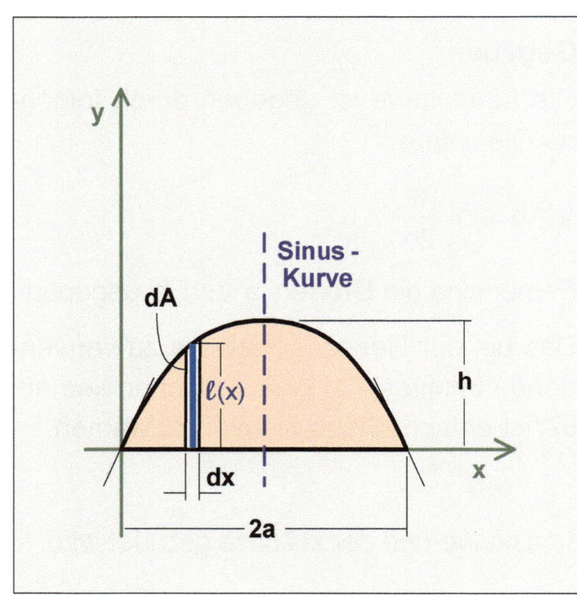

Im Weiteren ist es immer wieder eine große Kunst - und es bedarf einer gewissen Übung - ein entsprechend handhabbares, infinitesimal kleines Flächenelement dA zu finden.

Hier in diesem Beispiel liegt es auf der Hand, genau **dieses** Flächenelement dA zu nehmen,

$$dA = \ell(x)\, dx \, .$$

Die Begründung liegt in der Technik des Integrierens. Man integriert so in x-Richtung. Damit stehen einem die Gesetzmäßigkeiten der Sinus-Funktion zur Verfügung. Beim Integrieren in y-Richtung hätte man es dagegen mit deren Umkehrfunktion zu tun. Ein solches Integrieren ist nicht unmöglich, aber ein klein wenig komplizierter.

Mit Änderung der Integrationsvariablen ändern sich auch die Grenzen. Achten Sie bitte sehr genau auf die Grenzen.

Es wird integriert in x-Richtung, von

$x_u = 0$ bis $x_o = 2a$.

$$A = \int\limits_{x=0}^{2a} \ell(x)\, dx \, .$$

Zur Durchführung der Integration muss $\ell(x)$ ermittelt werden.

Wie lautet der funktionale Zusammenhang zwischen ℓ und x?

Der funktionale Zusammenhang ergibt sich aus der Sinusfunktion.

Die Gleichung der zugehörigen Sinus-Funktion ist gegeben durch,

$$y = h \cdot \sin\left(\frac{\pi}{2a} \cdot x\right).$$

Schaut man sich die Skizze an und überlegt, so erkennt man, dass die Größe '$\ell(x)$' sich wie folgt ergibt,

$$\ell(x) = y(x),$$

Sinus-Funktion $y = y(x)$ $\rightarrow$ mit $y(x) = h \cdot \sin\left(\frac{\pi}{2a} \cdot x\right)$

$$\ell(x) = h \cdot \sin\left(\frac{\pi}{2a} \cdot x\right).$$

$$A = \int\limits_{x=0}^{2a} \ell(x)\,dx$$

mit $\ell(x) = h \cdot \sin\left(\frac{\pi}{2a} \cdot x\right)$

$$A = \int\limits_{x=0}^{2a} h \cdot \sin\left(\frac{\pi}{2a} \cdot x\right) dx$$

Der Faktor 'h' wird als Konstante vor das Integral gezogen.

$$A = h \int\limits_{x=0}^{2a} \sin\left(\frac{\pi}{2a} \cdot x\right) dx$$

Integration / Wissens-MUSS

$$A = h \cdot \frac{2a}{\pi} \cdot \left[-\cos\left(\frac{\pi}{2a} \cdot x\right)\right]\Bigg|_{x=0}^{x=2a}$$

Das Minus-Zeichen aus der eckigen Klammer wird vorgezogen.

$$A = -h \cdot \frac{2a}{\pi} \cdot \left[\cos\left(\frac{\pi}{2a} \cdot x\right)\right]\Bigg|_{x=0}^{x=2a}$$

Die untere Grenze wird von der oberen Grenze abgezogen.

$$A = -h \cdot \frac{2a}{\pi} \cdot \left[\cos\left(\frac{\pi}{2a} \cdot 2a\right) - \cos\left(\frac{\pi}{2a} \cdot 0\right)\right]$$

$$A = -h \cdot \frac{2a}{\pi} \cdot \left[\underbrace{\cos(\pi)}_{-1} - \underbrace{\cos(0)}_{+1} \right]$$

$$A = -h \cdot \frac{2a}{\pi} \cdot (-2)$$

Minus mal Minus ergibt Plus.

$$A = h \cdot \frac{2a}{\pi} \cdot 2$$

$$\boxed{A = \frac{4}{\pi} \cdot a \cdot h}$$

Fläche A der Halb-sinusförmigen Kurve

(2) Geben Sie die Schwerpunktkoordinate x_S an,
  (Überlegen / Hinschreiben).

Die Abbildung der Aufgabenstellung zeigt, dass die Symmetrielinie parallel zur y-Achse im Abstand 'a' verläuft. Der Schwerpunkt liegt grundsätzlich auf der Symmetrielinie. .Damit ist $x_S = + a$.

$$\boxed{x_S = + a}$$

Schwerpunktkoordinate x_S
(für eine Halb-sinusförmigen Kurve)

**(3) Leiten Sie bezogen auf das (x-y)-Koordinatensystem die Schwerpunktkoor-
  dinate y_S infinitesimalmathematisch her.**

Die Ausgangsgleichung zur infinitesimalen Herleitung der Schwerpunktkoordinate y_S ist wie folgt gegeben:

$$y_S \cdot A = \int_A y \cdot dA \, .$$

Infinitesimalmathematische Herleitung

$$\boxed{y_S = + \frac{1}{A} \int_A y \cdot dA}$$

Ausgangsgleichung
für die infinitesimalmathematische Herleitung
vorliegender Aufgabe

Hinsichtlich der Wahl eines entsprechend handhabbaren infinitesimal kleinen Flächenele-mentes dA, entscheidet man sich für das bereits eingezeichnete (s. Skizze). Bedenken Sie bitte dabei, die Integration erfolgt in y-Richtung.

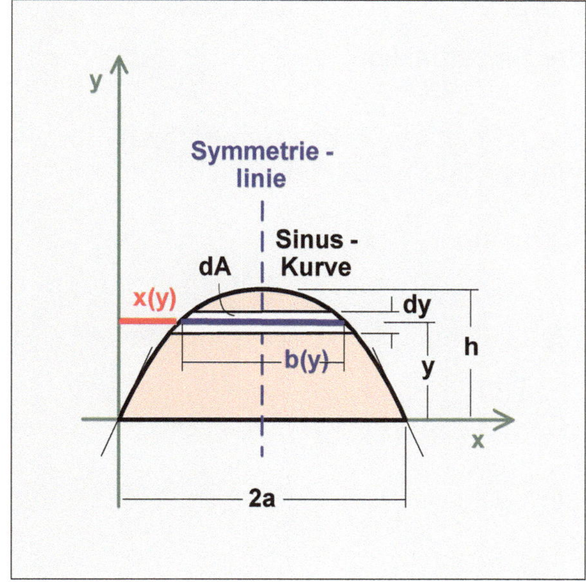

Das Flächenelement lässt sich wie folgt formulieren (s. Skizze):

$$dA = b(y)\, dy \,.$$

Beachten Sie bitte, dass mit Änderung der Integrationsvariablen sich auch die Grenzen ändern.

Es wird integriert in y-Richtung, von $y_u = 0$ bis $y_o = h$,

$$y_S = +\frac{1}{A} \int_{y=0}^{h} y \cdot b(y) \cdot dy \,.$$

Zur Durchführung der Integration muss $b(y)$ ermittelt werden.

Hinsichtlich der Größe $b(y)$ zeigt die Skizze, dass folgende Beziehung gelten muss,

$$2a = b(y) + 2x(y)\,,$$

$$b(y) = 2a - 2x(y)\,,$$

$$b(y) = 2\,[a - x(y)]\,.$$

$$y_S = +\frac{1}{A} \int_{y=0}^{h} y \cdot 2\,[a - x(y)] \cdot dy$$

Der Faktor '2' kommt vor das Integral.

$$y_S = +\frac{2}{A} \int_{y=0}^{h} y \cdot [a - x(y)] \cdot dy$$

Es empfiehlt sich, zwei Integrale zu bilden.

$$y_S = +\frac{2}{A} \left[\int_{y=0}^{h} a \cdot y \cdot dy - \int_{y=0}^{h} y \cdot x(y) \cdot dy \right]$$

Der Faktor 'a' wird als Konstante vor das 1. Integral gezogen.

$$y_S = +\frac{2}{A} \left[a \cdot \int_{y=0}^{h} y \cdot dy - \int_{y=0}^{h} y \cdot x(y) \cdot dy \right]$$

Für die Durchführung der Integration des 2. Terms ist es erforderlich, den funktionalen Zusammenhang zwischen x und y zu kennen.

Wie lautet dieser Zusammenhang zwischen x und y?

Der funktionale Zusammenhang ergibt sich aus der Sinusfunktion.

Die Gleichung der zugehörigen Sinusfunktion ist gegeben durch,

$$y = h \cdot \sin\left(\frac{\pi}{2a} \cdot x\right).$$

Die Gleichung wird nach x umgestellt,

$$\frac{y}{h} = \sin\left(\frac{\pi}{2a} \cdot x\right),$$

$$\sin\left(\frac{\pi}{2a} \cdot x\right) = \frac{y}{h}.$$

Man bildet die Umkehrfunktion,

$$\frac{\pi}{2a} \cdot x = \arcsin\left(\frac{y}{h}\right),$$

$$x = \frac{2a}{\pi} \cdot \arcsin\left(\frac{y}{h}\right),$$

$$\underline{x = x(y)}.$$

$$y_S = +\frac{2}{A}\left[a \cdot \int_{y=0}^{h} y \cdot dy - \int_{y=0}^{h} y \cdot \frac{2a}{\pi} \cdot \arcsin\left(\frac{y}{h}\right) \cdot dy\right]$$

Der Faktor '2a/π' wird als Konstante vor das 1. Integral gezogen.

$$y_S = +\frac{2}{A}\left[a \cdot \int_{y=0}^{h} y \cdot dy - \frac{2a}{\pi} \cdot \int_{y=0}^{h} y \cdot \arcsin\left(\frac{y}{h}\right) \cdot dy\right]$$

Aus beiden Termen wird die Größe 'a' vor die eckige Klammer gezogen.

$$y_S = +\frac{2a}{A}\left[\int_{y=0}^{h} y \cdot dy - \frac{2}{\pi} \cdot \int_{y=0}^{h} y \cdot \arcsin\left(\frac{y}{h}\right) \cdot dy\right]$$

Es folgt die Integration.

Lösungshilfe - (falls benötigt)

Lothar PAPULA / Integraltafel / Integral (301)

$$\int x \cdot \arc \sin\left(\frac{x}{a}\right) \cdot dx = \left(\frac{2\,x^2 - a^2}{4}\right) \cdot \arc \sin\left(\frac{x}{a}\right) + \frac{x}{4} \cdot \sqrt{a^2 - x^2}$$

$$y_S = +\frac{2a}{A}\left\{\frac{1}{2} \cdot y^2 - \frac{2}{\pi} \cdot \left[\left(\frac{2\,y^2 - h^2}{4}\right) \cdot \arc \sin\left(\frac{y}{h}\right) + \frac{y}{4} \cdot \sqrt{h^2 - y^2}\right]\right\}\Bigg|_{y=0}^{y=h}$$

Die untere Grenze wird von der oberen Grenze abgezogen.

$$y_S = +\frac{2a}{A}\left\{\frac{1}{2} \cdot \left(h^2 - \cancel{0^2}\right) - \frac{2}{\pi} \cdot \left\{\left[\left(\frac{2\,h^2 - h^2}{4}\right) \cdot \arc \sin\left(\frac{h}{h}\right) + \frac{h}{4} \cdot \cancel{\sqrt{h^2 - h^2}}\right] - \left[\left(\frac{2 \cdot 0^2 - h^2}{4}\right) \cdot \arc \sin\left(\frac{0}{h}\right) + \cancel{0 \cdot \sqrt{h^2 - 0^2}}\right]\right\}\right\}$$

Man schaut sich zunächst einmal die unterstrichenen Terme an.

$$y_S = +\frac{2a}{A}\left\{\frac{1}{2} \cdot h^2 - \frac{2}{\pi} \cdot \left[\frac{2\,h^2 - h^2}{4} \cdot \arc \sin\left(\frac{h}{h}\right) - \frac{2 \cdot 0^2 - h^2}{4} \cdot \arc \sin\left(\frac{0}{h}\right)\right]\right\}$$

Die Faktoren der Arkussinus-Funktionen werden noch vereinfacht.

$$y_S = +\frac{2a}{A}\left\{\frac{1}{2} \cdot h^2 - \frac{2}{\pi} \cdot \left[\frac{h^2}{4} \cdot \arc \sin\left(\underbrace{\frac{h}{h}}_{1}\right) - \frac{-h^2}{4} \cdot \arc \sin\left(\underbrace{\frac{0}{h}}_{0}\right)\right]\right\}$$

Die Argumente der Arkussinus-Funktionen werden vereinfacht.

$$y_S = +\frac{2a}{A}\left\{\frac{1}{2} \cdot h^2 - \frac{2}{\pi} \cdot \left[\frac{h^2}{4} \cdot \underbrace{\arc \sin(1)}_{\frac{\pi}{2}} - \frac{-h^2}{4} \cdot \underbrace{\arc \sin(0)}_{0}\right]\right\}$$

Die Arkussinus-Funktionen mit den jeweiligen Argumenten sollten uns bekannt sein.

$$y_S = +\frac{2a}{A}\cdot\left(\frac{1}{2}\cdot h^2 - \frac{2}{\pi}\cdot\frac{h^2}{4}\cdot\frac{\pi}{2}\right)$$

Der 2. Term in der runden Klammer wird vereinfacht.

$$y_S = +\frac{2a}{A}\cdot\left(\frac{1}{2}\cdot h^2 - \frac{1}{4}\cdot h^2\right)$$

$$y_S = +\frac{2a}{A}\cdot\frac{1}{4}\cdot h^2$$

$$y_S = +\frac{1}{2}\cdot\frac{a\cdot h^2}{A}$$

mit $A = \dfrac{4}{\pi}\cdot a\cdot h$

Multiplikation mit '1', $1 = \dfrac{\pi\cdot A}{4\cdot a\cdot h}$

$$y_S = +\frac{1}{2}\cdot\frac{a\cdot h^2}{A}\cdot\frac{\pi\cdot A}{4\cdot a\cdot h}$$

$$\boxed{y_S = +\frac{\pi}{8}\cdot h}$$

Schwerpunktkoordinate y_S
(für eine Halb-sinusförmige Kurve)

(4) Geben Sie bitte die Lage des Flächenschwerpunktes S in folgender Form an:

$$S:\left(x_S;y_S\right)=(\dots;\ \dots).$$

$$\boxed{S:\left(x_S;y_S\right)=\left(+a;\ +\frac{\pi}{8}\cdot h\right)}$$

Lage des Flächenschwerpunktes S
(für eine Halb-sinusförmige Kurve)

Aufgabe 32

Flächenschwerpunkt / Grundform / Viertel-kosinusförmige Fläche / infinitesimalmathematische Herleitung

x-Richtung: infinitesimalmathematisch
y-Richtung: infinitesimalmathematisch

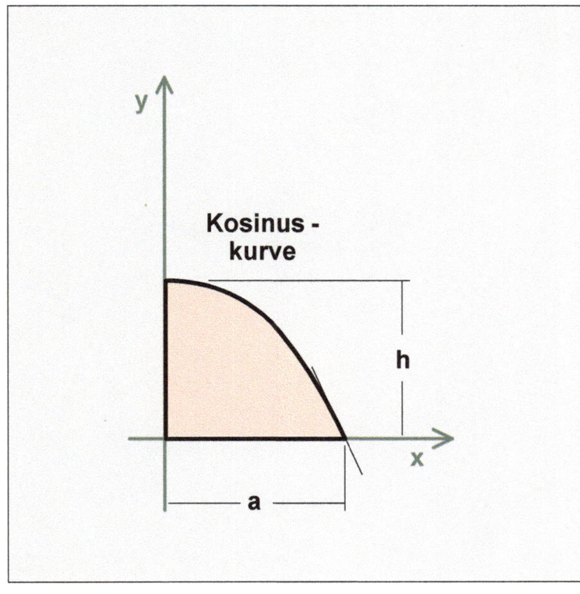

Nebenstehende Abbildung zeigt eine Viertel-kosinusförmige Fläche. Das ist eine Fläche sein, die von dem ersten Viertel einer Kosinuskurve und der x-Achse gebildet wird.

Gegeben

Die Kosinuskurve ist gegeben durch folgende Gleichung:

$$y = h \cdot \cos\left(\frac{\pi}{2a} \cdot x\right).$$

Ferner sind die Größen 'a' und 'h' gegeben.

Das bei der Herleitung jeweils zu verwendende infinitesimal kleine Flächenelement dA ist entsprechend sinnvoll zu wählen.

Gesucht

(1) Die Fläche A, die von dem ersten Viertel der Kosinuskurve und der x-Achse gebildet wird, (infinitesimalmathematische Herleitung).

(2) Leiten Sie bezogen auf das (x-y)-Koordinatensystem die Schwerpunktkoordinate x_S infinitesimalmathematisch her.

Lösungshilfe - (falls benötigt)

Lothar PAPULA / Integraltafel / Integral (232)

$$\int x \cdot \cos(a \cdot x) \cdot dx = \frac{\cos(a \cdot x)}{a^2} + \frac{x \cdot \sin(a \cdot x)}{a}$$

(3) Leiten Sie bezogen auf das (x-y)-Koordinatensystem die Schwerpunktkoordinate y_S infinitesimalmathematisch her.

Lösungshilfe - (falls benötigt)

Lothar PAPULA / Integraltafel / Integral (304)

$$\int x \cdot \arccos\left(\frac{x}{a}\right) \cdot dx = \left(\frac{2x^2 - a^2}{4}\right) \cdot \arccos\left(\frac{x}{a}\right) - \frac{x}{4} \cdot \sqrt{a^2 - x^2}$$

(4) Geben Sie bitte die Lage des Flächenschwerpunktes S in folgender Form an:

$$S : \left(x_S;\, y_S \right) = \left(...;\ ... \right).$$

Ergebnis: *(1)* $A = \dfrac{2}{\pi} \cdot a \cdot h$

   (2) $x_S = + \left(1 - \dfrac{2}{\pi} \right) a$

   (3) $y_S = + \dfrac{\pi}{8} \cdot h$

   (4) $S : \left(x_S;\, y_S = + \left(\left(1 - \dfrac{2}{\pi} \right) \cdot a;\ + \dfrac{\pi}{8} \cdot h \right) \right.$

Lösung

> **(1) Die Fläche A, die von dem ersten Viertel der Kosinuskurve und der x-Achse gebildet wird,**
> (infinitesimalmathematische Herleitung).

Die Fläche A ist durch das Flächenmoment 0. Ordnung gegeben,

$$A = \int_A \underbrace{y^0}_{1} \cdot dA = \int_A 1 \cdot dA = \int_A dA \,.$$

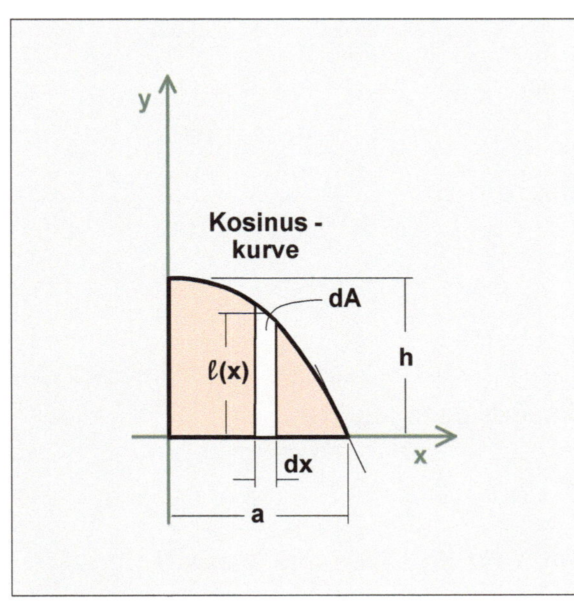

Im Weiteren ist es immer wieder eine große Kunst - und es bedarf einer gewissen Übung - ein entsprechend handhabbares infinitesimal kleines Flächenelement dA zu finden.

Hier in diesem Beispiel liegt es auf der Hand, genau **dieses** Flächenelement dA zu nehmen,

$$dA = \ell(x)\,dx \,.$$

Die Begründung liegt in der Technik des Integrierens. Man integriert so in x-Richtung. Damit stehen einem die Gesetzmäßigkeiten der Cosinus-Funktion zur Verfügung. Beim Integrieren in y-Richtung hätte man es dagegen mit deren Umkehrfunktion zu tun. Ein solches Integrieren ist nicht unmöglich, aber ein klein wenig komplizierter.

Mit Änderung der Integrationsvariablen ändern sich auch die Grenzen. Achten Sie bitte sehr genau auf die Grenzen.

Es wird integriert in x-Richtung, von

$$x_u = 0 \text{ bis } x_o = a \,,$$

$$A = \int_{x=0}^{a} \ell(x)\,dx \,.$$

Zur Durchführung der Integration muss $\ell(x)$ ermittelt werden.

Wie aber lautet der funktionale Zusammenhang zwischen ℓ und x?

Der funktionale Zusammenhang ergibt sich aus der Kosinusfunktion.

Die Gleichung der zugehörigen Kosinus-funktion ist gegeben durch,

$$y = h \cdot \cos\left(\frac{\pi}{2a} \cdot x\right).$$

Schaut man sich die Skizze an, so ergibt sich die Größe $\ell(x)$ wie folgt,

$$\ell(x) = y(x),$$

Kosinus-Funktion $y = y(x)$ $\rightarrow$ mit $y(x) = h \cdot \cos\left(\frac{\pi}{2a} \cdot x\right)$

$$\ell(x) = h \cdot \cos\left(\frac{\pi}{2a} \cdot x\right).$$

$$A = \int_{x=0}^{a} \ell(x)\, dx$$

mit $\ell(x) = h \cdot \cos\left(\frac{\pi}{2a} \cdot x\right)$

$$A = \int_{x=0}^{a} h \cdot \cos\left(\frac{\pi}{2a} \cdot x\right) dx$$

Der Faktor 'h' wird als Konstante vor das Integral gezogen.

$$A = h \int_{x=0}^{a} \cos\left(\frac{\pi}{2a} \cdot x\right) dx$$

Integration / Wissens-Muss

$$A = h \cdot \frac{2a}{\pi} \cdot \sin\left(\frac{\pi}{2a} \cdot x\right)\Big|_{x=0}^{x=a}$$

obere Grenze minus der unteren

$$A = h \cdot \frac{2a}{\pi} \cdot \left[\sin\left(\frac{\pi}{2a} \cdot a\right) - \sin\left(\frac{\pi}{2a} \cdot 0\right)\right]$$

$$A = h \cdot \frac{2a}{\pi} \cdot \left[\underbrace{\sin\left(\frac{\pi}{2}\right)}_{+1} - \underbrace{\sin(0)}_{0}\right]$$

$$A = h \cdot \frac{2a}{\pi} \cdot 1$$

$$\boxed{A = \frac{2}{\pi} \cdot a \cdot h}$$

Fläche A unter der Viertel-kosinus-förmigen Kurve

**(2) Leiten Sie bezogen auf das (x-y)-Koordinatensystem die Schwerpunktkoor-
dinate x_S infinitesimalmathematisch her.**

Die Ausgangsgleichung zur infinitesimalen Herleitung der Schwerpunktkoordinate x_S ist
wie folgt gegeben:

$$x_S \cdot A = \int_A x \cdot dA \,.$$

$$x_S = + \frac{1}{A} \int_A x \cdot dA$$

Infinitesimalmathematische Herleitung

Ausgangsgleichung

für die infinitesimalmathematische Herleitung
vorliegender Aufgabe

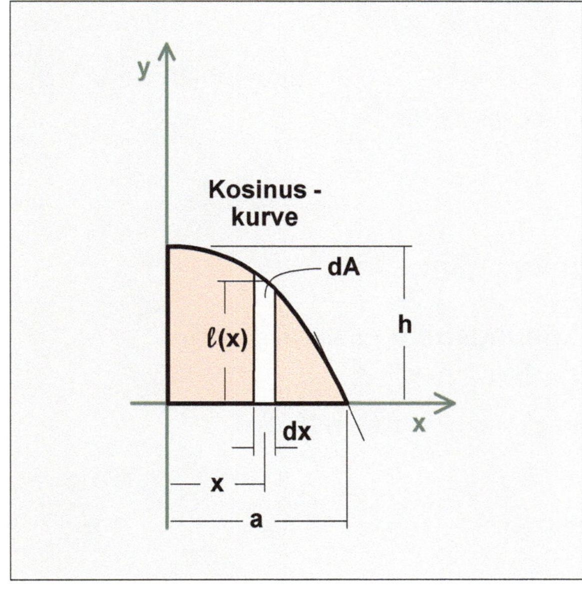

Hinsichtlich der Wahl eines Flächenelementes dA , entscheidet man sich für das
bereits eingezeichnete (s. Skizze). Bedenken Sie bitte, die Integration erfolgt
auch hier in x-Richtung,

$$dA = \ell(x)\, dx \,.$$

Achtung, mit Änderung der Integrationsvariablen ändern sich auch die Grenzen.

Es wird integriert in x-Richtung, von
$x_u = 0$ bis $x_o = a$,

$$x_S = \frac{1}{A} \int_{x=0}^{a} x \cdot \ell(x) \cdot dx \,.$$

Zur Durchführung der Integration muss
$\ell(x)$ ermittelt werden.

Wie aber lautet der funktionale Zusammenhang zwischen ℓ und x?

Der funktionale Zusammenhang ergibt sich aus der Kosinusfunktion.

Die Gleichung der zugehörigen Kosinus-
funktion ist gegeben durch,

$$y = h \cdot \cos\left(\frac{\pi}{2a} \cdot x \right).$$

Schaut man sich die Skizze an und überlegt, so ist erkennbar, dass die Größe '$\ell(x)$'
sich wie folgt ergibt,

$$\ell(x) = y(x) \,.$$

$$\ell(x) = y(x),$$

Kosinus-Funktion $y = y(x)$ $\quad\rightarrow\quad$ mit $y(x) = h \cdot \cos\left(\dfrac{\pi}{2a} \cdot x\right)$

$$\ell(x) = h \cdot \cos\left(\frac{\pi}{2a} \cdot x\right),$$

$$\underline{\ell(x) = y(x)}.$$

$$x_S = +\frac{1}{A} \int\limits_{x=0}^{a} x \cdot \ell(x) \cdot dx$$

mit $\ell(x) = h \cdot \cos\left(\dfrac{\pi}{2a} \cdot x\right)$

$$x_S = +\frac{1}{A} \int\limits_{x=0}^{a} x \cdot h \cdot \cos\left(\frac{\pi}{2a} \cdot x\right) \cdot dx$$

Der Faktor 'h' wird als Konstante vor das Integral gezogen.

$$x_S = +\frac{1}{A} \cdot h \int\limits_{x=0}^{a} x \cdot \cos\left(\frac{\pi}{2a} \cdot x\right) \cdot dx$$

Integration

Lösungshilfe - (falls benötigt)

Lothar PAPULA

Integraltafel / Integral (232)

$$\int x \cdot \cos(a \cdot x) \cdot dx = \frac{\cos(a \cdot x)}{a^2} + \frac{x \cdot \sin(a \cdot x)}{a}$$

$$x_S = +\frac{1}{A} \cdot h \left[\frac{\cos\left(\dfrac{\pi}{2a} \cdot x\right)}{\left(\dfrac{\pi}{2a}\right)^2} + \frac{x \cdot \sin\left(\dfrac{\pi}{2a} \cdot x\right)}{\dfrac{\pi}{2a}} \right]_{x=0}^{x=a}$$

Die untere Grenze wird von der oberen Grenze abgezogen.

$$x_S = +\frac{1}{A} \cdot h \left\{ \left[\frac{\cos\left(\dfrac{\pi}{2a} \cdot a\right)}{\left(\dfrac{\pi}{2a}\right)^2} + \frac{a \cdot \sin\left(\dfrac{\pi}{2a} \cdot a\right)}{\dfrac{\pi}{2a}} \right] - \left[\frac{\cos\left(\dfrac{\pi}{2a} \cdot 0\right)}{\left(\dfrac{\pi}{2a}\right)^2} + \frac{0 \cdot \sin\left(\dfrac{\pi}{2a} \cdot 0\right)}{\dfrac{\pi}{2a}} \right] \right\}$$

Man vereinfacht zunächst die Argumente der trigonometrischen Funktionen.

$$x_S = + \frac{1}{A} \cdot h \left\{ \left[\frac{\cos\left(\frac{\pi}{2}\right)}{\left(\frac{\pi}{2a}\right)^2} + \frac{a \cdot \sin\left(\frac{\pi}{2}\right)}{\frac{\pi}{2a}} \right] - \left[\frac{\cos(0)}{\left(\frac{\pi}{2a}\right)^2} + \frac{0 \cdot \sin(0)}{\frac{\pi}{2a}} \right] \right\}$$

Die trigonometrischen Funktionen sollten uns bekannt sein.

$$x_S = + \frac{1}{A} \cdot h \left\{ \left[\frac{\overset{0}{\cos\left(\frac{\pi}{2}\right)}}{\left(\frac{\pi}{2a}\right)^2} + \frac{a \cdot \overset{+1}{\sin\left(\frac{\pi}{2}\right)}}{\frac{\pi}{2a}} \right] - \left[\frac{\overset{+1}{\cos(0)}}{\left(\frac{\pi}{2a}\right)^2} + \frac{0 \cdot \overset{0}{\sin(0)}}{\frac{\pi}{2a}} \right] \right\}$$

$$x_S = + \frac{1}{A} \cdot h \cdot \left[\frac{a}{\frac{\pi}{2a}} - \frac{1}{\left(\frac{\pi}{2a}\right)^2} \right]$$

Hauptnenner in der eckigen Klammer

$$x_S = + \frac{1}{A} \cdot h \cdot \frac{a \cdot \frac{\pi}{2a} - 1}{\left(\frac{\pi}{2a}\right)^2}$$

$$x_S = + \frac{1}{A} \cdot h \cdot \frac{4 a^2}{\pi^2} \cdot \left(\frac{\pi}{2} - 1 \right)$$

mit $A = \frac{2}{\pi} \cdot a \cdot h$ bzw. $1 = \frac{\pi \cdot A}{2 \cdot a \cdot h}$

Multiplikation mit '1', $1 = \frac{\pi \cdot A}{2 \cdot a \cdot h}$

$$x_S = + \frac{1}{A} \cdot h \cdot \frac{4 a^2}{\pi^2} \cdot \left(\frac{\pi}{2} - 1 \right) \cdot \frac{\pi \cdot A}{2 \cdot a \cdot h}$$

$$x_S = + h \cdot \frac{2}{\pi} \cdot a \cdot \left(\frac{\pi}{2} - 1 \right)$$

$$\boxed{x_S = + \left(1 - \frac{2}{\pi} \right) \cdot a}$$

Schwerpunktkoordinate x_S

(für eine Viertel-kosinusförmige Fläche)

(3) Leiten Sie bezogen auf das (x-y)-Koordinatensystem die Schwerpunktkoordinate y_S infinitesimalmathematisch her.

Die Ausgangsgleichung zur infinitesimalen Herleitung der Schwerpunktkoordinate y_S ist wie folgt gegeben:

$$y_S \cdot A = \int_A y \cdot dA \,.$$

Infinitesimalmathematische Herleitung

$$y_S = + \frac{1}{A} \int_A y \cdot dA$$

Ausgangsgleichung

für die infinitesimalmathematische Herleitung **vorliegender** Aufgabe

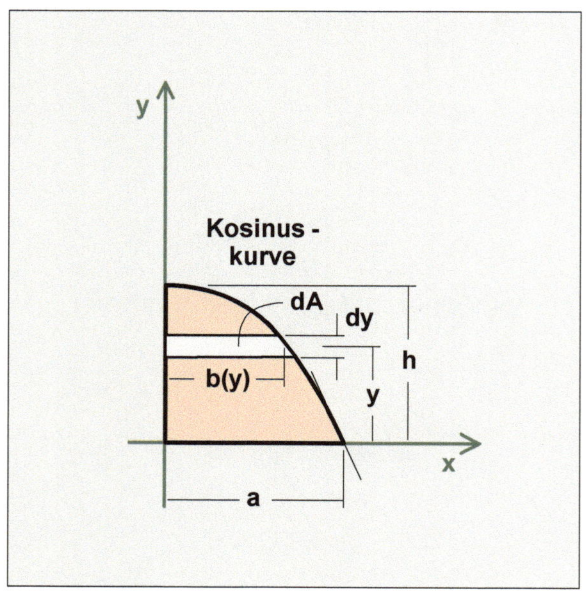

Hinsichtlich der Wahl eines Flächenelementes dA, entscheidet man sich für das bereits eingezeichnete (s. Skizze). Bedenken Sie bitte dabei, die Integration erfolgt in y-Richtung,

$$dA = b(y)\, dy \,.$$

Achtung, mit Änderung der Integrationsvariablen ändern sich auch die Grenzen.

Es wird integriert in y-Richtung, von $y_u = 0$ bis $y_o = h$,

$$y_S = + \frac{1}{A} \int_{y=0}^{h} y \cdot b(y) \cdot dy \,.$$

Zur Durchführung der Integration muss $b(y)$ ermittelt werden.

Schaut man sich die Skizze etwas genauer an, so erkennt man, dass bei der in der Aufgabenstellung vorgegebenen Kosinusfunktion $b(y) = x(y)$ ist,

$$y_S = + \frac{1}{A} \int_{y=0}^{h} y \cdot b(y) \cdot dy \,,$$

mit $b(y) = x(y)$

$$y_S = + \frac{1}{A} \int_{y=0}^{h} y \cdot x(y) \cdot dy \,.$$

Wie aber lautet der funktionale Zusammenhang zwischen x und y?

Der funktionale Zusammenhang ergibt sich mit Hilfe der Kosinusfunktion.

Die Gleichung der zugehörigen Kosinusfunktion ist gegeben durch,

$$y = h \cdot \cos\left(\frac{\pi}{2a} \cdot x\right).$$

Die Gleichung wird nach x umgestellt,

$$\frac{y}{h} = \cos\left(\frac{\pi}{2a} \cdot x\right),$$

$$\cos\left(\frac{\pi}{2a} \cdot x\right) = \frac{y}{h}.$$

Man bildet die die Umkehrfunktion,

$$\frac{\pi}{2a} \cdot x = \arccos\left(\frac{y}{h}\right),$$

$$x = \frac{2a}{\pi} \cdot \arccos\left(\frac{y}{h}\right),$$

$$x = x(y).$$

$$y_S = +\frac{1}{A} \int_{y=0}^{h} y \cdot x(y) \cdot dy$$

$$\text{mit } x(y) = \frac{2a}{\pi} \cdot \arccos\left(\frac{y}{h}\right)$$

$$y_S = +\frac{1}{A} \int_{y=0}^{h} y \cdot \frac{2a}{\pi} \cdot \arccos\left(\frac{y}{h}\right) \cdot dy$$

$$y_S = +\frac{1}{A} \cdot \frac{2a}{\pi} \int_{y=0}^{h} y \cdot \arccos\left(\frac{y}{h}\right) \cdot dy$$

Integration / mit Lösungshilfe

Lothar PAPULA
Integraltafel / Integral (304)

$$\int x \cdot \arccos\left(\frac{x}{a}\right) \cdot dx =$$

$$= \left(\frac{2x^2 - a^2}{4}\right) \cdot \arccos\left(\frac{x}{a}\right) - \frac{x}{4} \cdot \sqrt{a^2 - x^2}$$

$$y_S = + \frac{1}{A} \cdot \frac{2a}{\pi} \cdot \left[\left(\frac{2y^2 - h^2}{4} \right) \cdot \text{arc cos} \left(\frac{y}{h} \right) - \frac{y}{4} \cdot \sqrt{h^2 - y^2} \right] \Big|_{y=0}^{y=h}$$

Die untere Grenze wird von der oberen Grenze abgezogen.

$$y_S = + \frac{1}{A} \cdot \frac{2a}{\pi} \left\{ \left[\left(\frac{2h^2 - h^2}{4} \right) \cdot \text{arc cos} \left(\frac{h}{h} \right) - \frac{h}{4} \cdot \sqrt{h^2 - h^2} \right] - \left[\frac{2 \cdot 0^2 - h^2}{4} \cdot \text{arc cos} \left(\frac{0}{h} \right) - 0 \cdot \sqrt{h^2 - 0^2} \right] \right\}$$

Man schaut sich zunächst einmal die unterstrichenen Terme an.

$$y_S = + \frac{1}{A} \frac{2a}{\pi} \left\{ \left[\left(\frac{2h^2 - h^2}{4} \right) \cdot \text{arc cos} \left(\frac{h}{h} \right) \right] - \left[- \frac{h^2}{4} \cdot \text{arc cos} \left(\frac{0}{h} \right) \right] \right\}$$

Die Argumente der Arkussinus-Funktionen werden vereinfacht.

$$y_S = + \frac{1}{A} \frac{2a}{\pi} \left\{ \left[\left(\frac{2h^2 - h^2}{4} \right) \cdot \underbrace{\text{arc cos}(1)}_{0} \right] - \left[- \frac{h^2}{4} \cdot \underbrace{\text{arc cos}(0)}_{\pi/2} \right] \right\}$$

Die Arc-Kosinusfunktionen mit den jeweiligen Argumenten sollten bekannt sein.

$$y_S = + \frac{1}{A} \cdot \frac{2a}{\pi} \cdot \left[- \left(- \frac{h^2}{4} \cdot \frac{\pi}{2} \right) \right]$$

Minus mal Minus in der eckigen Klammer ergibt Plus.

$$y_S = + \frac{1}{A} \cdot \frac{2a}{\pi} \cdot \frac{h^2}{4} \cdot \frac{\pi}{2}$$

$$y_S = +\frac{1}{A} \cdot a \cdot \frac{h^2}{4}$$

$$\text{mit } A = \frac{2}{\pi} \cdot a \cdot h \ \text{ bzw. } \ 1 = \frac{\pi \cdot A}{2 \cdot a \cdot h}$$

$$\text{Multiplikation mit '1', } \ 1 = \frac{\pi \cdot A}{2 \cdot a \cdot h}$$

$$y_S = +\frac{1}{\cancel{A}} \cdot \cancel{a} \cdot \frac{h^{\cancel{2}}}{4} \cdot \underbrace{\left(\frac{\pi \cdot \cancel{A}}{2 \cdot \cancel{a} \cdot h}\right)}_{=1}$$

$$\boxed{y_S = +\frac{\pi}{8} \cdot h}$$

Schwerpunktkoordinate y_S
(für eine Viertel-kosinusförmige Fläche)

(4) Geben Sie bitte die Lage des Flächenschwerpunktes S in folgender Form an:
$$S : \left(x_S ; y_S\right) = (... ; \ ...) .$$

$$\boxed{S : \left(x_S ; y_S\right) = \left(+\left(1 - \frac{2}{\pi}\right)a \ ; \ +\frac{\pi}{8} \cdot h\right)}$$

Lage des Flächenschwerpunktes S
(für eine Viertel-kosinusförmige Fläche)

5.4.2   Flächenschwerpunkt / Grundformen / Zusammenfassung / Tabelle

Rechteck		**1**
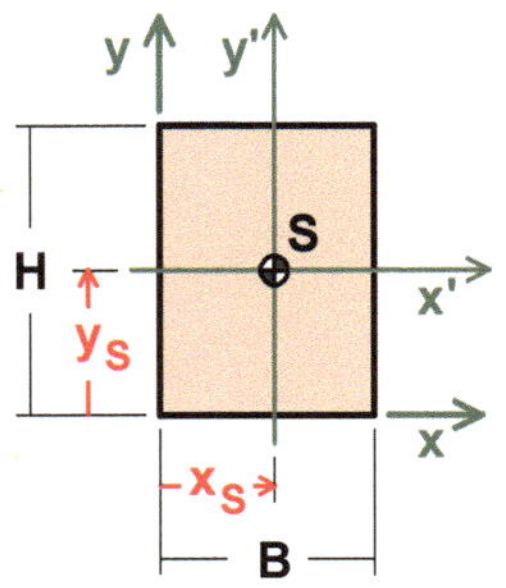	Fläche $A = B \cdot H$	Schwerpunktkoordinaten $x_S = +\dfrac{B}{2}$ $y_S = +\dfrac{H}{2}$

Quadrat		**2**
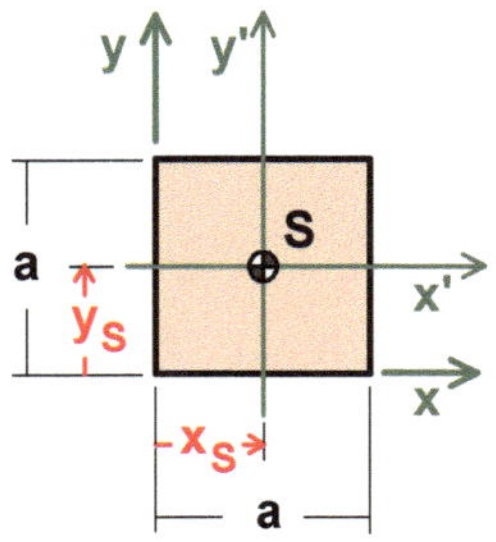	Fläche $A = a^2$	Schwerpunktkoordinaten $x_S = +\dfrac{a}{2}$ $y_S = +\dfrac{a}{2}$

Dreieck (allgemein)		**3**
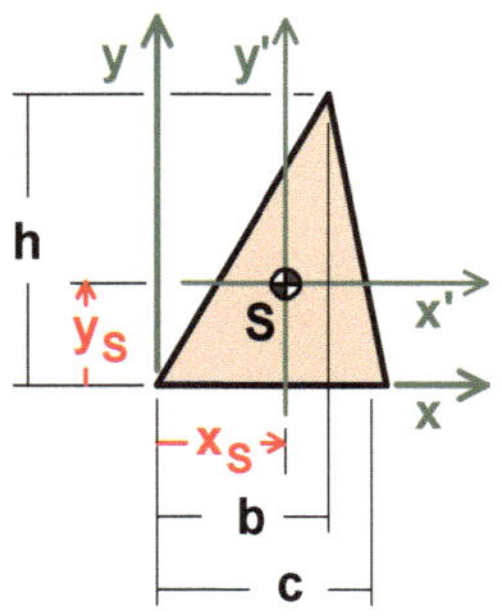	Fläche $A = \dfrac{1}{2}\, c\, h$	Schwerpunktkoordinaten $x_S = +\dfrac{1}{3}\left(c + b\right)$ $y_S = +\dfrac{1}{3}\, h$

Dreieck (rechtwinklig)   **4**

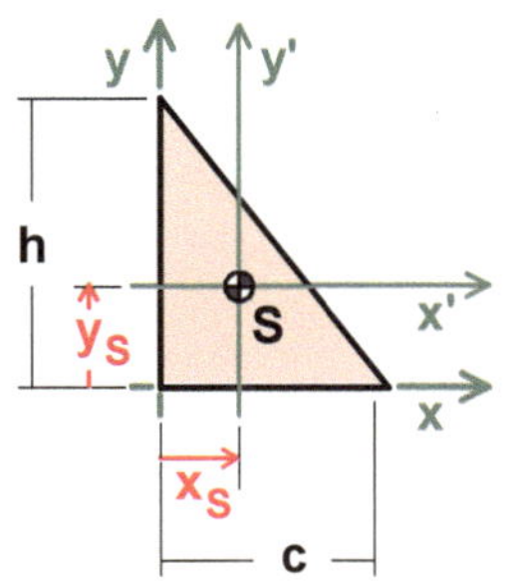

Fläche

$$A = \frac{1}{2}\,c\,h$$

Schwerpunktkoordinaten

$$x_S = +\frac{1}{3}\,c$$

$$y_S = +\frac{1}{3}\,h$$

Dreieck (gleichschenklig)   **5**

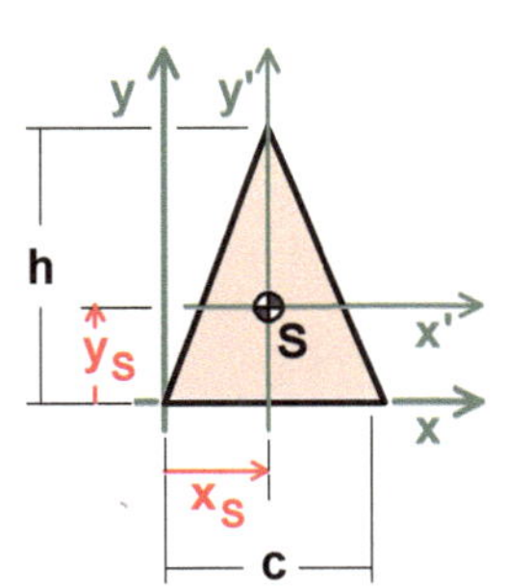

Fläche

$$A = \frac{1}{2}\,c\,h$$

Schwerpunktkoordinaten

$$x_S = +\frac{1}{2}\,c$$

$$y_S = +\frac{1}{3}\,h$$

Dreieck (gleichseitig)   **6**

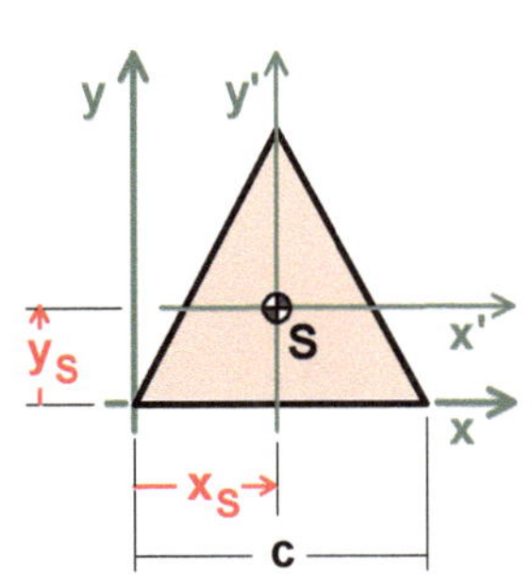

Fläche

$$A = \frac{1}{2}\,c \cdot \frac{\sqrt{3}}{2}\,c$$

$$\left(A = \frac{\sqrt{3}}{4}\,c^2 \right)$$

Schwerpunktkoordinaten

$$x_S = +\frac{1}{2}\,c$$

$$y_S = +\frac{1}{3} \cdot \frac{\sqrt{3}}{2}\,c$$

$$\left(y_S = +\frac{1}{2\sqrt{3}}\,c \right)$$

Parallelogramm   7

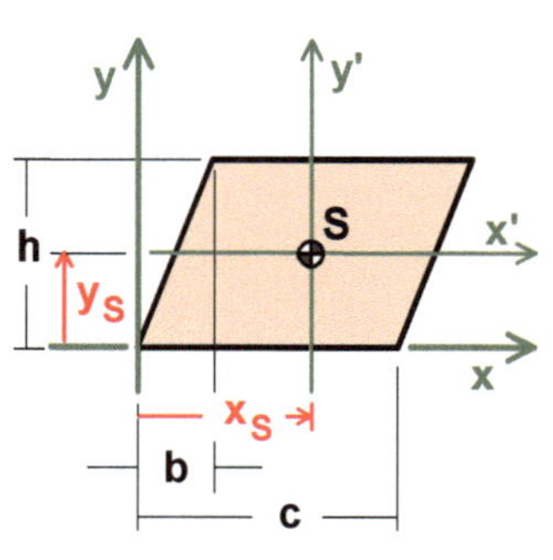

Fläche

$$A = c\,h$$

Schwerpunktkoordinaten

$$x_S = +\frac{1}{2}(b + c)$$

$$y_S = +\frac{1}{2}h$$

Trapez (allgemein)   8

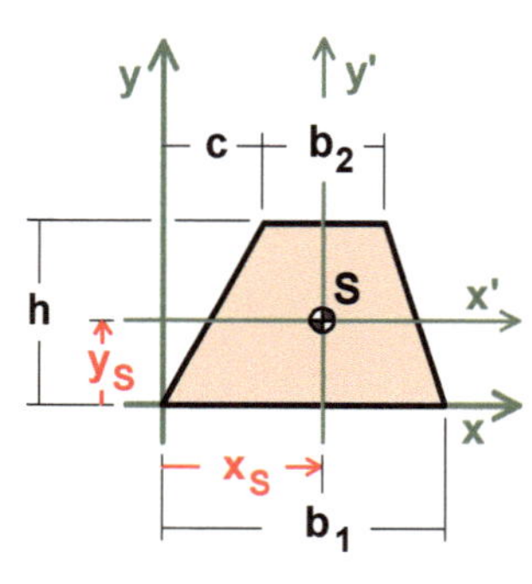

Fläche

$$A = \frac{1}{2}(b_1 + b_2)\,h$$

Schwerpunktkoordinaten

$$x_S = +\frac{1}{3}\cdot\frac{b_1^2 + b_2^2 + b_1(b_2 + c) + 2\,b_2\,c}{b_1 + b_2}$$

$$y_S = +\frac{1}{3}h\cdot\frac{b_1 + 2\,b_2}{b_1 + b_2}$$

Trapez (symmetrisch)   9

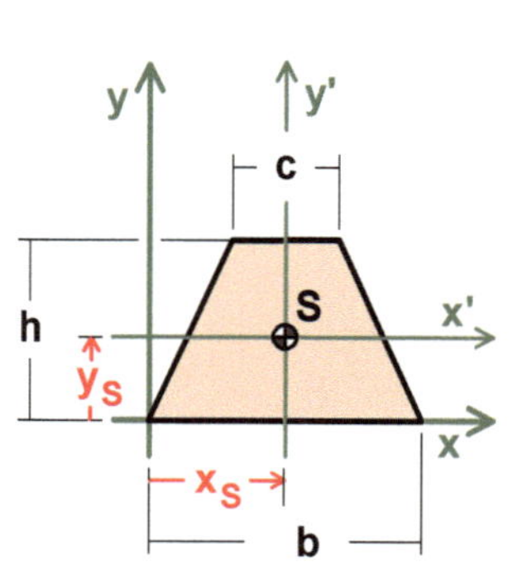

Fläche

$$A = \frac{1}{2}(b + c)\,h$$

Schwerpunktkoordinaten

$$x_S = +\frac{1}{2}b$$

$$y_S = +\frac{1}{3}h\cdot\frac{b + 2\,c}{b + c}$$

Halbkreis		**10**
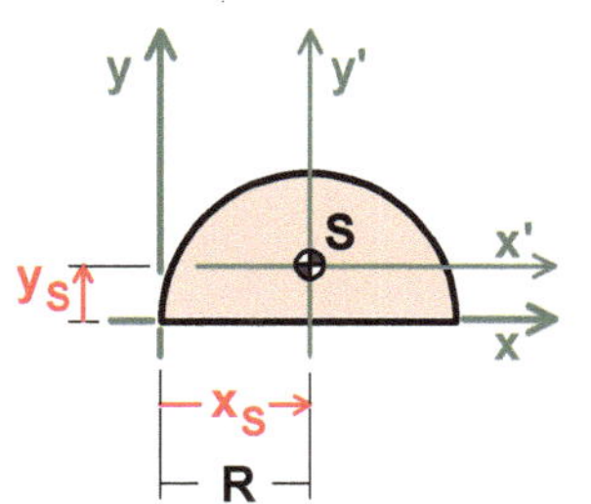	Fläche $A = \dfrac{1}{2}\,\pi\,R^2$	Schwerpunktkoordinaten $x_S = +\,R$ $y_S = +\dfrac{4\,R}{3\,\pi}$

Viertelkreis		**11**
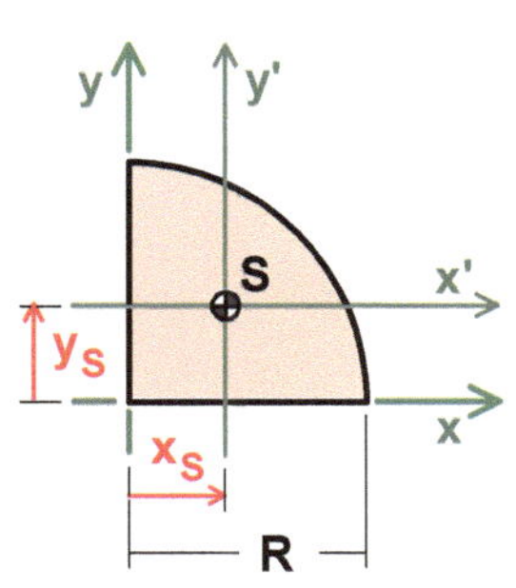	Fläche $A = \dfrac{1}{4}\,\pi\,R^2$	Schwerpunktkoordinaten $x_S = +\dfrac{4\,R}{3\,\pi}$ $y_S = +\dfrac{4\,R}{3\,\pi}$

Quadratteil (Quadrat minus Viertelkreis)		**12**
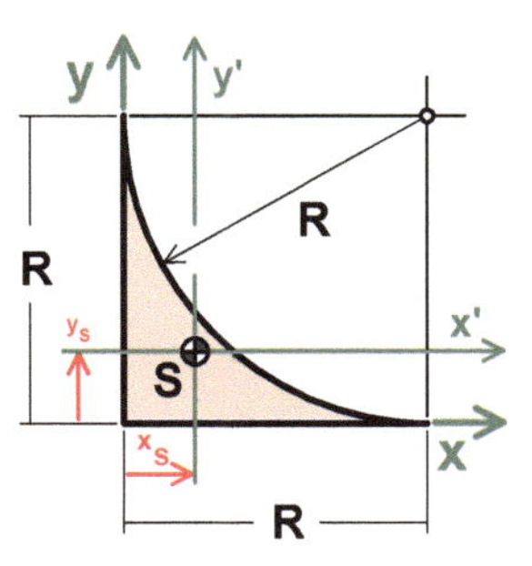	Fläche $A = \dfrac{4-\pi}{4}\cdot R^2$	Schwerpunktkoordinaten $x_S = \dfrac{1}{3}\cdot\dfrac{10-3\pi}{12-3\pi}\cdot R$ $y_S = \dfrac{1}{3}\cdot\dfrac{10-3\pi}{12-3\pi}\cdot R$

Vollkreis (Radius R) — 13

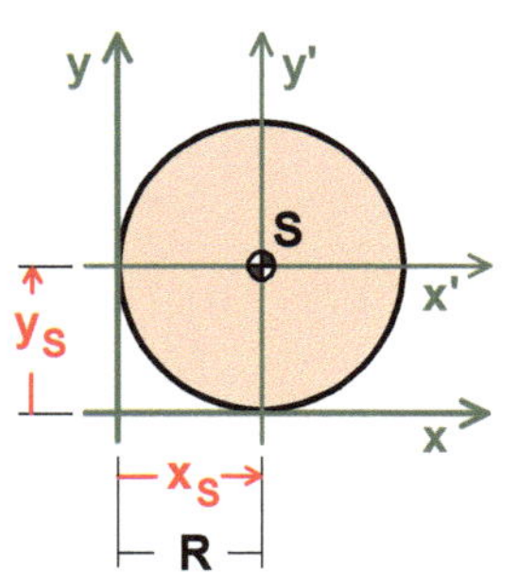

Fläche

$$A = \pi R^2$$

Schwerpunktkoordinaten

$$x_S = +R$$

$$y_S = +R$$

Kreisausschnitt (Radius R) — 14

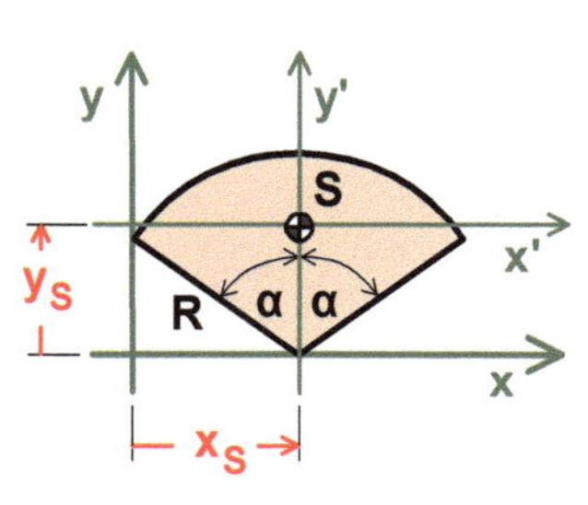

Fläche

$$A = R^2 \hat{\alpha}$$

Schwerpunktkoordinaten

$$x_S = +R \sin \alpha$$

$$y_S = +\frac{2R}{3\hat{\alpha}} \cdot \sin \alpha$$

(mit $\hat{\alpha}$ im Bogenmaß)

Kreisausschnitt (Radius R - allgemeine Lage) — 15

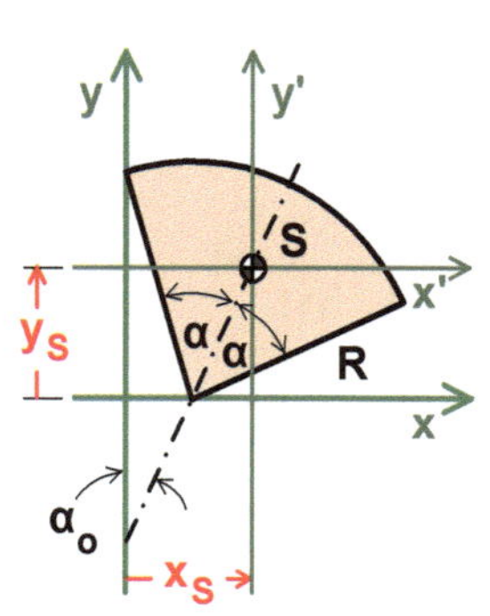

Fläche

$$A = R^2 \hat{\alpha}$$

Schwerpunktkoordinaten

$$x_S = +R \left[\sin \alpha \cdot \cos \alpha_o - \sin \alpha_o \left(\cos \alpha - \frac{2}{3\hat{\alpha}} \sin \alpha \right) \right]$$

$$y_S = +\frac{2R}{3\hat{\alpha}} \cdot \sin \alpha \cdot \cos \alpha_o$$

(mit $\hat{\alpha}$ im Bogenmaß)

Kreissegment (mathematisch)   **16**

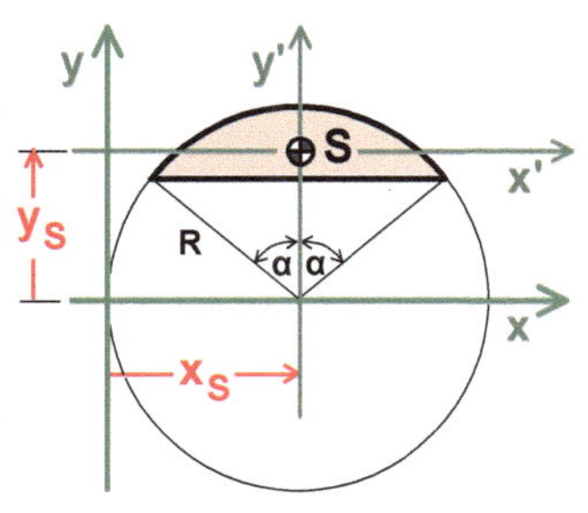

(keine Normallage)

Fläche

$$A = R^2 \left[\hat{\alpha} - \frac{1}{2} \sin(2\alpha) \right]$$

(mit $\hat{\alpha}$ im Bogenmaß)

Schwerpunktkoordinaten

$$x_S = +R$$

$$y_S = +\frac{2\,R}{3} \cdot \frac{\sin^3 \alpha}{\hat{\alpha} - \frac{1}{2} \sin(2\alpha)}$$

Kreissegment (mathematisch - mit vorgegebenem 'R' und 'α')   **17**

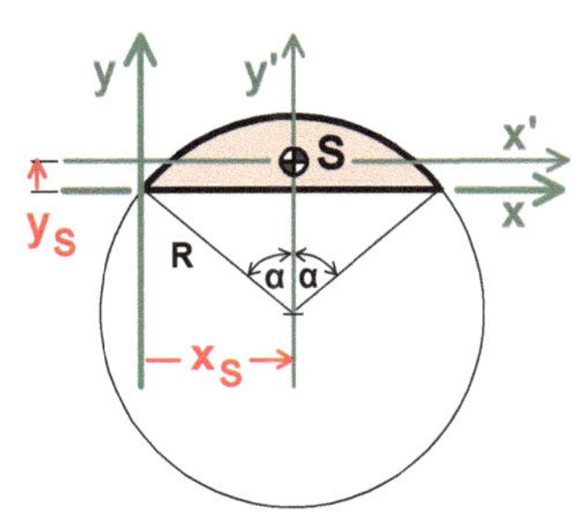

Fläche

$$A = R^2 \left[\hat{\alpha} - \frac{1}{2} \sin(2\alpha) \right]$$

(mit $\hat{\alpha}$ im Bogenmaß)

Schwerpunktkoordinaten

$$x_S = +R \sin \alpha$$

$$y_S = +R \left[\frac{2}{3} \cdot \frac{\sin^3 \alpha}{\hat{\alpha} - \frac{1}{2} \sin(2\alpha)} - \cos \alpha \right]$$

Kreissegment (ingenieurmäßig - mit vorgegebenem 'b' und 'h')   18

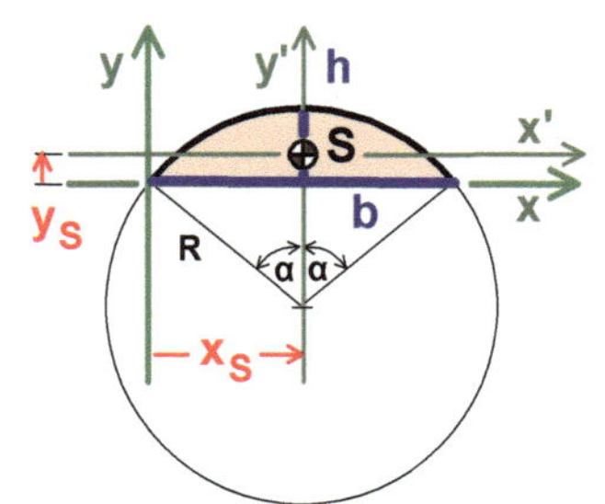

Fläche

$$A = R^2 \left[\hat{\alpha} - \frac{1}{2} \sin(2\alpha) \right]$$

Schwerpunktkoordinaten

$$x_S = + \frac{1}{2} b$$

$$y_S = + R \left[\frac{2}{3} \cdot \frac{\sin^3 \alpha}{\hat{\alpha} - \frac{1}{2} \sin(2\alpha)} - \cos \alpha \right]$$

mit $R = \dfrac{1}{2} \dfrac{b}{k}$

mit $\alpha = \arcsin(k)$

mit $\hat{\alpha} = \dfrac{\pi}{180°} \cdot \arcsin(k)$

Die Größe k ist dabei wie folgt definiert: $\quad k = \dfrac{1}{\dfrac{1}{4} \dfrac{b}{h} + \dfrac{h}{b}}$

(mit $\hat{\alpha}$ im Bogenmaß)

Kreisringstück (Zentriwinkel 180° und Symmetrielinie parallel zur y-Achse)   19

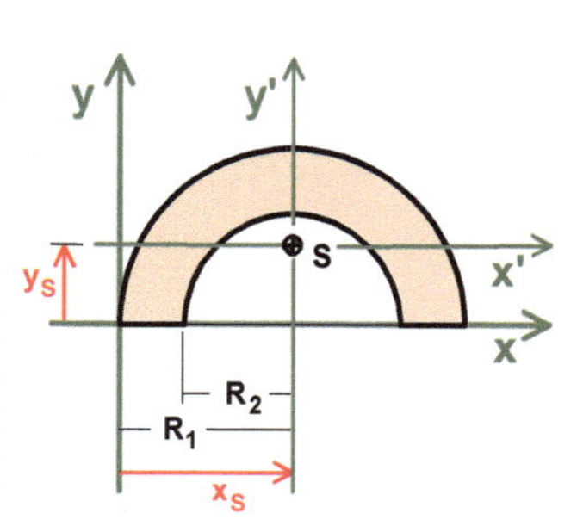

Fläche

$$A = \frac{1}{2} \pi \left(R_1^2 - R_2^2 \right)$$

Schwerpunktkoordinaten

$$x_S = + R_1$$

$$y_S = + \frac{4}{3\pi} \cdot \frac{R_1^3 - R_2^3}{R_1^2 - R_2^2}$$

Kreisringstück (Zentriwinkel kleiner 180° und Symmetrielinie parallel zur y-Achse) **20**

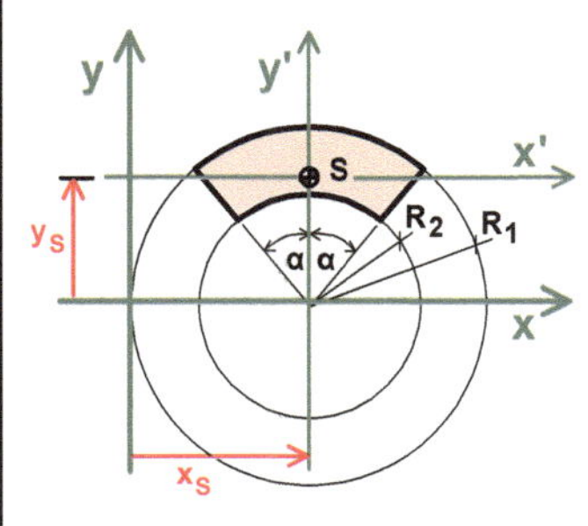

(keine Normallage)

Fläche

$$A = \widehat{\alpha}\left(R_1^2 - R_2^2\right)$$

(mit $\widehat{\alpha}$ im Bogenmaß)

Schwerpunktkoordinaten

$$x_S = +R_1$$

$$y_S = +\frac{2}{3}\cdot\frac{\left(R_1^3 - R_2^3\right)\cdot\sin\alpha}{\left(R_1^2 - R_2^2\right)\cdot\widehat{\alpha}}$$

Kreisringstück (ingenieurmäßig - mit vorgegebenem 'R_1', 'R_2' und 'α') **21**

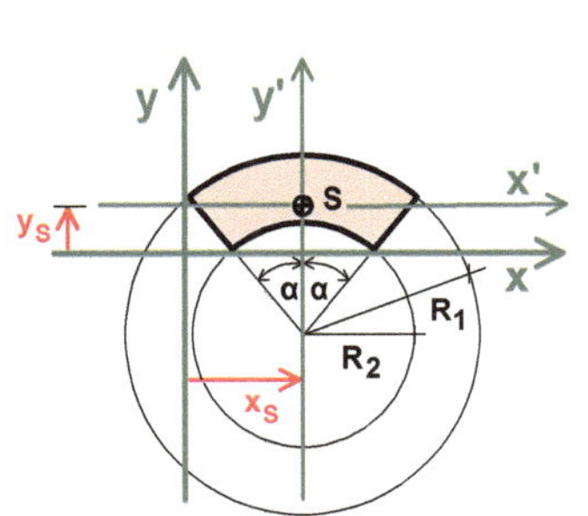

Fläche

$$A = \widehat{\alpha}\left(R_1^2 - R_2^2\right)$$

(mit $\widehat{\alpha}$ im Bogenmaß)

Schwerpunktkoordinaten

$$x_S = +R_1\cdot\sin\alpha$$

$$y_S = +\frac{2}{3}\cdot\frac{\left(R_1^3 - R_2^3\right)\cdot\sin\alpha}{\left(R_1^2 - R_2^2\right)\cdot\widehat{\alpha}} - R_2\cdot\cos\alpha$$

Kreisringstück (ingenieurmäßig - mit vorgegebenem 'b', 'h' und 't')   22

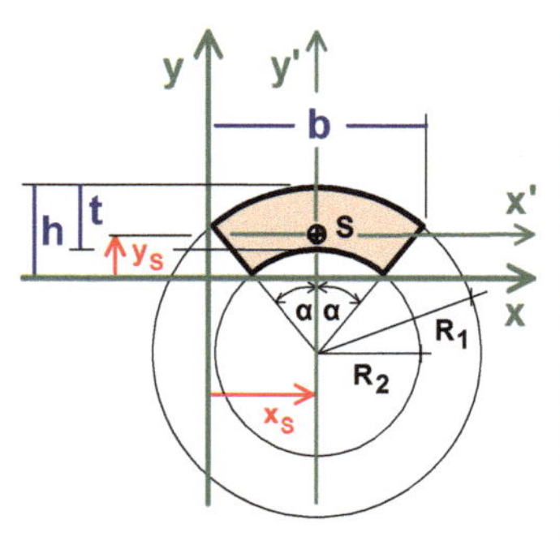

Fläche

$$A = \widehat{\alpha}\left(R_1^2 - R_2^2\right)$$

Schwerpunktkoordinaten

$$x_S = +\frac{1}{2}\,b \quad \text{(s. Skizze)}$$

$$y_S = +\frac{2}{3}\cdot\frac{\left(R_1^3 - R_2^3\right)\cdot\sin\alpha}{\left(R_1^2 - R_2^2\right)\cdot\widehat{\alpha}} - R_2\cdot\cos\alpha$$

mit R_1 als Lösung aus $a_3\cdot R_1^3 + a_2\cdot R_1^2 + a_1\cdot R_1 + a_0 = 0$

$$a_3 = 8\cdot(h-t)$$
$$a_2 = -\left[b^2 + 4\cdot\left(h^2 - t^2\right)\right]$$
$$a_1 = 2b^2\cdot t$$
$$a_0 = -b^2\cdot t^2$$

mit $R_2 = R_1 - t$

mit $\alpha = \arcsin\left(\dfrac{b}{2\,R_1}\right)$

mit $\widehat{\alpha} = \dfrac{\pi}{180°}\cdot\alpha$

(mit $\widehat{\alpha}$ im Bogenmaß)

Ellipse   23

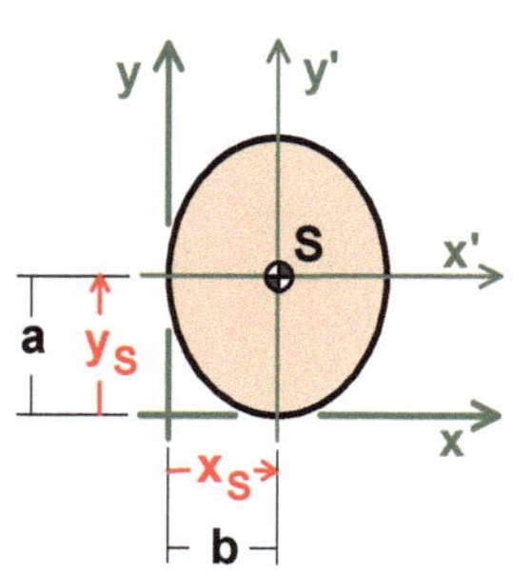

Fläche

$$A = \pi\cdot a\,b$$

Schwerpunktkoordinaten

$$x_S = +\,b$$

$$y_S = +\,a$$

Halbellipse		**24**

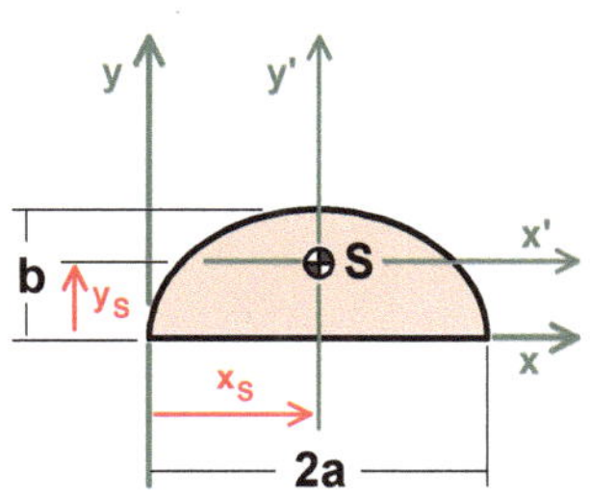

Fläche

$$A = \frac{\pi}{2} \cdot a\,b$$

Schwerpunktkoordinaten

$$x_S = +\,a$$

$$y_S = +\,\frac{4\,b}{3\,\pi}$$

Viertelellipse		**25**

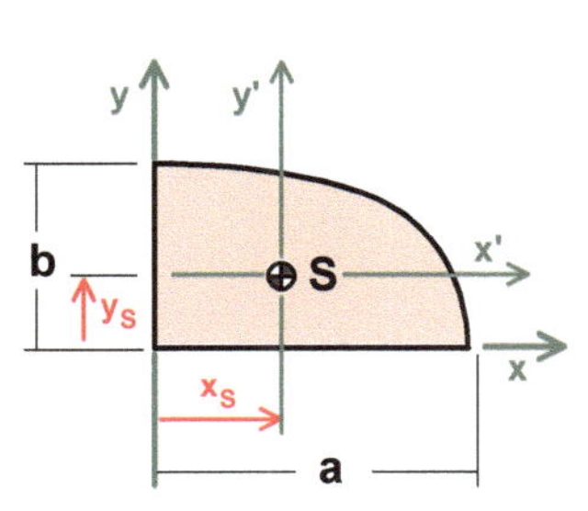

Fläche

$$A = \frac{\pi}{4} \cdot a\,b$$

Schwerpunktkoordinaten

$$x_S = +\,\frac{4\,a}{3\,\pi}$$

$$y_S = +\,\frac{4\,b}{3\,\pi}$$

Parabel $\left(y = \dfrac{h}{a} \cdot \left(-\dfrac{1}{a}\,x^2 + 2\,x \right) \, / \text{ nach unten offen} \right)$		**26**

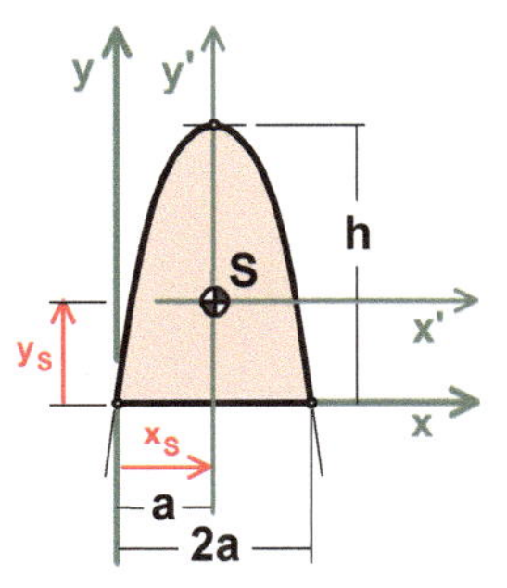

Fläche

$$A = \frac{4}{3} \cdot a\,h$$

Schwerpunktkoordinaten

$$x_S = +\,a$$

$$y_S = +\,\frac{2}{5} \cdot h$$

Halb-Parabel ($y = \dfrac{h}{a^2} \cdot x^2$ / nach oben offen)   **27**

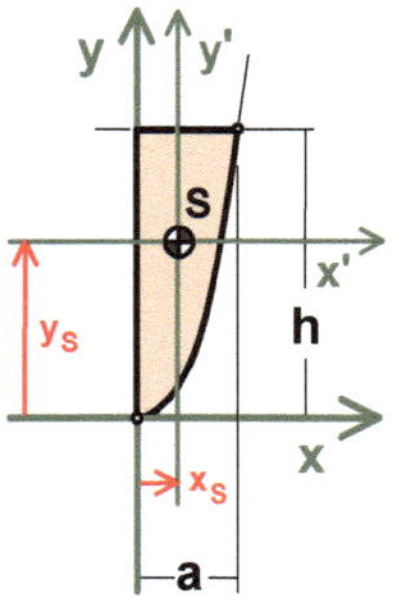

Fläche	Schwerpunktkoordinaten
$A = \dfrac{2}{3} \cdot a\,h$	$x_S = +\dfrac{3}{8} \cdot a$ $y_S = +\dfrac{3}{5} \cdot h$

Halbe Sinuskurve (Fläche unter der 1. Hälfte einer Sinuskurve)   **28**

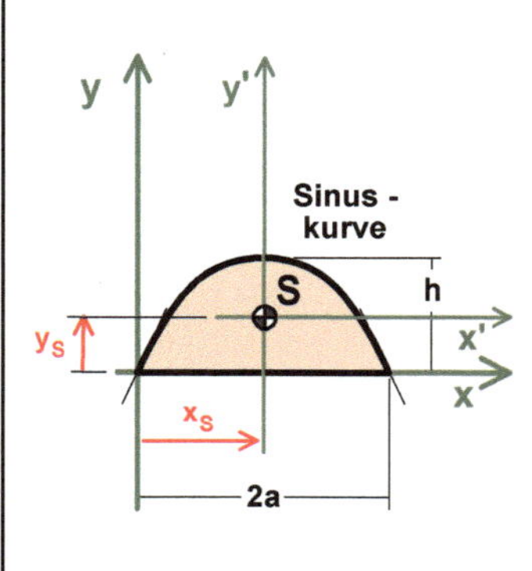

Fläche	Schwerpunktkoordinaten
$A = \dfrac{4}{\pi} \cdot a \cdot h$	$x_S = +a$ $y_S = +\dfrac{\pi}{8} \cdot h$

Viertel Kosinuskurve (Fläche unter dem 1. Viertel einer Kosinuskurve)   **29**

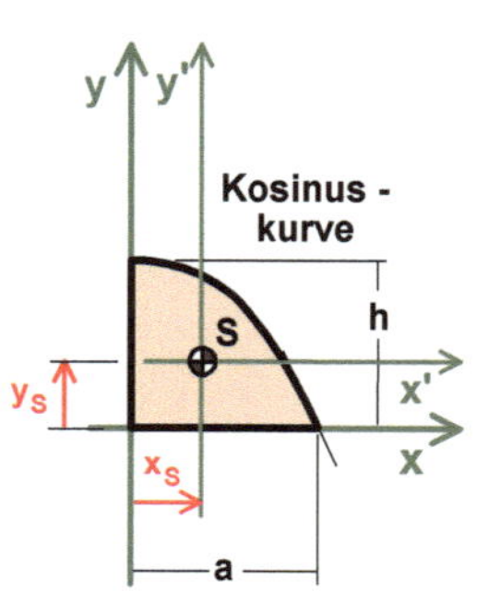

Fläche	Schwerpunktkoordinaten
$A = \dfrac{2}{\pi} \cdot a \cdot h$	$x_S = +\left(1 - \dfrac{2}{\pi}\right) \cdot a$ $y_S = +\dfrac{\pi}{8} \cdot h$

5.4.3 Flächenschwerpunkt / Zusammengesetzte Fläche

Innerhalb des Themenpunktes **'Flächenschwerpunkt / Zusammengesetzte Fläche'** geht es um die Ermittlung des Flächenschwerpunktes S einer Zusammengesetzten Fläche.

Flächenschwerpunkt S
Ermittlung

Als Ergebnis sollte sich die Schwerpunktlage S ergeben.

Schwerpunktlage S

Diese sollte favorisierend durch Angabe der Schwerpunktkoordinaten x_S und y_S erfolgen.

Eine Koordinate ist immer mit einem Vorzeichen behaftet.

> **Merke : Ermittlung des Flächenschwerpunktes S**
>
> **Das Ziel dabei ist die Angabe der Schwerpunktkoordinaten x_S und y_S.**

Flächenschwerpunkt S
Schwerpunktkoordinaten
x_S und y_S.

Unter Ermittlung des Flächenschwerpunktes S versteht man im Wesentlichen die **Berechnung** der Schwerpunktkoordinaten x_S und y_S.

Flächenschwerpunkt S
Ermittlung / ➜ Berechnung

Manchmal reicht aber auch das genaue Hinschauen sowie eine einfache **Überlegung** aus, die Schwerpunktkoordinaten x_S und y_S direkt hinschreiben zu können.

Flächenschwerpunkt S
Ermittlung / ➜ Überlegung

Hat man die Schwerpunktkoordinaten x_S und y_S ermittelt, muss man sie einer eindeutigen Ergebnisdarstellung zuführen.

Von daher sollte die Ergebnisdarstellung des Flächenschwerpunktes S grundsätzlich in folgender Form erfolgen,

Flächenschwerpunkt S
Ergebnisdarstellung

$$S : (x_S ; y_S) = (... ; ...).$$

Da es sich um Koordinaten handelt, gehört das entsprechende Vorzeichen, Plus oder Minus, immer dazu.

Schwerpunktkoordinaten
Vorzeichen / **MUSS**

Das ist ein **MUSS**.

Zusammengesetze Fläche
Ebenes Gebilde

Die Zusammengesetzte Fläche sollte ein Ebenes Gebilde sein und aus Gründen der standardisierten, strukturierten Vorgehensweise in der (x-y)-Ebene liegen.

$A = \Sigma A_i$; A_i: Teilflächen

Die Zusammengesetzte Fläche hat den Flächeninhalt A, mit $A = \Sigma A_i$.

Teilflächen
gleich Grundformen

Die Zusammengesetzte Fläche sollte man zweckmäßigerweise in wohldefinierte und bekannte Teilflächen einteilen können. Dabei sollte eine Teilfläche einer 'bereits bekannten' Grundform entsprechen.

Von einer jeden Teilfläche müssen die Schwerpunktkoordinaten x_S und y_S per **Wissens-MUSS** sofort vorliegen.

Voraussetzung

Das soll heißen, dass dieses Wissen als Voraussetzung für die Ermittlung des Flächenschwerpunkts S einer Zusammengesetzten Fläche vorhanden sein muss.

Grundformen
Tabelle

Das Wissen lässt sich anhand der folgenden ersten beiden Beispiele noch einmal überprüfen.

Sollte das auf Anhieb nicht klappen, so stehen in einem gesonderten Kapitel **'Flächenschwerpunkt / Grundformen'** die Schwerpunktkoordinaten x_S und y_S vieler denkbarer Teilflächen / Grundformen aufgelistet zur Verfügung - zum nochmaligen Nachschlagen.

Grundformen
Tabelle / Nachschlagen !

Die Tabelle dient dem Nachschlagen.

Anmerkung (1)
Berechnen der Schwerpunktkoordinaten x_S und y_S

Algebraisches Rechnen

Taschenrechner

Es ist im Wesentlichen das **algebraische Rechnen** gefragt. Das muss beherrscht werden. Da das im allgemeinen Fall bei den Studierenden heute nur bedingt der Fall ist, bieten die Beispiele und Aufgaben hinreichend Gelegenheit, das zu üben. Dabei sollte das **algebraische Rechnen** soweit gehen, bis der Kopf es nicht mehr kann. Erst dann sollte der **Taschenrechner** zum Einsatz kommen.

Anmerkung (2)
Überlegen / Hinschreiben der Schwerpunktkoordinaten x_S und y_S

Symmetrielinie
Schwerelinie

Man schaut sich die Zusammengesetzte Fläche genau an und fragt sich, 'wo sind die **Symmetrielinien**, wo sind die Linien zugehörig zur **Punktsymmetrie,** und sind **Schwerelinien** direkt zu erkennen?'
Zu den Begriffen 'Symmetrielinie', 'Linie zugehörig zur Punktsymmetrie' sowie 'Schwerelinie' wird etwas später detaillierter Stellung genommen.

Normallage der Zusammengesetzten Fläche

Für die Ermittlung des Flächenschwerpunktes S der Zusammengesetzen Fläche in Form der Schwerpunktkoordinaten x_S und y_S ist die Lage des (x-y)-Koordinatensystems zur Zusammengesetzten Fläche ungemein wichtig.

Lage des Koordinatensystems
Sehr wichtig !

Die Wichtigkeit ist so groß, dass man das Ganze standardisiert.

Man spricht dann von einer Normallage.

Normallage

Die Normallage sollte der Ausgangspunkt für die Ermittlung des Flächenschwerpunktes der Zusammengesetzten Fläche sein.

Erklärt man die Normallage als Standard, so hat man sich für die weitere Vorgehensweise eine 'starke' Struktur vorgegeben. Dabei liegt der Vorteil darin, dass sowohl die Schwerpunktkoordinaten für die Zusammengesetzte Fläche als auch die Schwerpunktkoordinaten für die Teilflächen immer positiv sind.

Normallage
Vorteil

Diese Normallage ist für die Zusammengesetzte Fläche eine ganz bestimmte. Dabei berührt der 'westlichste Punkt' die y-Achse und der 'südlichste Punkt' die x-Achse.

Statt des Punktes kann es auch eine Seite sein.

Merke : Normallage

Darunter versteht man eine bestimmte Lage der Zusammengesetzten Fläche A zum (x-y)-Koordinatensystem.

Der 'westlichste Punkt' der Zusammengesetzten Fläche berührt die y-Achse und der 'südlichste Punkt' die x-Achse.

ODER

Die 'westlichste Seite' der Zusammengesetzten Fläche ist identisch mit einem Teil der y-Achse und die 'südlichste Seite' mit einem Teil der x-Achse.

Normallage

Die Normallage hat den Vorteil, dass die zu ermittelnden Schwerpunktkoordinaten immer positiv sind.

Bei ingenieurmäßiger Vorgehensweise ist die Normallage favorisierend in Erwägung zu ziehen.

Normallage
ingenieurmäßig

Abbildung 5.4.3-1 zeigt wie die Zusammengesetzte Fläche in die Normallage gebracht wird.

a) Zusammengesetzte Fläche

Lage irgendwo in der Ebene

b) Zusammengesetzte Fläche

in der Normallage

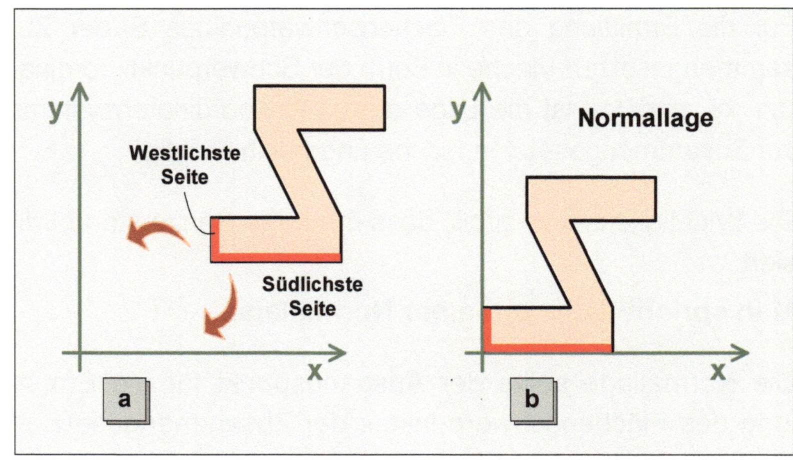

Abb. 5.4.3-1 a) Hinführen in die Normallage
b) Normallage liegt vor

Abbildung 5.4.3-1 a) zeigt die Zusammengesetzte Fläche irgendwo in der (x-y)-Ebene liegend. Die Zusammenge-setzte Fläche wird mit der 'westlichsten Seite' in Richtung der y-Achse verschoben und mit der 'südlichsten Seite' in Richtung der x-Achse, bis es zu einem Kontakt kommt.

Normallage

Abbildung 5.4.3-1 b) zeigt die Zusammengesetzte Fläche in der Normallage. Die 'westlichste Seite' ist identisch mit ei-nem Teil der y-Achse und die 'südlichste Seite' mit einem Teil der x-Achse.

Das ist der Standard hinsichtlich der Normallage.

Normallage

Ausgangspunkt

> **Merke : Zusammengesetzte Fläche / Normallage**
>
> **Die Zusammengesetzte Fläche in der Normallage ist der Ausgangspunkt für die Ermittlung der Schwerpunktkoordinaten x_S und y_S.**

Normallage

Schwerpunktkoordinaten sind grundsätzlich alle positiv.

> **Merke : Schwerpunktkoordinaten / Normallage**
>
> **Befindet sich die Zusammengesetzte Fläche in der Normallage, so sind grundsätzlich alle Schwer-punktkoordinaten positiv.**

Eine Zusammengesetzte Fläche setzt sich bekanntlich aus Teilflächen zusammen. Die Zusammensetzung aus Teilflächen kann additiv oder subtraktiv erfolgen.

Erfolgt die Zusammensetzung aus Teilflächen **additiv**, so führen diese Teilflächen zu **positiven** Flächenmomenten.

Erfolgt die Zusammensetzung aus Teilflächen **subtraktiv**, so führen diese Teilflächen zu **negativen** Flächenmomenten.

Das gilt nur für Zusammengesetzte Flächen, die sich in der Normallage befinden.

Merke : Flächenmoment / Normallage

Erfolgt die Zusammensetzung aus Teilflächen additiv, so führen diese Teilflächen zu positiven Flächenmomenten.

Flächenmoment
positiv

Merke : Flächenmoment / Normallage

Erfolgt die Zusammensetzung aus Teilflächen subtraktiv, so führen diese Teilflächen im Allgemeinen, aber bitte nicht immer, zu negativen Flächenmomenten.

Flächenmoment
negativ

Von daher ist die **Normallage** als Ausgangspunkt für die Ermittlung der Schwerpunktlage S so ungemein wichtig.

Sind Sie bitte von daher höchst aufmerksam, wenn Sie in die Literatur gehen. Überlegen Sie sehr genau, was da beispielsweise hinsichtlich des Koordinatensystems oder einer existierenden oder nicht existierenden Fläche steht - und was damit gemeint sein könnte.

Ermittlung des Flächenschwerpunktes S durch Berechnung der Schwerpunktkoordinaten x_S und y_S

Einstieg
in die Berechnung

Ein gedanklich guter Einstieg liegt vor, wenn man den **'Satz vom Resultierenden Moment'** zugrunde legt.

Der 'Satz vom Resultierenden Moment' ist ein wichtiger Satz in der Statik. Man sollte ihn stets auf seinem phänomenologischen Kleiderhaken parat haben.

Statik / Wissens-MUSS

Er ist hier zur Erinnerung noch einmal genannt.

Satz vom Resultierenden Moment

> **Merke :   Satz vom Resultierenden Moment**
>
> **Das Moment der Resultierenden um einen Bezugspunkt ist gleich der Summe der Momente der Einzelkräfte - ebenfalls um diesen Bezugspunkt.**

Anmerkung (1)

Moment / Kraftmoment / Produkt

Kraftmoment
Hebelarm mal Kraft

Bei einem Moment handelt es sich immer um ein Produkt, in diesem Fall 'Hebelarm mal Kraft'.

Dieses Moment ist das Kraftmoment.

Anmerkung (2)

Kraftmoment / Drehsinn

Drehsinn eines Moments
positiv oder negativ

Ein Moment hat grundsätzlich immer einen Drehsinn. Es kann mathematisch positiv oder negativ drehen.

Wenn es dann heißt 'Summe der Momente der Einzelkräfte', werden sowohl positive als auch negative Momente addiert.

Bedenken Sie das bitte!

Obwohl es überflüssig ist, sollte man an dieser Stelle noch einmal darauf hinweisen, dass das negative 'Kraftmoment' sich nicht aufgrund einer negativen Kraft ergibt, sondern allein aus dem Drehsinn des Kraftmoments.

Der **'Satz vom Resultierenden Moment'** sollte innerhalb der Thematik 'Flächenschwerpunkt / Zusammengesetzte Fläche' jederzeit als 'Eselsbrücke' abrufbar sein.

Satz vom Resultierenden Moment

$$\vec{M}_{(0),R} = \sum_i \vec{M}_{(0),i}$$

$$\vec{r}_{(0),R} \times \vec{R} = \sum_i \vec{r}_{(0),i} \times \vec{F}_i$$

$$\vec{r}_{(0),R} \times \vec{R} = \vec{r}_{(0),1} \times \vec{F}_1 + \vec{r}_{(0),2} \times \vec{F}_2 + \dots + \vec{r}_{(0),i} \times \vec{F}_i$$

Man legt ein (x-y)-Koordinatensystem zugrunde.

Die Kräfte sind Gewichtskräfte.

Die Gewichtskräfte verlaufen parallel zur y-Achse, wobei sie in die negative y-Richtung weisen. Der Abstand einer jeden Gewichtskraft von der y-Achse ist durch die zugehörige x-Koordinate gegeben.

Damit hat der 'Satz vom Resultierenden Moment' für Gewichtskräfte folgendes Aussehen:

$$x \cdot F_G = x_1 \cdot F_{G,1} + x_2 \cdot F_{G,2} + \dots + x_i \cdot F_{G,i}$$

$F_{G,i}$ ist die i-te Gewichtskraft;

x_i ist der Abstand der Wirkungslinie der i-ten Gewichtskraft $F_{G,i}$ von der y-Achse.

F_G ist die Gesamtgewichtskraft, d. h. die Summe aller Gewichtskräfte, mit $F_G = \Sigma F_{G,i}$.

x ist der Abstand der Wirkungslinie der Gesamtgewichtskraft F_G von der y-Achse.

Satz vom Resultierenden Moment

Allgemeine Kräfte $\vec{F}_i$

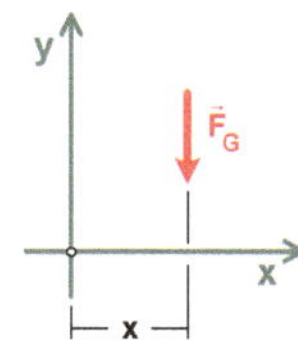

Gewichtskräfte $F_{G,i}$

Gewichtskraft $F_G = m\,g$
Masse mal Erdbeschleunigung

Es gilt $F_G = m\,g$.

$$x \cdot m \cdot g = x_1 \cdot m_1 \cdot g + x_2 \cdot m_2 \cdot g + \dots + x_i \cdot m_i \cdot g$$

Die Erdbeschleunigung 'g' kann auf beiden Seiten der Gleichung gekürzt werden.

$$x \cdot m \cdot \cancel{g} = x_1 \cdot m_1 \cdot \cancel{g} + x_2 \cdot m_2 \cdot \cancel{g} + \dots + x_i \cdot m_i \cdot \cancel{g}$$

Massenmomente

$$\mathbf{x \cdot m_{ges} = x_1 \cdot m_1 + x_2 \cdot m_2 + \dots + x_i \cdot m_i}$$

Masse $m = V \cdot \rho$
Volumen mal Dichte

Es gilt $m = V \cdot \rho$.

$$x \cdot V \cdot \rho = x_1 \cdot V_1 \cdot \rho + x_2 \cdot V_2 \cdot \rho + \dots + x_i \cdot V_i \cdot \rho$$

Die Dichte 'ρ' ist für alle Volumina gleich.

Damit kann die Dichte 'ρ' auf beiden Seiten gekürzt werden.

$$x \cdot V \cdot \cancel{\rho} = x_1 \cdot V_1 \cdot \cancel{\rho} + x_2 \cdot V_2 \cdot \cancel{\rho} + \dots + x_i \cdot V_i \cdot \cancel{\rho}$$

Volumenmomente

$$\mathbf{x \cdot V = x_1 \cdot V_1 + x_2 \cdot V_2 + \dots + x_i \cdot V_i}$$

Volumen $V = A \cdot t$
Fläche mal Dicke

Es gilt $V = A \cdot t$.

$$x \cdot A \cdot t = x_1 \cdot A_1 \cdot t + x_2 \cdot A_2 \cdot t + \dots + x_i \cdot A_i \cdot t$$

Die Dicke 't' ist für alle Volumina gleich.

Damit kann die Dicke 't' auf beiden Seiten gekürzt werden.

$$x \cdot A \cdot \cancel{t} = x_1 \cdot A_1 \cdot \cancel{t} + x_2 \cdot A_2 \cdot \cancel{t} + \dots + x_i \cdot A_i \cdot \cancel{t}$$

Flächenmomente

$$\mathbf{x \cdot A = x_1 \cdot A_1 + x_2 \cdot A_2 + \dots + x_i \cdot A_i}$$

$$x \cdot A = x_1 \cdot A_1 + x_2 \cdot A_2 + \ldots + x_i \cdot A_i$$

Flächenmomente

A_i ist die i-te Teilfläche.

x_i ist der Abstand des Flächenmittelpunktes der i-ten Teilfläche von der y-Achse.

A ist die Gesamtfläche, d. h. die Summe aller Teilflächen,
$A = \Sigma A_i$.

x ist der Abstand des Flächenmittelpunktes der Gesamtfläche von der y-Achse.

Obige Gleichung ist aus dem 'Satz vom Resultierenden Moment' hervorgegangen. Man bezeichnet diese Gleichung als 'Satz vom Resultierenden Flächenmoment'.

Satz vom Resultierenden Flächenmoment

Betrachtet man diese Gleichung - **'Satz vom Resultierenden Flächenmoment'** - etwas genauer, so erkennt man, dass sie eine Bestimmungsgleichung für den Abstand des Flächenmittelpunktes der Gesamtfläche von der y-Achse ist.

Somit geht x über in x_S und stellt die Schwerpunktkoordinate dar.

A stellt die Gesamtfläche dar.

x_i geht über in $x_{S,i}$ und stellt die Schwerpunktkoordinate der i-ten Teilfläche dar.

$$x_S \cdot A = x_{S,1} \cdot A_1 + x_{S,2} \cdot A_2 + \ldots + x_{S,i} \cdot A_i$$

$$x_S \cdot A = \sum_i x_{S,i} \cdot A_i$$

Summenformel
Satz vom Resultierenden Flächenmoment

Das ist der **'Satz vom Resultierenden Flächenmoment'** oder in dieser Form auch **'Summenformel'** genannt.

Es gibt eine Summenformel für die Schwerpunktkoordinate x_S und eine für die Schwerpunktkoordinate y_S.

Summenformel

$$x_S \cdot A = \sum_i x_{s,i} \cdot A_i$$

Schwerpunktkoordinate x_S

Summenformel

$$y_S \cdot A = \sum_i y_{s,i} \cdot A_i$$

Schwerpunktkoordinate y_S

Anmerkung (1)

Flächenmoment

Moment / Flächenmoment / Produkt

(Länge) Schwerpunktkoordinate mal Fläche

Bei einem Moment handelt es sich immer um ein Produkt, in diesem Fall '(Länge) Schwerpunktkoordinate mal Fläche'.

Dieses Moment ist das Flächenmoment.

Anmerkung (2)

Flächenmoment / Drehsinn

Drehsinn eines Moments positiv oder negativ

Ein Moment hat grundsätzlich immer einen Drehsinn. Es kann mathematisch positiv oder negativ drehen.

Wenn es dann heißt 'Summe der Flächenmomente', werden sowohl positive als auch negative Momente addiert.

Bedenken Sie das bitte!

Obwohl es überflüssig ist, sollte man an dieser Stelle noch einmal darauf hinweisen, dass ein negatives Flächenmoment sich nicht aufgrund einer negativen Fläche ergibt, sondern allein aus dem Drehsinn des Flächenmoments.

Flächenmoment

negativ

> **Merke : Flächenmoment / Normallage**
> Erfolgt die Zusammensetzung der Gesamtfläche aus Teilflächen **subtraktiv**, so führen genau diese Teilflächen zu **negativen** Flächenmomenten.

Resümee

Berechnung
der Scherpunktkoordinaten

Noch einmal, das grundsätzliche Ziel dieses Themenpunktes ist die Ermittlung des Flächenschwerpunktes S mit Hilfe der **Berechnung** der Schwerpunktkoordinaten x_S und y_S.

Ausgangspunkt ist die Summenformel.

Summenformel

Dabei sollte die **Summenformel** effektiv gehandhabt werden. Ein Kriterium dafür ist die rechentechnische Handhabung.

Ermittlung des Flächenschwerpunktes S durch Überlegen und Hinschreiben der Schwerpunktkoordinaten x_S und y_S

Die Ermittlung des Flächenschwerpunktes S kann in einigen Fällen auch ohne Berechnung der Schwerpunktkoordinaten x_S und y_S erfolgen.

Flächenschwerpunkt S
ohne Berechnung

Das kann dadurch geschehen, dass man sich den Querschnitt, in unserem Fall die Zusammengesetzte Fläche, genau anschaut - **überlegt!** - und die Schwerpunktkoordinaten x_S und y_S einfach hinschreibt.

Flächenschwerpunkt S
Überlegen / Hinschreiben

Das genaue Anschauen und Überlegen bezieht sich auf das Erkennen von sogenannten 'Schwerelinien'.

Schwerelinie

> **Merke : Schwerelinie**
> **Eine 'Schwerelinie' hat die Eigenschaft, geometrischer Ort für den Flächenschwerpunkt S zu sein.**

Schwerelinie

Der Schwerpunkt S liegt immer auf einer 'Schwerelinie'.

Eine **'Schwerelinie'** liegt grundsätzlich vor, wenn die Flächenmomente der oberhalb und unterhalb liegenden Flächen gleich groß sind.

Gleichheit der Flächenmomente
Schwerelinie

Das Gleiche gilt, wenn die Flächenmomente der links und rechts liegenden Flächen gleich groß sind.

Das muss aber nicht heißen, dass die oberhalb und unterhalb liegenden Flächen bzw. links und rechts liegenden Flächen gleich groß sind.

Bedenken Sie bitte, dass das Flächenmoment das Produkt aus Fläche und Abstand ist.

Es gibt aber auch Fälle, da sind die Flächenmomente gleich groß, weil eben die entsprechend liegenden Flächen gleich groß sind.

Schwerelinie

> **Merke : Schwerelinie**
>
> **Eine 'Schwerelinie' liegt vor, wenn das Flächenmoment auf beiden Seiten gleich groß ist.**
>
> Die entsprechend liegenden Flächen müssen nicht gleich groß sein.

Gleichheit der Flächenmomente
Symmetrielinie
Schwerelinie

Es gibt weitere Fälle, da sind die oberhalb und unterhalb liegenden Flächen bzw. links und rechts liegenden Flächen nicht nur gleich groß, sondern auch symmetrisch.

In einem solchen Fall erhält die Schwerelinie noch die Eigenschaft 'Symmetrielinie' zu sein.

Eine 'Symmetrielinie' ist damit auch immer eine 'Schwerelinie'.

Symmetrielinie

> **Merke : Symmetrielinie**
>
> **Eine Symmetrielinie ist immer eine Schwerelinie.**
>
> Eine Schwerelinie kann Symmetrielinie sein.

Eine 'Symmetrielinie' liegt vor, wenn die oberhalb und unterhalb bzw. links und rechts liegenden Flächen **spiegelbildlich** und damit gleich groß sind.

Symmetrielinie

> **Merke : Symmetrielinie**
>
> **Die zu einer Symmetrielinie entsprechend liegenden Flächen sind spiegelbildlich gleich groß.**

Es sollte jetzt einleuchtend sein, dass dann auch die Flächenmomente gleich groß sind.

Das kann für Zusammengesetzte Flächen bedeuten, dass sowohl Einfach- als auch Doppelsymmetrie vorliegen kann.

Symmetrielinien
Schnittpunkt

Bei Vorhandensein einer Doppelsymmetrie liegt der Flächenschwerpunkt S im Schnittpunkt beider Symmetrielinien.

Die Abbildung 5.4.3-2 zeigt Bauteilquerschnitte als Zusammengesetzte Flächen.

Die Abbildung 5.4.3-2 a) zeigt eine Zusammengesetzte Fläche, die hinsichtlich einer vertikalen Linie symmetrisch ist. Die vertikale Linie stellt eine Symmetrielinie dar.

Es liegt Einfachsymmetrie vor.

Die Symmetrielinie ist eine Schwerelinie.

Einfachsymmetrie

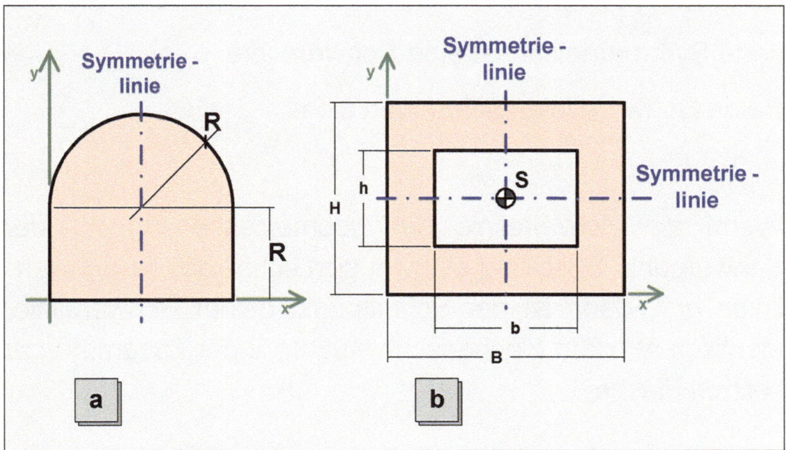

a) **Zusammengesetzte Fläche**
Einfachsymmetrie

b) **Zusammengesetzte Fläche**
Doppelsymmetrie

Abb. 5.4.3-2 Zusammengesetzte Fläche a) Einfachsymmetrie
b) Doppelsymmetrie

Die Schwerelinie ist der Ort für den Flächenschwerpunkt S der Zusammengesetzten Flächen.

Aufgrund dieser Überlegungen lässt sich die Schwerpunktkoordinate x_S einfach hinschreiben,

$$\underline{\underline{x_S = +R}}\,.$$

In welcher Höhe der Schwerpunkt S der Zusammengesetzten Fläche liegt, ist noch unbekannt. Die entsprechende Schwerpunktkoordinate y_S lässt sich aber ohne Weiteres mit Hilfe der Summenformel errechnen.

Anmerkung

Eine Symmetrielinie ist immer eine Schwerelinie, eine Schwerelinie aber nicht immer eine Symmetrielinie.

Eine **Schwerelinie** zeichnet sich dadurch aus, dass die entsprechenden Flächenmomente gleich groß sind.

Schwerelinie

Eine **Symmetrielinie** zeichnet sich dadurch aus, dass sowohl die entsprechenden Flächenmomente als auch die entsprechend spiegelbildlichen Flächen gleich groß sind.

Symmetrielinie

Die Abbildung 5.4.3-2 b) zeigt eine Zusammengesetzte Fläche, die sowohl hinsichtlich einer vertikalen Linie als auch einer horizontalen Linie symmetrisch ist.

Die vertikale Linie stellt eine Symmetrielinie dar, die horizontale Linie ebenfalls.

Doppelsymmetrie

Es liegt Doppelsymmetrie vor.

Jede Symmetrielinie ist eine Schwerelinie.

Beide Schwerelinien schneiden sich.

Wenn die Schwerelinie der geometrische Ort für den Schwerpunkt S ist, und es zwei sich schneidende Schwerelinien gibt, dann ist der Schnittpunkt beider Schwerelinien identisch mit dem Flächenschwerpunkt S der Zusammengesetzten Fläche.

Flächenschwerpunkt S

> **Merke :   Flächenschwerpunkt S**
>
> **Der Schnittpunkt zweier Schwerelinien ist identisch mit dem Flächenschwerpunkt S.**

Die Schwerpunktkoordinaten x_S und y_S lassen sich ablesen und direkt hinschreiben,

$$S : (x_S ; y_S) = (+\frac{B}{2} ; \ +\frac{H}{2}).$$

Schwerpunktkoordinaten
Vorzeichen / MUSS

Da es sich um Koordinaten handelt, gehört das entsprechende Vorzeichen, Plus oder Minus, immer dazu.

Negatives Z-Profil
keine Symmetrie

Abbildung 5.4.3-3 zeigt ein negatives Z-Profil. Man kann sich dieses negative Z-Profil als additiv zusammengesetzte Fläche aus drei Teilflächen denken.

Schaut man sich dieses negative Z-Profil hinsichtlich erkennbarer Schwerelinien einmal genauer an, so sollte man eine vertikale und eine horizontale Linie als Schwerelinie erkennen.

Eine Schwerelinie verläuft vertikal und eine horizontal. Sie schneiden sich in einem Punkt, im Flächenschwerpunkt S.

Somit lassen sich auch hier die Schwerpunktkoordinaten x_S und y_S direkt ablesen und hinschreiben.

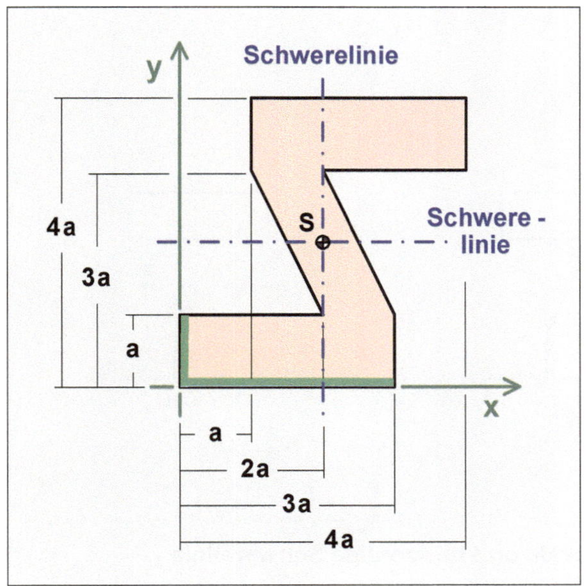

Abb. 5.4.3-3 Sich schneidende Schwerelinien

Zusammengesetzte Fläche

vertikale Schwerelinie
horizontale Schwerelinie

→ Schnittpunkt

→ Flächenschwerpunkt S

**Koordinaten ablesen
und hinschreiben**

Die Ergebnisdarstellung des Flächenschwerpunktes S hat grundsätzlich in folgender Form zu erfolgen,

Flächenschwerpunkt S
Ergebnisdarstellung

$$S : (x_S ; y_S) = (+2a; \ +2a).$$

Da es sich um Koordinaten handelt, gehört das entsprechende Vorzeichen, Plus oder Minus, immer dazu.

Schwerpunktkoordinaten
Vorzeichen / MUSS

Die Abbildung 5.4.3-4 zeigt das negative Z-Profil mit einer vertikalen und einer horizontalen Schwerelinie.

Die vertikale Schwerelinie zeichnet sich dadurch aus, dass sowohl die links als auch die rechts liegenden Flächen gleich groß sind. Sie sind punktsymmetrisch.

Punktsymmetrie

Damit sind auch die Flächenmomente gleich groß.

Hinsichtlich der vertikalen Schwerelinie liegt Punktsymmetrie vor.

Punktsymmetrie

Die horizontale Schwerelinie zeichnet sich dadurch aus, dass sowohl die oben als auch die unten liegenden Flächen gleich groß sind. Sie sind punktsymmetrisch.

Damit sind auch die Flächenmomente gleich groß.

Hinsichtlich der horizontalen Schwerelinie liegt Punktsymmetrie vor.

a) **vertikale Schwerelinie**

b) **horizontale Schwerelinie**

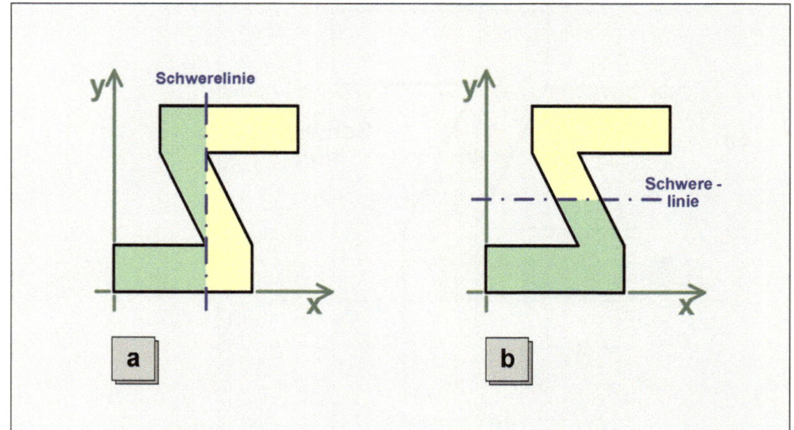

Abb. 5.4.3-4 Vertikale und horizontale Schwerelinie

In beiden Fällen sind sowohl die entsprechend liegenden punktsymmetrischen Flächen als auch die zugehörigen Flächenmomente gleich.

Das Erkennen von Schwerelinien, insbesondere das Erkennen von Symmetrielinien, erleichtert die Ermittlung des Flächenschwerpunktes S ungemein.

Die Schwerpunktkoordinaten x_S und y_S können abgelesen und direkt hinschrieben werden.

Ermittlung des Flächenschwerpunktes S mittels Sonderverfahren

Die Ermittlung des Flächenschwerpunktes S einer Zusammengesetzten Fläche kann aber auch sowohl grafisch als auch halb grafisch sowie halb rechnerisch erfolgen.

Diese Vorgehensweisen werden als **Sonderverfahren** bezeichnet und im nächsten Kapitel 5.4.4 vorgestellt.

Summenformel mit Flächenquotienten

Die Summenformel für die Berechnung der Schwerpunktko-ordinate x_S hat als Ausgangsformel folgendes Aussehen:

Summenformel
Ausgangsformel

$$x_S \cdot A = \sum_i x_{S,i} \cdot A_i .$$

Diese Ausgangsformel lässt sich ausformulieren,

Summenformel
ausformuliert

$$x_S \cdot A = x_{S,1} \cdot A_1 + x_{S,2} \cdot A_2 + ... + x_{S,i} \cdot A_i .$$

Betrachten Sie nun bitte das Flächenmoment als Produkt aus 'Schwerpunktkoordinate $x_{S,i}$' und 'Teilfläche A_i'.

Die Schwerpunktkoordinate $x_{S,i}$ hat beispielsweise die Einheit 'Meter', die Teilfläche A_i die Einheit 'Meter zum Quadrat'.

Damit hat das Flächenmoment die Einheit 'Meter hoch drei'.

Einheitengleichung
für das Flächenmoment

$$\left[x_{S,i} \cdot A_i \right] = \left[x_{S,i} \right] \cdot \left[A_i \right]$$

$$\text{mit } \left[x_{S,i} \right] = m \text{ und } \left[A_i \right] = m^2$$

$$\left[x_{S,i} \cdot A_i \right] = m \cdot m^2$$

Einheit
für das Flächenmoment

$$\left[x_{S,i} \cdot A_i \right] = m^3$$

Das ist ein Fakt, der die - an und für sich - einfache algebraische Rechnung schwierig erscheinen lässt.

Von daher sollte man die bereits ausformulierte Summenformel derart umschreiben, dass man auf der rechten Seite der Gleichung sogenannte Flächenquotienten zu stehen bekommt.

$$x_S \cdot A = x_{S,1} \cdot A_1 + x_{S,2} \cdot A_2 + ... + x_{S,i} \cdot A_i$$

Summenformel
mit Flächenquotienten

$$x_S = x_{S,1} \cdot \frac{A_1}{A} + x_{S,2} \cdot \frac{A_2}{A} + ... + x_{S,i} \cdot \frac{A_i}{A}$$

Es ist einsehbar, dass auf der rechten Seite der Exponent der Einheit sich von 'drei' auf 'eins' reduziert, da der Flächenquotient einheitenlos ist.

Vorteil

Es ist empfehlenswert und auch zweckmäßig für die Berechnung der Schwerpunktkoordinaten x_S und y_S die Summenformel mit den Flächenquotienten favorisierend in Erwägung zu ziehen.

Empfehlung

$$x_S = x_{S,1} \cdot \frac{A_1}{A} + x_{S,2} \cdot \frac{A_2}{A} + \ldots + x_{S,i} \cdot \frac{A_i}{A}$$

Summenformel
mit Flächenquotienten

Innerhalb der Flächenquotienten lässt es sich herrlich kürzen. Das vereinfacht den weiteren algebraischen Rechengang ungemein.

Die Handhabung der Summenformel kann sowohl allgemein mit Größen als auch mit Zahlenwerten und Einheiten erfolgen.

Handhabt man die Summenformel allgemein mit Größen, so bringt das Kürzen innerhalb der Flächenquotienten große Vorteile. Man muss allerdings die Fähigkeit besitzen, algebraisch rechnen zu können.

Summenformel
mit Größen

Rechnet man mit Zahlenwerten und Einheiten, so kürzen sich zumindest innerhalb der Flächenquotienten die Einheiten heraus. Auch das vereinfacht die weitere Vorgehensweise schon erheblich.

Summenformel
mit Zahlenwerten und Einheiten

Man startet mit der Formulierung der Teilflächen A_i. Die Zusammengesetzte Fläche A ergibt sich dann als Addition oder Subtraktion der Teilflächen A_i.

Teilflächen
➔ Gesamtfläche

Mit der Formulierung der Schwerpunktkoordinaten $x_{S,i}$ und $y_{S,i}$ fährt man fort, um diese dann allesamt als Eingabegrößen in die Summenformel einzusetzen. Da man hinsichtlich der Gesamtfläche von der Normallage ausgeht, sind alle Schwerpunktkoordinaten grundsätzlich positiv.

Schwerpunktkoordinaten

Der Frage nach dem Vorzeichen innerhalb der 'Summenformel mit Flächenquotienten' kommt eine große Bedeutung zu.

Sie lässt sich einfach beantworten mit Hilfe des nachfolgenden Merksatzes.

Flächenmoment

negativ

> **Merke : Flächenmoment / Normallage**
> **Erfolgt die Zusammensetzung der Gesamtfläche aus Teilflächen subtraktiv, so führen genau diese Teilflächen zu negativen Flächenmomenten.**

Das gilt nur, wenn sich die Zusammengesetzte Fläche in der Normallage befindet.

Summenformel / tabellarisch

Die Summenformel lässt sich rechentechnisch gut mit dem Taschenrechner, mit dem Rechner oder mit Hilfe eines simplen Programms (beispielsweise Excel) auf dem Rechner handhaben.

Tabelle
Rechner

Dieser Vorgehensweise liegt eine Tabelle zugrunde, die ausgehend von der ausformulierten Summenformel folgendes Aussehen haben könnte.

Hier noch einmal die ausformulierte Summenformel.

$$x_S \cdot A = x_{S,1} \cdot A_1 + x_{S,2} \cdot A_2 + \dots + x_{S,i} \cdot A_i$$

Summenformel
ausformuliert

Das ist die Tabelle, so könnte sie aussehen.

Tabelle

Eingabewerte
in den gelben Feldern

Flächenmomente
$x_{S,i} \cdot A_i$ und $y_{S,i} \cdot A_i$

i	A_i	$x_{S,i}$	$y_{S,i}$	$x_{S,i} \cdot A_i$	$y_{S,i} \cdot A_i$
1	A_1	$x_{S,1}$	$y_{S,1}$	$x_{S,1} \cdot A_1$	$y_{S,1} \cdot A_1$
2	A_2	$x_{S,2}$	$y_{S,2}$	$x_{S,2} \cdot A_2$	$y_{S,2} \cdot A_2$
3	A_3	$x_{S,3}$	$y_{S,3}$	$x_{S,3} \cdot A_3$	$y_{S,3} \cdot A_3$
i	A_i	$x_{S,i}$	$y_{S,i}$	$x_{S,i} \cdot A_i$	$y_{S,i} \cdot A_i$
	$\sum A_i$			$\sum x_{S,i} \cdot A_i$	$\sum y_{S,i} \cdot A_i$
		x_S		$\dfrac{\sum x_{S,i} \cdot A_i}{\sum A_i}$	
		y_S			$\dfrac{\sum y_{S,i} \cdot A_i}{\sum A_i}$

Tabelle / Berechnung der Schwerpunktkoordinaten

Tabelle / Start	**Ermittlung der Teilflächen A_i**
Teilflächen A_i Eingabewerte	Es ist empfehlenswert mit der Ermittlung der Teilflächen A_i zu beginnen. Die Formulierung der Teilflächen A_i bewirkt, dass man sich mit ihnen beschäftigt. Das ist vorteilhaft.

Ermittlung der Schwerpunktkoordinaten $x_{S,i}$ und $y_{S,i}$

Schwerpunktkoordinaten Eingabewerte	Bei der Ermittlung der zugehörigen Schwerpunktkoordinaten $x_{S,i}$ und $y_{S,i}$ kennt man die Teilfläche A_i bereits.
Eingabewerte	A_i, $x_{S,i}$ und $y_{S,i}$ werden dann als Eingabewerte in die Tabelle eingetragen.

Ermittlung der Flächenmomente / Vorzeichen

Flächenmoment Vorzeichen	Das Flächenmoment ist das Produkt aus Schwerpunktkoordinate der Teilfläche und Teilfläche. Hinzu kommt das Vorzeichen 'Plus' oder 'Minus', das sich aus dem Drehsinn des Flächenmomentes ergibt. Ganz wichtig ist, dass sich das positive oder negative Vorzeichen des Flächenmomentes nicht aus der positiven oder negativen Schwerpunktkoordinate der Teilfläche ergibt. Es ergibt sich auch nicht aus einer positiven oder negativen Teilfläche.
Flächenmoment Vorzeichen	**Das Vorzeichen des Flächenmomentes ergibt sich aus seinem Drehsinn.** Diesbezüglich sollte man vom Phänomenologischen ausgehen - und nicht irgendwie 'tricksen'.
Flächenmoment Vorzeichen	Allerdings, unter der Voraussetzung, dass sich eine Zusammengesetzte Fläche in der Normallage befindet, führt eine Teilfläche, die eine Ausnehmung darstellt zu einem negativen Flächenmoment. Ich wehre mich an dieser Stelle dagegen - das Phänomenologische zugrunde legend - von einer **negativen Fläche** zu sprechen.

Von daher sollte bei Anwendung der Tabelle weder eine Teilfläche noch eine Schwerpunktkoordinate negativ eingehen. Man denkt nach, und belegt die Plätze in der Tabelle, die ein negatives Flächenmoment aufnehmen von vornherein mit einem Minus-Zeichen.

Das Minus-Zeichen ist intern enthalten.

Handhabung der Tabelle
Empfehlung

Im Weiteren werden die Flächenmomente als Produkte berechnet und dann addiert.

Die entsprechenden Summen der Flächenmomente werden dann durch die Gesamtfläche dividiert.

Damit ergeben sich die zu ermittelnden Schwerpunktkoordinaten x_S und y_S als Ergebnis.

Schwerpunktkoordinaten

Anmerkung

Die Phänomenologie der Technischen Mechanik geht bis hin zur Ermittlung der Eingabewerte.

Das Verarbeiten der Eingabewerte mit Hilfe der Tabelle hat mit der Technischen Mechanik nichts mehr zu tun. Die geschickte Handhabung der Tabelle ist stark abhängig vom mathematischen (noch besser ingenieurmäßigem) Fingerspitzengefühl des Anwenders.

Dennoch ist die Tabelle vom rechentechnischen her wunderbar und hilfreich.

Wiederholung

Die Ergebnisdarstellung des Flächenschwerpunktes S hat grundsätzlich in folgender Form zu erfolgen,

Flächenschwerpunkt S
Ergebnisdarstellung

$$S : (x_S ; y_S) = (...; \; ...).$$

Da es sich um Koordinaten handelt, gehört das entsprechende Vorzeichen, Plus oder Minus, immer dazu.

Schwerpunktkoordinate
Vorzeichen

Übersicht ausgewählter Zusammengesetzter Flächen

Innerhalb dieses Themenpunktes sind alle Zusammengesetzten Flächen aufgeführt, die im Weiteren bearbeitet werden. Unter Verarbeitung ist die Ermittlung der Schwerpunktkoordinaten x_S und y_S zu verstehen.

Die Ermittlung der Schwerpunktkoordinaten x_S und y_S erfolgt zum einen durch **Berechnung** und zum anderen durch **Überlegen und Hinschreiben**.

In jedem Fall ist dadurch die Lage des Flächenschwerpunktes eindeutig gegeben.

Es gibt weitere Möglichkeiten der Ermittlung der Schwerpunktkoordinaten, wie beispielsweise die Verwendung des Seileckverfahrens. Diese und noch andere Möglichkeiten sind gesondert in einem neuen Kapitel angeführt.

Alle Zusammengesetzten Flächen bestehen aus wohl definierten und bekannten Teilflächen, die in dem Themenpunkt 'Flächenschwerpunkt S / Grundformen' weitestgehend vollständig erfasst sind.

Die Zusammengesetzten Flächen setzen sich sowohl additiv als auch subtraktiv aus diesen Teilflächen zusammen.

Jede Zusammengesetzte Fläche ist mit einer Beispielnummer oder einer Aufgabennummer in der Übersicht gegeben. Dadurch ist die Stelle gekennzeichnet, an der in ausführlicher Form die Ermittlung der Schwerpunktkoordinaten x_S und y_S erfolgt.

Weiter ist ein Hinweis vorhanden, der Aufschluss darüber gibt, auf welche Art und Weise die Ermittlung erfolgt.

Die Ermittlung kann erfolgen durch Berechnung mit Hilfe der Summenformel mit den Flächenquotienten.

Die Ermittlung kann erfolgen durch Berechnung mit Hilfe der Summenformel sowie mit einer weiteren organisatorischen Hilfe, die in der Anwendung der Tabelle liegt.

Die Ermittlung kann erfolgen durch Überlegen und Hinschreiben.

Die Auseinandersetzung mit einer jeden Aufgabe trägt zum Verstehen des Auffindens der Schwerpunktlage bei.

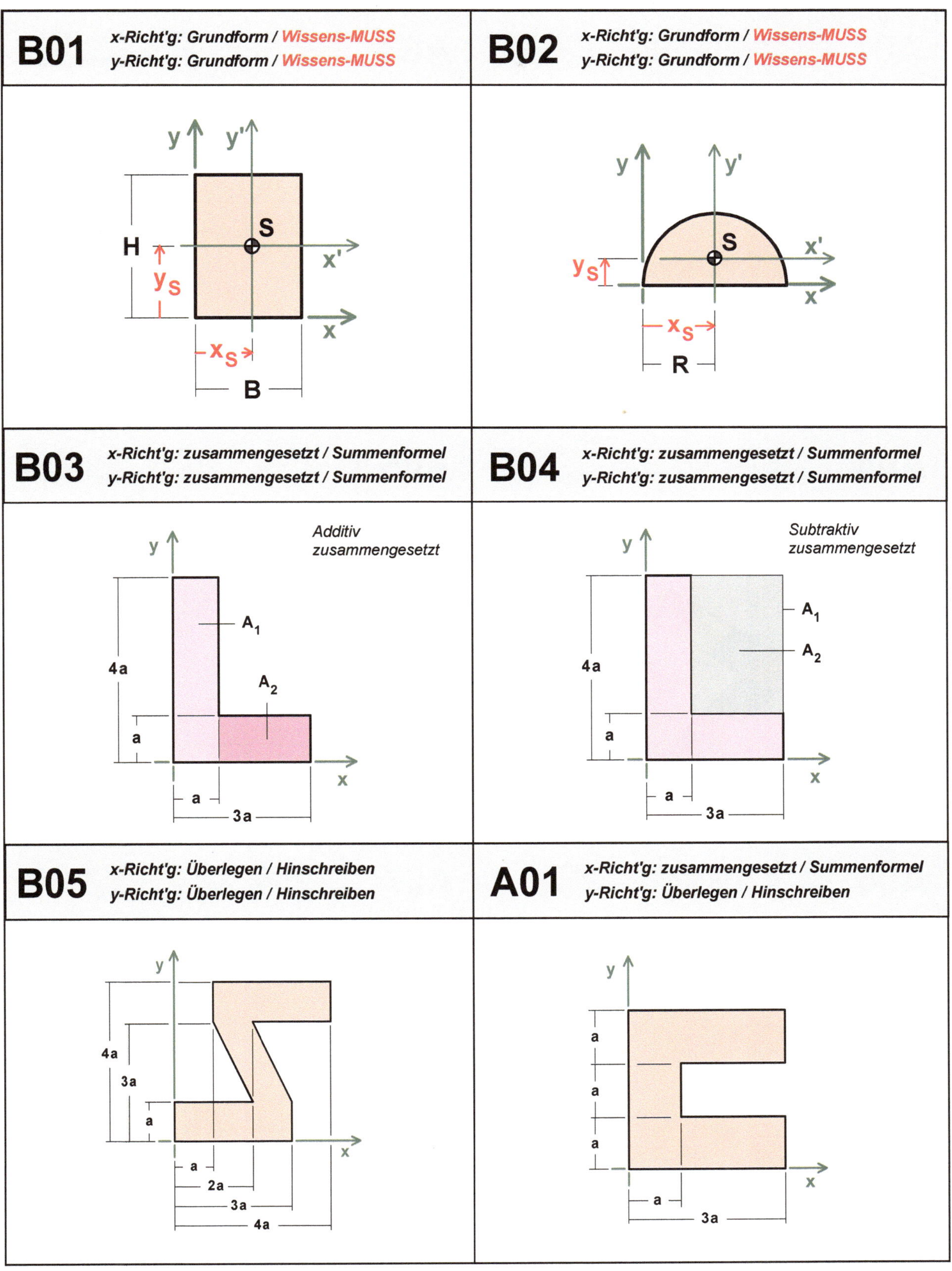

B01
x-Richt'g: Grundform / Wissens-MUSS
y-Richt'g: Grundform / Wissens-MUSS

y   y'
S
H
x'
y_S
x
x_S
B

B02
x-Richt'g: Grundform / Wissens-MUSS
y-Richt'g: Grundform / Wissens-MUSS

y   y'
S
x'
y_S
x
x_S
R

B03
x-Richt'g: zusammengesetzt / Summenformel
y-Richt'g: zusammengesetzt / Summenformel

Additiv
zusammengesetzt
y
A_1
A_2
4a
a
x
a
3a

B04
x-Richt'g: zusammengesetzt / Summenformel
y-Richt'g: zusammengesetzt / Summenformel

Subtraktiv
zusammengesetzt
y
A_1
A_2
4a
a
x
a
3a

B05
x-Richt'g: Überlegen / Hinschreiben
y-Richt'g: Überlegen / Hinschreiben

y
4a
3a
a
x
a
2a
3a
4a

A01
x-Richt'g: zusammengesetzt / Summenformel
y-Richt'g: Überlegen / Hinschreiben

y
a
a
a
x
a
3a

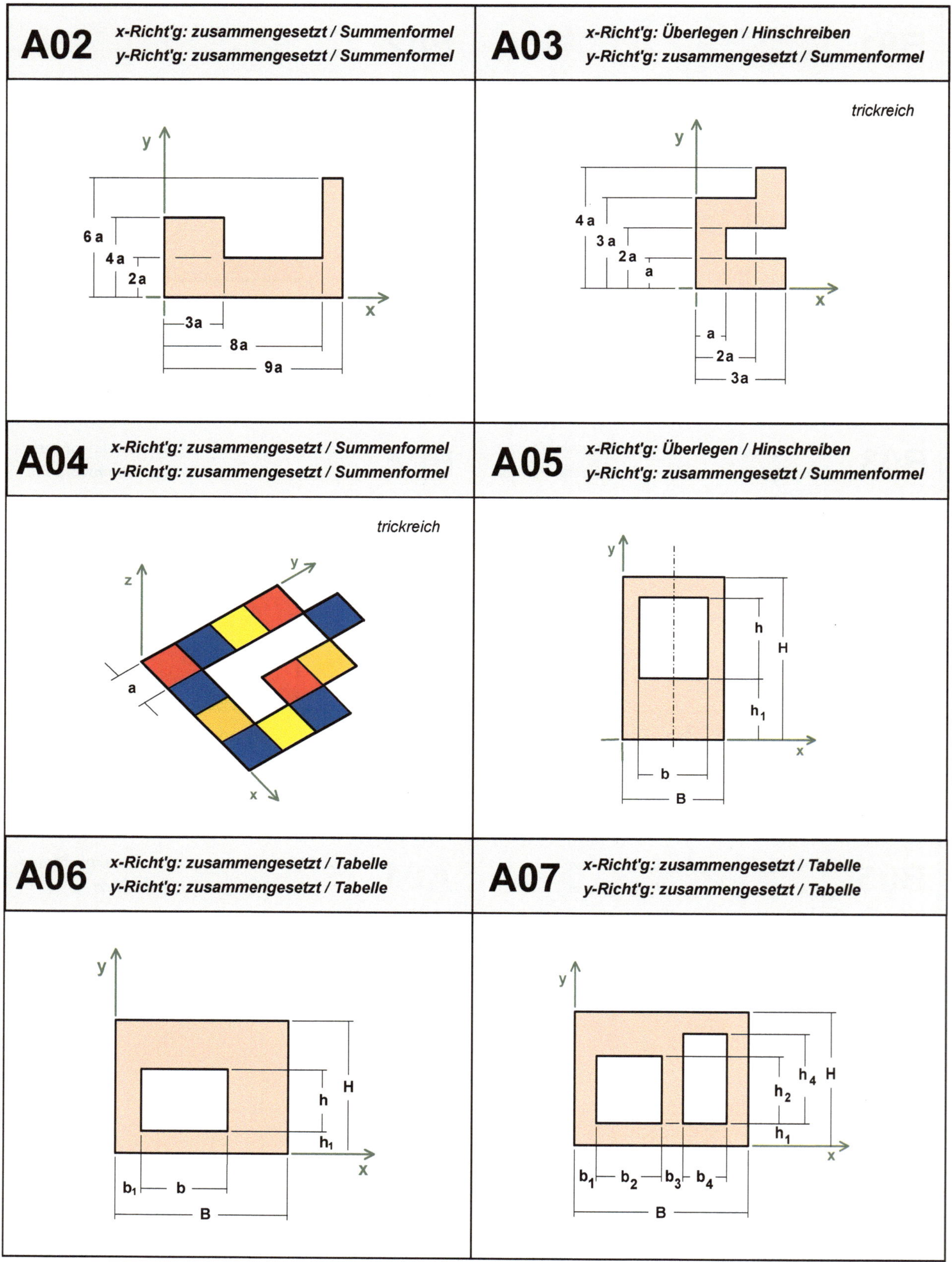

A02
x-Richt'g: zusammengesetzt / Summenformel
y-Richt'g: zusammengesetzt / Summenformel
y
6 a
4 a
2a
x
3a
8a
9a

A03
x-Richt'g: Überlegen / Hinschreiben
y-Richt'g: zusammengesetzt / Summenformel
trickreich
y
4 a
3 a
2a
a
x
a
2a
3a

A04
x-Richt'g: zusammengesetzt / Summenformel
y-Richt'g: zusammengesetzt / Summenformel
trickreich
z
y
a
x

A05
x-Richt'g: Überlegen / Hinschreiben
y-Richt'g: zusammengesetzt / Summenformel
y
h
H
h_1
b
B
x

A06
x-Richt'g: zusammengesetzt / Tabelle
y-Richt'g: zusammengesetzt / Tabelle
y
H
h
h_1
b_1
b
B
x

A07
x-Richt'g: zusammengesetzt / Tabelle
y-Richt'g: zusammengesetzt / Tabelle
y
h_4 H
h_2
h_1
b_1
b_2
b_3
b_4
B
x

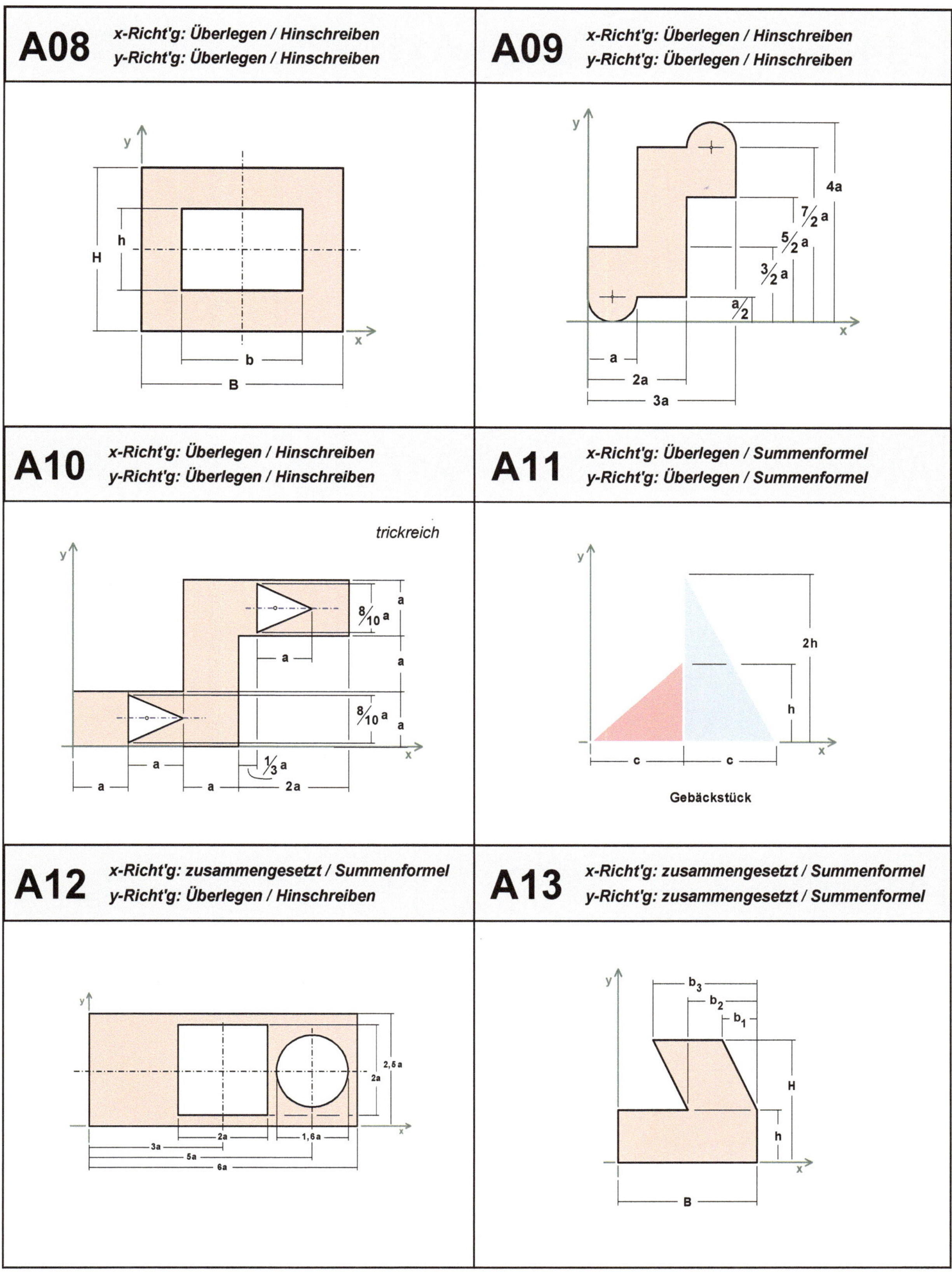
A08
x-Richt'g: Überlegen / Hinschreiben
y-Richt'g: Überlegen / Hinschreiben
y
h
H
b
B
x

A09
x-Richt'g: Überlegen / Hinschreiben
y-Richt'g: Überlegen / Hinschreiben
y
4a
7/2 a
5/2 a
3/2 a
a/2
a
2a
3a
x

A10
x-Richt'g: Überlegen / Hinschreiben
y-Richt'g: Überlegen / Hinschreiben
trickreich
y
a
8/10 a
a
a
8/10 a
a
a
1/3 a
a
a
2a
x

A11
x-Richt'g: Überlegen / Summenformel
y-Richt'g: Überlegen / Summenformel
y
2h
h
c
c
x
Gebäckstück

A12
x-Richt'g: zusammengesetzt / Summenformel
y-Richt'g: Überlegen / Hinschreiben
y
2,5 a
2a
3a
2a
1,6a
5a
6a
x

A13
x-Richt'g: zusammengesetzt / Summenformel
y-Richt'g: zusammengesetzt / Summenformel
y
b₃
b₂
b₁
H
h
B
x

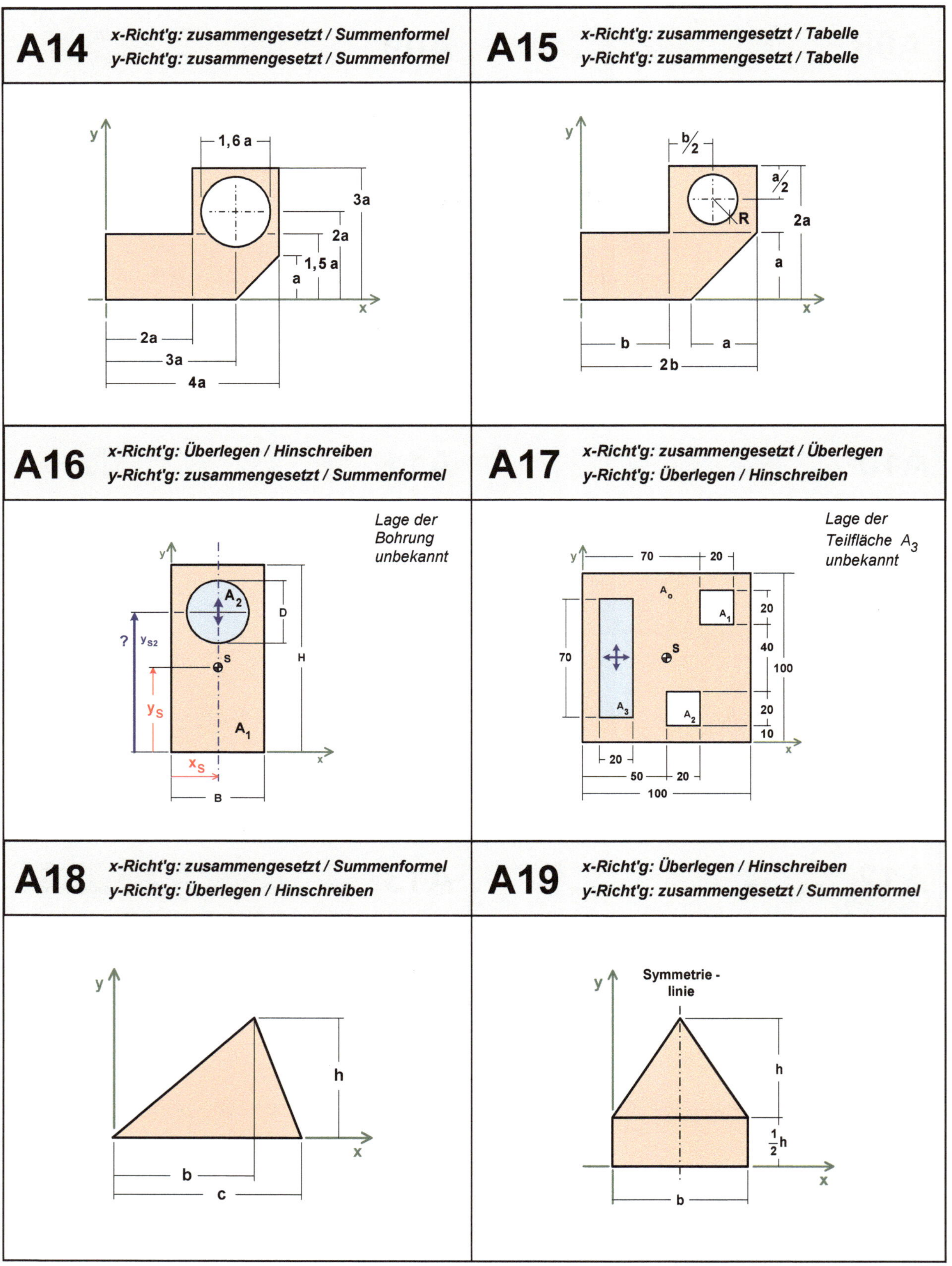

A14
x-Richt'g: zusammengesetzt / Summenformel
y-Richt'g: zusammengesetzt / Summenformel
y
1,6 a
3a
2a
1,5 a
a
x
2a
3a
4a

A15
x-Richt'g: zusammengesetzt / Tabelle
y-Richt'g: zusammengesetzt / Tabelle
y
b/2
a/2
R
2a
a
x
b
a
2b

A16
x-Richt'g: Überlegen / Hinschreiben
y-Richt'g: zusammengesetzt / Summenformel
Lage der
Bohrung
unbekannt
y
A₂
D
?
y_S2
S
H
y_S
A₁
x
x_S
B

A17
x-Richt'g: zusammengesetzt / Überlegen
y-Richt'g: Überlegen / Hinschreiben
Lage der
Teilfläche A₃
unbekannt
y
70
20
A₀
A₁
20
70
40
S
100
A₃
A₂
20
10
x
20
50
20
100

A18
x-Richt'g: zusammengesetzt / Summenformel
y-Richt'g: Überlegen / Hinschreiben
y
h
x
b
c

A19
x-Richt'g: Überlegen / Hinschreiben
y-Richt'g: zusammengesetzt / Summenformel
y
Symmetrie -
linie
h
½ h
x
b

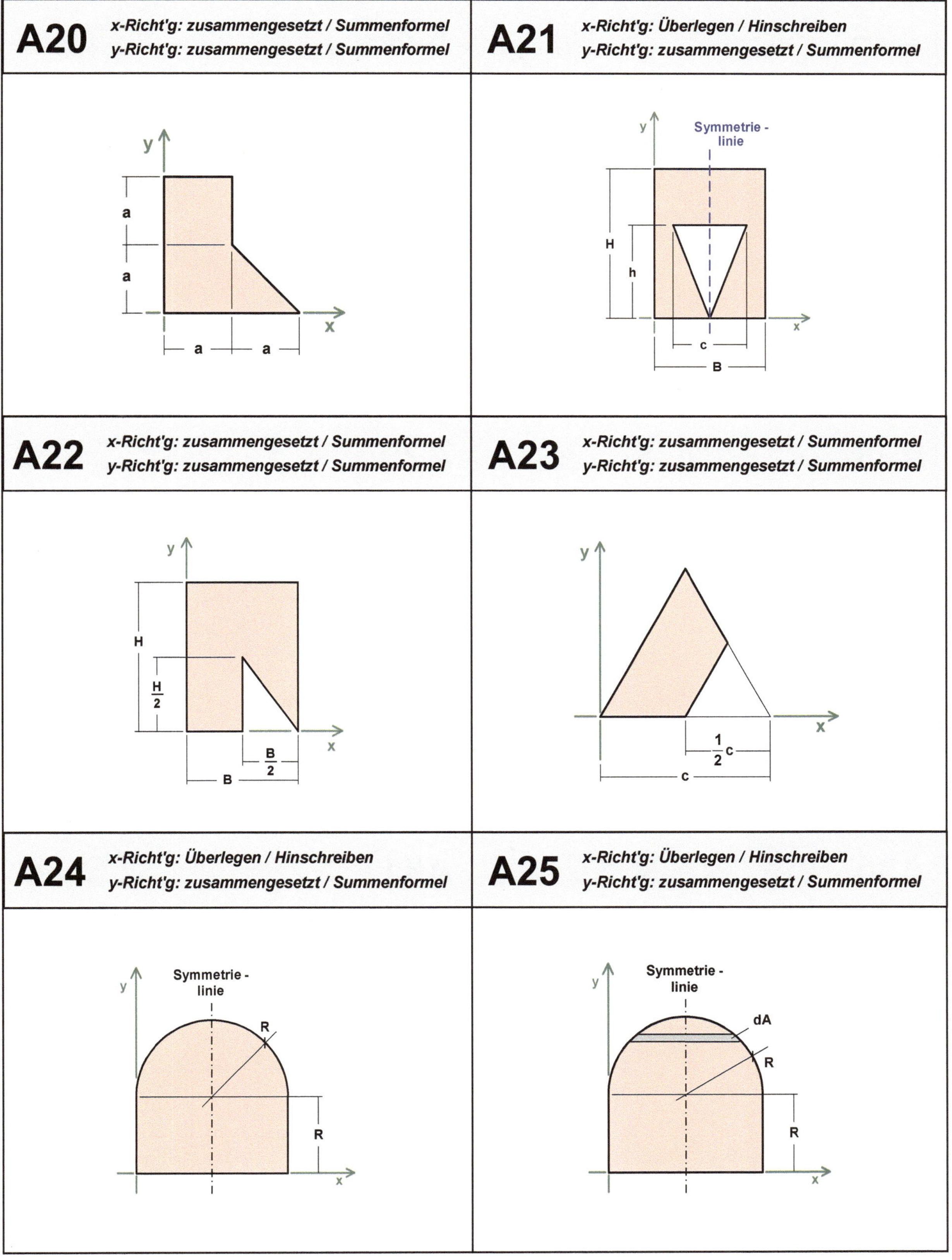

A20
x-Richt'g: zusammengesetzt / Summenformel
y-Richt'g: zusammengesetzt / Summenformel
y
a
a
x
a
a

A21
x-Richt'g: Überlegen / Hinschreiben
y-Richt'g: zusammengesetzt / Summenformel
y
Symmetrie - linie
H
h
c
B
x

A22
x-Richt'g: zusammengesetzt / Summenformel
y-Richt'g: zusammengesetzt / Summenformel
y
H
H/2
B/2
B
x

A23
x-Richt'g: zusammengesetzt / Summenformel
y-Richt'g: zusammengesetzt / Summenformel
y
1/2 c
c
x

A24
x-Richt'g: Überlegen / Hinschreiben
y-Richt'g: zusammengesetzt / Summenformel
y
Symmetrie - linie
R
R
x

A25
x-Richt'g: Überlegen / Hinschreiben
y-Richt'g: zusammengesetzt / Summenformel
y
Symmetrie - linie
dA
R
R
x

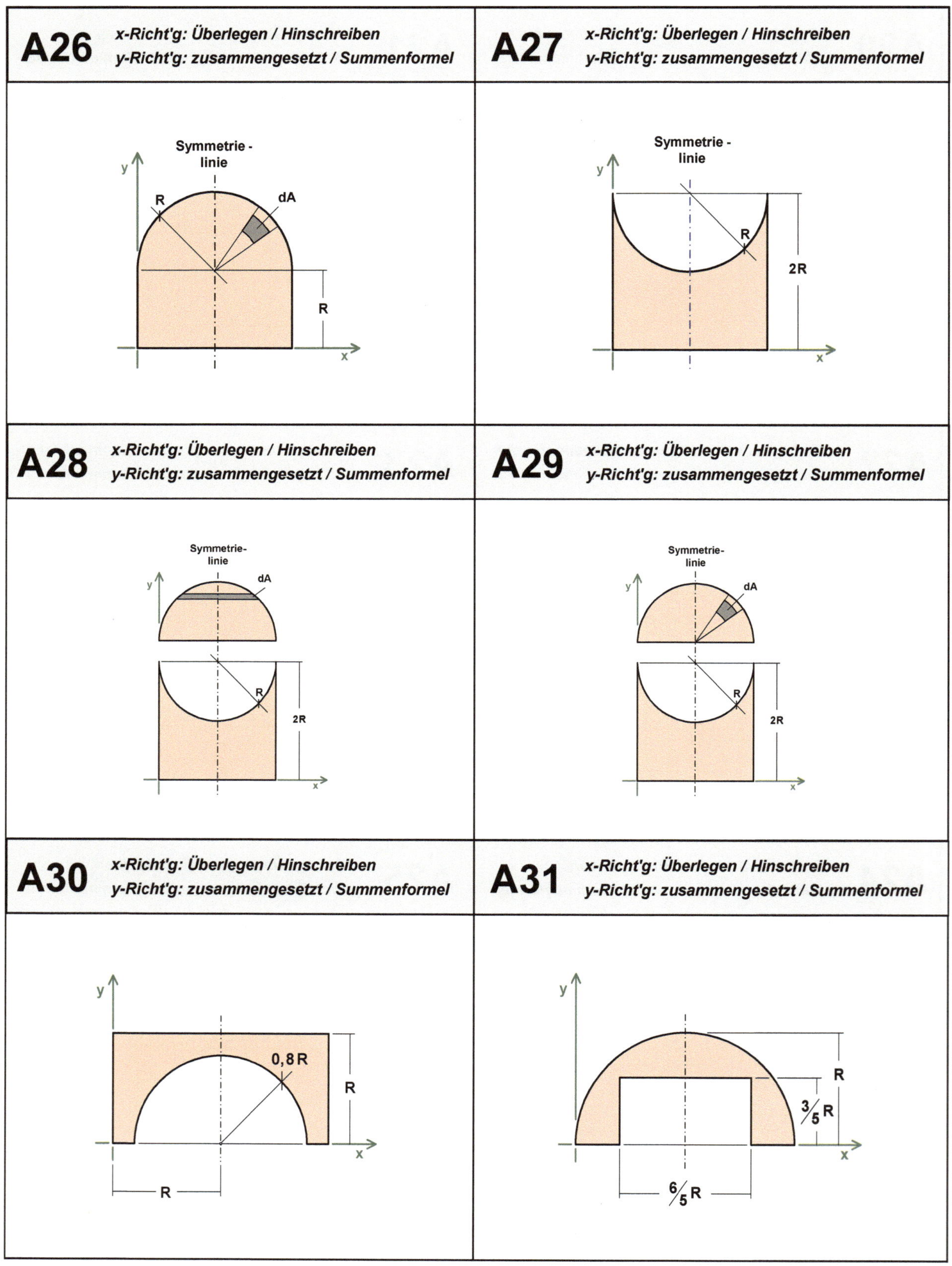

A26
x-Richt'g: Überlegen / Hinschreiben
y-Richt'g: zusammengesetzt / Summenformel
Symmetrie-linie
y
R
dA
R
x
A27
x-Richt'g: Überlegen / Hinschreiben
y-Richt'g: zusammengesetzt / Summenformel
Symmetrie-linie
y
R
2R
x
A28
x-Richt'g: Überlegen / Hinschreiben
y-Richt'g: zusammengesetzt / Summenformel
Symmetrie-linie
y
dA
R
2R
x
A29
x-Richt'g: Überlegen / Hinschreiben
y-Richt'g: zusammengesetzt / Summenformel
Symmetrie-linie
y
dA
R
2R
x
A30
x-Richt'g: Überlegen / Hinschreiben
y-Richt'g: zusammengesetzt / Summenformel
y
0,8 R
R
R
x
A31
x-Richt'g: Überlegen / Hinschreiben
y-Richt'g: zusammengesetzt / Summenformel
y
R
3/5 R
6/5 R
x

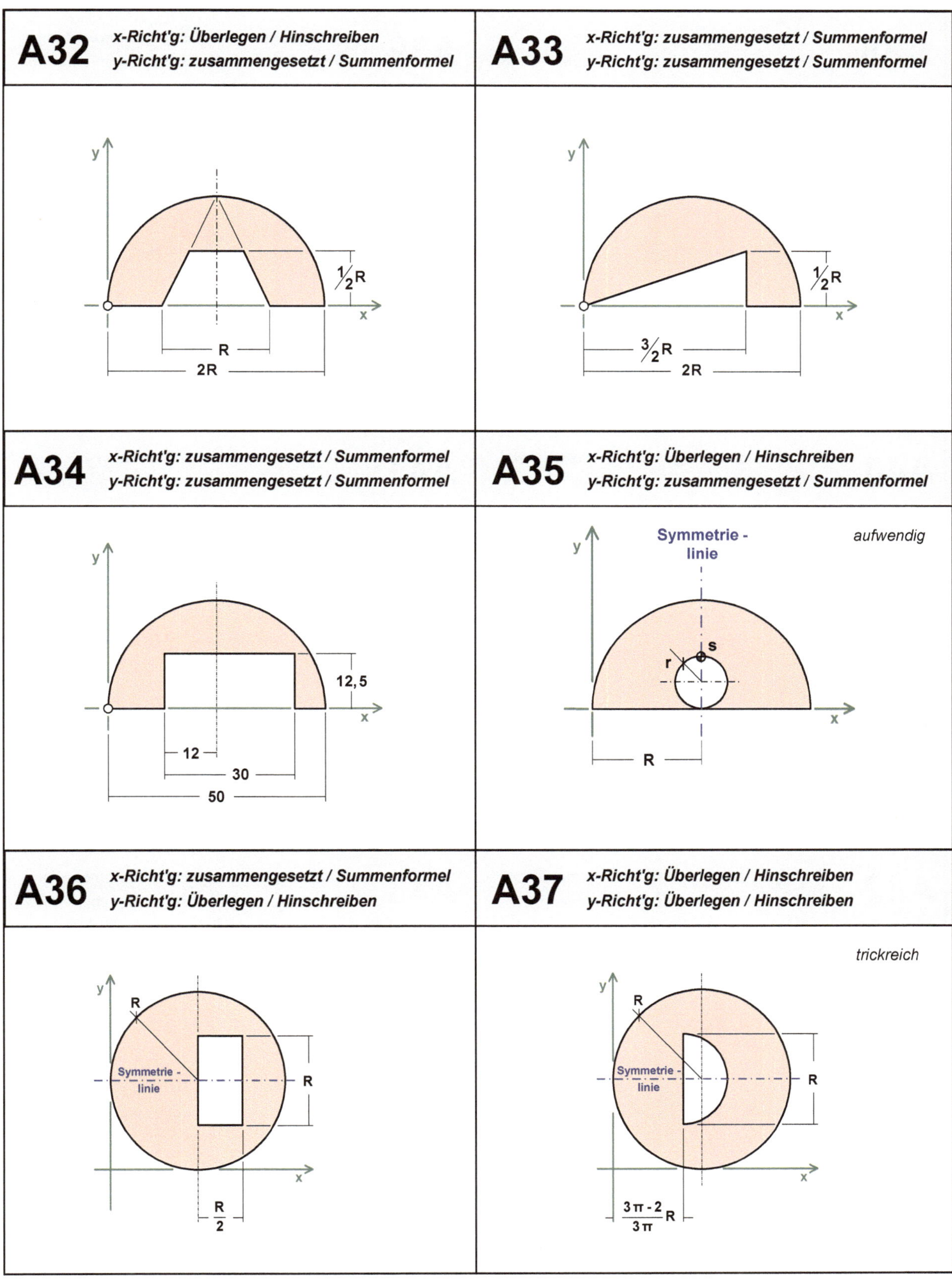
A32
x-Richt'g: Überlegen / Hinschreiben
y-Richt'g: zusammengesetzt / Summenformel
y
x
R
2R
$\frac{1}{2}$R

A33
x-Richt'g: zusammengesetzt / Summenformel
y-Richt'g: zusammengesetzt / Summenformel
y
x
$\frac{3}{2}$R
2R
$\frac{1}{2}$R

A34
x-Richt'g: zusammengesetzt / Summenformel
y-Richt'g: zusammengesetzt / Summenformel
y
x
12,5
12
30
50

A35
x-Richt'g: Überlegen / Hinschreiben
y-Richt'g: zusammengesetzt / Summenformel
Symmetrie -
linie
aufwendig
y
x
r
S
R

A36
x-Richt'g: zusammengesetzt / Summenformel
y-Richt'g: Überlegen / Hinschreiben
y
R
Symmetrie -
linie
R
x
$\frac{R}{2}$

A37
x-Richt'g: Überlegen / Hinschreiben
y-Richt'g: Überlegen / Hinschreiben
trickreich
y
R
Symmetrie -
linie
R
x
$\frac{3\pi - 2}{3\pi}$R

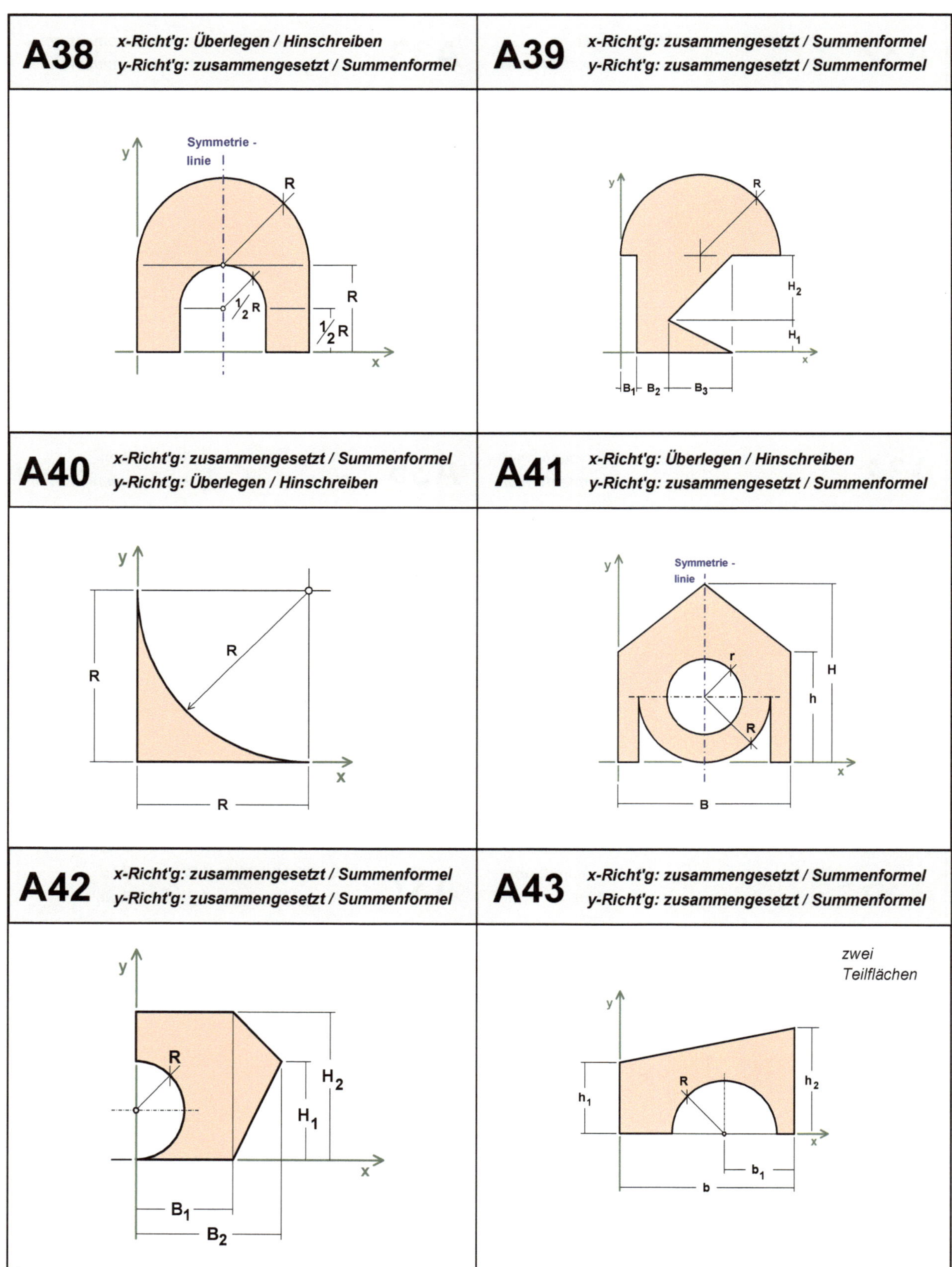
A38
x-Richt'g: Überlegen / Hinschreiben
y-Richt'g: zusammengesetzt / Summenformel

A39
x-Richt'g: zusammengesetzt / Summenformel
y-Richt'g: zusammengesetzt / Summenformel

A40
x-Richt'g: zusammengesetzt / Summenformel
y-Richt'g: Überlegen / Hinschreiben

A41
x-Richt'g: Überlegen / Hinschreiben
y-Richt'g: zusammengesetzt / Summenformel

A42
x-Richt'g: zusammengesetzt / Summenformel
y-Richt'g: zusammengesetzt / Summenformel

A43
x-Richt'g: zusammengesetzt / Summenformel
y-Richt'g: zusammengesetzt / Summenformel

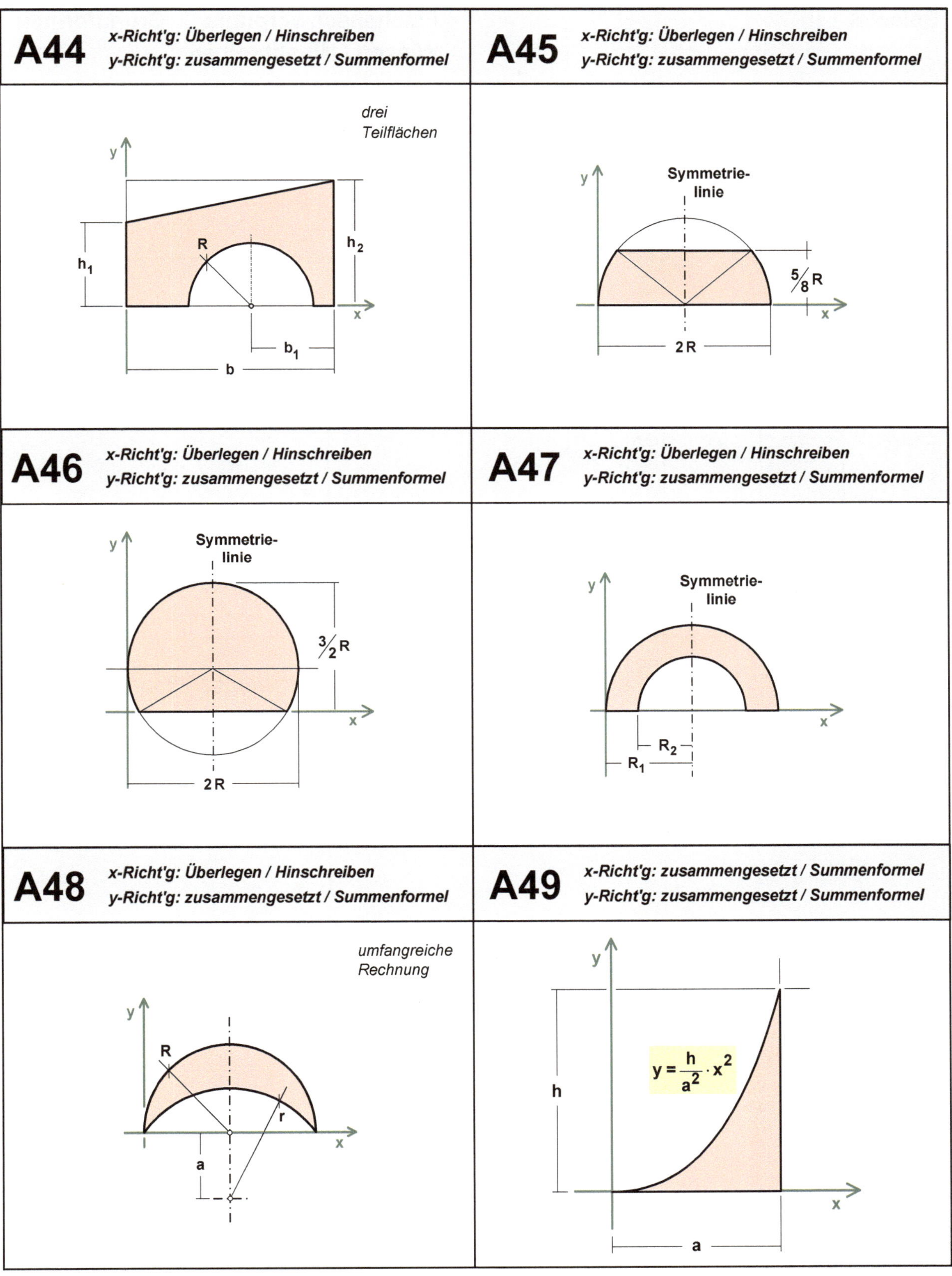

$$y = \frac{h}{a^2} \cdot x^2$$

Beispiel 1 (I)   **Flächenschwerpunkt / Grundformen / Wissen / Hinschreiben**

Tragen Sie bitte für die im Folgenden vorgegebenen Grundformen oder auch Teilflächen sowohl die 'Flächen' als auch die 'Querschnittskoordinaten' ein.

Es sollte sich zum jetzigen Zeitpunkt dabei um ein **Wissens-MUSS** handeln.

Rechteck		1
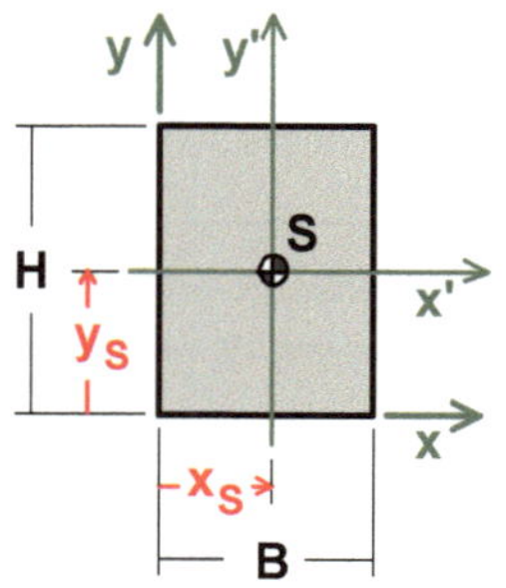	Fläche $A =$	Schwerpunktkoordinaten $x_S =$ $y_S =$
Quadrat		2
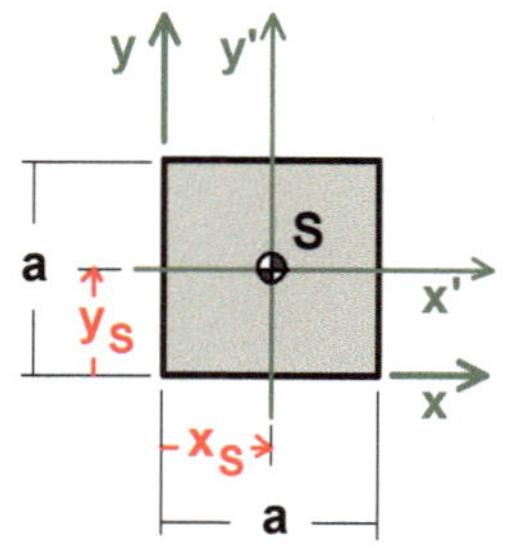	Fläche $A =$	Schwerpunktkoordinaten $x_S =$ $y_S =$
Dreieck (allgemein)		3
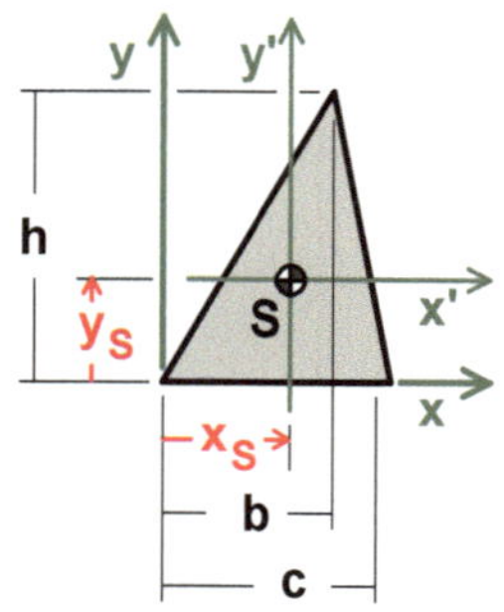	Fläche $A =$	Schwerpunktkoordinaten $x_S =$ $y_S =$

Dreieck (rechtwinklig)   **4**

	Fläche	Schwerpunktkoordinaten
	$A =$	$x_S =$ $y_S =$

Dreieck (gleichschenklig)   **5**

	Fläche	Schwerpunktkoordinaten
	$A =$	$x_S =$ $y_S =$

Dreieck (gleichseitig)   **6**

	Fläche	Schwerpunktkoordinaten
	$A =$	$x_S =$ $y_S =$

Parallelogramm 7

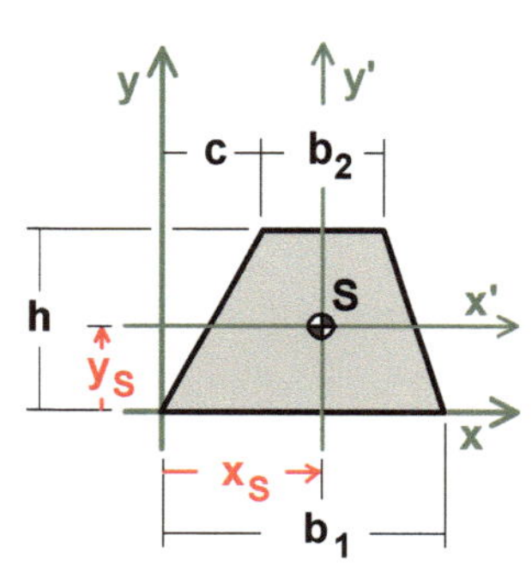

Fläche

$A =$

Schwerpunktkoordinaten

$x_S =$

$y_S =$

Trapez (allgemein) 8

Fläche

$A =$

Schwerpunktkoordinaten

$$x_S = + \frac{1}{3} \cdot \frac{b_1^2 + b_2^2 + b_1 \left(b_2 + c\right) + 2\,b_2\,c}{\left(b_1 + b_2\right)}$$

$$y_S = + \frac{1}{3} h \cdot \frac{b_1 + 2\,b_2}{b_1 + b_2}$$

Trapez (symmetrisch) 9

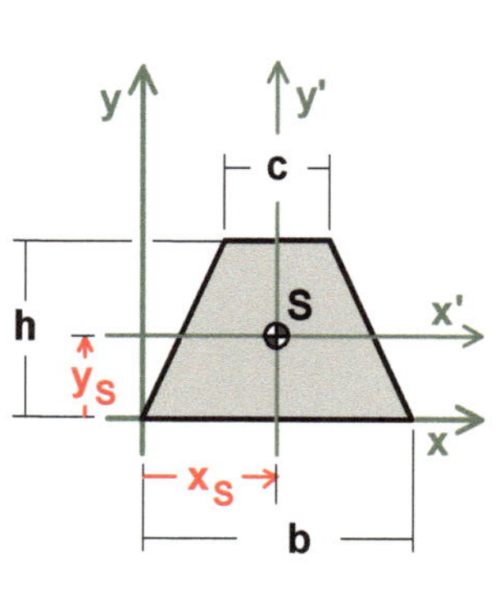

Fläche

$A =$

Schwerpunktkoordinaten

$x_S =$

$y_S =$

Halbkreis   10

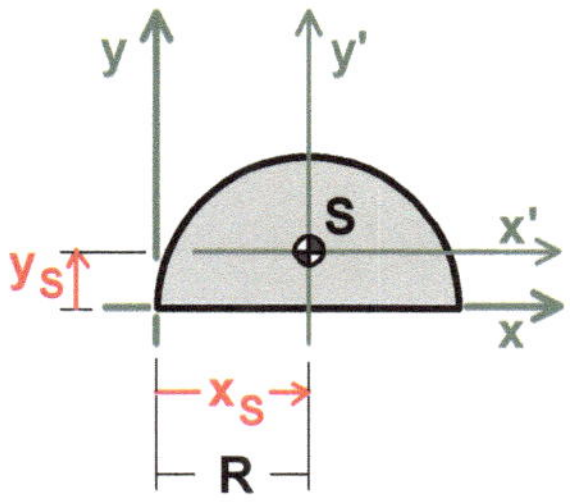

Fläche

$A =$

Schwerpunktkoordinaten

$x_S =$

$y_S =$

Viertelkreis   11

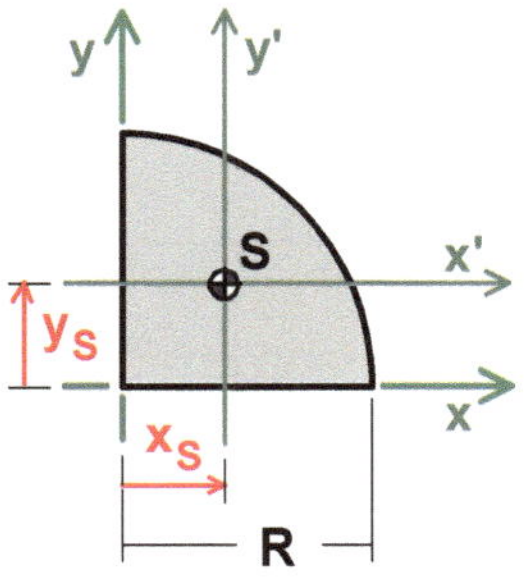

Fläche

$A =$

Schwerpunktkoordinaten

$x_S =$

$y_S =$

Vollkreis (Radius R)   12

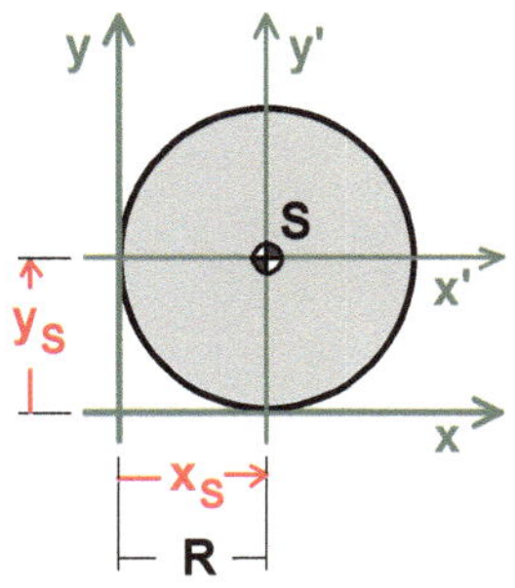

Fläche

$A =$

Schwerpunktkoordinaten

$x_S =$

$y_S =$

Beispiel 1 (II)
        Flächenschwerpunkt / Grundformen / Wissen / Hinschreiben

Tragen Sie bitte für die im Folgenden vorgegebenen Grundformen oder auch Teilflächen sowohl die 'Flächen' als auch die 'Querschnittskoordinaten' ein.

Es sollte sich zum jetzigen Zeitpunkt dabei um ein **Wissens-MUSS** handeln.

Rechteck		1
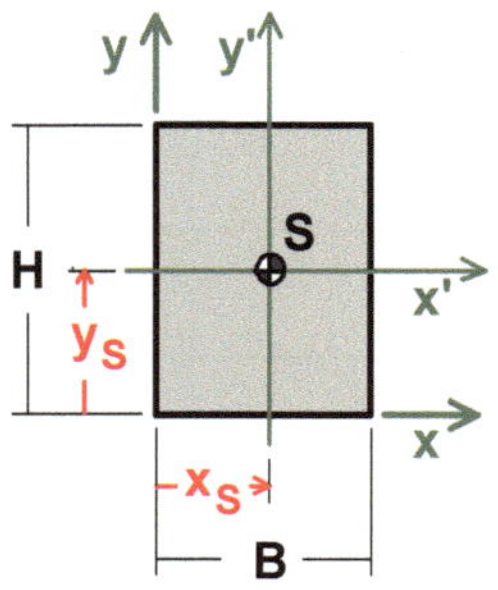	Fläche $A = B \cdot H$	Schwerpunktkoordinaten $x_S = +\dfrac{B}{2}$ $y_S = +\dfrac{H}{2}$
Quadrat		2
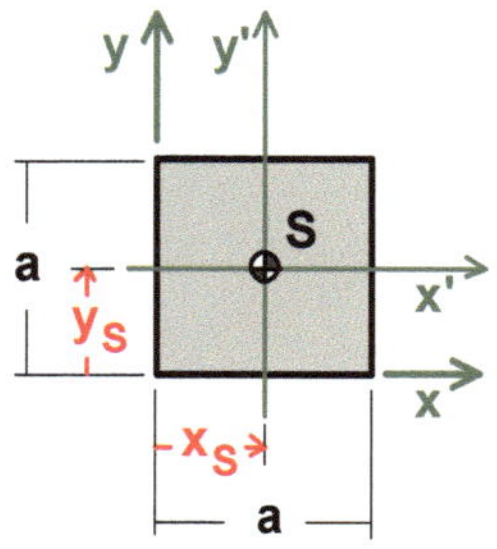	Fläche $A = a^2$	Schwerpunktkoordinaten $x_S = +\dfrac{a}{2}$ $y_S = +\dfrac{a}{2}$
Dreieck (allgemein)		3
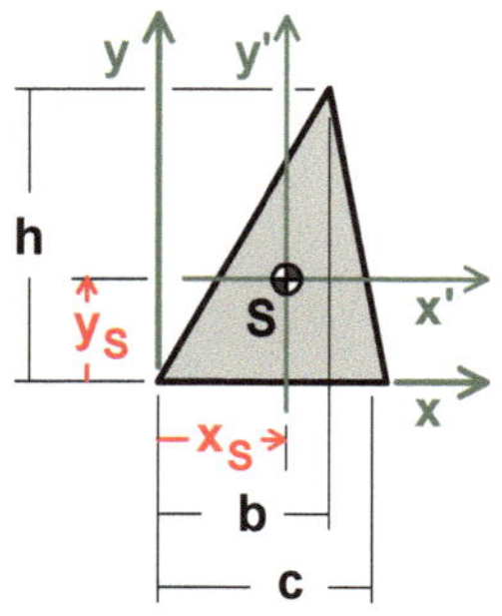	Fläche $A = \dfrac{1}{2} c\,h$	Schwerpunktkoordinaten $x_S = +\dfrac{1}{3}(c + b)$ $y_S = +\dfrac{1}{3} h$

Dreieck (rechtwinklig) 4

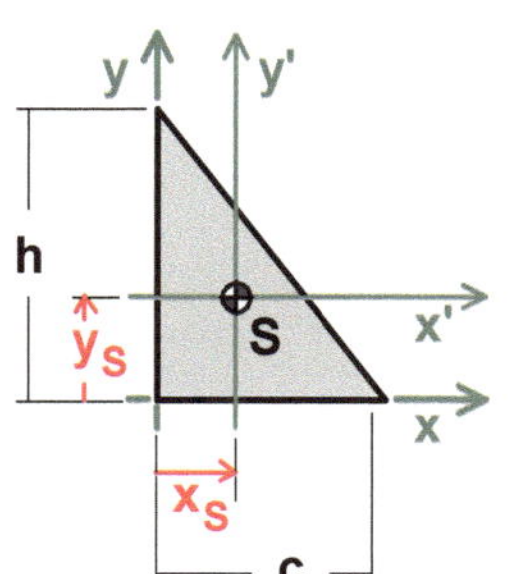

Fläche

$$A = \frac{1}{2}\,c\,h$$

Schwerpunktkoordinaten

$$x_S = +\frac{1}{3}\,c$$

$$y_S = +\frac{1}{3}\,h$$

Dreieck (gleichschenklig) 5

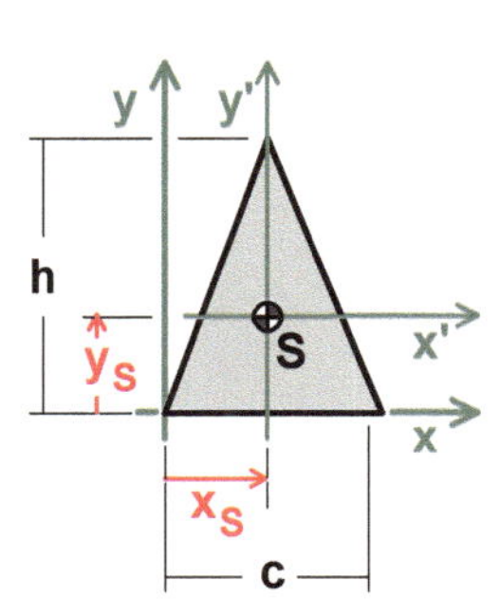

Fläche

$$A = \frac{1}{2}\,c\,h$$

Schwerpunktkoordinaten

$$x_S = +\frac{1}{2}\,c$$

$$y_S = +\frac{1}{3}\,h$$

Dreieck (gleichseitig) 6

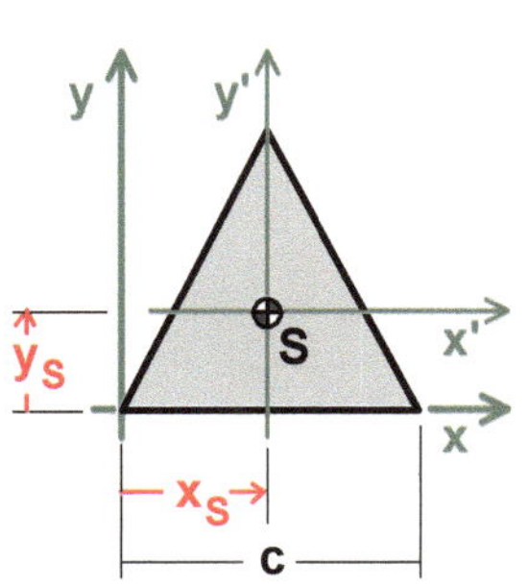

Fläche

$$A = \frac{1}{2}\,c\cdot\frac{\sqrt{3}}{2}\,c$$

$$\left(A = \frac{\sqrt{3}}{4}\,c^2\right)$$

Schwerpunktkoordinaten

$$x_S = +\frac{1}{2}\,c$$

$$y_S = +\frac{1}{3}\cdot\frac{\sqrt{3}}{2}\,c$$

$$\left(y_S = +\frac{1}{2\sqrt{3}}\,c\right)$$

Parallelogramm 7

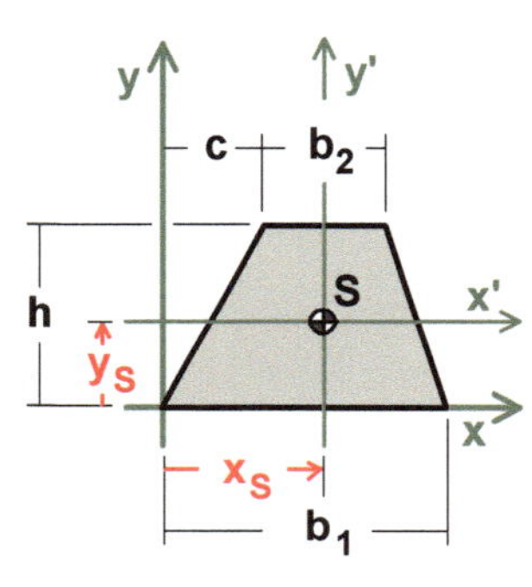

Fläche

$$A = c\,h$$

Schwerpunktkoordinaten

$$x_S = +\frac{1}{2}(b + c)$$

$$y_S = +\frac{1}{2}h$$

Trapez (allgemein) 8

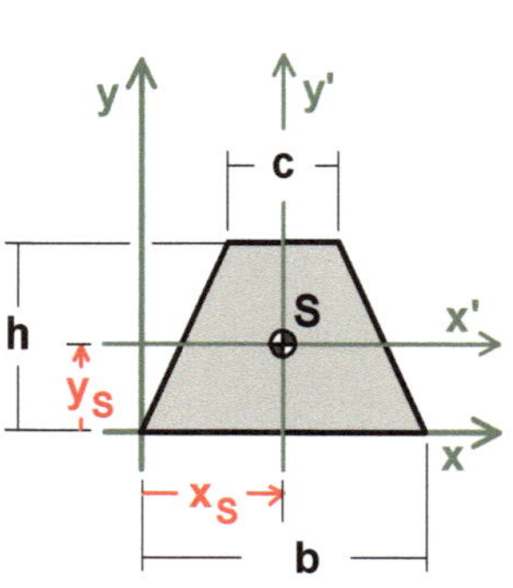

Fläche

$$A = \frac{1}{2}(b_1 + b_2)\,h$$

Schwerpunktkoordinaten

$$x_S = +\frac{1}{3}\cdot\frac{b_1^2 + b_2^2 + b_1(b_2 + c) + 2\,b_2\,c}{(b_1 + b_2)}$$

$$y_S = +\frac{1}{3}h\cdot\frac{b_1 + 2\,b_2}{b_1 + b_2}$$

Trapez (symmetrisch) 9

Fläche

$$A = \frac{1}{2}(b + c)\,h$$

Schwerpunktkoordinaten

$$x_S = +\frac{1}{2}b$$

$$y_S = +\frac{1}{3}h\cdot\frac{b + 2\,c}{b + c}$$

Halbkreis 10

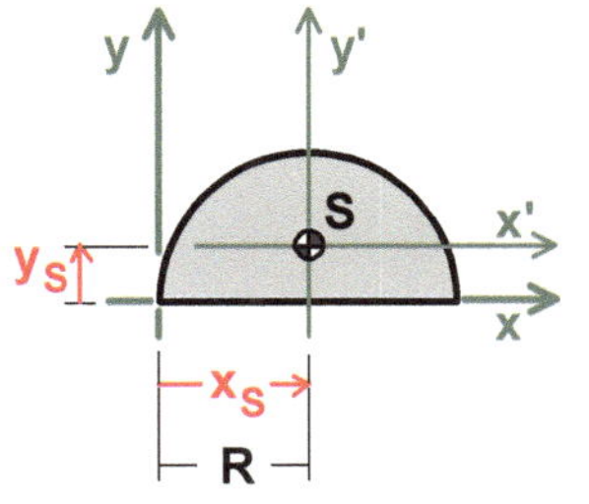

Fläche

$$A = \frac{1}{2}\,\pi R^2$$

Schwerpunktkoordinaten

$$x_S = +R$$

$$y_S = +\frac{4R}{3\pi}$$

Viertelkreis 11

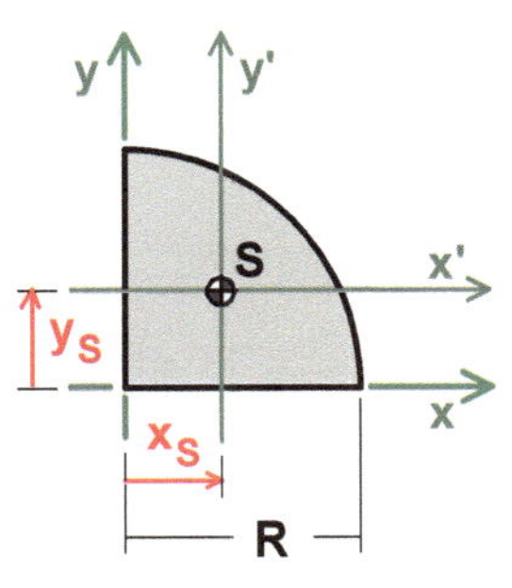

Fläche

$$A = \frac{1}{4}\,\pi R^2$$

Schwerpunktkoordinaten

$$x_S = +\frac{4R}{3\pi}$$

$$y_S = +\frac{4R}{3\pi}$$

Vollkreis (Radius R) 12

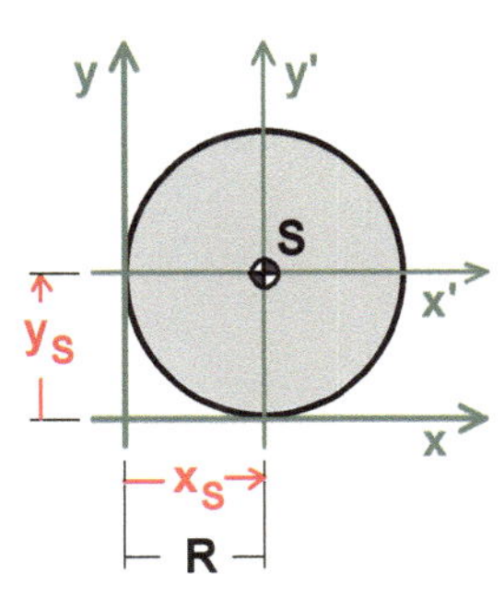

Fläche

$$A = \pi R^2$$

Schwerpunktkoordinaten

$$x_S = +R$$

$$y_S = +R$$

Beispiel 2 (I)   **Flächenschwerpunkt / Grundformen / Wissen / Hinschreiben**

Tragen Sie bitte für die im Folgenden vorgegebenen Grundformen oder auch Teilflächen sowohl die 'Flächen' als auch die 'Querschnittskoordinaten' ein.

Es sollte sich zum jetzigen Zeitpunkt dabei um ein **Wissens-MUSS** handeln.

Halbkreis		1
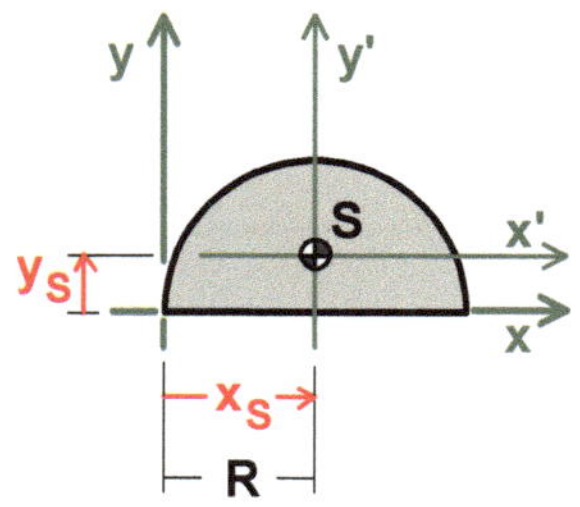	Fläche $A =$	Schwerpunktkoordinaten $x_S =$ $y_S =$
Halbkreis		2
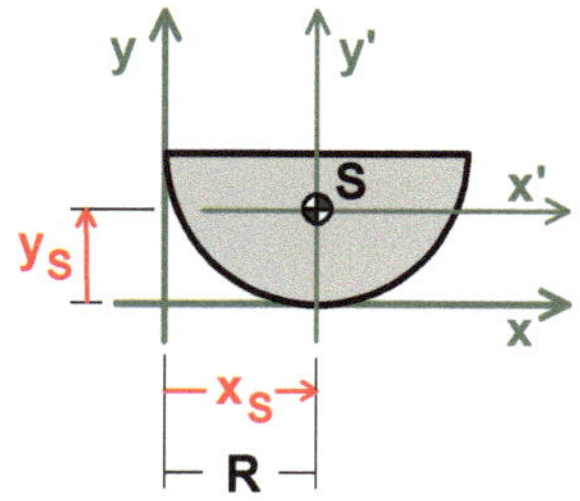	Fläche $A =$	Schwerpunktkoordinaten $x_S =$ $y_S =$
Halbkreis		3
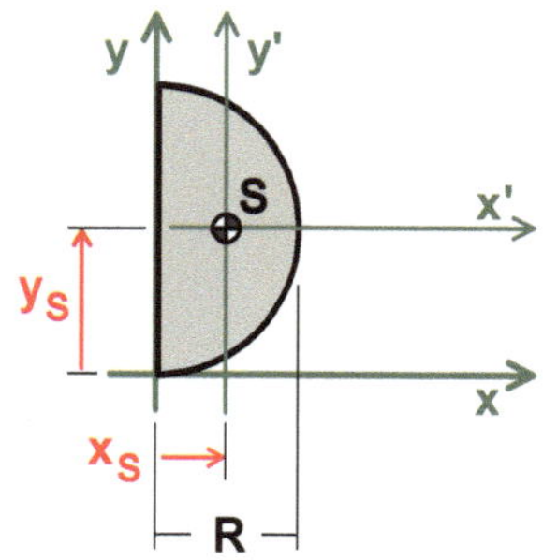	Fläche $A =$	Schwerpunktkoordinaten $x_S =$ $y_S =$

Halbkreis		**4**
	Fläche $A =$	Schwerpunktkoordinaten $x_S =$ $y_S =$

Dreieck (rechtwinklig)		**5**
	Fläche $A =$	Schwerpunktkoordinaten $x_S =$ $y_S =$

Beispiel 2 (II) **Flächenschwerpunkt / Grundformen / Wissen / Hinschreiben**

Tragen Sie bitte für die im Folgenden vorgegebenen Grundformen oder auch Teilflächen sowohl die 'Flächen' als auch die 'Querschnittskoordinaten' ein.

Es sollte sich zum jetzigen Zeitpunkt dabei um ein **Wissens-MUSS** handeln.

Halbkreis		1
	Fläche $$A = \frac{1}{2}\pi R^2$$	Schwerpunktkoordinaten $$x_S = +R$$ $$y_S = +\frac{4R}{3\pi}$$
Halbkreis		2
	Fläche $$A = \frac{1}{2}\pi R^2$$	Schwerpunktkoordinaten $$x_S = +R$$ $$y_S = +R\left(1 - \frac{4}{3\pi}\right)$$
Halbkreis		3
	Fläche $$A = \frac{1}{2}\pi R^2$$	Schwerpunktkoordinaten $$x_S = +\frac{4R}{3\pi}$$ $$y_S = +R$$

Halbkreis		4
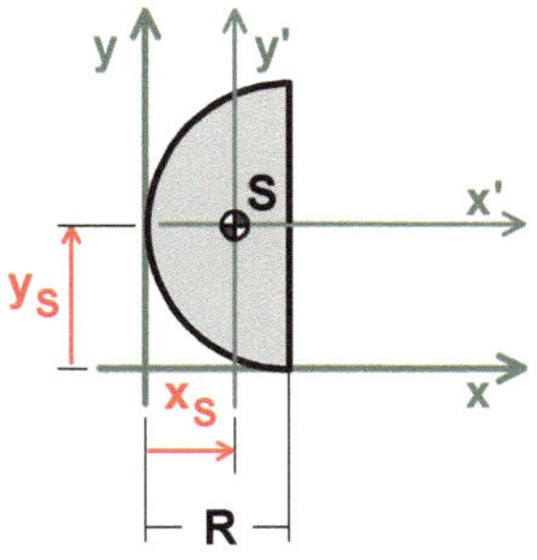	Fläche $A = \dfrac{1}{2}\,\pi\,R^2$	Schwerpunktkoordinaten $x_S = +R\left(1 - \dfrac{4}{3\pi}\right)$ $y_S = +R$
Dreieck (rechtwinklig)		5
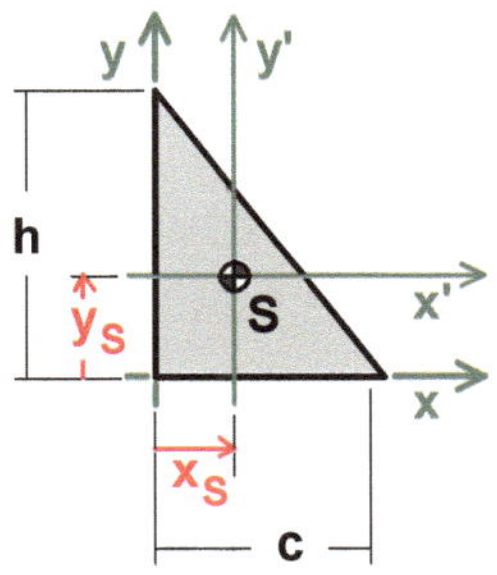	Fläche $A = \dfrac{1}{2}\,c\,h$	Schwerpunktkoordinaten $x_S = +\dfrac{1}{3}\,c$ $y_S = +\dfrac{1}{3}\,h$

Beispiel 3

Flächenschwerpunkt / zusammengesetzte Fläche / Rechteck / Rechteck

x-Richtung: zusammengesetzt / Summenformel

y-Richtung: zusammengesetzt / Summenformel

Nebenstehende Abbildung zeigt den L-förmigen Querschnitt eines Bauteils.

Gegeben

Querschnittsabmessungen: a.

Gesucht

Schwerpunktkoordinaten x_S und y_S.

Geben Sie bitte die Schwerpunktkoordinaten x_S und y_S bezogen auf das eingezeichnete Koordinatensystem in folgender Form an: $S : \left(x_S ;\ y_S \right) = \left(... ;\ ... \right)$.

Hinweis: Handhaben Sie bitte die L-förmige Querschnittsfläche als **Addition** der beiden Teilflächen A_1 und A_2.

Ergebnis: $\left(x_S ; y_S \right) = \left(+ a ; + \dfrac{3}{2} a \right)$

Lösung

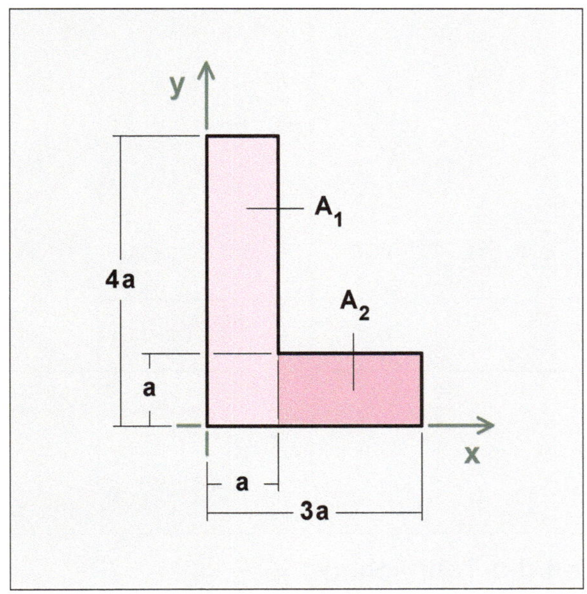

Die Zusammengesetzte Fläche befindet sich in der Normallage. D. h. die 'westlichste Seite' liegt auf der y-Achse und die 'südlichste Seite' auf der x-Achse.

Die Zusammengesetzte Fläche besteht aus zwei wohldefinierten und bekannten Teilflächen. Es sind dies die zwei Rechteckflächen A_1 und A_2.

Beide Teilflächen A_1 und A_2 werden **additiv** zusammengesetzt.

Da in der Aufgabenstellung die Querschnittsabmessungen in allgemeiner Form gegeben sind, sollte bei der Berechnung der Schwerpunktkoordinaten x_S und y_S die Summenformel mit Flächenquotienten zur Anwendung kommen.

Hinsichtlich der Summenformel bedeutet das die Verwendung des **Plus**-Zeichens.

Schwerpunktkoordinate x_S

Die Summenformel lässt sich mit Flächenquotienten formulieren.

$$x_S \cdot A = \sum_i x_{S,i} \cdot A_i$$

Summenformel
Ausgangsformel

$$x_S \cdot A = x_{S,1} \cdot A_1 + x_{S,2} \cdot A_2$$

$$x_S = x_{S,1} \cdot \frac{A_1}{A} + x_{S,2} \cdot \frac{A_2}{A}$$

Summenformel
mit Flächenquotienten

$$A_1 = a \cdot 4a \qquad A_2 = 2a \cdot a \qquad A = A_1 + A_2$$

$$A_1 = 4a^2 \qquad A_2 = 2a^2 \qquad A = 4a^2 + 2a^2$$

$$A = 6a^2$$

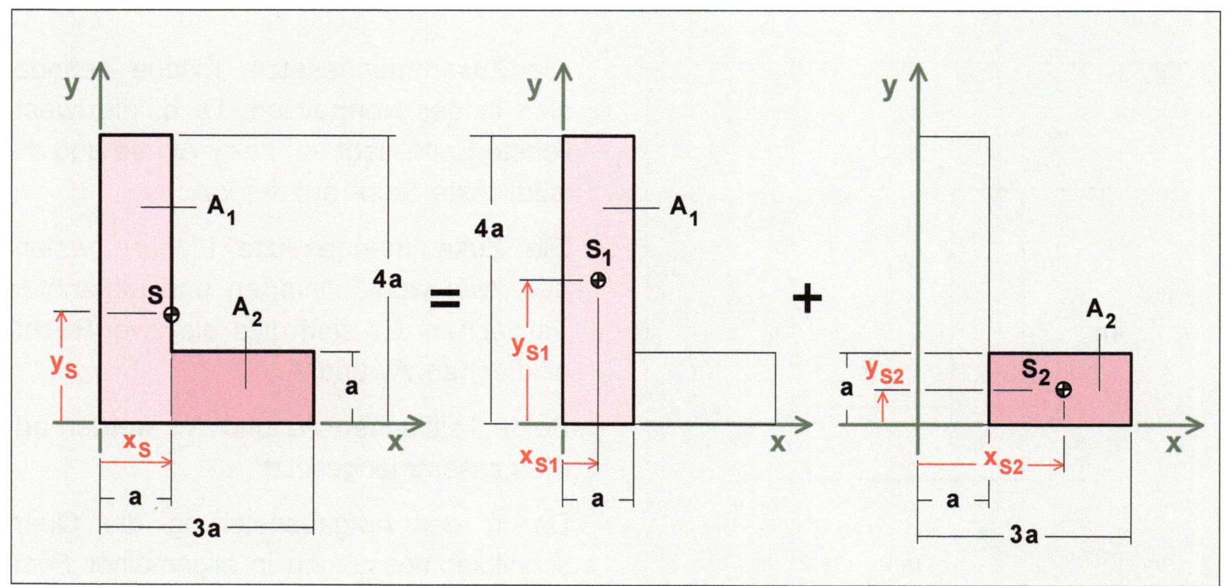

Gesamtfläche   **Addition der Teilflächen**

$$x_{S,1} = +\frac{1}{2}\,a \qquad\qquad x_{S,2} = +2a$$

$$y_{S,1} = +2a \qquad\qquad y_{S,2} = +\frac{1}{2}\,a$$

$$x_S = x_{S,1}\cdot\frac{A_1}{A} + x_{S,2}\cdot\frac{A_2}{A}$$

$$x_S = +\frac{1}{2}\,a\cdot\frac{4a^2}{6a^2} + 2\,a\cdot\frac{2a^2}{6a^2}$$

$$x_S = +\frac{2}{6}\cdot a + \frac{4}{6}\cdot a$$

$$x_S = +\frac{6}{6}\cdot a$$

$$\boxed{x_S = +a}\qquad\qquad \textbf{Schwerpunktkoordinate } x_S$$

Schwerpunktkoordinate y_S

Die Summenformel lässt sich mit den Flächenquotienten auch für die Schwerpunktkoordinate y_S formulieren.

$$y_S = y_{S,1} \cdot \frac{A_1}{A} + y_{S,2} \cdot \frac{A_2}{A}$$

$$y_S = +2\,a \cdot \frac{4\,a^2}{6\,a^2} + \frac{1}{2}\,a \cdot \frac{2\,a^2}{6\,a^2}$$

$$y_S = +\frac{8}{6}\,a + \frac{1}{6}\,a$$

$$y_S = +\frac{9}{6}\,a$$

$$y_S = +\frac{3}{2}\,a \qquad\qquad \text{Schwerpunktkoordinate } y_S$$

Geben Sie bitte die Schwerpunktkoordinaten x_S und y_S bezogen auf das eingezeichnete Koordinatensystem in folgender Form an: $S: \left(x_S;\ y_S\right) = (...;\ ...)$.

$$S: \left(x_S;\ y_S\right) = \left(+a;\ +\frac{3}{2}\,a\right) \qquad\qquad \text{Schwerpunktkoordinaten } x_S \text{ und } y_S$$

Beispiel 4

Flächenschwerpunkt / zusammengesetzte Fläche / Rechteck / Rechteck

x-Richtung: zusammengesetzt / Summenformel
y-Richtung: zusammengesetzt / Summenformel

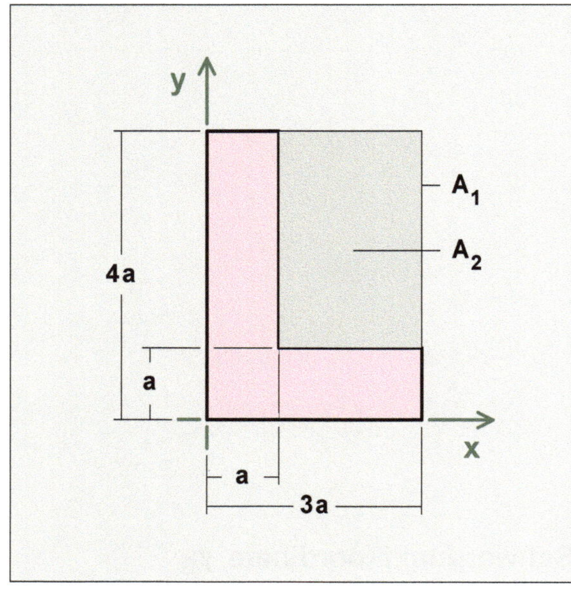

Nebenstehende Abbildung zeigt den L-förmigen Querschnitt eines Bauteils.

Gegeben

Querschnittsabmessungen: a.

Gesucht

Schwerpunktkoordinaten x_S und y_S.

Geben Sie bitte die Schwerpunktkoordinaten x_S und y_S bezogen auf das eingezeichnete Koordinatensystem in folgender Form an: $S : \left(x_S;\ y_S \right) = (...;\ ...)$.

Hinweis: Handhaben Sie bitte die L-förmige Querschnittsfläche als **Differenz** der beiden Teilflächen A_1 und A_2.

Ergebnis: $\left(x_S\,;\, y_S \right) = \left(+a\,;\, +\dfrac{3}{2}\,a \right)$

Lösung

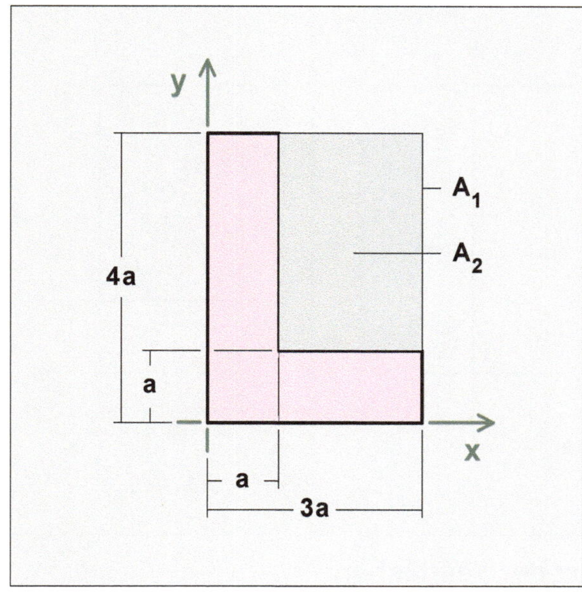

Die Zusammengesetzte Fläche befindet sich in der Normallage. D. h. die 'westlichste Seite' liegt auf der y-Achse und die 'südlichste Seite' auf der x-Achse.

Die Zusammengesetzte Fläche besteht aus zwei wohldefinierten und bekannten Teilflächen. Es sind dies die zwei Rechteckflächen A_1 und A_2.

Beide Teilflächen A_1 und A_2 werden **subtraktiv** zur Gesamtfläche A zusammengesetzt. Die Teilfläche A_2, die eine Ausnehmung darstellt, führt zu einem negativen Flächenmoment.

Hinsichtlich der Summenformel bedeutet das die Verwendung des **Minus**-Zeichens.

Da in der Aufgabenstellung die Querschnittsabmessungen in allgemeiner Form gegeben sind, sollte bei der Berechnung der Schwerpunktkoordinaten x_S und y_S die Summenformel mit Flächenquotienten zur Anwendung kommen.

Schwerpunktkoordinate x_S

Die Summenformel lässt sich mit Flächenquotienten formulieren.

$$x_S \cdot A = \sum_i x_{S,i} \cdot A_i$$

Summenformel
Ausgangsformel

$$x_S \cdot A = x_{S,1} \cdot A_1 - x_{S,2} \cdot A_2$$

$$x_S = x_{S,1} \cdot \frac{A_1}{A} - x_{S,2} \cdot \frac{A_2}{A}$$

Summenformel
mit Flächenquotienten

$$A_1 = 3a \cdot 4a \qquad A_2 = 2a \cdot 3a \qquad A = A_1 - A_2$$

$$A_1 = 12a^2 \qquad A_2 = 6a^2 \qquad A = 12a^2 - 6a^2$$

$$A = 6a^2$$

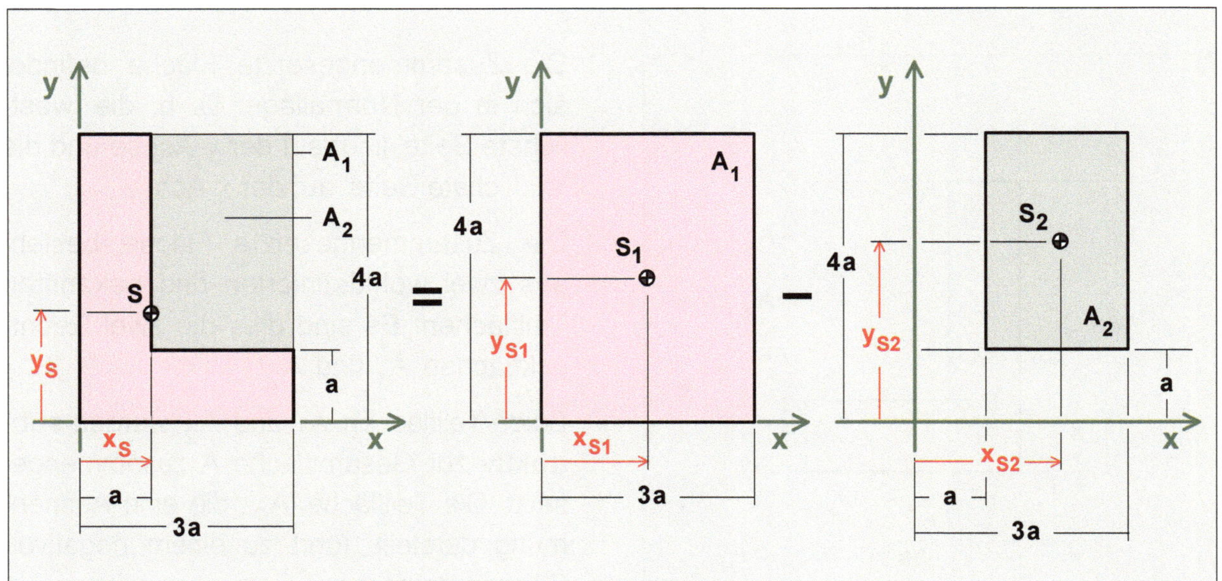

Gesamtfläche   **Differenz der Teilflächen**

$$x_{S,1} = + \frac{3}{2}\,a \qquad\qquad x_{S,2} = +2a$$

$$y_{S,1} = +2a \qquad\qquad y_{S,2} = +a + \frac{3}{2}\,a$$

$$y_{S,2} = +\frac{5}{2}\,a$$

$$x_S = x_{S,1} \cdot \frac{A_1}{A} - x_{S,2} \cdot \frac{A_2}{A}$$

$$x_S = + \frac{3}{2}\,a \cdot \frac{12\,a^2}{6\,a^2} - 2\,a \cdot \frac{6\,a^2}{6\,a^2}$$

$$x_S = + \frac{18}{6} \cdot a - \frac{12}{6} \cdot a$$

$$x_S = + \frac{6}{6} \cdot a$$

$$\boxed{x_S = +a} \qquad\qquad \textbf{Schwerpunktkoordinate } x_S$$

Schwerpunktkoordinate y_S

Die Summenformel lässt sich mit den Flächenquotienten auch für die Schwerpunktkoordinate y_S formulieren.

Achten Sie bitte auch hier auf das Minus-Zeichen in der ausgeschriebenen Summenformel.

$$y_S = y_{S,1} \cdot \frac{A_1}{A} - y_{S,2} \cdot \frac{A_2}{A}$$

$$y_S = +2\,a \cdot \frac{12\,a^2}{6\,a^2} - \frac{5}{2}\,a \cdot \frac{6\,a^2}{6\,a^2}$$

$$y_S = +\frac{24}{6}\,a - \frac{15}{6}\,a$$

$$y_S = +\frac{9}{6}\,a$$

$$\boxed{y_S = +\frac{3}{2}\,a}$$
Schwerpunktkoordinate y_S

Geben Sie bitte die Schwerpunktkoordinaten x_S und y_S bezogen auf das eingezeichnete Koordinatensystem in folgender Form an: $S: \left(x_S;\ y_S\right) = (...;\ ...)$.

$$\boxed{S: \left(x_S;\ y_S\right) = \left(+a;\ +\frac{3}{2}\,a\right)}$$
Schwerpunktkoordinaten x_S und y_S

Beispiel 5

Flächenschwerpunkt / Zusammengesetzte Fläche / Rechteck / Rechteck / Parallelogramm

x-Richtung: Überlegen / Hinschreiben
y-Richtung: Überlegen / Hinschreiben

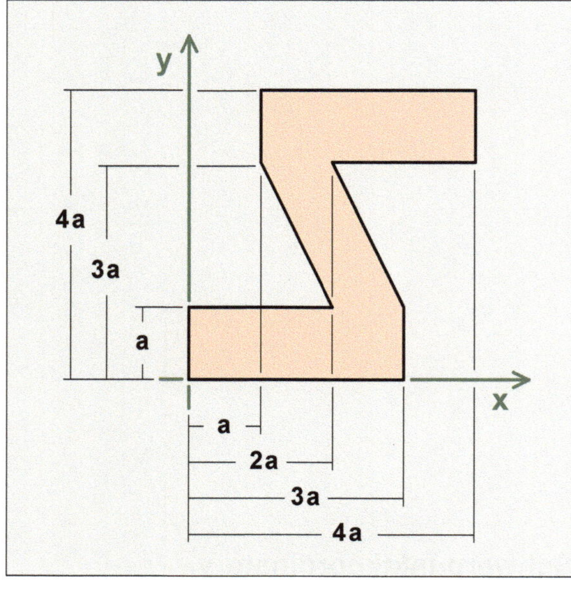

Nebenstehende Abbildung zeigt den Querschnitt eines Bauteils. Es handelt sich dabei um ein negatives Z-Profil.

Gegeben

Querschnittsabmessungen: a,
$a = 10 \, \text{mm}$.

Gesucht

Schwerpunktkoordinaten x_S und y_S.

Geben Sie bitte die Schwerpunktkoordinaten x_S und y_S bezogen auf das eingezeichnete Koordinatensystem in folgender Form an:

$$S: \left(x_S; \, y_S \right) = \left(...; \, ... \right).$$

Hinweis: Versuchen Sie Symmetrielinien oder aber Schwerelinien zu finden.

Ergebnis: $S: \left(x_S; y_S \right) = \left(+2\,a; +2\,a \right) = \left(+20 \, mm; +20 \, mm \right)$

Lösung

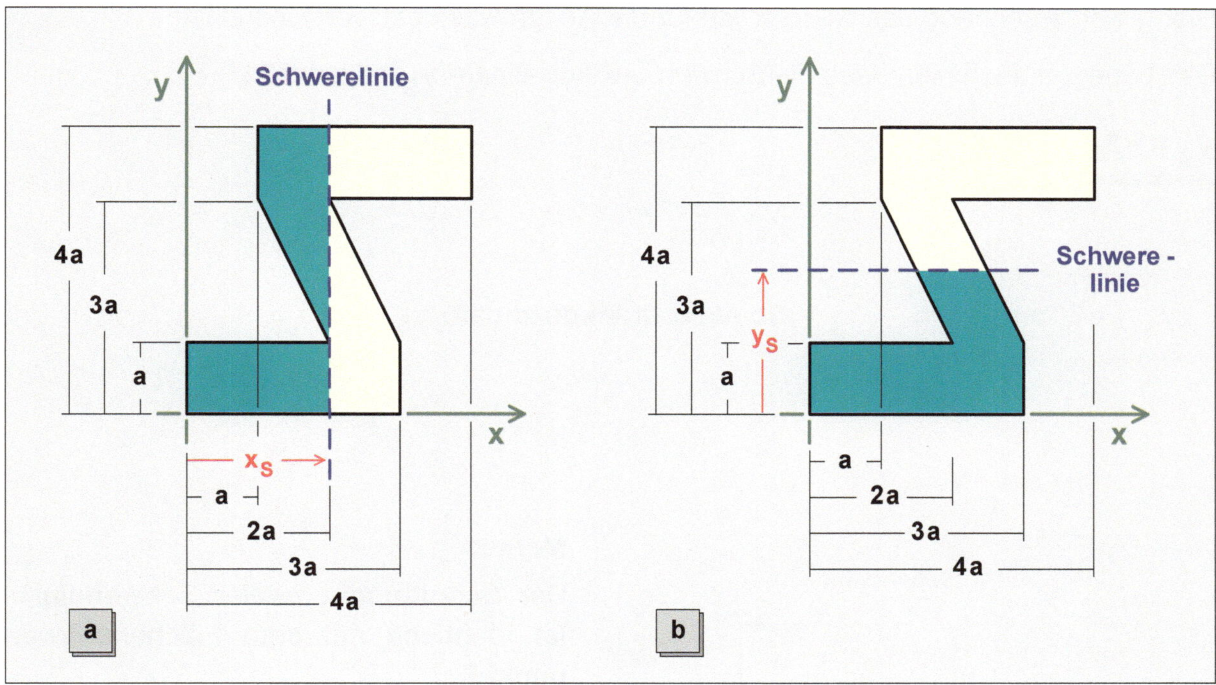

Merke :   **Schwerelinie**

Eine 'Schwerelinie' hat die Eigenschaft, geometrischer Ort für den Flächenschwerpunkt S zu sein.

Teil (a) obiger Abbildung zeigt eingezeichnet eine 'ausgezeichnete' vertikale Linie. Die Auszeichnung ist dadurch gegeben, dass die links liegende Fläche (grün) genauso groß ist wie die rechts liegende Fläche (gelb). Die Flächen sind gleich groß, aber nicht spiegelbildlich.

Es liegt Punktsymmetrie vor.

Das Flächenmoment der links liegenden Fläche (grün) ist genauso groß wie das Flächenmoment der rechtsliegenden Fläche (gelb).

Damit handelt es sich bei der 'ausgezeichneten' vertikalen Linie um eine **Schwerelinie**.

Das bedeutet, dass die Schwerpunktkoordinate x_S bekannt ist.

$$\underline{\underline{x_S = + 2\,a}}$$

mit $a = 10\,\text{mm}$

$$\boxed{x_S = + 20\,\text{mm}}$$ Schwerpunktkoordinate x_S

Teil (b) der Abbildung zeigt eingezeichnet ebenfalls eine 'ausgezeichnete' - aber - horizontale Linie.

Hier gilt entsprechend das Gleiche wie für die 'ausgezeichnete' vertikale Linie.

Das bedeutet auch hier, dass die Schwerpunktkoordinate y_S bekannt ist.

$$y_S = + 2\,a$$

mit $a = 10\,mm$

$$y_S = + 20\,mm$$

Schwerpunktkoordinate y_S

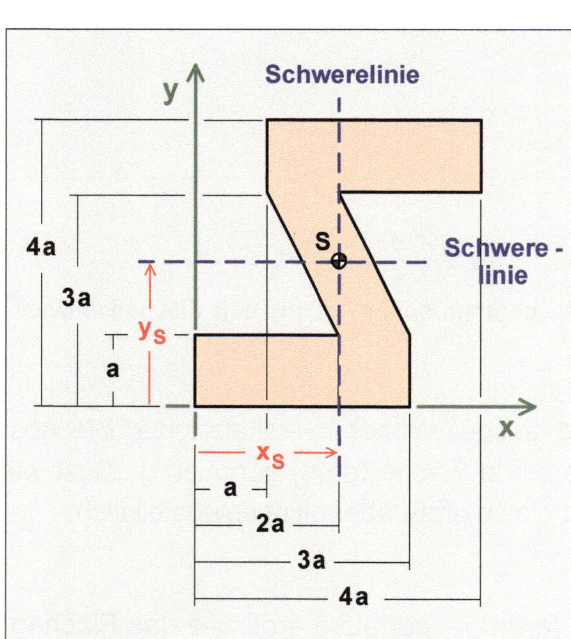

Merke:

Der Schnittpunkt zweier Schwerelinien ist identisch mit dem Flächenschwerpunkt S.

Die Lage des Flächenschwerpunktes S gibt man wie folgt an:

$$S : \left(x_S;\ y_S\right) = \left(+ 2\,a\ ;\ + 2\,a\right)$$

bzw.

$$S : \left(x_S;\ y_S\right) = \left(+ 20\,mm\ ;\ + 20\,mm\right).$$

Aufgabe 1

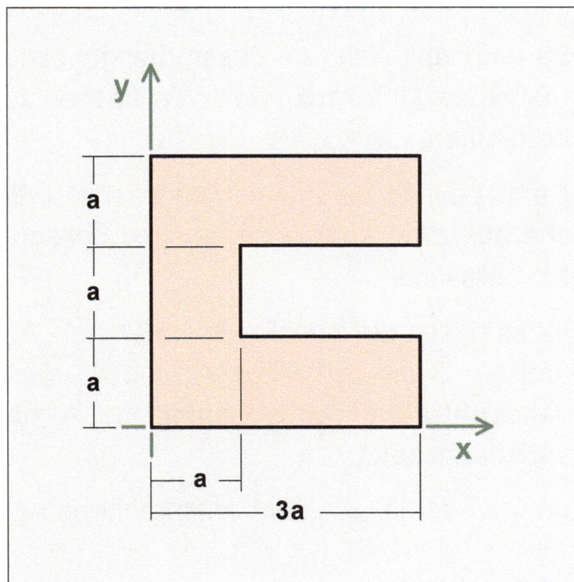

Flächenschwerpunkt / Zusammengesetzte Fläche / Quadrat / Rechteck

x-Richtung: zusammengesetzt / Summenformel
y-Richtung: Überlegen / Hinschreiben

Nebenstehende Abbildung zeigt den U-förmigen Querschnitt eines Bauteils.

Gegeben

Querschnittsabmessungen: a.

Gesucht

Schwerpunktkoordinaten x_S und y_S.

Geben Sie bitte die Schwerpunktkoordinaten x_S und y_S bezogen auf das eingezeichnete Koordinatensystem in folgender Form an:

$$S: \left(x_S;\ y_S\right) = \left(...;\ ...\right).$$

Ergebnis: $S: \left(x_S\, ;\, y_S\right) = \left(+\dfrac{19}{14}\,a\, ;\, +\dfrac{21}{14}\,a\right)$

Lösung

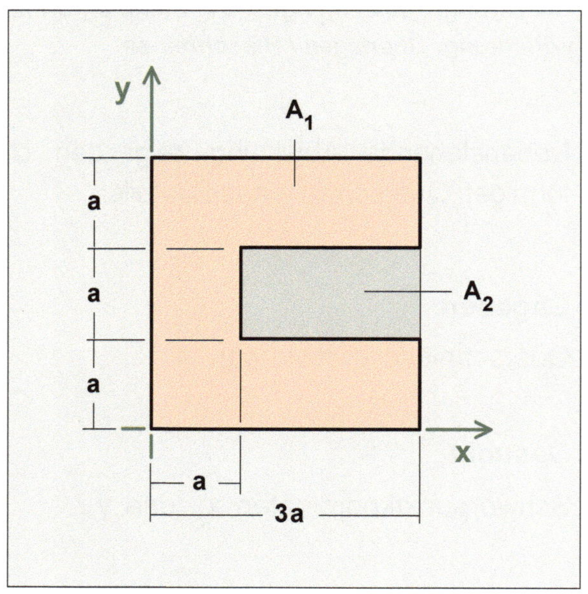

Die Zusammengesetzte Fläche befindet sich in der **Normallage**. D.h. die 'westlichste Seite' liegt auf der y-Achse und die 'südlichste Seite' auf der x-Achse.

Es empfiehlt sich, die Zusammengesetzte Fläche als **Differenz** zweier Teilflächen zu betrachten.

Damit besteht die Zusammengesetzte Fläche aus zwei wohldefinierten und bekannten Teilflächen.

Es sind dies die zwei Rechteckflächen A_1 und A_2. Beide Teilflächen A_1 und A_2 werden **subtraktiv** zur Gesamtfläche A zusammengesetzt.

Die Teilfläche A_2 stellt eine Ausnehmung dar und führt somit zu einem entsprechend negativen Flächenmoment.

Hinsichtlich der Summenformel bedeutet das die Verwendung des **Minus**-Zeichens.

Da in der Aufgabenstellung die Querschnittsabmessungen in allgemeiner Form gegeben sind, sollte bei der Berechnung der Schwerpunktkoordinaten x_S und y_S die **Summenformel mit Flächenquotienten** zur Anwendung kommen.

Schwerpunktkoordinate x_S

Die Summenformel lässt sich mit den Flächenquotienten formulieren.

$$x_S \cdot A = \sum_i x_{S,i} \cdot A_i$$

Summenformel
Ausgangsformel

$$x_S \cdot A = x_{S,1} \cdot A_1 - x_{S,2} \cdot A_2$$

$$x_S = x_{S,1} \cdot \frac{A_1}{A} - x_{S,2} \cdot \frac{A_2}{A}$$

Summenformel
mit Flächenquotienten

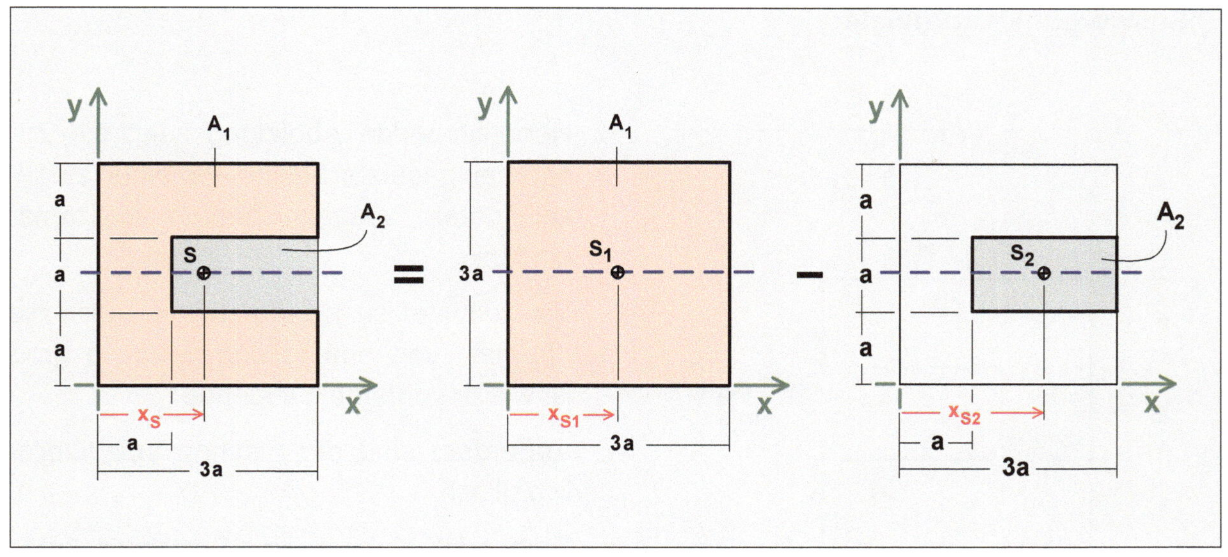

Gesamtfläche   **Differenz der Teilflächen**

$$A_1 = 3a \cdot 3a \qquad\qquad A_2 = 2a \cdot a$$

$$A_1 = 9a^2 \qquad\qquad A_2 = 2a^2$$

$$A = A_1 - A_2 = 9a^2 - 2a^2 = 7a^2$$

$$x_{S,1} = +\frac{3}{2}a \qquad\qquad x_{S,2} = +2a$$

$$x_S = x_{S,1} \cdot \frac{A_1}{A} - x_{S,2} \cdot \frac{A_2}{A}$$

$$x_S = +\frac{3}{2}a \cdot \frac{9a^2}{7a^2} - 2a \cdot \frac{2a^2}{7a^2}$$

$$x_S = +\frac{1}{7}a \left(\frac{27}{2} - \frac{8}{2} \right)$$

$$x_S = +\frac{1}{7}a \cdot \frac{19}{2}$$

$$\boxed{x_S = +\frac{19}{14}a}$$ **Schwerpunktkoordinate** x_S

Schwerpunktkoordinate y_S

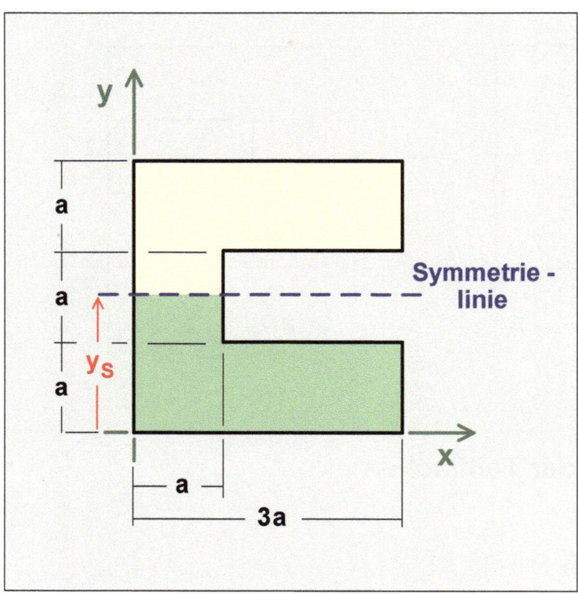

Nebenstehende Abbildung zeigt die Zusammengesetzte Fläche mit einer eingezeichneten 'ausgezeichneten' horizontalen Linie.

Sie zeichnet sich dadurch aus, dass die oberhalb liegende Fläche genauso groß ist wie die unterhalb liegende.

Außerdem sind die Flächen spiegelbildlich gleich.

Es handelt sich um eine Symmetrielinie.

Merke:

Eine Symmetrielinie ist grundsätzlich immer eine Schwerelinie.

Da eine Schwerelinie der geometrische Ort für den Flächenschwerpunkt S ist, ist damit der Abstand des Flächenschwerpunktes S von der x-Achse gegeben.

Das bedeutet, dass die Schwerpunktkoordinate y_S bekannt ist.

$$y_S = +\frac{3}{2}a \text{ bzw. } +\frac{21}{14}a$$

Schwerpunktkoordinate y_S

$$S : (x_S; y_S) = \left(+\frac{19}{14}a \; ; \; +\frac{21}{14}a \right)$$

Schwerpunktkoordinaten x_S und y_S

Aufgabe 2

Flächenschwerpunkt / Zusammengesetzte Fläche / Rechteck / Rechteck / Rechteck

x-Richtung: zusammengesetzt / Summenformel
y-Richtung: zusammengesetzt / Summenformel

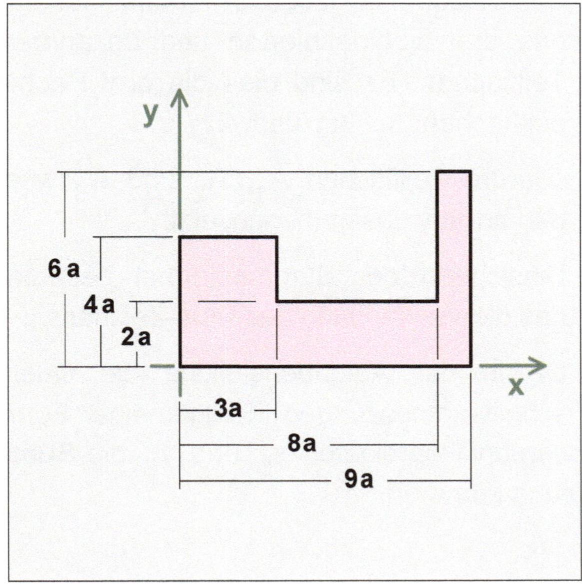

Nebenstehende Abbildung zeigt den näherungsweisen U-förmigen Querschnitt eines Bauteils.

Gegeben

Querschnittsabmessungen: a.

Gesucht

Schwerpunktkoordinaten x_S und y_S.

Geben Sie bitte die Schwerpunktkoordinaten x_S und y_S bezogen auf das eingezeichnete Koordinatensystem in folgender Form an:

$$S: \left(x_S;\ y_S \right) = \left(...;\ ... \right).$$

Ergebnis: $\quad S: \left(x_S;\ y_S \right) = \left(+\dfrac{31}{7}\,a\ ;\ +\dfrac{13}{7}\,a \right)$

Lösung

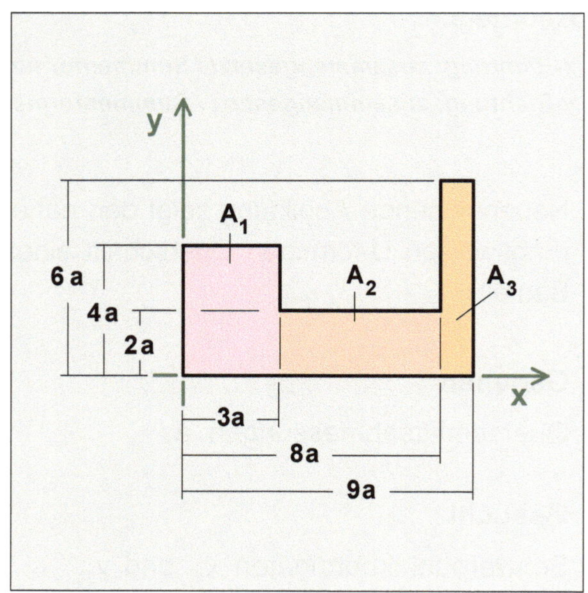

Die Zusammengesetzte Fläche befindet sich in der **Normallage**. D.h. die 'westlichste Seite' liegt auf der y-Achse und die 'südlichste Seite' auf der x-Achse.

Die Zusammengesetzte Fläche besteht aus drei wohldefinierten und bekannten Teilflächen. Es sind dies die drei Rechteckflächen A_1, A_2 und A_3.

Alle drei Teilflächen A_1, A_2 und A_3 werden **additiv** zusammengesetzt.

Hinsichtlich der Summenformel bedeutet das die Verwendung des **Plus**-Zeichens.

Da in der Aufgabenstellung die Querschnittsabmessungen in allgemeiner Form gegeben sind, sollte bei der Berechnung der Schwerpunktkoordinaten x_S und y_S die **Summenformel mit Flächenquotienten** zur Anwendung kommen.

Schwerpunktkoordinate x_S

Die Summenformel lässt sich mit Flächenquotienten formulieren.

$$x_S \cdot A = \sum_i x_{S,i} \cdot A_i$$

Summenformel
Ausgangsformel

$$x_S \cdot A = x_{S,1} \cdot A_1 + x_{S,2} \cdot A_2 + x_{S,3} \cdot A_3$$

$$x_S = x_{S,1} \cdot \frac{A_1}{A} + x_{S,2} \cdot \frac{A_2}{A} + x_{S,3} \cdot \frac{A_3}{A}$$

Summenformel
mit Flächenquotienten

$$A_1 = 3a \cdot 4a \qquad A_2 = 5a \cdot 2a \qquad A_3 = a \cdot 6a$$

$$A_1 = 12a^2 \qquad A_2 = 10a^2 \qquad A_3 = 6a^2$$

$$A = A_1 + A_2 + A_3 = 12a^2 + 10a^2 + 6a^2$$

$$A = 28a^2$$

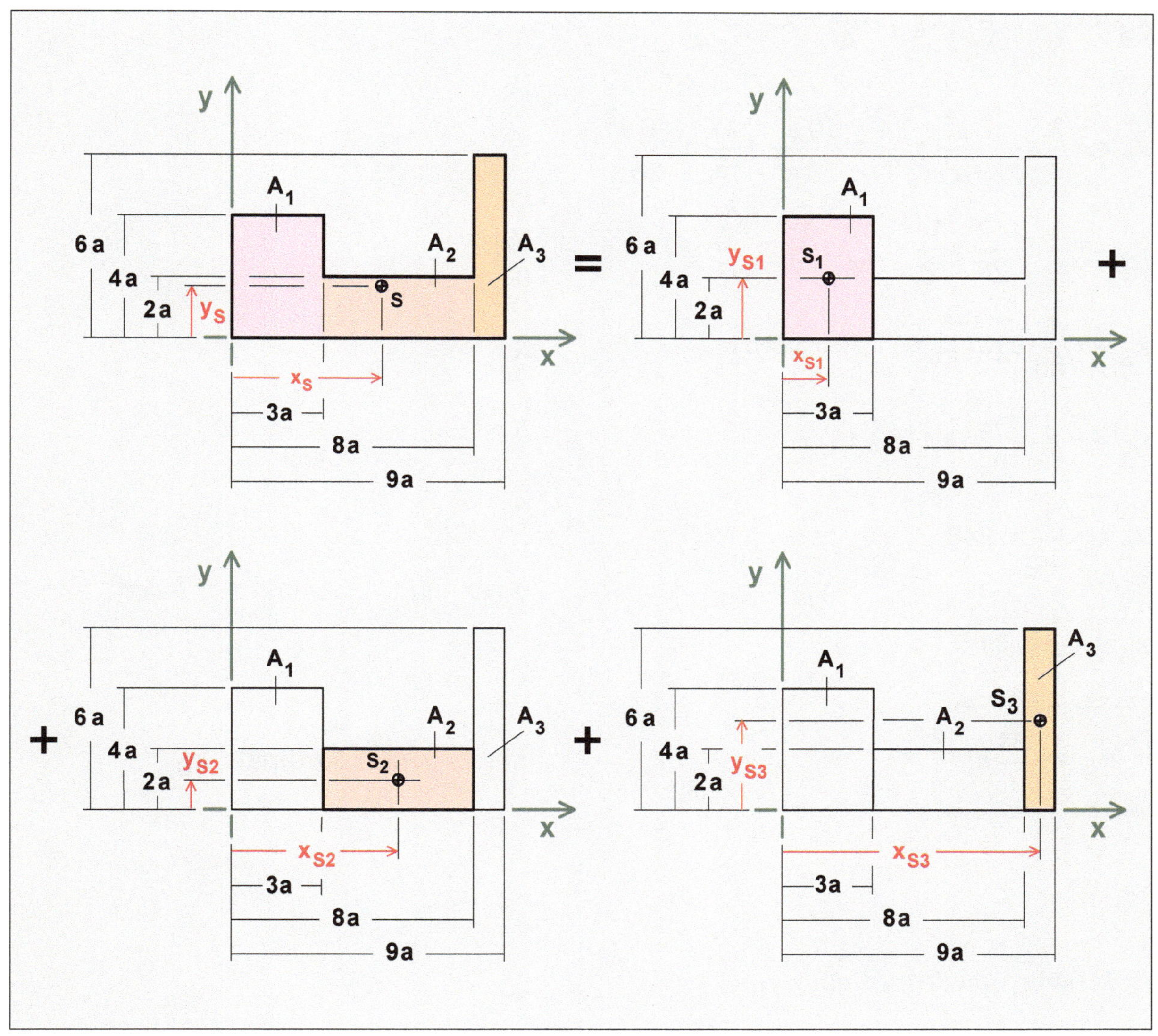

Gesamtfläche   **Summe der Teilflächen**

$$x_{S,1} = +\frac{3}{2}a$$

$$x_{S,2} = +3a + \frac{5}{2}a$$

$$x_{S,2} = +\frac{11}{2}a$$

$$x_{S,3} = +8a + \frac{1}{2}a$$

$$x_{S,3} = +\frac{17}{2}a$$

$$y_{S,1} = +2a$$

$$y_{S,2} = +a$$

$$y_{S,3} = +3a$$

$$x_S = x_{S,1} \cdot \frac{A_1}{A} + x_{S,2} \cdot \frac{A_2}{A} + x_{S,3} \cdot \frac{A_3}{A}$$

$$x_S = +\frac{3}{2}\,a \cdot \frac{12\,a^2}{28\,a^2} + \frac{11}{2}\,a \cdot \frac{10\,a^2}{28\,a^2} + \frac{17}{2}\,a \cdot \frac{6\,a^2}{28\,a^2}$$

$$x_S = +\frac{3}{2}\,a \cdot \frac{12}{28} + \frac{11}{2}\,a \cdot \frac{10}{28} + \frac{17}{2}\,a \cdot \frac{6}{28}$$

$$x_S = +\frac{1}{56}\,a\left(3 \cdot 12 + 11 \cdot 10 + 17 \cdot 6\right)$$

$$x_S = +\frac{1}{56}\,a\left(36 + 110 + 102\right)$$

$$x_S = +\frac{1}{56}\,a \cdot 248$$

Zähler und Nenner durch '8' teilen

$$x_S = +\frac{1}{7}\,a \cdot 31$$

$$\boxed{x_S = +\frac{31}{7}\,a}$$

Schwerpunktkoordinate x_S

Schwerpunktkoordinate y_S

Die Summenformel lässt sich mit den Flächenquotienten auch für die Schwerpunktkoordinate y_S formulieren.

$$y_S = y_{S,1} \cdot \frac{A_1}{A} + y_{S,2} \cdot \frac{A_2}{A} + y_{S,3} \cdot \frac{A_3}{A}$$

$$y_S = +2\,a \cdot \frac{12\,a^2}{28\,a^2} + a \cdot \frac{10\,a^2}{28\,a^2} + 3a \cdot \frac{6\,a^2}{28\,a^2}$$

$$y_S = +2\,a \cdot \frac{12}{28} + a \cdot \frac{10}{28} + 3a \cdot \frac{6}{28}$$

$$y_S = + \frac{1}{28}\, a\,(2 \cdot 12 + 10 + 3 \cdot 6)$$

$$y_S = + \frac{1}{28}\, a\,(24 + 10 + 18)$$

$$y_S = + \frac{1}{28}\, a \cdot 52$$

Zähler und Nenner durch '4' teilen

$$y_S = + \frac{1}{7}\, a \cdot 13$$

$$\boxed{y_S = + \frac{13}{7}\, a}$$

Schwerpunktkoordinate y_S

Geben Sie bitte die Schwerpunktkoordinaten x_S und y_S bezogen auf das eingezeichnete Koordinatensystem in folgender Form an: $S : \left(x_S;\ y_S\right) = (\dots;\ \dots)$.

$$\boxed{S : \left(x_S;\ y_S\right) = \left(+\frac{31}{7}\, a\ ;\ +\frac{13}{7}\, a\right)}$$

Schwerpunktkoordinaten x_S **und** y_S

Aufgabe 3

Flächenschwerpunkt / zusammengesetzte Fläche / Quadrat / Quadrat

x-Richtung: Überlegen / Hinschreiben
y-Richtung: zusammengesetzt / Summenformel

Nebenstehende Abbildung zeigt den Querschnitt eines Bauteils.

Gegeben

Querschnittsabmessungen: a.

Gesucht

Schwerpunktkoordinaten x_S und y_S.

Geben Sie bitte die Schwerpunktkoordinaten x_S und y_S bezogen auf das eingezeichnete Koordinatensystem in folgender Form an:

$$S : \left(x_S;\ y_S \right) = \left(...;\ ... \right).$$

Hinweis: Die im Prinzip einfache Aufgabe ist etwas trickreich gelöst.

Ergebnis: $\ S: \left(x_S;\ y_S \right) = \dfrac{1}{4} \left(+6;\ +7 \right) a$

Lösung

Schwerpunktkoordinate x_S

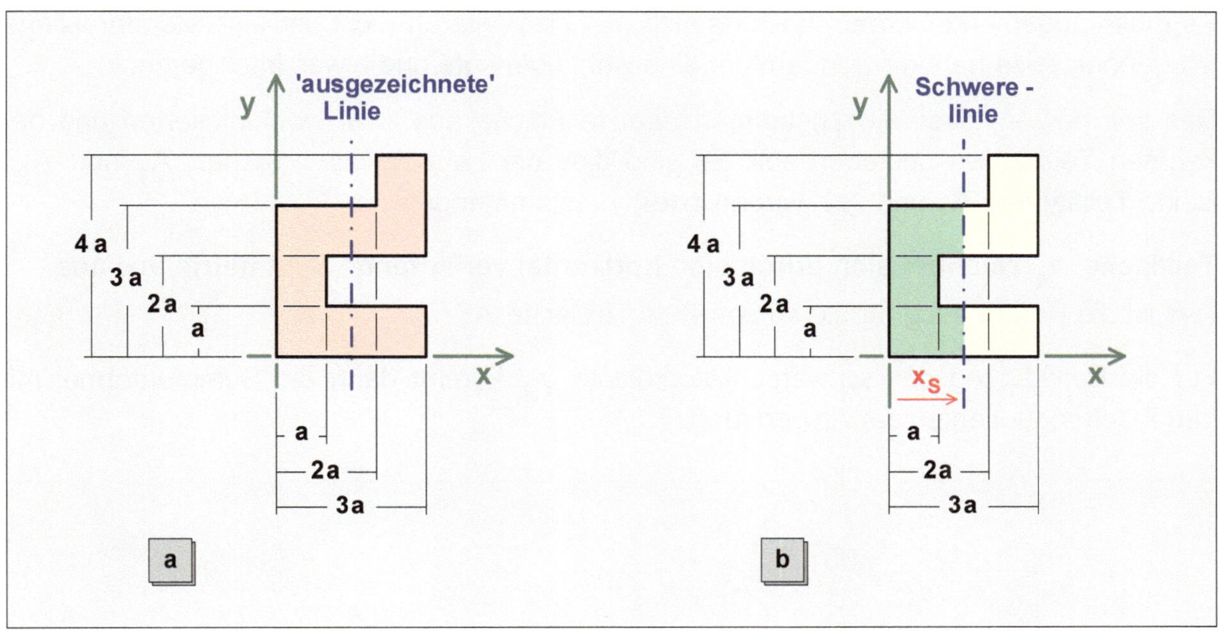

Teil (a) obiger Abbildung zeigt die Zusammengesetzte Fläche mit einer eingezeichneten vertikalen Linie. Diese Linie ist eine 'ausgezeichnete' Linie. Sie zeichnet sich dadurch aus - kurze Überlegung - dass die links liegende Fläche (grün) genauso groß ist wie die rechts liegende Fläche (gelb) / Teil (b). Die Flächen sind gleich groß, aber nicht spiegelbildlich.

Es handelt sich <u>nicht</u> um eine Symmetrielinie / auch keine Punktsymmetrie.

Schaut man sich die beiden Flächen etwas genauer an, so kann man feststellen, dass das Flächenmoment der links liegenden Fläche (grün) bezogen auf die 'ausgezeichnete' Linie genauso groß ist wie das Flächenmoment der rechtsliegenden Flächen (gelb).

Damit handelt es sich bei der 'ausgezeichneten' vertikalen Linie um eine **Schwerelinie**.

Merke :   Schwerelinie
Eine 'Schwerelinie' hat die Eigenschaft, geometrischer Ort für den Flächenschwerpunkt S zu sein.

Das bedeutet, dass die Schwerpunktkoordinate x_S bekannt ist.

$$x_S = + \frac{3}{2}\,a$$

Schwerpunktkoordinate x_S

Schwerpunktkoordinate y_S

Es empfiehlt sich, die Zusammengesetzte Fläche als **Addition** zweier Teilflächen zu betrachten - aber Vorsicht!

Es muss angemerkt werden, dass es sich hier im Weiteren nicht um eine standardisierte Vorgehensweise handelt, sondern um eine wohl überlegte und etwas intelligentere.

Das soll heißen, dass die Zusammengesetzte Fläche aus zwei wohldefinierten und bekannten Teilflächen bestehen soll. Es sind dies die zwei Rechteckflächen A_1 und A_2. Beide Teilflächen A_1 und A_2 werden **additiv** zusammengesetzt.

Teilfläche A_1 zeichnet sich durch eine horizontal verlaufende Symmetrielinie aus.

Das ist die Begründung für die so gewählte Teilfläche A_1.

Für die Berechnung der Schwerpunktkoordinate y_S kommt dann die Summenformel mit den Flächenquotienten zur Anwendung.

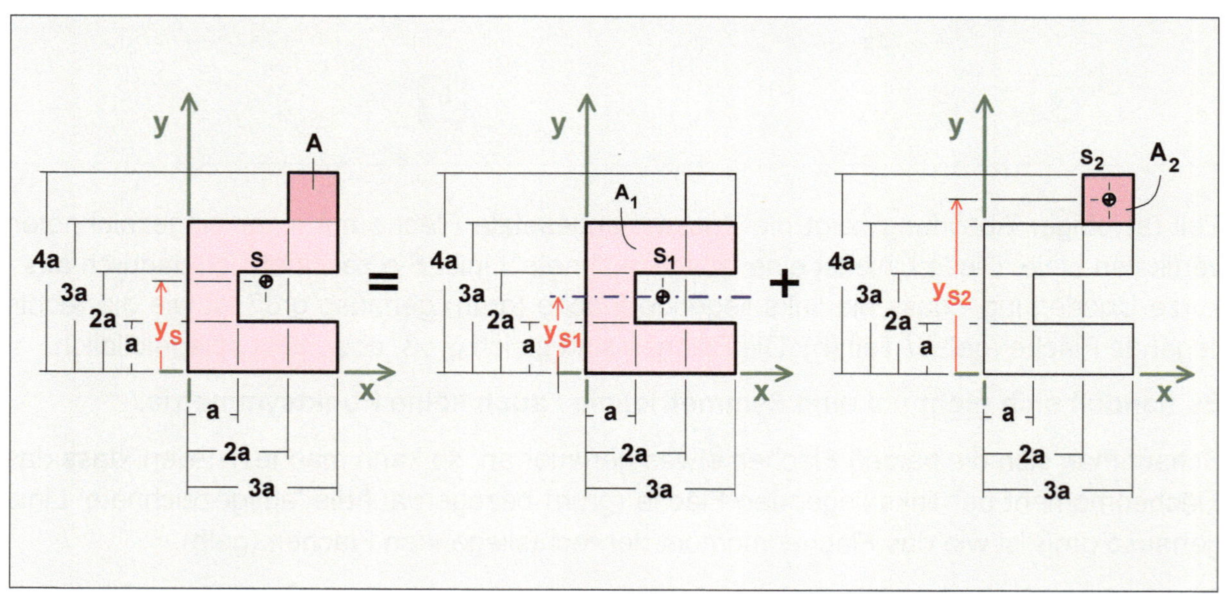

Gesamtfläche   **Summe der Teilflächen**

$$A_1 = 7\,a^2 \qquad\qquad A_2 = 1\,a^2$$

$$A = A_1 + A_2 = 7\,a^2 + 1\,a^2$$

$$A = 8\,a^2$$

$$y_{S,1} = +\frac{3}{2}\,a \qquad\qquad y_{S,2} = +\frac{7}{2}\,a$$

$$y_S = y_{S,1} \cdot \frac{A_1}{A} + y_{S,2} \cdot \frac{A_2}{A}$$

Summenformel
mit Flächenquotienten

$$y_S = +\frac{3}{2}\,a \cdot \frac{7\,a^2}{8\,a^2} + \frac{7}{2}\,a \cdot \frac{a^2}{8\,a^2}$$

$$y_S = +\frac{3}{2}\,a \cdot \frac{7}{8} + \frac{7}{2}\,a \cdot \frac{1}{8}$$

$$y_S = +\frac{1}{16}\,a\,(21 + 7)$$

$$y_S = +\frac{1}{16}\,a \cdot 28$$

$$\boxed{y_S = +\frac{7}{4}\,a}$$

Schwerpunktkoordinate y_S

Geben Sie bitte die Schwerpunktkoordinaten x_S **und** y_S **bezogen auf das eingezeichnete Koordinatensystem in folgender Form an:** $S : \left(x_S;\ y_S\right) = (\ldots;\ \ldots)$.

$$S : \left(x_S;\ y_S\right) = \left(+\frac{6}{4}\,a\,;\ +\frac{7}{4}\,a\right)$$

Schwerpunktkoordinaten x_S **und** y_S

$$S : \left(x_S;\ y_S\right) = \frac{1}{4}\,(+6\,;\ +7)\,a$$

Schwerpunktkoordinaten x_S **und** y_S

Aufgabe 4

**Flächenschwerpunkt / Zusammengesetz-
te Fläche / Quadrat / Quadrate**

x-Richtung: zusammengesetzt / Summenformel
y-Richtung: zusammengesetzt / Summenformel

Nebenstehende Abbildung zeigt ein Dach - bestehend aus farbigen quadratischen Glasplatten - in einem kunstvollen Design, inspiriert von Piet MONDRIAN.

Das Dach soll in einer Parklandschaft von einer vertikalen Stütze in einer Höhe von 2,52 m Höhe aufgenommen werden.

Die Frage ist, an welcher Stelle (bezogen auf die (x-y)-Ebene) muss das Dach auf die Stütze gelegt und arretiert werden, damit das Dach sich im Schwerefeld der Erde im Gleichgewicht befindet?

Gegeben

Seitenlänge einer jeden quadratischen Glasplatte: a.

Gesucht

Schwerpunktkoordinaten x_S und y_S.

Geben Sie bitte die Schwerpunktkoordinaten x_S und y_S bezogen auf das eingezeichnete Koordinatensystem in folgender Form an:

$$S: \left(x_S;\ y_S \right) = (...;\ ...).$$

Ergebnis: $\ S: \left(x_S; y_S \right) = \left(+\dfrac{23}{12}\,a\,;\, +\dfrac{24}{12}\,a \right)$

Lösung

Die Zusammengesetzte Fläche befindet sich in der Normallage. D.h. die 'westlichste Seite' liegt auf der y-Achse und die 'südlichste Seite' auf der x-Achse.

Die Zusammengesetzte Fläche besteht aus zwölf quadratischen Teilflächen. Alle zwölf Teilflächen haben die Fläche $A_i = a^2$ und werden **additiv** zusammengesetzt.

Es gibt weder eine Symmetrielinie, noch ist eine Schwerelinie direkt zu erkennen.

Von daher kommt die Summenformel mit Flächenquotienten sowohl für die Berechnung der Schwerpunktkoordinate x_S als auch für Schwerpunktkoordinate y_S zur Anwendung.

Da alle zwölf Teilflächen **additiv** zusammengesetzt werden, erscheint ausnahmslos in der Summenformel das **Plus**-Zeichen.

Schaut man sich die Skizze etwas genauer an, so lässt sich die Gestaltung der Summenformel stark vereinfachen. Man fasst horizontal und vertikal die entsprechenden Teilflächen zu 'Spalten- und Zeilenflächen' zusammen. Damit reduziert sich die Anzahl der Flächenmomente um die x-Achse sowie um die y-Achse erheblich.

Wir versuchen das einmal und starten mit der Berechnung der Schwerpunktkoordinate x_S.

Schwerpunktkoordinate x_S

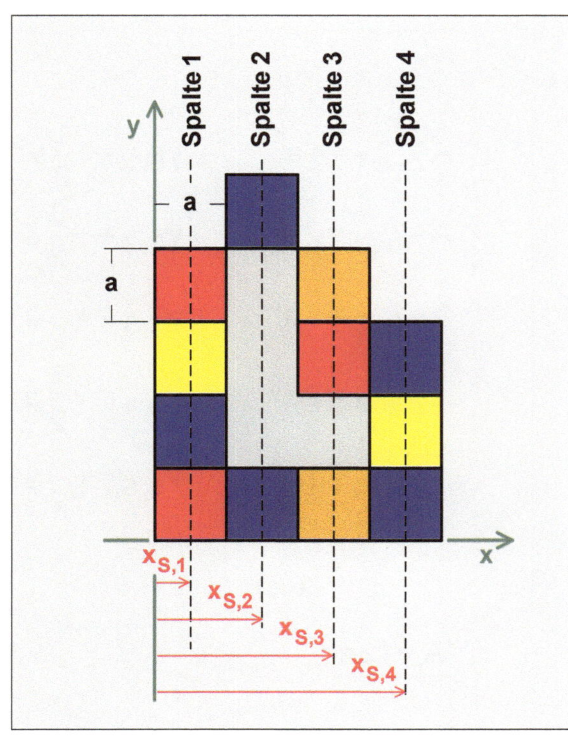

$$A_{\text{Spalte 1}} = 4\,a^2 \qquad x_{S,1} = +\frac{1}{2}a$$

$$A_{\text{Spalte 2}} = 2\,a^2 \qquad x_{S,2} = +\frac{3}{2}a$$

$$A_{\text{Spalte 3}} = 3\,a^2 \qquad x_{S,3} = +\frac{5}{2}a$$

$$A_{\text{Spalte 4}} = 3\,a^2 \qquad x_{S,4} = +\frac{7}{2}a$$

$$A = \sum A_{\text{Spalte i}}$$

$$\underline{A = 12\,a^2}$$

Summenformel
mit Flächenquotienten

$$x_S = x_{S,1} \cdot \frac{A_{Sp.1}}{A} + x_{S,2} \cdot \frac{A_{Sp.2}}{A} + x_{S,3} \cdot \frac{A_{Sp.3}}{A} + x_{S,4} \cdot \frac{A_{Sp.4}}{A}$$

$$x_S = +\frac{1}{2}\,a \cdot \frac{4\,a^2}{12\,a^2} + \frac{3}{2}\,a \cdot \frac{2\,a^2}{12\,a^2} + \frac{5}{2}\,a \cdot \frac{3\,a^2}{12\,a^2} + \frac{7}{2}\,a \cdot \frac{3\,a^2}{12\,a^2}$$

$$x_S = +\frac{1}{2}\,a \cdot \frac{4}{12} + \frac{3}{2}\,a \cdot \frac{2}{12} + \frac{5}{2}\,a \cdot \frac{3}{12} + \frac{7}{2}\,a \cdot \frac{3}{12}$$

$$x_S = +\frac{4}{24}\,a + \frac{6}{24}\,a + \frac{15}{24}\,a + \frac{21}{24}\,a$$

$$x_S = +\frac{46}{24}\,a$$

$$\boxed{x_S = +\frac{23}{12}\,a}$$

Schwerpunktkoordinate x_S

Schwerpunktkoordinate y_S

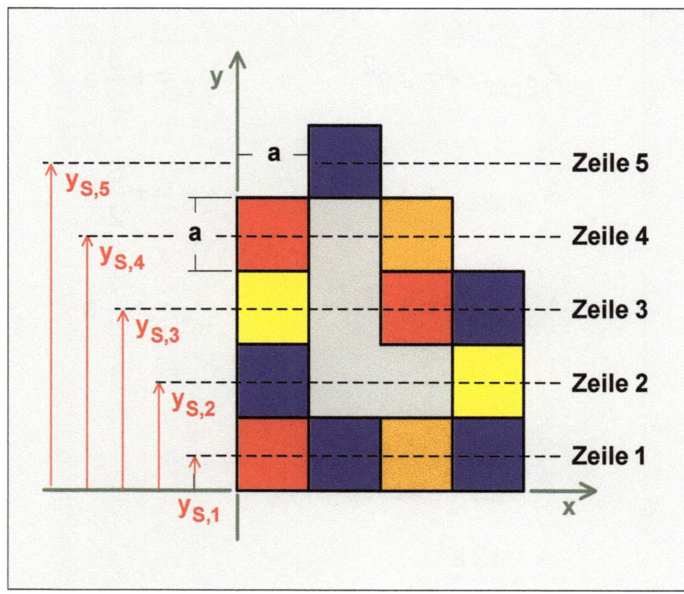

$$A_{Zeile\,1} = 4\,a^2 \qquad y_{S,1} = +\frac{1}{2}\,a$$

$$A_{Zeile\,2} = 2\,a^2 \qquad y_{S,2} = +\frac{3}{2}\,a$$

$$A_{Zeile\,3} = 3\,a^2 \qquad y_{S,3} = +\frac{5}{2}\,a$$

$$A_{Zeile\,4} = 2\,a^2 \qquad y_{S,4} = +\frac{7}{2}\,a$$

$$A_{Zeile\,5} = 1\,a^2 \qquad y_{S,5} = +\frac{9}{2}\,a$$

$$A = \sum A_{Zeile\,i}$$

$$\underline{A = 12\,a^2}$$

Summenformel
mit Flächenquotienten

$$y_S = y_{S,1} \cdot \frac{A_{Ze.1}}{A} + y_{S,2} \cdot \frac{A_{Ze.2}}{A} + y_{S,3} \cdot \frac{A_{Ze.3}}{A} + y_{S,4} \cdot \frac{A_{Ze.4}}{A} + y_{S,5} \cdot \frac{A_{Ze.5}}{A}$$

$$y_S = +\frac{1}{2}a \cdot \frac{4a^2}{12a^2} + \frac{3}{2}a \cdot \frac{2a^2}{12a^2} + \frac{5}{2}a \cdot \frac{3a^2}{12a^2} + \frac{7}{2}a \cdot \frac{2a^2}{12a^2} + \frac{9}{2}a \cdot \frac{1a^2}{12a^2}$$

$$y_S = +\frac{1}{2}a \cdot \frac{4}{12} + \frac{3}{2}a \cdot \frac{2}{12} + \frac{5}{2}a \cdot \frac{3}{12} + \frac{7}{2}a \cdot \frac{2}{12} + \frac{9}{2}a \cdot \frac{1}{12}$$

$$y_S = +\frac{4}{24}a + \frac{6}{24}a + \frac{15}{24}a + \frac{14}{24}a + \frac{9}{24}a$$

$$y_S = +\frac{48}{24}a$$

$$\boxed{y_S = +\frac{24}{12}a}$$

Schwerpunktkoordinate y_S

Geben Sie bitte die Schwerpunktkoordinaten x_S und y_S bezogen auf das eingezeichnete Koordinatensystem in folgender Form an: $S: \left(x_S;\ y_S\right) = (...;\ ...)$.

$$\boxed{S: \left(x_S;\ y_S\right) = \left(+\frac{23}{12}a\ ;\ +\frac{24}{12}a\right)}$$

Schwerpunktkoordinaten x_S und y_S

Aufgabe 5

Flächenschwerpunkt / Zusammengesetzte Fläche / Rechteck / Rechteck

x-Richtung: Überlegen / Hinschreiben
y-Richtung: zusammengesetzt / Summenformel

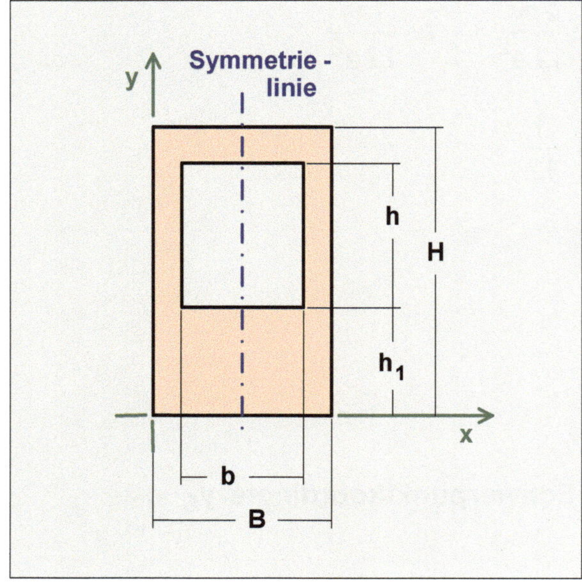

Nebenstehende Abbildung zeigt den Querschnitt eines Bauteils.

Der Querschnitt des Bauteils ist rechteckförmig, versehen mit einer vertikal mittigen rechteckförmigen Ausnehmung, die um ein bestimmtes Maß **nach oben** versetzt ist.

Gegeben

Querschnittsabmessungen:

$B = 50\,\text{mm}$; $H = 80\,\text{mm}$;

$b = 34\,\text{mm}$; $h = 40\,\text{mm}$;

$h_1 = 30\,\text{mm}$.

Gesucht

Schwerpunktkoordinaten x_S und y_S.

Geben Sie bitte die Schwerpunktkoordinaten x_S und y_S bezogen auf das eingezeichnete Koordinatensystem in folgender Form an:

$$S: \left(x_S;\ y_S\right) = (\ldots;\ \ldots).$$

Ergebnis: $\quad S: \left(x_S;\ y_S\right) = \left(+\dfrac{1}{2}B;\ +\dfrac{B \cdot H^2 - 2 \cdot b \cdot h \cdot h_1 - b \cdot h^2}{2\,(B \cdot H - b \cdot h)}\right)$

$$S: \left(x_S;\ y_S\right) = (+25\ mm;\ +34{,}8\ mm)$$

Lösung

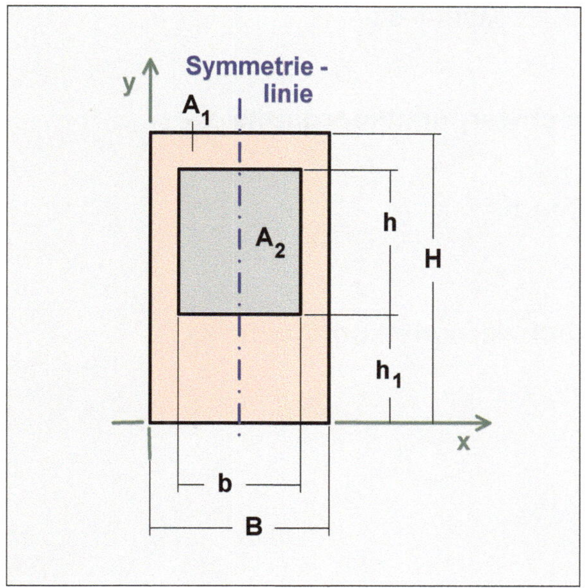

Die Zusammengesetzte Fläche A befindet sich in der Normallage. D.h. die 'westlichste Seite' liegt auf der y-Achse und die 'südlichste Seite' auf der x-Achse.

Es empfiehlt sich, die Zusammengesetzte Fläche A als **Differenz** zweier Teilflächen A_1 und A_2 zu betrachten.

Damit besteht die Zusammengesetzte Fläche aus zwei wohldefinierten und bekannten Teilflächen.

Es sind dies die zwei Rechteckflächen A_1 und A_2. Beide Teilflächen A_1 und A_2 werden **subtraktiv** zur Fläche A zusammengesetzt.

Hinsichtlich der Summenformel bedeutet das die Verwendung des **Minus**-Zeichens.

Schwerpunktkoordinate x_S

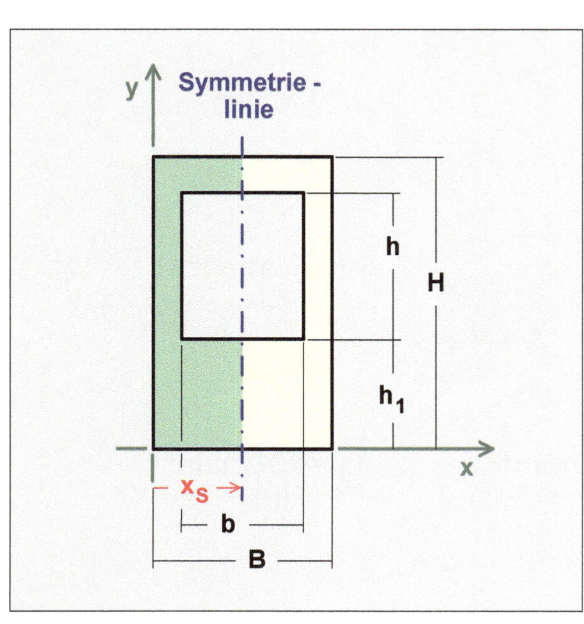

Nebenstehende Abbildung zeigt die Zusammengesetzte Fläche mit einer eingezeichneten und 'ausgezeichneten' vertikalen Linie.

Sie zeichnet sich dadurch aus, dass die links liegende Fläche genauso groß ist wie die rechts liegende.

Außerdem sind die Flächen spiegelbildlich gleich.

Es handelt sich um eine Symmetrielinie.

Merke:

Eine Symmetrielinie ist grundsätzlich immer eine Schwerelinie.

Da eine Schwerelinie der geometrische Ort für den Flächenschwerpunkt S ist, ist damit der Abstand des Flächenschwerpunktes S von der y-Achse gegeben.

Das bedeutet, dass die Schwerpunktkoordinate x_S bekannt ist.

$$x_S = + \frac{1}{2} B$$

Schwerpunktkoordinate x_S

mit $B = 50\,\text{mm}$

$$x_S = + \frac{1}{2} \, 50\,\text{mm}$$

$$\underline{\underline{x_S = + 25\,\text{mm}}}$$

Schwerpunktkoordinate x_S

Schwerpunktkoordinate y_S

Die Summenformel lässt sich mit den Flächenquotienten formulieren.

Die **subtraktive** Zusammensetzung der beiden Teilflächen A_1 und A_2 zur Fläche A erfordert die Verwendung des **Minus**-Zeichens.

$$y_S \cdot A = \sum_i y_{S,i} \cdot A_i$$

Summenformel
Ausgangsformel

Subtraktive Zusammensetzung der beiden Teilflächen A_1 und A_2

→ **Minus-Zeichen**

$$y_S \cdot A = y_{S,1} \cdot A_1 - y_{S,2} \cdot A_2$$

$$y_S = y_{S,1} \cdot \frac{A_1}{A} - y_{S,2} \cdot \frac{A_2}{A}$$

Summenformel
mit Flächenquotienten

$$A_1 = B \cdot H \qquad A_2 = b \cdot h$$

$$\underline{A_1 = 4\,000\,\text{mm}^2} \qquad \underline{A_2 = 1\,360\,\text{mm}^2}$$

$$A = A_1 - A_2 = B \cdot H - b \cdot h$$

$$\underline{A = 2\,640\,\text{mm}^2}$$

$$y_{S,1} = +\frac{1}{2}H \qquad\qquad y_{S,2} = +h_1 + \frac{1}{2}h$$

$$\underline{y_{S,1} = +40\,\text{mm}} \qquad\qquad \underline{y_{S,2} = +50\,\text{mm}}$$

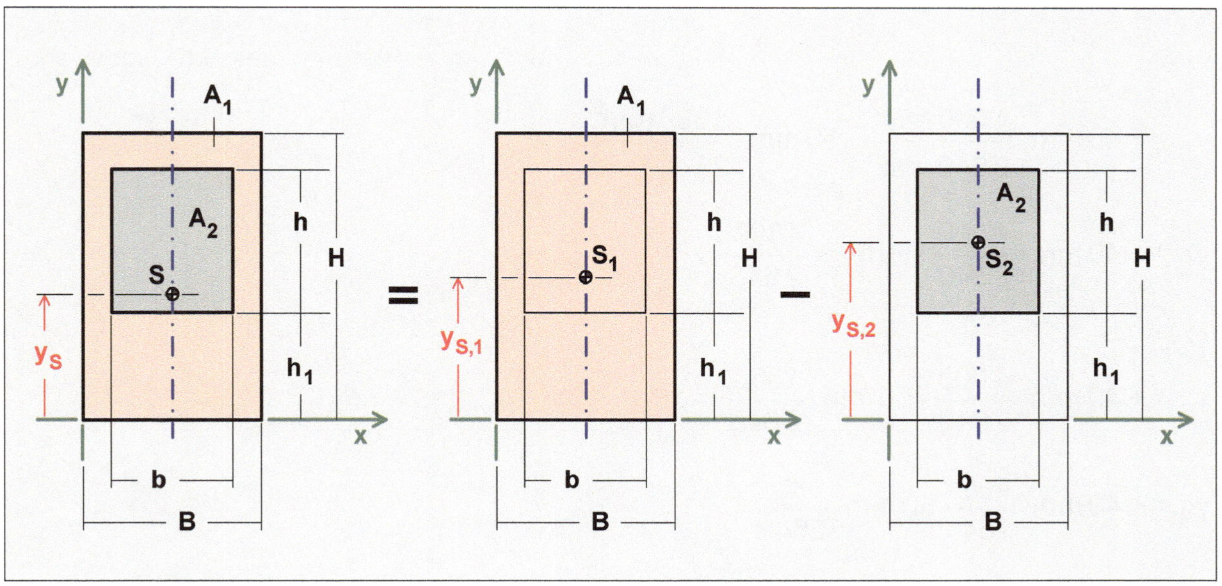

Gesamtfläche   **Differenz der Teilflächen**

$$y_S = y_{S,1}\cdot\frac{A_1}{A} - y_{S,2}\cdot\frac{A_2}{A}$$

Summenformel
mit Flächenquotienten

Wenn man allgemein weiterrechnet erhält man folgendes Ergebnis:

$$y_S = \frac{B\cdot H^2 - 2\cdot b\cdot h\cdot h_1 - b\cdot h^2}{2\,(B\cdot H - b\cdot h)}\,.$$

Setzt man die gegebenen Größen ein, so erhält man im Zähler Einheiten 'hoch drei'. Das muss nicht sein. Man kann es tun, man kommt auch zu einem richtigen Ergebnis. Es ist aber nicht empfehlenswert.

Man sollte deswegen die folgende und im Weiteren gezeigte Vorgehensweise favorisierend in Erwägung ziehen. Man setzt in die **Summenformel mit Flächenquotienten** die Größen, d.h. Zahlenwert und Einheit, ein.

$$y_S = y_{S,1} \cdot \frac{A_1}{A} - y_{S,2} \cdot \frac{A_2}{A}$$

$$y_S = +40\,\text{mm} \cdot \frac{4\,000\,\text{mm}^2}{2\,640\,\text{mm}^2} - 50\,\text{mm} \cdot \frac{1360\,\text{mm}^2}{2\,640\,\text{mm}^2}$$

'mm^2' im Zähler und Nenner kürzen

$$y_S = +40\,\text{mm} \cdot \frac{4\,000\,\cancel{\text{mm}^2}}{2\,640\,\cancel{\text{mm}^2}} - 50\,\text{mm} \cdot \frac{1360\,\cancel{\text{mm}^2}}{2\,640\,\cancel{\text{mm}^2}}$$

$$y_S = +40\,\text{mm} \cdot \frac{4\,000}{2\,640} - 50\,\text{mm} \cdot \frac{1360}{2\,640}$$

Zähler und Nenner durch '10' teilen

$$y_S = +40\,\text{mm} \cdot \frac{4\,00\cancel{0}}{2\,64\cancel{0}} - 50\,\text{mm} \cdot \frac{136\cancel{0}}{2\,64\cancel{0}}$$

$$y_S = +40\,\text{mm} \cdot \frac{400}{264} - 50\,\text{mm} \cdot \frac{136}{264}$$

Zähler und Nenner durch '8' teilen

$$y_S = +40\,\text{mm} \cdot \frac{50}{33} - 50\,\text{mm} \cdot \frac{17}{33}$$

ausrechnen

$$\boxed{y_S = +34{,}8\,\text{mm}}$$

Schwerpunktkoordinate y_S

$$\boxed{S: \left(x_S;\ y_S\right) = (+25\,\text{mm}\,;\ +34{,}8\,\text{mm})}$$

Schwerpunktkoordinaten x_S und y_S

Aufgabe 6

**Flächenschwerpunkt / Zusammengesetz-
te Fläche / Rechteck / Rechteck**

x-Richtung: zusammengesetzt / Tabelle
y-Richtung: zusammengesetzt / Tabelle

Nebenstehende Abbildung zeigt den Querschnitt eines Bauteils.

Der Querschnitt des Bauteils ist rechteckförmig, versehen mit einer rechteckförmigen Ausnehmung, die um ein bestimmtes
Maß sowohl nach unten als auch nach
links versetzt ist.

Gegeben

Querschnittsabmessungen:

$B = 40\,mm$; $H = 30\,mm$;

$b = 20\,mm$; $h = 14\,mm$;

$b_1 = 6\,mm$; $h_1 = 5\,mm$.

Gesucht

Schwerpunktkoordinaten x_S und y_S.

Geben Sie bitte die Schwerpunktkoordinaten x_S und y_S bezogen auf das eingezeichnete
Koordinatensystem in folgender Form an:

$$S: \left(x_S;\ y_S\right) = (...;\ ...).$$

Ergebnis: *$S : \left(x_S;\ y_S\right) = (+\,21{,}2\,mm;\ +\,15{,}9\,mm)$*

Lösung

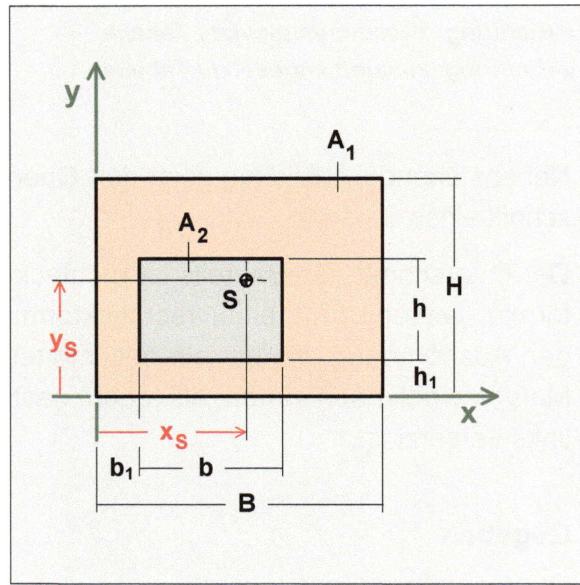

Die Zusammengesetzte Fläche befindet sich in der Normallage. D.h. die 'westlichste Seite' liegt auf der y-Achse und die 'südlichste Seite' auf der x-Achse.

Die Zusammengesetzte Fläche besteht aus zwei wohldefinierten und bekannten Teilflächen. Es sind dies die zwei Rechteckflächen A_1 und A_2, die **subtraktiv** zur Gesamtfläche A zusammengesetzt werden.

Die Teilfläche A_2, als Ausnehmung, führt zu einem negativen Flächenmoment.

Es gibt weder eine Symmetrielinie, noch ist eine Schwerelinie direkt zu erkennen.

Von daher kommt die Summenformel für die Berechnung der Schwerpunktkoordinaten x_S und y_S zur Anwendung.

Diese Summenformel wird im Weiteren - aus übungstechnischen Gründen - einmal tabellarisch gehandhabt.

➡ **Tabelle**

Start mit den Teilflächen A_i

Es ist empfehlenswert mit der Ermittlung der Teilflächen A_i zu beginnen. Die Formulierung der Teilflächen bewirkt, dass man sich mit ihnen beschäftigt.

Das ist vorteilhaft.

Aber Achtung! Die Summenformel auf der rechten Seite besteht aus Summanden. Diese Summanden als Produkte stellen die Flächenmomente dar. Sie haben einen 'Drehsinn' und können positiv oder negativ sein.

Das Vorzeichen eines Flächenmomentes ergibt sich aus seinem Drehsinn.

Unter der Voraussetzung, dass sich eine Zusammengesetzte Fläche in der Normallage befindet, führt eine Teilfläche, die eine Ausnehmung darstellt zu einem negativen Flächenmoment.

Damit sollte der entsprechende Tabellenplatz innerhalb der Tabelle von vornherein mit einem 'Minus-Zeichen' belegt sein.

Schwerpunktkoordinaten

Bei der Ermittlung der zugehörigen Schwerpunktkoordinaten $x_{S,i}$ und $y_{S,i}$ kennt man die Teilfläche A_i bereits.

Eingabewerte

A_i, $x_{S,i}$ und $y_{S,i}$ werden dann als Eingabewerte in die Tabelle eingetragen.

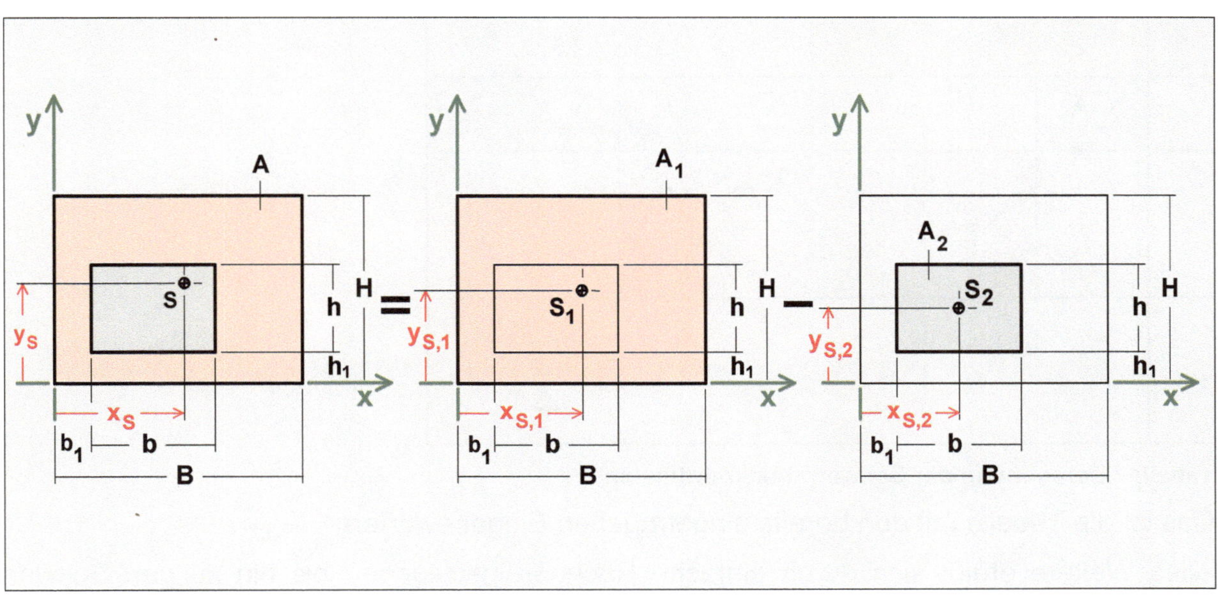

Gesamtfläche   **Differenz der Teilflächen**

$$A_1 = B \cdot H \qquad\qquad A_2 = b \cdot h$$

$$A_1 = 1200\,\text{mm}^2 \qquad\qquad A_2 = 280\,\text{mm}^2$$

$$A = A_1 + A_2 = B \cdot H - b \cdot h$$

$$A = 920\,\text{mm}^2$$

$$x_{S,1} = +\frac{1}{2}B \qquad\qquad x_{S,2} = +b_1 + \frac{1}{2}b$$

$$x_{S,1} = +20\,\text{mm} \qquad\qquad x_{S,2} = +16\,\text{mm}$$

$$y_{S,1} = +\frac{1}{2}H \qquad\qquad y_{S,2} = +h_1 + \frac{1}{2}h$$

$$y_{S,1} = +15\,\text{mm} \qquad\qquad y_{S,2} = +12\,\text{mm}$$

Das ist die Tabelle, so sieht sie in allgemeiner Form aus.

A_i, $x_{S,i}$ und $y_{S,i}$ sind die Eingabewerte. Sie werden in die gelben Flächen der Tabelle eingetragen.

i	A_i	$x_{S,i}$	$y_{S,i}$	$x_{S,i} \cdot A_i$	$y_{S,i} \cdot A_i$
1	A_1	$x_{S,1}$	$y_{S,1}$	$x_{S,1} \cdot A_1$	$y_{S,1} \cdot A_1$
2	A_2	$x_{S,2}$	$y_{S,2}$	$x_{S,2} \cdot A_2$	$y_{S,2} \cdot A_2$
	$\sum A_i$			$\sum x_{S,i} \cdot A_i$	$\sum y_{S,i} \cdot A_i$
		x_S		$\dfrac{\sum x_{S,i} \cdot A_i}{\sum A_i}$	
			y_S		$\dfrac{\sum y_{S,i} \cdot A_i}{\sum A_i}$

Eingabewerte
in den gelben Flächen

Tabelle / Berechnung der Schwerpunktkoordinaten

Das ist die Tabelle mit den bereits eingetragenen Eingabewerten.

Alles Weitere ergibt sich durch einfache Rechnereinstellungen bis hin zu den Schwerpunktkoordinaten x_S und y_S.

i	A_i	$x_{S,i}$	$y_{S,i}$	$x_{S,i} \cdot A_i$	$y_{S,i} \cdot A_i$
1	$1200\,\text{mm}^2$	$+20\,\text{mm}$	$+15\,\text{mm}$	$+24\,000\,\text{mm}^3$	$+18\,000\,\text{mm}^3$
2	$280\,\text{mm}^2$	$+16\,\text{mm}$	$+12\,\text{mm}$	$-4\,480\,\text{mm}^3$	$-3\,360\,\text{mm}^3$
	$920\,\text{mm}^2$			$+19\,520\,\text{mm}^3$	$+14\,640\,\text{mm}^3$
		x_S		$+21,2\,\text{mm}$	
			y_S		$+15,9\,\text{mm}$

Negative Plätze

Tabelle / Berechnung der Schwerpunktkoordinaten x_S und y_S

Schwerpunktkoordinate x_S

$$x_S = +21,2 \, \text{mm}$$

Schwerpunktkoordinate x_S

Schwerpunktkoordinate y_S

$$y_S = +15,9 \, \text{mm}$$

Schwerpunktkoordinate y_S

Geben Sie bitte die Schwerpunktkoordinaten x_S und y_S bezogen auf das ein-gezeichnete Koordinatensystem in folgender Form an: $S : \left(x_S ; \, y_S \right) = \left(\ldots ; \, \ldots \right)$.

$$S : \left(x_S ; \, y_S \right) = \left(+21,2 \, \text{mm} ; \, +15,9 \, \text{mm} \right)$$

Schwerpunktkoordinaten x_S und y_S

Aufgabe 7

**Flächenschwerpunkt / Zusammengesetz-
te Fläche / Rechteck / Rechtecke**

x-Richtung: zusammengesetzt / Tabelle
y-Richtung: zusammengesetzt / Tabelle

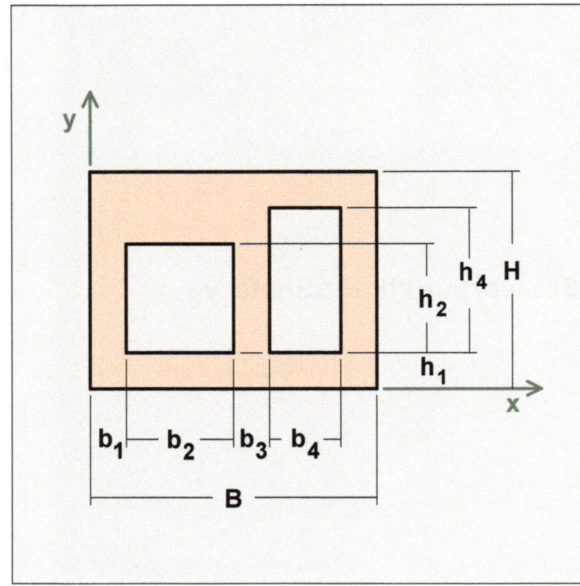

Nebenstehende Abbildung zeigt die Zusammengesetzte Fläche einer speziellen
Abdeckung.

Diese ist rechteckförmig, versehen mit
zwei rechteckförmigen Ausnehmungen.

Die entsprechenden Maße sind nebenstehender Abbildung zu entnehmen.

Gegeben

Abmessungen:

$B = 4,0\,\text{m}$; $H = 3,0\,\text{m}$;

$b_1 = 0,5\,\text{m}$;

$b_2 = 1,5\,\text{m}$; $h_2 = 1,5\,\text{m}$;

$b_3 = 0,5\,\text{m}$;

$b_4 = 1,0\,\text{m}$; $h_4 = 2,0\,\text{m}$;

$h_1 = 0,5\,\text{m}$.

Gesucht

Schwerpunktkoordinaten x_S und y_S.

Geben Sie bitte die Schwerpunktkoordinaten x_S und y_S bezogen auf das eingezeichnete
Koordinatensystem in folgender Form an:

$S: \left(x_S;\ y_S\right) = (...;\ ...)$.

Ergebnis: $S: \left(x_S;\ y_S\right) = (+1,96\,m;\ +1,57\,m)$

Lösung

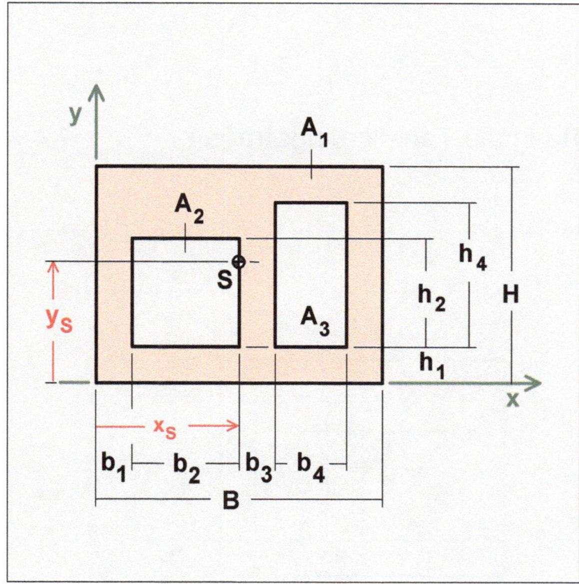

Die Zusammengesetzte Fläche befindet sich in der **Normallage**. D.h. die 'westlichste Seite' liegt auf der y-Achse und die 'südlichste Seite' auf der x-Achse.

Die Zusammengesetzte Fläche A besteht aus drei Teilflächen. Es sind dies die drei Rechteckflächen A_1, A_2 und A_3. Diese drei Rechteckflächen werden **subtraktiv** zur Gesamtfläche A zusammengesetzt.

Die Teilflächen A_2 und A_3, als Ausnehmungen, führen zu negativen Flächenmomenten.

Es gibt weder eine Symmetrielinie, noch ist eine Schwerelinie direkt zu erkennen.

Von daher kommt die Summenformel für die Berechnung der Schwerpunktkoordinaten x_S und y_S zur Anwendung. Diese Summenformel wird im Weiteren - aus übungstechnischen Gründen - einmal tabellarisch gehandhabt.

➡ **Tabelle**

Start mit den Teilflächen A_i

Es ist empfehlenswert mit der Ermittlung der Teilflächen A_i zu beginnen. Die Formulierung der Teilflächen A_i bewirkt, dass man sich mit ihnen beschäftigt.

Das ist vorteilhaft.

Aber Achtung! Die Summenformel auf der rechten Seite besteht aus Summanden. Diese Summanden als Produkte stellen die Flächenmomente dar. Sie haben einen 'Drehsinn'. Sie können positiv oder negativ sein.

Das Vorzeichen eines Flächenmomentes ergibt sich aus seinem Drehsinn.

Unter der Voraussetzung, dass sich eine Zusammengesetzte Fläche in der Normallage befindet, führt eine Teilfläche, die eine Ausnehmung darstellt zu einem negativen Flächenmoment.

Damit sollte der entsprechende Tabellenplatz innerhalb der Tabelle von vornherein mit einem 'Minus-Zeichen' belegt sein.

Schwerpunktkoordinaten

Bei der Ermittlung der zugehörigen Schwerpunktkoordinaten $x_{S,i}$ und $y_{S,i}$ kennt man die Teilfläche A_i bereits.

Eingabewerte

A_i, $x_{S,i}$ und $y_{S,i}$ werden dann als Eingabewerte in die Tabelle eingetragen.

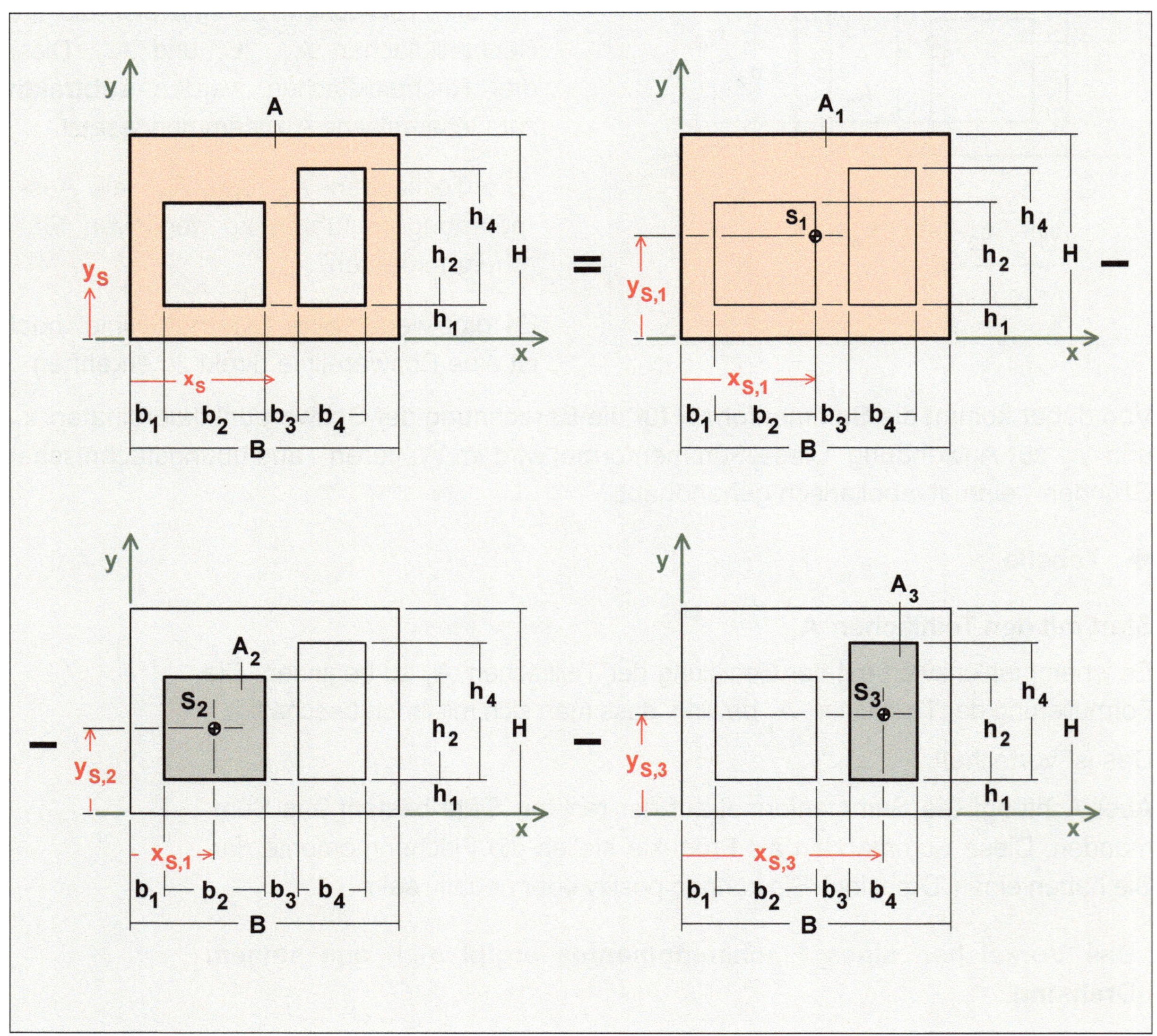

Gesamtfläche	**Differenz der Teilflächen**	
$A_1 = +B \cdot H$	$A_2 = b_2 \cdot h_2$	$A_3 = b_4 \cdot h_4$
$A_1 = +12{,}0\,\text{m}^2$	$A_2 = 2{,}25\,\text{m}^2$	$A_3 = 2{,}0\,\text{m}^2$

Schwerpunktkoordinaten $x_{S,i}$

$$x_{S,1} = + \frac{1}{2} B \qquad\qquad x_{S,2} = + b_1 + \frac{1}{2} b_2 \qquad\qquad x_{S,3} = + b_1 + b_2 + b_3 + \frac{1}{2} b_4$$

$$x_{S,1} = + 2\,m \qquad\qquad x_{S,2} = + 1{,}25\,m \qquad\qquad x_{S,3} = + 3{,}0\,m$$

Schwerpunktkoordinaten $y_{S,i}$

$$y_{S,1} = + \frac{1}{2} H \qquad\qquad y_{S,2} = + h_1 + \frac{1}{2} h_2 \qquad\qquad y_{S,3} = + h_1 + \frac{1}{2} h_4$$

$$y_{S,1} = + 1{,}5\,m \qquad\qquad y_{S,2} = + 1{,}25\,m \qquad\qquad y_{S,3} = + 1{,}5\,m$$

Das ist die Tabelle, so sieht sie aus / **allgemein**.

A_i, $x_{S,i}$ und $y_{S,i}$ sind die Eingabewerte. Sie werden in die gelben Flächen der Tabelle eingetragen.

i	A_i	$x_{S,i}$	$y_{S,i}$	$x_{S,i} \cdot A_i$	$y_{S,i} \cdot A_i$	
1	A_1	$x_{S,1}$	$y_{S,1}$	$x_{S,1} \cdot A_1$	$y_{S,1} \cdot A_1$	**Eingabewerte** in den gelben Flächen
2	A_2	$x_{S,2}$	$y_{S,2}$	$x_{S,2} \cdot A_2$	$y_{S,2} \cdot A_2$	
3	A_3	$x_{S,3}$	$y_{S,3}$	$x_{S,3} \cdot A_3$	$y_{S,3} \cdot A_3$	
	$\sum A_i$			$\sum x_{S,i} \cdot A_i$	$\sum y_{S,i} \cdot A_i$	
		x_S		$\dfrac{\sum x_{S,i} \cdot A_i}{\sum A_i}$		
		y_S			$\dfrac{\sum y_{S,i} \cdot A_i}{\sum A_i}$	

Tabelle / Berechnung der Schwerpunktkoordinaten

Es folgt die Tabelle mit den bereits eingetragenen Eingabewerten.

Alles Weitere ergibt sich durch einfache Rechnereinstellungen bis hin zu den Schwerpunktkoordinaten x_S und y_S.

i	A_i	$x_{S,i}$	$y_{S,i}$	$x_{S,i} \cdot A_i$	$y_{S,i} \cdot A_i$	
1	$12,0\,\mathrm{m}^2$	$+2,0\,\mathrm{m}$	$+1,5\,\mathrm{m}$	$+24,0\,\mathrm{m}^3$	$+18,0\,\mathrm{m}^3$	
2	$2,25\,\mathrm{m}^2$	$+1,25\,\mathrm{m}$	$+1,25\,\mathrm{m}$	$-2,81\,\mathrm{m}^3$	$-2,81\,\mathrm{m}^3$	**Negative Plätze**
3	$2,0\,\mathrm{m}^2$	$+3,0\,\mathrm{m}$	$+1,5\,\mathrm{m}$	$-6,0\,\mathrm{m}^3$	$-3,0\,\mathrm{m}^3$	
	$7,75\,\mathrm{m}^2$			$+15,19\,\mathrm{m}^3$	$+12,19\,\mathrm{m}^3$	
		x_S		$+1,96\,\mathrm{m}$		
		y_S			$+1,57\,\mathrm{m}$	

Tabelle / Ermittlung der Schwerpunktkoordinaten x_S und y_S

Schwerpunktkoordinate x_S

$$x_S = +1,96\,\mathrm{m}$$

Schwerpunktkoordinate x_S

Schwerpunktkoordinate y_S

$$y_S = +1,57\,\mathrm{m}$$

Schwerpunktkoordinate y_S

Geben Sie bitte die Schwerpunktkoordinaten x_S und y_S bezogen auf das eingezeichnete Koordinatensystem in folgender Form an: $S : \left(x_S ; y_S \right) = (\ldots ; \ldots)$.

$$S : \left(x_S ; y_S \right) = (+1,96\,\mathrm{m} ; +1,57\,\mathrm{m})$$

Schwerpunktkoordinaten x_S und y_S

Aufgabe 8

**Flächenschwerpunkt / Zusammengesetz-
te Fläche / Rechteck / Rechteck**

x-Richtung: Überlegen / Hinschreiben
y-Richtung: Überlegen / Hinschreiben

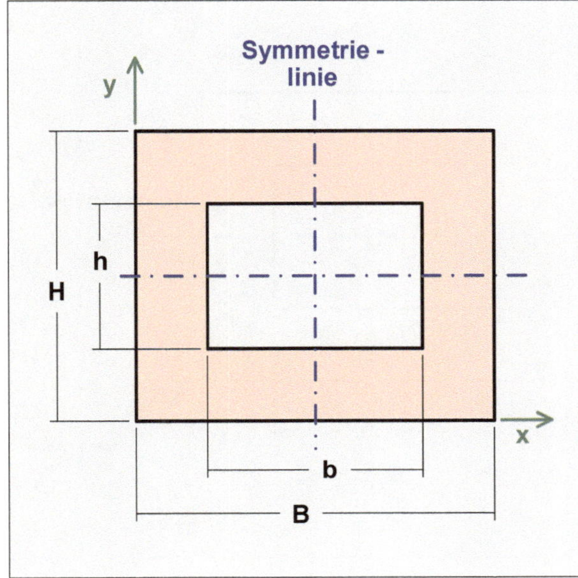

Nebenstehende Abbildung zeigt den Querschnitt eines Bauteils.

Der Querschnitt des Bauteils ist rechteckförmig, versehen mit einer rechteckförmigen Ausnehmung.

Schaut man sich den Querschnitt des Bauteils genau an, so sollte man eine Doppelsymmetrie erkennen.

Gegeben

Querschnittsabmessungen:

$B = 500\,\text{mm}$; $H = 400\,\text{mm}$;

$b = 300\,\text{mm}$; $h = 200\,\text{mm}$.

Gesucht

Schwerpunktkoordinaten x_S und y_S .

Geben Sie bitte die Schwerpunktkoordinaten x_S und y_S bezogen auf das eingezeichnete
Koordinatensystem in folgender Form an:

$$S : \left(x_S;\ y_S \right) = \left(...;\ ... \right).$$

Ergebnis: $S : \left(x_S ; y_S \right) = \left(+\dfrac{B}{2};\ +\dfrac{H}{2} \right)$

$S : \left(x_S ; y_S \right) = \left(+\,250\ mm;\ +\,200\ mm \right)$

Lösung

Die Zusammengesetzte Fläche befindet sich in der Normallage. D.h. die 'westlichste Seite'
liegt auf der y-Achse und die 'südlichste Seite' auf der x-Achse.

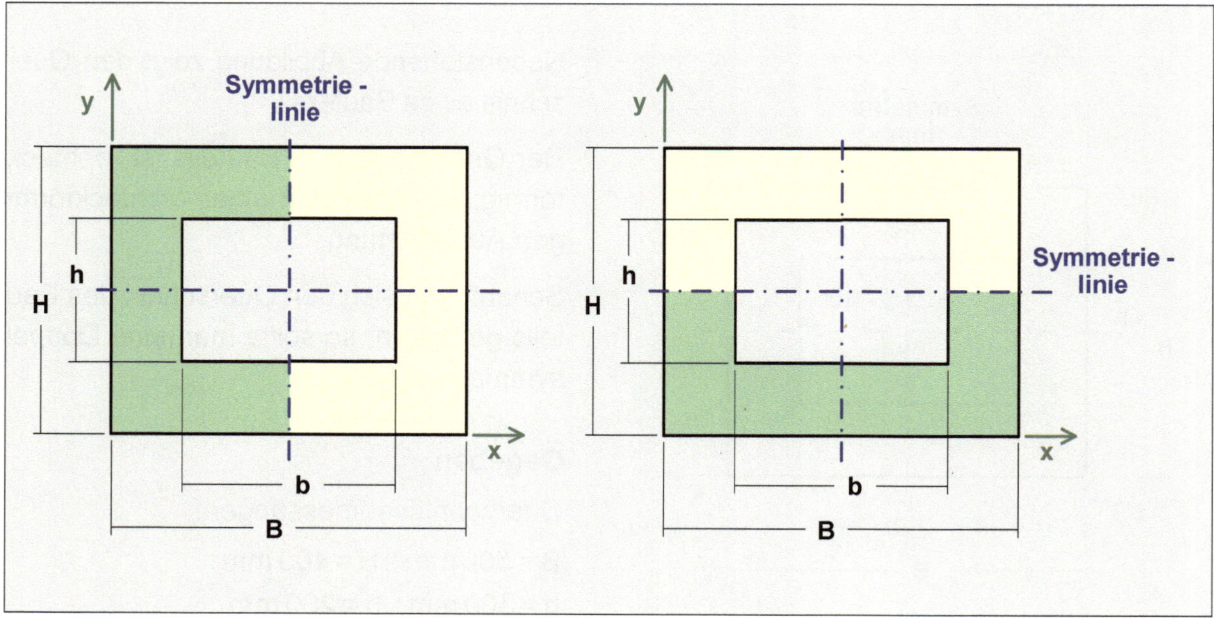

Obige Abbildung zeigt weiter die Zusammengesetzte Fläche mit zwei eingezeichneten und
'ausgezeichneten' Linien.

Die eingezeichneten Linien zeichnen sich dadurch aus, dass die jeweils gegenüberliegenden Flächen gleich groß sind. Außerdem sind die sich gegenüberliegenden Flächen spiegelbildlich gleich.

Es handelt sich um Symmetrielinien.

Bedingt durch die vertikale Symmetrielinie sowie durch die horizontale Symmetrielinie liegt
eine Doppelsymmetrie vor.

> **Merke :   Symmetrielinie**
> **Eine Symmetrielinie ist immer eine Schwerelinie.**

Es ist bekannt, dass eine Schwerelinie der geometrische Ort für den Flächenschwerpunkt
S ist.

Schneiden sich nun zwei Schwerelinien, so ist mit dem Schnittpunkt der beiden Schwerelinien die Lage des Flächenschwerpunktes S im (x-y)-Koordinatensystem eindeutig gegeben.

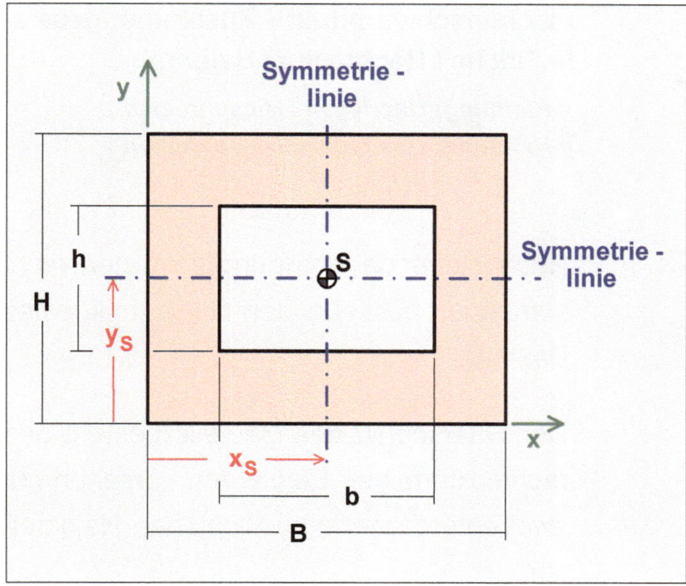

Die Lage des Schwerpunktes S der Zusammengesetzten Fläche ist damit durch den Schnittpunkt der vertikalen mit der horizontalen Symmetrielinie eindeutig gegeben.

Die Ermittlung der beiden Schwerpunktkoordinaten x_S und y_S erfolgt also bei Vorliegen von Doppelsymmetrie durch

Überlegen und Hinschreiben.

Schwerpunktkoordinate x_S

$$x_S = +\frac{1}{2}B$$

$$x_S = +250\,mm$$

Schwerpunktkoordinate x_S

Schwerpunktkoordinate y_S

$$y_S = +\frac{1}{2}H$$

$$y_S = +200\,mm$$

Schwerpunktkoordinate y_S

Geben Sie bitte die Schwerpunktkoordinaten x_S und y_S bezogen auf das eingezeichnete Koordinatensystem in folgender Form an: $S:\left(x_S;\ y_S\right)=(...;\ ...)$.

$$S:\left(x_S;\ y_S\right)=\left(+\frac{1}{2}B;\ +\frac{1}{2}H\right)$$

Schwerpunktkoordinaten x_S und y_S

Aufgabe 9

Flächenschwerpunkt / Zusammengesetzte Fläche / Rechtecke / Halbkreise

x-Richtung: Überlegen / Hinschreiben
y-Richtung: Überlegen / Hinschreiben

Nebenstehende Abbildung zeigt den recht kompliziert aussehenden Querschnitt eines Bauteils.

Der Querschnitt des Bauteils besteht aus rechteckförmigen Elementen versehen mit zwei entsprechend positionierten Halbkreisen.

Gegeben

Die charakteristische Querschnittsabmessung ist das Längenmaß a.

Gesucht

Schwerpunktkoordinaten x_S und y_S.

Geben Sie bitte die Schwerpunktkoordinaten x_S und y_S bezogen auf das eingezeichnete Koordinatensystem in folgender Form an:

$$S: \left(x_S;\ y_S\right) = (...;\ ...).$$

Ergebnis: $\quad S: \left(x_S;\ y_S\right) = \left(+\dfrac{3}{2}a;\ +\dfrac{4}{2}a\right)$

Lösung

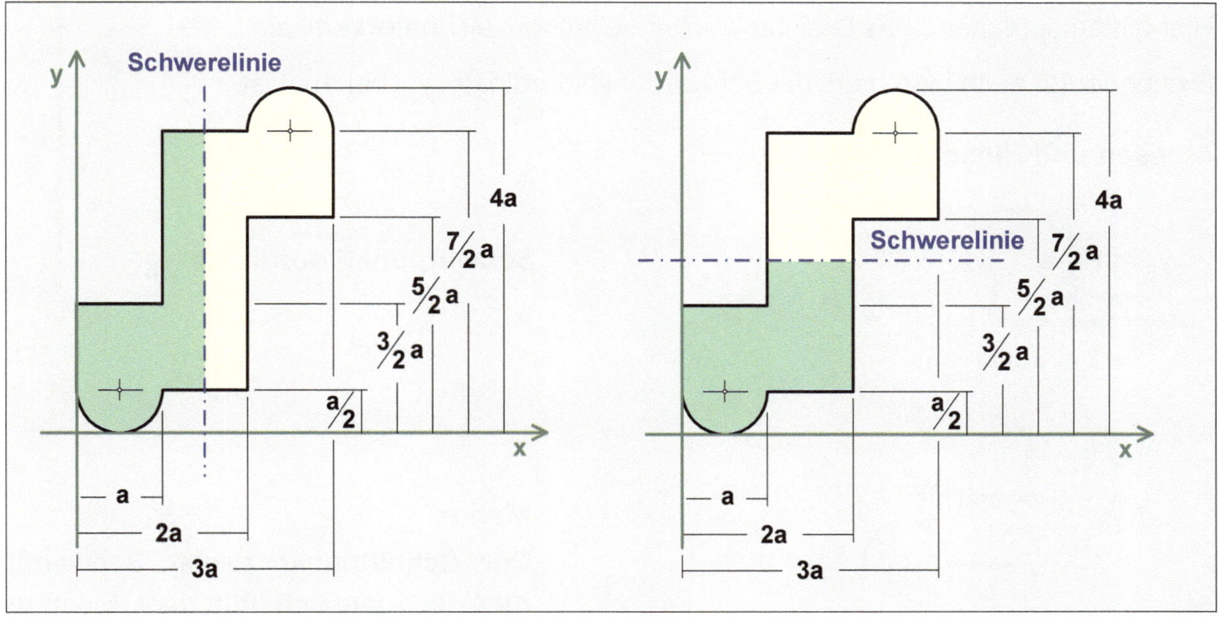

Merke : **Schwerelinie**
Eine 'Schwerelinie' hat die Eigenschaft, geometrischer Ort für den Flächenschwerpunkt S zu sein.

Der linke Teil obiger Abbildung zeigt eingezeichnet eine 'ausgezeichnete' vertikale Linie. Sie zeichnet sich dadurch aus, dass die links liegende Fläche (grün) genauso groß ist wie die rechts liegende Fläche (gelb). Die Flächen sind zwar gleich groß, aber nicht spiegelbildlich.

Die Flächen, die grüne und die gelbe, sind punktsymmetrisch zueinander.

Es handelt sich bei der eingezeichneten vertikalen Linie <u>nicht</u> um eine Symmetrielinie.

Aber das Flächenmoment der links liegenden Fläche (grün) bezogen auf die eingezeichnete vertikale Linie ist genauso groß wie das Flächenmoment der rechtsliegenden Fläche (gelb).

Damit handelt es sich bei der 'ausgezeichneten' vertikalen Linie um eine **Schwerelinie**.

Das bedeutet, dass die Schwerpunktkoordinate x_S bekannt ist.

Ablesen und Hinschreiben!

$$x_S = +\frac{3}{2}\,a$$

Schwerpunktkoordinate x_S

Der rechte Teil obiger Abbildung zeigt eingezeichnet ebenfalls eine 'ausgezeichnete' - aber - horizontale Linie.

Hier gilt entsprechend das Gleiche wie für die 'ausgezeichnete' vertikale Linie.

Das bedeutet auch hier, dass die Schwerpunktkoordinate y_S bekannt ist.

Ablesen und Hinschreiben!

$$y_S = +\frac{4}{2}\,a$$

Schwerpunktkoordinate y_S

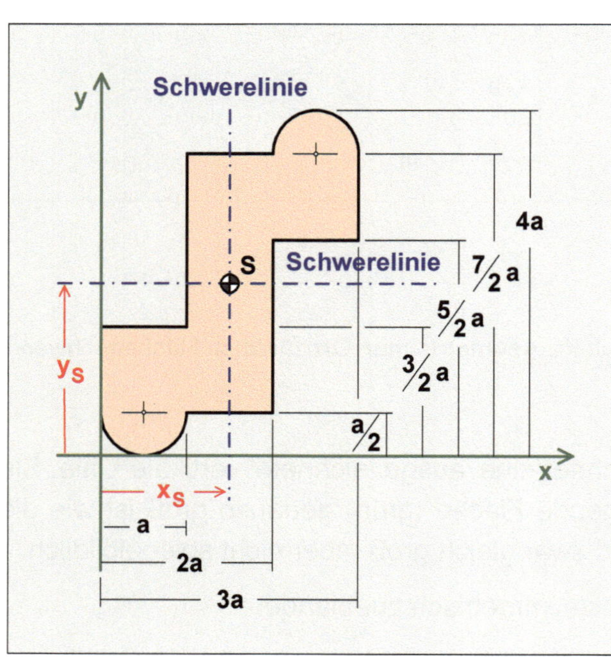

Merke:

Der Schnittpunkt zweier Schwerelinien ist identisch mit dem Flächenschwerpunkt S.

Die Lage des Flächenschwerpunktes S gibt man wie folgt an:

$$S : \left(x_S;\ y_S\right) = \left(+\frac{3}{2}\,a;\ +\frac{4}{2}\,a\right)$$

Aufgabe 10

Flächenschwerpunkt / Zusammengesetzte Fläche / Rechtecke / Dreiecke

x-Richtung: Überlegen / Hinschreiben
y-Richtung: Überlegen / Hinschreiben

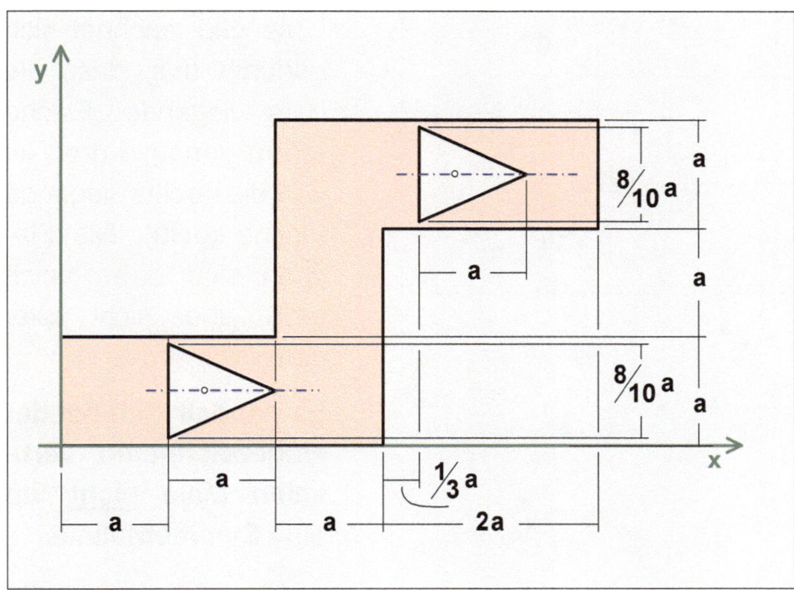

Ein Designer möchte den Querschnitt für ein Bauteil wie nebenstehend unbedingt haben.

Dabei soll der Querschnitt des Bauteils aus rechteckförmigen Elementen bestehen, versehen mit genau diesen beiden dreieckförmigen Ausnehmungen.

Auf die Schnelle möchte der Designer die Lage des Schwerpunktes S wissen.

Wer liefert sie ihm?

Gegeben

Die charakteristische Querschnittsabmessung ist das Längenmaß a.

Gesucht

Schwerpunktkoordinaten x_S und y_S.

Geben Sie bitte die Schwerpunktkoordinaten x_S und y_S bezogen auf das eingezeichnete Koordinatensystem in folgender Form an:

$$S: \left(x_S;\ y_S\right) = (\ldots;\ \ldots).$$

Ergebnis: $\quad S : \left(x_S\ ;\ y_S\right) = \left(+\dfrac{5}{2}\,a;\ +\dfrac{3}{2}\,a\right)$

Lösung

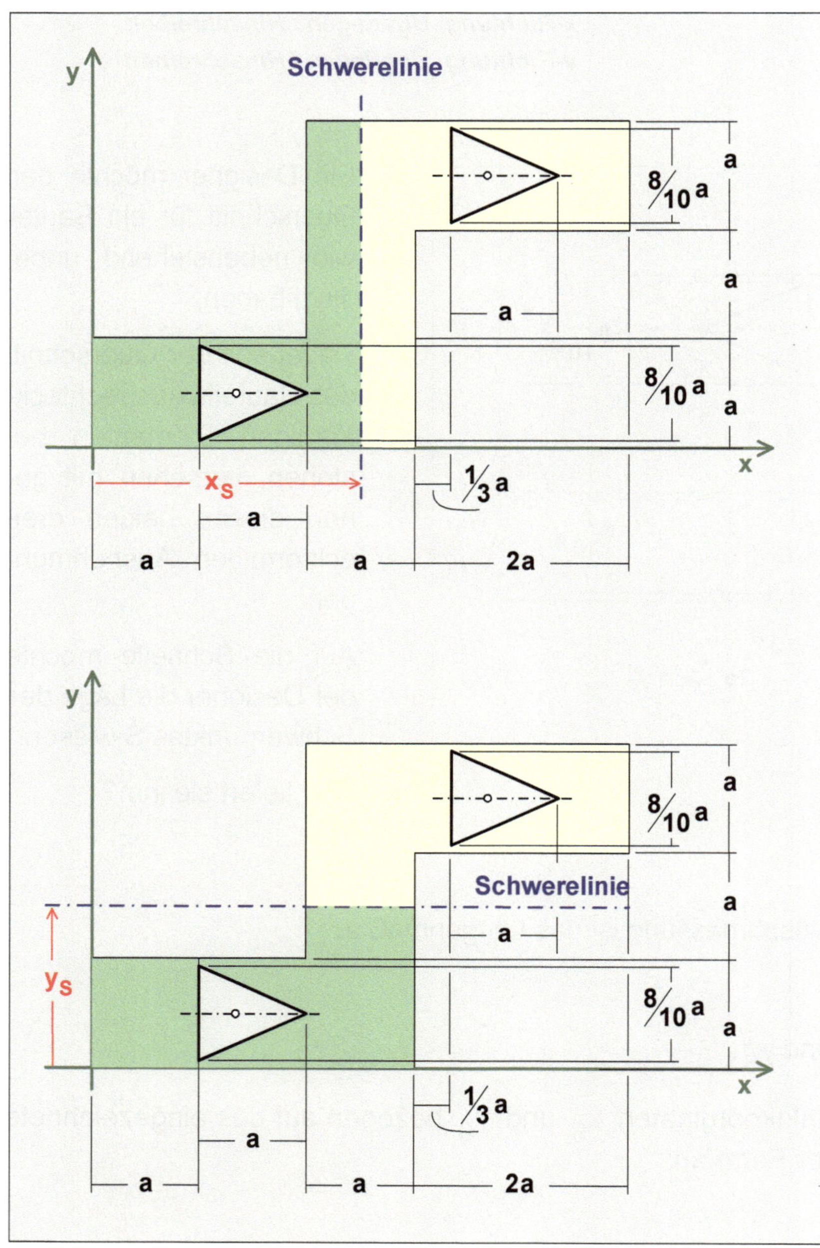

Der obige Teil linksstehender Abbildung zeigt eingezeichnet eine 'ausgezeichnete' vertikale Linie. Sie zeichnet sich dadurch aus, dass die links liegende Fläche (grün) genauso groß ist wie die rechts liegende Fläche (gelb). Die Flächen sind zwar gleich groß, aber nicht spiegelbildlich.

Es handelt sich bei der eingezeichneten vertikalen Linie <u>nicht</u> um eine Symmetrielinie.

Auch sind die grüne Fläche und die gelbe Fläche nicht punktsymmetrisch.

Aber das Flächenmoment der links liegenden Fläche (grün) bezogen auf die eingezeichnete vertikale Linie ist genauso groß wie das Flächenmoment der rechtsliegenden Fläche (gelb).

Begründung

Die beiden Dreiecke - links- sowie rechtsliegend - sind flächengleich. Auch ist für beide Dreiecke der Schwerpunktsabstand zu der vertikalen Linie der gleiche. Damit sind die Teil-Flächenmomente gleich.

Damit handelt es sich bei der 'ausgezeichneten' vertikalen Linie um eine **Schwerelinie**.

Das bedeutet, dass die Schwerpunktkoordinate x_S bekannt ist.

Ablesen und Hinschreiben!

$$x_S = +\frac{5}{2}\,a$$

Schwerpunktkoordinate x_S

Der untere Teil der Abbildung zeigt eingezeichnet ebenfalls eine 'ausgezeichnete' - aber - horizontale Linie.

Hier gilt in etwa das Gleiche wie für die 'ausgezeichnete' vertikale Linie. Nur hier ist keine gesonderte Betrachtung der beiden Dreiecke erforderlich, weil beide flächengleich sind und ganz offensichtlich die Schwerpunktabstände zur horizontalen Linie die gleichen sind.

Das bedeutet auch hier, dass die Schwerpunktkoordinate y_S bekannt ist.

Ablesen und Hinschreiben!

$$y_S = +\frac{3}{2}\,a$$

Schwerpunktkoordinate y_S

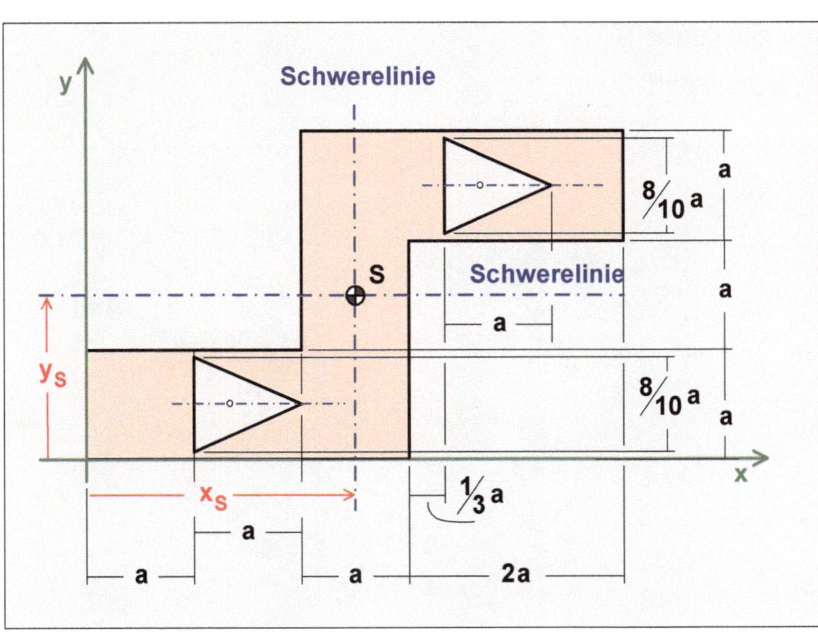

Merke:

Der Schnittpunkt zweier Schwerelinien ist identisch mit dem Flächenschwerpunkt S.

Die Lage des Flächenschwerpunktes S gibt man wie folgt an:

$$S:\left(x_S;\ y_S\right)=\left(+\frac{5}{2}\,a;\ +\frac{3}{2}\,a\right)$$

Aufgabe 11

Flächenschwerpunkt / Zusammengesetzte Fläche / Dreieck / Dreieck

x-Richtung: Überlegen / Summenformel
y-Richtung: Überlegen / Summenformel

Nebenstehende Abbildung zeigt ein Gebäckstück.

Mutter NATASCHA hat mehrere besonders geformte Gebäckstücke für den Besuch ihrer Mutter MINNA gebacken.

Vorab aber gibt sie nebenstehendes Gebäckstück ihren beiden Töchtern SARAH und NADJA zum Probieren, mit der Bitte, dieses gerecht, d.h. genau, aufzuteilen.

SARAH, die jüngere Tochter, mit dem Wissen aus dem Physikunterricht, teilt das Gebäckstück. Sie hat Kenntnis von der Schwerpunktlage einer Dreieckfläche.

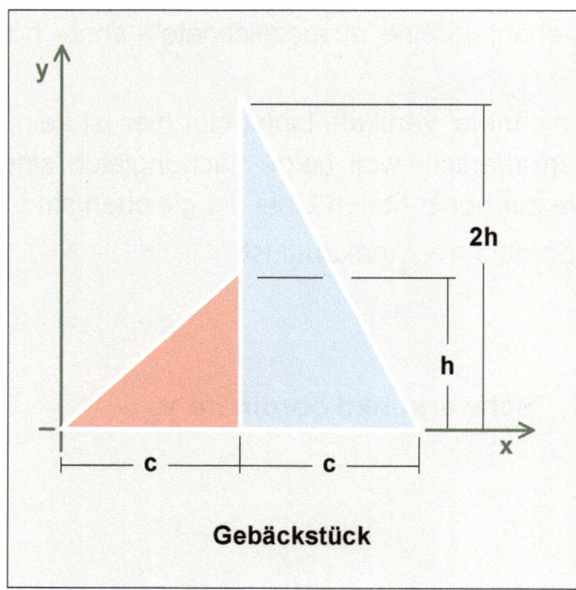

Schwerpunktlage des roten Dreiecks liefert S_1.
Schwerpunktlage des blauen Dreiecks liefert S_2.

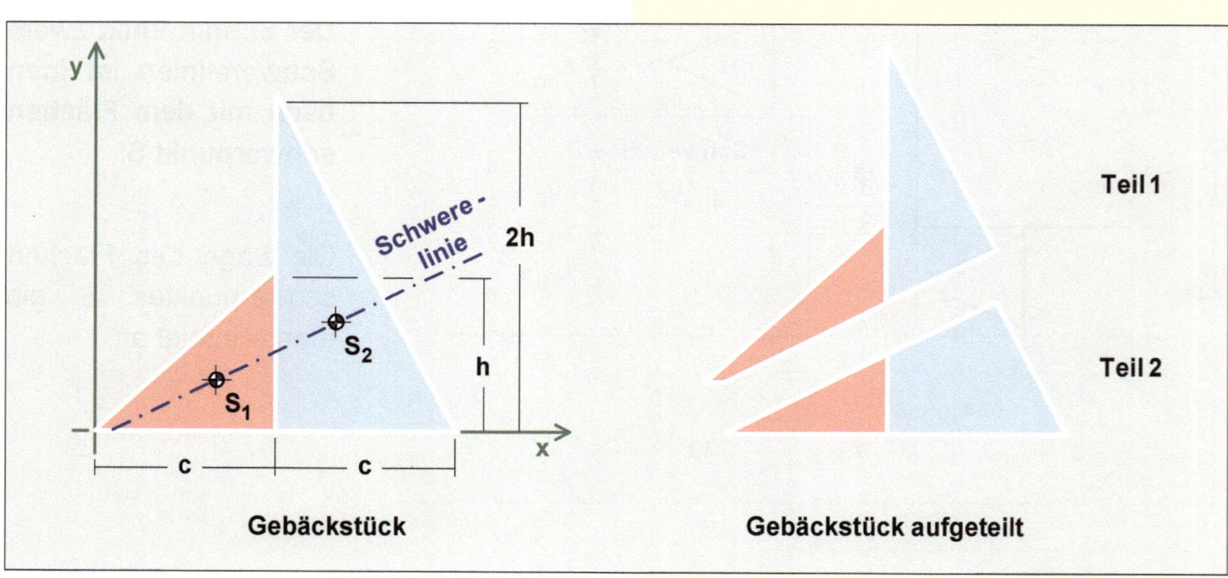

SARAH verbindet beide Schwerpunkte. Sie weiß, dass der Gesamtschwerpunkt auf dieser Verbindungslinie liegen muss und diese Verbindungslinie eine **Schwerelinie** ist.

Längs dieser Verbindungslinie führt sie mit einem Messer den Schnitt aus.

SARAH: "Die beiden Teile des Gebäckstücks sind gleich groß (flächengleich)".

NADJA, die ältere Tochter, mit dem Wissen aus sowohl dem Physik- als auch Matheleistungskurs, überlegt und meldet Bedenken an.

NADJA: "Bei Deiner Vorgehensweise k ö n n e n die beiden Gebäckstückteile gleich sein, müssen es aber nicht. **In diesem Fall sind sie nicht gleich groß.** SARAH, mit Dir teile ich nicht mehr".

Gefragt / Gesucht

(1)   Sind NADJAs Bedenken berechtigt?

Begründen Sie bitte ein entsprechendes
 'JA' oder 'NEIN',
(nach Möglichkeit kleines Beispiel).

(2)   Aus übungstechnischen Gründen ermitteln Sie bitte die Schwerpunktkoordinaten x_S und y_S.

Geben Sie bitte die Schwerpunktkoordinaten x_S und y_S bezogen auf das eingezeichnete Koordinatensystem in folgender Form an:

$$S: \left(x_S;\ y_S\right) = (\dots;\ \dots).$$

Anmerkung

So wie diese Aufgabe hier - mit dem gewünschten Lösungsweg - gestellt ist, ist sie nicht klausurrelevant.

Sie sollte unter dem Gesichtspunkt der rechnerischen Herausforderung, verbunden mit den mathematischen Schönheiten, gesehen werden.

Ergebnis: (1)   Die beiden Gebäckstückteile sind <u>nicht</u> gleich groß.

$$(2)\quad S : \left(x_S\ ;\ y_S\right) = \left(+\frac{10}{9}\,c;\ +\frac{5}{9}\,h\right)$$

Lösung

> **(1) Sind NADJAs Bedenken berechtigt?**
>
>   Begründen Sie bitte ein entsprechendes 'JA' oder 'NEIN'
>   (nach Möglichkeit kleines Beispiel).

'JA', NADJAs Bedenken sind berechtigt.

Die Verbindungslinie geht durch den Schwerpunkt S_1 sowie durch den Schwerpunkt S_2. Es ist bekannt, dass der Schwerpunkt S auf dieser Verbindungslinie liegen muss. Damit ist die Verbindungslinie eine **Schwerelinie**.

> **Merke :   Schwerelinie**
>
> **Eine 'Schwerelinie' hat die Eigenschaft, geometrischer Ort für den Flächenschwerpunkt S zu sein.**

Die Schwerelinie hat eine weitere wichtige Eigenschaft - hinsichtlich der Flächenmomente.

> **Merke :   Schwerelinie**
>
> **Eine 'Schwerelinie' liegt vor, wenn die Flächenmomente der oberhalb und unterhalb bzw. rechts und links liegenden Flächen gleich groß sind.**

Im vorliegenden Beispiel stellt die **Schwerelinie** weder eine **Symmetrielinie** dar noch eine Schwerelinie für die **Punktsymmetrie** vorliegt.

Von daher ist die Wahrscheinlichkeit groß, dass die Flächen von Teil 1 und Teil 2 nicht gleich sind.

Um etwas beruhigter zu sein, hilft NADJA sich mit einem kleinen 'ähnlichen' Beispiel, ganz einfach deswegen, weil sie das kleine Beispiel algebraisch handhaben kann und das, in der Aufgabenstellung vorliegende, nicht. Das macht Sinn.

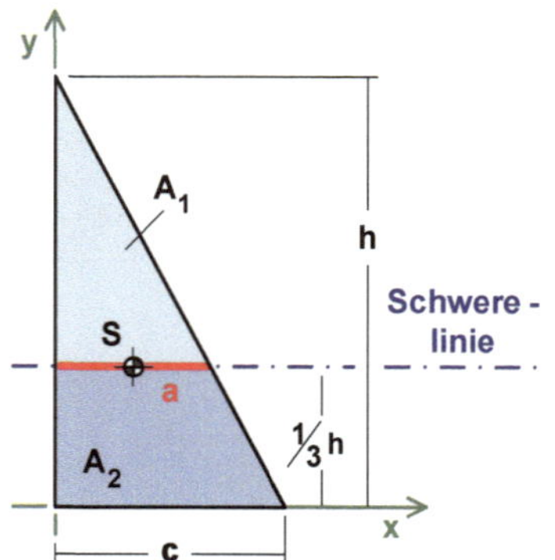

1. Schritt

Berechnung von 'a' mit dem Strahlensatz

$$\frac{a}{c} = \frac{\dfrac{2}{3}h}{h}$$

$$a = \frac{2}{3}c$$

2. Schritt

Berechnung der Fläche A_1 (Dreieck / oben)

$$A_1 = \frac{1}{2} \cdot a \cdot \frac{2}{3}h$$

$$A_1 = \frac{1}{2} \cdot \frac{2}{3}c \cdot \frac{2}{3}h$$

$$\underline{\underline{A_1 = = \frac{4}{18}c \cdot h}}$$

3. Schritt

Berechnung der Fläche A_2 (Trapez / unten)

$$A_2 = (c + a) \cdot \frac{1}{2} \cdot \frac{1}{3}h$$

$$A_2 = (c + a) \cdot \frac{1}{6}h$$

$$A_2 = \left(c + \frac{2}{3}c\right) \cdot \frac{1}{6}h$$

$$A_2 = \frac{5}{3}c \cdot \frac{1}{6}h$$

$$\underline{\underline{A_1 = \frac{5}{18}c \cdot h}}$$

4. Schritt

Vergleich der Flächen A_1 und A_2

→   Die Flächen A_1 und A_2 sind unterschiedlich, und trotzdem haben sie bezogen auf die horizontale Schwerelinie das gleiche Flächenträgheitsmoment.

NADJA hat grundsätzlich recht.

(2)   Aus übungstechnischen Gründen ermitteln Sie bitte die Schwerpunktkoordinaten x_S und y_S.

Geben Sie bitte die Schwerpunktkoordinaten x_S und y_S bezogen auf das eingezeichnete Koordinatensystem in folgender Form an:

$$S : \left(x_S;\ y_S\right) = \left(\ldots;\ \ldots\right).$$

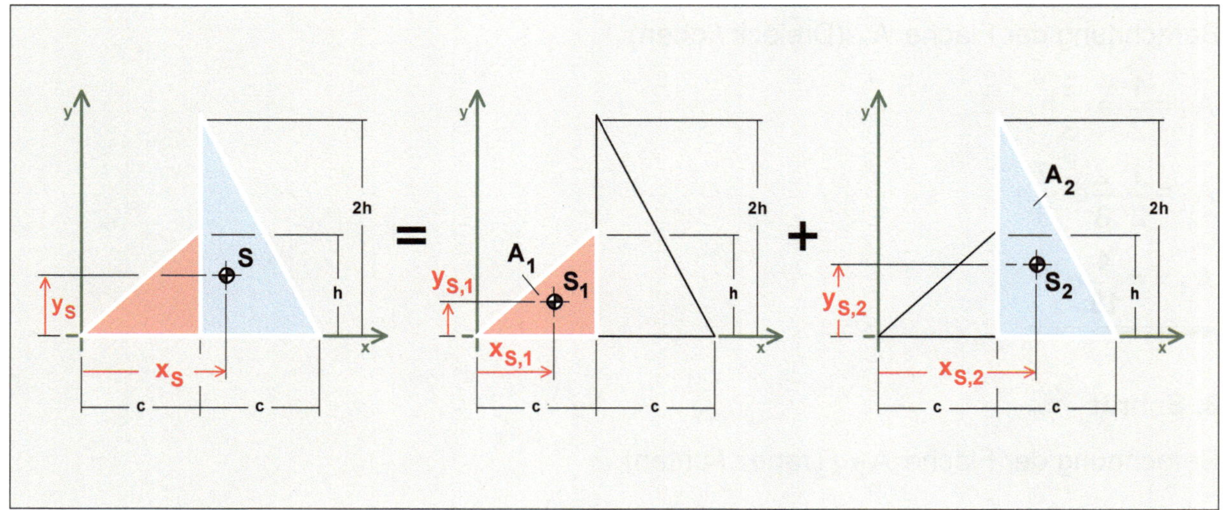

Gesamtfläche   **Addition der Teilflächen**

Flächen A_i

$$A_1 = \frac{1}{2} c \cdot h$$

$$A_2 = \frac{1}{2} c \cdot 2h$$

$$A_2 = c \cdot h$$

$$A = A_1 + A_2 = \frac{1}{2} c \cdot h + c \cdot h$$

$$A = \frac{1}{2} c \cdot h + \frac{2}{2} c \cdot h$$

$$A = \frac{3}{2} c \cdot h$$

Schwerpunktkoordinaten $x_{S,i}$

$$x_{S,1} = +\frac{2}{3} c$$

$$x_{S,2} = +c + \frac{1}{3} c$$

$$x_{S,2} = +\frac{4}{3} c$$

Schwerpunktkoordinaten $y_{S,i}$

$$y_{S,1} = +\frac{1}{3} h$$

$$y_{S,2} = +\frac{1}{3} (2h)$$

$$y_{S,2} = +\frac{2}{3} h$$

Schwerpunktkoordinate x_S

Die Summenformel lässt sich mit Flächenquotienten formulieren.

$$x_S \cdot A = \sum_i x_{S,i} \cdot A_i$$

Summenformel
Ausgangsformel

$$x_S \cdot A = x_{S,1} \cdot A_1 + x_{S,2} \cdot A_2$$

$$x_S = x_{S,1} \cdot \frac{A_1}{A} + x_{S,2} \cdot \frac{A_2}{A}$$

Summenformel
mit Flächenquotienten

Es sind zwei Teilflächen, die additiv zur Gesamtfläche zusammengesetzt werden.

$$x_S = x_{S,1} \cdot \frac{A_1}{A} + x_{S,2} \cdot \frac{A_2}{A}$$

$$x_S = +\frac{2}{3}c \cdot \frac{\frac{1}{2} \cdot \frac{1}{2}\,c\,h}{\frac{3}{2}\,c\,h} + \frac{4}{3}c \cdot \frac{c\,h}{\frac{3}{2}\,c\,h}$$

$$x_S = +\frac{2}{3}c \cdot \frac{\frac{1}{2}}{\frac{3}{2}} + \frac{4}{3}c \cdot \frac{1}{\frac{3}{2}}$$

Zähler und Nenner mit '2' multiplizieren

$$x_S = +\frac{2}{3}c \cdot \frac{1}{3} + \frac{4}{3}c \cdot \frac{2}{3}$$

Die jeweiligen Zähler und Nenner ausmultiplizieren.

$$x_S = +\frac{2}{9}c + \frac{8}{9}c$$

$$x_S = +\frac{10}{9}c$$

Schwerpunktkoordinate x_S

Schwerpunktkoordinate y_S

Die Summenformel lässt sich mit den Flächenquotienten auch für die Schwerpunktkoordinate y_S formulieren.

$$y_S = y_{S,1} \cdot \frac{A_1}{A} + y_{S,2} \cdot \frac{A_2}{A}$$

$$y_S = +\frac{1}{3}h \cdot \frac{\frac{1}{2} \cdot \frac{1}{2}c \cdot h}{\frac{3}{2}c \cdot h} + \frac{2}{3}h \cdot \frac{c \cdot h}{\frac{3}{2}c \cdot h}$$

$$y_S = +\frac{1}{3}h \cdot \frac{\frac{1}{2}}{\frac{3}{2}} + \frac{2}{3}h \cdot \frac{1}{\frac{3}{2}}$$

Zähler und Nenner mit '2' multiplizieren

$$y_S = +\frac{1}{3}h \cdot \frac{1}{3} + \frac{2}{3}h \cdot \frac{2}{3}$$

Die jeweiligen Zähler und Nenner ausmultiplizieren.

$$y_S = +\frac{1}{9}h + \frac{4}{9}h$$

$$\boxed{y_S = +\frac{5}{9}h}$$

Schwerpunktkoordinate y_S

Geben Sie bitte die Schwerpunktkoordinaten x_S und y_S bezogen auf das eingezeichnete Koordinatensystem in folgender Form an: $S: \left(x_S;\ y_S\right) = \left(\ldots;\ \ldots\right)$.

$$\boxed{S: \left(x_S;\ y_S\right) = \left(+\frac{10}{9}c;\ +\frac{5}{9}h\right)}$$

Schwerpunktkoordinaten x_S und y_S

Aufgabe 12

**Flächenschwerpunkt / Zusammengesetz-
te Fläche / Rechteck / Quadrat / Kreis**

x-Richtung: zusammengesetzt / Summenformel
y-Richtung: Überlegen / Hinschreiben

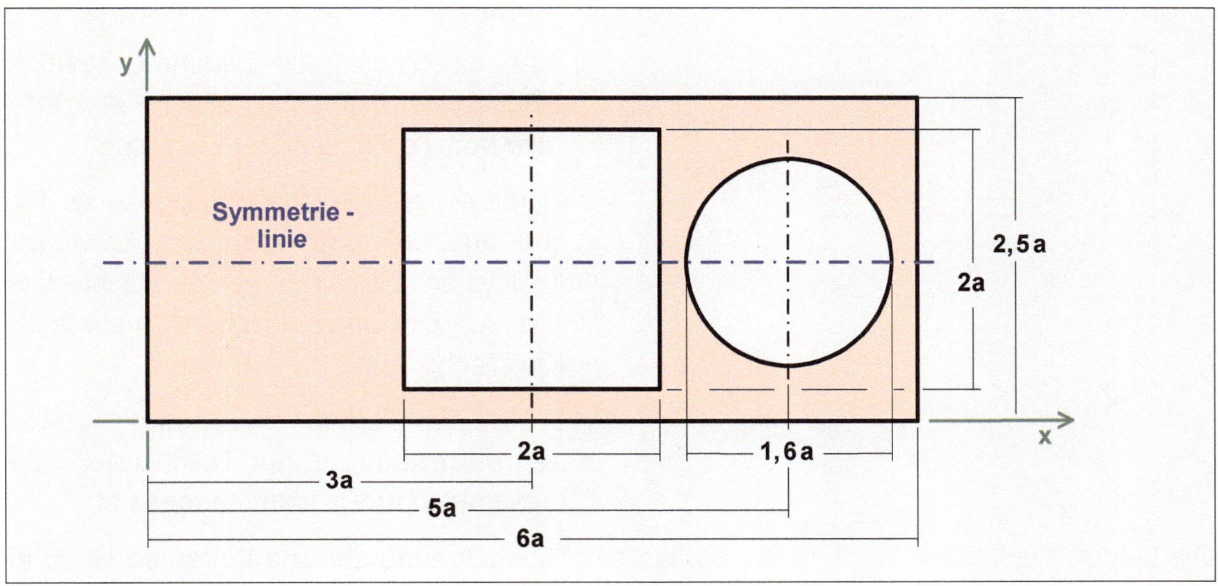

Obenstehende Abbildung zeigt den Querschnitt eines Bauteils.

Der Querschnitt des Bauteils ist rechteckförmig, versehen sowohl mit einer quadratischen
als auch einer kreisförmigen Ausnehmung.

Gegeben

Die charakteristischen Querschnittsabmessungen sind durch das Längenmaß 'a' gegeben.

Gesucht

Schwerpunktkoordinaten x_S und y_S.

Geben Sie bitte die Schwerpunktkoordinaten x_S und y_S bezogen auf das eingezeichnete
Koordinatensystem in folgender Form an:

$$S : \left(x_S;\ y_S \right) = (\ldots;\ \ldots).$$

Ergebnis: $\quad S : (x_S;\ y_S) = \left(+\dfrac{46}{18}\,a;\ +\dfrac{45}{18}\,a \right)$

Lösung

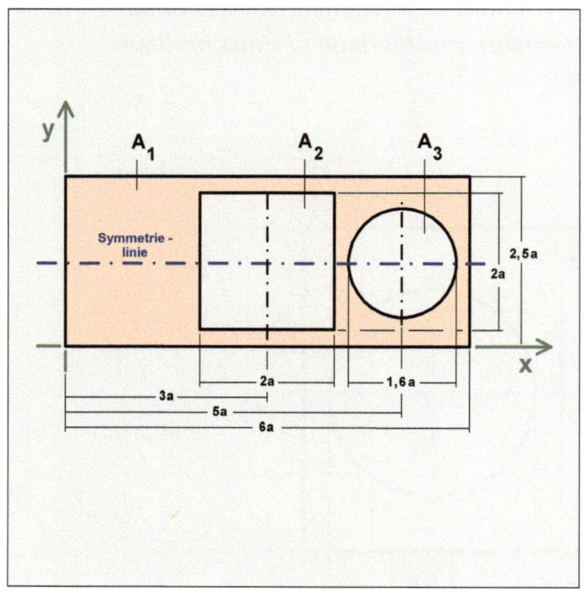

Die Zusammengesetzte Fläche befindet sich in der **Normallage**. D.h. die 'westlichste Seite' liegt auf der y-Achse und die 'südlichste Seite' auf der x-Achse.

Es empfiehlt sich, die Zusammengesetzte Fläche bzw. Querschnittsfläche als **Differenz** von Teilflächen zu betrachten.

Damit besteht die Zusammengesetzte Fläche aus drei definierten und bekannten Teilflächen. Es sind dies die Rechteckfläche A_1, die Quadratfläche A_2 sowie die Kreisfläche A_3.

Die beiden Teilflächen A_2 und A_3 werden **subtraktiv** mit der Teilfläche A_1 zur Gesamtfläche A zusammengesetzt.

Die beiden Teilflächen A_2 und A_3 stellen eine Ausnehmung dar und führen somit zu einem entsprechend negativen zugehörigen Flächenmoment.

Da in der Aufgabenstellung die Querschnittsabmessungen in allgemeiner Form gegeben sind, sollte bei der Berechnung der Schwerpunktkoordinaten x_S und y_S die Summenformel mit Flächenquotienten zur Anwendung kommen.

Merke: Negatives Flächenmoment / Wann?

Stellt bei der Berechnung einer Zusammengesetzten Fläche eine **Teilfläche eine Ausnehmung** dar, so ergibt sich innerhalb der Summenformel zugehörig zu dieser Teilfläche ein **negatives Flächenmoment**.

Schwerpunktkoordinate x_S

Die Summenformel lässt sich mit den Flächenquotienten formulieren.

$$x_S \cdot A = \sum_i x_{S,i} \cdot A_i$$

Summenformel
Ausgangsformel

$$x_S \cdot A = x_{S,1} \cdot A_1 - x_{S,2} \cdot A_2 - x_{S,3} \cdot A_3$$

$$x_S = x_{S,1} \cdot \frac{A_1}{A} - x_{S,2} \cdot \frac{A_2}{A} - x_{S,3} \cdot \frac{A_3}{A}$$

Summenformel
mit Flächenquotienten

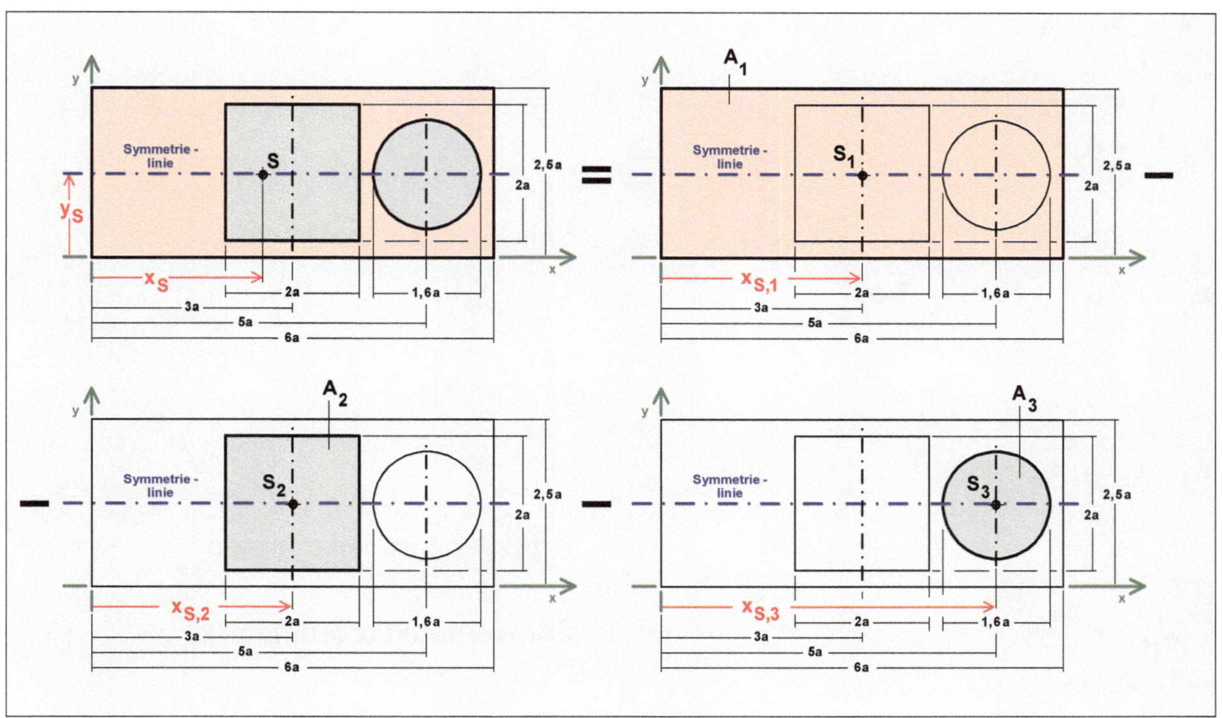

Gesamtfläche　　　**Differenz der Teilflächen**

Flächen A_i

$$A_1 = 6a \cdot 2,5a \qquad A_2 = 2a \cdot 2a \qquad A_3 = \left(\frac{d^2 \pi}{4}\right) = \frac{(1,6a)^2 \pi}{4}$$

$$A_1 = 15\,a^2 \qquad A_2 = 4a^2 \qquad A_3 = \frac{2,56a^2 \cdot \pi}{4}$$

$$A_3 = 2,01a^2 \approx 2\,a^2$$

$$A = A_1 - A_2 - A_3$$

$$A = 15\,a^2 - 4\,a^2 - 2\,a^2$$

$$A = 9\,a^2$$

Schwerpunktkoordinaten $x_{S,i}$

$$x_{S,1} = +3\,a \qquad x_{S,2} = +3\,a \qquad x_{S,3} = +5\,a$$

$$x_S = x_{S,1} \cdot \frac{A_1}{A} - x_{S,2} \cdot \frac{A_2}{A} - x_{S,3} \cdot \frac{A_3}{A}$$

$$x_S = +3\,a \cdot \frac{15\,a^2}{9\,a^2} - 3\,a \cdot \frac{4\,a^2}{9\,a^2} - 5\,a \cdot \frac{2\,a^2}{9\,a^2}$$

Zähler und Nenner kürzen

$$x_S = +3\,a \cdot \frac{15}{9} - 3\,a \cdot \frac{4}{9} - 5\,a \cdot \frac{2}{9}$$

$\cdot\dfrac{1}{9}\,a\,$' ausklammern

$$x_S = +\frac{1}{9}\,a\,(45 - 12 - 10)$$

Klammer zusammenfassen

$$\boxed{x_S = +\frac{23}{9}\,a}$$

Schwerpunktkoordinate x_S

Schwerpunktkoordinate y_S

Nachfolgende Abbildung zeigt die Zusammengesetzte Fläche mit einer eingezeichneten und 'ausgezeichneten' horizontalen Linie.

Sie zeichnet sich dadurch aus, dass die oberhalb liegende Fläche genauso groß ist wie die unterhalb liegende.

Außerdem sind die Flächen spiegelbildlich gleich.

Es handelt sich um eine Symmetrielinie.

Merke:

Eine Symmetrielinie ist grundsätzlich immer eine Schwerelinie.

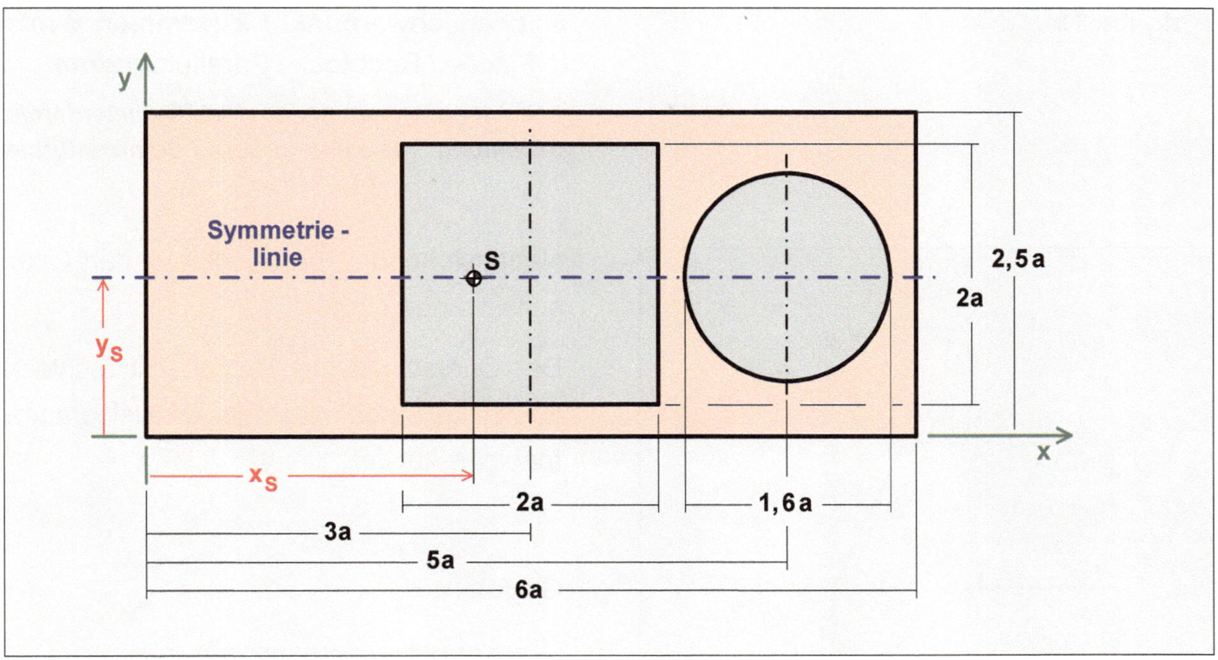

Da eine Schwerelinie der geometrische Ort für den Flächenschwerpunkt S ist, ist damit der Abstand des Flächenschwerpunktes S von der x-Achse gegeben.

Das bedeutet, dass die Schwerpunktkoordinate y_S bekannt ist.

$$y_S = +\frac{5}{2}\,a$$

Schwerpunktkoordinate y_S

Geben Sie bitte die Schwerpunktkoordinaten x_S und y_S bezogen auf das eingezeichnete Koordinatensystem in folgender Form an: $S: \left(x_S;\ y_S\right) = (...;\ ...)$.

Hinsichtlich der Schwerpunktkoordinaten ist es eine Frage des 'mathematischen Aussehens'. Man kann die Schwerpunktkoordinaten selbstverständlich auch anders darstellen - z. Bsp. gekürzt.

$$S: \left(x_S;\ y_S\right) = \left(+\frac{46}{18}\,a;\ +\frac{45}{18}\,a\right)$$

Schwerpunktkoordinaten x_S und y_S

Aufgabe 13

**Flächenschwerpunkt / Zusammengesetz-
te Fläche / Rechteck / Parallelogramm**

x-Richtung: zusammengesetzt / Summenformel
y-Richtung: zusammengesetzt / Summenformel

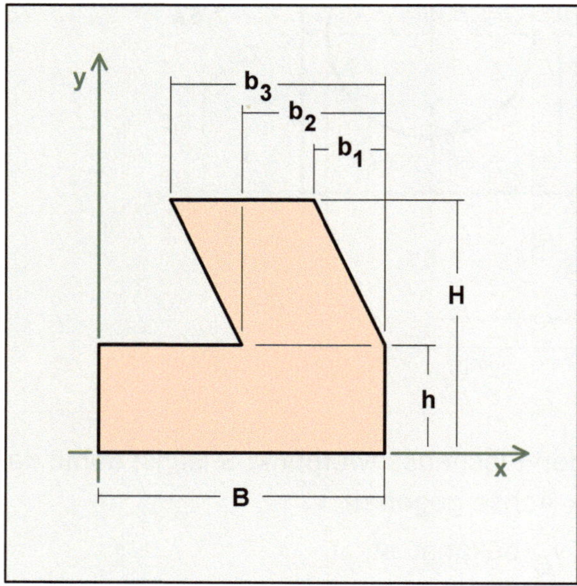

Nebenstehende Abbildung zeigt den Querschnitt eines Bauteils.

Der Querschnitt des Bauteils ist rechteckförmig, versehen mit einem parallelogramm-
förmigen Aufsatz.

Gegeben

Querschnittsabmessungen:

$B = 40\,\text{mm}$; $H = 35\,\text{mm}$;

$h = 15\,\text{mm}$;

$b_1 = 10\,\text{mm}$; $b_2 = 20\,\text{mm}$; $b_3 = 30\,\text{mm}$.

Gesucht

Schwerpunktkoordinaten x_S und y_S.

Geben Sie bitte die Schwerpunktkoordinaten x_S und y_S bezogen auf das eingezeichnete
Koordinatensystem in folgender Form an:

$S: \left(x_S;\ y_S\right) = (...;\ ...)$.

Ergebnis: $S: \left(x_S;\ y_S\right) = (+22\,mm;\ +14{,}5\,mm)$

Lösung

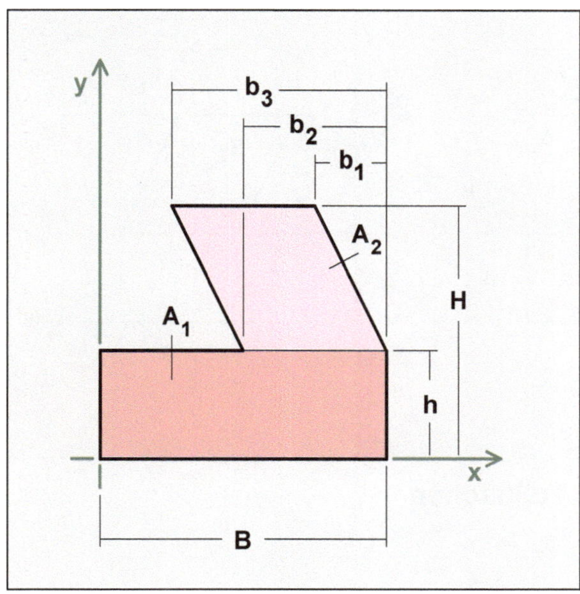

Die Zusammengesetzte Fläche befindet sich in der **Normallage**. D.h. die 'westlichste Seite' liegt auf der y-Achse und die 'südlichste Seite' auf der x-Achse.

Es empfiehlt sich, die Zusammengesetzte Fläche bzw. Querschnittsfläche als **Addition** von Teilflächen zu betrachten.

Damit besteht die Zusammengesetzte Fläche aus zwei definierten und bekannten Teilflächen. Es sind dies die Rechteckfläche A_1 und Parallelogrammfläche A_2.

Die beiden Teilflächen A_1 und A_2 werden **additiv** zur Gesamtfläche A zusammengesetzt.

Für den in der Abbildung dargestellten Querschnitt gibt es weder eine **Symmetrielinie** noch eine zur **Punktsymmetrie** zugehörige Linie.

Schwerelinien sind auf jeden Fall vorhanden, aber zum jetzigen Zeitpunkt lagemäßig noch unbekannt.

Da in der Aufgabenstellung die Querschnittsabmessungen als Größen - Zahlenwert und Einheit - gegeben sind, kann man sich überlegen, die Berechnung der Schwerpunktkoordinaten x_S und y_S mit Hilfe der Summenformel (mit Flächenquotienten) durchzuführen oder aber mit Hilfe der Tabelle.

Man entscheidet sich für die Summenformel mit den Flächenquotienten

Hinsichtlich der Summenformel bedeutet das die Verwendung des **Plus**-Zeichens.

Schwerpunktkoordinate x_S

Die Summenformel lässt sich mit den Flächenquotienten formulieren.

$$x_S \cdot A = \sum_i x_{S,i} \cdot A_i$$

Summenformel
Ausgangsformel

$$x_S \cdot A = x_{S,1} \cdot A_1 + x_{S,2} \cdot A_2$$

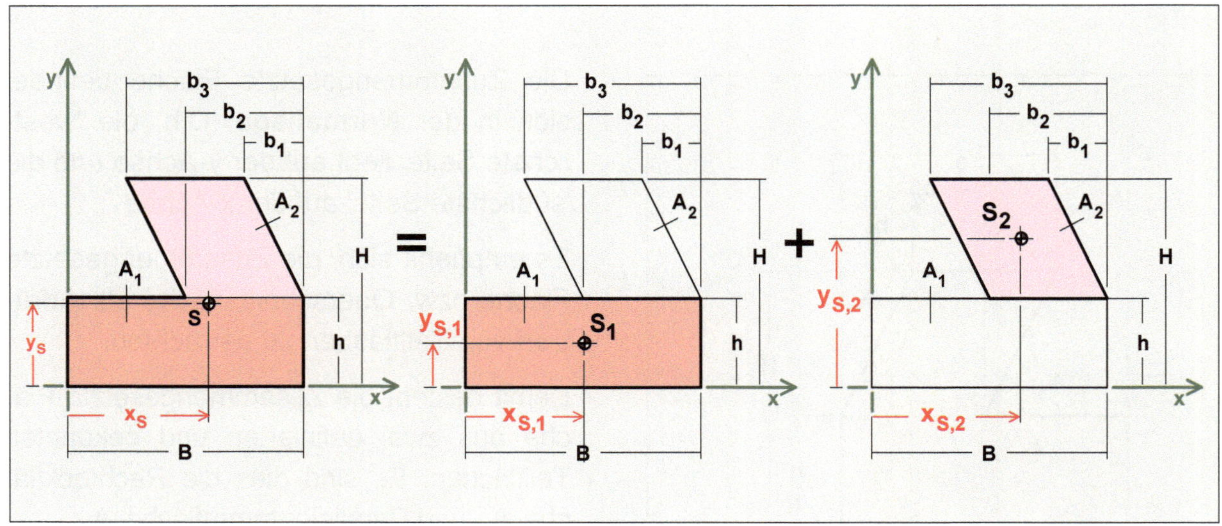

Gesamtfläche **Addition der Teilflächen**

Flächen A_i

$$A_1 = B \cdot h \qquad\qquad A_2 = b_2 \, (H - h)$$

$$A_1 = 40\,\text{mm} \cdot 15\,\text{mm} \qquad A_2 = 20\,\text{mm}\,(35\,\text{mm} - 15\,\text{mm})$$

$$\mathbf{A_1 = 600\,\text{mm}^2} \qquad\qquad \mathbf{A_2 = 400\,\text{mm}^2}$$

$$A = A_1 + A_2$$

$$A = 600\,\text{mm}^2 + 400\,\text{mm}^2$$

$$\mathbf{A = 1000\,\text{mm}^2}$$

Schwerpunktkoordinaten $x_{S,i}$

$$x_{S,1} = +\frac{1}{2}\,B \qquad\qquad x_{S,2} = +B - b_2 + \frac{1}{2}\left(b_2 - b_1\right)$$

$$x_{S,1} = +\frac{1}{2}\cdot 40\,\text{mm} \qquad x_{S,2} = +40\,\text{mm} - 20\,\text{mm} + \frac{1}{2}\left(20\,\text{mm} - 10\,\text{mm}\right)$$

$$\mathbf{x_{S,1} = +20\,\text{mm}} \qquad\quad x_{S,2} = +20\,\text{mm} + 5\,\text{mm}$$

$$\mathbf{x_{S,2} = +25\,\text{mm}}$$

Schwerpunktkoordinaten $y_{S,i}$

$$y_{S,1} = +\frac{1}{2}h \qquad\qquad y_{S,2} = +h+\frac{1}{2}(H-h)$$

$$y_{S,1} = +\frac{1}{2}\cdot 15\,mm \qquad\qquad y_{S,2} = +15\,mm+\frac{1}{2}(35\,mm-15\,mm)$$

$$\underline{y_{S,1} = +7,5\,mm} \qquad\qquad y_{S,2} = +15\,mm+10\,mm$$

$$\underline{y_{S,2} = +25\,mm}$$

Schwerpunktkoordinate x_S

Die Summenformel lässt sich mit den Flächenquotienten formulieren.

$$x_S \cdot A = \sum_i x_{S,i} \cdot A_i \qquad\qquad \textbf{Summenformel}$$

Ausgangsformel

$$x_S \cdot A = x_{S,1} \cdot A_1 + x_{S,2} \cdot A_2$$

$$\boxed{x_S = x_{S,1} \cdot \frac{A_1}{A} + x_{S,2} \cdot \frac{A_2}{A}} \qquad\qquad \textbf{Summenformel}$$

mit Flächenquotienten

Es sind zwei Teilflächen, die additiv zur Gesamtfläche zusammengesetzt werden.

$$x_S = +20\,mm \cdot \frac{600\,mm^2}{1000\,mm^2} + 25\,mm \cdot \frac{400\,mm^2}{1000\,mm^2}$$

Im Zähler und Nenner kürzen

$$x_S = +20\,mm \cdot \frac{600\,mm^2}{1000\,mm^2} + 25\,mm \cdot \frac{400\,mm^2}{1000\,mm^2}$$

$$x_S = +20\,mm \cdot \frac{6}{10} + 25\,mm \cdot \frac{4}{10}$$

'$\frac{1}{10}\,mm$' ausklammern

$$x_S = +\frac{1}{10}\,mm\,(120+100)$$

$$x_S = +\frac{1}{10}\,mm \cdot 220$$

$$\boxed{x_S = +22\,mm} \qquad\qquad \textbf{Schwerpunktkoordinate } x_S$$

Schwerpunktkoordinate y_S

Die Summenformel lässt sich mit den Flächenquotienten auch für die Schwerpunktkoordinate y_S formulieren.

$$y_S = y_{S,1} \cdot \frac{A_1}{A} + y_{S,2} \cdot \frac{A_2}{A}$$

$$y_S = +7,5\,mm \cdot \frac{600\,mm^2}{1000\,mm^2} + 25\,mm \cdot \frac{400\,mm^2}{1000\,mm^2}$$

Im Zähler und Nenner kürzen

$$y_S = +7,5\,mm \cdot \frac{600\,mm^2}{1000\,mm^2} + 25\,mm \cdot \frac{400\,mm^2}{1000\,mm^2}$$

$$y_S = +7,5\,mm \cdot \frac{6}{10} + 25\,mm \cdot \frac{4}{10}$$

$'\dfrac{1}{10}\,mm'$ ausklammern

$$y_S = +\frac{1}{10}\,mm\,(7,5 \cdot 6 + 25 \cdot 4)$$

$$y_S = +\frac{1}{10}\,mm\,(45 + 100)$$

$$y_S = +\frac{1}{10}\,mm \cdot 145$$

$$\boxed{y_S = +14,5\,mm}$$

Schwerpunktkoordinate x_S

Geben Sie bitte die Schwerpunktkoordinaten x_S und y_S bezogen auf das eingezeichnete Koordinatensystem in folgender Form an: $S : \left(x_S;\ y_S\right) = (...;\ ...)$.

$$\boxed{S : \left(x_S;\ y_S\right) = (+22\,mm;\ +14,5\,mm)}$$

Schwerpunktkoordinaten x_S und y_S

Aufgabe 14

Flächenschwerpunkt / Zusammengesetzte Fläche / Rechteck / Rechteck / Dreieck / Kreis

x-Richtung: zusammengesetzt / Summenformel
y-Richtung: zusammengesetzt / Summenformel

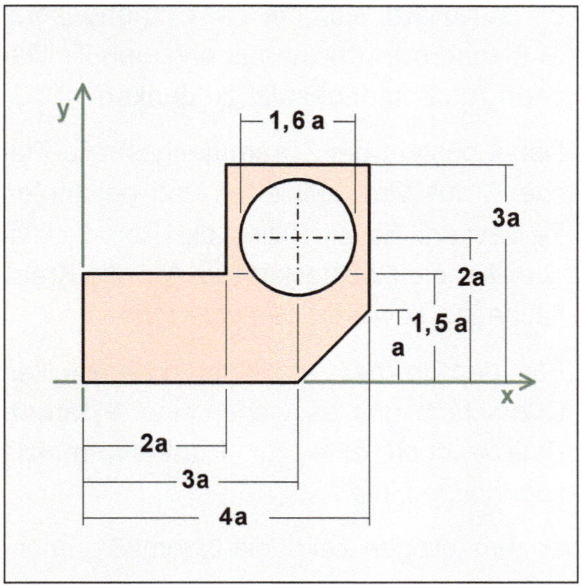

Nebenstehende Abbildung zeigt den nicht ganz einfachen Querschnitt eines Bauteils.

Versehen ist der Querschnitt des Bauteils mit einer relativ großen Bohrung im vertikalen Teil des Querschnitts.

Zusätzlich ist der vertikale Teil rechts unten - wie nebenstehende Abbildung zeigt - entsprechend zugeschnitten.

Gegeben

Die charakteristischen Querschnittsabmessungen sind durch das Längenmaß 'a' gegeben.

Gesucht

Schwerpunktkoordinaten x_S und y_S.

Geben Sie bitte die Schwerpunktkoordinaten x_S und y_S bezogen auf das eingezeichnete Koordinatensystem in folgender Form an:

$$S: \left(x_S;\ y_S\right) = \left(...;\ ...\right).$$

Ergebnis: $\quad S : \left(x_S;\ y_S\right) = \left(+\dfrac{158}{78}a;\ +\dfrac{85}{78}a\right)$

Lösung

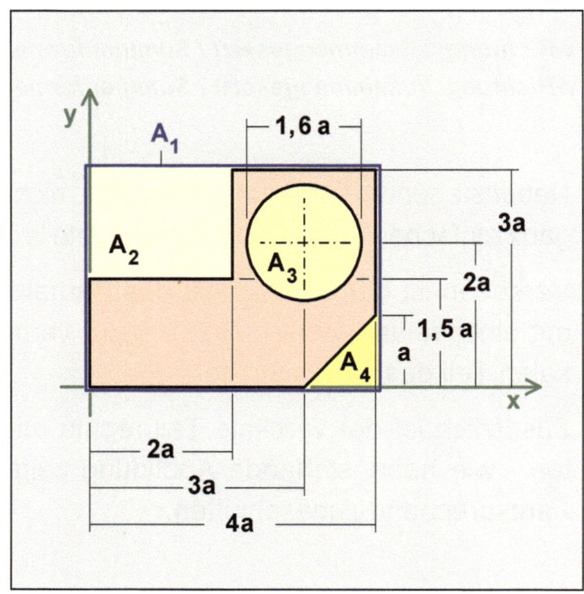

Die Zusammengesetzte Fläche befindet sich in der **Normallage**. D. h. die 'westlichste Seite' liegt auf der y-Achse und die 'südlichste Seite' auf der x-Achse.

Es ist ratsam, sich die Zusammengesetzte Fläche **subtraktiv** aus diversen Teilflächen zusammengesetzt zu denken.

Damit besteht die Zusammengesetzte Fläche A aus vier definierten und bekannten Teilflächen. Es sind dies die Rechteckfläche A$_1$, die Rechteckfläche A$_2$, die Kreisfläche A$_3$ sowie die Dreieckfläche A$_4$.

Für den in der Abbildung dargestellten Querschnitt gibt es weder eine **Symmetrielinie** noch eine zur **Punktsymmetrie** zugehörige Linie.

Schwerelinien sind auf jeden Fall vorhanden, aber zum jetzigen Zeitpunkt lagemäßig unbekannt.

Da in der Aufgabenstellung die charakteristischen Querschnittsabmessungen durch das Längenmaß 'a' gegeben sind, sollte man die Berechnung der Schwerpunktkoordinaten x_S und y_S mit Hilfe der **Summenformel (mit Flächenquotienten)** durchführen.

Achten Sie dabei bitte auf den Drehsinn der jeweiligen Flächenmomente.

Eine Ausnehmung (Rechteck, Kreis, Dreieck) **in der Zusammengesetzten Fläche führt im vorliegenden Fall zu einem negativen Flächenmoment.**

Schwerpunktkoordinate x_S

Die Summenformel lässt sich mit den Flächenquotienten formulieren.

$$x_S \cdot A = \sum_i x_{S,i} \cdot A_i$$

Summenformel
Ausgangsformel

$$x_S \cdot A = x_{S,1} \cdot A_1 - x_{S,2} \cdot A_2 - x_{S,3} \cdot A_3 - x_{S,4} \cdot A_4$$

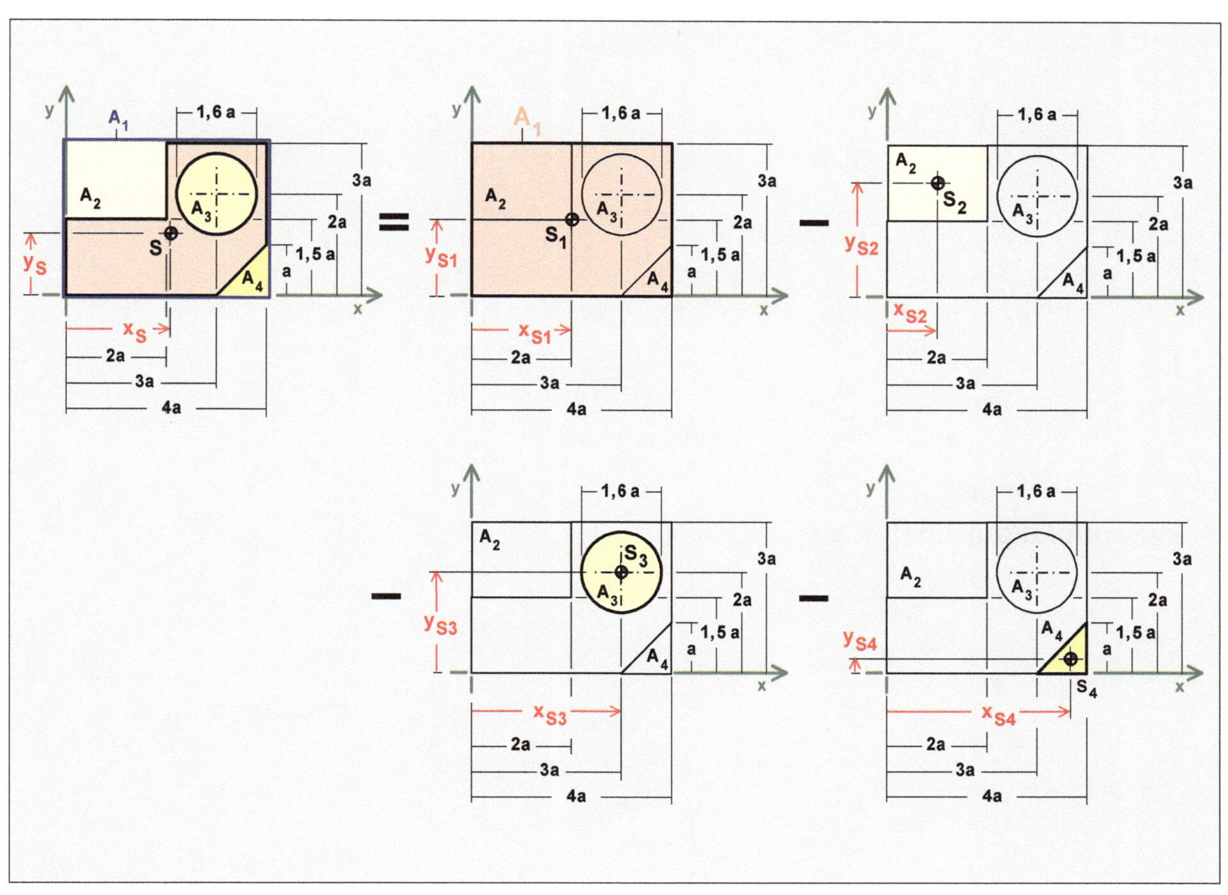

Gesamtfläche

Subtraktion der Teilflächen

Flächen A_i

$$A_1 = 4a \cdot 3a$$

$$A_1 = 12\,a^2$$

$$A_2 = 2a \cdot \frac{3}{2}a$$

$$A_2 = 3\,a^2$$

$$A_3 = \frac{(1{,}6a)^2\,\pi}{4}$$

$$A_3 = \frac{2{,}56 \cdot \pi \cdot a^2}{4}$$

$$A_4 = \frac{1}{2}a \cdot a$$

$$A_4 = \frac{1}{2}a^2$$

$$A_3 = \underbrace{0{,}64 \cdot \pi}_{\approx\,2} \cdot a^2$$

Achtung ! $(0{,}64 \cdot 3{,}14 \approx 2)$ / Kopfrechnung

$$A_3 = 2\,a^2$$

Fläche A, $A = \Sigma A_i$

$$A = A_1 - A_2 - A_3 - A_4$$

$$A = 12\,a^2 - 3\,a^2 - 2\,a^2 - \frac{1}{2}\,a^2$$

$$A = 7\,a^2 - \frac{1}{2}\,a^2$$

$$A = \frac{14}{2}\,a^2 - \frac{1}{2}\,a^2$$

$$A = \frac{13}{2}\,a^2$$

Schwerpunktkoordinaten $x_{S,i}$

$$x_{S,1} = +2\,a$$

$$x_{S,2} = +a$$

$$x_{S,3} = +3\,a$$

$$x_{S,4} = +3\,a + \frac{2}{3}\,a \qquad \textbf{Wissens-Muss}$$

$$x_{S,4} = +\frac{9}{3}\,a + \frac{2}{3}\,a$$

$$x_{S,4} = +\frac{11}{3}\,a$$

Schwerpunktkoordinaten $y_{S,i}$

$$y_{S,1} = +\frac{3}{2}\,a$$

$$y_{S,2} = +\frac{3}{2}\,a + \frac{1}{2} \cdot \frac{3}{2}\,a$$

$$y_{S,2} = +\frac{6}{4}\,a + \frac{3}{4}\,a$$

$$y_{S,2} = +\frac{9}{4}\,a$$

$$y_{S,3} = +2\,a$$

$$y_{S,4} = +\frac{1}{3}\,a \qquad \textbf{Wissens-Muss}$$

Schwerpunktkoordinate x_S

Die Summenformel lässt sich mit den Flächenquotienten formulieren.

$$x_S \cdot A = \sum_i x_{S,i} \cdot A_i$$

Summenformel
Ausgangsformel

Merke: Eine Ausnehmung (Rechteck, Kreis, Dreieck) **in der Zusammengesetzten Fläche führt im vorliegenden Fall zu einem negativen Flächenmoment.**

$$x_S \cdot A = x_{S,1} \cdot A_1 - x_{S,2} \cdot A_2 - x_{S,3} \cdot A_3 - x_{S,4} \cdot A_4$$

$$x_S = x_{S,1} \cdot \frac{A_1}{A} - x_{S,2} \cdot \frac{A_2}{A} - x_{S,3} \cdot \frac{A_3}{A} - x_{S,4} \cdot \frac{A_4}{A}$$

Summenformel
mit Flächenquotienten

Es sind vier Teilflächen, die **subtraktiv** zur Gesamtfläche A zusammengesetzt werden.

$$x_S = +2a \cdot \frac{12\,a^2}{\frac{13}{2}\,a^2} - a \cdot \frac{3\,a^2}{\frac{13}{2}\,a^2} - 3a \cdot \frac{2\,a^2}{\frac{13}{2}\,a^2} - \frac{11}{3}\,a \cdot \frac{\frac{1}{2}\,a^2}{\frac{13}{2}\,a^2}$$

Zähler und Nenner kürzen / 'a^2'

$$x_S = +2a \cdot \frac{12\,a^2}{\frac{13}{2}\,a^2} - a \cdot \frac{3\,a^2}{\frac{13}{2}\,a^2} - 3a \cdot \frac{2\,a^2}{\frac{13}{2}\,a^2} - \frac{11}{3}\,a \cdot \frac{\frac{1}{2}\,a^2}{\frac{13}{2}\,a^2}$$

$$x_S = +2a \cdot \frac{12}{\frac{13}{2}} - a \cdot \frac{3}{\frac{13}{2}} - 3a \cdot \frac{2}{\frac{13}{2}} - \frac{11}{3}\,a \cdot \frac{\frac{1}{2}}{\frac{13}{2}}$$

Zähler und Nenner mit '2' multiplizieren.

$$x_S = +2a \cdot \frac{24}{13} - a \cdot \frac{6}{13} - 3a \cdot \frac{4}{13} - \frac{11}{3}\,a \cdot \frac{1}{13}$$

etwas vereinfachen / Hauptnenner '39'

$$x_S = +2a \cdot \frac{72}{39} - a \cdot \frac{18}{39} - 3a \cdot \frac{12}{39} - 11a \cdot \frac{1}{39}$$

'$\frac{1}{39}$' ausklammern ebenso 'a'

$$x_S = +\frac{1}{39}\left(144 - 18 - 36 - 11\right)\cdot a$$

runde Klammer ausrechnen

$$\boxed{x_S = +\frac{79}{39}\,a} \qquad \left(= +\frac{158}{78}\,a\right)$$

Schwerpunktkoordinate x_S

Schwerpunktkoordinate y_S

Die Summenformel lässt sich mit den Flächenquotienten auch für die Schwerpunktkoordinate y_S formulieren.

$$y_S = y_{S,1}\cdot\frac{A_1}{A} - y_{S,2}\cdot\frac{A_2}{A} - y_{S,3}\cdot\frac{A_3}{A} - y_{S,4}\cdot\frac{A_4}{A}$$

Summenformel
mit Flächenquotienten

Es sind vier Teilflächen, die **subtraktiv** zur Gesamtfläche zusammengesetzt werden.

$$y_S = +\frac{3}{2}a\cdot\frac{12\,a^2}{\frac{13}{2}a^2} - \frac{9}{4}a\cdot\frac{3\,a^2}{\frac{13}{2}a^2} - 2\,a\cdot\frac{2\,a^2}{\frac{13}{2}a^2} - \frac{1}{3}a\cdot\frac{\frac{1}{2}a^2}{\frac{13}{2}a^2}$$

Zähler und Nenner kürzen / 'a^2'

$$y_S = +\frac{3}{2}a\cdot\frac{12\,a^2}{\frac{13}{2}a^2} - \frac{9}{4}a\cdot\frac{3\,a^2}{\frac{13}{2}a^2} - 2\,a\cdot\frac{2\,a^2}{\frac{13}{2}a^2} - \frac{1}{3}a\cdot\frac{\frac{1}{2}a^2}{\frac{13}{2}a^2}$$

$$y_S = +\frac{3}{2}a\cdot\frac{12}{\frac{13}{2}} - \frac{9}{4}a\cdot\frac{3}{\frac{13}{2}} - 2\,a\cdot\frac{2}{\frac{13}{2}} - \frac{1}{3}a\cdot\frac{\frac{1}{2}}{\frac{13}{2}}$$

Zähler und Nenner mit '2' multiplizieren.

$$y_S = +\frac{3}{2}a\cdot\frac{24}{13} - \frac{9}{4}a\cdot\frac{6}{13} - 2\,a\cdot\frac{4}{13} - \frac{1}{3}a\cdot\frac{1}{13}$$

'a' ausklammern

$$y_S = \left(+\frac{3}{2}\cdot\frac{24}{13} - \frac{9}{4}\cdot\frac{6}{13} - 2\cdot\frac{4}{13} - \frac{1}{3}\cdot\frac{1}{13}\right)\cdot a$$

runde Klammer etwas vereinfachen

$$y_S = \left(+\frac{36}{13} - \frac{27}{26} - \frac{8}{13} - \frac{1}{39} \right) \cdot a$$

runde Klammer /
1. und 3. Term zusammenfassen

$$y_S = \left(+\frac{28}{13} - \frac{27}{26} - \frac{1}{39} \right) \cdot a$$

runde Klammer vereinfachen /
Hauptnenner '78'

$$y_S = +\frac{168 - 81 - 2}{78} \cdot a$$

Zähler ausrechnen

$$y_S = +\frac{85}{78}\, a$$

Schwerpunktkoordinate y_S

Geben Sie bitte die Schwerpunktkoordinaten x_S und y_S bezogen auf das eingezeichnete Koordinatensystem in folgender Form an: $S: \left(x_S;\ y_S \right) = (...;\ ...)$.

$$S: \left(x_S;\ y_S \right) = \left(+\frac{158}{78}\, a;\ +\frac{85}{78}\, a \right)$$

Schwerpunktkoordinaten x_S **und** y_S

Aufgabe 15

Flächenschwerpunkt / Zusammengesetzte Fläche / Rechteck / Rechteck / Dreieck / Kreis

x-Richtung: zusammengesetzt / Tabelle
y-Richtung: zusammengesetzt / Tabelle

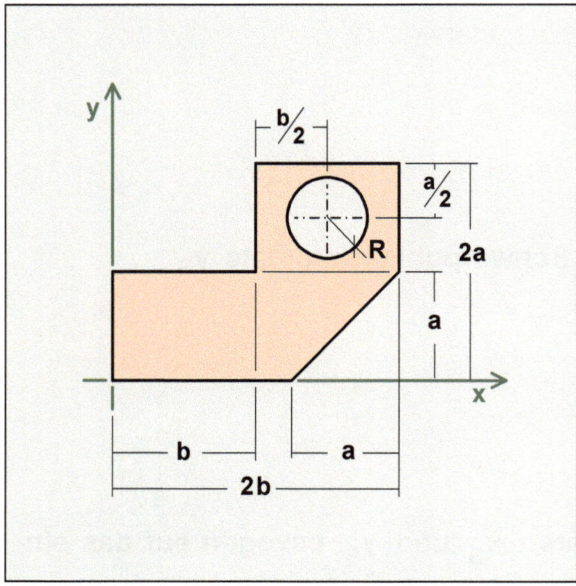

Nebenstehende Abbildung zeigt den nicht ganz einfachen Querschnitt eines Bauteils.

Versehen ist der Querschnitt des Bauteils mit einer Bohrung im vertikalen Teil des Querschnitts.

Zusätzlich ist der vertikale Teil rechts unten - wie nebenstehende Abbildung zeigt - entsprechend zugeschnitten.

Gegeben

Längenabmessungen

$a = 3\,\text{cm}$; $b = 4\,\text{cm}$; $R = 1{,}1\,\text{cm}$.

Gesucht

Schwerpunktkoordinaten x_S und y_S / mit Hilfe der Tabellentechnik.

Geben Sie bitte die Schwerpunktkoordinaten x_S und y_S bezogen auf das eingezeichnete Koordinatensystem in folgender Form an:

$$S: \left(x_S;\ y_S\right) = (\ldots;\ \ldots).$$

Ergebnis: $\quad S : \left(x_S\ ;\ y_S\right) = (+\,4{,}10\,cm;\ +\,2{,}47\,cm)$

Lösung

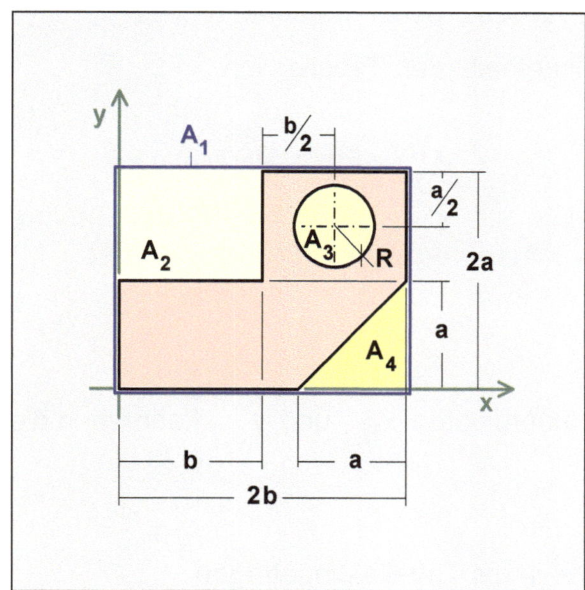

Die Zusammengesetzte Fläche befindet sich in der **Normallage**. D. h. die 'westlichste Seite' liegt auf der y-Achse und die 'südlichste Seite' auf der x-Achse.

Es empfiehlt sich, sich die Zusammengesetzte Fläche **subtraktiv** aus diversen Teilflächen zusammengesetzt zu denken.

Damit besteht die Zusammengesetzte Fläche A aus vier definierten und bekannten Teilflächen. Es sind dies die Rechteckfläche A_1, die Rechteckfläche A_2, die Kreisfläche A_3 sowie die Dreieckfläche A_4.

Die Teilflächen A_2, A_3 und A_4, als Ausnehmungen, führen zu negativen Flächenmomenten.

Für den in der Abbildung dargestellten Querschnitt gibt es weder eine **Symmetrielinie** noch eine zur **Punktsymmetrie** zugehörige Linie.

Schwerelinien sind auf jeden Fall vorhanden, aber zum jetzigen Zeitpunkt lagemäßig unbekannt.

Von daher kommt die Summenformel für die Berechnung der Schwerpunktkoordinaten x_S und y_S zur Anwendung. Diese **Summenformel** soll im Weiteren - aus übungstechnischen Gründen - einmal **tabellarisch** gehandhabt.

➡ **Tabelle**

Start mit den Teilflächen A_i

Es ist empfehlenswert mit der Ermittlung der Teilflächen A_i zu beginnen. Die Formulierung der Teilflächen A_i bewirkt, dass man sich mit ihnen beschäftigt.

Das ist vorteilhaft.

Aber Achtung! Die Summenformel auf der rechten Seite besteht aus Summanden. Diese Summanden als Produkte stellen die Flächenmomente dar. Sie haben einen Drehsinn. Sie können positiv oder negativ sein.

Das Vorzeichen eines Flächenmomentes ergibt sich aus seinem Drehsinn.

Unter der Voraussetzung, dass sich eine Zusammengesetzte Fläche in der Normallage befindet, führt eine Teilfläche, die eine Ausnehmung darstellt im Allgemeinen zu einem negativen Flächenmoment.

Damit sollte der entsprechende Tabellenplatz innerhalb der Tabelle von vornherein mit einem 'Minus-Zeichen' belegt sein.

Merke: **Negatives Flächenmoment / Wann?**

Eine Ausnehmung (Rechteck, Kreis, Dreieck oder dergleichen) **in der Zusammengesetzten Fläche führt i. Allg. zu einem negativen Flächenmoment.**

Schwerpunktkoordinaten

Bei der Ermittlung der zugehörigen Schwerpunktkoordinaten $x_{S,i}$ und $y_{S,i}$ kennt man die Teilfläche A_i bereits.

Eingabewerte

A_i, $x_{S,i}$ und $y_{S,i}$ werden dann als Eingabewerte in die Tabelle eingetragen.

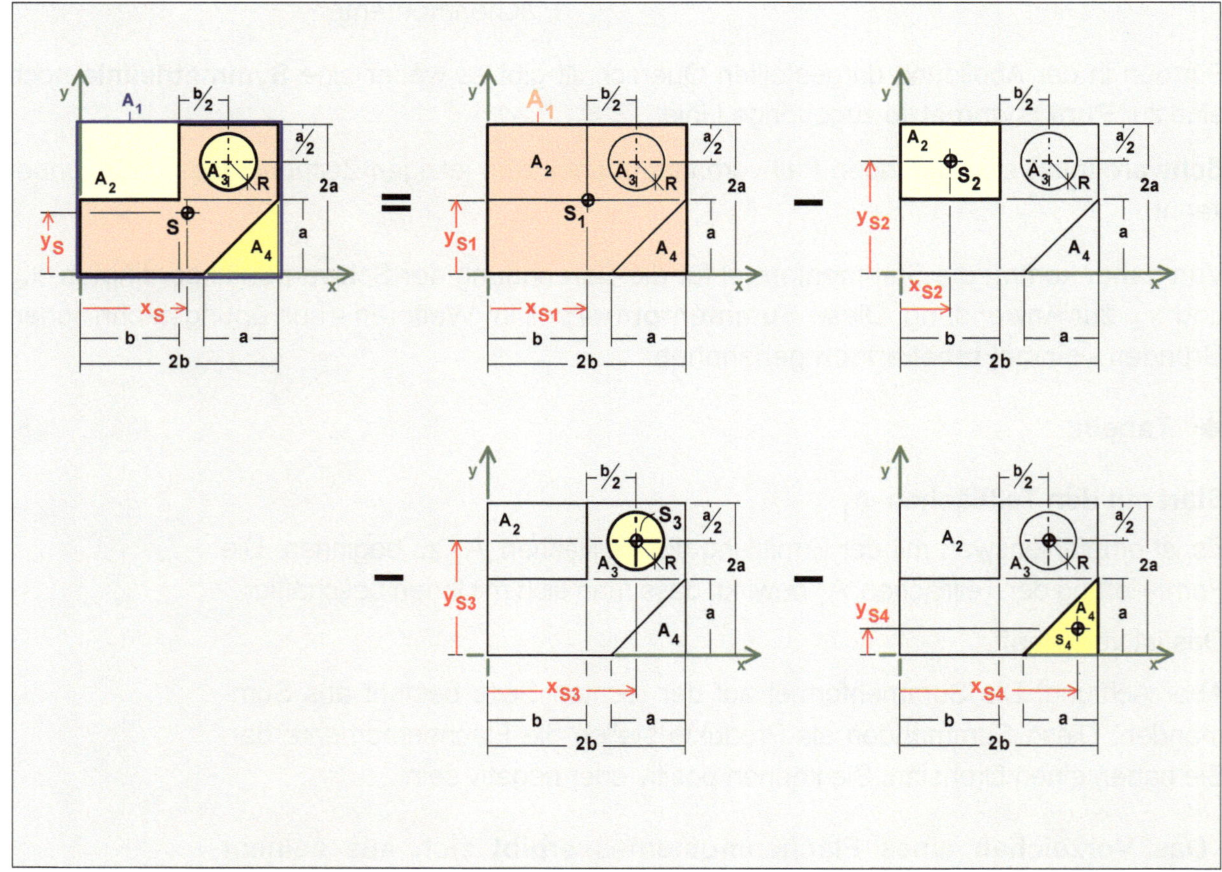

Gesamtfläche   **Differenz der Teilflächen**

Flächen A_i

$$A_1 = 2b \cdot 2a \qquad\qquad A_2 = b \cdot a$$

$$A_1 = 4a \cdot b$$

$$A_1 = 4 \cdot 3cm \cdot 4cm \qquad\qquad A_2 = 4cm \cdot 3cm$$

$$\mathbf{A_1 = 48\ cm^2} \qquad\qquad \mathbf{A_2 = 12\ cm^2}$$

$$A_3 = R^2 \cdot \pi \qquad\qquad A_4 = \frac{1}{2} a \cdot a$$

$$A_4 = \frac{1}{2} a^2$$

$$A_3 = \left(1{,}1\,cm\right)^2 \cdot \pi \qquad\qquad A_4 = \frac{1}{2}\left(3\,cm\right)^2$$

$$\mathbf{A_3 = 3{,}8\ cm^2} \qquad\qquad \mathbf{A_4 = 4{,}5\ cm^2}$$

$$A = A_1 - A_2 - A_3 - A_4$$

$$A = 48\ cm^2 - 12\ cm^2 - 3{,}8\ cm^2 - 4{,}5\ cm^2$$

$$\mathbf{A = 27{,}7\ cm^2}$$

Schwerpunktkoordinaten $x_{S,i}$

$$x_{S,1} = +b \qquad\qquad x_{S,2} = +\frac{1}{2}b$$

$$x_{S,2} = +\frac{1}{2} \cdot 4\,cm$$

$$\mathbf{x_{S,1} = +4\ cm} \qquad\qquad \mathbf{x_{S,2} = +2\ cm}$$

$$x_{S,3} = +b + \frac{1}{2}b \qquad\qquad x_{S,4} = +2b - \frac{1}{3}a$$

$$x_{S,3} = +\frac{3}{2}b \qquad\qquad x_{S,4} = +2 \cdot 4\,cm - \frac{1}{3}3\,cm$$

$$x_{S,3} = +\frac{3}{2} 4\,cm \qquad\qquad x_{S,4} = +8\,cm - 1\,cm$$

$$\mathbf{x_{S,3} = +6\ cm} \qquad\qquad \mathbf{x_{S,4} = +7\ cm}$$

Schwerpunktkoordinaten $y_{S,i}$

$$y_{S,1} = +a \qquad\qquad y_{S,2} = +a + \frac{1}{2}a$$

$$y_{S,1} = +3\,\text{cm} \qquad\qquad y_{S,2} = +\frac{3}{2}a$$

$$y_{S,2} = +\frac{3}{2}\,3\,\text{cm}$$

$$\underline{\mathbf{y_{S,1} = +3\,cm}} \qquad\qquad \underline{\mathbf{y_{S,2} = +4,5\,cm}}$$

$$y_{S,3} = +a + \frac{1}{2}a \qquad\qquad y_{S,4} = +\frac{1}{3}a$$

$$y_{S,3} = +\frac{3}{2}a$$

$$y_{S,3} = +\frac{3}{2}\,3\,\text{cm} \qquad\qquad y_{S,4} = +\frac{1}{3}\,3\,\text{cm}$$

$$\underline{\mathbf{y_{S,3} = +4,5\,cm}} \qquad\qquad \underline{\mathbf{y_{S,4} = +1\,cm}}$$

Tabelle / zunächst allgemein

i	A_i	$x_{S,i}$	$y_{S,i}$	$x_{S,i}\cdot A_i$	$y_{S,i}\cdot A_i$
1	A_1	$x_{S,1}$	$y_{S,1}$	$x_{S,1}\cdot A_1$	$y_{S,1}\cdot A_1$
2	A_2	$x_{S,2}$	$y_{S,2}$	$x_{S,2}\cdot A_2$	$y_{S,2}\cdot A_2$
3	A_3	$x_{S,3}$	$y_{S,3}$	$x_{S,3}\cdot A_3$	$y_{S,3}\cdot A_3$
4	A_4	$x_{S,4}$	$y_{S,4}$	$x_{S,4}\cdot A_4$	$y_{S,4}\cdot A_4$
	$\sum A_i$			$\sum x_{S,i}\cdot A_i$	$\sum y_{S,i}\cdot A_i$
		x_S		$\dfrac{\sum x_{S,i}\cdot A_i}{\sum A_i}$	
		y_S			$\dfrac{\sum y_{S,i}\cdot A_i}{\sum A_i}$

Eingabewerte
in den gelben Flächen

Die rot eingerandeten Plätze sind von vornherein mit einem Minus-Zeichen belegt, weil es sich um negative Flächenmomente handelt.

Tabelle / Berechnung der Schwerpunktkoordinaten

A_i, $x_{S,i}$ und $y_{S,i}$ sind die **Eingabewerte**. Sie werden in die gelben Flächen der Tabelle eingetragen.

Es folgt die Tabelle mit den eingetragenen **Eingabewerten**.

Alles Weitere ergibt sich durch einfache Rechnereinstellungen bis hin zu den Schwerpunktkoordinaten x_S und y_S.

Bedenken Sie bitte noch einmal, dass die rot eingerandeten Flächen für die negativen Flächenmomente im Vorfeld mit einem Minus-zeichen belegt worden sind.

i	A_i	$x_{S,i}$	$y_{S,i}$	$x_{S,i} \cdot A_i$	$y_{S,i} \cdot A_i$
1	$48{,}0\,\text{cm}^2$	$+4{,}0\,\text{cm}$	$+3{,}0\,\text{cm}$	$+192{,}0\,\text{cm}^3$	$+144{,}0\,\text{cm}^3$
2	$12{,}0\,\text{cm}^2$	$+2{,}0\,\text{cm}$	$+4{,}5\,\text{cm}$	$-24{,}0\,\text{cm}^3$	$-54{,}0\,\text{cm}^3$
3	$3{,}8\,\text{cm}^2$	$+6{,}0\,\text{cm}$	$+4{,}5\,\text{cm}$	$-22{,}8\,\text{cm}^3$	$-17{,}1\,\text{cm}^3$
4	$4{,}5\,\text{cm}^2$	$+7{,}0\,\text{m}$	$+1{,}0\,\text{cm}$	$-31{,}5\,\text{cm}^3$	$-4{,}5\,\text{m}^3$
	$27{,}7\,\text{cm}^2$			$+113{,}7\,\text{cm}^3$	$+68{,}4\,\text{cm}^3$
		x_S		$+4{,}10\,\text{cm}$	
			y_S		$+2{,}47\,\text{cm}$

Tabelle / Ermittlung der Schwerpunktkoordinaten x_S und y_S

Schwerpunktkoordinate x_S

$$x_S = +4{,}10\,\text{cm}$$

Schwerpunktkoordinate x_S

Schwerpunktkoordinate y_S

$$y_S = +2,47 \text{ cm}$$

Schwerpunktkoordinate y_S

Geben Sie bitte die Schwerpunktkoordinaten x_S und y_S bezogen auf das eingezeichnete Koordinatensystem in folgender Form an: $S: \left(x_S;\ y_S\right) = (\dots;\ \dots)$.

$$S: \left(x_S;\ y_S\right) = (+4,10 \text{ cm};\ +2,47 \text{ cm})$$

Schwerpunktkoordinaten x_S und y_S

Aufgabe 16

Flächenschwerpunkt / Zusammengesetzte Fläche / Rechteck / Kreis (mit variablem Sitz)

x-Richtung: Überlegen und Hinschreiben
y-Richtung: zusammengesetzt / Summenformel

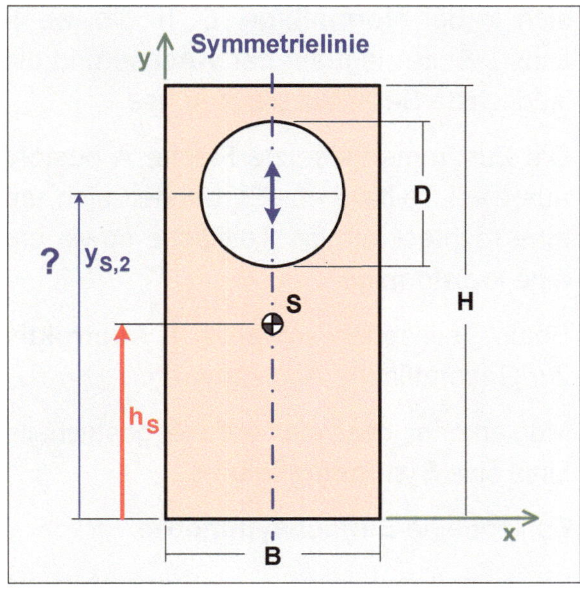

Nebenstehende Abbildung zeigt den Querschnitt eines Bauteils.

Er ist rechteckförmig, versehen mit einer kreisförmigen Ausnehmung. Die kreisförmige Ausnehmung ist maßlich durch den Durchmesser D charakterisiert.

Aufgrund einer vorgegebenen technischen Anwendung **muss** der Flächenschwerpunkt S mittig und in einer Höhe von 275 mm zu liegen kommen.

Die ingenieurmäßige Vorgehensweise ist denkbar einfach. Die Bohrung wird mittig dort angebracht, dass genau obige Vorgabe eingehalten werden kann.

Hm !? Aber wo? Wie groß ist das erforderlich Maß? Oder ingenieurmäßig korrekt, **wie groß ist $y_{S,2}$?**

Gegeben

Querschnittsabmessungen:

$H = 600\,mm$; H; $B = 300\,mm$; $B = \frac{1}{2}H$;

$D = 200\,mm$; $D = \frac{1}{3}H$; $h_S = 275\,mm$; $h_S = \frac{11}{24}H$.

Gesucht

(1) Geben Sie bitte die Lage des Flächenschwerpunktes S in folgender Form an:
$S : \left(x_S;\ y_S\right) = (\ldots;\ \ldots)$.

(2) Wohin muss der Mittelpunkt des Kreises in vertikaler Richtung verschoben werden, damit der Flächenschwerpunkt S an der Stelle y_S zu liegen kommt?
D. h. gesucht ist $y_{S,2}$.

Ergebnis: *(1)* $S : \left(x_S;\ y_S\right) = \left(+\dfrac{6}{24}H;\ +\dfrac{11}{24}H\right) = (+150\,mm;\ +275\,mm)$

       (2) $y_{S,2} = \dfrac{18 + 11\pi}{24}\,H = 418,2\,mm$

Lösung

(1) Geben Sie bitte die Lage des Flächenschwerpunktes S in folgender Form an:

$$S: \left(x_S;\; y_S\right) = (\ldots;\; \ldots).$$

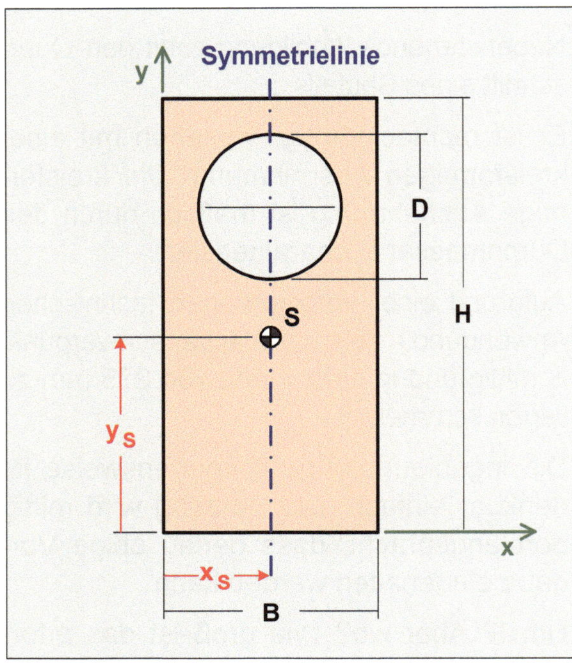

Die Zusammengesetzte Fläche A befindet sich in der **Normallage**. D. h. die 'westlichste Seite' liegt auf der y-Achse und die 'südlichste Seite' auf der x-Achse.

Die Zusammengesetzte Fläche A besteht aus zwei Teilflächen. Es handelt sich um eine rechteckförmige Teilfläche sowie um eine kreisförmige.

Beide Teilflächen setzen sich **subtraktiv** zur Gesamtfläche A zusammen.

Man erkennt, dass die vertikale, gestrichelte Linie eine **Symmetrielinie** ist.

Es liegt eine **Einfachsymmetrie** vor.

Es ist bekannt, dass eine Symmetrielinie immer eine **Schwerelinie** ist.

Da eine Schwerelinie der geometrische Ort für den Flächenschwerpunkt S ist, ist damit der Abstand des Flächenschwerpunktes S von der y-Achse gegeben.

Das bedeutet, dass die Schwerpunktkoordinate x_S bekannt ist,

$$x_S = +\frac{1}{2}B,$$

mit $B = \dfrac{1}{2}H$

$$x_S = +\frac{1}{2}\cdot\frac{1}{2}H,$$

$$\boxed{x_S = +\frac{1}{4}H} \quad \left(= +\frac{6}{24}H\right)$$

Schwerpunktkoordinate x_S

mit $H = 600\,\text{mm}$

$$x_S = +\frac{1}{4}600\,\text{mm}$$

$$\underline{\underline{x_S = +150\,\text{mm}}}$$

Schwerpunktkoordinate x_S

Im Aufgabentext heißt es, dass der Flächenschwerpunkt S aufgrund einer vorgegebenen technischen Anwendung in einer Höhe von 275 mm liegen muss.

Damit ist $y_S = h_S = 275\,\text{mm}$.

$$\underline{\underline{y_S = +\,275\,\text{mm}}}$$

Schwerpunktkoordinate y_S

Allgemein formuliert (Überlegung !) ergibt sich die Schwerpunktkoordinate y_S wie folgt,

$$y_S = +\frac{11}{24}H$$

Schwerpunktkoordinate y_S

Geben Sie die Lage des Flächenschwerpunktes S in folgender Form an:

$$S:\left(x_S;\,y_S\right)=\left(\ldots;\,\ldots\right).$$

$$S:\left(x_S;\,y_S\right)=\left(+\frac{1}{2}B;\,+\frac{11}{24}H\right)$$

Lage des Flächenschwerpunktes S
allgemein

$$\underline{\underline{S:\left(x_S;\,y_S\right)=\left(+150\,\text{mm};\,+275\,\text{mm}\right)}}$$

Lage des Flächenschwerpunktes S
Zahlenwerte

(2) Wohin muss der Mittelpunkt des Kreises in vertikaler Richtung verschoben werden, damit der Flächenschwerpunkt S an der Stelle y_S zu liegen kommt?

D. h. gesucht ist $y_{S,2}$

Die Zusammengesetzte Fläche A besteht aus zwei Teilflächen, einer rechteckförmigen Teilfläche A_1 und einer kreisförmigen Teilfläche A_2.

Beide Teilflächen A_1 und A_2 setzen sich **subtraktiv** zur Gesamtfläche A zusammen.

Die kreisförmige Teilfläche A_2, als Ausnehmung, führt im vorliegenden Fall zu einem zugehörigen negativen Flächenmoment.

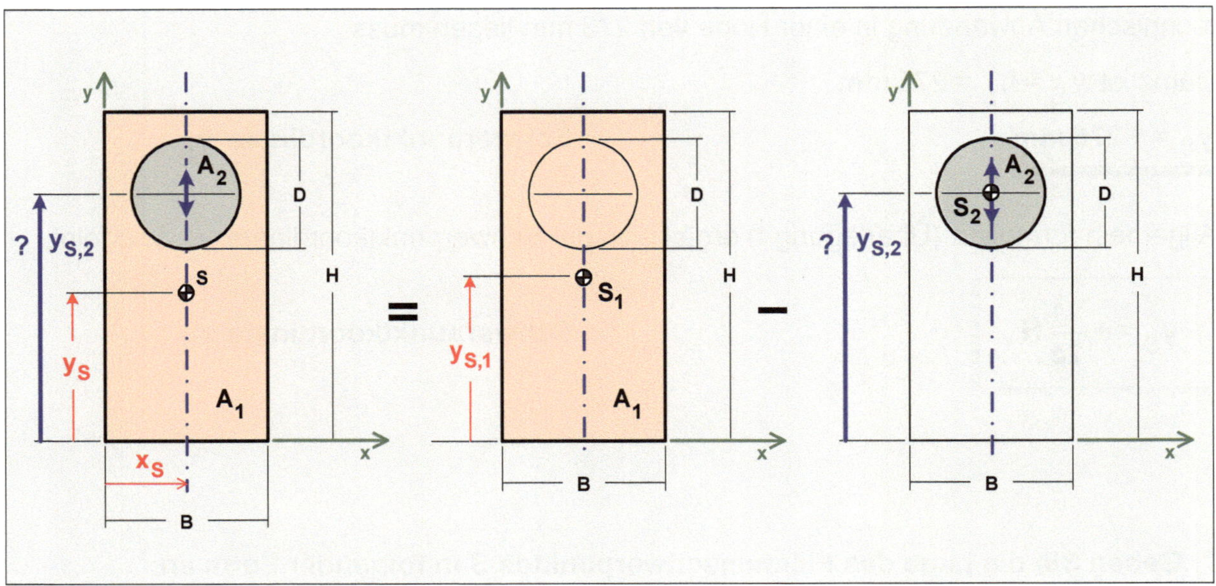

Gesamtfläche   **Differenz der Teilflächen**

Für die Rechnung kommt die Summenformel zur Anwendung.

Das Moment der Gesamtfläche ist gleich der Summe der Momente der Einzelflächen.

$$y_S \cdot A = \sum_i y_{S,i} \cdot A_i$$

$$y_S \cdot A = y_{S,1} \cdot A_1 + y_{S,2} \cdot A_2$$

Summenformel / ausformuliert

Bedenken Sie bitte, dass das Vorzeichen eines Flächenmomentes sich aus dem Drehsinn ergibt.

Da die Teilfläche A_2 eine Ausnehmung darstellt, ist das zugehörige Flächenmoment im vorliegenden Fall negativ.

$$y_S \cdot A = y_{S,1} \cdot A_1 - y_{S,2} \cdot A_2$$

Summenformel / angepasst

Die Aufgabenstellung fordert die Ermittlung des Flächenschwerpunktes $y_{S,2}$ der Teilfläche A_2 bei vorgegebenem Gesamtschwerpunkt y_S.

Die Gleichung wird entsprechend umgestellt.

$$y_{S,2} \cdot A_2 = y_{S,1} \cdot A_1 - y_S \cdot A$$

$$y_{S,2} = y_{S,1} \cdot \frac{A_1}{A_2} - y_S \cdot \frac{A}{A_2}$$

Summenformel / angepasst
mit Flächenquotienten

Auch hier ist es sinnvoll mit den Flächenquotienten zu arbeiten.

Ermittlung der Teilflächen sowie der Gesamtfläche

$$A_1 = B \cdot H \qquad\qquad A_2 = \frac{D^2 \, \pi}{4}$$

$$\text{mit } B = \frac{1}{2} H \qquad\qquad \text{mit } D = \frac{1}{3} H$$

$$A_1 = \frac{1}{2} H \cdot H \qquad\qquad A_2 = \frac{\left(\frac{1}{3} H\right)^2 \pi}{4}$$

$$A_1 = \frac{1}{2} H^2 \qquad\qquad A_2 = \pi \frac{H^2}{36}$$

$$A = A_1 - A_2$$

$$A = \frac{1}{2} H^2 - \pi \frac{H^2}{36}$$

$$A = \frac{18}{36} H^2 - \pi \frac{H^2}{36}$$

$$A = \frac{H^2}{36} \left(18 - \pi\right)$$

Ermittlung der Schwerpunktkoordinaten $y_{S,1}$ und y_S

$$y_{S,1} = + \frac{1}{2} H \qquad\qquad y_S = + \frac{11}{24} H$$

Rechnung

$$y_{S,2} = y_{S,1} \cdot \frac{A_1}{A_2} - y_S \cdot \frac{A}{A_2}$$

Summenformel / angepasst
mit Flächenquotienten

$$\text{mit } y_{S,1} = +\frac{1}{2}H \text{ und } y_S = +\frac{11}{24}H;$$

$$\text{mit } A_1 = \frac{1}{2}H^2 \text{ und } A_2 = \pi\frac{H^2}{36}$$

$$\text{sowie } A = \frac{H^2}{36}(18-\pi)$$

$$y_{S,2} = +\frac{1}{2}H \cdot \frac{\frac{1}{2}H^2}{\pi\frac{H^2}{36}} - \frac{11}{24}H \cdot \frac{\frac{H^2}{36}(18-\pi)}{\pi\frac{H^2}{36}}$$

$$y_{S,2} = +\frac{1}{2}H \cdot \frac{\frac{1}{2}}{\frac{\pi}{36}} - \frac{11}{24}H \cdot \frac{\frac{1}{36}(18-\pi)}{\frac{\pi}{36}}$$

Zähler und Nenner / Multiplikation mit '36'

$$y_{S,2} = +\frac{1}{2}H \cdot \frac{36}{2\pi} - \frac{11}{24}H \cdot \frac{18-\pi}{\pi}$$

$\dfrac{H}{\pi}$ ausklammern

$$y_{S,2} = +\left[\frac{1}{2} \cdot \frac{36}{2} - \frac{11}{24} \cdot (18-\pi)\right] \cdot \frac{H}{\pi}$$

$$y_{S,2} = \left[+\frac{36}{4} - \frac{11}{24} \cdot (18-\pi)\right] \cdot \frac{H}{\pi}$$

$\dfrac{1}{24}$ ausklammern

$$y_{S,2} = \frac{1}{24}\left[+216 - 11 \cdot (18-\pi)\right] \cdot \frac{H}{\pi}$$

Rechnen in der Klammer

$$y_{S,2} = \frac{1}{24\,\pi}(+216 - 198 + 11\pi) \cdot H$$

$$y_{S,2} = \frac{1}{24\,\pi}(+18 + 11\pi) \cdot H$$

$$y_{S,2} = + \frac{18 + 11\pi}{24\pi} H$$

$$\boxed{y_{S,2} = + \frac{18 + 11\pi}{24\pi} H}$$

Schwerpunktkoordinate der Teilfläche A_2

allgemein

mit $H = 600\,mm$

$$y_{S,2} = + \frac{18 + 11\pi}{24\pi} \cdot 600\,mm$$

Taschenrechner

$$\underline{\underline{y_{S,2} = + 418,2\,mm}}$$

Schwerpunktkoordinate der Teilfläche A_2

Zahlenwert und Einheit

Bringt man den Mittelpunkt der Bohrung in einer Höhe von $y_{S,2} = + 418,2\,mm$ an, so liegt der Gesamtschwerpunkt genau in der gewünschten Position, nämlich in einer Höhe von $y_S = + 275\,mm$.

Das Problem ist gelöst.

Aufgabe 17

**Flächenschwerpunkt / Zusammengesetz-
te Fläche / Quadrat / Quadrate / Rechteck
(mit variablem Sitz)**

x-Richtung: zusammengesetzt / Überlegen
y-Richtung: Überlegen / Hinschreiben

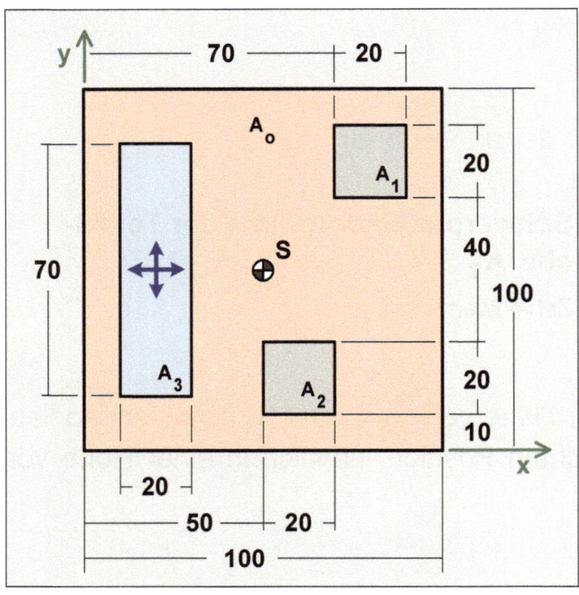

Nebenstehende Abbildung zeigt den quadratischen Querschnitt eines Bauteils.

Der Querschnitt des Bauteils stellt eine
Zusammengesetzte Fläche dar, die sich
subtraktiv aus zwei quadratischen Flächen und einer rechteckförmigen Fläche
zusammensetzt.

Der Schwerpunkt S der Zusammengesetzten Fläche A soll im Schnittpunkt der
Diagonalen der quadratischen Basisflä-
che A_o liegen.

Während die Lage der beiden Teilflächen
A_1 und A_2 fest vorgegeben ist, ist die
Lage der rechteckförmigen Fläche hinsichtlich der Horizontalen und der Vertikalen noch unbekannt.

Es wäre somit schön, wenn Sie die Schwerpunktkoordinaten der blauangelegten, rechteckförmigen Teilfläche A_3 in folgender Form angeben könnten, $S_3 : (x_{S,3} ; y_{S,3})$.

Gegeben

Querschnittsabmessungen: siehe obige Skizze / alle Maße in mm.

Gesucht / Bevor Sie beginnen, überlegen Sie bitte.

Wie muss die blauangelegte rechteckförmige Fläche A_3 verschoben werden, damit der
Schwerpunkt S der zusammengesetzten Fläche identisch ist mit dem Schwerpunkt S_o der
quadratischen Fläche (100 x 100)?

D. h. wie lauten die Schwerpunktkoordinaten $x_{S,3}$ und $y_{S,3}$ der Teilfläche A_3?

Geben Sie bitte die Schwerpunktkoordinaten $x_{S,3}$ und $y_{S,3}$ bezogen auf das eingezeichnete Koordinatensystem in folgender Form an: $S_3 : \left(x_{S,3} ; y_{S,3} \right) = (... ; ...)$.

Ergebnis: $S_3 : \left(x_{S,3} ; y_{S,3} \right) = (+ 38,6; \ + 50,0) \, mm$

Lösung

Wie muss die 'blauangelegte', rechteckförmige Fläche A_3 verschoben werden, damit der Schwerpunkt S der zusammengesetzten Fläche identisch ist mit dem Schwerpunkt S_0 der quadratischen Fläche (100 x 100)?

D. h. wie lauten die Schwerpunktkoordinaten $x_{S,3}$ und $y_{S,3}$ der Teilfläche A_3 ?

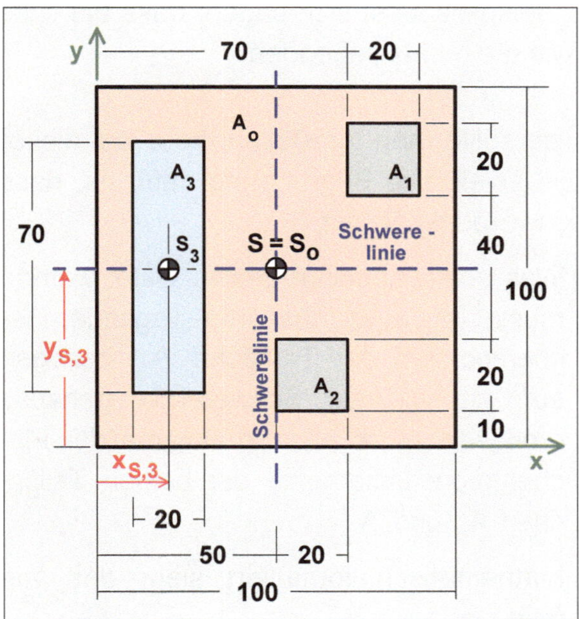

Die Zusammengesetzte Fläche A befindet sich in der **Normallage**. D. h. die 'westlichste Seite' liegt auf der y-Achse und die 'südlichste Seite' auf der x-Achse.

Die Zusammengesetzte Fläche A besteht aus vier Teilflächen. Es handelt sich um drei quadratische, A_0, A_1 und A_2 sowie um die rechteckförmige Teilfläche A_3.

Alle Teilflächen setzen sich **subtraktiv** zur Gesamtfläche A zusammen.

Man erkennt, dass keinerlei Symmetrie vorhanden ist und damit auch keine **Symmetrielinie**.

Auch liegt keinerlei **Punktsymmetrie** vor.

Aber - in der Aufgabenstellung ist der Schwerpunkt S der Zusammengesetzten Fläche A vorgegeben. D. h., es gibt mit Sicherheit u.a. eine vertikale und eine horizontale **Schwerelinie**. Beide Schwerelinien sind als blau-gestrichelte Linien in obiger Skizze kenntlich gemacht.

Als Erinnerung:

Eine Schwerelinie ist der geometrische Ort für den Flächenschwerpunkt S.

Das bedeutet doch, dass die Flächenmomente links und rechts von der vertikalen Schwerelinie gleich groß sind. Das Gleiche gilt für die Flächenmomente, die oberhalb und unterhalb der horizontalen Schwerelinie liegen.

Das ist ein Tatbestand, den man sich zu Nutze machen sollte, um auf intelligente Art und Weise die Schwerpunktkoordinaten $x_{S,3}$ und $y_{S,3}$ zu ermitteln.

Es folgt zunächst die Ermittlung der Schwerpunktkoordinate $x_{S,3}$.

Damit legt man die korrekte Lage der Teilfläche A_3 in x-Richtung fest.

Schwerpunktkoordinate $x_{S,3}$ / der rechteckförmigen Teilfläche A_3

> **Merke : Schwerelinie**
>
> **Eine Schwerelinie liegt vor, wenn das Flächenmoment auf beiden Seiten gleich groß ist.**
>
> Die entsprechend liegenden Flächen müssen nicht gleich groß sein.

Bezogen auf die vertikale Schwerelinie unseres Beispiels lässt sich sagen, dass die links liegenden Flächenmomente genauso groß sind wie die rechts liegenden.

Schaut man sich die Skizze etwas genauer an, so sollte man feststellen, dass bei dieser Betrachtungsweise die Teilfläche A_o keine Rolle spielt. Die Begründung dafür ist, dass der Flächenschwerpunkt S gleich dem Flächenschwerpunkt S_o ist.

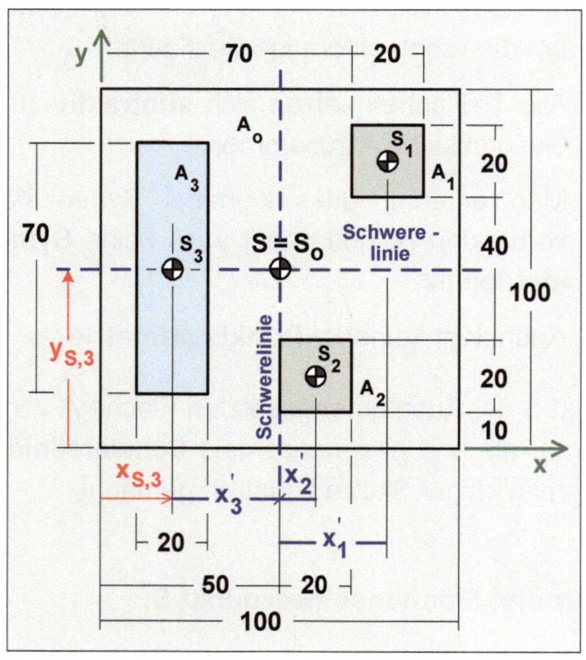

Was aber unbedingt gewährleistet werden muss, ist, dass das links liegende Flächenmoment der Teilfläche A_3 bezogen auf die vertikale Schwerelinie genauso groß sein muss wie die Summe der Flächenträgheitsmomente der beiden Teilflächen A_1 und A_2.

Mathematisch formuliert sieht das wie folgt aus:

$$A_3 \cdot x'_3 = A_1 \cdot x'_1 + A_2 \cdot x'_2$$

x'_3 ist der Abstand des Schwerpunktes S_3 von der vertikalen Schwerelinie.

Ist dieser Abstand x'_3 bekannt, so lässt sich sofort die Bestimmungsgleichung für die Schwerpunktkoordinate $x_{S,3}$ hinschreiben,

$$x_{S,3} = 50\,\text{mm} - x'_3.$$

$$A_3 \cdot x'_3 = A_1 \cdot x'_1 + A_2 \cdot x'_2$$

Diese Gleichung stellt eine auf unser Problem angepasste Summenformel dar.

Auch hier bietet es sich an, mit den Flächenquotienten zu arbeiten,

$$x'_3 = \frac{A_1}{A_3} \cdot x'_1 + \frac{A_2}{A_3} \cdot x'_2.$$

Es müssen zunächst die Teilflächen A_i sowie deren Schwerpunktsabstände x_i' von der vertikalen Schwerelinie ermittelt werden.

Teilflächen A_i

$A_1 = 20\,mm \cdot 20\,mm$	$A_2 = A_1$	$A_3 = 20\,mm \cdot 70\,mm$
$A_1 = 400\,mm^2$	$A_2 = 400\,mm^2$	$A_3 = 1400\,mm^2$

Schwerpunktsabstände x_i' von der vertikalen Schwerelinie

$x_1' = 30\,mm \qquad\qquad x_2' = 10\,mm$

$$x_3' = \frac{400\,mm^2}{1400\,mm^2} \cdot 30\,mm + \frac{400\,mm^2}{1400\,mm^2} \cdot 10\,mm$$

kürzen

$$x_3' = \frac{400\,mm^2}{1400\,mm^2} \cdot 30\,mm + \frac{400\,mm^2}{1400\,mm^2} \cdot 10\,mm$$

$$x_3' = \frac{4}{14} \cdot 30\,mm + \frac{4}{14} \cdot 10\,mm$$

$$x_3' = \frac{2}{7} \cdot 30\,mm + \frac{2}{7} \cdot 10\,mm$$

$$x_3' = \frac{2}{7} \cdot 40\,mm$$

$$x_3' = \frac{80}{7}\,mm$$

$$x_3' = 11,4\,mm$$

Ist dieser Abstand x_3' bekannt, so lässt sich sofort die Bestimmungsgleichung für die Schwerpunktkoordinate $x_{S,3}$ hinschreiben,

$$x_{S,3} = 50\,mm - x_3' \ .$$

mit $x_3' = 11,4\,mm$

$$x_{S,3} = 50\,mm - 11,4\,mm$$

$$\boxed{x_{S,3} = +38,6\,mm}$$

Das ist der Schwerpunktsabstand der Teilfläche A_3, der gewährleistet, dass der vorgegebene Schwerpunktabstand der Zusammengesetzten Fläche A in x-Richtung eingehalten werden kann.

Statik 5.4.3 - Flächenschwerpunkt / Zusammengesetzte Fläche / Aufgabe 17

Schwerpunktkoordinate $y_{S,3}$ / der rechteckförmigen Teilfläche A_3

Bezogen auf die horizontale Schwerelinie lässt sich sagen, dass die Flächenmomente der oberhalb liegenden Flächen, genauso groß sind wie die Flächenmomente der unterhalb liegenden Flächen.

Der Flächenschwerpunkt S_0 der Teilfläche A_0 ist identisch mit dem Flächenschwerpunkt S der Gesamtfläche oder der Zusammengesetzten Fläche A.

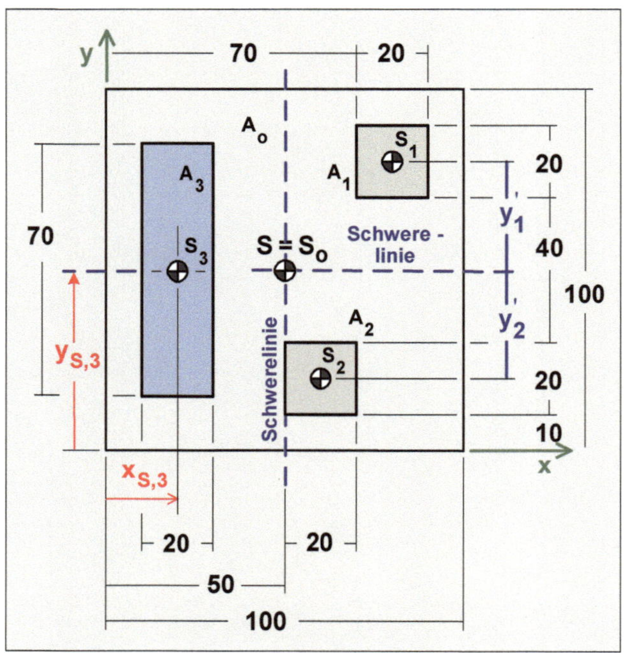

Die Teilflächen A_1 und A_2 haben die gleiche Fläche und den gleichen Abstand y_1' und y_2' von der horizontalen Schwerelinie. Damit ist auch bezogen auf die horizontale Schwerelinie deren Flächenmoment gleich.

Das aber legt doch den Schluss nahe, die rechteckförmige Teilfläche A_3 so zu positionieren, dass ihr Flächenschwerpunkt S_3 auf der horizontalen Schwerelinie zu liegen kommt.

Lehnt man sich nun ein klein wenig zurück, so ist es doch offensichtlich, dass für die Zusammengesetzte Fläche A in der Tat gilt, dass die Flächenmomente der oberhalb liegenden Flächen genauso groß sind wie die Flächenmomente der unterhalb liegenden Flächen.

Die Schwerpunktkoordinate $y_{S,3}$ der rechteckigen Teilfläche lässt sich direkt aus der Skizze ablesen:

$$y_{S,3} = +50{,}0\,\text{mm}$$

Geben Sie bitte die Schwerpunktkoordinaten $x_{S,3}$ und $y_{S,3}$ bezogen auf das eingezeichnete Koordinatensystem in folgender Form an: $S_3 : \left(x_{S,3} ; \, y_{S,3} \right) = (\dots ; \dots)$.

$$S_3 : \left(x_{S,3} ; \, y_{S,3} \right) = (+38{,}6\,\text{mm}; \, +50{,}0\,\text{mm})$$

Lage des Flächenschwerpunktes S_3

Aufgabe 18

Flächenschwerpunkt / Zusammengesetzte Fläche / Dreieck / Dreieck

x-Richtung: zusammengesetzt / Summenformel
y-Richtung: Überlegen und Hinschreiben

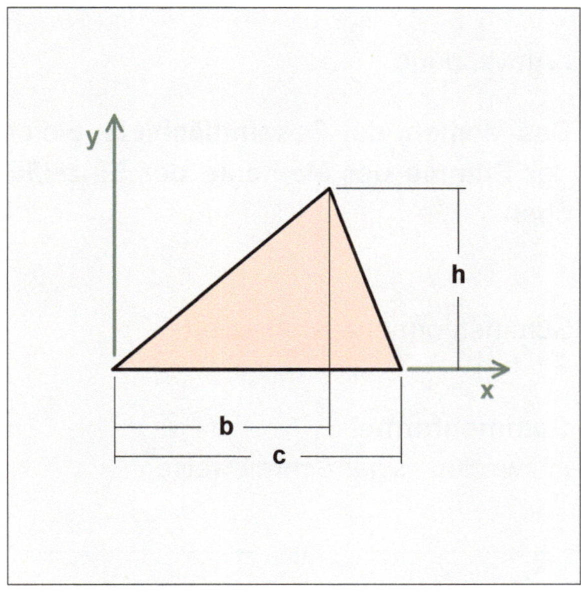

Nebenstehende Abbildung zeigt eine dreieckförmige Fläche. Es handelt sich dabei **nicht** um ein rechtwinkliges Dreieck.

Gegeben

Die dreieckförmige Fläche ist gegeben durch die Grundseite c, die Höhe h und durch das Maß b.

Gesucht

(1) Schwerpunktkoordinate x_S.

(2) Schwerpunktkoordinate y_S.

(3) Geben Sie bitte die Lage des Flächenschwerpunktes S in folgender Form an:

$$S : \left(x_S ; y_S \right) = \left(\ldots ; \ldots \right).$$

Ergebnis: $S : \left(x_S ; y_S \right) = \left(+\dfrac{1}{3}(b+c) ; +\dfrac{1}{3}h \right)$

Lösung

(1) Schwerpunktkoordinate x_S

Es handelt sich um eine zusammengesetzte Fläche. Sie lässt sich sinnvoll in zwei Teilflächen zerlegen.

Für die Rechnung kommt die Summenformel zur Anwendung.

Das Moment der Gesamtfläche ist gleich der Summe der Momente der Einzelflächen.

$$x_S \cdot A = \sum_i x_{S,i} \cdot A_i$$

$$x_S \cdot A = x_{S,1} \cdot A_1 + x_{S,2} \cdot A_2$$

Summenformel ausformuliert

$$x_S = x_{S,1} \cdot \frac{A_1}{A} + x_{S,2} \cdot \frac{A_2}{A}$$

Summenformel
in zweckmäßiger Schreibweise

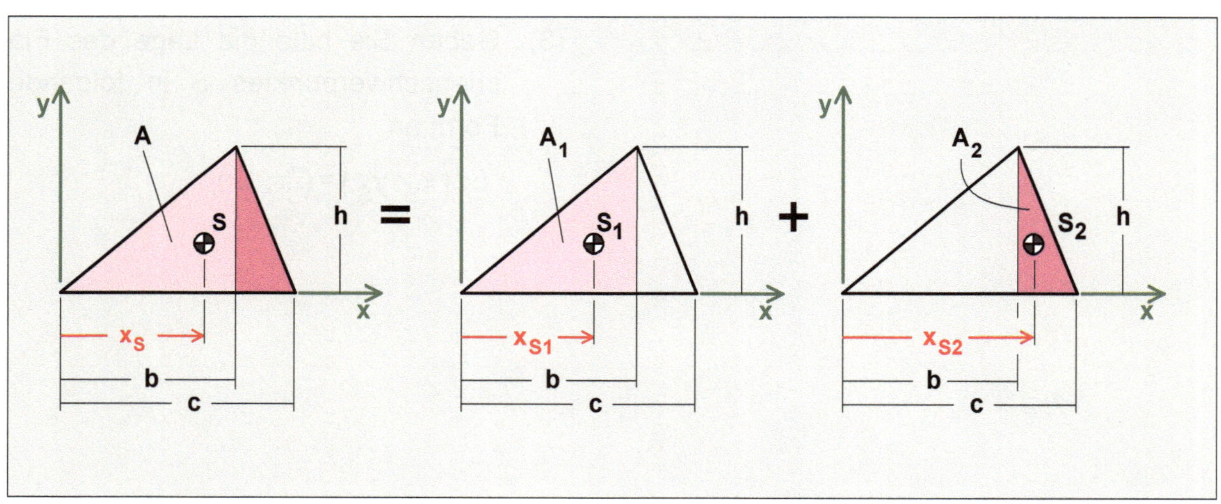

Gesamtfläche   **Summe der Einzelflächen**

$$A_1 = \frac{1}{2} b \cdot h \qquad\qquad A_2 = \frac{1}{2}(c-b)h$$

$$A = A_1 + A_2 = \frac{1}{2} b \cdot h + \frac{1}{2}(c-b)h$$

$$A = \frac{1}{2} c \cdot h$$

$$\underline{x_{S1} = +\frac{2}{3}\,b} \qquad\qquad x_{S2} = +c - \frac{2}{3}(c-b)$$

$$x_{S2} = +c - \frac{2}{3}c + \frac{2}{3}b$$

$$\underline{x_{S2} = +\frac{1}{3}(2b+c)}$$

$$x_S = +\frac{2}{3}\,b\cdot\frac{\frac{1}{2}\,b\cdot h}{\frac{1}{2}\,c\cdot h} + \frac{1}{3}(2b+c)\cdot\frac{\frac{1}{2}(c-b)\,h}{\frac{1}{2}\,c\cdot h}$$

Zähler und Nenner durch ' $\frac{1}{2}h$ ' teilen

$$x_S = +\frac{2}{3}\,b\cdot\frac{b}{c} + \frac{1}{3}(2b+c)\cdot\frac{(c-b)}{c}$$

' $\dfrac{1}{3c}$ ' ausklammern

$$x_S = +\frac{1}{3c}\Big[\,2b^2 + (2b+c)\cdot(c-b)\,\Big]$$

$$x_S = +\frac{1}{3c}\Big(2b^2 + 2bc - 2b^2 + c^2 - bc\Big)$$

$$x_S = +\frac{1}{3c}\Big(bc + c^2\Big)$$

$$x_S = \frac{c}{3c}(b+c)$$

$$\boxed{x_S = +\frac{1}{3}(b+c)}$$

Schwerpunktkoordinate x_S

(2) Schwerpunktkoordinate y_S

Merke :   **Schwerpunktkoordinate eines Dreiecks**   **Schwerpunktlage**

Die Schwerpunktkoordinate eines Dreiecks liegt - bezogen auf die Grundseite - grundsätzlich bei einem Drittel der Höhe.

$$y_S = +\frac{1}{3}h$$

Schwerpunktkoordinate y_S

3) Geben Sie bitte die Lage des Flächenschwerpunktes S in folgender Form an:

$$S:\left(x_S; y_S\right) = \left(\ldots; \ldots\right).$$

$$S:\left(x_S; y_S\right) = \left(+\frac{1}{3}(b+c); +\frac{1}{3}h\right)$$

Lage des Flächenschwerpunktes S

Aufgabe 19

**Flächenschwerpunkt / Zusammengesetz-
te Fläche / Rechteck / Dreieck**

x-Richtung: Überlegen / Hinschreiben
y-Richtung: zusammengesetzt / Summenformel

Nebenstehende Abbildung zeigt den Querschnitt eines Bauteils.

Der Querschnitt des Bauteils ist rechteckförmig, versehen mit einem dreieckförmi-
gem Aufsatz (gleichschenkliges Dreieck).

Gegeben

Querschnittsabmessungen: b und h.

Gesucht

Schwerpunktkoordinaten x_S und y_S.

Geben Sie bitte die Schwerpunktkoordinaten x_S und y_S bezogen auf das eingezeichnete Koordinatensystem in folgender Form an:

$$S: \left(x_S;\ y_S\right) = (\ldots;\ \ldots).$$

Ergebnis: $\quad S: \left(x_S;\ y_S\right) = \left(+\dfrac{1}{2}b;\ +\dfrac{13}{24}h\right)$

Lösung

Schwerpunktkoordinate x_S

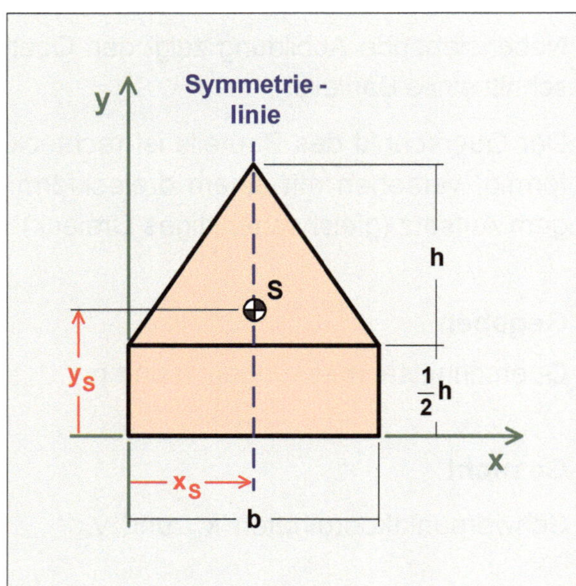

Die zusammengesetzte Fläche ist symmetrisch. Es liegt Einfach-Symmetrie vor.

Der Schwerpunkt S liegt somit auf der Symmetrielinie.

Man erkennt, dass die Schwerpunktkoordinate x_S bei 'x_S gleich plus $\frac{1}{2}b$' liegt, d. h. $x_S = +\frac{1}{2}b$.

→   Symmetrielinie / Überlegen / Hinschreiben

Schwerpunktkoordinate x_S

$$x_S = +\frac{1}{2}b$$

Aber in welchem Abstand von der x-Achse liegt der Schwerpunkt S, d. h. wie lautet die Schwerpunktkoordinate y_S?

Diese soll im nächsten Aufgabenpunkt mit Hilfe der Summenformel hergeleitet werden.

Schwerpunktkoordinate y_S

Es handelt sich um eine zusammengesetzte Fläche. Sie lässt sich sinnvoll in zwei Einzelflächen einteilen.

Es kommt für die Rechnung die Summenformel zur Anwendung.

Das Moment der Gesamtfläche ist gleich der Summe der Momente der Einzelflächen.

$$y_S \cdot A = \sum_i \left(y_{S,i} \cdot A_i \right)$$

$$y_S \cdot A = y_{S,1} \cdot A_1 + y_{S,2} \cdot A_2$$

Summenformel ausformuliert

$$y_S = y_{S,1} \cdot \frac{A_1}{A} + y_{S,2} \cdot \frac{A_2}{A}$$

Summenformel
in zweckmäßiger Schreibweise

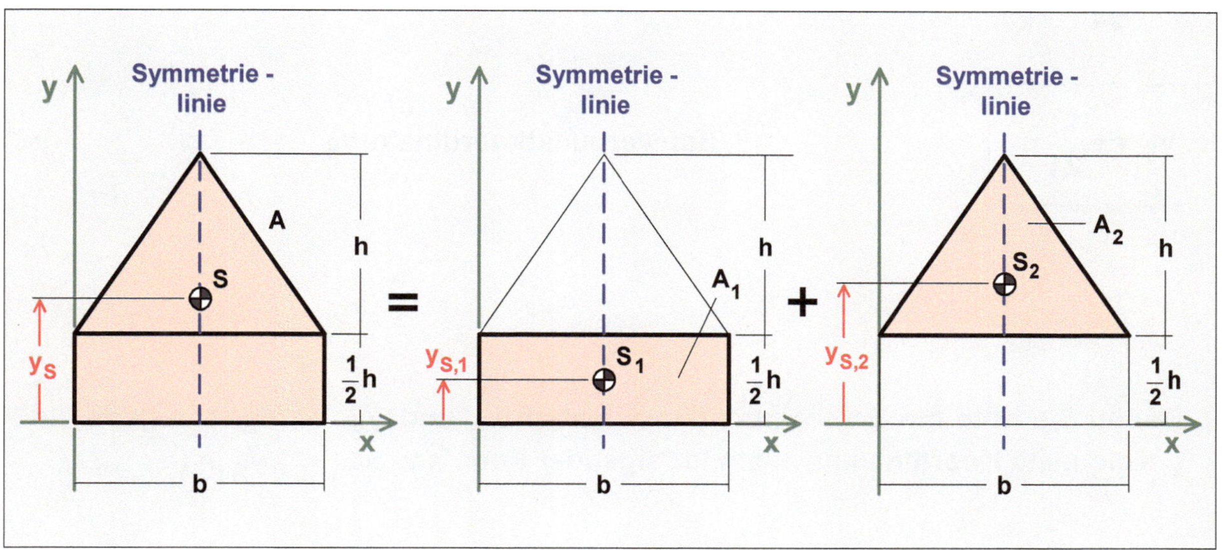

Gesamtfläche

Summe der Einzelflächen

$$A_1 = b \cdot \frac{1}{2}h$$

$$A_1 = \frac{1}{2}bh$$

$$A_2 = \frac{1}{2}bh$$

$$A = A_1 + A_2 = \frac{1}{2}bh + \frac{1}{2}bh$$

$$A = b \cdot h$$

$$y_{S,1} = +\frac{1}{4}h$$

$$y_{S,2} = +\frac{1}{2}h + \frac{1}{3}h$$

$$y_{S,2} = +\frac{5}{6}h$$

$$y_S = +\frac{1}{4}h \cdot \frac{\frac{1}{2}b \cdot h}{b \cdot h} + \frac{5}{6}h \cdot \frac{\frac{1}{2}b \cdot h}{b \cdot h}$$

$$y_S = +\frac{1}{4}h \cdot \frac{1}{2} + \frac{5}{6}h \cdot \frac{1}{2}$$

$$y_S = +\frac{1}{8}h + \frac{5}{12}h$$

Hauptnenner '24'

$$y_S = +\frac{3}{24}h + \frac{10}{24}h$$

$$y_S = +\frac{13}{24}h$$

Schwerpunktkoordinate y_S

Geben Sie bitte die Schwerpunktkoordinaten x_S und y_S bezogen auf das eingezeichnete Koordinatensystem in folgender Form an: $S : \left(x_S;\ y_S\right) = (...;\ ...)$.

$$S : \left(x_S;\ y_S\right) = \left(+\frac{1}{2}b;\ +\frac{13}{24}h\right)$$

Schwerpunktkoordinaten x_S und y_S

Aufgabe 20

Flächenschwerpunkt / Zusammengesetzte Fläche / Rechteck / Dreieck

x-Richtung: zusammengesetzt / Summenformel
y-Richtung: zusammengesetzt / Summenformel

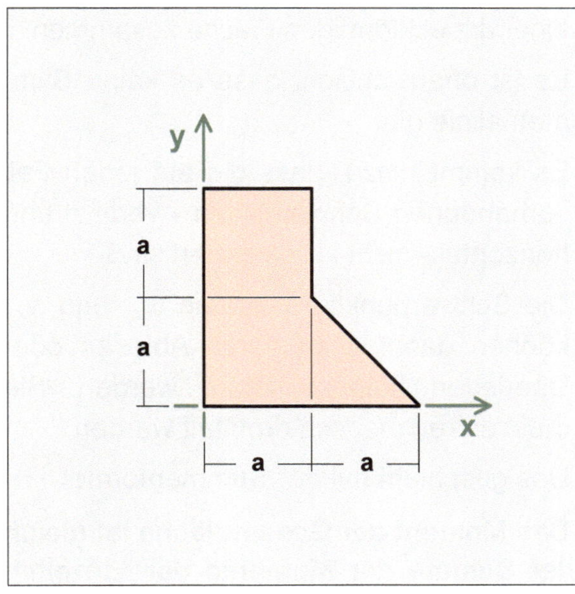

Nebenstehende Skizze zeigt als Querschnitt eine Zusammengesetzte Fläche, bestehend aus einer rechteckförmigen und einer dreieckförmigen Fläche.

Bei der dreieckförmigen Fläche handelt es sich um ein rechtwinkliges gleichschenkliges Dreieck.

Gegeben

Die Geometrie der Querschnittsfläche ist gegeben durch das Abmessungsmaß a.

Gesucht

Die Schwerpunktkoordinaten x_S und y_S.

Geben Sie bitte die Schwerpunktkoordinaten x_S und y_S bezogen auf das eingezeichnete Koordinatensystem in folgender Form an:

$$S: \left(x_S;\ y_S \right) = (...;\ ...).$$

Ergebnis: (1) $S: \left(x_S; y_S \right) = \left(+\dfrac{10}{15}\,a;\ +\dfrac{13}{15}\,a \right)$

Lösung

Die Schwerpunktkoordinaten x_S und y_S.

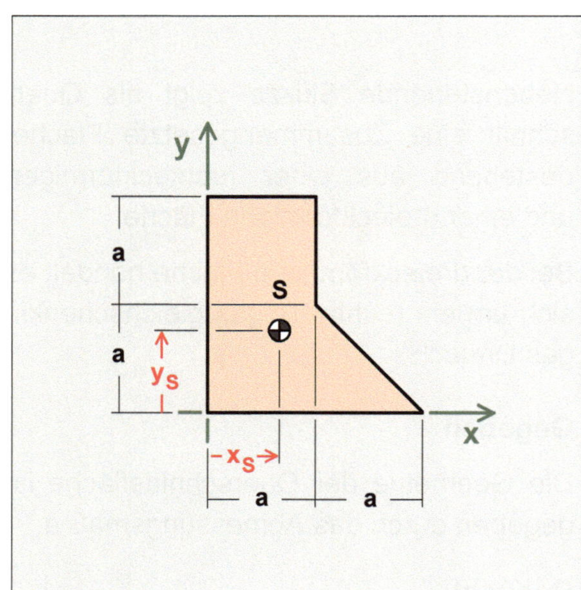

Die Zusammengesetzte Fläche setzt sich **additiv** aus einer rechteckförmigen und einer dreieckförmigen Fläche zusammen.

Es ist offensichtlich, dass es keine Symmetrielinie gibt.

Es kommt hinzu, dass die auf jeden Fall vorhandenen Schwerelinien - vertikal und horizontal - nicht zu erkennen sind.

Die Schwerpunktkoordinaten x_S und y_S können damit nicht durch Ablesen oder Überlegen hingeschrieben werden. Sie müssen rechnerisch ermittelt werden.

Das geschieht mit der Summenformel.

Das Moment der Gesamtfläche ist gleich der Summe der Momente der Einzelflächen.

$$x_S \cdot A = \sum_i \left(x_{S,i} \cdot A_i \right)$$

$$y_S \cdot A = \sum_i \left(y_{S,i} \cdot A_i \right)$$

Summenformel ausformuliert

$$x_S \cdot A = x_{S,1} \cdot A_1 + x_{S,2} \cdot A_2$$

$$y_S \cdot A = y_{S,1} \cdot A_1 + y_{S,2} \cdot A_2$$

Summenformel / in zweckmäßiger Schreibweise / mit den Flächenquotienten

$$x_S = x_{S,1} \cdot \frac{A_1}{A} + x_{S,2} \cdot \frac{A_2}{A}$$

$$y_S = y_{S,1} \cdot \frac{A_1}{A} + y_{S,2} \cdot \frac{A_2}{A}$$

Bei Anwendung der Summenformel, sollte man die Zusammengesetzte Fläche derart in Teilflächen A_i einteilen, dass man ihre Schwerpunktkoordinaten $x_{S,i}$ und $y_{S,i}$ nach Möglichkeit hinschreiben kann.

Bei dem Produkt in der Summenformel 'Schwerpunktkoordinate mal Fläche' handelt es sich um ein Flächenmoment. Bei einem Moment ist der Drehsinn zu berücksichtigen. Mit der Überlegung des Drehsinns ergeben sich die Vorzeichen der Flächenmomente.

Im vorliegenden Fall gibt es keine Ausnehmungen. Damit werden die Produkte 'Schwerpunktkoordinate mal Fläche' positiv eingeführt - ansonsten negativ.

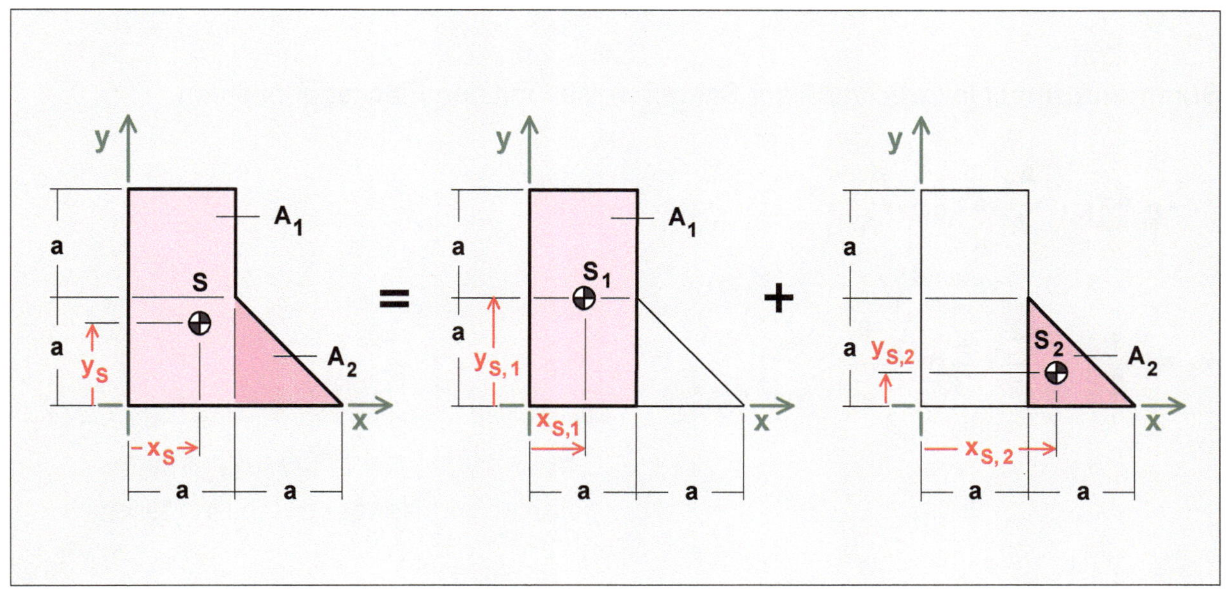

Gesamtfläche   **Summe der Teilflächen**

$$A_1 = a \cdot 2a \qquad\qquad A_2 = \frac{1}{2} \cdot a \cdot a$$

$$A_1 = 2a^2 \qquad\qquad A_2 = \frac{1}{2}a^2$$

$$A = A_1 + A_2$$

$$A = 2a^2 + \frac{1}{2}a^2$$

$$A = \frac{5}{2}a^2$$

$$x_{S,2} = +a + \frac{1}{3}a$$

$$x_{S,1} = +\frac{1}{2}a \qquad\qquad x_{S,2} = +\frac{4}{3}a$$

$$y_{S,1} = +a \qquad\qquad y_{S,2} = +\frac{1}{3}a$$

Schwerpunktkoordinate x_S

Summenformel / in zweckmäßiger Schreibweise / mit den Flächenquotienten

$$x_S = x_{S,1} \cdot \frac{A_1}{A} + x_{S,2} \cdot \frac{A_2}{A}$$

$$x_S = +\frac{1}{2}\,a \cdot \frac{2\,a^2}{\frac{5}{2}\,a^2} + \frac{4}{3}\,a \cdot \frac{\frac{1}{2} \cdot a^2}{\frac{5}{2}\,a^2}$$

Bearbeitung der Flächenquotienten;
Zähler und Nenner durch 'a^2' teilen.

$$x_S = +\frac{1}{2}\,a \cdot \frac{2\,a^2}{\frac{5}{2}\,a^2} + \frac{4}{3}\,a \cdot \frac{\frac{1}{2} \cdot a^2}{\frac{5}{2}\,a^2}$$

$$x_S = +\frac{1}{2}\,a \cdot \frac{2}{\frac{5}{2}} + \frac{4}{3}\,a \cdot \frac{\frac{1}{2}}{\frac{5}{2}}$$

Zähler und Nenner / Multiplikation mit '2'

$$x_S = +\frac{1}{2}\,a \cdot \frac{4}{5} + \frac{4}{3}\,a \cdot \frac{1}{5}$$

Faktorisieren / Größe 'a'

$$x_S = \left(+\frac{1}{2} \cdot \frac{4}{5} + \frac{4}{3} \cdot \frac{1}{5} \right)a$$

Zusammenfassen

$$x_S = \left(+\frac{4}{10} + \frac{4}{15} \right)a$$

Hauptnenner '30'

$$x_S = \left(+\frac{12}{30} + \frac{8}{30} \right)a$$

Addition ausführen

$$x_S = +\frac{20}{30}\,a$$

$$\boxed{x_S = +\frac{2}{3}\,a}$$

Schwerpunktkoordinate x_S

Schwerpunktkoordinate y_S

Summenformel / in zweckmäßiger Schreibweise / mit den Flächenquotienten

$$y_S = y_{S,1} \cdot \frac{A_1}{A} - y_{S,2} \cdot \frac{A_2}{A}$$

$$y_S = +a \cdot \frac{2\,a^2}{\frac{5}{2}\,a^2} + \frac{1}{3}\,a \cdot \frac{\frac{1}{2} \cdot a^2}{\frac{5}{2}\,a^2}$$

Bearbeitung des Flächenquotienten;
Zähler und Nenner durch 'a^2' teilen.

$$y_S = +a \cdot \frac{2\,a^2}{\frac{5}{2}\,a^2} + \frac{1}{3}\,a \cdot \frac{\frac{1}{2} \cdot a^2}{\frac{5}{2}\,a^2}$$

$$y_S = +a \cdot \frac{2}{\frac{5}{2}} + \frac{1}{3}\,a \cdot \frac{\frac{1}{2}}{\frac{5}{2}}$$

Zähler und Nenner / Multiplikation mit '2'

$$y_S = +a \cdot \frac{4}{5} + \frac{1}{3}\,a \cdot \frac{1}{5}$$

Faktorisieren / Größe 'a'

$$y_S = \left(+\frac{4}{5} + \frac{1}{3} \cdot \frac{1}{5} \right) a$$

Zusammenfassen

$$y_S = \left(+\frac{4}{5} + \frac{1}{15} \right) a$$

Hauptnenner '15'

$$y_S = \left(+\frac{12}{15} + \frac{1}{15} \right) a$$

Addition ausführen

$$y_S = +\frac{13}{15}\,a$$

$$\boxed{y_S = +\frac{13}{15}\,a}$$

Schwerpunktkoordinate y_S

Geben Sie bitte die Schwerpunktkoordinaten x_S und y_S bezogen auf das ein-gezeichnete Koordinatensystem in folgender Form an: $S: \left(x_S;\ y_S\right) = (...;\ ...)$.

$$S: \left(x_S;\ y_S\right) = \left(+\frac{10}{15}\,a\ ;\ +\frac{13}{15}\,a\right)$$

Schwerpunktkoordinaten x_S und y_S

Aufgabe 21

Flächenschwerpunkt / Zusammengesetzte Fläche / Rechteck / Dreieck

x-Richtung: Überlegen / Hinschreiben
y-Richtung: zusammengesetzt / Summenformel

Nebenstehende Skizze zeigt als Querschnitt eine Zusammengesetzte Fläche, bestehend aus einer rechteck- und einer dreieckförmigen Fläche.

Gegeben

Rechteck:
Breite: $B = 30\,mm$; Höhe: $H = 40\,mm$;

Dreieck:
Grundseite: $c = 20\,mm$; Höhe: $h = 24\,mm$.

Gesucht

Die Schwerpunktkoordinaten x_S und y_S.

Geben Sie bitte die Schwerpunktkoordinaten x_S und y_S bezogen auf das eingezeichnete Koordinatensystem in folgender Form an:

$$S: \left(x_S;\ y_S\right) = \left(...;\ ...\right).$$

Ergebnis: $\ S: \left(x_S, y_S\right) = \left(\dfrac{1}{2}B;\ \dfrac{3\,B\cdot H^2 - 2\,c\cdot h^2}{6\,B\cdot H - 3\,c\cdot h}\right)$

$S: \left(x_S, y_S\right) = \left(15\,mm;\ 21\,mm\right)$

Lösung

Schwerpunktkoordinate x_S

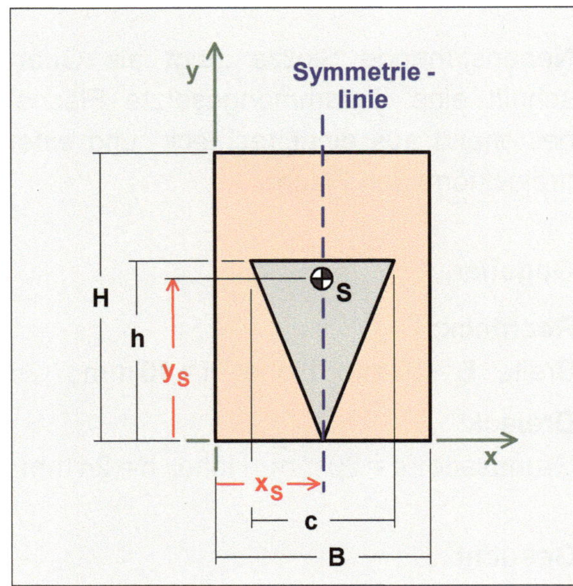

Die zusammengesetzte Fläche ist symmetrisch. Es liegt Einfach-Symmetrie vor.

Der Schwerpunkt S liegt somit auf der Symmetrielinie.

Man erkennt, dass die Schwerpunktkoordinate x_S bei $\frac{1}{2}$ B liegt, d. h.

$$\underline{\underline{x_S = +\tfrac{1}{2}\,B}}.$$

→   Symmetrielinie / Überlegen / Hinschreiben

mit B = 30 mm

Schwerpunktkoordinate x_S

$$x_S = +15\,\text{mm}$$

Aber in welchem Abstand von der x-Achse liegt der Schwerpunkt S, d. h. wie lautet die Schwerpunktkoordinate y_S?

Diese soll im nächsten Aufgabenpunkt mit Hilfe der Summenformel hergeleitet werden.

Schwerpunktkoordinate y_S

Es handelt sich um eine **subtraktiv** zusammengesetzte Fläche. Sie lässt sich sinnvoll in zwei Einzelflächen einteilen.

Es kommt für die Rechnung die Summenformel zur Anwendung.

Das Moment der Gesamtfläche ist gleich der Summe der Momente der Einzelflächen.

$$y_S \cdot A = \sum_i \left(y_{S,i} \cdot A_i \right)$$

$$y_S \cdot A = y_{S,1} \cdot A_1 + y_{S,2} \cdot A_2$$

Summenformel / ausformuliert

$$y_S \cdot A = y_{S,1} \cdot A_1 - y_{S,2} \cdot A_2$$

Summenformel / angepasst

$$y_S = y_{S,1} \cdot \frac{A_1}{A} - y_{S,2} \cdot \frac{A_2}{A}$$

Summenformel

in zweckmäßiger Schreibweise

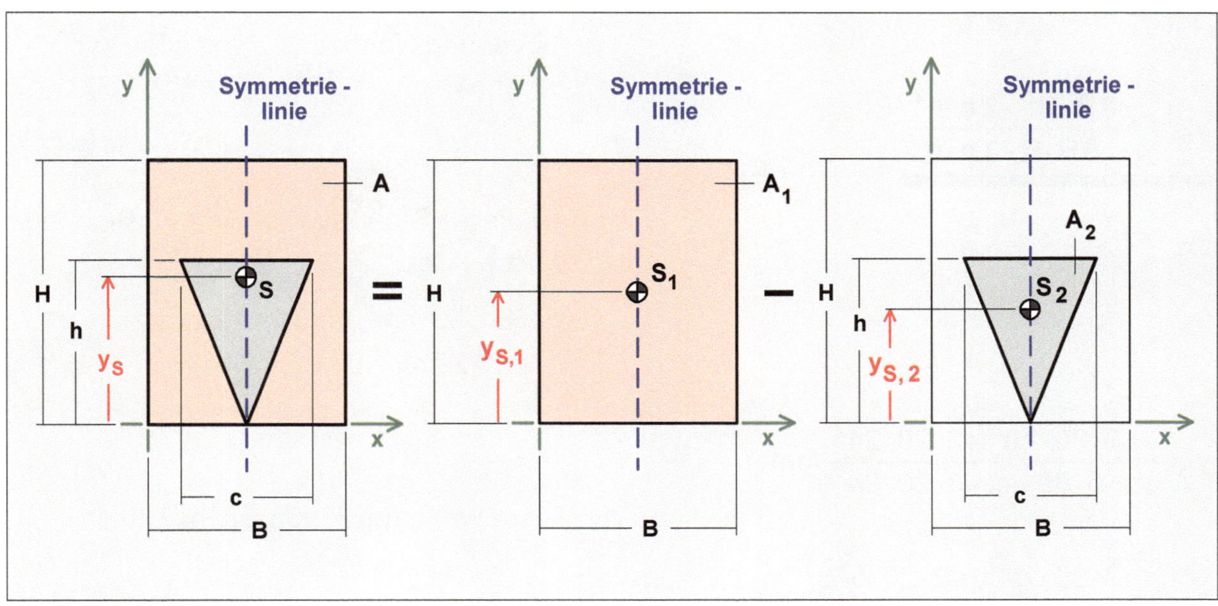

Gesamtfläche

Differenz der Einzelflächen

$$A_1 = B \cdot H \qquad A_2 = \frac{1}{2} c \cdot h$$

$$A = A_1 - A_2 = B \cdot H - \frac{1}{2} c \cdot h$$

$$y_{S,1} = +\frac{1}{2} H \qquad y_{S,2} = +\frac{2}{3} h$$

$$y_S = +\frac{1}{2} H \cdot \frac{B \cdot H}{B \cdot H - \frac{1}{2} c \cdot h} - \frac{2}{3} h \cdot \frac{\frac{1}{2} c \cdot h}{B \cdot H - \frac{1}{2} c \cdot h}$$

Zähler und Nenner / Multiplikation mit '2'

$$y_S = + \frac{1}{2} H \cdot \frac{2B \cdot H}{2B \cdot H - c \cdot h} - \frac{2}{3} h \cdot \frac{c \cdot h}{2B \cdot H - c \cdot h}$$

Vereinfachungen

$$y_S = + \frac{B \cdot H^2}{2B \cdot H - c \cdot h} - \cdot \frac{\frac{2}{3} c \cdot h^2}{2B \cdot H - c \cdot h}$$

$'\dfrac{1}{2B \cdot H - c \cdot h}'$ ausklammern

$$y_S = + \frac{B \cdot H^2 - \frac{2}{3} c \cdot h^2}{2B \cdot H - c \cdot h}$$

Zähler und Nenner/ Multiplikation mit '3'

$$y_S = + \frac{3B \cdot H^2 - 2c \cdot h^2}{6B \cdot H - 3c \cdot h}$$

An dieser Stelle sollten die Größen einge-setzt werden.

mit $B = 30\,mm$ und $H = 40\,mm$;
$\quad c = 20\,mm$ und $h = 24\,mm$

$$y_S = + \frac{3 \cdot 30 \cdot 40^2 - 2 \cdot 20 \cdot 24^2}{6 \cdot 30 \cdot 40 - 3 \cdot 20 \cdot 24}\,mm$$

Ausrechnen der Potenzen im Zähler.

$$y_S = + \frac{3 \cdot 30 \cdot 1600 - 2 \cdot 20 \cdot 576}{6 \cdot 30 \cdot 40 - 3 \cdot 20 \cdot 24}\,mm$$

$$y_S = + \frac{3 \cdot 30 \cdot 1600 - 2 \cdot 20 \cdot 576}{6 \cdot 30 \cdot 40 - 3 \cdot 20 \cdot 24}\,mm$$

Zähler und Nenner durch '20' teilen.
(Das ist wohl offensichtlich.)

$$y_S = + \frac{3 \cdot 30 \cdot 80 - 2 \cdot 576}{6 \cdot 30 \cdot 2 - 3 \cdot 24}\,mm$$

Zähler und Nenner durch '6' teilen.
(Auch das ist wohl offensichtlich.)

$$y_S = + \frac{3 \cdot 5 \cdot 80 - 2 \cdot 96}{30 \cdot 2 - 3 \cdot 4}\,mm$$

Zähler und Nenner durch '2' teilen.
(Auch das ist wohl offensichtlich.)

$$y_S = + \frac{3 \cdot 5 \cdot 40 - 96}{30 - 3 \cdot 2}\, mm$$

Zähler und Nenner ausrechnen.

$$y_S = + \frac{504}{24}\, mm$$

'Spielerei'

$$y_S = + \frac{126}{6}\, mm$$

$$y_S = + 21\, mm$$

Schwerpunktkoordinate y_S

Anmerkung

Man kann die Rechnerei sehr frühzeitig mit einem Rechner beenden.

Andererseits ist bekannt, dass die algebraische Leistungsfähigkeit bei Ihnen nicht allzu hoch ist. Von daher sollte man einmal versuchen, d. h. üben, auch auf diesem Weg zum Ziel zu kommen.

Geben Sie bitte die Schwerpunktkoordinaten x_S **und** y_S **bezogen auf das ein-gezeichnete Koordinatensystem in folgender Form an:** $S: \left(x_S;\ y_S\right) = (...;\ ...)$.

$$S: \left(x_S;\ y_S\right) = \left(+ \frac{1}{2} B;\ + \frac{3\,B \cdot H^2 - 2\,c \cdot h^2}{6\,B \cdot H - 3\,c \cdot h} \right)$$

Schwerpunktkoordinaten
x_S **und** y_S
allgemein

$$S: \left(x_S;\ y_S\right) = (+ 15\, mm;\ + 21\, mm)$$

Schwerpunktkoordinaten
x_S **und** y_S
Zahlenwerte und Einheiten

Aufgabe 22

Flächenschwerpunkt / Zusammengesetzte Fläche / Rechteck / Dreieck

x-Richtung: zusammengesetzt / Summenformel
y-Richtung: zusammengesetzt / Summenformel

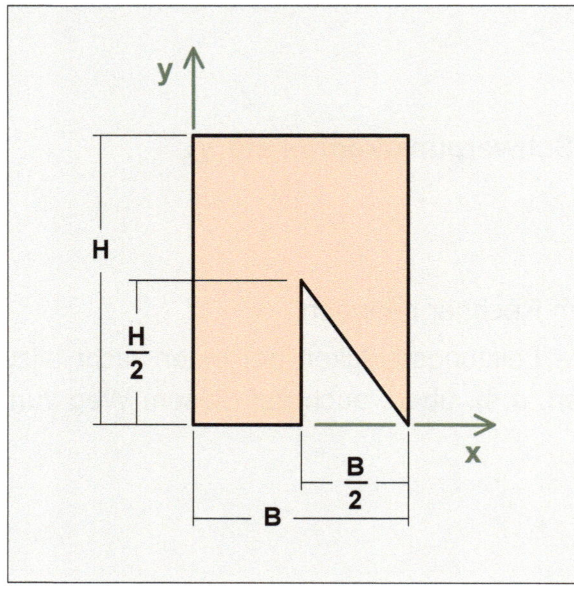

Nebenstehende Skizze zeigt eine Zusammengesetzte Fläche, bestehend aus einer rechteck- und einer dreieckförmigen Fläche.

Gegeben

Abmessungen:
Breite: $B = 30\,\text{mm}$;
Höhe: $H = 40\,\text{mm}$.

Gesucht

Berechnen Sie die Schwerpunktkoordinaten x_S und y_S.

Geben Sie bitte die Schwerpunktkoordinaten x_S und y_S bezogen auf das eingezeichnete Koordinatensystem in folgender Form an:

$$S: \left(x_S;\ y_S\right) = (\ldots;\ \ldots).$$

Ergebnis: $S: \left(x_S;\ y_S\right) = \left(+\dfrac{20}{42}B;\ +\dfrac{23}{42}H\right)$

$S: \left(x_S;\ y_S\right) = (+14{,}3;\ +21{,}9)\,mm$

Lösung

Berechnen Sie die Schwerpunktkoordinaten x_S und y_S .

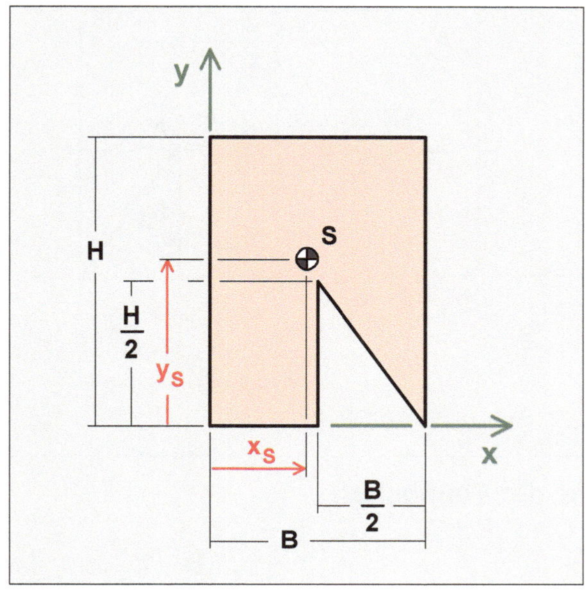

Die Zusammengesetzte Fläche setzt sich **subtraktiv** aus einer rechteckförmigen und einer dreieckförmigen Fläche zusammen.

Es ist offensichtlich, dass es keine Symmetrielinie gibt.

Es kommt hinzu, dass die auf jeden Fall vorhandenen Schwerelinien - vertikal und horizontal - nicht zu erkennen sind.

Die Schwerpunktkoordinaten x_S und y_S können damit nicht durch Ablesen oder Überlegen hingeschrieben werden. Sie müssen rechnerisch ermittelt werden.

Das geschieht mit der Summenformel.

Das Moment der Gesamtfläche ist gleich der Summe der Momente der Einzelflächen.

$$x_S \cdot A = \sum_i \left(x_{S,i} \cdot A_i \right)$$

$$y_S \cdot A = \sum_i \left(y_{S,i} \cdot A_i \right)$$

Summenformel ausformuliert

$$x_S \cdot A = x_{S,1} \cdot A_1 + x_{S,2} \cdot A_2$$

$$y_S \cdot A = y_{S,1} \cdot A_1 + y_{S,2} \cdot A_2$$

Summenformel / in zweckmäßiger Schreibweise / mit den Flächenquotienten

$$x_S = x_{S,1} \cdot \frac{A_1}{A} + x_{S,2} \cdot \frac{A_2}{A}$$

$$y_S = y_{S,1} \cdot \frac{A_1}{A} + y_{S,2} \cdot \frac{A_2}{A}$$

Bei Anwendung der Summenformel, sollte man die Zusammengesetzte Fläche derart in Teilflächen A_i einteilen, dass man ihre Schwerpunktkoordinaten $x_{S,i}$ und $y_{S,i}$ nach Möglichkeit hinschreiben kann.

Bei dem Produkt in der Summenformel 'Schwerpunktkoordinate mal Fläche' handelt es sich um ein Flächenmoment. Bei einem Moment ist der Drehsinn zu berücksichtigen. Mit der Überlegung des Drehsinns ergeben sich die Vorzeichen der Flächenmomente.

Überlegung: Die dreieckförmige Teilfläche als Ausnehmung führt im vorliegenden Fall zu einem zugehörigen **negativen** Flächenmoment.

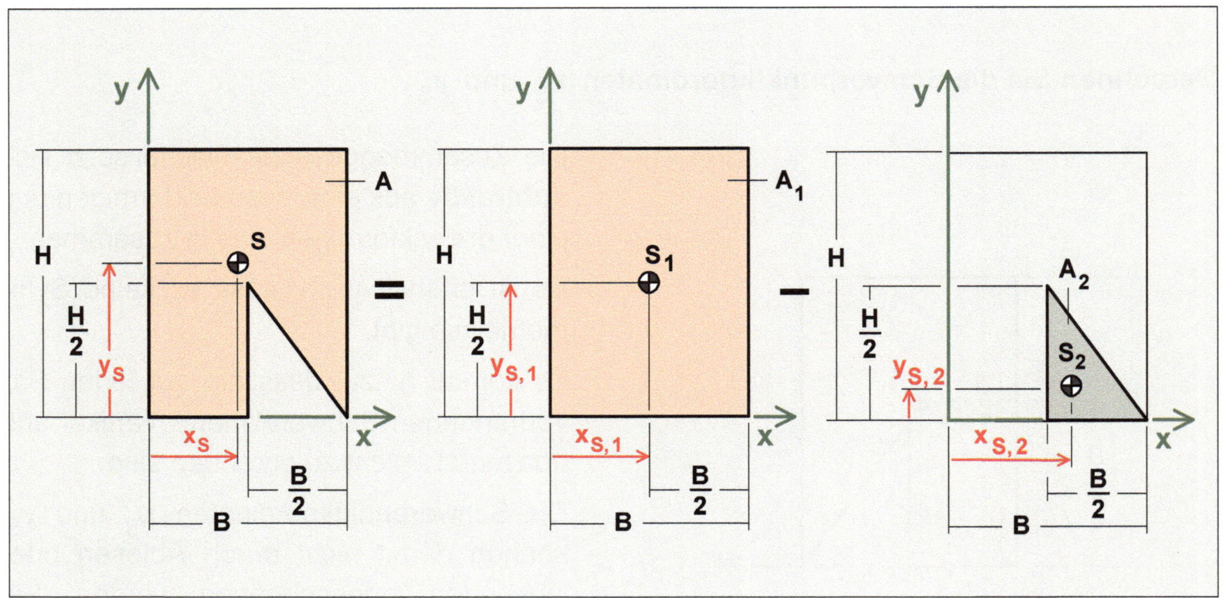

Gesamtfläche

Differenz der Teilflächen

$$A_1 = B \cdot H$$

$$A_2 = \frac{1}{2} B \cdot \frac{B}{2} \cdot \frac{H}{2} = \frac{1}{8} \cdot B \cdot H$$

$$A = A_1 - A_2$$

$$A = B \cdot H - \frac{1}{8} B \cdot H$$

$$A = \frac{7}{8} B \cdot H$$

$$x_{S,1} = + \frac{1}{2} B$$

$$x_{S,2} = + \frac{1}{2} B + \frac{1}{3} \cdot \frac{B}{2}$$

$$x_{S,2} = + \frac{3}{6} B + \frac{1}{6} \cdot B$$

$$x_{S,2} = + \frac{2}{3} B$$

$$y_{S,1} = + \frac{1}{2} H$$

$$y_{S,2} = + \frac{1}{3} \cdot \frac{H}{2}$$

$$y_{S,2} = + \frac{1}{6} H$$

Schwerpunktkoordinate x_S

Summenformel / in zweckmäßiger Schreibweise / mit den Flächenquotienten

Bitte den richtigen Drehsinn für das Flächenmoment der Teilfläche A_2 berücksichtigen, d. h. Minus-Zeichen.

$$x_S = x_{S,1} \cdot \frac{A_1}{A} - x_{S,2} \cdot \frac{A_2}{A}$$

Summenformel
in zweckmäßiger Schreibweise

$$x_S = +\frac{1}{2}B \cdot \frac{B \cdot H}{\frac{7}{8}B \cdot H} - \frac{2}{3}B \cdot \frac{\frac{1}{8} \cdot B \cdot H}{\frac{7}{8}B \cdot H}$$

Zähler und Nenner durch '$B \cdot H$' teilen.

$$x_S = +\frac{1}{2}B \cdot \frac{B \cdot H}{\frac{7}{8}B \cdot H} - \frac{2}{3}B \cdot \frac{\frac{1}{8} \cdot B \cdot H}{\frac{7}{8}B \cdot H}$$

$$x_S = +\frac{1}{2}B \cdot \frac{1}{\frac{7}{8}} - \frac{2}{3}B \cdot \frac{\frac{1}{8}}{\frac{7}{8}}$$

Zähler und Nenner mit '8' multiplizieren

$$x_S = +\frac{1}{2}B \cdot \frac{8}{7} - \frac{2}{3}B \cdot \frac{1}{7}$$

Faktorisieren / Größe 'B'

$$x_S = +\left(\frac{8}{14} - \frac{2}{21}\right)B$$

Hauptnenner '42'

$$x_S = +\left(\frac{24}{42} - \frac{4}{42}\right)B$$

Subtraktion in der runden Klammer

$$x_S = +\frac{20}{42}\,B$$

mit $B = 30\,\text{mm}$

$$x_S = +\frac{20}{42} \cdot 30\,\text{mm}$$

$$x_S = +14,3\,\text{mm}$$

Schwerpunktkoordinate x_S

Schwerpunktkoordinate y_S

Summenformel / in zweckmäßiger Schreibweise / mit den Flächenquotienten

Bitte den richtigen Drehsinn für das Flächenmoment der Teilfläche A_2 berücksichtigen, d. h. Minus-Zeichen.

$$y_S = y_{S,1} \cdot \frac{A_1}{A} - y_{S,2} \cdot \frac{A_2}{A}$$

Summenformel
in zweckmäßiger Schreibweise

$$y_S = +\frac{1}{2}H \cdot \frac{B \cdot H}{\frac{7}{8}B \cdot H} - \frac{1}{6}H \cdot \frac{\frac{1}{8} \cdot B \cdot H}{\frac{7}{8}B \cdot H}$$

Zähler und Nenner durch 'B·H' teilen.

$$y_S = +\frac{1}{2}H \cdot \frac{B \cdot H}{\frac{7}{8}B \cdot H} - \frac{1}{6}H \cdot \frac{\frac{1}{8} \cdot B \cdot H}{\frac{7}{8}B \cdot H}$$

$$y_S = +\frac{1}{2}H \cdot \frac{1}{\frac{7}{8}} - \frac{1}{6}H \cdot \frac{\frac{1}{8}}{\frac{7}{8}}$$

Zähler und Nenner mit '8' multiplizieren

$$y_S = +\frac{1}{2}H \cdot \frac{8}{7} - \frac{1}{6}H \cdot \frac{1}{7}$$

Faktorisieren / Größe 'H'

$$y_S = +\left(\frac{8}{14} - \frac{1}{42}\right)H$$

Hauptnenner '42'

$$y_S = + \left(\frac{24}{42} - \frac{1}{42} \right) H$$

Subtraktion in der runden Klammer

$$y_S = + \frac{23}{42} \, H$$

mit $H = 40 \, mm$

$$y_S = + \frac{23}{42} \cdot 40 \, mm$$

$$\boxed{y_S = + 21,9 \, mm}$$

Schwerpunktkoordinate y_S

Geben Sie bitte die Schwerpunktkoordinaten x_S und y_S bezogen auf das eingezeichnete Koordinatensystem in folgender Form an: $S: \left(x_S; \, y_S \right) = (...; \, ...)$.

$$S: \left(x_S; \, y_S \right) = \left(+ \frac{20}{42} \, B; \, + \frac{23}{42} \, H \right)$$

Schwerpunktkoordinaten
x_S und y_S

$$S: \left(x_S; \, y_S \right) = (+ 14,3 \, mm; \, + 21,9 \, mm)$$

Aufgabe 23

**Flächenschwerpunkt / Zusammengesetz-
te Fläche / Dreieck / Dreieck**

x-Richtung: zusammengesetzt / Summenformel
y-Richtung: zusammengesetzt / Summenformel

Nebenstehende Abbildung zeigt den Querschnitt eines Bauteils.

Der Querschnitt des Bauteils war zunächst
dreieckförmig. Aus diesem Dreieck wurde
ein kleineres Dreieck herausgeschnitten.

Bei beiden Dreiecken handelt es sich um
gleichseitige Dreiecke.

Gegeben

Querschnittsabmessungen:
$c = 40\,\text{cm}$.

Gesucht

Schwerpunktkoordinaten x_S und y_S.

Geben Sie bitte die Schwerpunktkoordinaten x_S und y_S bezogen auf das eingezeichnete
Koordinatensystem in folgender Form an:

$$S: \left(x_S;\ y_S\right) = (\dots;\ \dots).$$

Ergebnis: $S : \left(x_S\,;\, y_S\right) = \left(+\dfrac{5}{12}\,c\,;\, +\dfrac{7\sqrt{3}}{36}\,c\right)$

$S : \left(x_S\,;\, y_S\right) = (+16{,}7\ cm;\ +13{,}5\ cm)$

Lösung

Schwerpunktkoordinaten x_S und y_S.

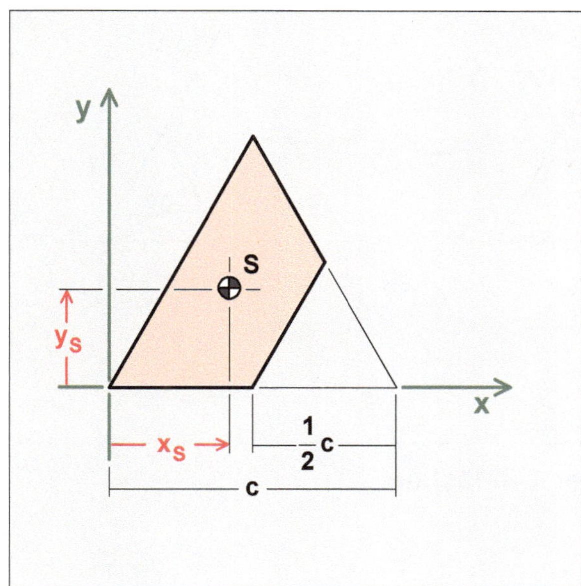

Die Zusammengesetzte Fläche setzt sich **subtraktiv** aus zwei dreieckförmigen Teilfläche zusammen. Es handelt sich dabei jeweils um gleichseitige Dreiecke.

Es ist erkennbar, dass es keine Symmetrielinie gibt.

Es kommt hinzu, dass die Lage der auf jeden Fall vorhandenen Schwerelinien - vertikal und horizontal - nicht zu erkennen ist.

Die Schwerpunktkoordinaten x_S und y_S können somit nicht durch Ablesen oder Überlegen hingeschrieben werden. Sie müssen rechnerisch ermittelt werden.

Das geschieht mit der Summenformel.

Das Moment der Gesamtfläche ist gleich der Summe der Momente der Einzelflächen.

$$x_S \cdot A = \sum_i \left(x_{S,i} \cdot A_i \right) \qquad\qquad y_S \cdot A = \sum_i \left(y_{S,i} \cdot A_i \right)$$

Summenformel - zunächst ganz formal ausformuliert - ohne zu überlegen, wie der Drehsinn der Flächenmomente sein könnte.

$$x_S \cdot A = x_{S,1} \cdot A_1 + x_{S,2} \cdot A_2 \qquad\qquad y_S \cdot A = y_{S,1} \cdot A_1 + y_{S,2} \cdot A_2$$

Summenformel / in zweckmäßiger Schreibweise / mit den Flächenquotienten

$$x_S = x_{S,1} \cdot \frac{A_1}{A} + x_{S,2} \cdot \frac{A_2}{A} \qquad\qquad y_S = y_{S,1} \cdot \frac{A_1}{A} + y_{S,2} \cdot \frac{A_2}{A}$$

Bei Anwendung der Summenformel, sollte man die Zusammengesetzte Fläche derart in Teilflächen A_i einteilen, dass man ihre Schwerpunktkoordinaten $x_{S,i}$ und $y_{S,i}$ nach Möglichkeit hinschreiben kann.

Bei dem Produkt in der Summenformel 'Schwerpunktkoordinate mal Fläche' handelt es sich um ein Flächenmoment. Bei einem Moment ist der Drehsinn zu berücksichtigen. Mit der Überlegung des Drehsinns ergeben sich die Vorzeichen der Flächenmomente.

Überlegung: Die dreieckförmige Teilfläche als Ausnehmung führt im vorliegenden Fall zu einem zugehörigen **negativen** Flächenmoment.

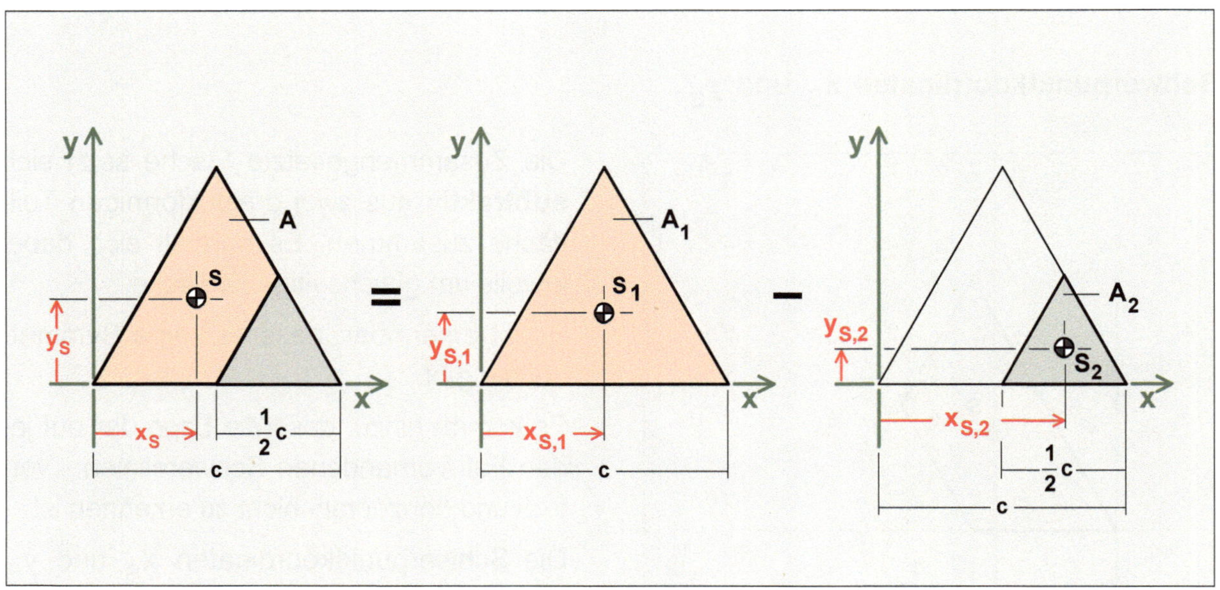

Gesamtfläche   **Differenz der Teilflächen**

$$A_1 = \frac{1}{2} \cdot c \cdot \frac{\sqrt{3}}{2} c \qquad\qquad A_2 = \frac{1}{2} \cdot \frac{1}{2} c \cdot \frac{\sqrt{3}}{2} \cdot \frac{1}{2} c$$

$$A_1 = \frac{\sqrt{3}}{4} c^2 \qquad\qquad\qquad A_2 = \frac{\sqrt{3}}{16} c^2$$

$$A = A_1 - A_2$$

$$A = \frac{\sqrt{3}}{4} c^2 - \frac{\sqrt{3}}{16} c^2$$

$$A = \frac{4\sqrt{3}}{16} c^2 - \frac{\sqrt{3}}{16} c^2$$

$$A = \frac{3\sqrt{3}}{16} c^2$$

$$x_{S,1} = +\frac{1}{2} c \qquad\qquad x_{S,2} = +\frac{1}{2} c + \frac{1}{2} \cdot \frac{1}{2} c$$

$$x_{S,2} = +\frac{2}{4} c + \frac{1}{4} c$$

$$x_{S,2} = +\frac{3}{4} c$$

$$y_{S,1} = + \frac{1}{3} \cdot \frac{\sqrt{3}}{2} c \qquad\qquad y_{S,2} = + \frac{1}{3} \cdot \frac{\sqrt{3}}{2} \frac{1}{2} c$$

$$y_{S,1} = + \frac{\sqrt{3}}{6} c \qquad\qquad y_{S,2} = + \frac{\sqrt{3}}{12} c$$

Schwerpunktkoordinate x_S

Summenformel / in zweckmäßiger Schreibweise / mit den Flächenquotienten

Bitte den richtigen Drehsinn für das Flächenmoment der Teilfläche A_2 berücksichtigen, d. h. Minus-Zeichen.

$$x_S = x_{S,1} \cdot \frac{A_1}{A} - x_{S,2} \cdot \frac{A_2}{A}$$

$$x_S = + \frac{1}{2} c \cdot \frac{\frac{\sqrt{3}}{4} c^2}{\frac{3\sqrt{3}}{16} c^2} - \frac{3}{4} c \cdot \frac{\frac{\sqrt{3}}{16} c^2}{\frac{3\sqrt{3}}{16} c^2}$$

Zähler und Nenner durch 'c^2' teilen.

$$x_S = + \frac{1}{2} c \cdot \frac{\frac{\sqrt{3}}{4} c^2}{\frac{3\sqrt{3}}{16} c^2} - \frac{3}{4} c \cdot \frac{\frac{\sqrt{3}}{16} c^2}{\frac{3\sqrt{3}}{16} c^2}$$

$$x_S = + \frac{1}{2} c \cdot \frac{\frac{\sqrt{3}}{4}}{\frac{3\sqrt{3}}{16}} - \frac{3}{4} c \cdot \frac{\frac{\sqrt{3}}{16}}{\frac{3\sqrt{3}}{16}}$$

Zähler und Nenner mit '16' multiplizieren

$$x_S = + \frac{1}{2} c \cdot \frac{4\sqrt{3}}{3\sqrt{3}} - \frac{3}{4} c \cdot \frac{\sqrt{3}}{3\sqrt{3}}$$

Zähler und Nenner durch '$\sqrt{3}$' teilen

$$x_S = + \frac{1}{2} c \cdot \frac{4\sqrt{3}}{3\sqrt{3}} - \frac{3}{4} c \cdot \frac{\sqrt{3}}{3\sqrt{3}}$$

$$x_S = + \frac{1}{2} c \cdot \frac{4}{3} - \frac{3}{4} c \cdot \frac{1}{3}$$

Der gemeinsame Nenner ist '12'.

$$x_S = +\frac{8}{12}\,c - \frac{3}{12}\,c$$

$$\boxed{x_S = +\frac{5}{12}\,c}$$

Subtraktion der beiden Terme

Schwerpunktkoordinate x_S

mit $c = 40\ \text{cm}$

$$x_S = +\frac{5}{12}\,40\ \text{cm}$$

$$\underline{\underline{x_S = +16{,}7\ \text{cm}}}$$

Schwerpunktkoordinate x_S

Schwerpunktkoordinate y_S

Summenformel / in zweckmäßiger Schreibweise / mit den Flächenquotienten

Bitte den richtigen Drehsinn für das Flächenmoment der Teilfläche A_2 berücksichtigen, d. h. Minus-Zeichen.

$$y_S = y_{S,1}\cdot\frac{A_1}{A} - y_{S,2}\cdot\frac{A_2}{A}$$

$$y_S = +\frac{\sqrt{3}}{6}\,c\cdot\frac{\dfrac{\sqrt{3}}{4}\,c^2}{\dfrac{3\sqrt{3}}{16}\,c^2} - \frac{\sqrt{3}}{12}\,c\cdot\frac{\dfrac{\sqrt{3}}{16}\,c^2}{\dfrac{3\sqrt{3}}{16}\,c^2}$$

Zähler und Nenner durch 'c^2' teilen.

$$y_S = +\frac{\sqrt{3}}{6}\,c\cdot\frac{\dfrac{\sqrt{3}}{4}\,\cancel{c^2}}{\dfrac{3\sqrt{3}}{16}\,\cancel{c^2}} - \frac{\sqrt{3}}{12}\,c\cdot\frac{\dfrac{\sqrt{3}}{16}\,\cancel{c^2}}{\dfrac{3\sqrt{3}}{16}\,\cancel{c^2}}$$

$$y_S = +\frac{\sqrt{3}}{6}\,c\cdot\frac{\dfrac{\sqrt{3}}{4}}{\dfrac{3\sqrt{3}}{16}} - \frac{\sqrt{3}}{12}\,c\cdot\frac{\dfrac{\sqrt{3}}{16}}{\dfrac{3\sqrt{3}}{16}}$$

Zähler und Nenner mit '16' multiplizieren

$$y_S = +\frac{\sqrt{3}}{6}\,c\cdot\frac{4\sqrt{3}}{3\sqrt{3}} - \frac{\sqrt{3}}{12}\,c\cdot\frac{\sqrt{3}}{3\sqrt{3}}$$

Zähler und Nenner durch '$\sqrt{3}$' teilen.

$$y_S = + \frac{\sqrt{3}}{6} \, c \cdot \frac{4\sqrt{3}}{3\sqrt{3}} - \frac{\sqrt{3}}{12} \, c \cdot \frac{\sqrt{3}}{3\sqrt{3}}$$

$$y_S = + \frac{\sqrt{3}}{6} \, c \cdot \frac{4}{3} - \frac{\sqrt{3}}{12} \, c \cdot \frac{1}{3}$$

Der gemeinsame Nenner ist '36'.

$$y_S = + \frac{8\sqrt{3}}{36} \, c - \frac{\sqrt{3}}{36} \, c$$

Subtraktion ausführen

$$\boxed{y_S = + \frac{7\sqrt{3}}{36} \, c}$$

Schwerpunktkoordinate x_S

mit $c = 40 \ cm$

$$y_S = + \frac{7\sqrt{3}}{36} \, 40 \ cm$$

$$\underline{\underline{y_S = + 13{,}5 \ cm}}$$

Schwerpunktkoordinate x_S

Geben Sie bitte die Schwerpunktkoordinaten x_S **und** y_S **bezogen auf das ein-gezeichnete Koordinatensystem in folgender Form an:** $S : \left(x_S ; \ y_S \right) = (... ; \ ...)$.

$$S : \left(x_S ; \ y_S \right) = \left(+ \frac{5}{12} \, c \, ; \ + \frac{7\sqrt{3}}{36} \, c \right)$$

Schwerpunktkoordinaten x_S **und** y_S

$$S : \left(x_S ; \ y_S \right) = (+ 16{,}7 \ cm ; \ + 13{,}5 \ cm)$$

Schwerpunktkoordinaten x_S **und** y_S

Aufgabe 24

**Flächenschwerpunkt / zusammengesetz-
te Fläche / Rechteck / Halbkreis**

x-Richtung: Überlegen / Hinschreiben
y-Richtung: zusammengesetzt / Summenformel

Nebenstehende Abbildung zeigt den Querschnitt eines Bauteils.

Der Querschnitt des Bauteils ist rechteckförmig, versehen mit einem halbkreisförmigen Aufsatz.

Gegeben

Querschnittsabmessungen: R

Gesucht

Schwerpunktkoordinaten x_S und y_S.

Geben Sie bitte die Schwerpunktkoordinaten x_S und y_S bezogen auf das eingezeichnete Koordinatensystem in folgender Form an:

$$S: \left(x_S;\ y_S \right) = (...;\ ...).$$

Ergebnis: $\quad S: \left(x_S;\ y_S \right) = \left(+R\ ;\ +R \cdot \dfrac{1}{3} \cdot \dfrac{10 + 3\pi}{4 + \pi} \right)$

Lösung

Schwerpunktkoordinate x_S

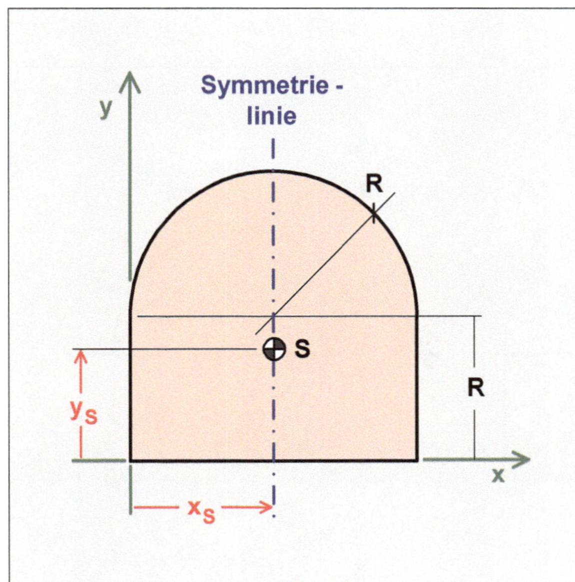

Die zusammengesetzte Fläche ist symmetrisch. Es liegt Einfach-Symmetrie vor.

Der Schwerpunkt S liegt somit auf der Symmetrielinie.

Man erkennt, dass die Schwerpunktkoordinate x_S bei 'x_S gleich plus R' liegt, d. h. $x_S = + R$.

Symmetrielinie,

→ Überlegen / Hinschreiben

Schwerpunktkoordinate x_S

$$x_S = + R$$

Aber in welchem Abstand von der x-Achse liegt der Schwerpunkt S, d. h. wie lautet die Schwerpunktkoordinate y_S?

Diese soll im nächsten Aufgabenpunkt mit Hilfe der Summenformel hergeleitet werden.

Schwerpunktkoordinate y_S

Es handelt sich um eine (additiv) zusammengesetzte Fläche. Sie lässt sich sinnvoll in zwei Einzelflächen einteilen.

Es kommt für die Rechnung die Summenformel zur Anwendung.

Das Moment der Gesamtfläche ist gleich der Summe der Momente der Einzelflächen.

$$y_S \cdot A = \sum_i \left(y_{S,i} \cdot A_i \right)$$

$$y_S \cdot A = y_{S,1} \cdot A_1 + y_{S,2} \cdot A_2$$

Summenformel ausformuliert

$$y_S = y_{S,1} \cdot \frac{A_1}{A} + y_{S,2} \cdot \frac{A_2}{A}$$

Summenformel
in zweckmäßiger Schreibweise
mit $A = A_1 + A_2$

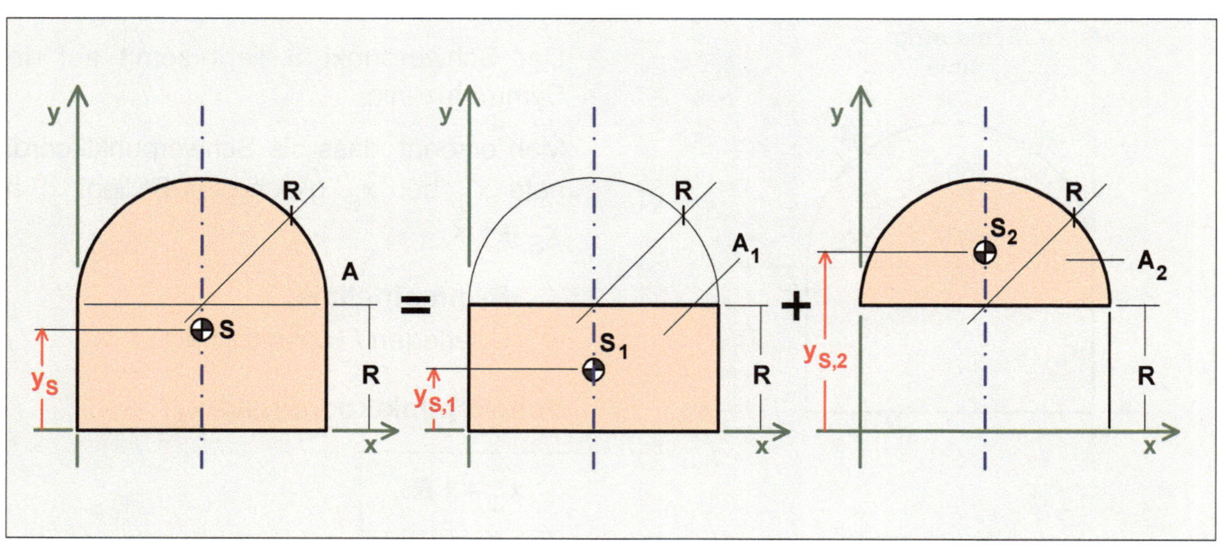

Gesamtfläche   **Summe der Einzelflächen**

$$A_1 = 2R \cdot R$$

$$\underline{A_1 = 2R^2}$$

$$\underline{A_2 = \frac{1}{2}R^2\pi}$$

$$\underline{A = A_1 + A_2 = 2R^2 + \frac{1}{2}R^2\pi = R^2\left(2 + \frac{1}{2}\pi\right) = R^2 \cdot \frac{4+\pi}{2}}$$

$$\underline{y_{S,1} = +\frac{1}{2}R}$$

$$y_{S,2} = +R + \frac{4R}{3\pi}$$

$$\underline{y_{S,2} = +R\left(1 + \frac{4}{3\pi}\right)}$$

$$y_S = +\frac{1}{2}R \cdot \frac{2R^2}{R^2 \cdot \frac{4+\pi}{2}} + R\left(1 + \frac{4}{3\pi}\right) \cdot \frac{\frac{1}{2}R^2\pi}{R^2 \cdot \frac{4+\pi}{2}}$$

$$y_S = +\frac{1}{2}R \cdot \frac{2}{\dfrac{4+\pi}{2}} + R\left(1+\frac{4}{3\pi}\right) \cdot \frac{\dfrac{1}{2}\pi}{\dfrac{4+\pi}{2}}$$

Zähler und Nenner mit '2' multiplizieren.

$$y_S = +\frac{1}{2}R \cdot \frac{4}{4+\pi} + R\left(1+\frac{4}{3\pi}\right) \cdot \frac{\pi}{4+\pi}$$

'$\dfrac{R}{4+\pi}$' ausklammern

$$y_S = \frac{R}{4+\pi}\left[+\frac{1}{2}\cdot 4 + \frac{3\pi+4}{3\pi}\cdot\pi\right]$$

$$y_S = \frac{R}{4+\pi}\left[+\frac{1}{2}\cdot 4 + \frac{3\pi+4}{3}\right]$$

$$y_S = \frac{R}{4+\pi}\left[+2 + \frac{3\pi+4}{3}\right]$$

Hauptnenner '3'

$$y_S = +\frac{R}{4+\pi}\cdot\frac{6+3\pi+4}{3}$$

Zusammenfassung im Zähler

$$y_S = +\frac{R}{4+\pi}\cdot\frac{10+3\pi}{3}$$

$$\boxed{y_S = +R\cdot\frac{1}{3}\cdot\frac{10+3\pi}{4+\pi}}$$

Schwerpunktkoordinate y_S

Geben Sie bitte die Schwerpunktkoordinaten x_S und y_S bezogen auf das eingezeichnete Koordinatensystem in folgender Form an: $S:\left(x_S;\ y_S\right)=(...;\ ...)$.

$$\boxed{S:\left(x_S;\ y_S\right)=\left(+R;\ +R\cdot\frac{1}{3}\cdot\frac{10+3\pi}{4+\pi}\right)}$$

Schwerpunktkoordinaten x_S und y_S

Aufgabe 25

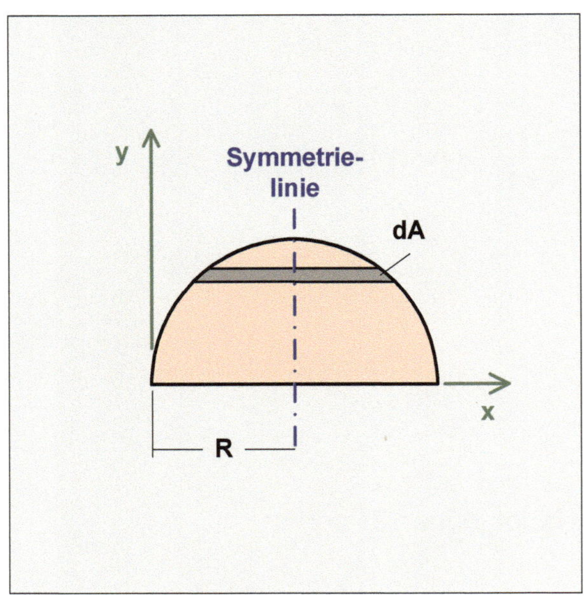

Flächenschwerpunkt / Zusammengesetzte Fläche / Rechteck / Halbkreis (Einfachintegral) / Kombi.-Aufgabe

Nebenstehende Abbildung zeigt eine halbkreisförmige Fläche.

Gegeben

Die halbkreisförmige Fläche ist gegeben durch den Radius R.

Gesucht

(1) Geben Sie bitte die Schwerpunktkoordinaten in folgender Form an:

$$S: \left(x_S; y_S\right) = \left(...; ...\right).$$

Leiten Sie die Schwerpunktkoordinate y_S **infinitesimalmathematisch** her. Verwenden Sie dazu das bereits eingezeichnete infinitesimal kleine Flächenelement dA.

Lösungshilfe - (falls benötigt)

$$\int x \sqrt{a^2 - x^2}\, dx = -\frac{1}{3}\sqrt{\left(a^2 - x^2\right)^3} + C$$

Nebenstehende Abbildung zeigt den Querschnitt eines Bauteils. Der Querschnitt des Bauteils ist rechteckförmig, versehen mit einem halbkreisförmigen Aufsatz.

Gegeben

Querschnittsabmessungen: R

Gesucht

(2) Geben Sie bitte die Schwerpunktkoordinaten in folgender Form an:

$$S: \left(x_S; y_S\right) = \left(...; ...\right).$$

Berechnen Sie bezogen auf das (x-y)-Koordinatensystem die Schwerpunktkoordinate y_S mit Hilfe der **Summenformel**.

Lösung

(1) Grundform / Geben Sie die Schwerpunktkoordinaten in folgender Form an:

$$S: \left(x_S; y_S\right) = (\dots; \dots).$$

Schwerpunktkoordinate x_S an (Überlegung / Wissen)

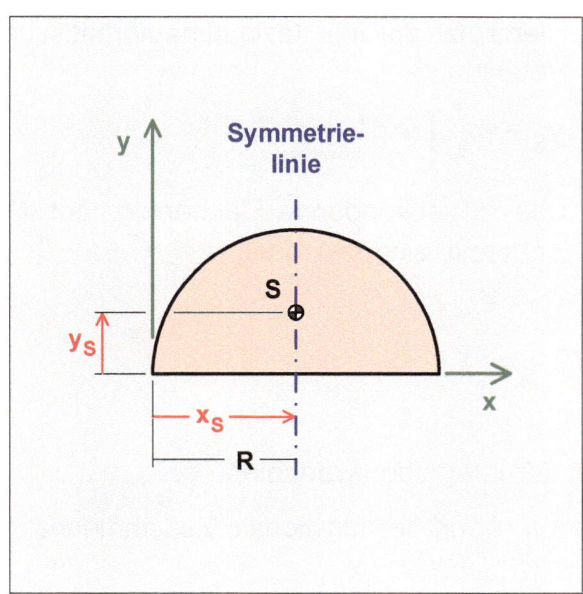

Die halbkreisförmige Fläche ist symmetrisch. Es liegt Einfach-Symmetrie vor.

Der Schwerpunkt S liegt auf der Symmetrielinie.

Man erkennt, dass die Schwerpunktkoordinate x_S bei 'x_S gleich plus R' liegt, d. h. $x_S = +R$.

Symmetrielinie,

→ Überlegen / Hinschreiben

Schwerpunktkoordinate x_S

$$\boxed{x_S = +R}$$

Infinitesimalmathematische Herleitung der Schwerpunktkoordinate y_S

Die Ausgangsgleichung zur infinitesimalen Herleitung der Schwerpunktkoordinate y_S ist wie folgt gegeben:

Merke: Das Moment der Fläche ist gleich der integralen Summe der Momente der infinitesimalen Flächen.

$$y_S \cdot A = \int_A y \cdot dA.$$

Infinitesimalmathematische Herleitung

$$\boxed{y_S = +\frac{1}{A} \int_A y \cdot dA}$$

Ausgangsgleichung

für die infinitesimalmathematische Herleitung vorliegender Aufgabe

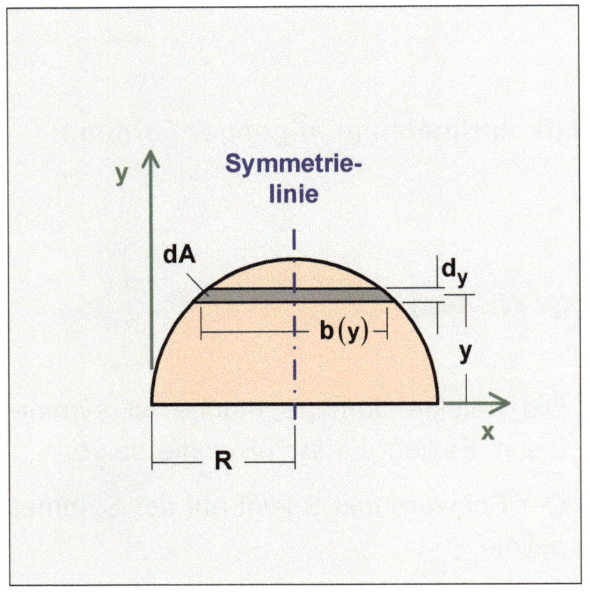

Hinsichtlich der Vorgehensweise ist es immer eine große Kunst, ein entsprechendes infinitesimal kleines Flächenelement dA zu definieren.

Wenn man sich allerdings an die Empfehlung hält, immer ein der Flächenform in etwa angepasstes Flächenelement zu nehmen, sollten sich die weiteren Schwierigkeiten in Grenzen halten.

Hier setzt die infinitesimalmathematische Herleitung ein,

$$y_S = + \frac{1}{A} \int_A y \cdot dA \, .$$

Das zu verwendende Flächenelement dA ist bereits eingezeichnet,

$$dA = b(y)\,dy \, .$$

$$y_S = + \frac{1}{A} \int_{y=0}^{R} y \cdot b(y)\,dy$$

Die Integrationsgrenzen richten sich immer nach der Integrationsvariablen.

Die Integration kann erst dann durchgeführt werden, wenn der funktionale Zusammenhang zwischen b und y gegeben ist.

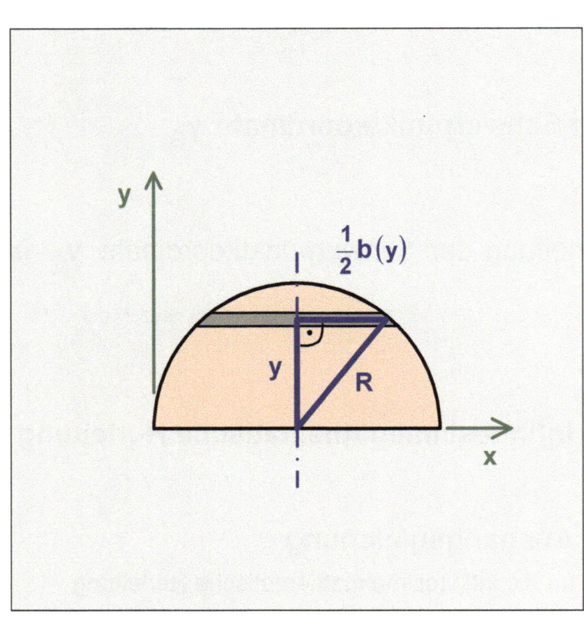

Der funktionale Zusammenhang zwischen b und y ergibt sich mit Hilfe des Satzes des PYTHAGORAS.

Satz des PYTHAGORAS

$$\left(\frac{1}{2}b(y)\right)^2 + y^2 = R^2$$

$$\left(\frac{1}{2}b(y)\right)^2 = R^2 - y^2$$

$$\frac{1}{2}b(y) = \sqrt{R^2 - y^2}$$

$$b(y) = 2\sqrt{R^2 - y^2}$$

$$y_S = + \frac{1}{A} \int_{y=0}^{R} y \cdot 2 \sqrt{R^2 - y^2} \, dy$$

Der Faktor '2' kommt vor das Integral.

$$y_S = + \frac{2}{A} \int_{y=0}^{R} y \cdot \sqrt{R^2 - y^2} \, dy$$

Im Allgemeinen hat man die Lösung eines solchen Integrals nicht im Kopf. Es gibt zwei Möglichkeiten. Man löst dieses Integral - oder aber bedient sich einer Lösungshilfe.

In diesem Fall bedient man sich der angegebenen Lösungshilfe.

Lösungshilfe - (falls benötigt)

$$\int x \sqrt{a^2 - x^2} \, dx = -\frac{1}{3} \sqrt{\left(a^2 - x^2\right)^3} + C$$

angepasst auf vorliegendes Problem,

$$\int y \sqrt{R^2 - y^2} \, dy = -\frac{1}{3} \sqrt{\left(R^2 - y^2\right)^3} + C$$

$$y_S = + \frac{2}{A} \left[-\frac{1}{3} \sqrt{\left(R^2 - y^2\right)^3} \right]_{y=0}^{R}$$

Integration (in Grenzen)

Der Faktor '-1/3' wird aus der eckigen Klammer vorgezogen.

$$y_S = - \frac{2}{3A} \left[\sqrt{\left(R^2 - y^2\right)^3} \right]_{y=0}^{R}$$

Die untere Grenze wird von der oberen abgezogen.

$$y_S = - \frac{2}{3A} \left[\sqrt{\left(R^2 - R^2\right)^3} - \sqrt{\underbrace{\left(R^2 - 0^2\right)^3}_{R^6}} \right]$$

Der erste Term in der eckigen Klammer ergibt sich zu Null.

$$y_S = - \frac{2}{3A} \left(- \sqrt{R^6} \right)$$

Minus mal Minus ergibt Plus.

$$y_S = +\frac{2\,R^3}{3\,A}$$

$$\text{mit } A = \frac{1}{2}R^2\pi \ \text{ bzw. } 1 = \frac{A}{\frac{1}{2}R^2\pi} = \frac{2\,A}{R^2\,\pi}$$

$$\text{Multiplikation mit '1', } 1 = \frac{2\,A}{R^2\,\pi}$$

$$y_S = +\frac{2\,R^3}{3\,A} \cdot \frac{2\,A}{R^2\,\pi}$$

$$\underline{y_S = +\frac{4R}{3\,\pi}}$$

Schwerpunktkoordinate y_S

Geben Sie bitte die Lage des Flächenschwerpunktes S in folgender Form an:

$$S : \left(x_S\,;\,y_S\right) = \left(\dots\,;\,\dots\right).$$

$$S : \left(x_S\,;\,y_S\right) = \left(+R\,;\,+\frac{4R}{3\,\pi}\right)$$

Schwerpunktkoordinaten x_S und y_S

(2) Zusammengesetzte Fläche / Geben Sie die Schwerpunktkoordinaten in folgender Form an: $S : \left(x_S\,;\,y_S\right) = (\dots;\,\dots)$

Schwerpunktkoordinate x_S

Überlegen / Hinschreiben

$$\underline{x_S = +R}$$

Schwerpunktkoordinate x_S

Schwerpunktkoordinate y_S

Es handelt sich um eine (additiv) zusammengesetzte Fläche. Sie lässt sich sinnvoll in zwei Einzelflächen einteilen. Es kommt für die Rechnung die Summenformel zur Anwendung.

Das Moment der Gesamtfläche ist gleich der Summe der Momente der Einzelflächen.

$$y_S \cdot A = \sum_i \left(y_{S,i} \cdot A_i \right)$$

$$y_S \cdot A = y_{S,1} \cdot A_1 + y_{S,2} \cdot A_2$$

Summenformel ausformuliert

$$y_S = y_{S,1} \cdot \frac{A_1}{A} + y_{S,2} \cdot \frac{A_2}{A}$$

Summenformel in zweckmäßiger Schreibweise

mit $A = A_1 + A_2$

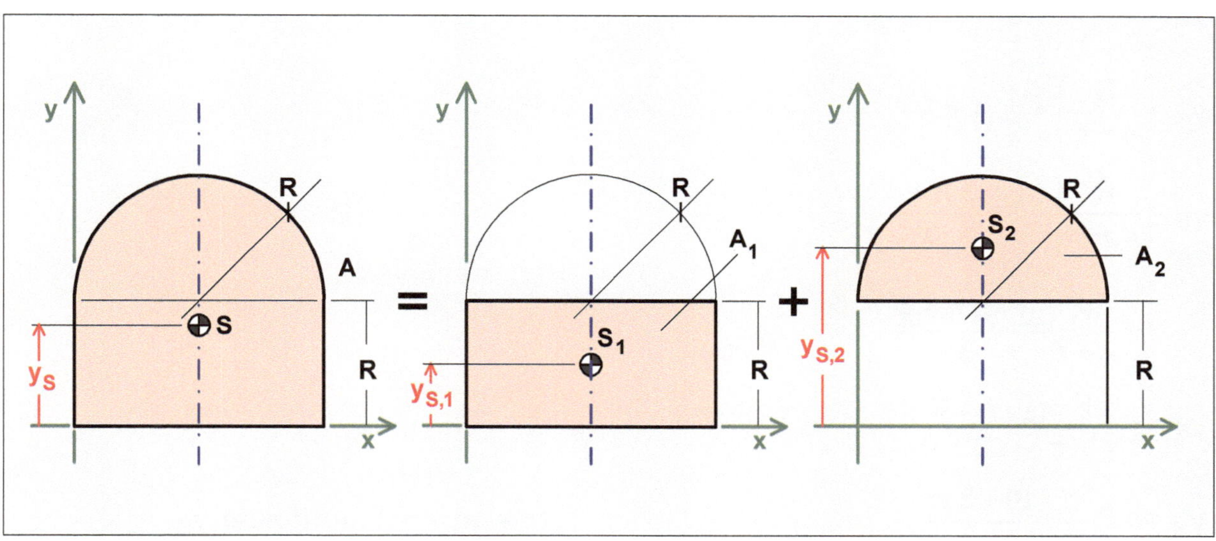

Gesamtfläche **Summe der Einzelflächen**

$$A_1 = 2R \cdot R$$

$$A_2 = \frac{1}{2} R^2 \pi$$

$$A_1 = 2R^2$$

$$A = A_1 + A_2 = 2R^2 + \frac{1}{2} R^2 \pi = R^2 \left(2 + \frac{1}{2}\pi \right) = R^2 \cdot \frac{4+\pi}{2}$$

$$y_{S,2} = +R + \frac{4R}{3\pi}$$

$$y_{S,1} = +\frac{1}{2}R$$

$$y_{S,2} = +R \left(1 + \frac{4}{3\pi} \right)$$

$$y_S = +\frac{1}{2}R \cdot \frac{2\,R^2}{R^2 \cdot \dfrac{4+\pi}{2}} + R\left(1+\frac{4}{3\,\pi}\right) \cdot \frac{\dfrac{1}{2}\,R^2\,\pi}{R^2 \cdot \dfrac{4+\pi}{2}}$$

Zähler und Nenner durch 'R^2' teilen

$$y_S = +\frac{1}{2}R \cdot \frac{2}{\dfrac{4+\pi}{2}} + R\left(1+\frac{4}{3\,\pi}\right) \cdot \frac{\dfrac{1}{2}\,\pi}{\dfrac{4+\pi}{2}}$$

Zähler und Nenner mit '2' multiplizieren.

$$y_S = +\frac{1}{2}R \cdot \frac{4}{4+\pi} + R\left(1+\frac{4}{3\,\pi}\right) \cdot \frac{\pi}{4+\pi}$$

'$\dfrac{R}{4+\pi}$' ausklammern

$$y_S = \frac{R}{4+\pi}\left[+\frac{1}{2} \cdot 4 + \frac{3\,\pi+4}{3\,\pi} \cdot \pi\right]$$

$$y_S = \frac{R}{4+\pi}\left[+\frac{1}{2} \cdot 4 + \frac{3\,\pi+4}{3}\right]$$

$$y_S = \frac{R}{4+\pi}\left[+2 + \frac{3\,\pi+4}{3}\right]$$

Hauptnenner '3'

$$y_S = +\frac{R}{4+\pi} \cdot \frac{6+3\,\pi+4}{3}$$

$$y_S = +\frac{R}{4+\pi} \cdot \frac{10+3\,\pi}{3}$$

$$\mathbf{y_S = +R \cdot \frac{1}{3} \cdot \frac{10+3\,\pi}{4+\pi}}$$

Schwerpunktkoordinate y_S

Geben Sie bitte die Schwerpunktkoordinaten x_S und y_S bezogen auf das eingezeichnete Koordinatensystem in folgender Form an: $S:\left(x_S;\ y_S\right)=(...;\ ...).$

$$S:\left(x_S;\ y_S\right)=\left(+R;\ +R \cdot \frac{1}{3} \cdot \frac{10+3\,\pi}{4+\pi}\right)$$

Schwerpunktkoordinaten x_S und y_S

Aufgabe 26

Flächenschwerpunkt / Zusammengesetzte Fläche / Rechteck / Halbkreis (Zweifachintegral) / Kombi.-Aufgabe

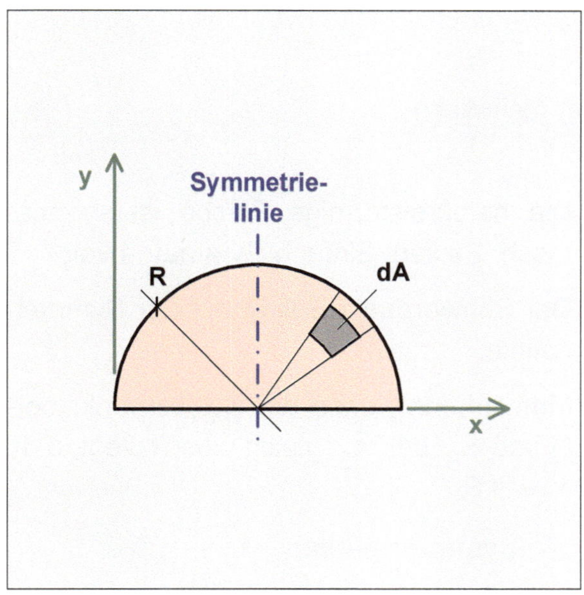

Nebenstehende Abbildung zeigt eine halbkreisförmige Fläche.

Gegeben

Die halbkreisförmige Fläche ist gegeben durch den Radius R.

Gesucht

(1) Geben Sie bitte die Schwerpunktkoordinaten in folgender Form an:

$$S: \left(x_S; y_S\right) = \left(\ldots; \ldots\right).$$

Leiten Sie die Schwerpunktkoordinate y_S **infinitesimalmathematisch** her. Verwenden Sie dazu das bereits eingezeichnete infinitesimal kleine Flächenelement dA.

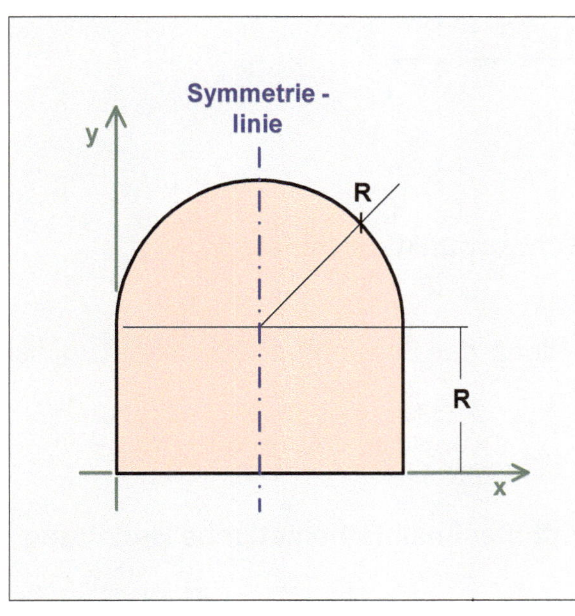

Nebenstehende Abbildung zeigt den Querschnitt eines Bauteils.

Der Querschnitt des Bauteils ist rechteckförmig, versehen mit einem halbkreisförmigen Aufsatz.

Gegeben

Querschnittsabmessungen: R

Gesucht

(2) Geben Sie bitte die Schwerpunktkoordinaten in folgender Form an:

$$S: \left(x_S; y_S\right) = \left(\ldots; \ldots\right).$$

Ergebnis: (1) $S: \left(x_S; y_S\right) = \left(+R; +\dfrac{4R}{3\pi}\right)$ (2) $S: \left(x_S; y_S\right) = \left(+R; +\dfrac{1}{3}R\dfrac{10+3\pi}{4+\pi}\right)$

Lösung

(1) Grundform / Geben Sie die Schwerpunktkoordinaten in folgender Form an:

$$S:\ (x_S;\,y_S) = (\dots;\ \dots).$$

Schwerpunktkoordinate x_S an (Überlegung / Wissen)

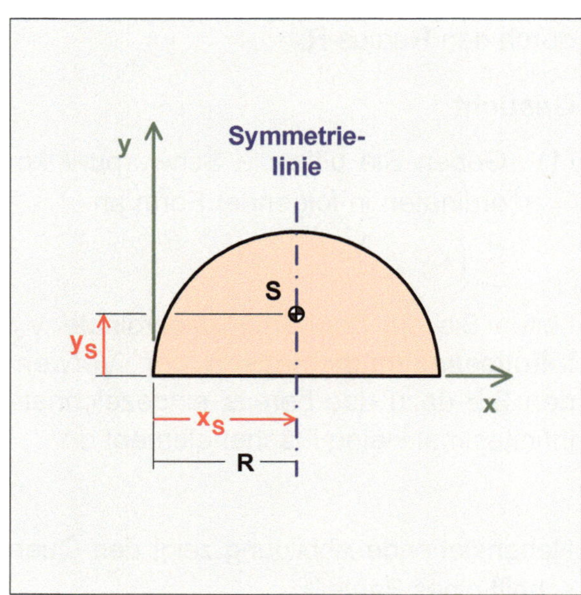

Die halbkreisförmige Fläche ist symmetrisch. Es liegt Einfach-Symmetrie vor.

Der Schwerpunkt S liegt auf der Symmetrielinie.

Man erkennt, dass die Schwerpunktkoordinate x_S bei 'x_S gleich plus R' liegt, d. h. $x_S = +R$.

Symmetrielinie,

→ Überlegen / Hinschreiben

Schwerpunktkoordinate x_S

$$x_S = +R$$

Infinitesimalmathematische Herleitung der Schwerpunktkoordinate y_S

Die Ausgangsgleichung zur infinitesimalen Herleitung der Schwerpunktkoordinate y_S ist wie folgt gegeben:

<u>Merke</u>: Das Moment der Fläche ist gleich der integralen Summe der Momente der infinitesimalen Flächen.

$$y_S \cdot A = \int_A y \cdot dA.$$

Infinitesimalmathematische Herleitung

$$y_S = +\frac{1}{A} \int_A y \cdot dA$$

Ausgangsgleichung

für die infinitesimalmathematische Herleitung **vorliegender** Aufgabe

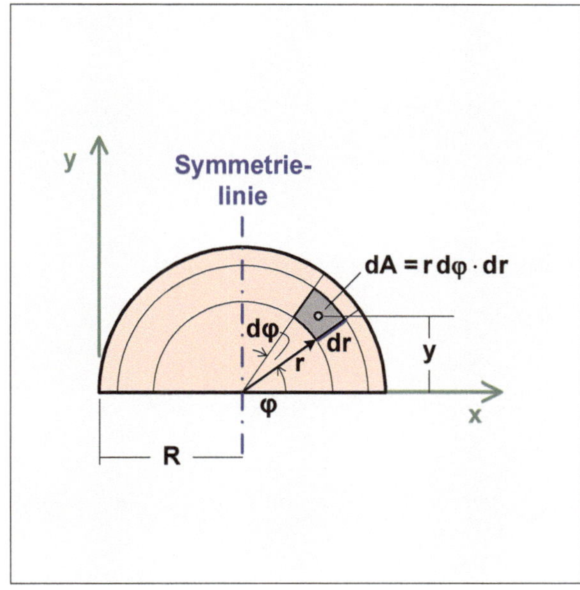

Hinsichtlich der Vorgehensweise ist es immer eine große Kunst, ein entsprechendes infinitesimal kleines Flächenelement dA zu definieren.

Wenn man sich allerdings an die Empfehlung hält, immer ein der Flächenform in etwa angepasstes Flächenelement zu nehmen, sollten sich die weiteren Schwierigkeiten in Grenzen halten.

Hier setzt die infinitesimalmathematische Herleitung ein,

$$y_S = + \frac{1}{A} \int_A y \cdot dA \, .$$

Das zu verwendende Flächenelement dA ist bereits eingezeichnet,

$$dA = r \, d\varphi \cdot dr \, . \qquad \text{(Polarkoordinaten)}$$

Der Abstand des Flächenelementes dA von der x-Achse ist y,

$$y = r \cdot \sin\varphi \, .$$

$$y_S = + \frac{1}{A} \int_{r=0}^{R} \int_{\varphi=0}^{\pi} r \cdot \sin\varphi \cdot r \cdot d\varphi \cdot dr$$

Es ergibt sich ein Doppelintegral.

Es sind mit dφ und dr zwei Integrationsvariable vorhanden. Somit erhält man entsprechend zugehörig auch zwei (voneinander unabhängige) Integrale.

$$y_S = + \frac{1}{A} \int_{r=0}^{R} r^2 \cdot dr \int_{\varphi=0}^{\pi} \sin\varphi \cdot d\varphi$$

Durchführung der Integration

$$y_S = + \frac{1}{A} \cdot \frac{1}{3} r^3 \Big|_0^R \cdot (-\cos\varphi) \Big|_0^{\pi}$$

Vorziehen des Minus-Zeichens

$$y_S = - \frac{1}{A} \cdot \frac{1}{3} r^3 \Big|_0^R \cdot \cos\varphi \Big|_0^{\pi}$$

Die untere Grenze wird von der oberen abgezogen.

$$y_S = -\frac{1}{A}\cdot\frac{1}{3}\left(R^3 - 0\right)\cdot\left[\underbrace{\cos\pi}_{-1} - \underbrace{\cos 0}_{+1}\right]$$

$$y_S = -\frac{1}{A}\cdot\frac{1}{3}R^3\cdot(-1-1)$$

Minus mal Minus ergibt Plus.

$$y_S = -\frac{1}{A}\cdot\frac{1}{3}R^3\cdot(-2)$$

$$y_S = +\frac{1}{A}\cdot\frac{1}{3}R^3\cdot 2$$

$$y_S = +\frac{1}{A}\cdot\frac{2}{3}R^3$$

mit $A = \frac{1}{2}R^2\pi$ bzw. $1 = \dfrac{A}{\frac{1}{2}R^2\pi} = \dfrac{2A}{R^2\pi}$

Multiplikation mit '1', $1 = \dfrac{2A}{R^2\pi}$

$$y_S = +\frac{1}{A}\cdot\frac{2}{3}R^3\cdot\left(\frac{2A}{R^2\pi}\right)$$

$$\underline{\underline{y_S = +\frac{4R}{3\pi}}}$$

Schwerpunktkoordinate y_S

Geben Sie die Lage des Flächenschwerpunktes S in folgender Form an:

$$S:\left(x_S;y_S\right)=\left(\ldots;\ldots\right).$$

$$S:\left(x_S;y_S\right)=\left(+R;\,+\frac{4R}{3\pi}\right)$$

Schwerpunktkoordinaten x_S **und** y_S

(2) Zusammengesetzte Fläche / Geben Sie die Schwerpunktkoordinaten in folgender Form an: $S: \left(x_S;\ y_S\right) = (...;\ ...)$

Schwerpunktkoordinate x_S

Überlegen / Hinschreiben

$\underline{\underline{x_S = +R}}$

Schwerpunktkoordinate x_S

Schwerpunktkoordinate y_S

Es handelt sich um eine (additiv) zusammengesetzte Fläche. Sie lässt sich sinnvoll in zwei Einzelflächen einteilen.

Es kommt für die Rechnung die Summenformel zur Anwendung.

Das Moment der Gesamtfläche ist gleich der Summe der Momente der Einzelflächen.

$$y_S \cdot A = \sum_i \left(y_{S,i} \cdot A_i\right)$$

$$y_S \cdot A = y_{S,1} \cdot A_1 + y_{S,2} \cdot A_2$$

Summenformel ausformuliert

$$y_S = y_{S,1} \cdot \frac{A_1}{A} + y_{S,2} \cdot \frac{A_2}{A}$$

Summenformel in zweckmäßiger Schreibweise

mit $A = A_1 + A_2$

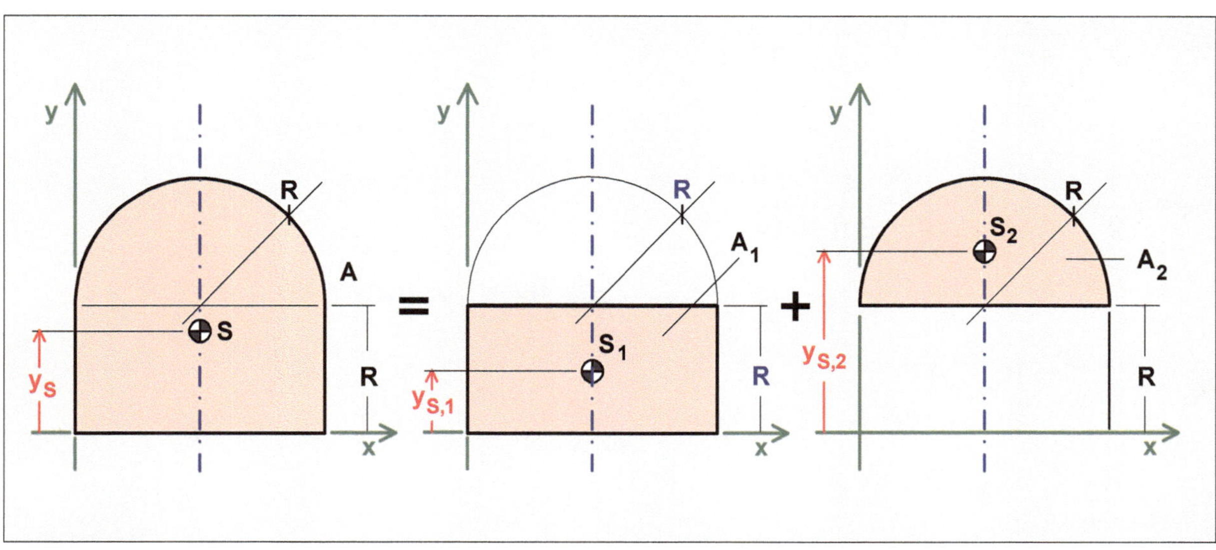

Gesamtfläche   **Summe der Einzelflächen**

$$A_1 = 2R \cdot R \qquad\qquad A_2 = \frac{1}{2}R^2\pi$$

$$\underline{A_1 = 2R^2}$$

$$\underline{A} = A_1 + A_2 = 2R^2 + \frac{1}{2}R^2\pi = R^2\left(2 + \frac{1}{2}\pi\right) = R^2 \cdot \frac{4+\pi}{2}$$

$$y_{S,1} = +\frac{1}{2}R \qquad\qquad y_{S,2} = +R + \frac{4R}{3\pi}$$

$$y_{S,2} = +R\left(1 + \frac{4}{3\pi}\right)$$

$$y_S = +\frac{1}{2}R \cdot \frac{2R^2}{R^2 \cdot \dfrac{4+\pi}{2}} + R\left(1 + \frac{4}{3\pi}\right) \cdot \frac{\frac{1}{2}R^2\pi}{R^2 \cdot \dfrac{4+\pi}{2}}$$

Zähler und Nenner durch 'R^2' teilen.

$$y_S = +\frac{1}{2}R \cdot \frac{2\,\cancel{R^2}}{\cancel{R^2} \cdot \dfrac{4+\pi}{2}} + R\left(1 + \frac{4}{3\pi}\right) \cdot \frac{\frac{1}{2}\cancel{R^2}\pi}{\cancel{R^2} \cdot \dfrac{4+\pi}{2}}$$

$$y_S = +\frac{1}{2}R \cdot \frac{2}{\dfrac{4+\pi}{2}} + R\left(1 + \frac{4}{3\pi}\right) \cdot \frac{\frac{1}{2}\pi}{\dfrac{4+\pi}{2}}$$

Zähler und Nenner mit '2' multiplizieren.

$$y_S = +\frac{1}{2}R \cdot \frac{4}{4+\pi} + R\left(1 + \frac{4}{3\pi}\right) \cdot \frac{\pi}{4+\pi}$$

'$\dfrac{R}{4+\pi}$' ausklammern

$$y_S = \frac{R}{4+\pi}\left[+\frac{1}{2}\cdot 4 + \frac{3\pi + 4}{3\cancel{\pi}}\cdot\cancel{\pi}\right]$$

$$y_S = \frac{R}{4+\pi}\left[+\frac{1}{2}\cdot 4 + \frac{3\pi + 4}{3}\right]$$

$$y_S = \frac{R}{4+\pi}\left[+2+\frac{3\pi+4}{3}\right]$$

Hauptnenner '3'

$$y_S = +\frac{R}{4+\pi}\cdot\frac{6+3\pi+4}{3}$$

Zusammenfassung im Zähler

$$y_S = +\frac{R}{4+\pi}\cdot\frac{10+3\pi}{3}$$

$$y_S = +\frac{1}{3}\cdot R\cdot\frac{10+3\pi}{4+\pi}$$

Schwerpunktkoordinate y_S

Geben Sie bitte die Schwerpunktkoordinaten x_S **und** y_S **bezogen auf das ein-gezeichnete Koordinatensystem in folgender Form an:** $S:\left(x_S;\ y_S\right)=(...;\ ...)$.

$$S:\left(x_S;\ y_S\right)=\left(+R;\ +\frac{1}{3}\cdot R\cdot\frac{10+3\pi}{4+\pi}\right)$$

Schwerpunktkoordinaten x_S **und** y_S

Aufgabe 27

**Flächenschwerpunkt / Zusammengesetz-
te Fläche / Quadrat / Halbkreis**

x-Richtung: Überlegen / Hinschreiben
y-Richtung: zusammengesetzt / Summenformel

Nebenstehende Abbildung zeigt den Querschnitt eines Bauteils.

Der Querschnitt des Bauteils ist rechteckförmig, versehen mit einer halbkreisförmigen Ausnehmung.

Gegeben

Querschnittsabmessungen: R

Gesucht

Schwerpunktkoordinaten x_S und y_S.

Geben Sie bitte die Schwerpunktkoordinaten x_S und y_S bezogen auf das eingezeichnete
Koordinatensystem in folgender Form an:

$$S: \left(x_S;\ y_S\right) = (\dots;\ \dots).$$

Ergebnis: $S : \left(x_S\ ;\ y_S\right) = \left(+R\ ;\ +R\cdot\dfrac{2}{3}\cdot\dfrac{14-3\pi}{8-\pi}\right)$

Lösung

Schwerpunktkoordinate x_S

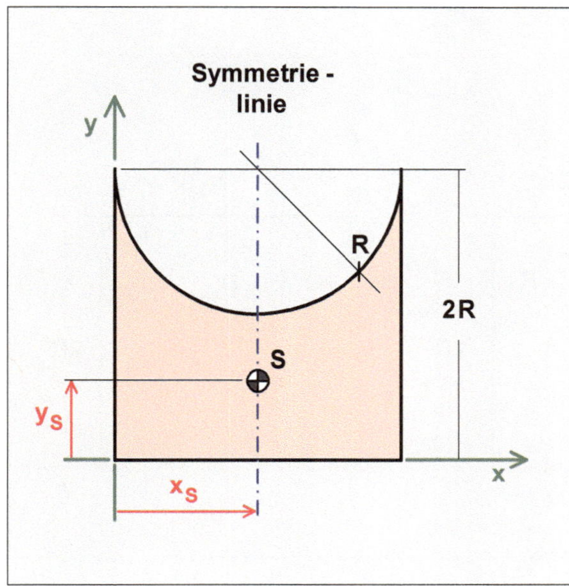

Die zusammengesetzte Fläche ist symmetrisch. Es liegt Einfach-Symmetrie vor.

Der Schwerpunkt S liegt somit auf der Symmetrielinie.

Man erkennt, dass die Schwerpunktkoordinate x_S bei 'x_S gleich plus R' liegt, d. h. $x_S = +R$.

Symmetrielinie,

→ Überlegen / Hinschreiben

Schwerpunktkoordinate x_S

$$x_S = +R$$

Aber in welchem Abstand von der x-Achse liegt der Schwerpunkt S, d. h. wie lautet die Schwerpunktkoordinate y_S?

Diese soll im nächsten Aufgabenpunkt infinitesimalmathematisch hergeleitet werden.

Schwerpunktkoordinate y_S

Es handelt sich um eine (subtraktiv) zusammengesetzte Fläche. Sie lässt sich sinnvoll in zwei Einzelflächen einteilen.

Es kommt für die Rechnung die Summenformel zur Anwendung.

Das Moment der Gesamtfläche ist gleich der Summe der Momente der Einzelflächen.

$$y_S \cdot A = \sum_i \left(y_{S,i} \cdot A_i \right)$$

Achtung: Die halbkreisförmige Teilfläche als Ausnehmung führt zu einem zugehörigen **negativen** Flächenmoment (bitte Drehsinn beachten).

$$y_S \cdot A = y_{S,1} \cdot A_1 - y_{S,2} \cdot A_2$$

Summenformel ausformuliert

$$y_S = y_{S,1} \cdot \frac{A_1}{A} - y_{S,2} \cdot \frac{A_2}{A}$$

Summenformel in zweckmäßiger Schreibweise

mit $A = A_1 - A_2$

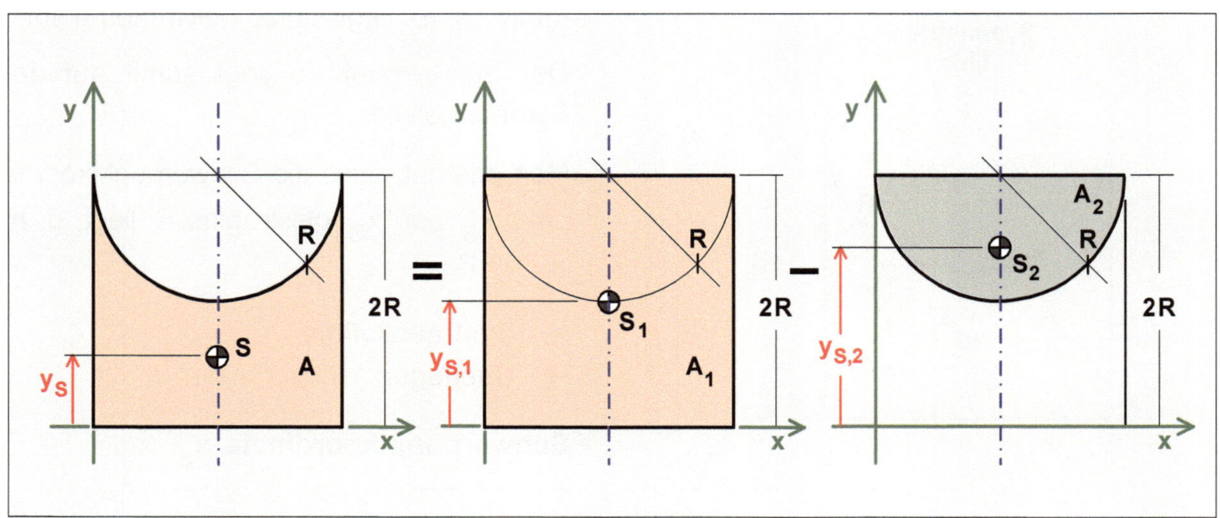

$$y_{S,1} = +R$$

$$y_{S,2} = +2R - \frac{4R}{3\pi}$$

$$y_{S,2} = +R\left(2 - \frac{4}{3\pi}\right)$$

$$A_1 = 2R \cdot 2R$$

$$A_2 = \frac{1}{2}R^2\pi$$

$$A_1 = 4R^2$$

$$A = A_1 - A_2 = 4R^2 - \frac{1}{2}R^2\pi = R^2\left(4 - \frac{1}{2}\pi\right) = R^2 \cdot \frac{8-\pi}{2}$$

$$y_S = +R \cdot \frac{4R^2}{R^2 \cdot \frac{8-\pi}{2}} - R\left(2 - \frac{4}{3\pi}\right) \cdot \frac{\frac{1}{2}R^2\pi}{R^2 \cdot \frac{8-\pi}{2}}$$

$$y_S = +R \cdot \frac{4}{\frac{8-\pi}{2}} - R\left(2 - \frac{4}{3\pi}\right) \cdot \frac{\frac{1}{2}\pi}{\frac{8-\pi}{2}}$$

Zähler und Nenner mit '2' multiplizieren.

$$y_S = +R \cdot \frac{8}{8-\pi} - R\left(2 - \frac{4}{3\pi}\right) \cdot \frac{\pi}{8-\pi}$$

$\dfrac{R}{8-\pi}$ ' ausklammern

$$y_S = +R \cdot \frac{1}{8-\pi}\left[+8 - \left(2 - \frac{4}{3\pi}\right) \cdot \pi\right]$$

$$y_S = +R \cdot \frac{1}{8-\pi}\left(8 - \frac{6\pi - 4}{3\pi} \cdot \pi\right)$$

$$y_S = +R \cdot \frac{1}{8-\pi}\left(8 - \frac{6\pi - 4}{3}\right)$$

Hauptnenner '3'

$$y_S = +R \cdot \frac{1}{8-\pi} \cdot \frac{24 - 6\pi + 4}{3}$$

Zusammenfassung im Zähler

$$y_S = +R \cdot \frac{1}{8-\pi} \cdot \frac{28 - 6\pi}{3}$$

$$y_S = +R \cdot \frac{1}{8-\pi} \cdot \frac{2\left(14 - 3\pi\right)}{3}$$

$$\boxed{y_S = +R \cdot \frac{2}{3} \cdot \frac{14 - 3\pi}{8 - \pi}}$$

Schwerpunktkoordinate y_S

Geben Sie bitte die Schwerpunktkoordinaten x_S und y_S bezogen auf das eingezeichnete Koordinatensystem in folgender Form an: $S : \left(x_S;\ y_S\right) = (...;\ ...)$.

$$S : \left(x_S;\ y_S\right) = \left(+R;\ +R \cdot \frac{2}{3} \cdot \frac{14 - 3\pi}{8 - \pi}\right)$$

Schwerpunktkoordinaten x_S **und** y_S

Aufgabe 28

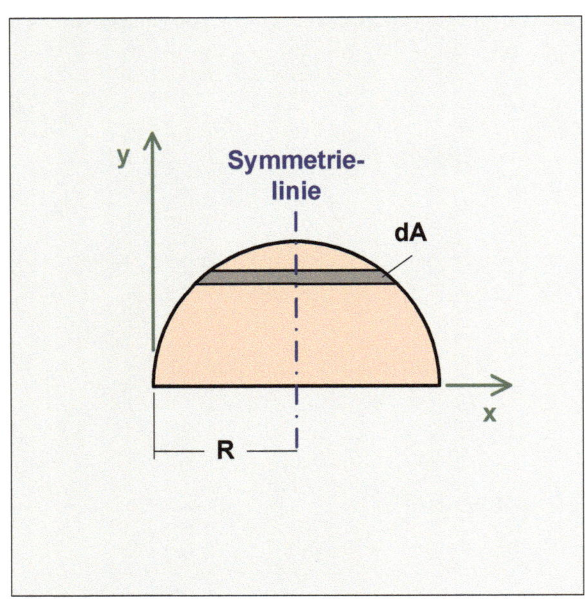

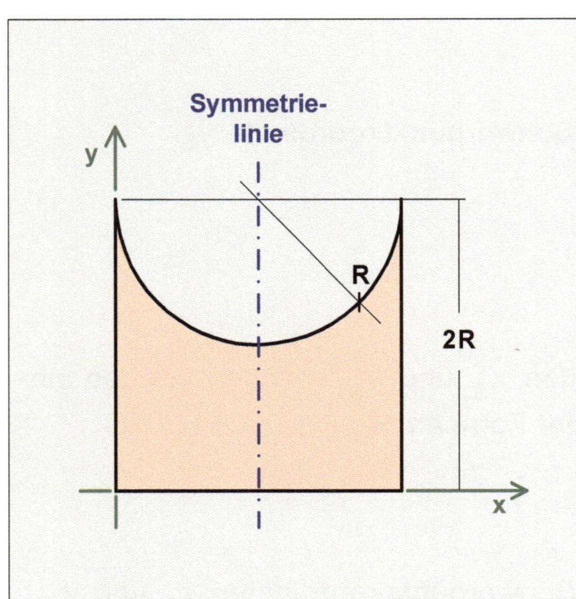

Flächenschwerpunkt / Zusammengesetzte Fläche / Quadrat / Halbkreis (Einfachintegral) / Kombi.-Aufgabe

Nebenstehende Abbildung zeigt eine halbkreisförmige Fläche.

Gegeben

Die halbkreisförmige Fläche ist gegeben durch den Radius R.

Gesucht

(1) Geben Sie bitte die Schwerpunktkoordinaten in folgender Form an:

$$S: \left(x_S; y_S \right) = \left(...; ... \right).$$

Leiten Sie die Schwerpunktkoordinate y_S **infinitesimalmathematisch** her. Verwenden Sie dazu das bereits eingezeichnete infinitesimal kleine Flächenelement dA.

Lösungshilfe - (falls benötigt)

$$\int x \sqrt{a^2 - x^2}\, dx = -\frac{1}{3} \sqrt{\left(a^2 - x^2 \right)^3} + C$$

Nebenstehende Abbildung zeigt eine zusammengesetzte Fläche. Sie besteht aus einer quadratförmigen Fläche versehen mit einer halbkreisförmigen Ausnehmung.

Gegeben

Charakteristische Abmessungen: R

Gesucht

(2) Geben Sie bitte die Schwerpunktkoordinaten in folgender Form an:

$$S: \left(x_S; y_S \right) = \left(...; ... \right).$$

Berechnen Sie bezogen auf das (x-y)-Koordinatensystem die Schwerpunktkoordinate y_S mit Hilfe der **Summenformel**.

Ergebnis: (1) $S : \left(x_S; y_S \right) = \left(+R;\ +\dfrac{4R}{3\pi} \right)$ (2) $S : \left(x_S; y_S \right) = \left(+R;\ +R \cdot \dfrac{2}{3} \cdot \dfrac{14 - 3\pi}{8 - \pi} \right)$

Lösung

(1) Grundform / Geben Sie die Schwerpunktkoordinaten in folgender Form an:

$$S:\ \left(x_S;y_S\right)=(...;\ ...).$$

Schwerpunktkoordinate x_S an (Überlegung / Wissen)

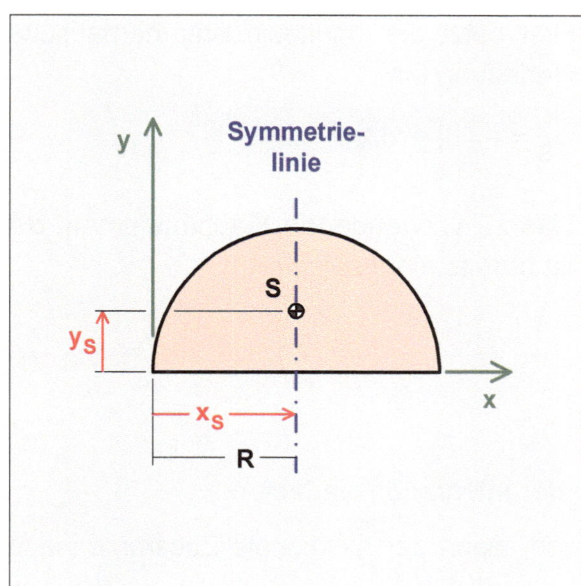

Die halbkreisförmige Fläche ist symmetrisch. Es liegt Einfach-Symmetrie vor.

Der Schwerpunkt S liegt auf der Symmetrielinie.

Man erkennt, dass die Schwerpunktkoordinate x_S bei 'x_S gleich plus R' liegt, d. h. $x_S = +R$.

→   Überlegen / Hinschreiben

Schwerpunktkoordinate x_S

$$x_S = +R$$

Infinitesimalmathematische Herleitung der Schwerpunktkoordinate y_S

Die Ausgangsgleichung zur infinitesimalen Herleitung der Schwerpunktkoordinate y_S ist wie folgt gegeben:

Merke: Das Moment der Fläche ist gleich der integralen Summe der Momente der infinitesimalen Flächen.

$$y_S \cdot A = \int_A y \cdot dA\ .$$

Infinitesimalmathematische Herleitung

$$y_S = +\frac{1}{A}\int_A y \cdot dA$$

Ausgangsgleichung

für die infinitesimalmathematische Herleitung vorliegender Aufgabe

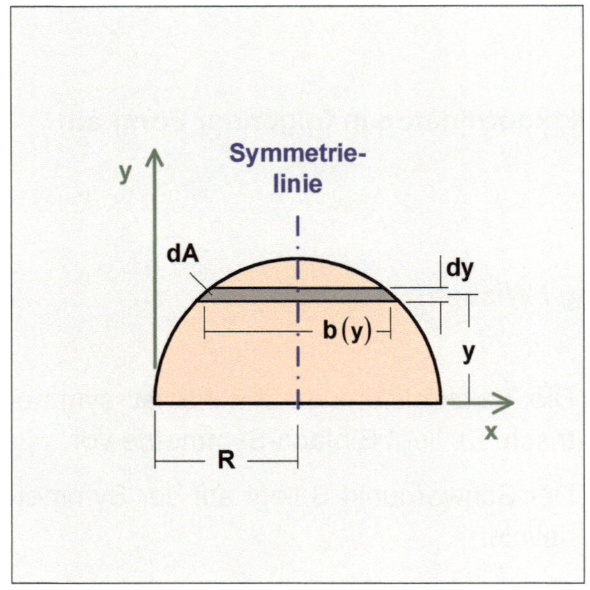

Hinsichtlich der Vorgehensweise ist es immer eine große Kunst, ein entsprechendes infinitesimal kleines Flächenelement dA zu definieren.

Wenn man sich allerdings an die Empfehlung hält, immer ein der Flächenform in etwa angepasstes Flächenelement zu nehmen, sollten sich die weiteren Schwierigkeiten in Grenzen halten.

Hier setzt die infinitesimalmathematische Herleitung ein,

$$y_S = + \frac{1}{A} \int_A y \cdot dA \,.$$

Das zu verwendende Flächenelement dA ist bereits eingezeichnet,

$$dA = b(y)\,dy \,.$$

$$y_S = + \frac{1}{A} \int_{y=0}^{R} y \cdot b(y)\,dy$$

Die Integrationsgrenzen richten sich immer nach der Integrationsvariablen.

Die Integration kann erst dann durchgeführt werden, wenn der funktionale Zusammenhang zwischen b und y gegeben ist.

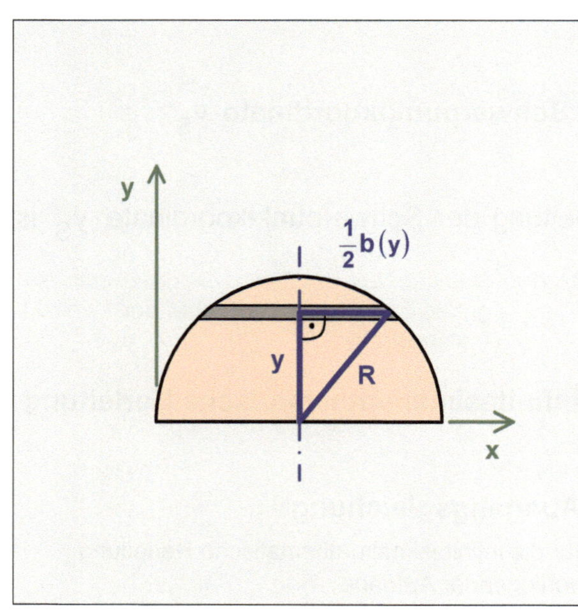

Der funktionale Zusammenhang zwischen b und y ergibt sich mit Hilfe des Satzes des PYTHAGORAS.

Satz des PYTHAGORAS

$$\left(\frac{1}{2}b(y)\right)^2 + y^2 = R^2$$

$$\left(\frac{1}{2}b(y)\right)^2 = R^2 - y^2$$

$$\frac{1}{2}b(y) = \sqrt{R^2 - y^2}$$

$$b(y) = 2\sqrt{R^2 - y^2}$$

$$y_S = + \frac{1}{A} \int_{y=0}^{R} y \cdot 2 \sqrt{R^2 - y^2} \, dy$$

Der Faktor '2' kommt vor das Integral.

$$y_S = + \frac{2}{A} \int_{y=0}^{R} y \cdot \sqrt{R^2 - y^2} \, dy$$

Im Allgemeinen hat man die Lösung eines solchen Integrals nicht im Kopf. Es gibt zwei Möglichkeiten. Man löst dieses Integral - oder aber bedient sich einer Lösungshilfe.

In diesem Fall bedient man sich der angegebenen Lösungshilfe.

Lösungshilfe - (falls benötigt)

$$\int x \sqrt{a^2 - x^2} \, dx = - \frac{1}{3} \sqrt{\left(a^2 - x^2\right)^3} + C$$

angepasst auf vorliegendes Problem,

$$\int y \sqrt{R^2 - y^2} \, dy = - \frac{1}{3} \sqrt{\left(R^2 - y^2\right)^3} + C$$

$$y_S = + \frac{2}{A} \left[-\frac{1}{3} \sqrt{\left(R^2 - y^2\right)^3} \right]_{y=0}^{R}$$

Integration (in Grenzen)

Der Faktor '-1/3' wird aus der eckigen Klammer vorgezogen.

$$y_S = - \frac{2}{3\,A} \left[\sqrt{\left(R^2 - y^2\right)^3} \right]_{y=0}^{R}$$

Die untere Grenze wird von der oberen abgezogen.

$$y_S = - \frac{2}{3\,A} \left[\sqrt{\left(R^2 - R^2\right)^3} - \underbrace{\sqrt{\left(R^2 - 0^2\right)^3}}_{R^6} \right]$$

Der erste Term in der eckigen Klammer ergibt sich zu Null.

$$y_S = - \frac{2}{3\,A} \left(-\sqrt{R^6} \right)$$

Minus mal Minus ergibt Plus.

$$y_S = + \frac{2R^3}{3A}$$

mit $A = \frac{1}{2}R^2\pi$ bzw. $1 = \dfrac{A}{\frac{1}{2}R^2\pi} = \dfrac{2A}{R^2\pi}$

Multiplikation mit '1', $1 = \dfrac{2A}{R^2\pi}$

$$y_S = + \frac{2R^3}{3A} \cdot \frac{2A}{R^2\pi}$$

$$\underline{\underline{y_S = + \frac{4R}{3\pi}}}$$

Schwerpunktkoordinate y_S

Geben Sie bitte die Lage des Flächenschwerpunktes S in folgender Form an:

$$S : (x_S; y_S) = (\dots; \dots).$$

$$S : (x_S; y_S) = \left(+R; +\frac{4R}{3\pi} \right)$$

Schwerpunktkoordinaten x_S und y_S

(2) Zusammengesetzte Fläche / Geben Sie die Schwerpunktkoordinaten in folgender Form an: $S : (x_S; y_S) = (\dots; \dots)$

Schwerpunktkoordinate x_S

Überlegen / Hinschreiben

$$\underline{\underline{x_S = +R}}$$

Schwerpunktkoordinate x_S

Schwerpunktkoordinate y_S

Es handelt sich um eine (subtraktiv) zusammengesetzte Fläche. Sie lässt sich sinnvoll in zwei Einzelflächen einteilen. Es kommt für die Rechnung die Summenformel zur Anwendung.

Das Moment der Gesamtfläche ist gleich der Summe der Momente der Einzelflächen.

$$y_S \cdot A = \sum_i \left(y_{S,i} \cdot A_i \right)$$

$$y_S \cdot A = y_{S,1} \cdot A_1 - y_{S,2} \cdot A_2$$

Summenformel

ausformuliert / **bitte Drehsinn beachten**

$$y_S = y_{S,1} \cdot \frac{A_1}{A} - y_{S,2} \cdot \frac{A_2}{A}$$

Summenformel in zweckmäßiger Schreibweise

mit $A = A_1 - A_2$

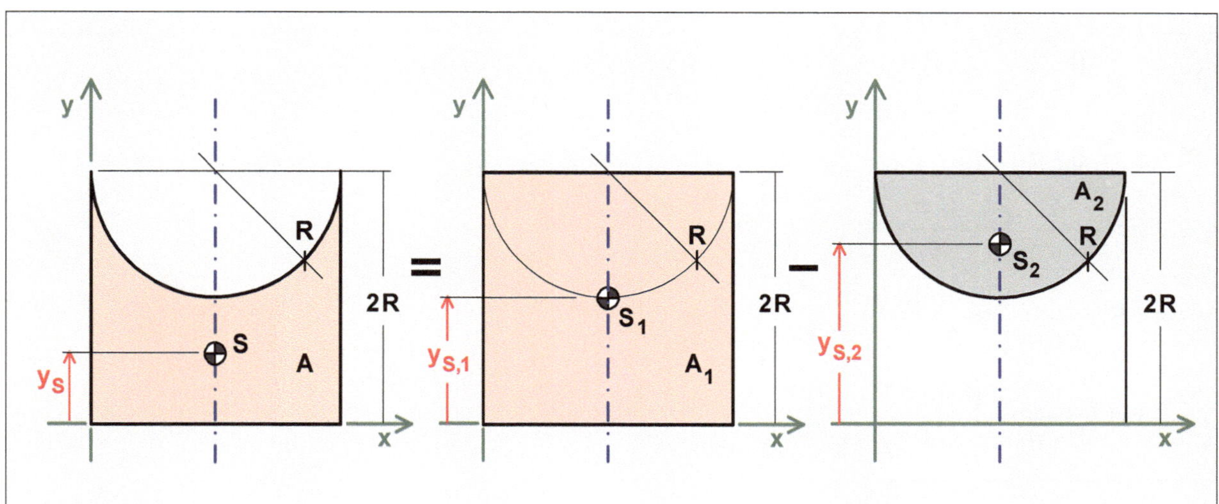

Gesamtfläche

Differenz der Teilflächen

$$y_{S,1} = +R$$

$$y_{S,2} = +2R - \frac{4R}{3\pi}$$

$$y_{S,2} = +R\left(2 - \frac{4}{3\pi}\right)$$

$$A_1 = 2R \cdot 2R$$

$$A_2 = \frac{1}{2}R^2\pi$$

$$A_1 = 4R^2$$

$$A = A_1 - A_2 = 4R^2 - \frac{1}{2}R^2\pi = R^2\left(4 - \frac{1}{2}\pi\right) = R^2 \cdot \frac{8 - \pi}{2}$$

$$y_S = +R \cdot \frac{4\,\cancel{R^2}}{\cancel{R^2} \cdot \dfrac{8-\pi}{2}} - R\left(2 - \frac{4}{3\pi}\right) \cdot \frac{\dfrac{1}{2}\,\cancel{R^2}\,\pi}{\cancel{R^2} \cdot \dfrac{8-\pi}{2}}$$

$$y_S = +R \cdot \frac{4}{\dfrac{8-\pi}{2}} - R\left(2 - \frac{4}{3\pi}\right) \cdot \frac{\dfrac{1}{2}\,\pi}{\dfrac{8-\pi}{2}}$$

Zähler und Nenner mit '2' multiplizieren.

$$y_S = +R \cdot \frac{8}{8-\pi} - R\left(2 - \frac{4}{3\pi}\right) \cdot \frac{\pi}{8-\pi}$$

'$\dfrac{R}{8-\pi}$' ausklammern

$$y_S = +R \cdot \frac{1}{8-\pi}\left[+8 - \left(2 - \frac{4}{3\pi}\right) \cdot \pi\right]$$

$$y_S = +R \cdot \frac{1}{8-\pi}\left(8 - \frac{6\pi-4}{3\,\cancel{\pi}} \cdot \cancel{\pi}\right)$$

$$y_S = +R \cdot \frac{1}{8-\pi}\left(8 - \frac{6\pi-4}{3}\right)$$

$$y_S = +R \cdot \frac{1}{8-\pi}\,\frac{24-6\pi+4}{3}$$

$$y_S = +R \cdot \frac{1}{8-\pi} \cdot \frac{28-6\pi}{3}$$

$$y_S = +R \cdot \frac{1}{8-\pi} \cdot \frac{2(14-3\pi)}{3}$$

$$\boxed{\,y_S = +R \cdot \frac{2}{3} \cdot \frac{14-3\pi}{8-\pi}\,}$$

Schwerpunktkoordinate y_S

Geben Sie bitte die Schwerpunktkoordinaten x_S und y_S bezogen auf das eingezeichnete Koordinatensystem in folgender Form an: $S:\left(x_S;\,y_S\right)=(\ldots;\,\ldots)$.

$$S:\left(x_S;\,y_S\right)=\left(+R;\ +R \cdot \frac{2}{3}\,\frac{14-3\pi}{8-\pi}\right)$$

Schwerpunktkoordinaten x_S und y_S

Aufgabe 29

Flächenschwerpunkt / Zusammengesetzte Fläche / Quadrat / Halbkreis (Zweifachintegral) / Kombi.-Aufgabe

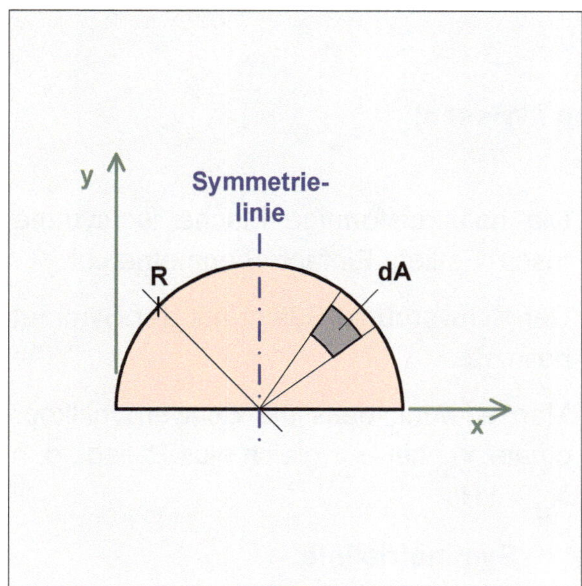

Nebenstehende Abbildung zeigt eine halbkreisförmige Fläche.

Gegeben

Die halbkreisförmige Fläche ist gegeben durch den Radius R.

Gesucht

(1) Geben Sie bitte die Schwerpunktkoordinaten in folgender Form an:

$$S: \left(x_S; y_S\right) = (\dots; \dots).$$

Leiten Sie die Schwerpunktkoordinate y_S **infinitesimalmathematisch** her. Verwenden Sie dazu das bereits eingezeichnete infinitesimal kleine Flächenelement dA.

Nebenstehende Abbildung zeigt eine zusammengesetzte Fläche. Sie besteht aus einer quadratförmigen Fläche versehen mit einer halbkreisförmigen Ausnehmung.

Gegeben

Charakteristische Abmessungen: R

Gesucht

(2) Geben Sie die Schwerpunktkoordinaten in folgender Form an:

$$S: \left(x_S; y_S\right) = (\dots; \dots).$$

Berechnen Sie bezogen auf das (x-y)-Koordinatensystem die Schwerpunktkoordinate y_S mit Hilfe der **Summenformel**.

Ergebnis: *(1)* $S : \left(x_S; y_S\right) = \left(+R\,;\, +\dfrac{4\,R}{3\,\pi}\right)$ *(2)* $S : \left(x_S; y_S\right) = \left(+R\,;\, +R \cdot \dfrac{2}{3} \cdot \dfrac{14 - 3\,\pi}{8 - \pi}\right)$

Lösung

(1) Grundform / Geben Sie die Schwerpunktkoordinaten in folgender Form an:

$$S: \left(x_S; y_S\right) = \left(\ldots; \ldots\right).$$

Schwerpunktkoordinate x_S an (Überlegung / Wissen)

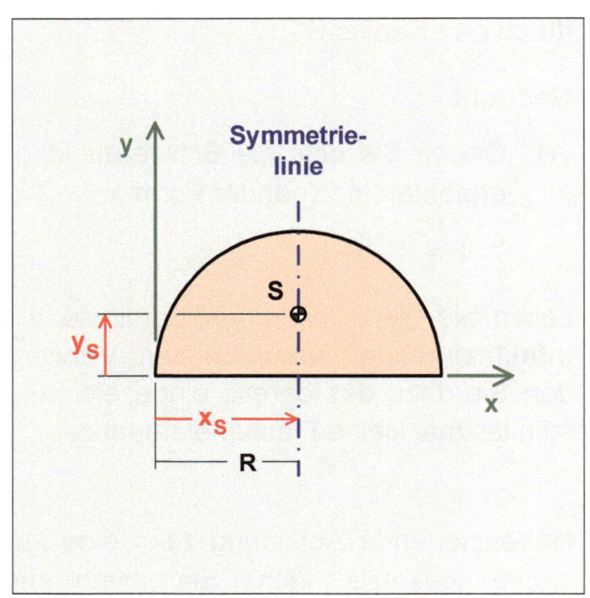

Die halbkreisförmige Fläche ist symmetrisch. Es liegt Einfach-Symmetrie vor.

Der Schwerpunkt S liegt auf der Symmetrielinie.

Man erkennt, dass die Schwerpunktkoordinate x_S bei 'x_S gleich plus R' liegt, d. h. $x_S = +R$.

Symmetrielinie,

→ Überlegen / Hinschreiben

Schwerpunktkoordinate x_S

$$x_S = +R$$

Infinitesimalmathematische Herleitung der Schwerpunktkoordinate y_S

Die Ausgangsgleichung zur infinitesimalen Herleitung der Schwerpunktkoordinate y_S ist wie folgt gegeben:

Merke: Das Moment der Fläche ist gleich der integralen Summe der Momente der infinitesimalen Flächen.

$$y_S \cdot A = \int_A y \cdot dA.$$

Infinitesimalmathematische Herleitung

$$y_S = +\frac{1}{A}\int_A y \cdot dA$$

Ausgangsgleichung

für die infinitesimalmathematische Herleitung vorliegender Aufgabe

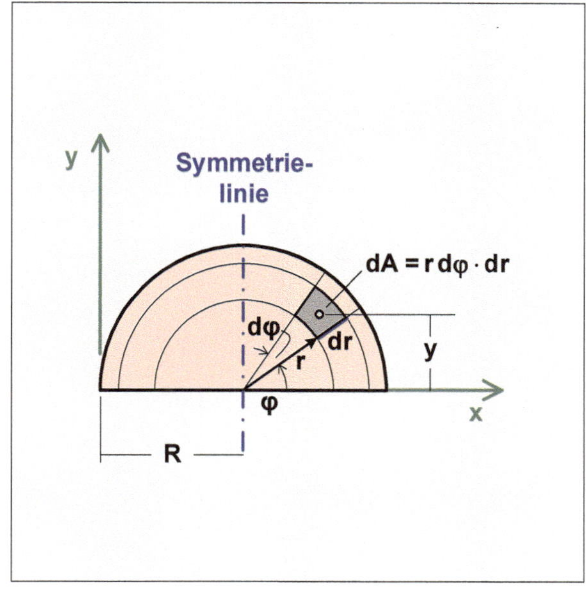

Hinsichtlich der Vorgehensweise ist es immer eine große Kunst, ein entsprechendes infinitesimal kleines Flächenelement dA zu definieren.

Wenn man sich allerdings an die Empfehlung hält, immer ein der Flächenform in etwa angepasstes Flächenelement zu nehmen, sollten sich die weiteren Schwierigkeiten in Grenzen halten.

Hier setzt die infinitesimalmathematische Herleitung ein,

$$y_S = +\frac{1}{A} \int_A y \cdot dA \ .$$

Das zu verwendende Flächenelement dA ist bereits eingezeichnet,

$$dA = r \, d\varphi \cdot dr \ . \qquad \text{(Polarkoordinaten)}$$

Der Abstand des Flächenelementes dA von der x-Achse ist y,

$$y = r \cdot \sin\varphi \ .$$

$$y_S = +\frac{1}{A} \int_{r=0}^{R} \int_{\varphi=0}^{\pi} r \cdot \sin\varphi \cdot r \cdot d\varphi \cdot dr$$

Es ergibt sich ein Doppelintegral.

Es sind mit dφ und dr zwei Integrationsvariable vorhanden. Somit erhält man entsprechend zugehörig auch zwei (voneinander unabhängige) Integrale.

$$y_S = +\frac{1}{A} \int_{r=0}^{R} r^2 \cdot dr \int_{\varphi=0}^{\pi} \sin\varphi \cdot d\varphi$$

Durchführung der Integration

$$y_S = +\frac{1}{A} \cdot \frac{1}{3} r^3 \Big|_0^R \cdot (-\cos\varphi) \Big|_0^{\pi}$$

Vorziehen des Minus-Zeichens

$$y_S = -\frac{1}{A} \cdot \frac{1}{3} r^3 \Big|_0^R \cdot \cos\varphi \Big|_0^{\pi}$$

Die untere Grenze wird von der oberen abgezogen.

$$y_S = -\frac{1}{A}\cdot\frac{1}{3}\left(R^3 - 0\right)\cdot\left[\underbrace{\cos\pi}_{-1} - \underbrace{\cos 0}_{+1}\right]$$

$$y_S = -\frac{1}{A}\cdot\frac{1}{3}R^3\cdot(-1-1)$$

$$y_S = -\frac{1}{A}\cdot\frac{1}{3}R^3\cdot(-2)$$

Minus mal Minus ergibt Plus.

$$y_S = +\frac{1}{A}\cdot\frac{1}{3}R^3\cdot 2$$

$$y_S = +\frac{1}{A}\cdot\frac{2}{3}R^3$$

mit $A = \frac{1}{2}R^2\pi$ bzw. $1 = \dfrac{A}{\frac{1}{2}R^2\pi} = \dfrac{2A}{R^2\,\pi}$

Multiplikation mit '1', $1 = \dfrac{2A}{R^2\,\pi}$

$$y_S = +\frac{1}{A}\cdot\frac{2}{3}R^3\cdot\left(\frac{2A}{R^2\,\pi}\right)\overset{=1}{}$$

$$\boxed{y_S = +\frac{4R}{3\pi}}$$

Schwerpunktkoordinate y_S

Geben Sie bitte die Lage des Flächenschwerpunktes 'S' in folgender Form an:

$$S:\left(x_S;\,y_S\right) = (\ldots;\,\ldots).$$

$$\boxed{S:\left(x_S;\,y_S\right) = \left(+R;\,+\frac{4R}{3\pi}\right)}$$

Schwerpunktkoordinaten x_S **und** y_S

(2) Zusammengesetzte Fläche / Geben Sie die Schwerpunktkoordinaten in folgender Form an: $S: \left(x_S;\ y_S\right) = (\dots;\ \dots)$

Schwerpunktkoordinate x_S

Überlegen / Hinschreiben

$$\underline{\underline{x_S = +R}} \qquad\qquad \text{Schwerpunktkoordinate } x_S$$

Schwerpunktkoordinate y_S

Es handelt sich um eine (subtraktiv) zusammengesetzte Fläche. Sie lässt sich sinnvoll in zwei Einzelflächen einteilen. Es kommt für die Rechnung die Summenformel zur Anwendung.

Das Moment der Gesamtfläche ist gleich der Summe der Momente der Einzelflächen.

$$y_S \cdot A = \sum_i \left(y_{S,i} \cdot A_i\right)$$

Summenformel

$$y_S \cdot A = y_{S,1} \cdot A_1 - y_{S,2} \cdot A_2$$

ausformuliert / Drehsinn berücksichtigen

$$y_S = y_{S,1} \cdot \frac{A_1}{A} - y_{S,2} \cdot \frac{A_2}{A}$$

Summenformel in zweckmäßiger Schreibweise

mit $A = A_1 - A_2$

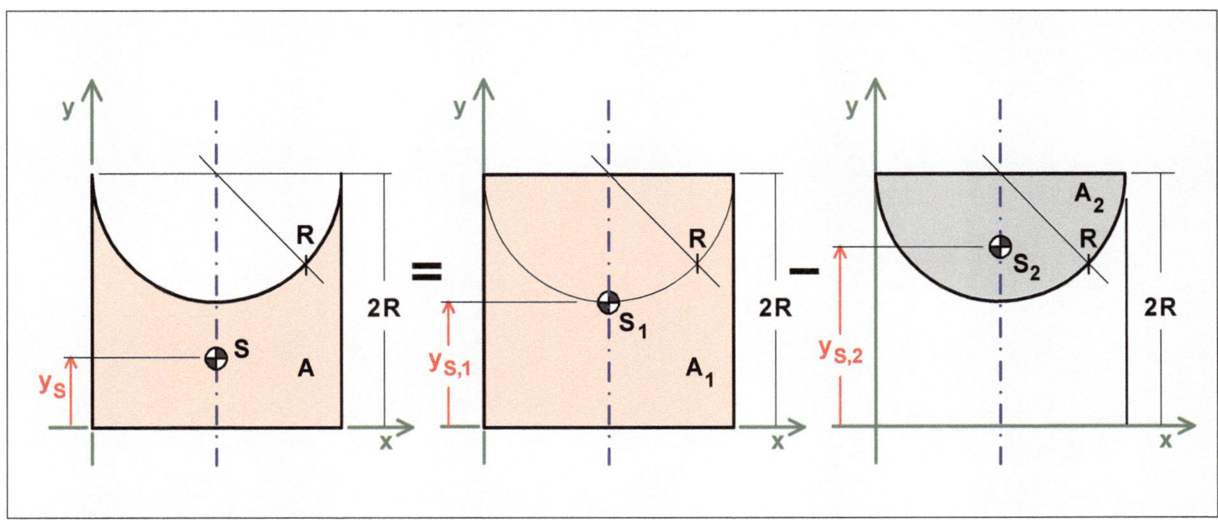

Gesamtfläche   Differenz der Teilflächen

$$y_{S,1} = +R \qquad\qquad y_{S,2} = +2R - \frac{4R}{3\pi}$$

$$y_{S,2} = +R\left(2 - \frac{4}{3\pi}\right)$$

$$A_1 = 2R \cdot 2R \qquad\qquad A_2 = \frac{1}{2}R^2\pi$$

$$A_1 = 4R^2$$

$$A = A_1 - A_2 = 4R^2 - \frac{1}{2}R^2\pi = R^2\left(4 - \frac{1}{2}\pi\right) = R^2 \cdot \frac{8-\pi}{2}$$

$$y_S = +R \cdot \frac{4R^2}{R^2 \cdot \dfrac{8-\pi}{2}} - R\left(2 - \frac{4}{3\pi}\right) \cdot \frac{\dfrac{1}{2}R^2\pi}{R^2 \cdot \dfrac{8-\pi}{2}}$$

$$y_S = +R \cdot \frac{4}{\dfrac{8-\pi}{2}} - R\left(2 - \frac{4}{3\pi}\right) \cdot \frac{\dfrac{1}{2}\pi}{\dfrac{8-\pi}{2}}$$

Zähler und Nenner mit '2' multiplizieren.

$$y_S = +R \cdot \frac{8}{8-\pi} - R\left(2 - \frac{4}{3\pi}\right) \cdot \frac{\pi}{8-\pi}$$

$$' \frac{R}{8-\pi} ' \text{ ausklammern}$$

$$y_S = +R \cdot \frac{1}{8-\pi}\left[+8 - \left(2 - \frac{4}{3\pi}\right)\cdot\pi\right]$$

$$y_S = +R \cdot \frac{1}{8-\pi}\left(+8 - \frac{6\pi - 4}{3\pi}\cdot\pi\right)$$

$$y_S = R \cdot \frac{1}{8-\pi}\left(+8 - \frac{6\pi - 4}{3}\right)$$

Hauptnenner '3'

$$y_S = +R \cdot \frac{1}{8-\pi}\,\frac{24 - 6\pi + 4}{3}$$

Zusammenfassung im Zähler

$$y_S = +R \cdot \frac{1}{8-\pi} \cdot \frac{28-6\,\pi}{3}$$

$$y_S = +R \cdot \frac{1}{8-\pi} \cdot \frac{2\,(14-3\,\pi)}{3}$$

$$y_S = +R \cdot \frac{2}{3} \cdot \frac{14-3\,\pi}{8-\pi}$$ Schwerpunktkoordinate y_S

Geben Sie bitte die Schwerpunktkoordinaten x_S und y_S bezogen auf das ein-gezeichnete Koordinatensystem in folgender Form an: $S: \left(x_S;\ y_S\right) = (\dots;\ \dots)$.

$$S: \left(x_S;\ y_S\right) = \left(+R;\ +R \cdot \frac{2}{3} \cdot \frac{14-3\,\pi}{8-\pi}\right)$$ Schwerpunktkoordinaten x_S und y_S

Aufgabe 30

**Flächenschwerpunkt / Zusammengesetz-
te Fläche / Rechteck / Halbkreis**

x-Richtung: Überlegen / Hinschreiben
y-Richtung: zusammengesetzt / Summenformel

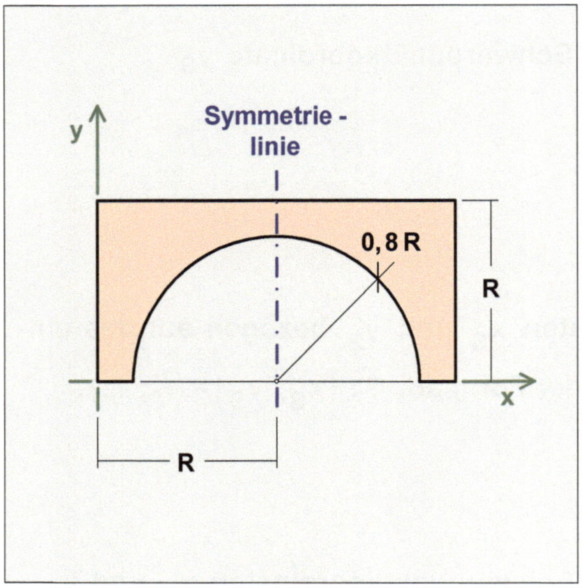

Nebenstehende Abbildung zeigt den Querschnitt eines Bauteils.

Der Querschnitt des Bauteils ist rechteckförmig, versehen mit einer vertikal mittigen halbkreisförmigen Ausnehmung.

Gegeben

Querschnittsabmessungen:

Höhe der Rechteckfläche : R;

Halbe Breite der Rechteckfläche: R;

Radius der Halbkreisfläche : 0,8 R.

Gesucht

Schwerpunktkoordinaten x_S und y_S.

Geben Sie bitte die Schwerpunktkoordinaten x_S und y_S bezogen auf das eingezeichnete Koordinatensystem in folgender Form an:

$$S: \left(x_S;\ y_S\right) = (...;\ ...)\,.$$

Ergebnis: $\ S: \left(x_S;\ y_S\right) = (+R;\ +0{,}58\,R)$

Lösung

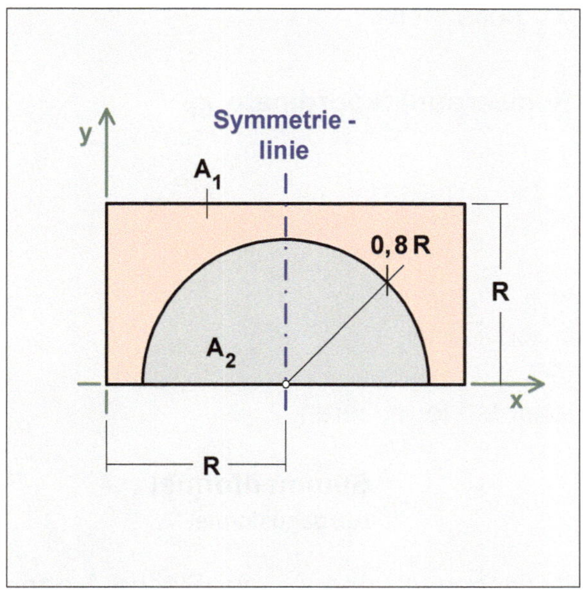

Die Zusammengesetzte Fläche A befindet sich in der **Normallage**. D. h. die 'westlichste Seite' liegt auf der y-Achse und die 'südlichste Seite' auf der x-Achse.

Es empfiehlt sich, die Zusammengesetzte Fläche A als **Differenz** zweier Teilflächen A_1 und A_2 zu betrachten.

Es sind dies die Rechteckfläche A_1 und die Halbkreisfläche A_2. Beide Teilflächen A_1 und A_2 werden **subtraktiv** zur Fläche A zusammengesetzt.

Hinsichtlich der Summenformel bedeutet das die Verwendung des **Minus**-Zeichens für das entsprechende Flächenmoment.

Schwerpunktkoordinate x_S

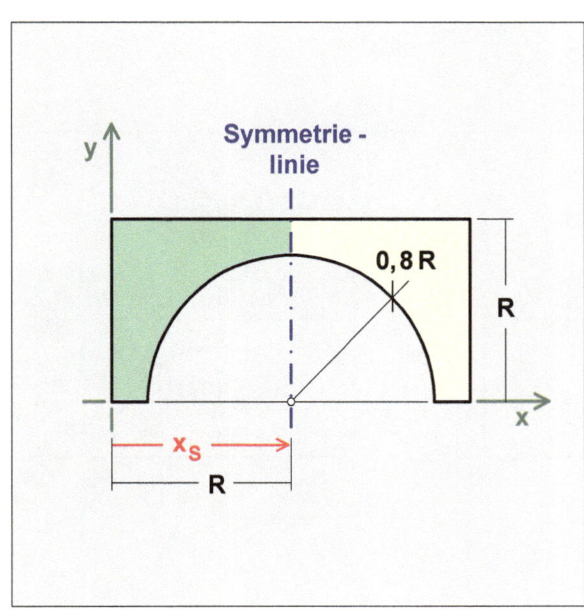

Nebenstehende Abbildung zeigt die Zusammengesetzte Fläche mit einer eingezeichneten und ausgezeichneten vertikalen Linie.

Sie zeichnet sich dadurch aus, dass die links liegende Fläche genauso groß ist wie die rechts liegende.

Außerdem sind die Flächen spiegelbildlich gleich.

Es handelt sich um eine Symmetrielinie.

Merke:

Eine Symmetrielinie ist grundsätzlich immer eine Schwerelinie.

Da eine Schwerelinie der geometrische Ort für den Flächenschwerpunkt S ist, ist damit der Abstand des Flächenschwerpunktes S von der y-Achse gegeben.

Das bedeutet, dass die Schwerpunktkoordinate x_S bekannt ist.

$$x_S = +R$$

Schwerpunktkoordinate x_S

Schwerpunktkoordinate y_S

Die Summenformel lässt sich mit den Flächenquotienten formulieren.

$$y_S \cdot A = \sum_i y_{S,i} \cdot A_i$$

Summenformel
Ausgangsformel

Die **subtraktive** Zusammensetzung der beiden Teilflächen A_1 und A_2 zur Fläche A erfordert die Verwendung des **Minus**-Zeichens (bitte Drehsinn beachten).

$$y_S \cdot A = y_{S,1} \cdot A_1 - y_{S,2} \cdot A_2$$

$$y_S = y_{S,1} \cdot \frac{A_1}{A} - y_{S,2} \cdot \frac{A_2}{A}$$

Summenformel
mit Flächenquotienten

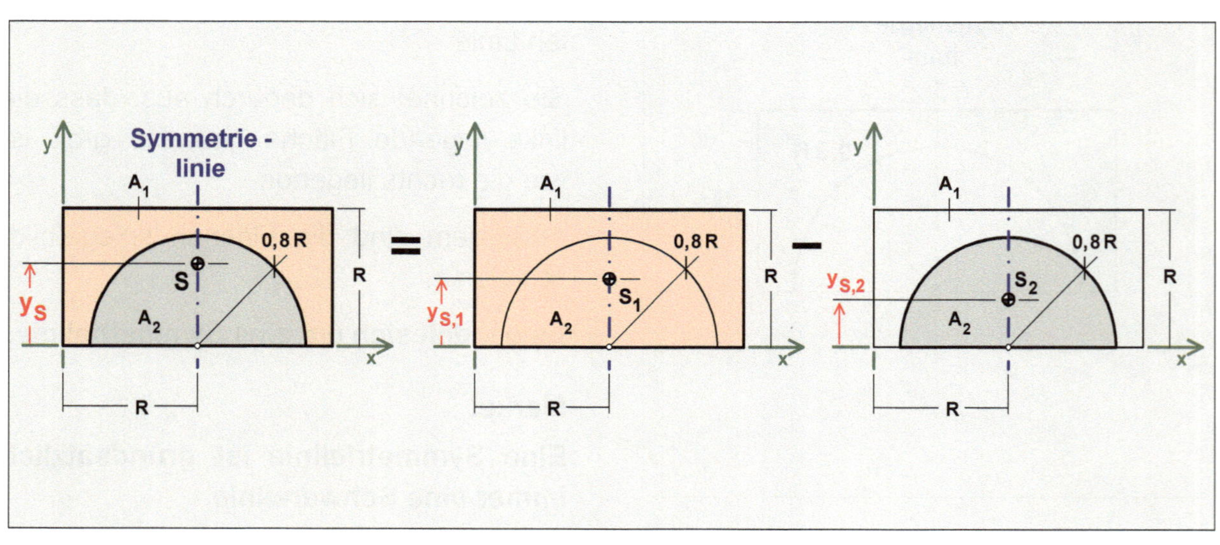

Gesamtfläche   **Differenz der Teilflächen**

Flächen A_i

$$A_1 = 2R \cdot R \qquad\qquad A_2 = \frac{1}{2} \cdot (0,8 \cdot R)^2 \cdot \pi$$

$$A_1 = 2R^2 \qquad\qquad A_2 = \frac{1}{2} \cdot 0.64 \cdot R^2 \cdot \pi$$

$$A_2 = \underbrace{0.32 \cdot \pi}_{\approx 1} \cdot R^2$$

$$A_2 = R^2$$

$$A = A_1 - A_2$$

$$A = 2R^2 - R^2$$

$$A = R^2$$

Schwerpunktkoordinaten $y_{S,i}$

$$y_{S,1} = +\frac{1}{2}R \qquad\qquad y_{S,2} = +\frac{4R}{3\pi}$$

$$y_S = y_{S,1} \cdot \frac{A_1}{A} - y_{S,2} \cdot \frac{A_2}{A}$$

Summenformel
mit Flächenquotienten

$$y_S = +\frac{1}{2}R \cdot \frac{2R^2}{R^2} - \frac{4R}{3\pi} \cdot \frac{R^2}{R^2}$$

Zähler und Nenner / R^2 kürzen

$$y_S = +\frac{1}{2}R \cdot \frac{2R^2}{R^2} - \frac{4R}{3\pi} \cdot \frac{R^2}{R^2}$$

$$y_S = +\frac{1}{2}R \cdot \frac{2}{1} - \frac{4R}{3\pi}$$

R ausklammern

$$y_S = +R\left(1 - \frac{4}{3\pi}\right)$$

$$\boxed{y_S = +0,58\,R}$$

Schwerpunktkoordinate y_S

Geben Sie bitte die Schwerpunktkoordinaten x_S und y_S bezogen auf das eingezeichnete Koordinatensystem in folgender Form an: $S : \left(x_S;\ y_S \right) = (...;\ ...)$.

$$S : \left(x_S;\ y_S \right) = (+R;\ +0,58\,R)$$

Schwerpunktkoordinaten x_S und y_S

Aufgabe 31

Flächenschwerpunkt / Zusammengesetzte Fläche / Halbkreis / Rechteck

x-Richtung: Überlegen / Hinschreiben
y-Richtung: zusammengesetzt / Summenformel

Nebenstehende Abbildung zeigt den Querschnitt eines Bauteils.

Der Querschnitt des Bauteils ist halbkreisförmig, versehen mit einer vertikal mittigen rechteckförmigen Ausnehmung.

Gegeben

Querschnittsabmessungen:

Radius der Halbkreisfläche　　　: R;

Grundseite der Rechteckfläche : $\frac{6}{5}R$;

Höhe der Rechteckfläche　　　 : $\frac{3}{5}R$.

Gesucht

Schwerpunktkoordinaten x_S und y_S.

Geben Sie bitte die Schwerpunktkoordinaten x_S und y_S bezogen auf das eingezeichnete Koordinatensystem in folgender Form an:

$$S: \left(x_S;\ y_S\right) = \left(\ldots;\ \ldots\right).$$

Ergebnis:　S: $\left(x_S\ ;\ y_S\right) = \left(+R;\ +0{,}53\,R\right)$

Lösung

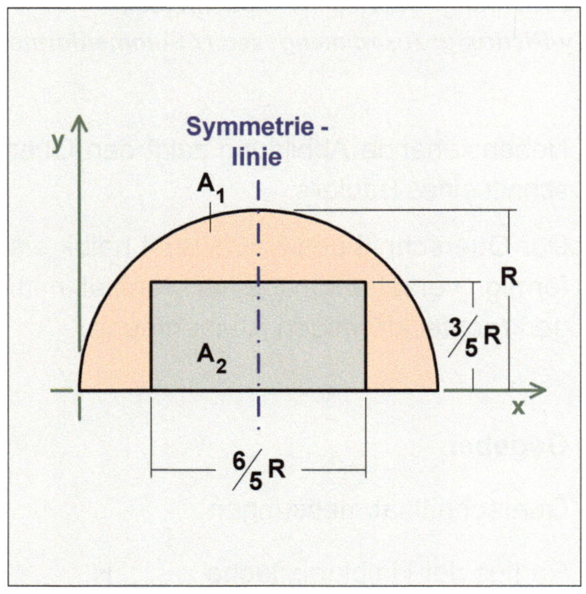

Die Zusammengesetzte Fläche A befindet sich in der **Normallage**. D. h. der 'westlichste Punkt' liegt auf der y-Achse und die 'südlichste Seite' auf der x-Achse.

Es empfiehlt sich, die Zusammengesetzte Fläche A als **Differenz** zweier Teilflächen A_1 und A_2 zu betrachten.

Es sind dies die Halbkreisfläche A_1 und die Rechteckfläche A_2. Beide Teilflächen A_1 und A_2 werden **subtraktiv** zur Fläche A zusammengesetzt.

Hinsichtlich der Summenformel bedeutet das die Verwendung des **Minus**-Zeichens für das entsprechende Flächenmoment.

Schwerpunktkoordinate x_S

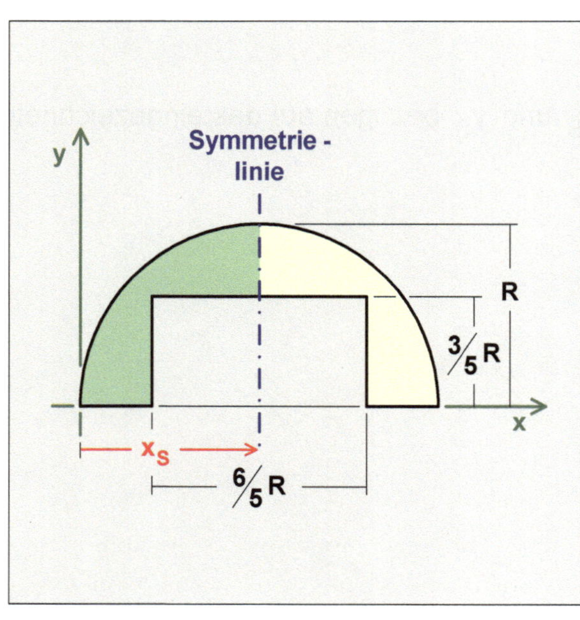

Nebenstehende Abbildung zeigt die Zusammengesetzte Fläche mit einer eingezeichneten und ausgezeichneten vertikalen Linie.

Sie zeichnet sich dadurch aus, dass die links liegende Fläche genauso groß ist wie die rechts liegende.

Außerdem sind die Flächen spiegelbildlich gleich.

Es handelt sich um eine Symmetrielinie.

Merke:

Eine Symmetrielinie ist grundsätzlich immer eine Schwerelinie.

Da eine Schwerelinie der geometrische Ort für den Flächenschwerpunkt S ist, ist damit der Abstand des Flächenschwerpunktes S von der y-Achse gegeben.

Das bedeutet, dass die Schwerpunktkoordinate x_S bekannt ist.

$$x_S = +R$$

Schwerpunktkoordinate x_S

Schwerpunktkoordinate y_S

Die Summenformel lässt sich mit den Flächenquotienten formulieren.

$$y_S \cdot A = \sum_i y_{S,i} \cdot A_i$$

Summenformel
Ausgangsformel

Die **subtraktive** Zusammensetzung der beiden Teilflächen A_1 und A_2 zur Fläche A erfordert die Verwendung des **Minus**-Zeichens **(bitte Drehsinn beachten)**.

$$y_S \cdot A = y_{S,1} \cdot A_1 - y_{S,2} \cdot A_2$$

$$y_S = y_{S,1} \cdot \frac{A_1}{A} - y_{S,2} \cdot \frac{A_2}{A}$$

Summenformel
mit Flächenquotienten

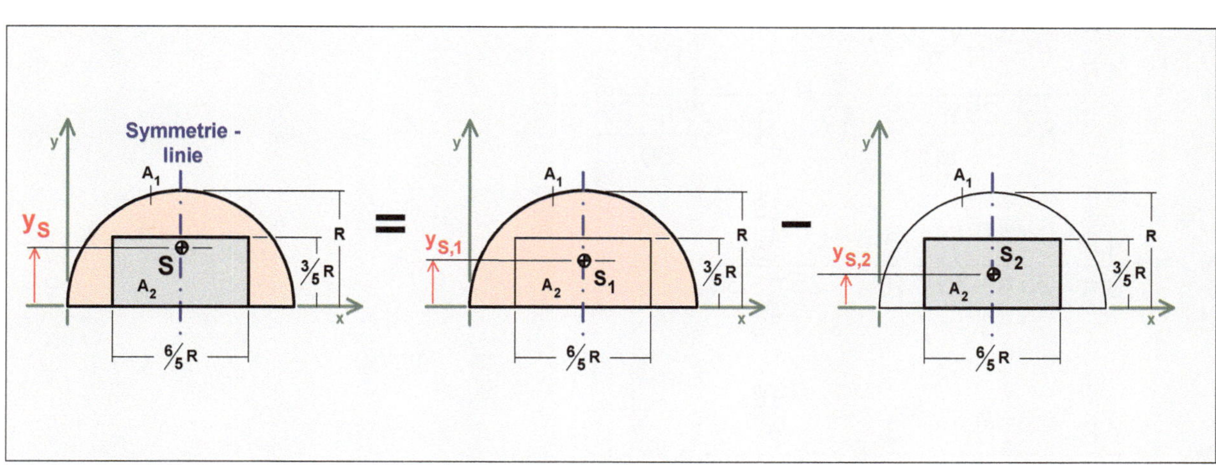

Gesamtfläche   **Differenz der Teilflächen**

Flächen A_i

$$A_1 = \frac{1}{2} R^2 \cdot \pi$$

$$A_2 = \frac{6}{5} R \cdot \frac{3}{5} R$$

$$A_2 = \frac{18}{25} R^2$$

$$A = A_1 - A_2$$

$$A = \frac{1}{2} R^2 \cdot \pi - \frac{18}{25} R^2$$

$$A = R^2 \left(\frac{\pi}{2} - \frac{18}{25} \right)$$

$$A = R^2 \cdot \frac{25\pi - 36}{50}$$

Schwerpunktkoordinaten $y_{S,i}$

$$y_{S,1} = + \frac{4R}{3\pi}$$

Wissens-Muss

$$y_{S,2} = + \frac{3}{10} R$$

$$y_S = y_{S,1} \cdot \frac{A_1}{A} - y_{S,2} \cdot \frac{A_2}{A}$$

Summenformel
mit Flächenquotienten

$$y_S = + \frac{4R}{3\pi} \cdot \frac{\dfrac{1}{2} R^2 \pi}{R^2 \cdot \dfrac{25\pi - 36}{50}} - \frac{3}{10} R \cdot \frac{\dfrac{18}{25} R^2}{R^2 \cdot \dfrac{25\pi - 36}{50}}$$

Zähler und Nenner / R^2 kürzen

$$y_S = + \frac{4R}{3\pi} \cdot \frac{\dfrac{1}{2} R^2 \pi}{R^2 \cdot \dfrac{25\pi - 36}{50}} - \frac{3}{10} R \cdot \frac{\dfrac{18}{25} R^2}{R^2 \cdot \dfrac{25\pi - 36}{50}}$$

$$y_S = + \frac{4R}{3\pi} \cdot \frac{\dfrac{1}{2} \pi}{\dfrac{25\pi - 36}{50}} - \frac{3}{10} R \cdot \frac{\dfrac{18}{25}}{\dfrac{25\pi - 36}{50}}$$

1. Term / 'π' kürzen

$$y_S = + \frac{4R}{3\pi} \cdot \frac{\dfrac{1}{2} \pi}{\dfrac{25\pi - 36}{50}} - \frac{3}{10} R \cdot \frac{\dfrac{18}{25}}{\dfrac{25\pi - 36}{50}}$$

$$y_S = +\frac{4\,R}{3} \cdot \frac{\dfrac{1}{2}}{\dfrac{25\,\pi - 36}{50}} - \frac{3}{10}\,R \cdot \frac{\dfrac{18}{25}}{\dfrac{25\,\pi - 36}{50}}$$

Zähler und Nenner / Multiplikation mit '50'

$$y_S = +\frac{4\,R}{3} \cdot \frac{25}{25\,\pi - 36} - \frac{3}{10}\,R \cdot \frac{36}{25\,\pi - 36}$$

'$\dfrac{R}{25\,\pi - 36}$' ausklammern

$$y_S = +\frac{R}{25\,\pi - 36}\left(\frac{4 \cdot 25}{3} - \frac{3 \cdot 36}{10}\right)$$

$$y_S = +\frac{R}{25\,\pi - 36}\left(\frac{100}{3} - \frac{108}{10}\right)$$

Hauptnenner in der runden Klammer

$$y_S = +\frac{R}{25\,\pi - 36} \cdot \frac{1000 - 324}{30}$$

$$y_S = +\frac{R}{25\,\pi - 36} \cdot \frac{676}{30}$$

$$y_S = +R \cdot \frac{676}{30 \cdot (25\,\pi - 36)}$$

TASCHENRECHNER !

$$\boxed{y_S = +0{,}53\,R}$$

Schwerpunktkoordinate y_S

Geben Sie bitte die Schwerpunktkoordinaten x_S und y_S bezogen auf das eingezeichnete Koordinatensystem in folgender Form an: $S: \left(x_S;\ y_S\right) = (...;\ ...)$.

$$\boxed{S: \left(x_S;\ y_S\right) = (+R\,;\ +0{,}53\,R)}$$

Schwerpunktkoordinaten x_S und y_S

Aufgabe 32

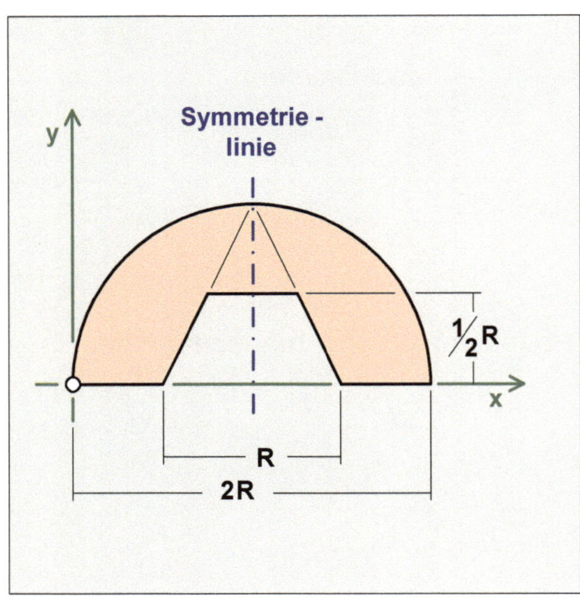

Flächenschwerpunkt / Zusammengesetzte Fläche / Halbkreis / Trapez

x-Richtung: Überlegen / Hinschreiben
y-Richtung: zusammengesetzt / Summenformel

Nebenstehende Abbildung zeigt den Querschnitt eines Bauteils.

Der Querschnitt des Bauteils ist halbkreisförmig, versehen mit einer vertikal mittigen trapezförmigen Ausnehmung.

Gegeben

Querschnittsabmessungen:

Radius der Halbkreisfläche : R;

Grundseite der Trapezfläche : R;

Höhe der Trapezfläche : $\frac{1}{2}R$.

Gesucht

Schwerpunktkoordinaten x_S und y_S.

Geben Sie bitte die Schwerpunktkoordinaten x_S und y_S bezogen auf das eingezeichnete Koordinatensystem in folgender Form an:

$$S: \left(x_S;\ y_S\right) = \left(...;\ ...\right).$$

Anmerkung

So wie diese Aufgabe hier - mit dem gewünschten Lösungsweg - gestellt ist, ist sie nicht klausurrelevant.

Sie sollte unter dem Gesichtspunkt der rechnerischen Herausforderung, verbunden mit den mathematischen Schönheiten, gesehen werden.

Ergebnis: $S: \left(x_S\ ;\ y_S\right) = \left(+R;\ +0{,}49\,R\right)$

Lösung

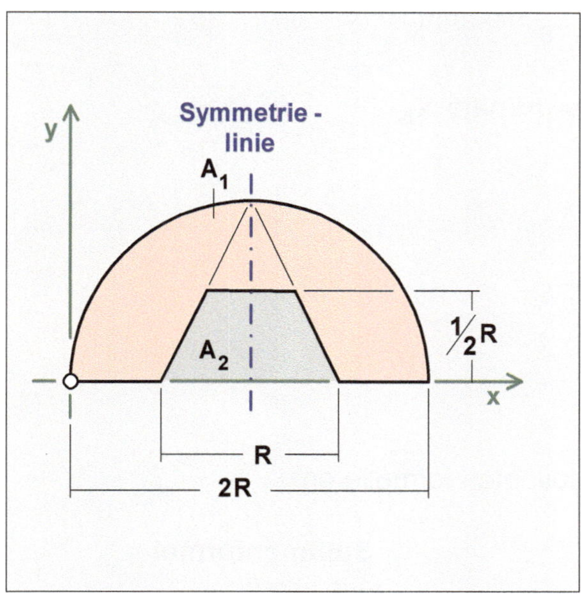

Die Zusammengesetzte Fläche A befindet sich in der **Normallage**. D. h. der 'westlichste Punkt' liegt auf der y-Achse und die 'südlichste Seite' auf der x-Achse.

Es empfiehlt sich, die Zusammengesetzte Fläche A als **Differenz** zweier Teilflächen A_1 und A_2 zu betrachten.

Es sind dies die Halbkreisfläche A_1 und die Trapezfläche A_2. Beide Teilflächen A_1 und A_2 werden **subtraktiv** zur Fläche A zusammengesetzt.

Hinsichtlich der Summenformel bedeutet das die Verwendung des **Minus**-Zeichens für das entsprechende Flächenmoment.

Schwerpunktkoordinate x_S

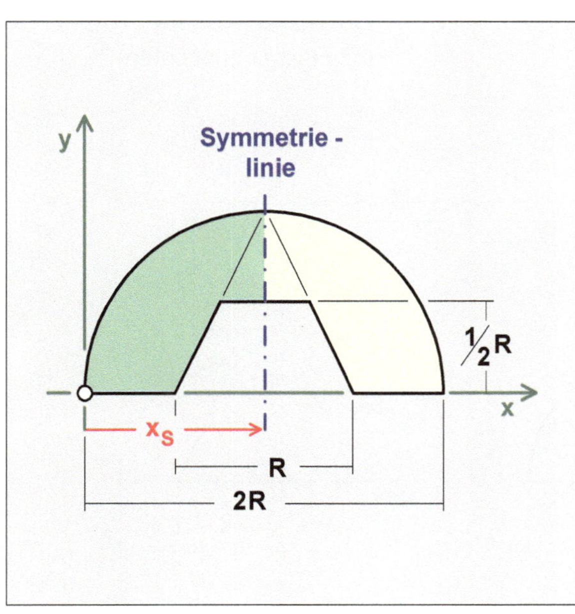

Nebenstehende Abbildung zeigt die Zusammengesetzte Fläche mit einer eingezeichneten und ausgezeichneten vertikalen Linie.

Sie zeichnet sich dadurch aus, dass die links liegende Fläche genauso groß ist wie die rechts liegende.

Außerdem sind die Flächen spiegelbildlich gleich.

Es handelt sich um eine Symmetrielinie.

Merke:

Eine Symmetrielinie ist grundsätzlich immer eine Schwerelinie.

Da eine Schwerelinie der geometrische Ort für den Flächenschwerpunkt S ist, ist damit der Abstand des Flächenschwerpunktes S von der y-Achse gegeben.

Das bedeutet, dass die Schwerpunktkoordinate x_S bekannt ist.

$$x_S = +R$$ **Schwerpunktkoordinate x_S**

Schwerpunktkoordinate y_S

Die Summenformel lässt sich mit den Flächenquotienten formulieren.

$$y_S \cdot A = \sum_i y_{S,i} \cdot A_i$$ **Summenformel**
Ausgangsformel

Die **subtraktive** Zusammensetzung der beiden Teilflächen A_1 und A_2 zur Fläche A erfordert die Verwendung des **Minus**-Zeichens **(bitte Drehsinn beachten)**.

$$y_S \cdot A = y_{S,1} \cdot A_1 - y_{S,2} \cdot A_2$$

$$y_S = y_{S,1} \cdot \frac{A_1}{A} - y_{S,2} \cdot \frac{A_2}{A}$$ **Summenformel**
mit Flächenquotienten

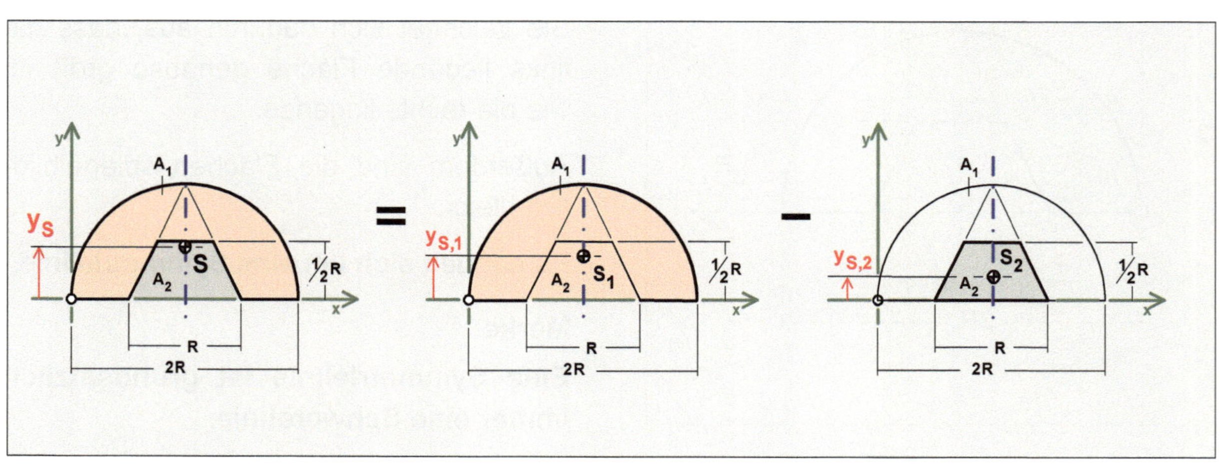

Gesamtfläche   **Differenz der Teilflächen**

Flächen A_i

$$A_1 = \frac{1}{2} R^2 \cdot \pi$$

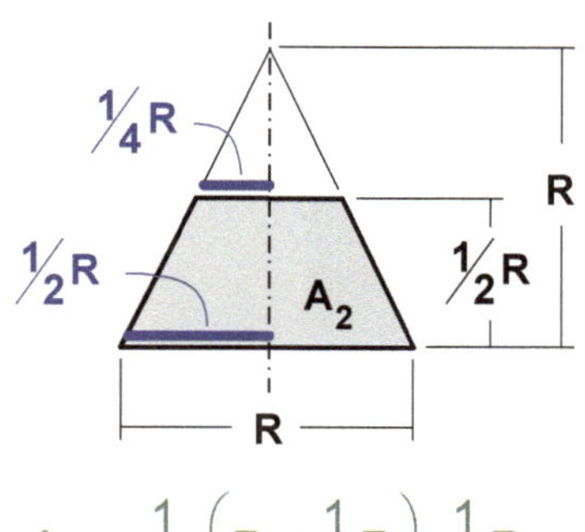

$$A_2 = \frac{1}{2} \cdot \left(R + \frac{1}{2} R \right) \cdot \frac{1}{2} R$$

$$A_2 = \frac{1}{2} \cdot \left(\frac{2}{2} R + \frac{1}{2} R \right) \cdot \frac{1}{2} R$$

$$A_2 = \frac{1}{2} \cdot \frac{3}{2} R \cdot \frac{1}{2} R$$

$$A_2 = \frac{3}{8} R^2$$

$$A = A_1 - A_2$$

$$A = \frac{1}{2} R^2 \cdot \pi - \frac{3}{8} R^2$$

$$A = R^2 \cdot \left(\frac{1}{2} \pi - \frac{3}{8} \right)$$

$$A = R^2 \cdot \frac{4\pi - 3}{8}$$

Schwerpunktkoordinaten $y_{S,i}$

$$y_{S,1} = + \frac{4R}{3\pi}$$

Wissens-Muss

$$y_{S,2} = ?$$

Nicht einfach, aber - …,

man kann die Schwerpunktkoordinate $y_{S,2}$ an eine Beziehung, die im Themenpunkt **Flächenschwerpunkt / Grundformen / Tabelle / Trapez** (symmetrisch) vorhanden ist, anpassen.

Das ist die Beziehung **Flächen-schwerpunkt / Grundformen / Tabelle / Trapez** (symmetrisch).

$$y_S = +\frac{1}{3} \cdot h \cdot \frac{b + 2c}{b + c}$$

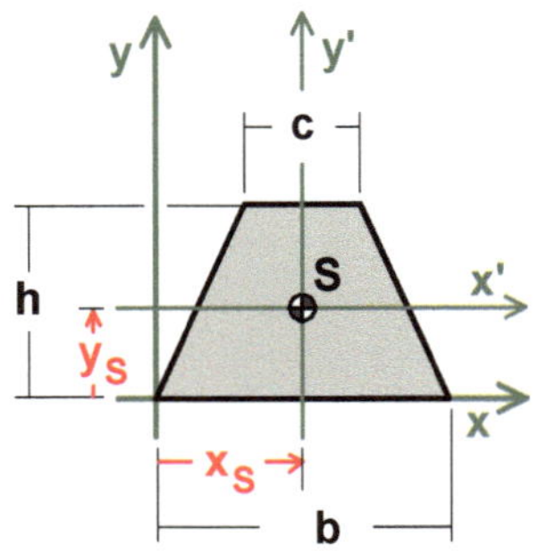

Angepasst →

$$y_{S,2} = +\frac{1}{3} \cdot \frac{1}{2} R \cdot \frac{R + 2 \cdot \frac{1}{2} R}{R + \frac{1}{2} R}$$

$$y_{S,2} = +\frac{1}{6} R \cdot \frac{2R}{\frac{3}{2} R}$$

$$y_{S,2} = +\frac{1}{6} R \cdot \frac{4}{3}$$

$$y_{S,2} = +\frac{2}{9} R$$

$$y_S = y_{S,1} \cdot \frac{A_1}{A} - y_{S,2} \cdot \frac{A_2}{A}$$

Summenformel
mit Flächenquotienten

$$y_S = +\frac{4R}{3\pi} \cdot \frac{\frac{1}{2} R^2 \pi}{R^2 \cdot \frac{4\pi - 3}{8}} - \frac{2}{9} R \cdot \frac{\frac{3}{8} R^2}{R^2 \cdot \frac{4\pi - 3}{8}}$$

Zähler und Nenner / R^2 kürzen

$$y_S = +\frac{4R}{3\pi} \cdot \frac{\frac{1}{2} \cancel{R^2} \pi}{\cancel{R^2} \cdot \frac{4\pi - 3}{8}} - \frac{2}{9} R \cdot \frac{\frac{3}{8} \cancel{R^2}}{\cancel{R^2} \cdot \frac{4\pi - 3}{8}}$$

$$y_S = +\frac{4R}{3\pi} \cdot \frac{\frac{1}{2} \pi}{\frac{4\pi - 3}{8}} - \frac{2}{9} R \cdot \frac{\frac{3}{8}}{\frac{4\pi - 3}{8}}$$

1. Term / ' π ' kürzen

$$y_S = +\frac{4\,R}{3\,\pi}\cdot\frac{\frac{1}{2}\pi}{\frac{4\pi-3}{8}} - \frac{2}{9}\,R\cdot\frac{\frac{3}{8}}{\frac{4\pi-3}{8}}$$

$$y_S = +\frac{4\,R}{3}\cdot\frac{\frac{1}{2}}{\frac{4\pi-3}{8}} - \frac{2}{9}\,R\cdot\frac{\frac{3}{8}}{\frac{4\pi-3}{8}}$$

Zähler und Nenner / Multiplikation mit '8'

$$y_S = +\frac{4\,R}{3}\cdot\frac{4}{4\pi-3} - \frac{2}{9}\,R\cdot\frac{3}{4\pi-3}$$

'$\dfrac{R}{4\pi-3}$' ausklammern

$$y_S = +\frac{R}{4\pi-3}\cdot\left(\frac{16}{3}-\frac{2}{3}\right)$$

Betrachtung der runden Klammer

$$y_S = +\frac{R}{4\pi-3}\cdot\frac{14}{3}$$

$$y_S = +\frac{14}{3\,(4\pi-3)}\cdot R$$

TASCHENRECHNER !

$$\boxed{y_S = +0,49\,R}$$

Schwerpunktkoordinate y_S

Geben Sie bitte die Schwerpunktkoordinaten x_S **und** y_S **bezogen auf das eingezeichnete Koordinatensystem in folgender Form an:** $S:\left(x_S;\,y_S\right)=(...;\,...)$.

$$\boxed{S:\left(x_S;\,y_S\right)=(+R;\,+0,49\,R)}$$

Schwerpunktkoordinaten x_S **und** y_S

Aufgabe 33

**Flächenschwerpunkt / Zusammengesetz-
te Fläche / Halbkreis / Dreieck**

x-Richtung: zusammengesetzt / Summenformel
y-Richtung: zusammengesetzt / Summenformel

Nebenstehende Abbildung zeigt den Querschnitt eines Bauteils.

Der Querschnitt des Bauteils ist halbkreisförmig, versehen mit einer dreieckförmigen Ausnehmung.

Bei der dreieckförmigen Ausnehmung handelt es sich um ein rechtwinkliges Dreieck.

Gegeben

Querschnittsabmessungen:

Radius der Halbkreisfläche : R;

Grundseite des Dreiecks : $\frac{3}{2}R$;

Höhe des Dreiecks : $\frac{1}{2}R$.

Gesucht

Schwerpunktkoordinaten x_S und y_S.

Geben Sie bitte die Schwerpunktkoordinaten x_S und y_S bezogen auf das eingezeichnete
Koordinatensystem in folgender Form an:

$$S: \left(x_S;\ y_S\right) = (...;\ ...).$$

Ergebnis: S: $\left(x_S\ ;\ y_S\right) = (+R;\ +0{,}51\,R)$

Lösung

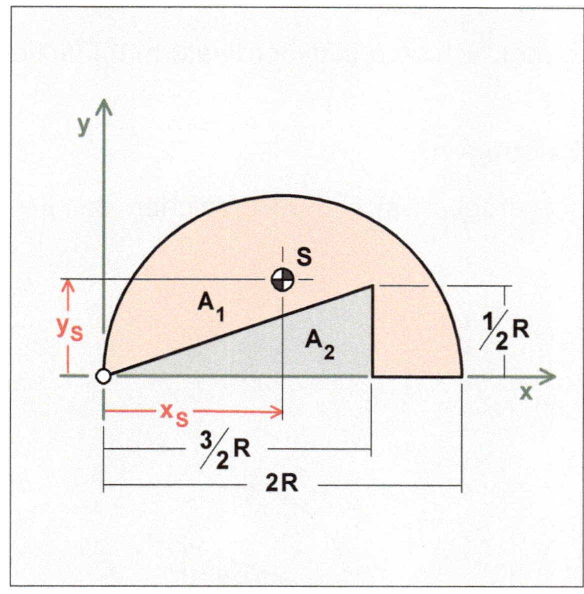

Die Zusammengesetzte Fläche A befindet sich in der **Normallage**. D. h. der 'westlichste Punkt' liegt auf der y-Achse und die 'südlichste Seite' auf der x-Achse.

Es empfiehlt sich, die Zusammengesetzte Fläche A als **Differenz** zweier Teilflächen A_1 und A_2 zu betrachten.

Es sind dann dies die Halbkreisfläche A_1 und die Dreieckfläche A_2. Beide Teilflächen A_1 und A_2 werden **subtraktiv** zur Fläche A zusammengesetzt.

Hinsichtlich der Summenformel bedeutet das die Verwendung des **Minus**-Zeichens für das entsprechende Flächenmoment.

Man erkennt, dass keine Symmetrielinie vorhanden ist.

Es kommt hinzu, dass die auf jeden Fall vorhandenen Schwerelinien - vertikal und horizontal - nicht zu erkennen sind.

Die Schwerpunktkoordinaten x_S und y_S können damit nicht durch Ablesen oder Überlegen hingeschrieben werden. Sie müssen rechnerisch ermittelt werden.

Das geschieht mit der Summenformel.

Das Moment der Gesamtfläche ist gleich der Summe der Momente der Einzelflächen.

$$x_S \cdot A = \sum_i \left(x_{S,i} \cdot A_i \right) \qquad\qquad y_S \cdot A = \sum_i \left(y_{S,i} \cdot A_i \right)$$

Summenformel ausformuliert / bitte Vorzeichen der Flächenmomente beachten

$$x_S \cdot A = x_{S,1} \cdot A_1 - x_{S,2} \cdot A_2 \qquad\qquad y_S \cdot A = y_{S,1} \cdot A_1 - y_{S,2} \cdot A_2$$

Summenformel / in zweckmäßiger Schreibweise / mit den Flächenquotienten

$$x_S = x_{S,1} \cdot \frac{A_1}{A} - x_{S,2} \cdot \frac{A_2}{A} \qquad\qquad y_S = y_{S,1} \cdot \frac{A_1}{A} - y_{S,2} \cdot \frac{A_2}{A}$$

Bei Anwendung der Summenformel, sollte man die Zusammengesetzte Fläche derart in Teilflächen A_i einteilen, dass man ihre Schwerpunktkoordinaten $x_{S,i}$ und $y_{S,i}$ nach Möglichkeit direkt hinschreiben kann.

Noch einmal. Bei dem Produkt in der Summenformel 'Schwerpunktkoordinate mal Fläche' handelt es sich um ein Flächenmoment.

Bei einem Moment ist der Drehsinn zu berücksichtigen.

Mit obiger Überlegung hinsichtlich des Drehsinns ergeben sich die Vorzeichen der Flächenmomente.

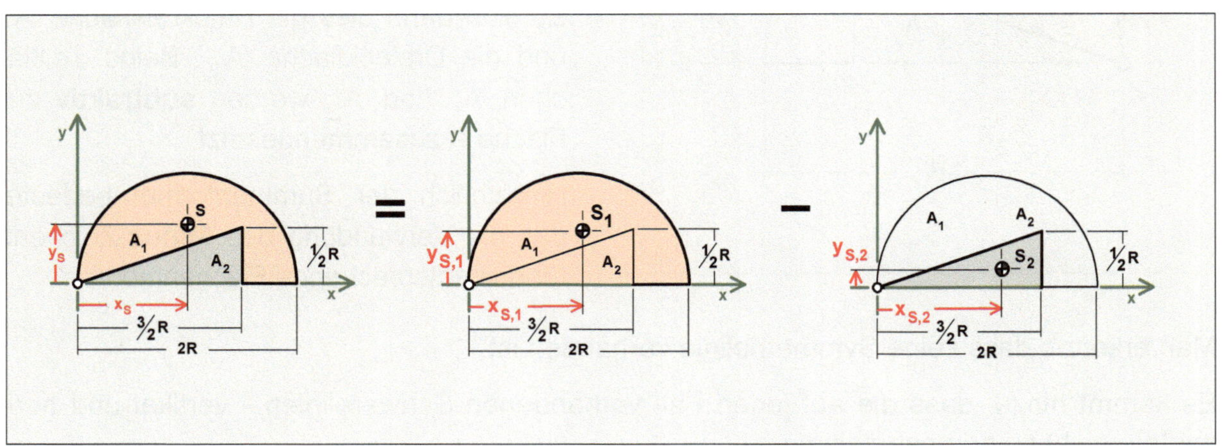

Gesamtfläche   **Differenz der Teilflächen**

Flächen A_i

$$A_1 = \frac{1}{2} R^2 \cdot \pi \qquad\qquad A_2 = \frac{1}{2} \cdot \frac{3}{2} R \cdot \frac{1}{2} R$$

$$A_2 = \frac{3}{8} R^2$$

$$A = A_1 - A_2$$

$$A = \frac{1}{2} R^2 \cdot \pi - \frac{3}{8} R^2$$

$$A = R^2 \cdot \left(\frac{1}{2} \pi - \frac{3}{8} \right)$$

$$A = R^2 \cdot \frac{4\pi - 3}{8}$$

Schwerpunktkoordinaten $x_{S,i}$

$$x_{S,1} = +R \qquad\qquad x_{S,2} = +\frac{2}{3}\cdot\frac{3}{2}R$$

$$x_{S,2} = +R$$

Schwerpunktkoordinaten $y_{S,i}$

$$y_{S,1} = +\frac{4R}{3\pi} \qquad\qquad y_{S,2} = +\frac{1}{3}\cdot\frac{1}{2}R$$

$$y_{S,2} = +\frac{1}{6}R$$

Schwerpunktkoordinate x_S

Die Summenformel lässt sich mit den Flächenquotienten formulieren.

$$x_S \cdot A = \sum_i x_{S,i}\cdot A_i$$

Summenformel
Ausgangsformel

Die **subtraktive** Zusammensetzung der beiden Teilflächen A_1 und A_2 zur Fläche A erfordert für diesen Fall die Verwendung des **Minus**-Zeichens.

$$x_S \cdot A = x_{S,1}\cdot A_1 - x_{S,2}\cdot A_2$$

$$x_S = x_{S,1}\cdot\frac{A_1}{A} - x_{S,2}\cdot\frac{A_2}{A}$$

Summenformel
mit Flächenquotienten

$$x_S = +R\cdot\frac{\dfrac{1}{2}R^2\cdot\pi}{R^2\cdot\dfrac{4\pi-3}{8}} - R\cdot\frac{\dfrac{3}{8}R^2}{R^2\cdot\dfrac{4\pi-3}{8}}$$

Bearbeitung der Flächenquotienten;
Zähler und Nenner durch 'R^2' teilen.

$$x_S = +R\cdot\frac{\dfrac{1}{2}R^2\cdot\pi}{R^2\cdot\dfrac{4\pi-3}{8}} - R\cdot\frac{\dfrac{3}{8}R^2}{R^2\cdot\dfrac{4\pi-3}{8}}$$

$$x_S = +R \cdot \dfrac{\frac{1}{2} \cdot \pi}{\frac{4\pi - 3}{8}} - R \cdot \dfrac{\frac{3}{8}}{\frac{4\pi - 3}{8}}$$

Zähler und Nenner / Multiplikation mit '8'

$$x_S = +R \cdot \dfrac{4 \cdot \pi}{4\pi - 3} - R \cdot \dfrac{3}{4\pi - 3}$$

'$\dfrac{R}{4\pi - 3}$' ausklammern

$$x_S = +\dfrac{R}{4\pi - 3}(4\pi - 3)$$

$$\boxed{x_S = +R}$$

Schwerpunktkoordinate x_S

Anmerkung:

Bei der Formulierung der beiden Schwerpunktkoordinaten $x_{S,i}$ hätte man schon erkennen können, dass x_S gleich R ist.

Schwerpunktkoordinate y_S

Die Summenformel lässt sich mit den Flächenquotienten formulieren.

$$y_S \cdot A = \sum_i y_{S,i} \cdot A_i$$

Summenformel
Ausgangsformel

Die **subtraktive** Zusammensetzung der beiden Teilflächen A_1 und A_2 zur Fläche A erfordert für diesen Fall die Verwendung des **Minus**-Zeichens.

$$y_S \cdot A = y_{S,1} \cdot A_1 - y_{S,2} \cdot A_2$$

$$\boxed{y_S = y_{S,1} \cdot \dfrac{A_1}{A} - y_{S,2} \cdot \dfrac{A_2}{A}}$$

Summenformel
mit Flächenquotienten

$$y_S = +\dfrac{4R}{3\pi} \cdot \dfrac{\frac{1}{2} R^2 \cdot \pi}{R^2 \cdot \frac{4\pi - 3}{8}} - \dfrac{1}{6} R \cdot \dfrac{\frac{3}{8} R^2}{R^2 \cdot \frac{4\pi - 3}{8}}$$

Bearbeitung der Flächenquotienten;
Zähler und Nenner durch 'R^2' teilen.

$$y_S = +\frac{4R}{3\pi} \cdot \frac{\frac{1}{2}\cancel{R^2}\,\pi}{\cancel{R^2} \cdot \frac{4\pi-3}{8}} - \frac{1}{6}R \cdot \frac{\frac{3}{8}\cancel{R^2}}{\cancel{R^2} \cdot \frac{4\pi-3}{8}}$$

$$y_S = +\frac{4R}{3\pi} \cdot \frac{\frac{1}{2}\pi}{\frac{4\pi-3}{8}} - \frac{1}{6}R \cdot \frac{\frac{3}{8}}{\frac{4\pi-3}{8}}$$

Zähler und Nenner / Multiplikation mit '8'

$$y_S = +\frac{4R}{3\pi} \cdot \frac{4\pi}{4\pi-3} - \frac{1}{6}R \cdot \frac{3}{4\pi-3}$$

1. Term / 'π' kürzen

$$y_S = +\frac{4R}{3\cancel{\pi}} \cdot \frac{4\cancel{\pi}}{4\pi-3} - \frac{1}{6}R \cdot \frac{3}{4\pi-3}$$

$$y_S = +\frac{4R}{3} \cdot \frac{4}{4\pi-3} - \frac{1}{6}R \cdot \frac{3}{4\pi-3}$$

'$\dfrac{R}{4\pi-3}$' ausklammern

$$y_S = +\frac{R}{4\pi-3}\left(\frac{4}{3} \cdot 4 - \frac{1}{6}\,3\right)$$

Hauptnenner '6'

$$y_S = +\frac{R}{4\pi-3} \cdot \left(\frac{32}{6} - \frac{3}{6}\right)$$

$$y_S = +\frac{R}{4\pi-3} \cdot \frac{29}{6}$$

$$y_S = +\frac{29}{6\,(4\pi-3)} \cdot R$$

TASCHENRECHNER !

$$\boxed{y_S = +\,0{,}51R}$$

Schwerpunktkoordinate y_S

Geben Sie bitte die Schwerpunktkoordinaten x_S und y_S bezogen auf das eingezeichnete Koordinatensystem in folgender Form an: $S: (x_S;\ y_S) = (...;\ ...)$.

$$\boxed{S: (x_S;\ y_S) = (+R\,;\ +0{,}51R)}$$

Schwerpunktkoordinaten x_S und y_S

Aufgabe 34

Flächenschwerpunkt / Zusammengesetzte Fläche / Halbkreis / Rechteck

x-Richtung: zusammengesetzt / Summenformel
y-Richtung: zusammengesetzt / Summenformel

Nebenstehende Abbildung zeigt den Querschnitt eines Bauteils.

Der Querschnitt des Bauteils ist halbkreisförmig, versehen mit einer rechteckförmigen Ausnehmung.

Gegeben

Abmessungen, siehe Abbildung.

Alle Maße in 'mm'.

Gesucht

Schwerpunktkoordinaten x_S und y_S.

Geben Sie bitte die Schwerpunktkoordinaten x_S und y_S bezogen auf das eingezeichnete Koordinatensystem in folgender Form an:

$$S: \left(x_S; \, y_S\right) = (\ldots; \, \ldots).$$

Ergebnis: *S:* $\left(x_S \, ; \, y_S\right) = (+\,23{,}15 \text{ mm}; \; +\,13{,}30 \text{ mm})$

Lösung

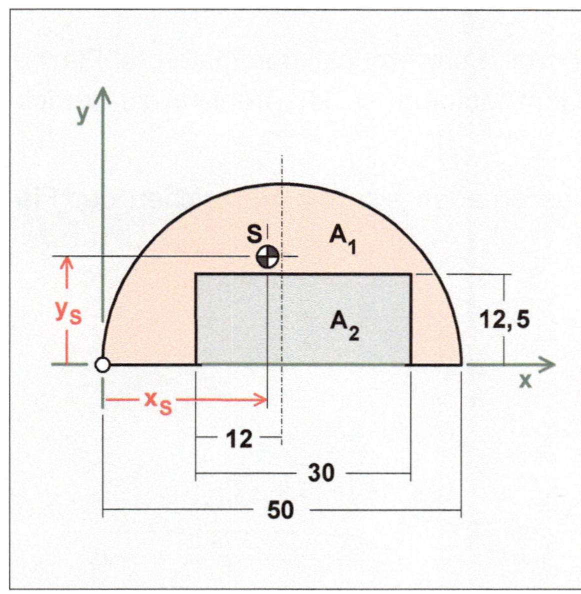

Die Zusammengesetzte Fläche A befindet sich in der **Normallage**. D. h. der 'westlichste Punkt' liegt auf der y-Achse und die 'südlichste Seite' auf der x-Achse.

Es empfiehlt sich, die Zusammengesetzte Fläche A als **Differenz** zweier Teilflächen A_1 und A_2 zu betrachten.

Es sind dann dies die Halbkreisfläche A_1 und die Rechteckfläche A_2. Beide Teilflächen A_1 und A_2 werden **subtraktiv** zur Fläche A zusammengesetzt.

Hinsichtlich der Summenformel bedeutet das die Verwendung des **Minus**-Zeichens für das entsprechende Flächenmoment.

Man erkennt, dass keine Symmetrielinie vorhanden ist.

Es kommt hinzu, dass die auf jeden Fall vorhandenen Schwerelinien - vertikal und horizontal - nicht zu erkennen sind.

Die Schwerpunktkoordinaten x_S und y_S können damit nicht durch Ablesen oder Überlegen hingeschrieben werden. Sie müssen rechnerisch ermittelt werden.

Das geschieht mit der Summenformel.

Das Moment der Gesamtfläche ist gleich der Summe der Momente der Einzelflächen.

$$x_S \cdot A = \sum_i \left(x_{S,i} \cdot A_i \right) \qquad\qquad y_S \cdot A = \sum_i \left(y_{S,i} \cdot A_i \right)$$

Summenformel ausformuliert / **bitte Vorzeichen der Flächenmomente beachten**

$$x_S \cdot A = x_{S,1} \cdot A_1 - x_{S,2} \cdot A_2 \qquad\qquad y_S \cdot A = y_{S,1} \cdot A_1 - y_{S,2} \cdot A_2$$

Summenformel / in zweckmäßiger Schreibweise / mit den Flächenquotienten

$$x_S = x_{S,1} \cdot \frac{A_1}{A} - x_{S,2} \cdot \frac{A_2}{A} \qquad\qquad y_S = y_{S,1} \cdot \frac{A_1}{A} - y_{S,2} \cdot \frac{A_2}{A}$$

Bei Anwendung der Summenformel, sollte man die Zusammengesetzte Fläche derart in Teilflächen A_i einteilen, dass man ihre Schwerpunktkoordinaten $x_{S,i}$ und $y_{S,i}$ nach Möglichkeit direkt hinschreiben kann.

Noch einmal. Bei dem Produkt in der Summenformel 'Schwerpunktkoordinate mal Fläche' handelt es sich um ein Flächenmoment. Bei einem Moment ist der Drehsinn zu berücksichtigen.

Mit obiger Überlegung hinsichtlich des Drehsinns ergeben sich die Vorzeichen der Flächenmomente.

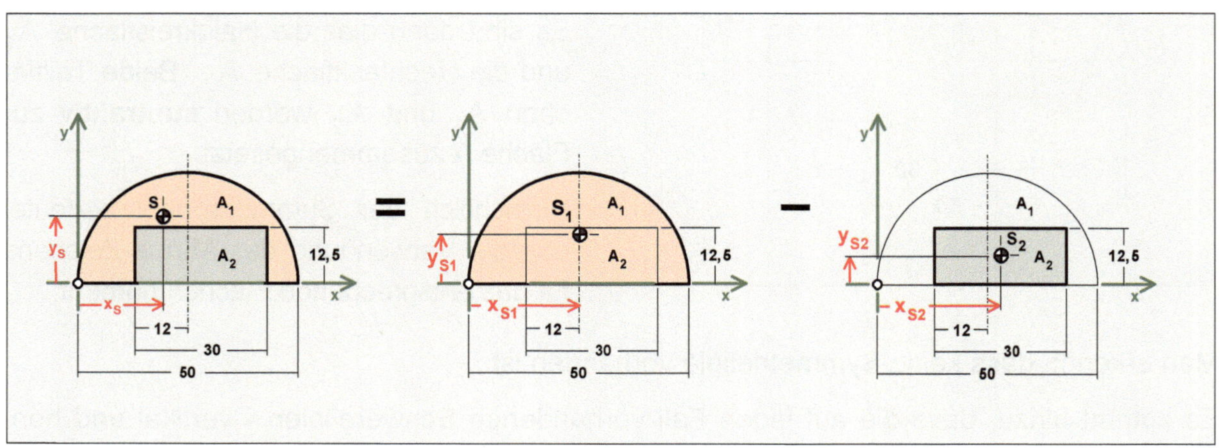

Gesamtfläche   **Differenz der Teilflächen**

Flächen A_i

$$A_1 = \frac{1}{2}(25\,\text{mm})^2 \cdot \pi \qquad A_2 = 30\,\text{mm} \cdot 12,5\,\text{mm}$$

$$A_1 = 981,75\,\text{mm}^2 \qquad A_2 = 375\,\text{mm}^2$$

$$A = A_1 - A_2$$

$$A = 981,75\,\text{mm}^2 - 375\,\text{mm}^2$$

$$A = 606,75\,\text{mm}^2$$

Schwerpunktkoordinaten $x_{S,i}$

$$x_{S,1} = +25\,\text{mm} \qquad x_{S,2} = 25\,\text{mm} - 12\,\text{mm} + 15\,\text{mm}$$

$$x_{S,2} = +28\,\text{mm}$$

Schwerpunktkoordinaten $y_{S,i}$

$$y_{S,1} = + \frac{4 \cdot 25\,\text{mm}}{3\,\pi} \qquad\qquad y_{S,2} = + 6,25\,\text{mm}$$

$$y_{S,1} = + 10,61\,\text{mm}$$

Schwerpunktkoordinate x_S

Die Summenformel lässt sich mit den Flächenquotienten formulieren.

$$x_S \cdot A = \sum_i x_{S,i} \cdot A_i$$

Summenformel
Ausgangsformel

Die **subtraktive** Zusammensetzung der beiden Teilflächen A_1 und A_2 zur Fläche A erfordert für diesen Fall die Verwendung des **Minus**-Zeichens.

$$x_S \cdot A = x_{S,1} \cdot A_1 - x_{S,2} \cdot A_2$$

$$x_S = x_{S,1} \cdot \frac{A_1}{A} - x_{S,2} \cdot \frac{A_2}{A}$$

Summenformel
mit Flächenquotienten

$$x_S = + 25\,\text{mm} \cdot \frac{981,75\,\text{mm}^2}{606,75\,\text{mm}^2} - 28\,\text{mm} \cdot \frac{375\,\text{mm}^2}{606,75\,\text{mm}^2}$$

$$x_S = + 25\,\text{mm} \cdot \frac{981,75\,\text{mm}^2}{606,75\,\text{mm}^2} - 28\,\text{mm} \cdot \frac{375\,\text{mm}^2}{606,75\,\text{mm}^2}$$

$$x_S = + 25\,\text{mm} \cdot \frac{981,75}{606,75} - 28\,\text{mm} \cdot \frac{375}{606,75}$$

Taschenrechner

$$x_S = + 23,15\,\text{mm}$$

Schwerpunktkoordinate x_S

Schwerpunktkoordinate y_S

Die Summenformel lässt sich mit den Flächenquotienten formulieren.

$$y_S \cdot A = \sum_i y_{S,i} \cdot A_i$$

Summenformel
Ausgangsformel

Die **subtraktive** Zusammensetzung der beiden Teilflächen A_1 und A_2 zur Fläche A erfordert für diesen Fall die Verwendung des **Minus**-Zeichens.

$$y_S \cdot A = y_{S,1} \cdot A_1 - y_{S,2} \cdot A_2$$

$$y_S = y_{S,1} \cdot \frac{A_1}{A} - y_{S,2} \cdot \frac{A_2}{A}$$

Summenformel
mit Flächenquotienten

$$y_S = +10,61\,mm \cdot \frac{981,75\,mm^2}{606,75\,mm^2} - 6,25\,mm \cdot \frac{375\,mm^2}{606,75\,mm^2}$$

$$y_S = +10,61\,mm \cdot \frac{981,75\,mm^2}{606,75\,mm^2} - 6,25\,mm \cdot \frac{375\,mm^2}{606,75\,mm^2}$$

$$y_S = +10,61\,mm \cdot \frac{981,75}{606,75} - 6,25\,mm \cdot \frac{375}{606,75}$$

Taschenrechner

$$y_S = +13,30\,mm$$

Schwerpunktkoordinate y_S

Geben Sie bitte die Schwerpunktkoordinaten x_S und y_S bezogen auf das eingezeichnete Koordinatensystem in folgender Form an: $S : \left(x_S;\ y_S\right) = (...;\ ...)$.

$$S : \left(x_S;\ y_S\right) = (+23,15\,mm;\ +13,30\,mm)$$

Schwerpunktkoordinaten x_S und y_S

Aufgabe 35

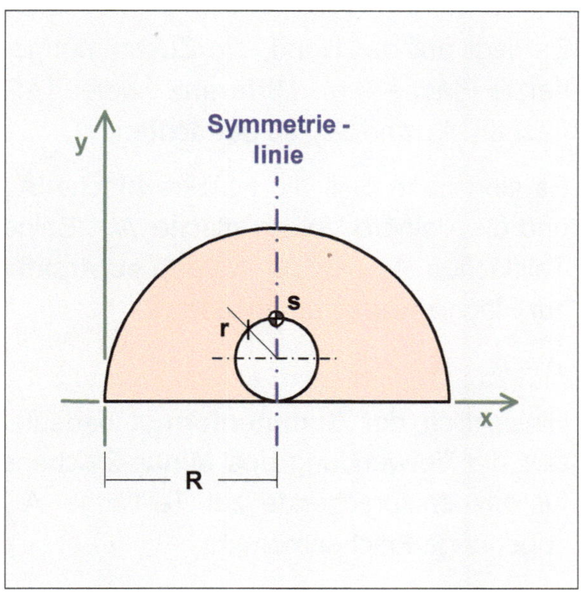

Gesucht

(1) Die Schwerpunktkoordinate x_S.

(2) Wie groß muss der Radius r sein, damit der Schwerpunkt S am oberen Rand der Ausnehmung zu liegen kommt?
Wie groß ist der Radius r in mm?

(3) Die Schwerpunktkoordinate y_S.

(4) Geben Sie bitte die Lage des Schwerpunktes S in folgender Form an:
$$S : \left(x_S ; y_S \right) = \left(... ; ... \right).$$

Ergebnis:

(1) $x_S = + R$ $x_S = + 24\,mm$

(2) $r = + 5,36\,mm$

(3) $y_S = + 10,72\,mm$

(4) $S : \left(x_S ; y_S \right) = \left(+ 24\,mm\,;\, + 10,72\,mm \right)$

Flächenschwerpunkt / Zusammengesetzte Fläche / Halbkreis / Kreis (mit noch unbekanntem Radius)

x-Richtung: Überlegen / Hinschreiben
y-Richtung: zusammengesetzt / Summenformel

Nebenstehende Abbildung zeigt einen Flächenquerschnitt, bestehend aus einer Halbkreisfläche vermindert um eine kleinere Vollkreisfläche.

Es gibt da ein Problem !

Die kleinere Vollkreisfläche soll hinsichtlich des Durchmessers, oder noch besser hinsichtlich des Radius 'r', so gestaltet werden, dass der Schwerpunkt der Zusammengesetzten Fläche genauso zu liegen kommt, wie nebenstehende Skizze es zeigt.

Gegeben
Radius R: $R = 24\,mm$.

Lösung

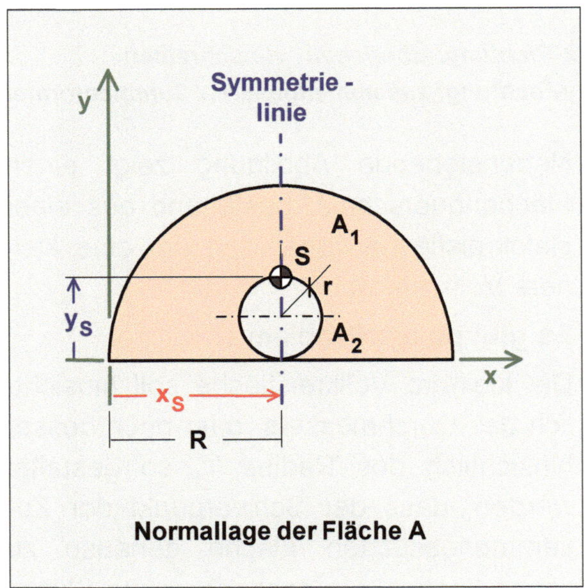

Die Zusammengesetzte Fläche A befindet sich in der **Normallage**. D. h. der 'westlichste Punkt' liegt auf der y-Achse und die 'südlichste Seite' auf der x-Achse.

Es liegt auf der Hand, die Zusammengesetzte Fläche A als **Differenz** zweier Teilflächen A_1 und A_2 zu betrachten.

Es sind dann dies die Halbkreisfläche A_1 und die kleinere Vollkreisfläche A_2. Beide Teilflächen A_1 und A_2 werden **subtraktiv** zur Fläche A zusammengesetzt,

$$A = A_1 - A_2$$

Hinsichtlich der **Summenformel** bedeutet das die Verwendung des **Minus**-Zeichens für das entsprechende zur Teilfläche A_2 zugehörige Flächenmoment.

y_S ist eingezeichnet, aber noch unbekannt.

(1)   Die Schwerpunktkoordinate x_S

Es ist erkennbar, dass die vertikale blaue Linie eine Symmetrielinie ist.

Merke: Eine Symmetrielinie ist immer eine Schwerelinie.

Eine Schwerelinie ist grundsätzlich immer der geometrische Ort für den Schwerpunkt S. Damit ist der Abstand des Schwerpunktes S von der y-Achse gegeben, und die Schwerpunktkoordinate x_S ist bekannt.

$$x_S = + R$$

Schwerpunktkoordinate x_S / allgemein

$$x_S = + 24\,\text{mm}$$

Schwerpunktkoordinate x_S / Zahlenwert

Die horizontale Schwerelinie, die den Abstand des Schwerpunktes S zur x-Achse angibt, geht auf jeden Fall durch den Schwerpunkt S (eine Selbstverständlichkeit), - aber in welchem Abstand von der x-Achse tut sie das?

Man kann natürlich sofort sagen, dass die horizontale Schwerelinie in einem Abstand von $y_S = 2\,r$, von der x-Achse, durch den Schwerpunkt S geht.

'r' ist aber nicht bekannt.

Die Größe 'r' muss bestimmt werden. Kennt man 'r', so kennt man y_S,

$y_S = +\,2\,r$.

Es sollte zum jetzigen Zeitpunkt selbstverständlich sein, dass man zur Größe 'r' über die Summenformel für die y-Richtung kommt, (sie erlaubt es, die Schwerpunktkoordinate y_S zu berechnen).

Die Summenformel für die y-Richtung wird sich dann so umformen lassen, dass sie eine Bestimmungsgleichung für die Größe 'r' darstellt.

(2) Wie groß muss der Radius r sein, damit der Schwerpunkt S am oberen Rand der Ausnehmung zu liegen kommt?

Wie groß ist der Radius r in mm?

Die Summenformel lässt sich zunächst als Ausgangsformel formulieren.

$$y_S \cdot A = \sum_i \left(y_{S,i} \cdot A_i \right)$$

Summenformel
Ausgangsformel

Die **subtraktive** Zusammensetzung der beiden Teilflächen A_1 und A_2 zur Fläche A erfordert die Verwendung des **Minus**-Zeichens für das entsprechende zur Teilfläche A_2 zugehörige Flächenmoment innerhalb der Summenformel.

Summenformel ausformuliert / **bitte Vorzeichen der Flächenmomente beachten**

$$y_S \cdot A = y_{S,1} \cdot A_1 - y_{S,2} \cdot A_2$$

$$y_S = y_{S,1} \cdot \frac{A_1}{A} - y_{S,2} \cdot \frac{A_2}{A}$$

Summenformel
mit Flächenquotienten

Summenformel / in zweckmäßiger Schreibweise / mit den Flächenquotienten

Anmerkung

*Noch einmal. Bei dem Produkt in der Summenformel 'Schwerpunktkoordinate mal Fläche' handelt es sich um ein Flächenmoment. **Bei einem Moment ist der Drehsinn zu berücksichtigen.***

Mit obiger Überlegung hinsichtlich des Drehsinns ergibt sich das negative Vorzeichen des Flächenmoments zugehörig zur Teilfläche A_2.

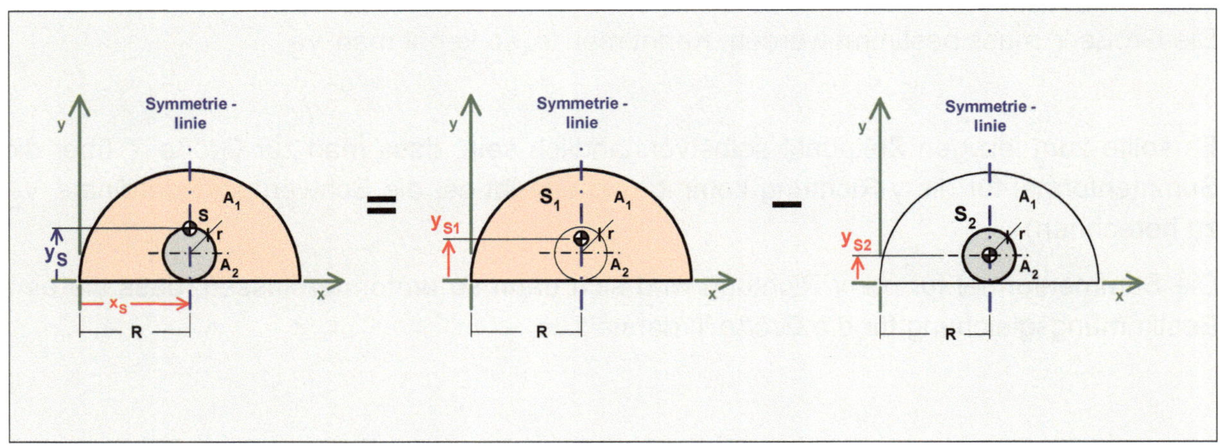

Gesamtfläche   **Differenz der Teilflächen**

Flächen A_i

$$A_1 = \frac{1}{2}\,\pi \cdot R^2 \qquad\qquad A_2 = \pi \cdot r^2$$

$$A = A_1 - A_2$$

$$A = \frac{1}{2}\,\pi \cdot R^2 - \pi \cdot r^2$$

$$A = \frac{\pi}{2}\left(R^2 - 2\,r^2\right)$$

Schwerpunktkoordinaten $y_{S,i}$

$$y_{S,1} = +\frac{4\,R}{3\,\pi} \qquad\qquad y_{S,2} = +r$$

$$y_S = y_{S,1} \cdot \frac{A_1}{A} - y_{S,2} \cdot \frac{A_2}{A}$$

Summenformel
mit Flächenquotienten

$$y_S = + \frac{4R}{3\pi} \cdot \frac{\frac{1}{2}\pi \cdot R^2}{\frac{\pi}{2}\left(R^2 - 2r^2\right)} - r \cdot \frac{\pi \cdot r^2}{\frac{\pi}{2}\left(R^2 - 2r^2\right)}$$

$$y_S = + \frac{4R}{3\pi} \cdot \frac{\pi \cdot R^2}{\pi\left(R^2 - 2r^2\right)} - r \cdot \frac{2\pi \cdot r^2}{\pi\left(R^2 - 2r^2\right)}$$

$$y_S = + \frac{4R}{3\pi} \cdot \frac{R^2}{R^2 - 2r^2} - r \cdot \frac{2r^2}{R^2 - 2r^2}$$

An dieser Stelle sollte man $y_S = 2r$ einsetzen.

$$2r = + \frac{4R}{3\pi} \cdot \frac{R^2}{R^2 - 2r^2} - r \cdot \frac{2r^2}{R^2 - 2r^2}$$

Gesucht ist die Größe 'r'.

In einer Bestimmungsgleichung für die Größe 'r', sollte diese eine Zählergröße sein. Von daher ist es ratsam, die Gleichung im Zähler und Nenner mit $R^2 - 2r^2$ zu multiplizieren.

$$2r\left(R^2 - 2r^2\right) = \frac{4R^3}{3\pi} - 2r^3$$

$$r\left(R^2 - 2r^2\right) = \frac{2R^3}{3\pi} - r^3$$

Es handelt sich um eine Gleichung 3. Grades in 'r'. Diese sollte für die lösungstechnische Handhabung, durch einige Umstellungen, etwas optimaler gestaltet werden.

$$R^2 \cdot r - 2r^3 = \frac{2R^3}{3\pi} - r^3$$

$$R^2 \cdot r - r^3 = \frac{2R^3}{3\pi}$$

$$-r^3 + R^2 \cdot r - \frac{2R^3}{3\pi} = 0$$

Multiplikation mit (-1)

$$r^3 - R^2 \cdot r + \frac{2R^3}{3\pi} = 0$$

Bestimmungsgleichung für 'r'
(allgemein)

MATHEMATIK

Ingenieurmäßige Betrachtungsweise

$$r^3 - R^2 \cdot r + \frac{2R^3}{3\pi} = 0$$

Bestimmungsgleichung
(allgemein)

mit $R^2 = 576{,}0\,\text{mm}^2$ und

$$\frac{2R^3}{3\pi} = 2\,933{,}54\,\text{mm}^3$$

$$r^3 - 576{,}0\,\text{mm}^2 \cdot r + 2\,933{,}54\,\text{mm}^3 = 0$$

Bestimmungsgleichung
(mit Zahlenwerten)

Das sind die Bestimmungsgleichungen für 'r' sowohl in allgemeiner Form als auch mit Zahlenwerten. Sie sind sinnvoller Weise nach fallenden Potenzen geordnet.

Es handelt sich jeweils um eine Gleichung 3. Grades in Normalform, der Koeffizient von 'r^3' ist gleich 'EINS'. Diese Gleichung gilt es zu lösen.

Aber WIE?

Es gibt immer mehrere Möglichkeiten.

Möglichkeit (1)

Man geht an den Rechner - und weiter ins Internet und gibt die Gleichung ein. Das gewählte Programm bietet einem die Lösung an.

Möglichkeit (2)

Man wendet die CARDANISCHE Lösungsformel an, die im Allgemeinen nur mit einem gewissen Aufwand (am Schreibtisch) zu handhaben ist.

Möglichkeit (3)

Man sitzt in einem netten Straßencafé - und was nun?

Aufgrund der Möglichkeit (3) versucht man - und auch aus übungstechnischen Gründen - hier mit einem ingenieurmäßigen **numerischen Näherungsverfahren** ans Ziel zu kommen.

Für die ingenieurmäßige Betrachtungsweise wäre es gut, die Funktion in grafischer Form vorliegen zu haben. Dadurch wären die Eigenschaften der Funktion einsehbar. Unter Eigenschaften sollte man hier die Extremwerte und die Nullstellen verstehen sowie die Bereiche kennen, in denen die Funktion 3. Grades ins Unendliche hineinläuft.

Dazu muss man sich das Aussehen der Funktion überlegen.

Überlegung (1) / Feststellung

Die Funktion schneidet die Ordinate (an der Stelle $r = 0$) bei $+2\,933{,}54\ mm^3$.

Das liefert den Punkt $P_3 : \left(0;\ +2\,933{,}54\ mm^3\right)$

Schnittpunkt mit der Ordinate P_3 / P_3 : (0; $+2\,933{,}54\ mm^3$)

Überlegung (2)

Die Funktion verläuft ansteigend aus dem negativ-Unendlichen in den positiv-Unendlichen Bereich und schneidet dabei - aufgrund der Überlegung (1) - die 'r'-Achse im negativen 'r'-Bereich.

Das muss so sein, sonst trifft die Funktion den Punkt P_3 nicht.

Überlegung (3)

Die Funktion hat drei Nullstellen.

Eine Nullstelle liegt im negativen 'r'-Bereich - Überlegung (1). Das kann aber keine Lösung sein. Sie ist negativ und kann physikalisch ausgeschlossen werden kann. Die Lösung, die gesucht wird, muss positiv sein und damit auf der positiven 'r'-Achse liegen.

Überlegung (4)

Aufgrund der Überlegungen zuvor gibt es zwei Extremwerte, ein Maximum und ein Minimum. Das Maximum liegt, bezogen auf die Ordinate, im positiven Bereich und das Minimum im negativen Bereich.

Den Punkt, zugehörig zum Maximum, bezeichnet man mit P_1 und den Punkt zugehörig zum Minimum mit P_2.

Beide Punkte lassen sich relativ einfach ermitteln.

Ermittlung der beiden Extremwerte P_1 und P_2

Man geht aus von der Funktion $f(r)$ in allgemeiner Form.

$$f(r) = r^3 - R^2 \cdot r + \frac{2R^3}{3\pi}$$

Differentiation

$$\frac{d\,f(r)}{dr} = 3\,r^2 - R^2$$

Man sucht die Extremwerte.
Man sucht die horizontale Tangente,

d. h. $\dfrac{d\,f(r)}{dr} = 0$.

$$0 = 3\,r^2 - R^2$$

$$3\,r^2 = R^2$$

$$r^2 = \frac{1}{3}R^2$$

$$r_{1,2} = \pm\frac{1}{\sqrt{3}}R$$

$$r_1 = -\frac{1}{\sqrt{3}}R \qquad r_2 = +\frac{1}{\sqrt{3}}R$$

$$r_1 = -13{,}86\,\text{mm} \qquad r_2 = +13{,}86\,\text{mm}$$

zugehörige Funktionswerte

$$f(r_1) = \left(-\frac{1}{\sqrt{3}}R\right)^3 - R^2 \cdot \left(-\frac{1}{\sqrt{3}}R\right) + \frac{2R^3}{3\pi}$$

$$f(r_1) = f\left(r_1 = -\frac{1}{\sqrt{3}}R\right)$$

$$f(r_1) = -\frac{1}{3}\cdot\frac{1}{\sqrt{3}}\cdot R^3 + \frac{1}{\sqrt{3}}\cdot R^3 + \frac{2R^3}{3\pi}$$

$$f(r_1) = \frac{1}{\sqrt{3}}\cdot R^3 \left(1 - \frac{1}{3}\right) + \frac{2R^3}{3\pi}$$

$$f(r_1) = \frac{2}{3}\cdot\frac{1}{\sqrt{3}}\cdot R^3 + \frac{2}{3}\cdot\frac{R^3}{\pi}$$

$$f(r_1) = \frac{2}{3}\cdot R^3\left(\frac{1}{\sqrt{3}} + \frac{1}{\pi}\right)$$

$$f(r_1) = +8\,254{,}40\,\text{mm}^3$$

Maximum / P_1 : $(-13{,}86\,\text{mm};\ +8\,254{,}40\,\text{mm}^3)$

$$f\left(r_2\right)=\left(\frac{1}{\sqrt{3}}R\right)^3 - R^2\cdot\left(\frac{1}{\sqrt{3}}R\right)+\frac{2R^3}{3\pi}$$

$$f\left(r_2\right)=\frac{1}{3}\cdot\frac{1}{\sqrt{3}}\cdot R^3 - \frac{1}{\sqrt{3}}\cdot R^3 + \frac{2R^3}{3\pi}$$

$$f\left(r_2\right)=\frac{1}{\sqrt{3}}\cdot R^3\left(\frac{1}{3}-1\right)+\frac{2R^3}{3\pi}$$

$$f\left(r_2\right)=-\frac{2}{3}\cdot\frac{1}{\sqrt{3}}\cdot R^3 + \frac{2}{3}\cdot\frac{R^3}{\pi}$$

$$f\left(r_2\right)=-\frac{2}{3}\cdot R^3\left(\frac{1}{\sqrt{3}}-\frac{1}{\pi}\right)$$

$$f\left(r_2\right)=f\left(r_2=+\frac{1}{\sqrt{3}}R\right)$$

$$f\left(r_2\right)=-2\,387,32\,\text{mm}^3$$

Minimum / P_2 : $(+13,86\,\text{mm};\ -2\,387,32\,\text{mm}^3)$

Man fasst zusammen, was man zum jetzigen Zeitpunkt weiß und erstellt die erste grafische Übersicht.

Maximum / P_1 : $(-13,86\,\text{mm};\ +8\,254,40\,\text{mm}^3)$

Minimum / P_2 : $(+13,86\,\text{mm};\ -2\,387,32\,\text{mm}^3)$

Schnittpunkt mit der Ordinate / P_3 : $(0;\ +2\,933,54\,\text{mm}^3)$

Die Funktion verläuft ansteigend aus dem negativ-unendlichen Bereich in den positiv-unendlichen Bereich.

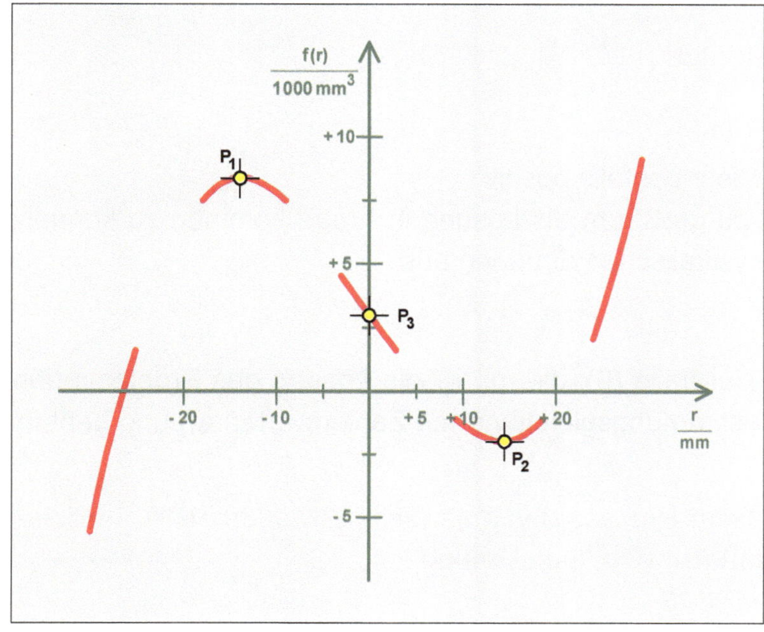

Allererster Überblick

Die **allererste** qualitativ grafische Darstellung der Funktion liefert schon einen recht ordentlichen Überblick.

Es sind lediglich die Dinge eingearbeitet, die sich aufgrund obiger elementar-mathematischer Überlegungen ergeben haben.

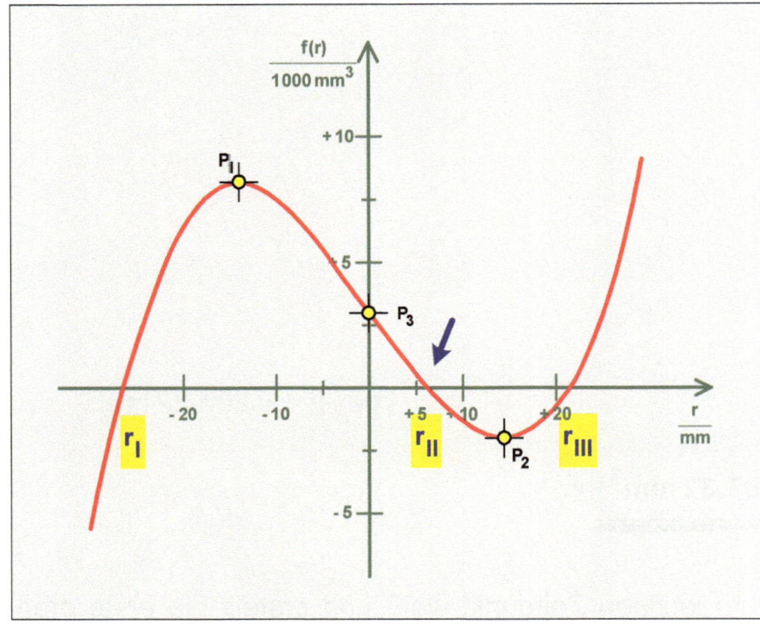

Nebenstehende Abbildung zeigt die vervollkommnete grafische Darstellung der Funktion $f(r)$.

Es handelt sich nach wie vor um eine qualitativ grafische Darstellung der Funktion in **erster Näherung**.

Man erkennt die drei Nullstellen dieser Funktion, r_I, r_{II} und r_{III}. Sie sind in nebenstehender Abbildung kenntlich gemacht. Die zuvor aufgestellte Überlegung (3) wird damit bestätigt.

Nullstelle (I) → r_I

Die Nullstelle (I), zugehörig zu r_I, ist negativ.
Diese Nullstelle (I) kann aus physikalischen Gründen ausgeschlossen werden!

Nullstelle (II) → r_{II}

Die Nullstelle (II), zugehörig zu r_{II}, ist positiv.
Diese Nullstelle (II) muss rein überlegungsmäßig die Nullstelle sein, die identisch mit der Lösung ist.

Aber, noch kennt man die Lösung nicht.

Nullstelle (III)) → r_{III}

Die Nullstelle (III), zugehörig zu r_{III}, ist ebenfalls positiv.
Allerdings ist sie zahlenwertmäßig zu groß, um als Lösung in Frage kommen zu können.
Sie scheidet damit ebenfalls aus physikalischen Gründen aus.

Man konzentriert sich nun auf die Nullstelle (II), die mit r_{II} die Lösung des Problems darstellt. Dazu schaut man sich die Bestimmungsgleichung mit Zahlenwerten an und geht im Weiteren iterativ vor.

Iteration: Darunter versteht man einen Prozess des mehrfachen Wiederholens ähnlicher Hanchabungen zur **Annäherung** an eine Lösung.

$$r^3 - 576{,}0\,\text{mm}^2 \cdot r + 2\,933{,}54\,\text{mm}^3 = 0$$

Bestimmungsgleichung
(mit Zahlenwerten)

Die Iteration verlangt einen Startwert.

Schaut man sich die Abbildung an, so könnte der Startwert $r_{\text{II, Start}}$ bei 5,0 mm liegen. Es geht aber noch etwas genauer, wenn man Folgendes überlegt.

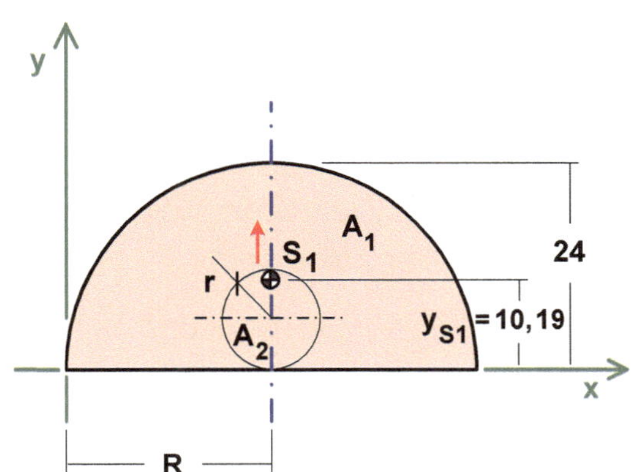

Der Schwerpunkt S_1 der halbkreisförmigen Teilfläche A_1 liegt bei

$$y_{S1} = +\frac{4\,R}{3\,\pi} = 10{,}19\,\text{mm}\,.$$

Wird jetzt die kleinere Vollkreisfläche als Teilfläche A_2 von der halbkreisförmigen Teilfläche A_1 abgezogen, so wandert der Gesamtschwerpunkt y_S nach oben,

$$y_S > y_{S1},$$

$$y_S > +10{,}19\,\text{mm}\,.$$

Von daher empfehle ich von einem Startwert '$r_{\text{II, Start}}$ gleich $5{,}20\,\text{mm}$' auszugehen,

$$r_{\text{II, Start}} = 5{,}20\,\text{mm}\,.$$

$$f\left(r\right) = r^3 - 576{,}0\,\text{mm}^2 \cdot r + 2\,933{,}54\,\text{mm}^3$$

1. Versuch $\qquad\qquad r_{\text{II, Start}} = 5{,}20\,\text{mm}$

$$f\left(r = 5{,}20\,\text{mm}\right) = \left(5{,}20\,\text{mm}\right)^3 - 576{,}0\,\text{mm}^2 \cdot 5{,}20\,\text{mm} + 2\,933{,}54\,\text{mm}^3$$

$$f\left(r = 5{,}20\,\text{mm}\right) = +78{,}95\,\text{mm}^3$$

Der Funktionswert ist positiv, d. h. r_{II} kann noch etwas größer werden.

2. Versuch $\qquad\qquad r_{\text{II}} = 5{,}40\,\text{mm}$

$$f\left(r = 5{,}40\,\text{mm}\right) = \left(5{,}40\,\text{mm}\right)^3 - 576{,}0\,\text{mm}^2 \cdot 5{,}40\,\text{mm} + 2\,933{,}54\,\text{mm}^3$$

$$f\left(r = 5{,}40\,\text{mm}\right) = -19{,}40\,\text{mm}^3$$

Der Funktionswert ist negativ. r_{II} ist zu groß. r_{II} (als Lösung) liegt irgendwie zwischen diesen beiden Werten.

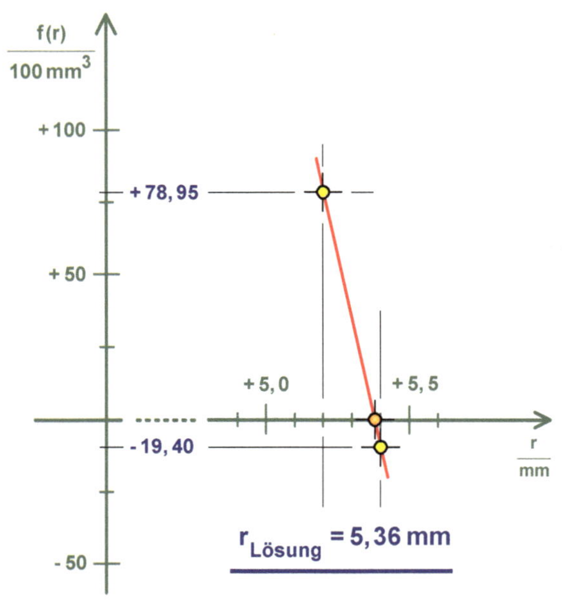

Ausschnitt / Vergrößerung

$$r = 5,36\,\text{mm}$$

Den Startwert $r_{\text{II, Start}} = 5,20\,\text{mm}$ mit zugehörigem Funktionswert $+78,95\,\text{mm}^3$ trägt man skizzenhaft nebenstehend in den 'Ausschnitt bzw. in die Vergrößerung' ein. Das gleiche macht man mit dem nächsten Wert $r_{\text{II}} = 5,40\,\text{mm}$.

Die beiden sich ergebenden Punkte verbindet man - hier - mit einer roten Geraden.

Diese Gerade schneidet die horizontale 'r'-Achse. Der sich ergebende Schnittpunkt wird mit großer Wahrscheinlichkeit dem Lösungswert **sehr nahe** sein.

Man liest ab, $r_{\text{II}} = 5,36\,\text{mm}$, und behauptet, 'das ist die Lösung des numerischen Näherungsverfahrens'.

Das ist der in der Skizze abgelesene Wert für 'r'.

Um ganz sicher zu gehen, setzt man diesen Wert als unabhängige Variable in die Funktion ein. Es müsste sich ein Funktionswert ergeben, der sehr nahe bei Null liegt.

$$r = 5,36\,\text{mm}$$

$$f\left(r = 5,36\,\text{mm}\right) = \left(5,36\,\text{mm}\right)^3 - 576,0\,\text{mm}^2 \cdot 5,36\,\text{mm} + 2\,933,54\,\text{mm}^3$$

$$f\left(r = 5,36\,\text{mm}\right) = +0,171\,\text{mm}^3$$

Der Funktionswert liegt recht nahe bei Null.

Das sollte reichen.

Man akzeptiert diesen Wert als Lösung des Problems.

$$r = 5,36\,\text{mm}$$

Das ist die Lösung als Zahlenwert

(3)   Die Schwerpunktkoordinate y_S

Laut Aufgabenstellung geht die zur x-Achse parallel verlaufende und den kleinen Vollkreis (Teilfläche A_2) tangierende Schwerelinie durch den Schwerpunkt S.

Die Schwerelinie hat zur x-Achse den Abstand $y_S = 2\,r$.

r ist bekannt,

$y_S = +2\,r$.

r wurde mit Hilfe eines ingenieurmäßigen numerischen Näherungsverfahrens ermittelt,

$r = 5{,}36\,\text{mm}$.

$y_S = +2\,r$

$y_S = +2 \cdot 5{,}36\,\text{mm}$

$\boxed{y_S = +10{,}72\,\text{mm}}$

Schwerpunktkoordinate y_S
Zahlenwert

(4)   Geben Sie bitte die Lage des Schwerpunktes S in folgender Form an:

$$S: \left(x_S;\ y_S\right) = \left(\ldots;\ \ldots\right).$$

$\boxed{S: \left(x_S;\ y_S\right) = \left(+24\,\text{mm};\ +10{,}72\,\text{mm}\right)}$

Lage des Schwerpunktes S

Aufgabe 36

**Flächenschwerpunkt / Zusammengesetz-
te Fläche / Kreis / Rechteck**

x-Richtung: zusammengesetzt / Summenformel
y-Richtung: Überlegen / Hinschreiben

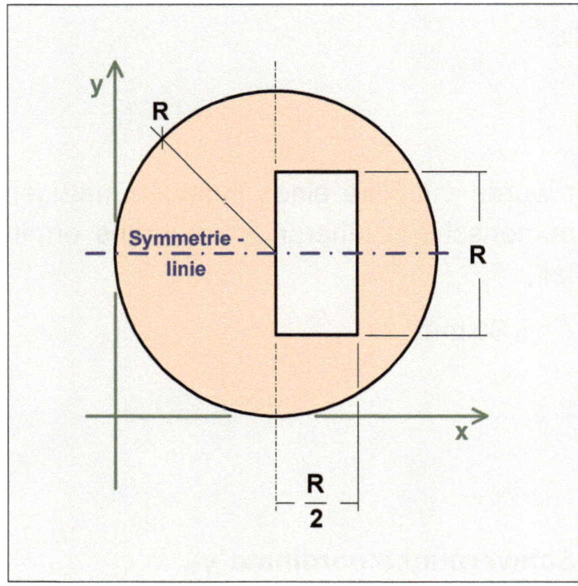

Nebenstehende Abbildung zeigt den Querschnitt eines Bauteils.

Der Querschnitt des Bauteils ist kreisför-
mig, versehen mit einer rechteckförmigen
Ausnehmung.

Gegeben

Radius des Vollkreises : R;

Abmessungen des Rechtecks in Abhängigkeit des Radius R.

Die Lage des Rechtecks hinsichtlich des
Kreises ergibt sich aus nebenstehender
Abbildung.

Gesucht

Schwerpunktkoordinaten x_S und y_S.

Geben Sie bitte die Schwerpunktkoordinaten x_S und y_S bezogen auf das eingezeichnete
Koordinatensystem in folgender Form an:

$$S: \left(x_S;\ y_S\right) = (...;\ ...).$$

Ergebnis: S: $\left(x_S\ ;\ y_S\right) = (+0,95\,R;\ +R)$

Lösung

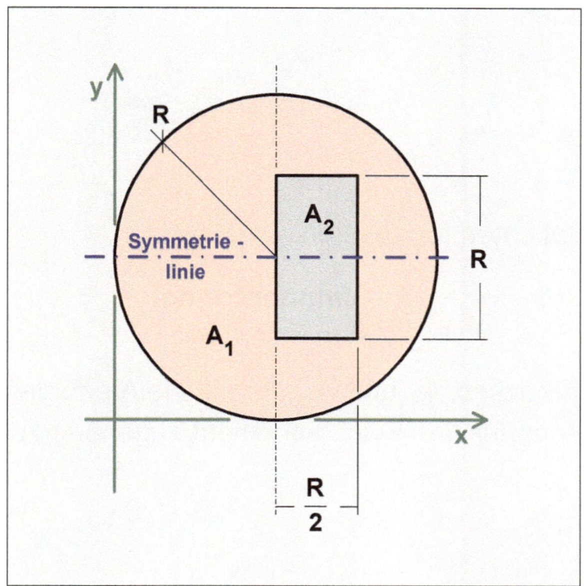

Die Zusammengesetzte Fläche A befindet sich in der **Normallage**. D. h. der 'westlichste Punkt' liegt auf der y-Achse und der 'südlichste Punkt' auf der x-Achse.

Es empfiehlt sich, die Zusammengesetzte Fläche A als **Differenz** zweier Teilflächen A_1 und A_2 zu betrachten.

Es sind dies die Kreisfläche A_1 und die Rechteckfläche A_2. Beide Teilflächen A_1 und A_2 werden **subtraktiv** zur Fläche A zusammengesetzt,

$$A = A_1 - A_2.$$

Hinsichtlich der **Summenformel** bedeutet das die Verwendung des **Minus**-Zeichens für das entsprechende zur Teilfläche A_2 zugehörige Flächenmoment.

Einige Anmerkungen

Obige Abbildung zeigt weiter die Zusammengesetzte Fläche mit einer eingezeichneten und ausgezeichneten horizontalen Linie. Sie zeichnet sich dadurch aus, dass die jeweils gegenüberliegenden Flächen gleich groß sind. Außerdem sind die sich gegenüberliegenden Flächen spiegelbildlich gleich.

Es handelt sich um eine Symmetrielinie.

Bedingt durch diese Symmetrielinie liegt eine Einfachsymmetrie vor - oben / unten.

> **Merke : Symmetrielinie**
> **Eine Symmetrielinie ist immer eine Schwerelinie.**

Es ist bekannt, dass eine Schwerelinie der geometrische Ort für den Flächenschwerpunkt S ist.

Bedingt dadurch, dass der Abstand der Symmetrielinie (Schwerelinie) von der x-Achse bekannt ist, ist auch die Schwerpunktkoordinate y_S bekannt.

Das alles gilt nur für die y-Richtung - nicht für die x-Richtung.

Das heißt, dass für die x-Richtung die Summenformel zur Anwendung kommen sollte - Summenformel bevorzugt mit den Flächenquotienten.

Schwerpunktkoordinate x_S

Die Summenformel lässt sich mit den Flächenquotienten formulieren.

$$x_S \cdot A = \sum_i x_{S,i} \cdot A_i$$

Summenformel
Ausgangsformel

Die **subtraktive** Zusammensetzung der beiden Teilflächen A_1 und A_2 zur Fläche A erfordert für diesen Fall die Verwendung des **Minus**-Zeichens für das Flächenmoment zugehörig zur Teilfläche A_2.

$$x_S \cdot A = x_{S,1} \cdot A_1 - x_{S,2} \cdot A_2$$

$$x_S = x_{S,1} \cdot \frac{A_1}{A} - x_{S,2} \cdot \frac{A_2}{A}$$

Summenformel
mit Flächenquotienten

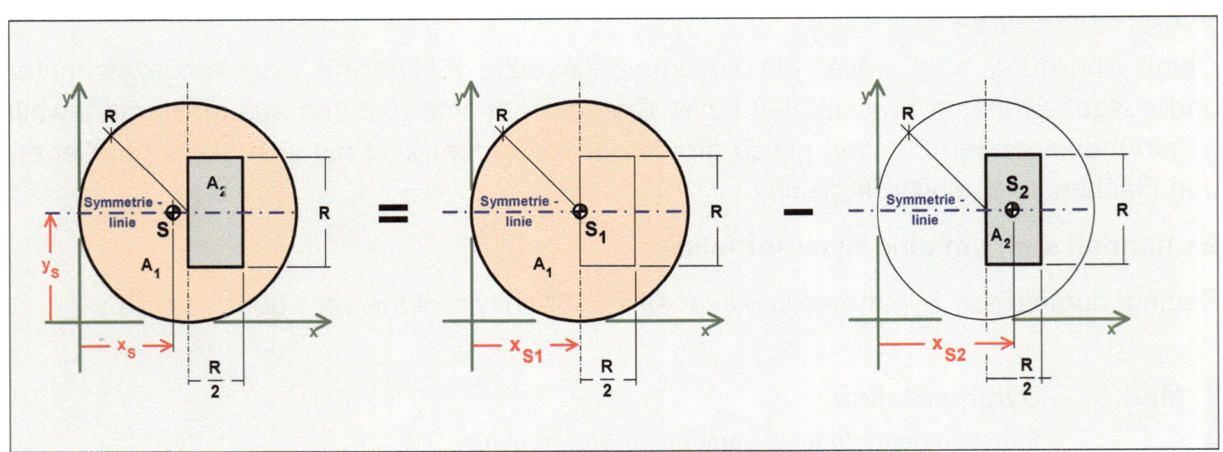

Gesamtfläche   **Differenz der Teilflächen**

Flächen A_i

$$A_1 = \pi \cdot R^2$$

$$A_2 = \frac{R}{2} \cdot R$$

$$A_2 = \frac{1}{2} \cdot R^2$$

$$A = A_1 - A_2$$

$$A = \pi \cdot R^2 - \frac{1}{2} \cdot R^2$$

$$A = \left(\pi - \frac{1}{2}\right) \cdot R^2$$

Schwerpunktkoordinaten $x_{S,i}$

$$x_{S,1} = +R$$

$$x_{S,2} = +R + \frac{1}{4} \cdot R$$

$$x_{S,2} = +\frac{5}{4} \cdot R$$

$$x_S = x_{S,1} \cdot \frac{A_1}{A} - x_{S,2} \cdot \frac{A_2}{A}$$

Summenformel
mit Flächenquotienten

$$x_S = +R \cdot \frac{\pi \cdot R^2}{\left(\pi - \frac{1}{2}\right) \cdot R^2} - \frac{5}{4} \cdot R \cdot \frac{\frac{1}{2} \cdot R^2}{\left(\pi - \frac{1}{2}\right) \cdot R^2}$$

Zähler und Nenner /
R^2 kürzen

$$x_S = +R \cdot \frac{\pi \cdot \cancel{R^2}}{\left(\pi - \frac{1}{2}\right) \cdot \cancel{R^2}} - \frac{5}{4} \cdot R \cdot \frac{\frac{1}{2} \cdot \cancel{R^2}}{\left(\pi - \frac{1}{2}\right) \cdot \cancel{R^2}}$$

$$x_S = +R \cdot \frac{\pi}{\pi - \frac{1}{2}} - \frac{5}{4} \cdot R \cdot \frac{\frac{1}{2}}{\pi - \frac{1}{2}}$$

Größe 'R' ausklammern

$$x_S = +\left(\frac{\pi}{\pi - \frac{1}{2}} - \frac{\frac{5}{8}}{\pi - \frac{1}{2}}\right) \cdot R$$

Klammer zusammenfassen
(gleicher Nenner)

$$x_S = +\frac{\pi - \dfrac{5}{8}}{\pi - \dfrac{1}{2}} \cdot R$$

elementare Umformung im Zähler und im Nenner / d. h. Multiplikation mit '8'

$$x_S = +\frac{8\pi - 5}{8\pi - 4} \cdot R$$

$8 \cdot \pi = 8 \cdot 3{,}14 = 25{,}12$ **(im Kopf)**

$$x_S = +\frac{25{,}12 - 5}{25{,}12 - 4} \cdot R$$

$$x_S = +\frac{20{,}12}{21{,}12} \cdot R$$

Taschenrechner

$$\boxed{x_S = +0{,}95 \cdot R}$$

Schwerpunktkoordinate x_S

Schwerpunktkoordinate y_S

Da eine Symmetrielinie (Schwerelinie) der geometrische Ort für den Flächenschwerpunkt S ist und der Abstand der Symmetrielinie von der x-Achse gegeben ist, ist auch die Schwerpunktkoordinate y_S bekannt.

$$\boxed{y_S = +R}$$

Schwerpunktkoordinate y_S

Geben Sie bitte die Schwerpunktkoordinaten x_S und y_S bezogen auf das eingezeichnete Koordinatensystem in folgender Form an: $S : \left(x_S;\ y_S\right) = (\ldots;\ \ldots)$.

$$\boxed{S : \left(x_S;\ y_S\right) = (+0{,}95\,R\,;\ +R)}$$

Schwerpunktkoordinaten x_S und y_S

Aufgabe 37

**Flächenschwerpunkt / Zusammengesetz-
te Fläche / Kreis / Halbkreis**

x-Richtung: Überlegen / Hinschreiben
y-Richtung: Überlegen / Hinschreiben

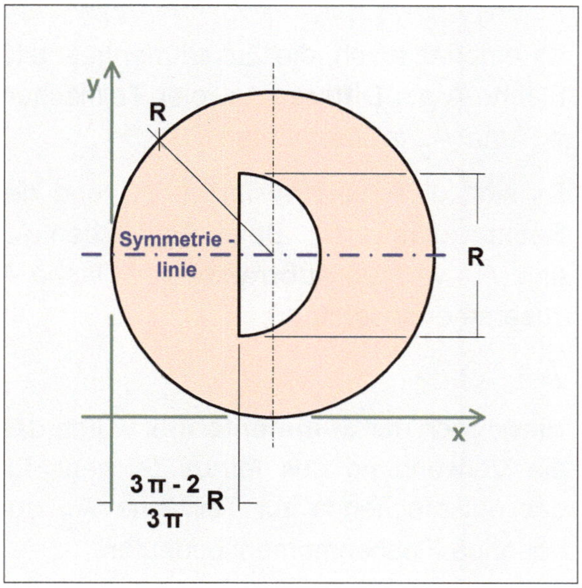

Nebenstehende Abbildung zeigt den Querschnitt eines Bauteils.

Der Querschnitt des Bauteils ist kreisför-
mig, versehen mit einer halbkreisförmigen
Ausnehmung.

Gegeben

Radius des Kreises   : R;

Radius des Halbkreises   : $\dfrac{R}{2}$;

Abstand des Halbkreises
von der y-Achse   : $\dfrac{3\pi - 2}{3\pi}\cdot R$.

Gesucht

(1)   Schwerpunktkoordinate x_S

(2)   Schwerpunktkoordinate y_S

Geben Sie bitte die Schwerpunktkoordinaten x_S und y_S bezogen auf das eingezeichnete
Koordinatensystem in folgender Form an:

$$S: \left(x_S;\ y_S\right) = \left(\ldots;\ \ldots\right).$$

Ergebnis: *(1)* $x_S = +R$

            (2) $y_S = +R$

            S: $\left(x_S;\ y_S\right) = \left(+R;\ +R\right)$

Lösung

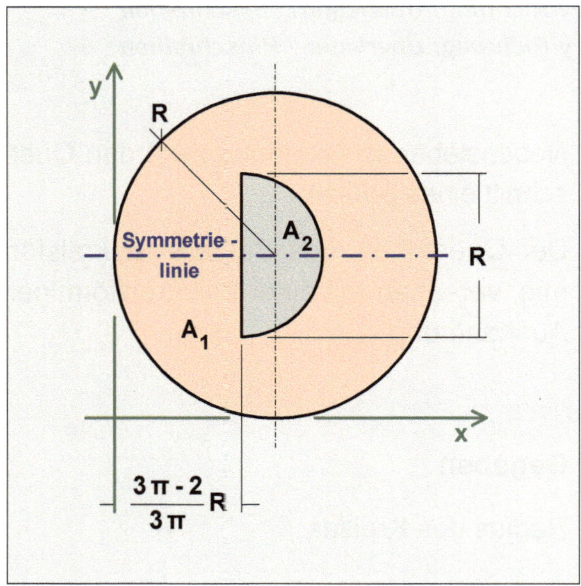

Die Zusammengesetzte Fläche A befindet sich in der **Normallage**. D. h. der 'westlichste Punkt' liegt auf der y-Achse und der 'südlichste Punkt' auf der x-Achse.

Es empfiehlt sich, die Zusammengesetzte Fläche A als **Differenz** zweier Teilflächen A_1 und A_2 zu betrachten.

Es sind dies die Kreisfläche A_1 und die Rechteckfläche A_2. Beide Teilflächen A_1 und A_2 werden **subtraktiv** zur Fläche A zusammengesetzt,

$$A = A_1 - A_2.$$

Hinsichtlich der **Summenformel** würde das die Verwendung des **Minus**-Zeichens für das entsprechende zur Teilfläche A_2 zugehörige Flächenmoment bedeuten.

Einige Anmerkungen

Obige Abbildung zeigt weiter die Zusammengesetzte Fläche mit einer eingezeichneten und 'ausgezeichneten' horizontalen Linie. Sie zeichnet sich dadurch aus, dass die jeweils gegenüberliegenden Flächen gleich groß sind. Außerdem sind die sich gegenüberliegenden Flächen spiegelbildlich gleich.

Es handelt sich um eine Symmetrielinie.

Bedingt durch diese Symmetrielinie liegt eine Einfachsymmetrie vor - oben / unten.

Merke :   Symmetrielinie

Eine Symmetrielinie ist immer eine Schwerelinie.

Es ist bekannt, dass eine Schwerelinie der geometrische Ort für den Flächenschwerpunkt S ist.

Bedingt dadurch, dass der Abstand der Symmetrielinie (Schwerelinie) von der x-Achse bekannt ist, ist auch die Schwerpunktkoordinate y_S bekannt.

Das alles gilt nur für die y-Richtung - nicht für die x-Richtung.

Das heißt, dass für die x-Richtung die Summenformel zur Anwendung kommen sollte - oder etwa nicht?

Man sollte an dieser Stelle vielleicht mal überlegen!

(1) Schwerpunktkoordinate x_S

Die Summenformel lässt sich mit den Flächenquotienten formulieren.

$$x_S \cdot A = \sum_i x_{S,i} \cdot A_i$$

Summenformel
Ausgangsformel

Die **subtraktive** Zusammensetzung der beiden Teilflächen A_1 und A_2 zur Fläche A erfordert für diesen Fall die Verwendung des **Minus**-Zeichens für das Flächenmoment zugehörig zur Teilfläche A_2.

$$x_S \cdot A = x_{S,1} \cdot A_1 - x_{S,2} \cdot A_2$$

$$x_S = x_{S,1} \cdot \frac{A_1}{A} - x_{S,2} \cdot \frac{A_2}{A}$$

Summenformel
mit Flächenquotienten

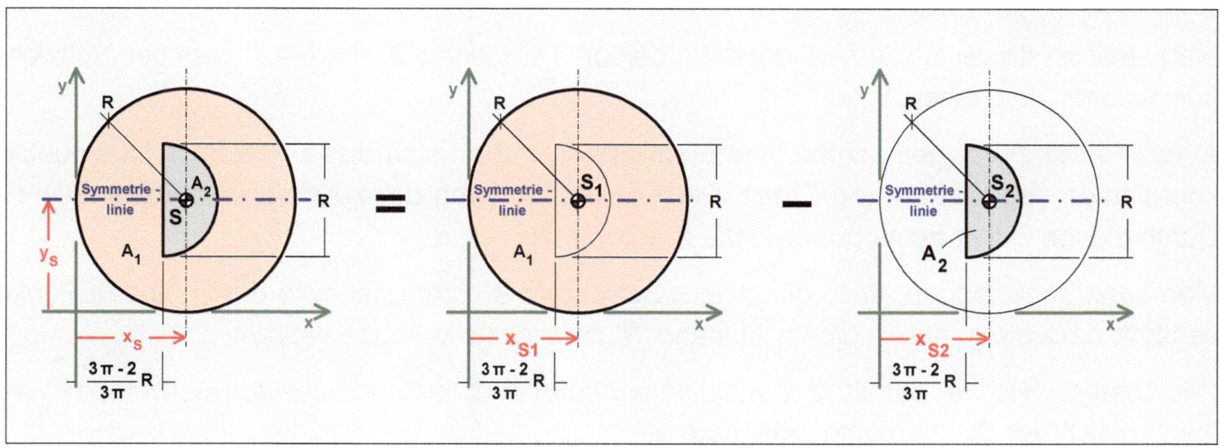

Gesamtfläche   **Differenz der Teilflächen**

Flächen A_i

$$A_1 = \pi \cdot R^2$$

$$A_2 = \frac{1}{2} \cdot \pi \cdot \left(\frac{1}{2} R \right)^2$$

$$A_2 = \frac{1}{8} \cdot \pi \cdot R^2$$

$$A = A_1 - A_2$$

$$A = \pi \cdot R^2 - \frac{1}{8} \cdot \pi \cdot R^2$$

$$A = \frac{7}{8} \cdot \pi \cdot R^2$$

Schwerpunktkoordinaten $x_{S,i}$

$$x_{S,1} = +R$$

$$x_{S,2} = +\frac{3 \cdot \pi - 2}{3 \cdot \pi} \cdot R + \frac{4 \cdot \left(\frac{1}{2} \cdot R\right)}{3 \cdot \pi}$$

$$x_{S,2} = +\frac{3 \cdot \pi - 2}{3 \cdot \pi} \cdot R + \frac{2 \cdot R}{3 \cdot \pi}$$

$$x_{S,2} = +\frac{3 \cdot \pi - 2 + 2}{3 \cdot \pi} \cdot R$$

$$x_{S,2} = +\frac{3 \cdot \pi}{3 \cdot \pi} \cdot R$$

$$x_{S,1} = +R \qquad\qquad x_{S,2} = +R$$

Man stellt an dieser Stelle fest, dass die beiden Teilflächen A_1 und A_2 dieselben Schwerpunktkoordinaten haben.

Aufgrund der zuvor gemachten 'Anmerkungen' beziehen sich diese beiden Schwerpunktkoordinaten sogar auf **einen** Punkt. Dieser Punkt hat von der x-Achse den Abstand '+R'. Durch diesen Punkt geht irgendwie die zweite Schwerelinie.

Man kann sogar sagen, dass die zweite Schwerelinie nicht irgendwie durch diesen Punkt verläuft, dass sie genau in einem Abstand 'R' parallel zur y-Achse verläuft.

Der Abstand '+R' der parallel zur y-Achse verlaufenden vertikalen zweiten Schwerelinie ist damit gleich der Schwerpunktkoordinate x_S.

$$\boxed{x_S = +R} \qquad\qquad \textbf{Schwerpunktkoordinate } x_S$$

Das lässt sich leicht nachweisen, indem man rechnerisch von der Summenformel mit Flächenquotienten ausgeht.

$$x_S = x_{S,1} \cdot \frac{A_1}{A} - x_{S,2} \cdot \frac{A_2}{A}$$

Summenformel
mit Flächenquotienten

$$x_S = +R \cdot \frac{\pi \cdot R^2}{\dfrac{7}{8}\pi \cdot R^2} - R \cdot \frac{\dfrac{1}{8}\pi \cdot R^2}{\dfrac{7}{8}\pi \cdot R^2}$$

Zähler und Nenner durch $(\pi \cdot R^2)$ teilen

$$x_S = +R \cdot \frac{\pi \cdot R^2}{\dfrac{7}{8}\pi \cdot R^2} - R \cdot \frac{\dfrac{1}{8}\pi \cdot R^2}{\dfrac{7}{8}\pi \cdot R^2}$$

$$x_S = +R \cdot \frac{1}{\dfrac{7}{8}} - R \cdot \frac{\dfrac{1}{8}}{\dfrac{7}{8}}$$

'R' ausklammern

$$x_S = + \left(\frac{1}{\dfrac{7}{8}} - \frac{\dfrac{1}{8}}{\dfrac{7}{8}} \right) R$$

mit $1 = \dfrac{8}{8}$ / einsetzen !

$$x_S = + \left(\frac{\dfrac{8}{8}}{\dfrac{7}{8}} - \frac{\dfrac{1}{8}}{\dfrac{7}{8}} \right) R$$

Klammer zusammenfassen
(gleicher Nenner)

$$x_S = + \frac{\dfrac{7}{8}}{\dfrac{7}{8}} R$$

Zähler und Nenner kürzen

$$\underline{\underline{x_S = +R}}$$

Das ist der einfache Nachweis, dass die zuvor durchgeführten Überlegungen richtig waren.

Schwerpunktkoordinate y_S

Da eine Symmetrielinie (Schwerelinie) der geometrische Ort für den Flächenschwerpunkt S ist und der Abstand der Symmetrielinie von der x-Achse gegeben ist, ist auch die Schwerpunktkoordinate y_S bekannt.

$$y_S = +R$$ Schwerpunktkoordinate y_S

Geben Sie bitte die Schwerpunktkoordinaten x_S und y_S bezogen auf das eingezeichnete Koordinatensystem in folgender Form an: $S : \left(x_S;\ y_S\right) = (\ldots;\ \ldots)$.

$$S : \left(x_S;\ y_S\right) = (+R\,;\ +R)$$ Schwerpunktkoordinaten x_S und y_S

Aufgabe 38

Flächenschwerpunkt / Zusammengesetz-te Fläche / zwei Rechtecke / zwei Halb-kreise

x-Richtung: Überlegen / Hinschreiben
y-Richtung: zusammengesetzt / Summenformel

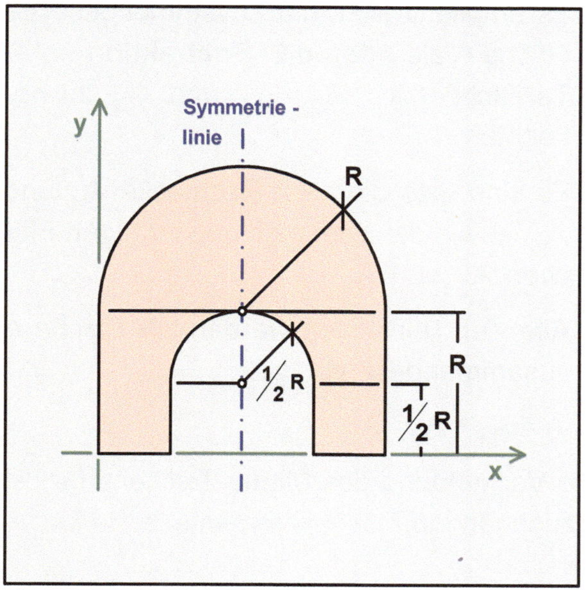

Nebenstehende Abbildung zeigt den Quer-schnitt eines Bauteils.

Der Querschnitt des Bauteils besteht aus einem Rechteck mit aufgesetzter Halb-kreisfläche versehen mit einem kleineren Rechteck sowie mit einer entsprechend kleineren aufgesetzten Halbkreisfläche als Ausnehmung.

Gegeben

Die Abmessungen der Zusammengesetz-ten Fläche sind nebenstehender Abbil-dung zu entnehmen.

Dabei ist das wesentliche Abmessungs-maß die Größe 'R'.

Gesucht

Schwerpunktkoordinaten x_S und y_S.

Geben Sie bitte die Schwerpunktkoordinaten x_S und y_S bezogen auf das eingezeichnete Koordinatensystem in folgender Form an:

$$S: \left(x_S;\ y_S \right) = (...;\ ...).$$

Ergebnis: $\ S: \left(x_S;\ y_S \right) = \left(+R;\ +\dfrac{70 + 21\pi}{72 + 18\pi} \cdot R \right)$

$S: \left(x_S;\ y_S \right) = (+R;\ +1{,}06\,R)$

Lösung

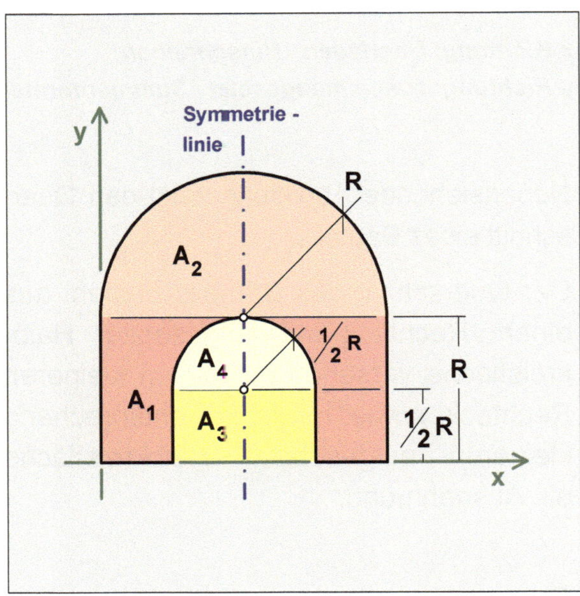

Die Zusammengesetzte Fläche A befindet sich in der **Normallage**. D. h. die 'westlichste Seite' liegt auf der y-Achse und die 'südlichste Seite' auf der x-Achse.

Es empfiehlt sich, die Zusammengesetzte Fläche A als **Addition / Subtraktion** vierer Teilflächen A_1, A_2, A_3 und A_4 zu betrachten.

Es sind dies die zwei Rechtecke A_1 und A_3 sowie die zwei halbkreisförmigen Flächen A_2 und A_4.

Alle vier Teilflächen werden zur Fläche A zusammengesetzt,

$$A = A_1 + A_2 - A_3 - A_4 \,.$$

Hinsichtlich der **Summenformel** bedeutet das die Verwendung des **Minus**-Zeichens für die entsprechenden zu den Teilflächen A_3 und A_4 zugehörigen Flächenmomente **(bitte Drehsinn beachten)**.

Einige Anmerkungen

Obige Abbildung zeigt weiter die Zusammengesetzte Fläche mit einer eingezeichneten und ausgezeichneten vertikalen Linie. Sie zeichnet sich dadurch aus, dass die jeweils gegenüberliegenden Flächen gleich groß sind. Außerdem sind die sich gegenüberliegenden Flächen spiegelbildlich gleich.

Es handelt sich um eine Symmetrielinie.

Bedingt durch diese Symmetrielinie liegt eine Einfachsymmetrie vor - links / rechts.

> **Merke :** **Symmetrielinie**
>
> **Eine Symmetrielinie ist immer eine Schwerelinie.**

Es ist bekannt, dass eine Schwerelinie der geometrische Ort für den Flächenschwerpunkt S ist.

Aufgrund dessen, dass der Abstand der vertikalen Symmetrielinie (Schwerelinie) von der y-Achse bekannt ist, ist damit auch die Schwerpunktkoordinate x_S bekannt.

Schwerpunktkoordinate x_S

Da eine Symmetrielinie (Schwerelinie) der geometrische Ort für den Flächenschwerpunkt S ist, und der Abstand der vertikalen Symmetrielinie von der y-Achse gegeben ist, ist damit auch die Schwerpunktkoordinate x_S bekannt.

$$\boxed{x_S = +R} \qquad \textbf{Schwerpunktkoordinate } x_S$$

Das alles gilt nur für die x-Richtung - nicht für die y-Richtung.

Für die y-Richtung kommt die Summenformel mit Flächenquotienten zur Anwendung.

Schwerpunktkoordinate y_S

Die Summenformel lässt sich mit den Flächenquotienten formulieren.

$$y_S \cdot A = \sum_i y_{S,i} \cdot A_i \qquad \textbf{Summenformel}$$

Ausgangsformel

Die Zusammensetzung der vier Teilflächen A_1, A_2, A_3 und A_4 zur Fläche A erfordert für diesen Fall die Verwendung des **Minus**-Zeichens für die Flächenmomente zugehörig zu den Teilflächen A_3 und A_4.

$$y_S \cdot A = y_{S,1} \cdot A_1 + y_{S,2} \cdot A_2 - y_{S,3} \cdot A_3 - y_{S,4} \cdot A_4$$

$$y_S = y_{S,1} \cdot \frac{A_1}{A} + y_{S,2} \cdot \frac{A_2}{A} - y_{S,3} \cdot \frac{A_3}{A} - y_{S,4} \cdot \frac{A_4}{A} \qquad \textbf{Summenformel}$$

mit Flächenquotienten

Flächen A_i

$$A_1 = 2R \cdot R \qquad\qquad A_2 = \frac{1}{2} \cdot \pi \cdot R^2$$

$$A_1 = 2R^2$$

$$A_3 = R \cdot \frac{1}{2} R \qquad\qquad A_4 = \frac{1}{2} \cdot \pi \cdot \left(\frac{1}{2} R\right)^2$$

$$A_3 = \frac{1}{2} R^2 \qquad\qquad A_4 = \frac{1}{8} \cdot \pi \cdot R^2$$

$$A = A_1 + A_2 - A_3 - A_4$$

$$A = 2 \cdot R^2 + \frac{1}{2} \cdot \pi \cdot R^2 - \frac{1}{2} \cdot R^2 - \frac{1}{8} \cdot \pi \cdot R^2$$

$$A = \left(2 + \frac{1}{2} \cdot \pi - \frac{1}{2} - \frac{1}{8} \cdot \pi \right) R^2$$

$$A = \left(\frac{16}{8} + \frac{4}{8} \cdot \pi - \frac{4}{8} - \frac{1}{8} \cdot \pi \right) R^2$$

$$A = \left(\frac{12}{8} + \frac{3}{8} \cdot \pi \right) R^2$$

$$A = \frac{12 + 3 \cdot \pi}{8} R^2$$

Kopfrechnen ergibt:

$$\frac{12 + 3 \cdot \pi}{8} = 2{,}68$$

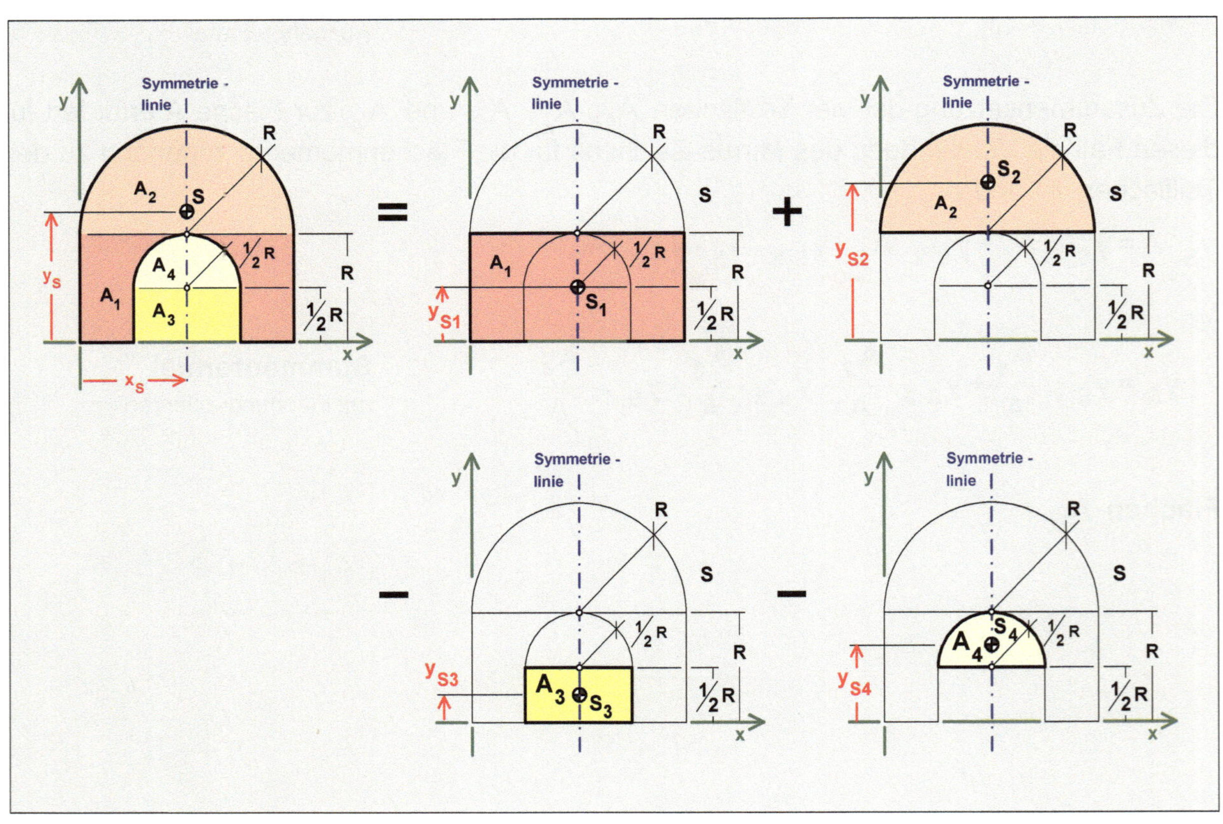

Gesamtfläche   **Summe / Differenz der Teilflächen**

Schwerpunktkoordinaten $y_{S,i}$

$$y_{S,1} = +\frac{1}{2}\cdot R$$

$$y_{S,2} = +R+\frac{4\cdot R}{3\cdot\pi}$$

$$y_{S,2} = +\left(1+\frac{4}{3\cdot\pi}\right)R$$

$$y_{S,2} = +\frac{3\cdot\pi+4}{3\cdot\pi}R$$

$$y_{S,3} = +\frac{1}{2}\cdot\frac{1}{2}\cdot R$$

$$y_{S,3} = +\frac{1}{4}\cdot R$$

$$y_{S,4} = +\frac{1}{2}R+\frac{4\cdot\left(\frac{1}{2}R\right)}{3\cdot\pi}$$

$$y_{S,4} = +\frac{1}{2}R+\frac{2\cdot R}{3\cdot\pi}$$

$$y_{S,4} = +\left(\frac{1}{2}+\frac{2}{3\cdot\pi}\right)R$$

$$y_{S,4} = +\frac{3\cdot\pi+4}{6\cdot\pi}R$$

$$y_S = y_{S,1}\cdot\frac{A_1}{A} + y_{S,2}\cdot\frac{A_2}{A} - y_{S,3}\cdot\frac{A_3}{A} - y_{S,4}\cdot\frac{A_4}{A}$$

Summenformel
mit Flächenquotienten

$$y_S = +\frac{1}{2}\cdot R\cdot\frac{2R^2}{\frac{12+3\pi}{8}R^2} + \frac{3\cdot\pi+4}{3\cdot\pi}R\cdot\frac{\frac{1}{2}\cdot\pi R^2}{\frac{12+3\pi}{8}R^2} - \frac{1}{4}\cdot R\cdot\frac{\frac{1}{2}R^2}{\frac{12+3\pi}{8}R^2} - \frac{3\cdot\pi+4}{6\cdot\pi}R\cdot\frac{\frac{1}{8}\cdot\pi\cdot R^2}{\frac{12+3\pi}{8}R^2}$$

Zähler und Nenner / R^2 kürzen

$$y_S = +\frac{1}{2}\cdot R\cdot\frac{2R^2}{\frac{12+3\pi}{8}R^2} + \frac{3\cdot\pi+4}{3\cdot\pi}R\cdot\frac{\frac{1}{2}\cdot\pi R^2}{\frac{12+3\pi}{8}R^2} - \frac{1}{4}\cdot R\cdot\frac{\frac{1}{2}R^2}{\frac{12+3\pi}{8}R^2} - \frac{3\cdot\pi+4}{6\cdot\pi}R\cdot\frac{\frac{1}{8}\cdot\pi\cdot R^2}{\frac{12+3\pi}{8}R^2}$$

$$y_S = +\frac{1}{2}\cdot R\cdot\frac{2}{\frac{12+3\cdot\pi}{8}} + \frac{3\cdot\pi+4}{3\cdot\pi}R\cdot\frac{\frac{1}{2}\cdot\pi}{\frac{12+3\cdot\pi}{8}} - \frac{1}{4}\cdot R\cdot\frac{\frac{1}{2}}{\frac{12+3\cdot\pi}{8}} - \frac{3\cdot\pi+4}{6\cdot\pi}R\cdot\frac{\frac{1}{8}\cdot\pi}{\frac{12+3\cdot\pi}{8}}$$

Terme zunächst etwas vereinfachen

$$y_S = +\frac{1}{2}\cdot R\cdot\dfrac{2}{\frac{12+3\cdot\pi}{8}}+\frac{3\cdot\pi+4}{3\cdot\pi}\cdot R\cdot\dfrac{\frac{1}{2}\cdot\pi}{\frac{12+3\cdot\pi}{8}}-\frac{1}{4}\cdot R\cdot\dfrac{\frac{1}{2}}{\frac{12+3\cdot\pi}{8}}-\frac{3\cdot\pi+4}{6\cdot\pi}\cdot R\cdot\dfrac{\frac{1}{8}\cdot\pi}{\frac{12+3\cdot\pi}{8}}$$

$$y_S = +R\cdot\dfrac{1}{\frac{12+3\cdot\pi}{8}}+\frac{3\cdot\pi+4}{3}\cdot R\cdot\dfrac{\frac{1}{2}}{\frac{12+3\cdot\pi}{8}}-R\cdot\dfrac{\frac{1}{8}}{\frac{12+3\cdot\pi}{8}}-\frac{3\cdot\pi+4}{6}\cdot R\cdot\dfrac{\frac{1}{8}}{\frac{12+3\cdot\pi}{8}}$$

Zähler und Nenner mit '8' multiplizieren

$$y_S = +R\cdot\frac{8}{12+3\cdot\pi}+\frac{3\cdot\pi+4}{3}\cdot R\cdot\frac{4}{12+3\cdot\pi}-R\cdot\frac{1}{12+3\cdot\pi}-\frac{3\cdot\pi+4}{6}\cdot R\cdot\frac{1}{12+3\cdot\pi}$$

Hauptnenner bilden / $6\,(12+3\cdot\pi)$

$$y_S = +R\cdot\frac{48}{6\,(12+3\cdot\pi)}+(3\cdot\pi+4)\cdot R\cdot\frac{8}{6\,(12+3\cdot\pi)}-R\cdot\frac{6}{6\,(12+3\cdot\pi)}-$$

$$-\,(3\cdot\pi+4)\cdot R\cdot\frac{1}{6\,(12+3\cdot\pi)}$$

Faktor '$\dfrac{R}{6\,(12+3\cdot\pi)}$' ausklammern

$$y_S = +\left[48+(3\cdot\pi+4)\cdot 8-6-(3\cdot\pi+4)\right]\cdot\frac{R}{6\,(12+3\cdot\pi)}$$

eckige Klammer bearbeiten / d. h. runde Klammern auflösen

$$y_S = +\frac{48+24\,\pi+32-6-3\,\pi-4}{6\,(12+3\,\pi)}\cdot R$$

Zähler zusammenfassen

$$\boxed{y_S = +\frac{70+21\,\pi}{72+18\,\pi}\cdot R}$$

Schwerpunktkoordinate y_S

TASCHENRECHNER !

$$y_S = +1{,}06\,R$$

Geben Sie bitte die Schwerpunktkoordinaten x_S und y_S bezogen auf das eingezeichnete Koordinatensystem in folgender Form an: $S: \left(x_S;\ y_S\right) = \left(...;\ ...\right)$.

$$S: \left(x_S;\ y_S\right) = \left(+R;\ +\frac{70 + 21\,\pi}{72 + 18\,\pi} \cdot R\right)$$

Schwerpunktkoordinaten x_S und y_S

$$S: \left(x_S;\ y_S\right) = \left(+R;\ +1,06\,R\right)$$

Schwerpunktkoordinaten x_S und y_S

Aufgabe 39

Flächenschwerpunkt / Zusammengesetzte Fläche / Rechteck / Dreiecke / Halbkreis

x-Richtung: zusammengesetzt / Summenformel
y-Richtung: zusammengesetzt / Summenformel

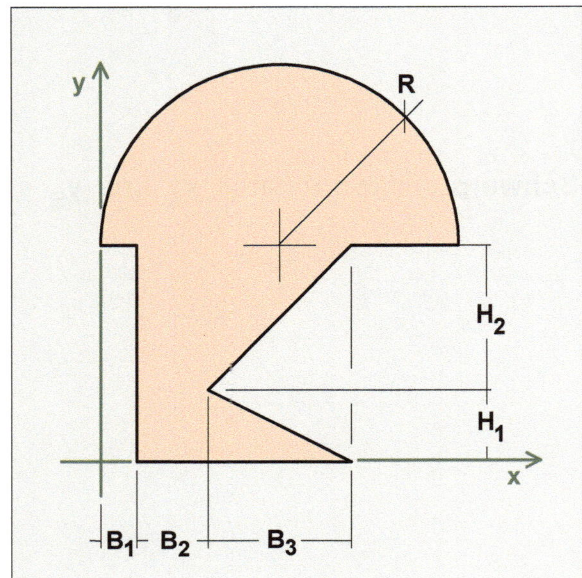

Nebenstehende Abbildung zeigt den Querschnitt eines Bauteils.

Bitte aufpassen!
Es kommt darauf an, wie man den Querschnitt des Bauteils als zusammengesetzte Fläche betrachtet.
*Er wird hier betrachtet als **additiv** aus vier Teilflächen zusammengesetzt.*

Der Querschnitt des Bauteils besteht aus einem Rechteck mit zwei Dreiecken sowie einem oben aufgesetzten Halbkreis.

Gegeben

Radius des Halbkreises: $R = 25\,\text{mm}$;

$B_1 = 5\,\text{mm}$, $B_2 = 10\,\text{mm}$ und $B_3 = 20\,\text{mm}$;

$H_1 = 10\,\text{mm}$ und $H_2 = 20\,\text{mm}$.

Gesucht

Schwerpunktkoordinaten x_S und y_S.

Geben Sie bitte die Schwerpunktkoordinaten x_S und y_S bezogen auf das eingezeichnete Koordinatensystem in folgender Form an:

$$S: \left(x_S;\ y_S\right) = (\ldots;\ \ldots).$$

Ergebnis: *S:* $\left(x_S;\ y_S\right) = (+\,21{,}52\,mm;\ +\,31{,}21\,mm)$

Lösung

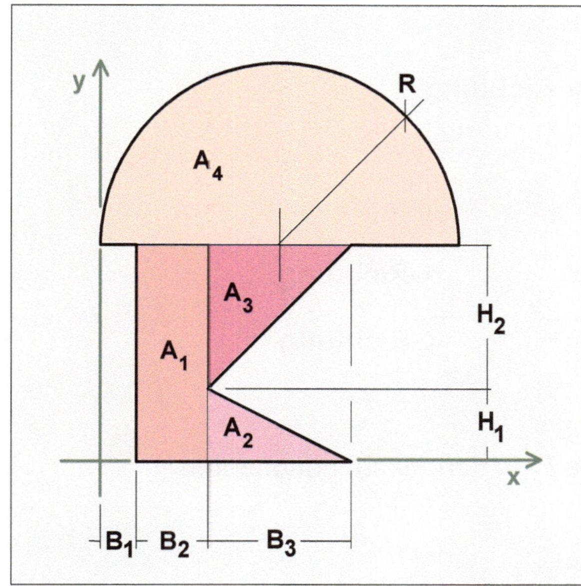

Die Zusammengesetzte Fläche A befindet sich in der **Normallage**. D. h. der 'westlichste Punkt' liegt auf der y-Achse und die 'südlichste Seite' auf der x-Achse.

Es empfiehlt sich, die Zusammengesetzte Fläche A als **Addition** vierer Teilflächen A_1, A_2, A_3 und A_4 zu betrachten.

Es sind dies das Rechteck A_1, die zwei Dreiecke A_2 und A_3 sowie der oben aufgesetzte Halbkreis A_4.

Alle vier Teilflächen werden additiv zur Fläche A zusammengesetzt,

$$A = A_1 + A_2 + A_3 + A_4 \, .$$

Hinsichtlich der **Summenformel** bedeutet das die Verwendung des **Plus**-Zeichens für alle den Teilflächen A_1, A_2, A_3 und A_4 zugehörigen Flächenmomenten.

Einige Anmerkungen

Bei genauer Betrachtung obiger Abbildung ist offensichtlich, dass es keine Symmetrielinie gibt. Es kommt hinzu, dass die auf jeden Fall vorhandenen Schwerelinien - vertikal und horizontal - nicht zu erkennen sind.

Die Schwerpunktkoordinaten x_S und y_S können somit nicht durch Ablesen oder Überlegen hingeschrieben werden. Sie müssen rechnerisch ermittelt werden.

Das geschieht mit der Summenformel.

Bei Anwendung der Summenformel, sollte man die Zusammengesetzte Fläche derart in Teilflächen A_i einteilen, dass man ihre Schwerpunktkoordinaten $x_{S,i}$ und $y_{S,i}$ nach Möglichkeit direkt hinschreiben kann.

Noch einmal. Bei dem Produkt in der Summenformel 'Schwerpunktkoordinate mal Fläche' handelt es sich um ein Flächenmoment.

Bei einem Moment ist der Drehsinn zu berücksichtigen.

Das Moment der Gesamtfläche ist gleich der Summe der Momente der Einzelflächen.

$$x_S \cdot A = \sum_i \left(x_{S,i} \cdot A_i \right) \qquad \text{x-Richtung}$$

$$y_S \cdot A = \sum_i \left(y_{S,i} \cdot A_i \right) \qquad \text{y-Richtung}$$

Summenformel ausformuliert / **Vorzeichen der Flächenmomente beachten**

$$x_S \cdot A = x_{S,1} \cdot A_1 + x_{S,2} \cdot A_2 + x_{S,3} \cdot A_3 + x_{S,4} \cdot A_4 \qquad \textbf{x-Richtung}$$

$$y_S \cdot A = y_{S,1} \cdot A_1 + y_{S,2} \cdot A_2 + y_{S,3} \cdot A_3 + y_{S,4} \cdot A_4 \qquad \textbf{y-Richtung}$$

Summenformel / in zweckmäßiger Schreibweise / mit den Flächenquotienten

$$x_S = x_{S,1} \cdot \frac{A_1}{A} + x_{S,2} \cdot \frac{A_2}{A} + x_{S,3} \cdot \frac{A_3}{A} + x_{S,4} \cdot \frac{A_4}{A} \qquad \textbf{x-Richtung}$$

$$y_S = y_{S,1} \cdot \frac{A_1}{A} - y_{S,2} \cdot \frac{A_2}{A} + y_{S,3} \cdot \frac{A_3}{A} - y_{S,4} \cdot \frac{A_4}{A} \qquad \textbf{y-Richtung}$$

Vorbereitende Überlegungen und Rechnungen

Flächen A_i

$$A_1 = B_2 \cdot \left(H_1 + H_2 \right) \qquad\qquad A_2 = \frac{1}{2} \cdot B_3 \cdot H_1$$

$$A_1 = 10\,\text{mm} \cdot \left(10\,\text{mm} + 20\,\text{mm} \right) \qquad\qquad A_2 = \frac{1}{2} \cdot 20\,\text{mm} \cdot 10\,\text{mm}$$

$$A_1 = 10\,\text{mm} \cdot 30\,\text{mm} \qquad\qquad \underline{A_2 = 100\,\text{mm}^2}$$

$$\underline{A_1 = 300\,\text{mm}^2}$$

$$A_3 = \frac{1}{2} \cdot B_3 \cdot H_2 \qquad\qquad A_4 = \frac{1}{2} \cdot \pi \cdot R^2$$

$$A_3 = \frac{1}{2} \cdot 20\,\text{mm} \cdot 20\,\text{mm} \qquad\qquad A_4 = \frac{1}{2} \cdot \pi \cdot \left(25\,\text{mm} \right)^2$$

$$\underline{A_3 = 200\,\text{mm}^2} \qquad\qquad \underline{A_4 = 981{,}75\,\text{mm}^2}$$

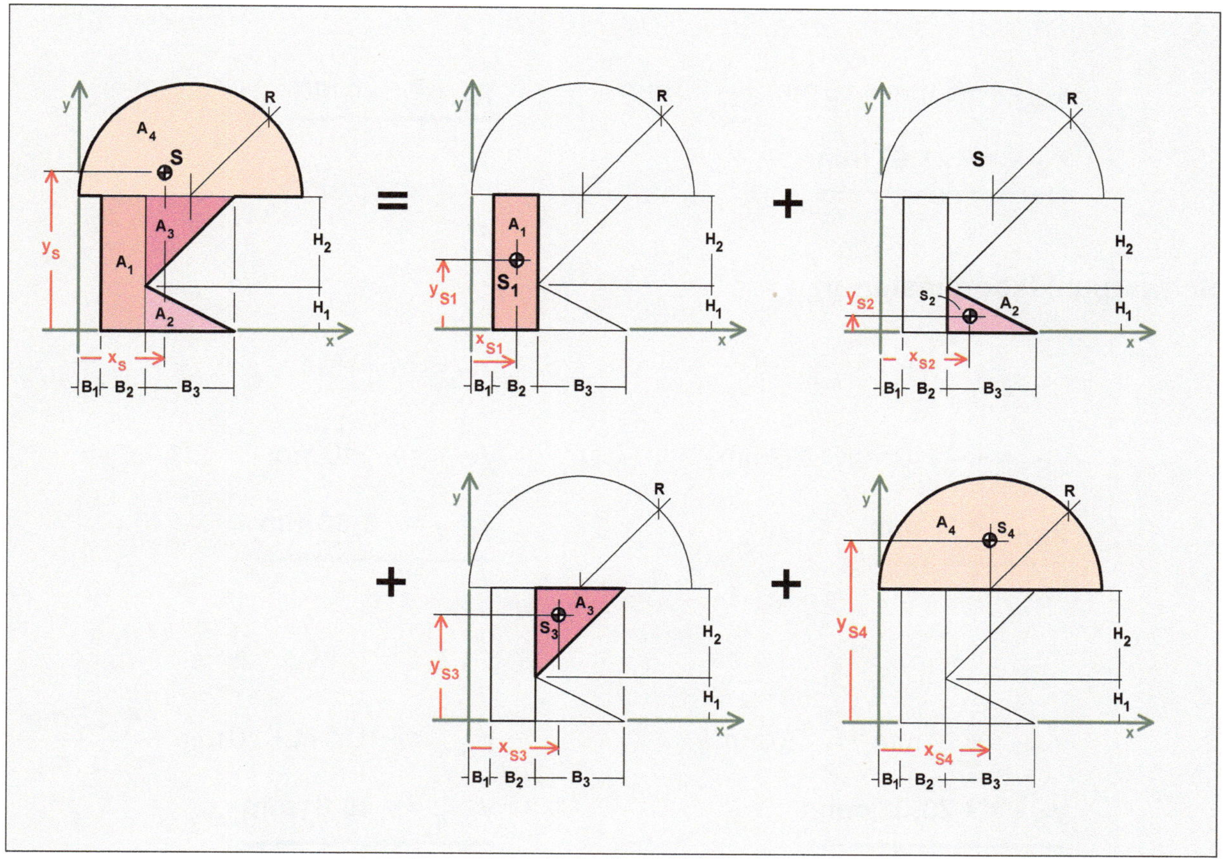

Gesamtfläche   **Addition der Teilflächen**

$$A = A_1 + A_2 + A_3 + A_4$$

$$A = 300\,mm^2 + 100\,mm^2 + 200\,mm^2 + 981{,}75\,mm^2$$

$$\mathbf{A = 1581{,}75\,mm^2}$$

Schwerpunktkoordinaten $x_{S,i}$

$$x_{S,1} = +B_1 + \frac{1}{2}B_2 \qquad\qquad x_{S,2} = +B_1 + B_2 + \frac{1}{3}B_3$$

$$x_{S,1} = +5\,mm + \frac{1}{2}\,10\,mm \qquad x_{S,2} = +5\,mm + 10\,mm + \frac{1}{3}\,20\,mm$$

$$\mathbf{x_{S,1} = +10\,mm} \qquad\qquad \mathbf{x_{S,2} = +21{,}67\,mm}$$

$$x_{S,3} = +B_1 + B_2 + \frac{1}{3}B_3 \qquad\qquad x_{S,4} = +R$$

$$x_{S,3} = +5\,\text{mm} + 10\,\text{mm} + \frac{1}{3}\,20\,\text{mm} \qquad\qquad \mathbf{x_{S,4} = +25\,mm}$$

$$\mathbf{x_{S,3} = +21{,}67\,mm}$$

Schwerpunktkoordinaten $y_{S,i}$

$$y_{S,1} = +\frac{1}{2}\left(H_1 + H_2\right) \qquad\qquad y_{S,2} = +\frac{1}{3}H_1$$

$$y_{S,1} = +\frac{1}{2}\left(10\,\text{mm} + 20\,\text{mm}\right) \qquad\qquad y_{S,2} = +\frac{1}{3}\,10\,\text{mm}$$

$$\mathbf{y_{S,1} = +15\,mm} \qquad\qquad \mathbf{y_{S,2} = +3{,}33\,mm}$$

$$y_{S,3} = +H_1 + \frac{2}{3}H_2 \qquad\qquad y_{S,4} = +H_1 + H_2 + \frac{4\cdot R}{3\cdot\pi}$$

$$y_{S,3} = +10\,\text{mm} + \frac{2}{3}\cdot 20\,\text{mm} \qquad\qquad y_{S,4} = +10\,\text{mm} + 20\,\text{mm} + \frac{4\cdot 25\,\text{mm}}{3\cdot\pi}$$

$$\mathbf{y_{S,3} = +23{,}33\,mm} \qquad\qquad \mathbf{y_{S,4} = +40{,}61\,mm}$$

Schwerpunktkoordinate x_S

Summenformel / in zweckmäßiger Schreibweise / mit den Flächenquotienten

$$x_S = x_{S,1}\cdot\frac{A_1}{A} + x_{S,2}\cdot\frac{A_2}{A} + x_{S,3}\cdot\frac{A_3}{A} + x_{S,4}\cdot\frac{A_4}{A} \qquad \text{x-Richtung}$$

$$x_S = +10\,\text{mm}\cdot\frac{300\,\text{mm}^2}{1581{,}75\,\text{mm}^2} + 21{,}67\,\text{mm}\cdot\frac{100\,\text{mm}^2}{1581{,}75\,\text{mm}^2} + 21{,}67\,\text{mm}\cdot\frac{200\,\text{mm}^2}{1581{,}75\,\text{mm}^2} +$$

$$+\; 25\,\text{mm}\cdot\frac{981{,}75\,\text{mm}^2}{1581{,}75\,\text{mm}^2}$$

Zähler und Nenner durch 'mm^2' teilen

$$x_S = +10\,mm \cdot \frac{300\,mm^2}{1581{,}75\,mm^2} + 21{,}67\,mm \cdot \frac{100\,mm^2}{1581{,}75\,mm^2} + 21{,}67\,mm \cdot \frac{200\,mm^2}{1581{,}75\,mm^2} +$$

$$+ 25\,mm \cdot \frac{981{,}75\,mm^2}{1581{,}75\,mm^2}$$

$$x_S = +10\,mm \cdot \frac{300}{1581{,}75} + 21{,}67\,mm \cdot \frac{100}{1581{,}75} + 21{,}67\,mm \cdot \frac{200}{1581{,}75} + 25\,mm \cdot \frac{981{,}75}{1581{,}75}$$

Vereinfachung der einzelnen Terme mit dem Taschenrechner / Faktor mal Zähler

$$x_S = +\frac{3\,000}{1581{,}75}\,mm + \frac{2\,167}{1581{,}75}\,mm + \frac{4\,334}{1581{,}75}\,mm + \frac{24\,543{,}75}{1581{,}75}\,mm$$

$$x_S = +\left(\frac{3\,000}{1581{,}75} + \frac{2\,167}{1581{,}75} + \frac{4\,334}{1581{,}75} + \frac{24\,543{,}75}{1581{,}75} \right) mm$$

$$x_S = +\frac{3\,000 + 2\,167 + 4\,334 + 24\,543{,}75}{1581{,}75}\,mm$$

Taschenrechner

$$\boxed{x_S = +21{,}52\,mm}$$

Schwerpunktkoordinate x_S

Schwerpunktkoordinate y_S

Summenformel / in zweckmäßiger Schreibweise / mit den Flächenquotienten

$$y_S = y_{S,1} \cdot \frac{A_1}{A} + y_{S,2} \cdot \frac{A_2}{A} + y_{S,3} \cdot \frac{A_3}{A} + y_{S,4} \cdot \frac{A_4}{A}$$

y-Richtung

$$y_S = +15\,mm \cdot \frac{300\,mm^2}{1581{,}75\,mm^2} + 3{,}33\,mm \cdot \frac{100\,mm^2}{1581{,}75\,mm^2} + 23{,}33\,mm \cdot \frac{200\,mm^2}{1581{,}75\,mm^2} +$$

$$+ 40{,}61\,mm \cdot \frac{981{,}75\,mm^2}{1581{,}75\,mm^2}$$

Zähler und Nenner durch 'mm^2' teilen

$$y_S = +15\,mm \cdot \frac{300\,mm^2}{1581,75\,mm^2} + 3,33\,mm \cdot \frac{100\,mm^2}{1581,75\,mm^2} + 23,33\,mm \cdot \frac{200\,mm^2}{1581,75\,mm^2} +$$

$$+\,40,61\,mm \cdot \frac{981,75\,mm^2}{1581,75\,mm^2}$$

$$y_S = +15\,mm \cdot \frac{300}{1581,75} + 3,33\,mm \cdot \frac{100}{1581,75} + 23,33\,mm \cdot \frac{200}{1581,75} + 40,61\,mm \cdot \frac{981,75}{1581,75}$$

simple Vereinfachung der einzelnen Terme
mit Taschenrechner / Faktor mal Zähler

$$y_S = +\frac{4\,500}{1581,75}\,mm + \frac{333}{1581,75}\,mm + \frac{4\,666}{1581,75}\,mm + \frac{39\,868,87}{1581,75}\,mm$$

$$y_S = +\left(\frac{4\,500}{1581,75} + \frac{333}{1581,75} + \frac{4\,666}{1581,75} + \frac{39\,868,87}{1581,75} \right) mm$$

$$y_S = +\frac{4\,500 + 333 + 4\,666 + 39\,868,87}{1581,75}\,mm$$

Taschenrechner

$$\boxed{y_S = +31,21\,mm}$$
Schwerpunktkoordinate y_S

Geben Sie bitte die Schwerpunktkoordinaten x_S und y_S bezogen auf das eingezeichnete Koordinatensystem in folgender Form an: $S : \left(x_S;\ y_S \right) = (\dots;\ \dots)$.

$$\boxed{S : \left(x_S;\ y_S \right) = (+21,52\,mm;\ +31,21\,mm)}$$
Schwerpunktkoordinaten x_S und y_S

Aufgabe 40

Flächenschwerpunkt / Zusammengesetzte Fläche / Quadrat / Viertelkreis

x-Richtung: zusammengesetzt / Summenformel
y-Richtung: Überlegen / Hinschreiben

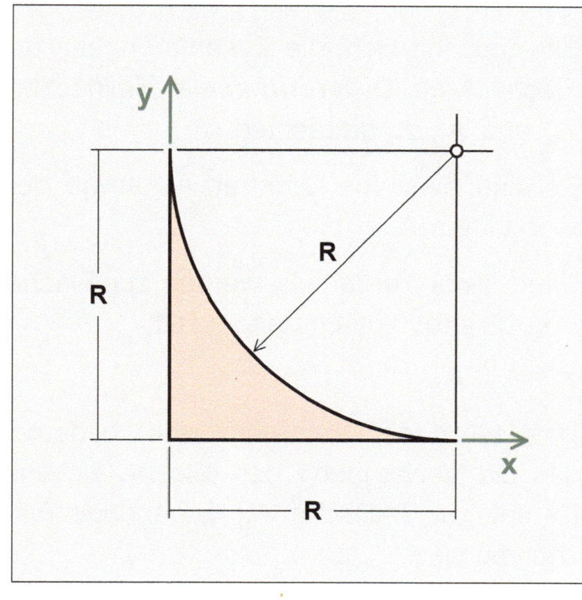

Nebenstehende Abbildung zeigt den Querschnitt eines Bauteils.

Es ist offensichtlich, dass es sich konstruktiv um einen sehr interessanten Querschnitt handelt.

Es handelt sich um ein **Quadratteil** (Quadrat minus Viertelkreis).

Der Querschnitt des Bauteils ergibt sich aus einem Quadrat und einem Viertelkreis, wobei der Viertelkreis eine Ausnehmung darstellt, d. h. vom Quadrat abgezogen wird.

Gegeben

Querschnittsabmessungen: $R = 40\,\text{mm}$.

Gesucht

Schwerpunktkoordinaten x_S und y_S.

Geben Sie bitte die Schwerpunktkoordinaten x_S und y_S bezogen auf das eingezeichnete Koordinatensystem in folgender Form an:

$$S: \left(x_S;\ y_S\right) = (\dots;\ \dots).$$

Anmerkung:

*Das Quadratteil wurde schon in dem Themenpunkt **Flächenschwerpunkt / Grundformen** behandelt. Es wurden dort die Schwerpunktkoordinaten infinitesimalmathematisch hergeleitet.*

Man könnte zum jetzigen Zeitpunkt die Ergebnisse kennen. Das muss aber nicht sein - wenn nicht, so schlägt man nach.

Ergebnis: $\quad S: \left(x_S;\ y_S\right) = \left(+\dfrac{10 - 3\pi}{12 - 3\pi}\,R;\ +\dfrac{10 - 3\pi}{12 - 3\pi}\,R\right)$

$\qquad\qquad S: \left(x_S;\ y_S\right) = (+\,8{,}93\,mm;\ +\,8{,}93\,mm)$

Lösung

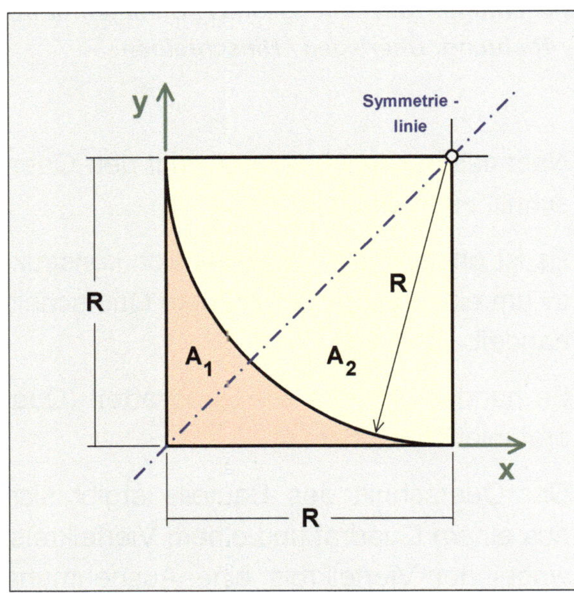

Die Zusammengesetzte Fläche A befindet sich in der **Normallage**. D. h. die 'westlichste Seite' liegt auf der y-Achse und die 'südlichste Seite' auf der x-Achse.

Es empfiehlt sich, die Zusammengesetzte Fläche A als **Differenz** zweier Teilflächen A_1 und A_2 zu betrachten.

Es sind dies das Quadrat A_1 sowie der Viertelkreis A_2.

Diese zwei Teilflächen werden zur Fläche A **subtraktiv** zusammengesetzt,

$$A = A_1 - A_2.$$

Hinsichtlich der **Summenformel** bedeutet das die Verwendung des **Minus**-Zeichens für das zur Teilfläche A_2 zugehörige Flächenmoment.

Einige Anmerkungen

Obige Abbildung zeigt die Zusammengesetzte Fläche mit einer eingezeichneten und ausgezeichneten, **unter 45° verlaufenden**, Linie. Sie zeichnet sich dadurch aus, dass die jeweils gegenüberliegenden Flächen gleich groß sind. Außerdem sind die sich gegenüberliegenden Flächen spiegelbildlich gleich.

Es handelt sich um eine Symmetrielinie.

Bedingt durch diese Symmetrielinie liegt eine Einfachsymmetrie vor - links oben / rechts unten.

> **Merke :   Symmetrielinie**
> **Eine Symmetrielinie ist immer eine Schwerelinie.**

Es ist bekannt, dass eine Schwerelinie der geometrische Ort für den Flächenschwerpunkt S ist. D. h., kennt man die Schwerpunktkoordinate x_S, so kennt man auch die Schwerpunktkoordinate y_S.

Beide Schwerpunktkoordinaten sind gleich groß.

Schwerpunktkoordinate x_S

Summenformel / in zweckmäßiger Schreibweise / mit den Flächenquotienten
(Beachten Sie bitte den Drehsinn des Flächenmoments $x_{S,2} \cdot A_2$).

$$x_S = x_{S,1} \cdot \frac{A_1}{A} - x_{S,2} \cdot \frac{A_2}{A}$$

x-Richtung

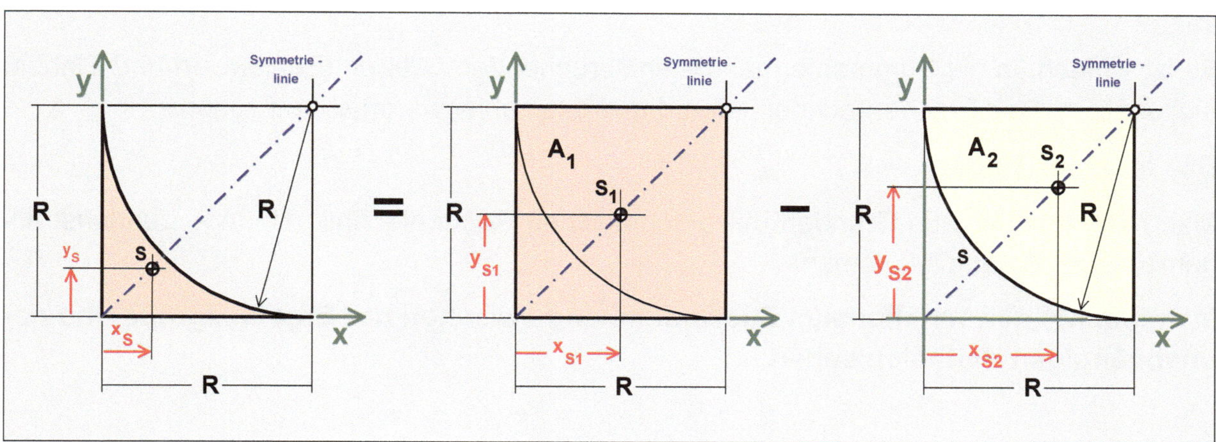

Gesamtfläche   **Differenz der Teilflächen**

Flächen A_i

$$A_1 = R^2 \qquad\qquad A_2 = \frac{1}{4} \cdot \pi \cdot R^2$$

$$A_1 = (40\,\text{mm})^2 \qquad\qquad A_2 = \frac{1}{4} \cdot \pi \cdot (40\,\text{mm})^2$$

$$\underline{A_1 = 1600\,\text{mm}^2} \qquad\qquad \underline{A_2 = 1256,64\,\text{mm}^2}$$

$$A = A_1 - A_2$$

$$A = R^2 - \frac{1}{4} \cdot \pi \cdot R^2$$

$$A = \left(1 - \frac{1}{4}\,\pi\right) R^2 = \frac{4 - \pi}{4} R^2$$

$$A = \left(1 - \frac{1}{4}\,\pi\right) 1600\,\text{mm}^2$$

$$\underline{A = 343,36\,\text{mm}^2}$$

Schwerpunktkoordinaten $x_{S,i}$

$$x_{S,1} = +\frac{1}{2}R \qquad\qquad x_{S,2} = +R - \frac{4R}{3\pi}$$

$$x_{S,1} = +\frac{1}{2}\,40\,\text{mm} \qquad\qquad x_{S,2} = +\left(1 - \frac{4}{3\pi}\right)\cdot R = \frac{3\pi - 4}{3\pi}\cdot R$$

$$\underline{x_{S,1} = +20\,\text{mm}} \qquad\qquad x_{S,2} = +\left(1 - \frac{4}{3\pi}\right)40\,\text{mm}$$

$$\underline{x_{S,2} = +23{,}02\,\text{mm}}$$

Es ist einfach, in die Summenformel die entsprechenden Größen (Zahlenwert und Einheit) einzusetzen. Der Taschenrechner liefert direkt das zahlenwertmäßige Ergebnis.

Das ist keine Kunst !

Man möchte aber, aus Gründen der algebraischen Rechentechnik (Übung), zunächst allgemein zum Ergebnis kommen.

Man möchte den funktionalen Zusammenhang zwischen der Ergebnisgröße und der unabhängigen Variablen sehen.

Summenformel / in zweckmäßiger Schreibweise / mit den Flächenquotienten

$$x_S = x_{S,1}\cdot\frac{A_1}{A} - x_{S,2}\cdot\frac{A_2}{A} \qquad\qquad \textbf{für die x-Richtung}$$

$$x_S = +\frac{1}{2}R \cdot \frac{R^2}{\dfrac{4-\pi}{4}R^2} - \frac{3\pi-4}{3\pi}R\cdot\frac{\dfrac{1}{4}\cdot\pi\cdot R^2}{\dfrac{4-\pi}{4}R^2}$$

Zähler und Nenner durch 'R^2' teilen

$$x_S = +\frac{1}{2}R \cdot \frac{R^2}{\dfrac{4-\pi}{4}R^2} - \frac{3\pi-4}{3\pi}R\cdot\frac{\dfrac{1}{4}\cdot\pi\cdot R^2}{\dfrac{4-\pi}{4}R^2}$$

$$x_S = +\frac{1}{2}R \cdot \frac{1}{\dfrac{4-\pi}{4}} - \frac{3\pi-4}{3\pi}R\cdot\frac{\dfrac{1}{4}\cdot\pi}{\dfrac{4-\pi}{4}}$$

Zähler und Nenner mit '4' multiplizieren

$$x_S = +\frac{1}{2}\,R\cdot\frac{4}{4-\pi} - \frac{3\,\pi-4}{3\,\pi}\,R\cdot\frac{\pi}{4-\pi}$$

$'\dfrac{1}{4-\pi}\,R\,'$ ausklammern

$$x_S = \left[+\frac{1}{2}\cdot\overset{2}{4} - \frac{(3\,\pi-4)\cdot\pi}{3\,\pi}\right]\frac{1}{4-\pi}\cdot R$$

Simple Vereinfachung der einzelnen Terme innerhalb der eckigen Klammer

$$x_S = \left[+2 - \frac{3\,\pi-4}{3}\right]\frac{1}{4-\pi}\cdot R$$

eckige Klammer / Hauptnenner '3'

$$x_S = +\frac{6-3\,\pi+4}{3}\cdot\frac{1}{4-\pi}\cdot R$$

Zähler des 1. Bruches zusammenfassen

$$x_S = +\frac{10-3\,\pi}{3}\cdot\frac{1}{4-\pi}\cdot R$$

$$\boxed{x_S = +\frac{10-3\,\pi}{12-3\,\pi}\cdot R}$$

Schwerpunktkoordinate x_S
(allgemein)

mit $R = 40\,\text{mm}$

$$\underline{\underline{x_S = +8,93\,\text{mm}}}$$

Schwerpunktkoordinate x_S
(mit Zahlenwerten)

Schwerpunktkoordinate y_S

Die unter 45° verlaufende Linie ist eine Symmetrielinie.

Eine Symmetrielinie ist immer eine Schwerelinie.

Eine Schwerelinie ist der geometrische Ort für den Flächenschwerpunkt S.

Da die Schwerpunktkoordinate x_S bereits ermittelt wurde, ist der Abstand des Flächenschwerpunktes S von der y-Achse bekannt und damit seine exakte Position auf der Symmetrielinie gegeben. Das heißt im Weiteren,

$$y_S = x_S\,.$$

$$\text{mit } x_S = + \frac{10 - 3\,\pi}{12 - 3\,\pi} \cdot R$$

$$y_S = + \frac{10 - 3\,\pi}{12 - 3\,\pi} \cdot R$$

Schwerpunktkoordinate y_S
(allgemein)

mit $R = 40\,\text{mm}$

$$y_S = + 8,93\,\text{mm}$$

Schwerpunktkoordinate y_S
(mit Zahlenwerten)

Geben Sie bitte die Schwerpunktkoordinaten x_S und y_S bezogen auf das ein-gezeichnete Koordinatensystem in folgender Form an: $S : \left(x_S;\ y_S \right) = (\ldots;\ \ldots)$.

$$S : \left(x_S;\ y_S \right) = \left(+ \frac{10 - 3\,\pi}{12 - 3\,\pi} \cdot R\ ;\ + \frac{10 - 3\,\pi}{12 - 3\,\pi} \cdot R \right)$$

Schwerpunktkoordinaten
(x_S und y_S)

$$S : \left(x_S;\ y_S \right) = (+ 8,93\,\text{mm}\ ;\ + 8,93\,\text{mm})$$

Schwerpunktkoordinaten
(x_S und y_S)

Aufgabe 41

Flächenschwerpunkt / Zusammengesetz-te Fläche / Rechteck / Dreieck / Kreis / Quadratteil (Quadrat minus Viertelkreis)

x-Richtung: Überlegen / Hinschreiben
y-Richtung: zusammengesetzt / Summenformel

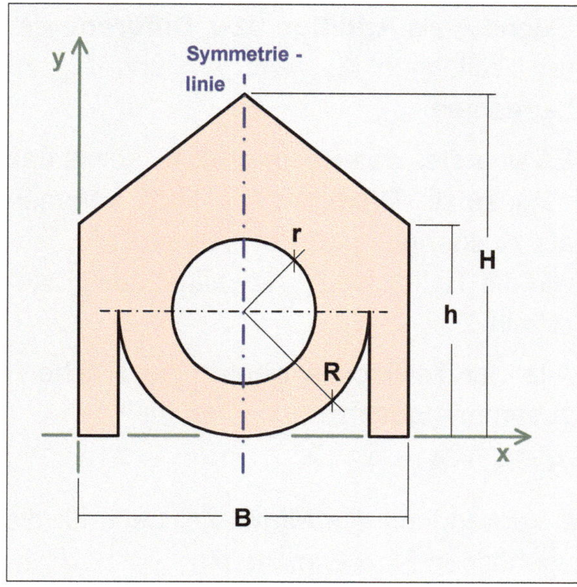

Nebenstehende Abbildung zeigt den Querschnitt eines Bauteils.

Der Querschnitt des Bauteils besteht aus einem Rechteck mit einem aufgesetzten Dreieck. Hinzu kommt ein Vollkreis als Ausnehmung sowie zwei Quadratteile.

Gegeben

Großer Radius R : $R = 18\,\text{mm}$;

Kleiner Radius r : $r = 10\,\text{mm}$;

Breite B : $B = 46\,\text{mm}$;

Höhe H : $H = 48\,\text{mm}$;

Höhe h : $h = 29\,\text{mm}$.

Gesucht

Schwerpunktkoordinaten x_S und y_S.

Geben Sie bitte die Schwerpunktkoordinaten x_S und y_S bezogen auf das eingezeichnete Koordinatensystem in folgender Form an:

$$S: \left(x_S;\ y_S\right) = (\ldots;\ \ldots).$$

Anmerkung / Quadratteil

Quadratteil gleich Quadrat minus Viertelkreis.
Wissens-MUSS (oder aber nachschlagen Tabelle **Flächenschwerpunkt / Grundformen**).

Ergebnis: *S:* $\left(x_S\,;\, y_S\right) = (+\,23{,}00\ mm;\ +\,21{,}68\ mm)$

Lösung

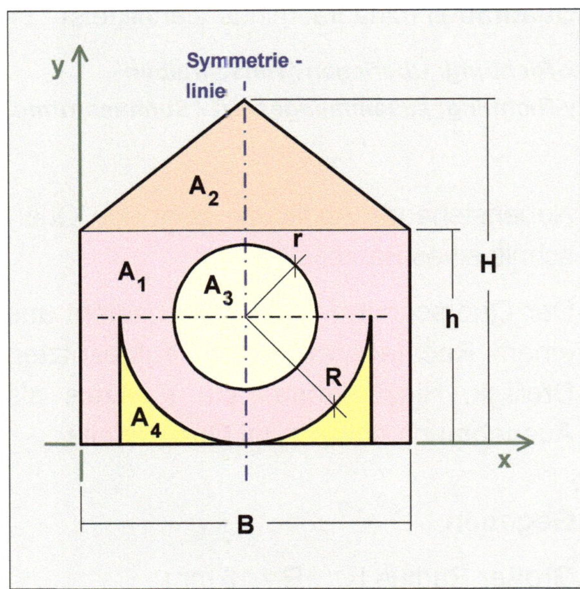

Die Zusammengesetzte Fläche A befindet sich in der **Normallage**. D. h. die 'westlichste Seite' liegt auf der y-Achse und die 'südlichste Seite' auf der x-Achse.

Es empfiehlt sich, die Zusammengesetzte Fläche A als **Addition** bzw. **Differenz** vierer Teilflächen A_1, A_2, A_3 und A_4 zu betrachten.

Es sind dies das Rechtecke A_1 sowie das aufgesetzte Dreieck A_2. Hinzu kommen als Ausnehmungen der Vollkreis A_3 sowie die Teilfläche A_4 (zweimal das Quadratteil).

Alle vier Teilflächen werden zur Fläche A zusammengesetzt,

$$A = A_1 + A_2 - A_3 - A_4 \, .$$

Hinsichtlich der **Summenformel** bedeutet das die Verwendung des **Minus**-Zeichens für die entsprechenden zu den Teilflächen A_3 und A_4 zugehörigen Flächenmomente.

Bedenken Sie bitte, nicht die Existenz oder Nichtexistent einer Teilfläche bestimmt das Minus-Zeichen, sondern alleine der Drehsinn des zugehörigen Flächenmoments.

Einige Anmerkungen

Obige Abbildung zeigt weiter die Zusammengesetzte Fläche mit einer eingezeichneten und 'ausgezeichneten' vertikalen Linie. Sie zeichnet sich dadurch aus, dass die jeweils gegenüberliegenden Flächen gleich groß sind. Außerdem sind die sich gegenüberliegenden Flächen spiegelbildlich gleich.

Es handelt sich um eine Symmetrielinie.

Bedingt durch diese Symmetrielinie liegt eine Einfachsymmetrie vor - links / rechts.

> **Merke :   Symmetrielinie**
> **Eine Symmetrielinie ist immer eine Schwerelinie.**

Es ist bekannt, dass eine Schwerelinie der geometrische Ort für den Flächenschwerpunkt S ist. Dadurch bedingt, ist der Abstand der vertikalen Symmetrielinie (Schwerelinie) von der y-Achse bekannt. Damit ist auch die Schwerpunktkoordinate x_S bekannt.

Schwerpunktkoordinate x_S

Da eine Symmetrielinie (Schwerelinie) der geometrische Ort für den Flächenschwerpunkt S ist, und der Abstand der vertikalen Symmetrielinie von der y-Achse gegeben ist, ist damit auch die Schwerpunktkoordinate x_S bekannt.

$$x_S = +\frac{1}{2} \cdot B$$

mit $B = 46\,\text{mm}$

$$x_S = +\frac{1}{2} \cdot 46\,\text{mm}$$

$$\boxed{x_S = +23\,\text{mm}}$$

Schwerpunktkoordinate x_S

Das alles gilt nur für die x-Richtung - nicht für die y-Richtung.

Für die y-Richtung kommt die Summenformel mit Flächenquotienten zur Anwendung.

Schwerpunktkoordinate y_S

Die Summenformel lässt sich mit den Flächenquotienten formulieren.

$$y_S \cdot A = \sum_i y_{S,i} \cdot A_i$$

Summenformel
Ausgangsformel

Die Zusammensetzung der vier Teilflächen A_1, A_2, A_3 und A_4 zur Fläche A erfordert die Verwendung des **Minus**-Zeichens für die Flächenmomente zugehörig zu den Teilflächen A_3 und A_4. **(Beachten Sie bitte den Drehsinn der Flächenmomente).**

$$y_S \cdot A = y_{S,1} \cdot A_1 + y_{S,2} \cdot A_2 - y_{S,3} \cdot A_3 - y_{S,4} \cdot A_4$$

$$y_S = y_{S,1} \cdot \frac{A_1}{A} + y_{S,2} \cdot \frac{A_2}{A} - y_{S,3} \cdot \frac{A_3}{A} - y_{S,4} \cdot \frac{A_4}{A}$$

Summenformel
mit Flächenquotienten

Flächen A_i

$$A_1 = B \cdot h \qquad\qquad A_2 = \frac{1}{2} \cdot B \cdot (H - h)$$

$$A_1 = 46\,\text{mm} \cdot 29\,\text{mm} \qquad\qquad A_2 = \frac{1}{2} \cdot 46\,\text{mm} \cdot (48\,\text{mm} - 29\,\text{mm})$$

$$A_1 = 1334\ \text{mm}^2 \qquad\qquad A_2 = 23\ \text{mm} \cdot 19\ \text{mm}$$

$$A_2 = 437\ \text{mm}^2$$

$$A_3 = \pi \cdot r^2 \qquad\qquad A_4 = 2 \cdot \frac{4 - \pi}{4} \cdot R^2$$

$$A_3 = \pi \cdot (10\ \text{mm})^2 \qquad\qquad A_4 = 2 \cdot \frac{4 - \pi}{4} \cdot (18\ \text{mm})^2$$

$$A_3 = 314{,}16\ \text{mm}^2 \qquad\qquad A_4 = 139{,}06\ \text{mm}^2$$

$$A = A_1 + A_2 - A_3 - A_4$$

$$A = 1334\ \text{mm}^2 + 437\ \text{mm}^2 - 314{,}16\ \text{mm}^2 - 139{,}06\ \text{mm}^2$$

$$A = 1317{,}78\ \text{mm}^2$$

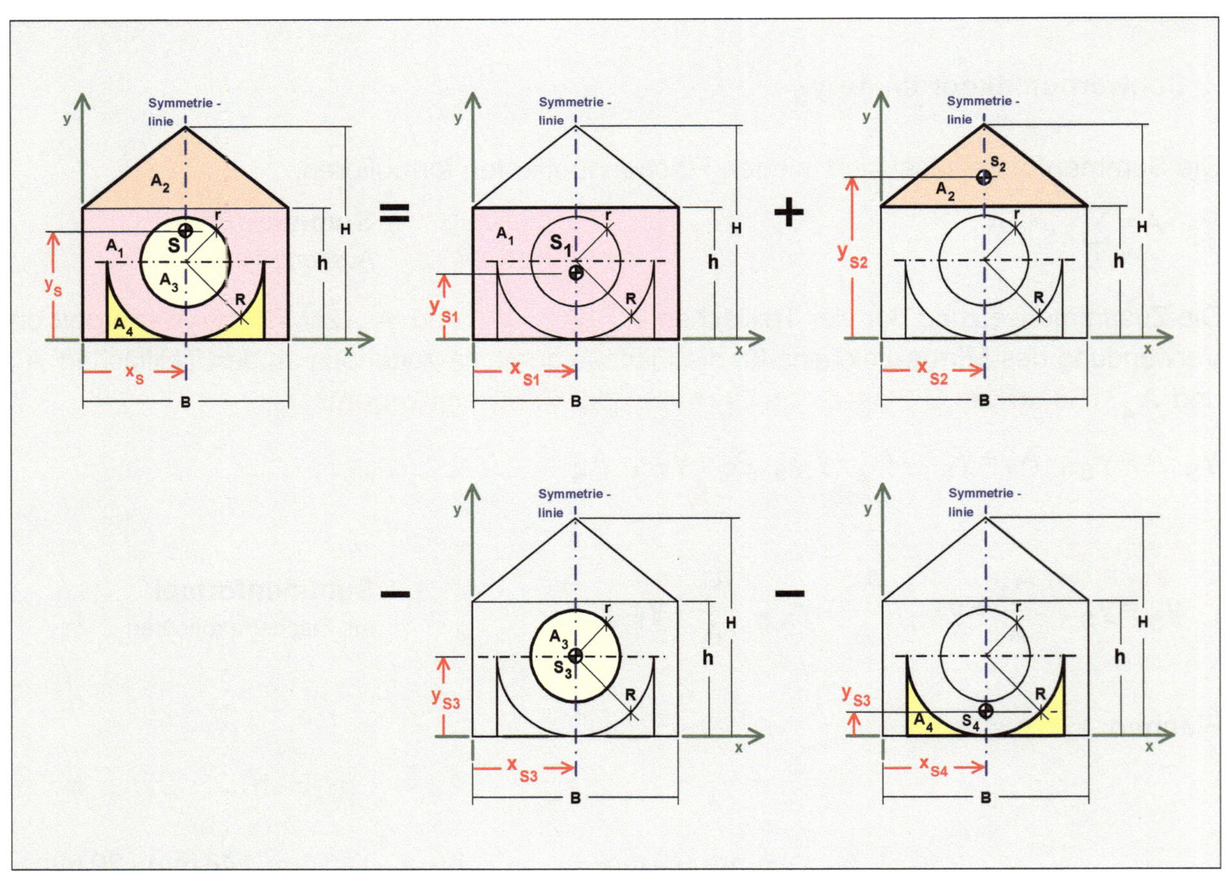

Gesamtfläche   **Summe / Differenz der Teilflächen**

Schwerpunktkoordinaten $y_{S,i}$

$$y_{S,1} = +\frac{1}{2}h$$

$$y_{S,1} = +\frac{1}{2} \cdot 29\,\text{mm}$$

$$\underline{y_{S,1} = +14,5\,\text{mm}}$$

$$y_{S,2} = +h+\frac{1}{3}(H-h)$$

$$y_{S,2} = +29\,\text{mm} + \frac{1}{3}(48\,\text{mm} - 29\,\text{mm})$$

$$y_{S,2} = +29\,\text{mm} + \frac{1}{3} \cdot 19\,\text{mm}$$

$$\underline{y_{S,2} = +35,33\,\text{mm}}$$

$$y_{S,3} = +R$$

$$y_{S,4} = +\frac{10-3\pi}{12-3\pi} \cdot R$$

Wissens-Muss
oder Tabelle / 'Quadratteil' nachschlagen

$$\underline{y_{S,3} = +18\,\text{mm}}$$

$$y_{S,4} = +\frac{10-3\pi}{12-3\pi} \cdot 18\,\text{mm}$$

$$\underline{y_{S,4} = +4,02\,\text{mm}}$$

$$y_S = y_{S,1} \cdot \frac{A_1}{A} + y_{S,2} \cdot \frac{A_2}{A} - y_{S,3} \cdot \frac{A_3}{A} - y_{S,4} \cdot \frac{A_4}{A}$$

Summenformel
mit Flächenquotienten

$$y_S = +14,5\,\text{mm} \cdot \frac{1334\,\text{mm}^2}{1317,78\,\text{mm}^2} + 35,33\,\text{mm} \cdot \frac{437\,\text{mm}^2}{1317,78\,\text{mm}^2} - 18\,\text{mm} \cdot \frac{314,16\,\text{mm}^2}{1317,78\,\text{mm}^2} -$$

$$- 4,02\,\text{mm} \cdot \frac{139,06\,\text{mm}^2}{1317,78\,\text{mm}^2}$$

Zähler und Nenner durch 'mm^2' teilen

$$y_S = +14,5\,\text{mm} \cdot \frac{1334\,\text{mm}^2}{1317,78\,\text{mm}^2} + 35,33\,\text{mm} \cdot \frac{437\,\text{mm}^2}{1317,78\,\text{mm}^2} - 18\,\text{mm} \cdot \frac{314,16\,\text{mm}^2}{1317,78\,\text{mm}^2} -$$

$$- 4,02\,\text{mm} \cdot \frac{139,06\,\text{mm}^2}{1317,78\,\text{mm}^2}$$

$$y_S = +14,5\,\text{mm} \cdot \frac{1334}{1317,78} + 35,33\,\text{mm} \cdot \frac{437}{1317,78} - 18\,\text{mm} \cdot \frac{314,16}{1317,78} - 4,02\,\text{mm} \cdot \frac{139,06}{1317,78}$$

Vereinfachung der einzelnen Terme mit dem Taschenrechner / Faktor mal Zähler

$$y_S = +\frac{19\,343}{1317,78}\,\text{mm} + \frac{15\,439,21}{1317,78}\,\text{mm} - \frac{5\,654,88}{1317,78}\,\text{mm} - \frac{559,02}{1317,78}\,\text{mm}$$

$$y_S = +\left(\frac{19\,343}{1317,78} + \frac{15\,439,21}{1317,78} - \frac{5\,654,88}{1317,78} - \frac{559,02}{1317,78} \right)\text{mm}$$

$$y_S = +\frac{19\,343 + 15\,439,21 - 5\,654,88 - 559,02}{1317,78}\,\text{mm}$$

Taschenrechner

$$\boxed{y_S = +21,68\,\text{mm}}$$

Schwerpunktkoordinate y_S

Geben Sie bitte die Schwerpunktkoordinaten x_S und y_S bezogen auf das eingezeichnete Koordinatensystem in folgender Form an: $S:\left(x_S;\ y_S\right)=(...;\ ...)$.

$$\boxed{S:\left(x_S;\ y_S\right)=(+23,00\,\text{mm}\,;\ +21,68\,\text{mm})}$$

Schwerpunktkoordinaten x_S **und** y_S

Aufgabe 42

**Flächenschwerpunkt / Zusammengesetz-
te Fläche / Rechteck / Dreieck / Halbkreis**

x-Richtung: zusammengesetzt / Summenformel

y-Richtung: zusammengesetzt / Summenformel

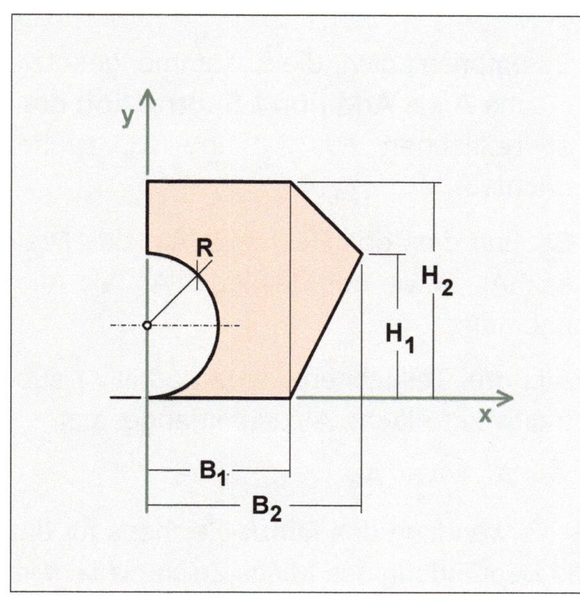

Nebenstehende Abbildung zeigt den Querschnitt eines Bauteils.

Der Querschnitt des Bauteils stellt eine
Zusammengesetzte Fläche dar.

Sie besteht aus einem Rechteck mit einem rechts angesetzten Dreieck sowie
einem Halbkreis als Ausnehmung.

Gegeben

Querschnittsabmessungen:

Breitenmaße : $B_1 = 20\,\text{mm}$; $B_2 = 30\,\text{mm}$;

Höhenmaße : $H_1 = 20\,\text{mm}$; $H_2 = 30\,\text{mm}$;

Radius : $R = 10\,\text{mm}$.

Gesucht

Schwerpunktkoordinaten x_S und y_S .

Geben Sie bitte die Schwerpunktkoordinaten x_S und y_S bezogen auf das eingezeichnete
Koordinatensystem in folgender Form an:

$$S : \left(x_S ;\ y_S \right) = \left(... ;\ ... \right) .$$

Ergebnis: $\ \ S: \left(x_S ;\ y_S \right) = \left(+15{,}74\,mm ;\ +16{,}75\,mm \right)$

Lösung

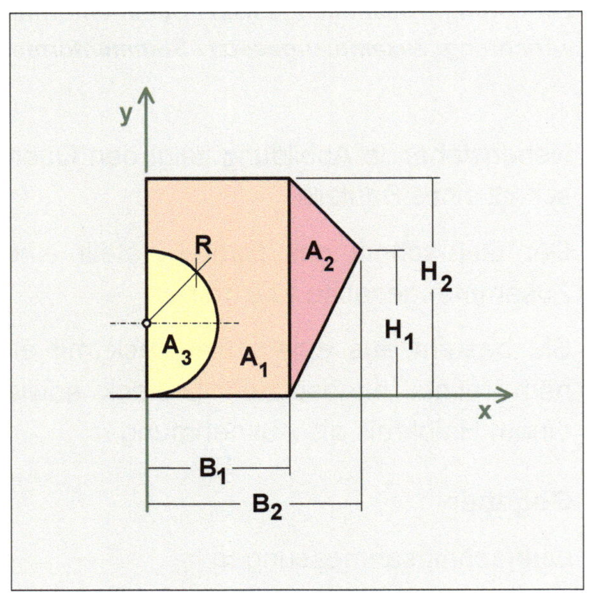

Die Zusammengesetzte Fläche A befindet sich in der **Normallage**. D. h. die 'westlichste Seite' liegt auf der y-Achse und die 'südlichste Seite' auf der x-Achse.

Es empfiehlt sich, die Zusammengesetzte Fläche A als **Addition / Subtraktion** dreier Teilflächen A_1, A_2 und A_3 zu betrachten.

Es sind dies das Rechteck A_1, das Dreieck A_2 sowie der Halbkreis A_3 als Ausnehmung.

Alle drei Teilflächen werden additiv / subtraktiv zur Fläche A zusammengesetzt,

$$A = A_1 + A_2 - A_3 \, .$$

Hinsichtlich der **Summenformel** bedeutet das die Verwendung des **Minus**-Zeichens für das zur Teilfläche A_3 zugehörige Flächenmoment. Die Begründung des Minus-Zeichens liegt im **Drehsinn des Flächenmoments**.

Einige Anmerkungen

Bei genauer Betrachtung obiger Abbildung ist erkennbar, dass es keine Symmetrielinie gibt. Es kommt hinzu, dass die auf jeden Fall vorhandenen Schwerelinien - vertikal und horizontal - nicht zu erkennen sind.

Die Schwerpunktkoordinaten x_S und y_S können somit nicht durch Ablesen oder Überlegen hingeschrieben werden. Sie müssen rechnerisch ermittelt werden.

Das geschieht mit Hilfe der Summenformel.

Bei Anwendung der Summenformel, sollte man die Zusammengesetzte Fläche derart in Teilflächen A_i einteilen, dass man ihre Schwerpunktkoordinaten $x_{S,i}$ und $y_{S,i}$ direkt hinschreiben kann.

Noch einmal. Bei dem Produkt in der Summenformel 'Schwerpunktkoordinate mal Fläche' handelt es sich um ein Flächenmoment.

Bei einem Moment ist der Drehsinn zu berücksichtigen.

Das Moment der Gesamtfläche ist gleich der Summe der Momente der Einzelflächen.

$$x_S \cdot A = \sum_i \left(x_{S,i} \cdot A_i \right) \qquad \text{x-Richtung}$$

$$y_S \cdot A = \sum_i \left(y_{S,i} \cdot A_i \right) \qquad \text{y-Richtung}$$

Summenformel ausformuliert / **Vorzeichen der Flächenmomente beachten**

$$x_S \cdot A = x_{S,1} \cdot A_1 + x_{S,2} \cdot A_2 - x_{S,3} \cdot A_3 \qquad \text{x-Richtung}$$

$$y_S \cdot A = y_{S,1} \cdot A_1 + y_{S,2} \cdot A_2 - y_{S,3} \cdot A_3 \qquad \text{y-Richtung}$$

Summenformel / in zweckmäßiger Schreibweise / mit den Flächenquotienten

$$x_S = x_{S,1} \cdot \frac{A_1}{A} + x_{S,2} \cdot \frac{A_2}{A} - x_{S,3} \cdot \frac{A_3}{A} \qquad \text{x-Richtung}$$

$$y_S = y_{S,1} \cdot \frac{A_1}{A} + y_{S,2} \cdot \frac{A_2}{A} - y_{S,3} \cdot \frac{A_3}{A} \qquad \text{y-Richtung}$$

Vorbereitende Überlegungen und Rechnungen

Flächen A_i

$$A_1 = B_1 \cdot H_2 \qquad\qquad A_2 = \frac{1}{2} \cdot H_2 \cdot (B_2 - B_1)$$

$$A_1 = 20\,\text{mm} \cdot 30\,\text{mm} \qquad\qquad A_2 = \frac{1}{2} \cdot 30\,\text{mm} \cdot (30\,\text{mm} - 20\,\text{mm})$$

$$\underline{A_1 = 600\,\text{mm}^2} \qquad\qquad A_2 = \frac{1}{2} \cdot 30\,\text{mm} \cdot 10\,\text{mm}$$

$$\underline{A_2 = 150\,\text{mm}^2}$$

$$A_3 = \frac{1}{2} \cdot \pi \cdot R^2$$

$$A_3 = \frac{1}{2} \cdot \pi \cdot (10\,\text{mm})^2$$

$$\underline{A_3 = 157{,}08\,\text{mm}^2}$$

$$A = A_1 + A_2 - A_3$$

$$A = 600\,\text{mm}^2 + 150\,\text{mm}^2 - 157{,}08\,\text{mm}^2$$

$$\mathbf{A = 592{,}92\,\text{mm}^2}$$

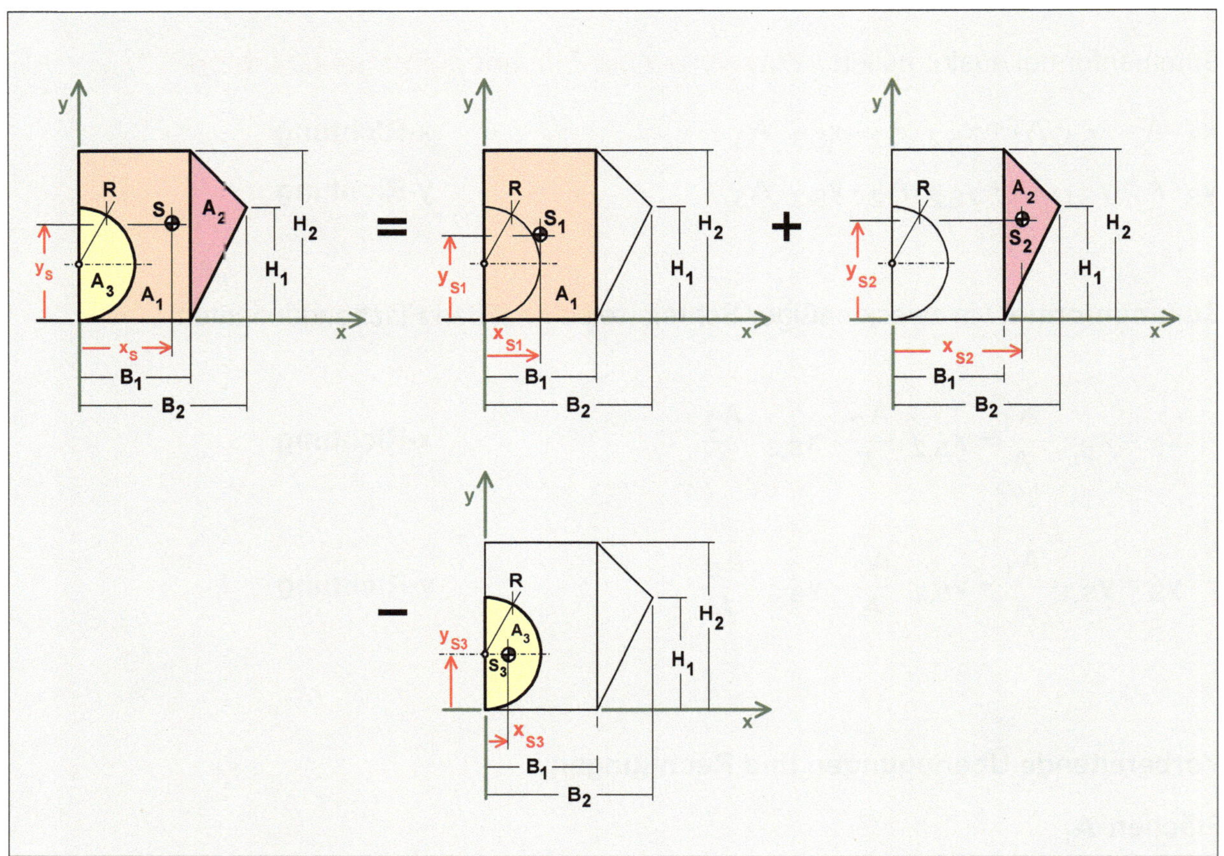

Gesamtfläche   **Addition / Subtraktion der Teilflächen**

Schwerpunktkoordinaten $x_{S,i}$

$$x_{S,1} = +\frac{1}{2}\cdot B_1$$

$$x_{S,1} = +\frac{1}{2}\cdot 20\,\text{mm}$$

$$\mathbf{x_{S,1} = +10\,\text{mm}}$$

$$x_{S,2} = +B_1 + \frac{1}{3}\left(B_2 - B_1\right)$$

$$x_{S,2} = +20\,\text{mm} + \frac{1}{3}\left(30\,\text{mm} - 10\,\text{mm}\right)$$

$$x_{S,2} = +20\,\text{mm} + \frac{1}{3}\cdot 20\,\text{mm}$$

$$\mathbf{x_{S,2} = +26{,}67\,\text{mm}}$$

$$x_{S,3} = +\frac{4 \cdot R}{3 \cdot \pi}$$

$$x_{S,3} = +\frac{4 \cdot 10\,mm}{3 \cdot \pi}$$

$$\underline{x_{S,3} = +4{,}24\,mm}$$

Schwerpunktkoordinaten $y_{S,i}$

$$y_{S,1} = +\frac{1}{2} \cdot H_2$$

$$y_{S,1} = +\frac{1}{2} \cdot 30\,mm$$

$$\underline{y_{S,1} = +15\,mm}$$

$$y_{S,2} = +\frac{1}{3} \cdot \left(H_2 + H_1\right)$$

Wissens-Muss / oder Tabelle /
'Dreieck (allgemein)' nachschlagen

$$y_{S,2} = +\frac{1}{3} \cdot \left(30\,mm + 20\,mm\right)$$

$$y_{S,2} = +\frac{1}{3} \cdot 50\,mm$$

$$\underline{y_{S,2} = +16{,}67\,mm}$$

$$y_{S,3} = +R$$

$$\underline{y_{S,3} = +10\,mm}$$

Schwerpunktkoordinate x_S

Summenformel / in zweckmäßiger Schreibweise / mit den Flächenquotienten

$$x_S = x_{S,1} \cdot \frac{A_1}{A} + x_{S,2} \cdot \frac{A_2}{A} - x_{S,3} \cdot \frac{A_3}{A} \qquad \textbf{x-Richtung}$$

$$x_S = +10\,mm \cdot \frac{600\,mm^2}{592{,}92\,mm^2} + 26{,}67\,mm \cdot \frac{150\,mm^2}{592{,}92\,mm^2} - 4{,}24\,mm \cdot \frac{157{,}08\,mm^2}{592{,}92\,mm^2}$$

Zähler und Nenner durch 'mm^2' teilen

$$x_S = +10\,mm \cdot \frac{600\,\cancel{mm^2}}{592{,}92\,\cancel{mm^2}} + 26{,}67\,mm \cdot \frac{150\,\cancel{mm^2}}{592{,}92\,\cancel{mm^2}} - 4{,}24\,mm \cdot \frac{157{,}08\,\cancel{mm^2}}{592{,}92\,\cancel{mm^2}}$$

$$x_S = +10\,\text{mm} \cdot \frac{600}{592,92} + 26,67\,\text{mm} \cdot \frac{150}{592,92} - 4,24\,\text{mm} \cdot \frac{157,08}{592,92}$$

Vereinfachung der einzelnen Terme mit dem Taschenrechner / Faktor mal Zähler

$$x_S = +\frac{6\,000}{592,92}\,\text{mm} + \frac{4\,000,50}{592,92}\,\text{mm} - \frac{666,02}{592,92}\,\text{mm}$$

$$x_S = +\left(\frac{6\,000}{592,92} + \frac{4\,000,50}{592,92} - \frac{666,02}{592,92}\right)\text{mm}$$

$$x_S = +\frac{6\,000 + 4\,000,50 - 666,02}{592,92}\,\text{mm}$$

Taschenrechner

$$\boxed{x_S = +15,74\,\text{mm}}$$

Schwerpunktkoordinate x_S

Schwerpunktkoordinate y_S

Summenformel / in zweckmäßiger Schreibweise / mit den Flächenquotienten

$$y_S = y_{S,1} \cdot \frac{A_1}{A} + y_{S,2} \cdot \frac{A_2}{A} + y_{S,3} \cdot \frac{A_3}{A} + y_{S,4} \cdot \frac{A_4}{A}$$

y-Richtung

$$y_S = +15\,\text{mm} \cdot \frac{600\,\text{mm}^2}{592,92\,\text{mm}^2} + 16,67\,\text{mm} \cdot \frac{150\,\text{mm}^2}{592,92\,\text{mm}^2} - 10\,\text{mm} \cdot \frac{157,08\,\text{mm}^2}{592,92\,\text{mm}^2}$$

Zähler und Nenner durch 'mm^2' teilen

$$y_S = +15\,\text{mm} \cdot \frac{600\,\text{mm}^2}{592,92\,\text{mm}^2} + 16,67\,\text{mm} \cdot \frac{150\,\text{mm}^2}{592,92\,\text{mm}^2} - 10\,\text{mm} \cdot \frac{157,08\,\text{mm}^2}{592,92\,\text{mm}^2}$$

$$y_S = +15\,\text{mm} \cdot \frac{600}{592,92} + 16,67\,\text{mm} \cdot \frac{150}{592,92} - 10\,\text{mm} \cdot \frac{157,08}{592,92}$$

Vereinfachung der einzelnen Terme mit dem Taschenrechner / Faktor mal Zähler

$$y_S = + \frac{9\,000}{592,92}\,mm + \frac{2\,500,50}{592,92}\,mm - \frac{1570,80}{592,92}\,mm$$

$$y_S = + \left(\frac{9\,000}{592,92} + \frac{2\,500,50}{592,92} - \frac{1570,80}{592,92} \right) mm$$

$$y_S = + \frac{9\,000 + 2\,500,50 - 1570,80}{592,92}\,mm$$

Taschenrechner

$$y_S = +16,75\,mm$$

Schwerpunktkoordinate y_S

Geben Sie bitte die Schwerpunktkoordinaten x_S und y_S bezogen auf das eingezeichnete Koordinatensystem in folgender Form an: $S: \left(x_S;\ y_S \right) = (...;\ ...)$.

$$S: \left(x_S;\ y_S \right) = (+15,74\,mm\,;\ +16,75\,mm)$$

Schwerpunktkoordinaten x_S und y_S

Aufgabe 43

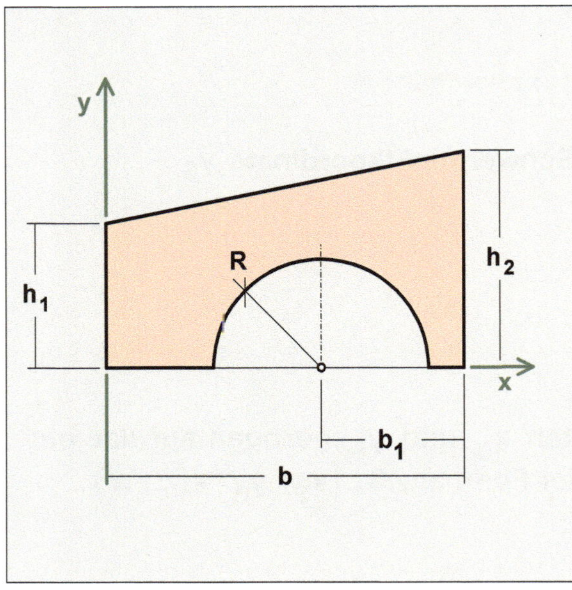

Gesucht

Schwerpunktkoordinaten x_S und y_S.

Geben Sie bitte die Schwerpunktkoordinaten x_S und y_S bezogen auf das eingezeichnete Koordinatensystem in folgender Form an:

$$S: \left(x_S;\ y_S \right) = (...;\ ...).$$

Flächenschwerpunkt / Zusammengesetzte Fläche / Trapez / Halbkreis

x-Richtung: zusammengesetzt / Summenformel
y-Richtung: zusammengesetzt / Summenformel

Zwei Teilflächen !

Nebenstehende Abbildung zeigt den Querschnitt eines Bauteils.

Der Querschnitt des Bauteils stellt eine Zusammengesetzte Fläche dar.

Sie besteht aus einem Trapez mit einem Halbkreis als Ausnehmung.

Gegeben

Querschnittsabmessungen:

Breitenmaß   : $b = 50\,mm$;

Höhenmaße   : $h_1 = 20\,mm$; $h_2 = 30\,mm$;

Radius   : $R = 15\,mm$.

Horizontale Lage des Halbkreises

$: b_1 = 20\,mm$

Ergebnis: S: $\left(x_S;\ y_S \right) = (+\,25,36\,mm;\ +\,15,04\,mm)$

Lösung

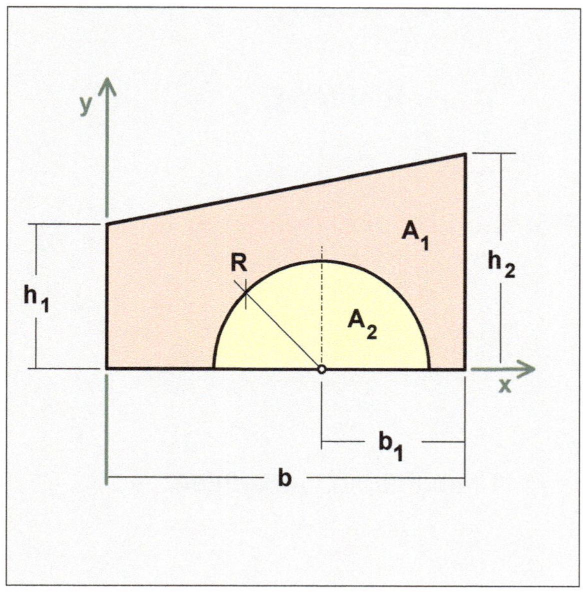

Die Zusammengesetzte Fläche A befindet sich in der **Normallage**. D. h. die 'westlichste Seite' liegt auf der y-Achse und die 'südlichste Seite' auf der x-Achse.

Es empfiehlt sich, die Zusammengesetzte Fläche A als **Subtraktion** zweier Teilflächen A_1 und A_2 zu betrachten.

Es sind dies das Trapez A_1 sowie der Halbkreis A_2 als Ausnehmung.

Die beiden Teilflächen werden **subtraktiv** zur Fläche A zusammengesetzt,

$$A = A_1 - A_2 .$$

Hinsichtlich der **Summenformel** bedeutet das die Verwendung des **Minus**-Zeichens für das der Teilfläche A_2 zugehörige Flächenmoment. Die Begründung des Minus-Zeichens liegt im **Drehsinn des Flächenmoments**.

Einige Anmerkungen

Bei genauer Betrachtung obiger Abbildung ist es offensichtlich, dass es keine Symmetrielinie gibt. Es kommt hinzu, dass die auf jeden Fall vorhandenen Schwerelinien - vertikal und horizontal - nicht zu erkennen sind.

Die Schwerpunktkoordinaten x_S und y_S können damit nicht durch Ablesen oder Überlegen hingeschrieben werden. Sie müssen rechnerisch ermittelt werden.

Das geschieht mit der Summenformel.

Bei Anwendung der Summenformel, sollte man die Zusammengesetzte Fläche derart in Teilflächen A_i einteilen, dass man ihre Schwerpunktkoordinaten $x_{S,i}$ und $y_{S,i}$ direkt hinschreiben kann.

Das ist aber nicht immer direkt möglich. Diese Aufgabe zeigt genau dieses Problem auf. Es liegt hier als Teilfläche ein **Trapez** vor. Man muss zusätzliche Überlegungen anstellen. Diese werden im Weiteren aufgezeigt, derart, dass man zu einer Lösung kommt.

Noch einmal. Bei dem Produkt in der Summenformel 'Schwerpunktkoordinate mal Fläche' handelt es sich um ein Flächenmoment.

Bei einem Moment ist der Drehsinn zu berücksichtigen.

Das Moment der Gesamtfläche ist gleich der Summe der Momente der Einzelflächen.

$$x_S \cdot A = \sum_i \left(x_{S,i} \cdot A_i \right) \qquad \text{x-Richtung}$$

$$y_S \cdot A = \sum_i \left(y_{S,i} \cdot A_i \right) \qquad \text{y-Richtung}$$

Summenformel ausformuliert / **Vorzeichen der Flächenmomente beachten**

$$x_S \cdot A = x_{S,1} \cdot A_1 - x_{S,2} \cdot A_2 \qquad \text{x-Richtung}$$

$$y_S \cdot A = y_{S,1} \cdot A_1 - y_{S,2} \cdot A_2 \qquad \text{y-Richtung}$$

Summenformel / in zweckmäßiger Schreibweise / mit den Flächenquotienten

$$x_S = x_{S,1} \cdot \frac{A_1}{A} - x_{S,2} \cdot \frac{A_2}{A} \qquad \text{x-Richtung}$$

$$y_S = y_{S,1} \cdot \frac{A_1}{A} - y_{S,2} \cdot \frac{A_2}{A} \qquad \text{y-Richtung}$$

Vorbereitende Überlegungen und Rechnungen

Flächen A_i

$$A_1 = \frac{1}{2} \cdot \left(h_1 + h_2 \right) \cdot b \qquad\qquad A_2 = \frac{1}{2} \cdot \pi \cdot R^2$$

$$A_1 = \frac{1}{2} \cdot \left(20\,\text{mm} + 30\,\text{mm} \right) \cdot 50\,\text{mm} \qquad A_2 = \frac{1}{2} \cdot \pi \cdot \left(15\,\text{mm} \right)^2$$

$$A_1 = \frac{1}{2} \cdot 50\,\text{mm} \cdot 50\,\text{mm} \qquad\qquad \underline{A_2 = 353,43\,\text{mm}^2}$$

$$\underline{A_1 = 1250\,\text{mm}^2}$$

$$A = A_1 - A_2$$

$$A = 1250\,\text{mm}^2 - 353,43\,\text{mm}^2$$

$$\underline{A = 896,57\,\text{mm}^2}$$

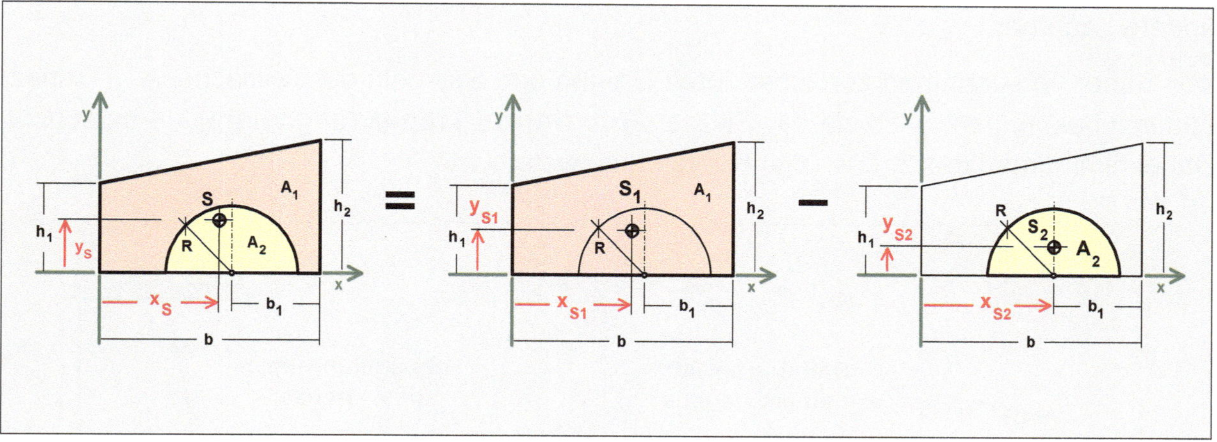

Gesamtfläche   **Differenz zweier Teilflächen**

Schwerpunktkoordinaten $x_{S,i}$ und $y_{S,i}$

mathematische Spielerei

➡ $x_{S,1} = ?$ und $y_{S,1} = ?$ ⬅

Es sind an dieser Stelle die Schwerpunktkoordinaten $x_{S,1}$ und $y_{S,1}$ der Teilfläche A_1 (Trapez) zu ermitteln. Man sollte sie hinschreiben können als **Wissens-MUSS**.

Ich kann es nicht !

Also schaut man in der Tabelle **Grundform / Trapez (allgemein) - 8** nach und bekommt Folgendes angeboten:

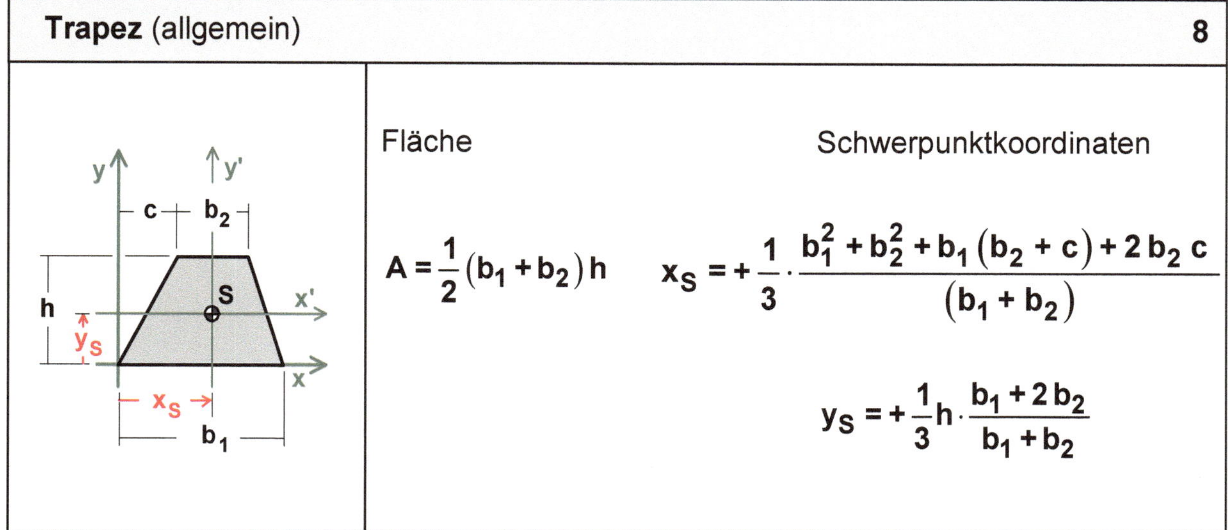

Trapez (allgemein)   **8**

Fläche

Schwerpunktkoordinaten

$$A = \frac{1}{2}(b_1 + b_2)\,h$$

$$x_S = +\frac{1}{3} \cdot \frac{b_1^2 + b_2^2 + b_1(b_2 + c) + 2\,b_2\,c}{(b_1 + b_2)}$$

$$y_S = +\frac{1}{3}h \cdot \frac{b_1 + 2\,b_2}{b_1 + b_2}$$

Ich kann die Schwerpunktkoordinate $x_{S,1}$ und $y_{S,1}$ aber immer noch nicht hinschreiben.

Das liegt daran, dass die Teilfläche A_1 (Trapez) etwas anders aussieht und eine etwas andere Lage hat.

Von daher versucht man zunächst durch Drehen und Spiegeln die Teilfläche A_1 (Trapez) so hinzubekommen, dass sie der Skizze **Grundform / Trapez (allgemein) - 8** entspricht. Dabei nimmt man das 'grüne (x-y)-Koordinatensystem' mit.

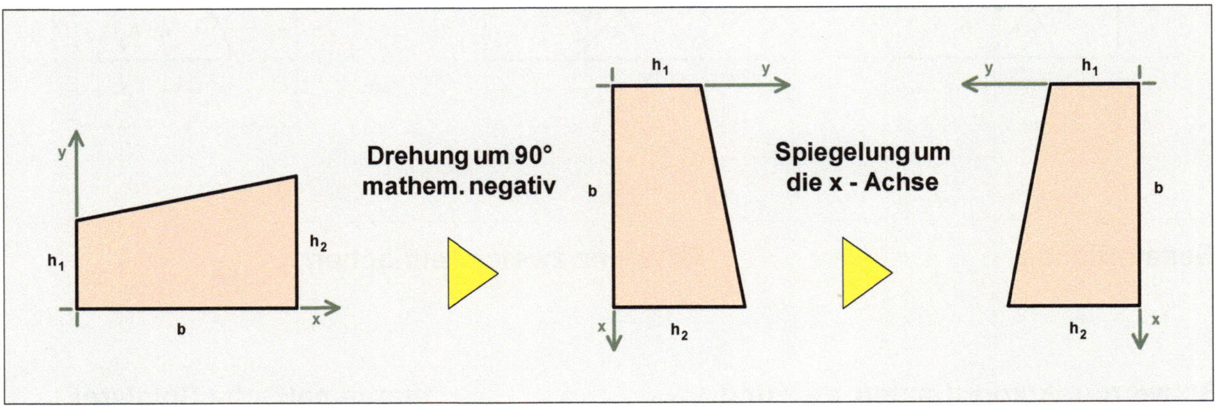

Führt man ein neues 'rotes Koordinatensystem' ein, so kann man mit den Gegebenheiten **Grundform / Trapez (allgemein) - 8** etwas anfangen.

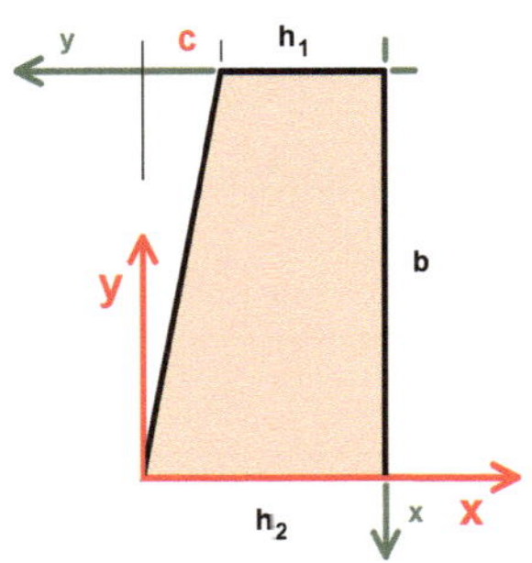

Es sollte selbstverständlich sein, dass bei gegebener Schwerpunktlage im 'roten (x-y)-Koordinatensystem' die gesuchten Schwerpunktkoordinaten x_S und y_S im 'grünen Koordinatensystem ebenfalls bekannt sind.

Für die rechnerische Ermittlung der beiden Schwerpunktkoordinaten x_S und y_S im 'roten Koordinatensystem' setzt man Folgendes ein:

$$b_1 = h_2 \, ;$$

$$b_2 = h_1 \, ;$$

$$h = b \, ;$$

$$c = h_2 - h_1 \, .$$

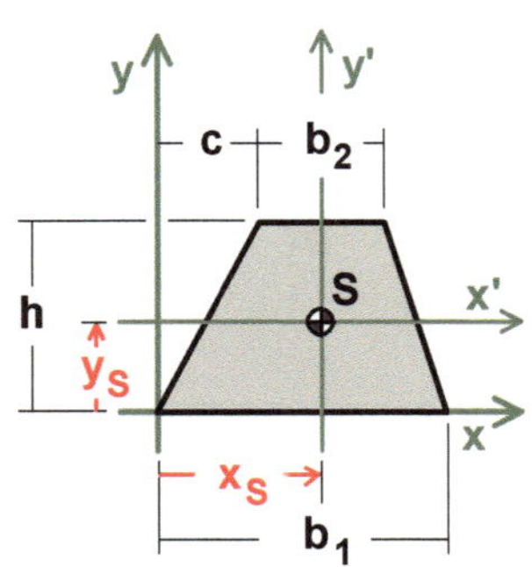

$$x_S = + \frac{1}{3} \cdot \frac{b_1^2 + b_2^2 + b_1\,(b_2 + c) + 2\,b_2\,c}{(b_1 + b_2)}$$

$$x_S = + \frac{1}{3} \cdot \frac{h_2^2 + h_1^2 + h_2\,(h_1 + h_2 - h_1) + 2\,h_1 \cdot (h_2 - h_1)}{h_2 + h_1}$$

$$x_S = + \frac{1}{3} \cdot \frac{h_2^2 + h_1^2 + h_2 \left(\cancel{h_1} + h_2 - \cancel{h_1} \right) + 2\,h_1 \cdot \left(h_2 - h_1 \right)}{h_2 + h_1}$$

$$x_S = + \frac{1}{3} \cdot \frac{h_2^2 + h_1^2 + h_2^2 + 2\,h_1 \cdot h_2 - 2\,h_1^2}{h_2 + h_1}$$

$$x_S = + \frac{1}{3} \cdot \frac{2\,h_2^2 - h_1^2 + 2\,h_1 \cdot h_2}{h_2 + h_1}$$

$$x_S = + \frac{1}{3} \cdot \frac{2 \cdot 30^2 - 20^2 + 2 \cdot 20 \cdot 30}{30 + 20}\,\text{mm}$$

$$x_S = + 17{,}33\,\text{mm}$$

$$y_S = + \frac{1}{3}h \cdot \frac{b_1 + 2\,b_2}{b_1 + b_2}$$

$$y_S = + \frac{1}{3}b \cdot \frac{h_2 + 2\,h_1}{h_2 + h_1}$$

$$y_S = + \frac{1}{3} \cdot 50 \cdot \frac{30 + 2 \cdot 20}{30 + 20}\,\text{mm}$$

$$y_S = + 23{,}33\,\text{mm}$$

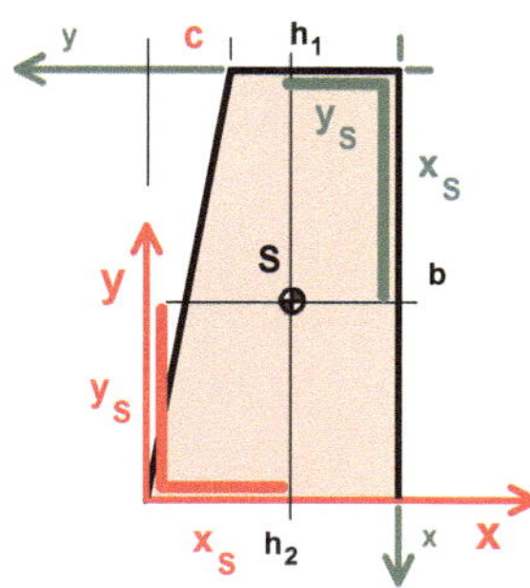

Rotes Koordinatensystem

$$x_{S,\,rot} = + 17{,}33\,\text{mm}\;;\quad y_{S,\,rot} = + 23{,}33\,\text{mm}$$

Grünes Koordinatensystem

$$x_{S,\,grün} = b - y_{S,\,rot} \qquad\qquad y_{S,\,grün} = h_2 - x_{S,\,rot}$$

$$x_{S,\,grün} = 50\,\text{mm} - 23{,}33\,\text{mm} \qquad y_{S,\,grün} = 30\,\text{mm} - 17{,}33\,\text{mm}$$

$$x_{S,\,grün} = 26{,}67\,\text{mm} \qquad\qquad y_{S,\,grün} = 12{,}67\,\text{mm}$$

Damit sind aufgrund der zuvor gemachten Überlegungen (mathematische Spielereien !) die Schwerpunktkoordinaten $x_{S,1}$ und $y_{S,1}$ der Teilfläche A_1 ermittelt,

$$x_{S,1} = 26{,}67\,\text{mm} \quad \text{und} \quad y_{S,1} = 12{,}67\,\text{mm}$$

Weitere vorbereitende Überlegungen

Schwerpunktkoordinaten $x_{S,i}$

$$x_{S,1} = +26,67 \text{ mm}$$

(ist uns bereits bekannt)

$$x_{S,2} = +b - b_1$$

$$x_{S,2} = +50 \text{ mm} - 20 \text{ mm}$$

$$x_{S,2} = +30 \text{ mm}$$

Schwerpunktkoordinaten $y_{S,i}$

$$y_{S,1} = +12,67 \text{ mm}$$

(ist uns bereits bekannt)

$$y_{S,2} = +\frac{4 \cdot R}{3 \cdot \pi}$$

$$y_{S,2} = +\frac{4 \cdot 15 \text{ mm}}{3 \cdot \pi}$$

$$y_{S,2} = +6,37 \text{ mm}$$

Schwerpunktkoordinate x_S

Summenformel / in zweckmäßiger Schreibweise / mit den Flächenquotienten

$$x_S = x_{S,1} \cdot \frac{A_1}{A} - x_{S,2} \cdot \frac{A_2}{A} \qquad \text{x-Richtung}$$

$$x_S = +26,67 \text{ mm} \cdot \frac{1250 \text{ mm}^2}{896,57 \text{ mm}^2} - 30 \text{ mm} \cdot \frac{353,43 \text{ mm}^2}{896,57 \text{ mm}^2}$$

Zähler und Nenner durch 'mm^2' teilen

$$x_S = +26,67 \text{ mm} \cdot \frac{1250 \text{ mm}^2}{896,57 \text{ mm}^2} - 30 \text{ mm} \cdot \frac{353,43 \text{ mm}^2}{896,57 \text{ mm}^2}$$

$$x_S = +26,67 \text{ mm} \cdot \frac{1250}{896,57} - 30 \text{ mm} \cdot \frac{353,43}{896,57}$$

Vereinfachung der einzelnen Terme mit dem Taschenrechner / Faktor mal Zähler

$$x_S = +\frac{33\,337,50}{896,57} \text{ mm} - \frac{10\,602,90}{896,57} \text{ mm}$$

$$x_S = + \left(\frac{33\,337,50}{896,57} - \frac{10\,602,90}{896,57} \right) mm$$

$$x_S = + \frac{33\,337,50 - 10\,602,90}{896,57} \, mm$$

Taschenrechner

$$\boxed{x_S = + 25,36 \, mm}$$

Schwerpunktkoordinate x_S

Schwerpunktkoordinate y_S

Summenformel / in zweckmäßiger Schreibweise / mit den Flächenquotienten

$$y_S = y_{S,1} \cdot \frac{A_1}{A} - y_{S,2} \cdot \frac{A_2}{A}$$

y-Richtung

$$y_S = + 12,67 \, mm \cdot \frac{1250 \, mm^2}{896,57 \, mm^2} - 6,67 \, mm \cdot \frac{353,43 \, mm^2}{896,57 \, mm^2}$$

Zähler und Nenner durch 'mm^2' teilen

$$y_S = + 12,67 \, mm \cdot \frac{1250 \, mm^2}{896,57 \, mm^2} - 6,67 \, mm \cdot \frac{353,43 \, mm^2}{896,57 \, mm^2}$$

$$y_S = + 12,67 \, mm \cdot \frac{1250}{896,57} - 6,67 \, mm \cdot \frac{353,43}{896,57}$$

Vereinfachung der einzelnen Terme mit dem Taschenrechner / Faktor mal Zähler

$$y_S = + \frac{15\,837,50}{896,57} \, mm - \frac{2\,357,38}{896,57} \, mm$$

$$y_S = + \left(\frac{15\,837,50}{896,57} - \frac{2\,357,38}{896,57} \right) mm$$

$$y_S = + \frac{15\,837,50 - 2\,357,38}{896,57} \, mm$$

Taschenrechner

$$\boxed{y_S = + 15,04 \, mm}$$

Schwerpunktkoordinate y_S

Geben Sie bitte die Schwerpunktkoordinaten x_S und y_S bezogen auf das eingezeichnete Koordinatensystem in folgender Form an: $S: \left(x_S;\ y_S\right) = (...;\ ...)$.

$$S: \left(x_S;\ y_S\right) = (+25,36\,\text{mm}\,;\ +15,04\,\text{mm})$$

Schwerpunktkoordinaten x_S und y_S

Aufgabe 44

Flächenschwerpunkt / Zusammengesetzte Fläche / Rechteck / Dreieck / Halbkreis

x-Richtung: zusammengesetzt / Summenformel
y-Richtung: zusammengesetzt / Summenformel

Drei Teilflächen !

Nebenstehende Abbildung zeigt den Querschnitt eines Bauteils.

Der Querschnitt des Bauteils stellt eine Zusammengesetzte Fläche dar.

Sie besteht aus einem Rechteck mit einem Dreieck und einem Halbkreis als Ausnehmung.

Gegeben

Querschnittsabmessungen:

Breitenmaß   : $b = 50\,mm$;

Höhenmaße : $h_1 = 20\,mm$; $h_2 = 30\,mm$;

Radius   : $R = 15\,mm$.

Horizontale Lage des Halbkreises

$: b_1 = 20\,mm$

Gesucht

Schwerpunktkoordinaten x_S und y_S .

Geben Sie bitte die Schwerpunktkoordinaten x_S und y_S bezogen auf das eingezeichnete Koordinatensystem in folgender Form an:

$$S: \left(x_S;\ y_S\right) = (\dots;\ \dots).$$

Ergebnis: S: $\left(x_S\ ;\ y_S\right) = (+\,25{,}35\ mm;\ +\,15{,}03\ mm)$

Lösung

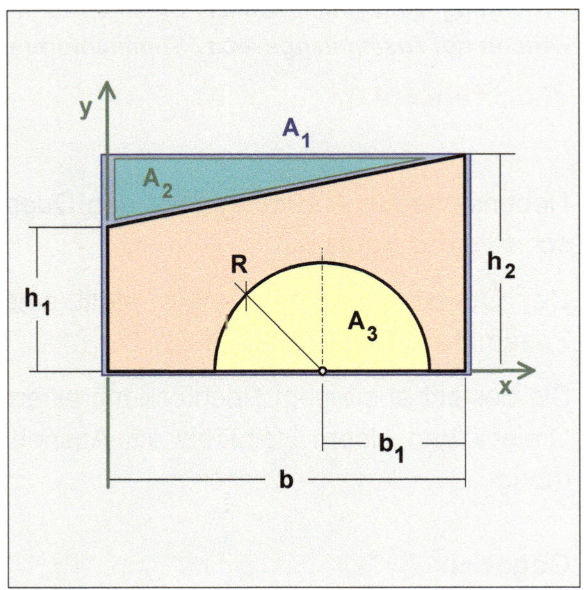

Die Zusammengesetzte Fläche A befindet sich in der **Normallage**. D. h. die 'westlichste Seite' liegt auf der y-Achse und die 'südlichste Seite' auf der x-Achse.

Es empfiehlt sich, die Zusammengesetzte Fläche A als **Subtraktion** dreier Teilflächen A_1, A_2 und A_3 zu betrachten.

Es sind dies das Rechteck A_1 sowie das Dreieck A_2 und der Halbkreis A_3 als Ausnehmung.

Die drei Teilflächen werden **subtraktiv** zur Fläche A zusammengesetzt,

$$A = A_1 - A_2 - A_3 \, .$$

Hinsichtlich der **Summenformel** bedeutet das die Verwendung des **Minus**-Zeichens sowohl für das zur Teilfläche A_2 als auch für das zur Teilfläche A_3 zugehörige Flächenmoment. Die Begründung des Minus-Zeichens liegt im Drehsinn dieser Flächenmomente.

Einige Anmerkungen

Bei genauer Betrachtung obiger Abbildung ist offensichtlich, dass es keine Symmetrielinie gibt. Es kommt hinzu, dass die auf jeden Fall vorhandenen Schwerelinien - vertikal und horizontal - nicht zu erkennen sind.

Die Schwerpunktkoordinaten x_S und y_S können damit nicht durch Ablesen oder Überlegen hingeschrieben werden. Sie müssen rechnerisch ermittelt werden.

Das geschieht mit der Summenformel.

Bei Anwendung der Summenformel, sollte man die Zusammengesetzte Fläche derart in Teilflächen A_i einteilen, dass man ihre Schwerpunktkoordinaten $x_{S,i}$ und $y_{S,i}$ direkt hinschreiben kann.

Noch einmal. Bei dem Produkt in der Summenformel 'Schwerpunktkoordinate mal Fläche' handelt es sich um ein Flächenmoment.

Bei einem Moment ist der Drehsinn zu berücksichtigen.

Das Moment der Gesamtfläche ist gleich der Summe der Momente der Einzelflächen.

$$x_S \cdot A = \sum_i \left(x_{S,i} \cdot A_i \right) \qquad \text{x-Richtung}$$

$$y_S \cdot A = \sum_i \left(y_{S,i} \cdot A_i \right) \qquad \text{y-Richtung}$$

Summenformel ausformuliert / **Vorzeichen der Flächenmomente beachten**

$$x_S \cdot A = x_{S,1} \cdot A_1 - x_{S,2} \cdot A_2 - x_{S,3} \cdot A_3 \qquad \text{x-Richtung}$$

$$y_S \cdot A = y_{S,1} \cdot A_1 - y_{S,2} \cdot A_2 - y_{S,3} \cdot A_3 \qquad \text{y-Richtung}$$

Summenformel / in zweckmäßiger Schreibweise / mit den Flächenquotienten

$$x_S = x_{S,1} \cdot \frac{A_1}{A} - x_{S,2} \cdot \frac{A_2}{A} - x_{S,3} \cdot \frac{A_3}{A} \qquad \text{x-Richtung}$$

$$y_S = y_{S,1} \cdot \frac{A_1}{A} - y_{S,2} \cdot \frac{A_2}{A} - y_{S,3} \cdot \frac{A_3}{A} \qquad \text{y-Richtung}$$

Vorbereitende Überlegungen und Rechnungen

Flächen A_i

$$A_1 = b \cdot h_2 \qquad\qquad A_2 = \frac{1}{2} \cdot (h_2 - h_1) \cdot b$$

$$A_1 = 50\,\text{mm} \cdot 30\,\text{mm} \qquad\qquad A_2 = \frac{1}{2} \cdot (30\,\text{mm} - 20\,\text{mm}) \cdot 50\,\text{mm}$$

$$\underline{A_1 = 1500\,\text{mm}^2} \qquad\qquad A_2 = \frac{1}{2} \cdot 10\,\text{mm} \cdot 50\,\text{mm}$$

$$\underline{A_2 = 250\,\text{mm}^2}$$

$$A_3 = \frac{1}{2} \cdot \pi \cdot R^2$$

$$A_3 = \frac{1}{2} \cdot \pi \cdot (15\,\text{mm})^2$$

$$\underline{A_3 = 353,43\,\text{mm}^2}$$

$$A = A_1 - A_2 - A_3$$

$$A = 1500\,mm^2 - 250\,mm^2 - 353,43\,mm^2$$

$$A = 896,57\,mm^2$$

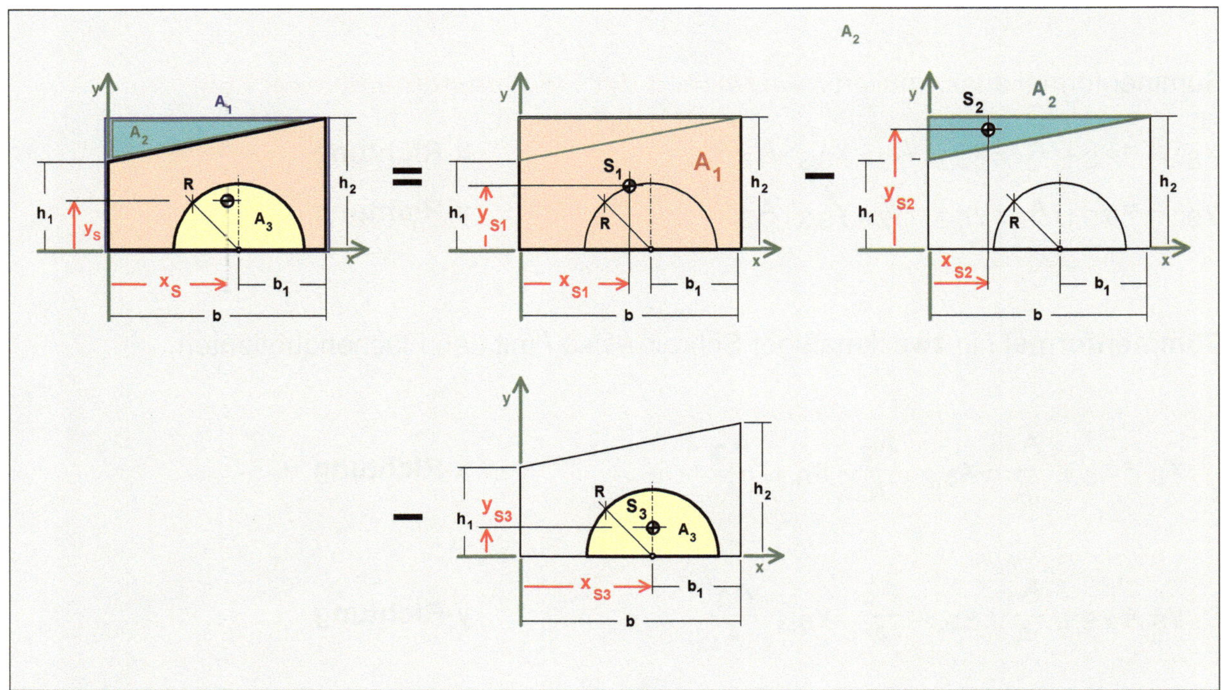

Gesamtfläche   **Differenz dreier Teilflächen**

Weitere vorbereitende Überlegungen

Schwerpunktkoordinaten $x_{S,i}$

$$x_{S,1} = +\frac{1}{2}\cdot b \qquad\qquad x_{S,2} = +\frac{1}{3}\cdot b$$

$$x_{S,1} = +\frac{1}{2}\cdot 50\,mm \qquad\qquad x_{S,2} = +\frac{1}{3}\cdot 50\,mm$$

$$x_{S,1} = +25\,mm \qquad\qquad x_{S,2} = +16,67\,mm$$

$$x_{S,3} = +b - b_1$$

$$x_{S,3} = +50\,mm - 20\,mm$$

$$x_{S,3} = +30\,mm$$

Schwerpunktkoordinaten $y_{S,i}$

$$y_{S,1} = +\frac{1}{2} \cdot h_2$$

$$y_{S,1} = +\frac{1}{2} \cdot 30\,\text{mm}$$

$$\underline{y_{S,1} = +15\,\text{mm}}$$

$$y_{S,2} = +h_1 + \frac{2}{3} \cdot (h_2 - h_1)$$

$$y_{S,2} = +20\,\text{mm} + \frac{2}{3} \cdot (30\,\text{mm} - 20\,\text{mm})$$

$$y_{S,2} = +20\,\text{mm} + \frac{2}{3} \cdot 10\,\text{mm}$$

$$\underline{y_{S,2} = +26,67\,\text{mm}}$$

$$y_{S,3} = +\frac{4 \cdot R}{3 \cdot \pi}$$

$$y_{S,3} = +\frac{4 \cdot 15\,\text{mm}}{3 \cdot \pi}$$

$$\underline{y_{S,3} = +6,37\,\text{mm}}$$

Schwerpunktkoordinate x_S

Summenformel / in zweckmäßiger Schreibweise / mit den Flächenquotienten

$$x_S = x_{S,1} \cdot \frac{A_1}{A} - x_{S,2} \cdot \frac{A_2}{A} - x_{S,3} \cdot \frac{A_3}{A} \qquad \textbf{x-Richtung}$$

$$x_S = +25\,\text{mm} \cdot \frac{1500\,\text{mm}^2}{896,57\,\text{mm}^2} - 16,67\,\text{mm} \cdot \frac{250\,\text{mm}^2}{896,57\,\text{mm}^2} - 30\,\text{mm} \cdot \frac{353,43\,\text{mm}^2}{896,57\,\text{mm}^2}$$

Zähler und Nenner durch 'mm^2' teilen

$$x_S = +25\,\text{mm} \cdot \frac{1500\,\cancel{\text{mm}^2}}{896,57\,\cancel{\text{mm}^2}} - 16,67\,\text{mm} \cdot \frac{250\,\cancel{\text{mm}^2}}{896,57\,\cancel{\text{mm}^2}} - 30\,\text{mm} \cdot \frac{353,43\,\cancel{\text{mm}^2}}{896,57\,\cancel{\text{mm}^2}}$$

$$x_S = +25\,\text{mm} \cdot \frac{1500}{896,57} - 16,67\,\text{mm} \cdot \frac{250}{896,57} - 30\,\text{mm} \cdot \frac{353,43}{896,57}$$

Vereinfachung der einzelnen Terme mit dem Taschenrechner / Faktor mal Zähler

$$x_S = + \frac{37\,500}{896,57}\,mm - \frac{4\,167,50}{896,57}\,mm - \frac{10\,602,90}{896,57}\,mm$$

$$x_S = + \left(\frac{37\,500}{896,57} - \frac{4\,167,50}{896,57} - \frac{10\,602,90}{896,57} \right) mm$$

$$x_S = + \frac{37\,500 - 4\,167,50 - 10\,602,90}{896,57}\,mm$$

$$\boxed{x_S = + 25,35\,mm}$$

Taschenrechner

Schwerpunktkoordinate x_S

Schwerpunktkoordinate y_S

Summenformel / in zweckmäßiger Schreibweise / mit den Flächenquotienten

$$y_S = y_{S,1} \cdot \frac{A_1}{A} - y_{S,2} \cdot \frac{A_2}{A} - y_{S,3} \cdot \frac{A_3}{A}$$

y-Richtung

$$y_S = + 15\,mm \cdot \frac{1500\,mm^2}{896,57\,mm^2} - 26,67\,mm \cdot \frac{250\,mm^2}{896,57\,mm^2} - 6,67\,mm \cdot \frac{353,43\,mm^2}{896,57\,mm^2}$$

Zähler und Nenner durch 'mm^2' teilen

$$y_S = + 15\,mm \cdot \frac{1500\,mm^2}{896,57\,mm^2} - 26,67\,mm \cdot \frac{250\,mm^2}{896,57\,mm^2} - 6,67\,mm \cdot \frac{353,43\,mm^2}{896,57\,mm^2}$$

$$y_S = + 15\,mm \cdot \frac{1500}{896,57} - 26,67\,mm \cdot \frac{250}{896,57} - 6,67\,mm \cdot \frac{353,43}{896,57}$$

Vereinfachung der einzelnen Terme mit dem Taschenrechner / Faktor mal Zähler

$$y_S = + mm \cdot \frac{22\,500}{896,57} - mm \cdot \frac{6\,667,50}{896,57} - mm \cdot \frac{2\,357,38}{896,57}$$

$$y_S = \left(+ \frac{22\,500}{896,57} - \frac{6\,667,50}{896,57} - \frac{2\,357,38}{896,57} \right) mm$$

$$y_S = + \frac{22\,500 - 6\,667,50 - 2\,357,38}{896,57}\, mm$$

Taschenrechner

$$\boxed{y_S = +15,03\,mm}$$

Schwerpunktkoordinate y_S

Geben Sie bitte die Schwerpunktkoordinaten x_S und y_S bezogen auf das eingezeichnete Koordinatensystem in folgender Form an: $S : \left(x_S;\ y_S \right) = (...;\ ...)$.

$$\boxed{S : \left(x_S;\ y_S \right) = \left(+25,35\,mm\,;\ +15,03\,mm \right)}$$

Schwerpunktkoordinaten x_S und y_S

Aufgabe 45

**Flächenschwerpunkt / Zusammengesetz-
te Fläche / Halbkreis / Kreissegment**

x-Richtung: Überlegen / Hinschreiben
y-Richtung: zusammengesetzt / Summenformel

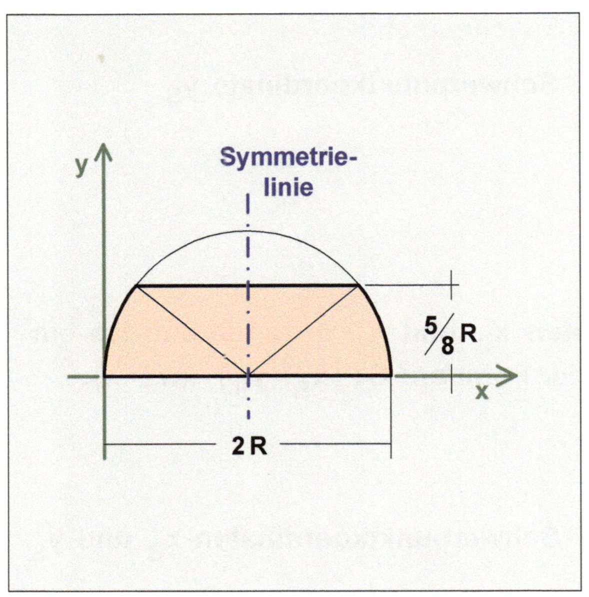

Nebenstehende Abbildung zeigt einen Flächenquerschnitt, bestehend aus einer Halbkreisfläche vermindert um eine Kreissegmentfläche.

Die entsprechenden Abmaße können mit zwei Messschiebereinstellungen vorgenommen werden.

Es ergeben sich zum einen das Durchmessermaß '2R' als Breite sowie das Höhenmaß der verbleibenden Fläche, nämlich '$\tfrac{5}{8}$ R'.

Gegeben

Radius R: $R = 80\,\text{mm}$.

Gesucht

(1) Die Fläche A des Querschnitts.

(2) Die Schwerpunktkoordinate x_S .

(3) Die Schwerpunktkoordinate y_S .

(4) Geben Sie bitte die Lage des Schwerpunktes S in folgender Form an:

$$S:\left(x_S;\,y_S\right)=\left(\dots;\,\dots\right).$$

Ergebnis: *(1)* $A = 7\,345,2\,\text{mm}^2$

  (2) $x_S = +\,80\,\text{mm}$

  (3) $y_S = +\,24,5\,\text{mm}$

  (4) $S:\left(x_S;\,y_S\right)=\left(+\,80\,\text{mm}\;;\;+\,24,5\,\text{mm}\right)$

Lösung

Anmerkung

Der Flächenquerschnitt stellt eine zusammengesetzte Fläche dar. Es handelt sich dabei um eine Halbkreisfläche und eine Kreissegmentfläche. Dabei muss die Kreissegmentfläche von der Halbkreisfläche abgezogen werden.

Während die Halbkreisfläche bei der Berechnung keinerlei Schwierigkeiten bereitet, werden bei der Berechnung der Kreissegmentfläche neben dem halben Zentriwinkel im Gradmaß auch der halbe Zentriwinkel im Bogenmaß benötigt.

Es empfiehlt sich, die zwei Größen, halber Zentriwinkel 'α' im Gradmaß und '$\hat{\alpha}$' im Bogenmaß, als erstes zu ermitteln.

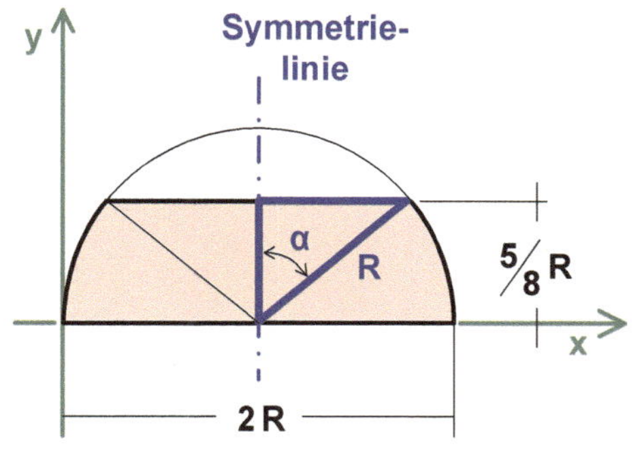

Halber Zentriwinkel 'α' im Gradmaß

$$\cos \alpha = \frac{\frac{5}{8} R}{R}$$

$$\cos \alpha = \frac{5}{8}$$

$$\alpha = \arccos \left(\frac{5}{8} \right)$$

$$\underline{\underline{\alpha = 51{,}3°}}$$

Halber Zentriwinkel '$\hat{\alpha}$' im Bogenmaß

$$\hat{\alpha} = \frac{\pi}{180°} \cdot \alpha \qquad \textbf{\textcolor{orange}{Wissens-MUSS}}$$

mit $\alpha = 51{,}3°$

$$\hat{\alpha} = \frac{\pi}{180°} \cdot 51{,}3°$$

$$\underline{\underline{\hat{\alpha} = 0{,}29\, \pi}}$$

(1)   Die Fläche A des Querschnitts

Die Fläche A des Querschnitts setzt sich zusammen aus einer Halbkreisfläche A_1 und (vermindert um) einer Kreissegmentfläche A_2,

$$A = A_1 - A_2 .$$

$$A_1 = \frac{1}{2} \pi \cdot R^2 \qquad \textbf{Halbkreisfläche}$$

mit $R = 80\,mm$

$$A_1 = \frac{1}{2} \pi \cdot (80\,mm)^2$$

$$A_1 = \frac{1}{2} \pi \cdot 80^2\,mm^2$$

$$\mathbf{A_1 = 10\,053,1\,mm^2}$$

$$A_2 = R^2 \left[\hat{\alpha} - \frac{1}{2} \cdot \sin(2\alpha) \right] \qquad \textbf{Kreissegmentfläche}$$

mit $R = 80\,mm$

$\hat{\alpha} = 0,29\,\pi$

$\alpha = 51,3°$

$$A_2 = (80\,mm)^2 \left[0,29\,\pi - \frac{1}{2} \cdot \sin(2 \cdot 51,3°) \right]$$

$$A_2 = 80^2\,mm^2 \left[0,29\,\pi - \frac{1}{2} \cdot \sin(102,6°) \right]$$

$$\mathbf{A_2 = 2\,707,9\,mm^2}$$

$$A = A_1 - A_2$$

$A_1 = 10\,053,1\,mm^2$

$A_2 = 2\,707,9\,mm^2$

$$A = 10\,053,1\,mm^2 - 2\,707,9\,mm^2$$

$$\boxed{\mathbf{A = 7\,345,2\,mm^2}} \qquad \textbf{Die Fläche A des Querschnitts}$$

(2) Die Schwerpunktkoordinate x_S

Abbildung der Aufgabenstellung ansehen / Symmetrielinie / Überlegen / Hinschreiben

$x_S = +R$

mit $R = 80\,mm$

$$x_S = +80\,mm$$

Schwerpunktkoordinate x_S

(3) Die Schwerpunktkoordinate y_S

Es handelt sich um eine zusammengesetzte Fläche, so dass man von der Summenformel ausgeht,

$$y_S \cdot A = \sum_i y_{S,i} \cdot A_i \cdot$$

Summenformel

Die zusammengesetzte Fläche besteht aus zwei Flächen. Damit ist $i = 2$,

$$y_S \cdot A = y_{S,1} \cdot A_1 + y_{S,2} \cdot A_2 \cdot$$

Man muss darauf achten, dass die zusammengesetzte Fläche sich aus einer Halbkreisfläche ergibt, **vermindert** um eine Kreissegmentfläche.

Diese Überlegung hat Einfluss auf das Vorzeichen des zweiten Terms,

$$y_S \cdot A = y_{S,1} \cdot A_1 - y_{S,2} \cdot A_2 \cdot$$

Es empfiehlt sich die Flächen als Quotient zu schreiben. Im Allgemeinen reduziert sich der rechentechnische Aufwand erheblich.

Damit hat die Ausgangsgleichung für das vorliegende Problem folgendes Aussehen:

$$y_S = y_{S,1} \cdot \frac{A_1}{A} - y_{S,2} \cdot \frac{A_2}{A} \cdot$$

Ausgangsgleichung für die Berechnung der Schwerpunktkoordinate y_S

Die in der Ausgangsgleichung stehenden Größen lassen sich recht gut mit Hilfe der Grafik **Gesamtfläche / Differenz der Teilflächen** ermitteln.

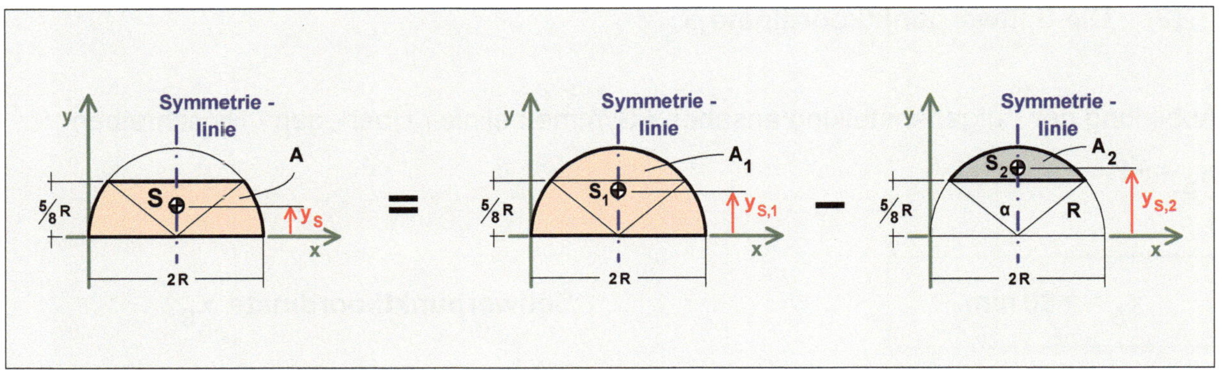

Gesamtfläche   **Differenz der Teilflächen**

Die Schwerpunktkoordinate $y_{S,2}$ ergibt sich direkt aus der Tabelle **Flächenschwerpunkt / Grundformen / (16)**.

$$y_{S,1} = +\frac{4}{3\pi}\,R$$

$$y_{S,2} = +\frac{2\,R}{3}\cdot\frac{\sin^3\alpha}{\hat{\alpha}-\dfrac{1}{2}\cdot\sin(2\alpha)}$$

Um zu einem Zahlenwert zu kommen, bedarf es einer Nebenrechnung.

Nebenrechnung

$$y_{S,2} = +\frac{2\,R}{3}\cdot\frac{\sin^3\alpha}{\hat{\alpha}-\dfrac{1}{2}\cdot\sin(2\alpha)}$$

$$y_{S,2} = +\frac{2\cdot 80\,\text{mm}}{3}\cdot\frac{\sin^3(51,3°)}{0,29\,\pi-\dfrac{1}{2}\cdot\sin(2\cdot 51,3°)}$$

$$y_{S,2} = +\frac{2\cdot 80\,\text{mm}}{3}\cdot\frac{\sin^0(51,3°)}{0,29\,\pi-\dfrac{1}{2}\cdot\sin(102,6°)}$$

$$y_{S,2} = +59,9\,\text{mm}$$

$y_{S,1} = +34,0\,\text{mm}$ $y_{S,2} = +59.9\,\text{mm}$

$A_1 = 10\,053,1\,\text{mm}^2$ $A_2 = 2\,707,9\,\text{mm}^2$

$$A = A_1 - A_2$$

$$A = 7\,345,2\,mm^2$$

$$y_S = +\,y_{S,1} \cdot \frac{A_1}{A} - y_{S,2} \cdot \frac{A_2}{A}$$

Hier bedarf es einer Überlegung.

Denken Sie bitte an den **Satz vom Resultierenden Moment**. Demnach dreht, bezogen auf die positive x-Richtung, das Flächenmoment zugehörig zur Fläche A_1 **positiv** und das Flächenmoment zugehörig zur Fläche A_2 **negativ**.

Aufgrund der entgegengesetzten Drehrichtung kommt das Minus-Zeichen für den zweiten Term in die Summenformel.

$$y_S = +\,34,0\,mm \cdot \frac{10\,053,1\,mm^2}{7\,345,2\,mm^2} - 59,9\,mm \cdot \frac{2\,707,9\,mm^2}{7\,345,2\,mm^2}$$

Zähler und Nenner durch 'mm^2' teilen

$$y_S = +\,34,0\,mm \cdot \frac{10\,053,1}{7\,345,2} - 59,9\,mm \cdot \frac{2\,707,9}{7\,345,2}$$

eine Rechnereinstellung

$$\boxed{y_S = +\,24,5\,mm}$$

Schwerpunktkoordinate y_S

(4) Geben Sie die Schwerpunktkoordinaten in folgender Form an:

$$S:\left(x_S;\,y_S\right) = \left(\ldots;\,\ldots\right).$$

$$\boxed{S:\left(x_S;\,y_S\right) = \left(+\,80\,mm;\,+\,24,5\,mm\right)}$$

Schwerpunktkoordinaten x_S und y_S

Aufgabe 46

Flächenschwerpunkt / Zusammengesetzte Fläche / Kreis / Kreissegment

x-Richtung: Überlegen / Hinschreiben
y-Richtung: zusammengesetzt / Summenformel

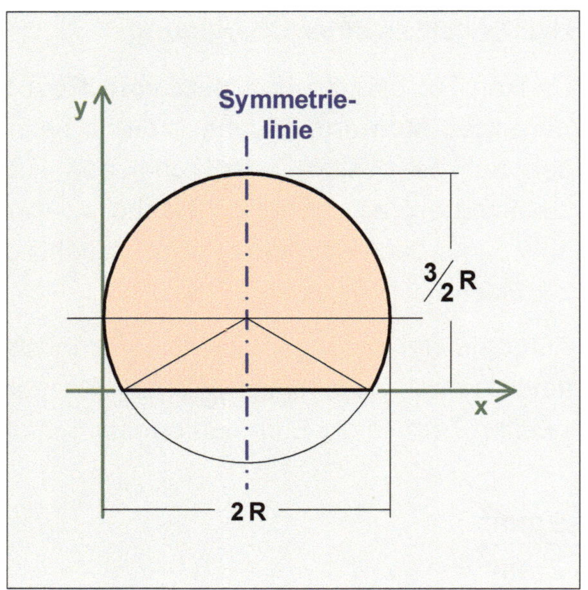

Nebenstehende Abbildung zeigt einen Flächenquerschnitt, bestehend aus einer Kreisfläche vermindert um eine Kreissegmentfläche.

Die entsprechenden Abmaße können mit zwei Messschiebereinstellungen abgegriffen werden.

Es ergeben sich zum einen das Durchmessermaß '2R' sowie die verbleibende Höhe der Fläche, '$\frac{3}{2}R$'.

Gegeben

Radius R: $R = 40\,\text{mm}$.

Gesucht

(1) Die Fläche A des Querschnitts.

(2) Die Schwerpunktkoordinate x_S.

(3) Die Schwerpunktkoordinate y_S.

(4) Geben Sie bitte die Lage des Schwerpunktes S in folgender Form an:

$$S : \left(x_S ; y_S \right) = \left(\dots ; \dots \right).$$

Ergebnis: *(1)* $A = 4\,043,0\ mm^2$

         (2) $x_S = +\,40\ mm$

         (3) $y_S = +\,26,9\ mm$

         (4) $S : \left(x_S ; y_S \right) = \left(+\,40\ mm ;\ +\,26,9\ mm \right)$

Lösung

Anmerkung

Der Flächenquerschnitt stellt eine zusammengesetzte Fläche dar. Es handelt sich dabei um eine Kreisfläche und eine Kreissegmentfläche. Dabei muss die Kreissegmentfläche von der Kreisfläche abgezogen werden.

Die Kreisfläche bereitet bei der Berechnung keinerlei Schwierigkeiten. Bei der der Berechnung der Kreissegmentfläche werden vorher neben dem halben Zentriwinkel im Gradmaß auch der halbe Zentriwinkel im Bogenmaß noch benötigt.

Es empfiehlt sich die zwei Größen, halber Zentriwinkel 'α' im Gradmaß und '$\hat{α}$' im Bogenmaß, als erstes zu ermitteln.

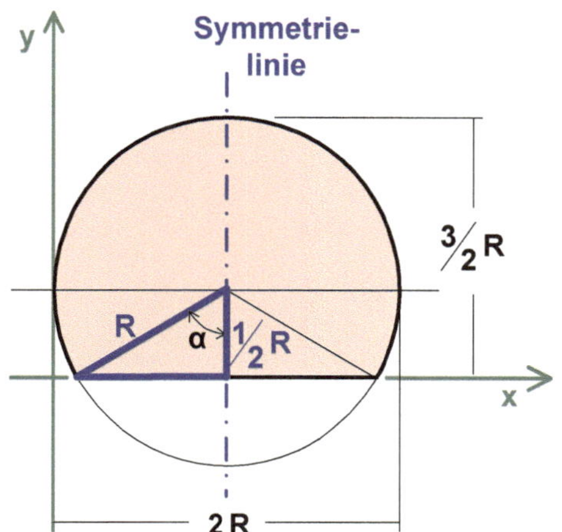

Halber Zentriwinkel 'α' im Gradmaß

$$\cos α = \frac{\frac{1}{2}R}{R}$$

$$\cos α = \frac{1}{2}$$

$$α = \arccos\left(\frac{1}{2}\right)$$

$$\underline{\underline{α = 60°}}$$

Halber Zentriwinkel '$\hat{α}$' im Bogenmaß

$$\hat{α} = \frac{π}{180°} \cdot α \qquad \text{Wissens-MUSS}$$

$$\text{mit } α = 60°$$

$$\hat{α} = \frac{π}{180°} \cdot 60°$$

$$\underline{\underline{\hat{α} = \frac{1}{3}π}}$$

(1)   Die Fläche A des Querschnitts

Die Fläche A des Querschnitts setzt sich **subtraktiv** zusammen aus einer Kreisfläche A_1 und einer Kreissegmentfläche A_2,

$A = A_1 - A_2$.

$$A_1 = \pi \cdot R^2 \qquad \textsf{\textbf{Kreisfläche}}$$

mit $R = 40\,\text{mm}$

$$A_1 = \pi \cdot (40\,\text{mm})^2$$

$$A_1 = \pi \cdot 40^2\,\text{mm}^2$$

$$\mathbf{A_1 = 5\,026{,}6\,mm^2}$$

$$A_2 = R^2 \left[\hat{\alpha} - \frac{1}{2} \cdot \sin(2\alpha) \right] \qquad \textsf{\textbf{Kreissegmentfläche}}$$

mit $R = 40\,\text{mm}$

$$\hat{\alpha} = \frac{1}{3}\,\pi$$

$$\alpha = 60°$$

$$A_2 = (40\,\text{mm})^2 \left[\frac{1}{3}\pi - \frac{1}{2} \cdot \sin(2 \cdot 60°) \right]$$

$$A_2 = 40^2\,\text{mm}^2 \left[\frac{1}{3}\pi - \frac{1}{2} \cdot \sin(120°) \right]$$

$$\mathbf{A_2 = 982{,}7\,mm^2}$$

$A = A_1 - A_2$

$A_1 = 5\,026{,}6\,\text{mm}^2$

$A_2 = 982{,}7\,\text{mm}^2$

$A = 5\,026{,}6\,\text{mm}^2 - 982{,}7\,\text{mm}^2$

$$\boxed{\mathbf{A = 4\,043{,}0\,mm^2}}$$

(2)   Die Schwerpunktkoordinate x_S

Abbildung der Aufgabenstellung ansehen / Symmetrielinie / Überlegen / Hinschreiben

$x_S = +R$

mit $R = 40\,mm$

$$x_S = +40\,mm$$

Schwerpunktkoordinate x_S

(3)   Die Schwerpunktkoordinate y_S

Es handelt sich um eine zusammengesetzte Fläche, so dass man von der Summenformel ausgeht,

$$y_S \cdot A = \sum_i y_{S,i} \cdot A_i \cdot$$

Summenformel

Die zusammengesetzte Fläche besteht aus zwei Flächen. Damit ist $i = 2$,

$$y_S \cdot A = y_{S,1} \cdot A_1 + y_{S,2} \cdot A_2 \cdot$$

(ganz formal ausgeführt)

Man muss nun darauf achten, dass die zusammengesetzte Fläche sich aus einer Kreisfläche ergibt, **vermindert** um eine Kreissegmentfläche, **aber ....** / höllisch aufpassen !

Der Drehsinn der Flächenmomente ist entscheidend !

Ganz wichtig

Im vorliegenden Fall ist der Drehsinn des Flächenmoments zugehörig zur Fläche A_1 gleich dem Drehsinn des Flächenmoments zugehörig zur Fläche A_2.

Diese Überlegung hat Einfluss auf das Vorzeichen des zweiten Terms,

$$y_S \cdot A = y_{S,1} \cdot A_1 + y_{S,2} \cdot A_2 \cdot$$

Es empfiehlt sich die Flächen als Quotient zu schreiben. Im Allgemeinen reduziert sich der rechentechnische Aufwand erheblich.

Damit hat die Ausgangsgleichung für das vorliegende Problem folgendes Aussehen:

$$y_S = y_{S,1} \cdot \frac{A_1}{A} + y_{S,2} \cdot \frac{A_2}{A} \cdot$$

Ausgangsgleichung für die Berechnung der Schwerpunktkoordinate y_S ist die Summenformel (mit Flächenquotienten)

Die in der Ausgangsgleichung stehenden Größen lassen sich recht gut auf der Basis der Grafik **Gesamtfläche / Differenz der Teilflächen** ermitteln.

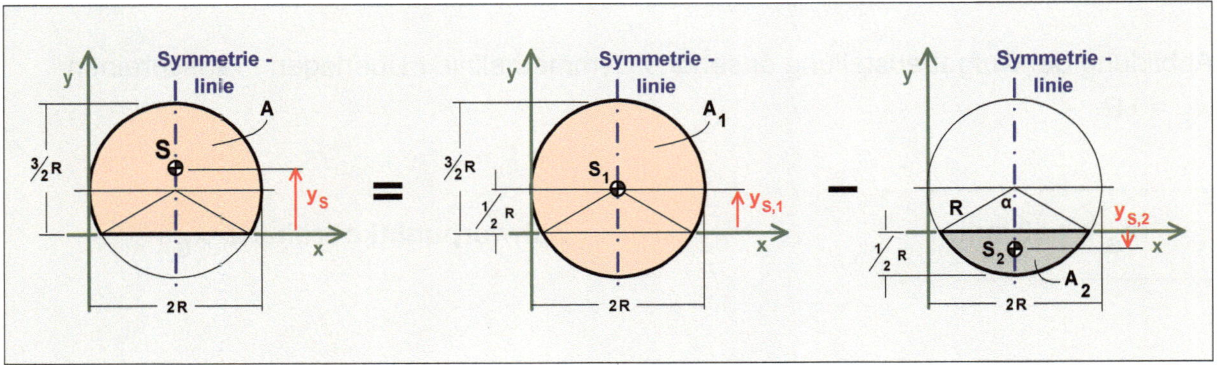

Gesamtfläche

Differenz der Teilflächen

Die Schwerpunktkoordinate $y_{S,2}$ ergibt sich direkt aus der Tabelle **Flächenschwer-punkt / Grund-formen / (17)**.

$$y_{S,1} = +\frac{1}{2}R$$

$$y_{S,2} = -R\left[\frac{2}{3} \cdot \frac{\sin^3\alpha}{\hat{\alpha} - \frac{1}{2} \cdot \sin(2\alpha)} - \cos\alpha\right]$$

Um zu einem Zahlenwert zu kommen, bedarf es einer Nebenrechnung.

Nebenrechnung

$$y_{S,2} = -R\left[\frac{2}{3} \cdot \frac{\sin^3\alpha}{\hat{\alpha} - \frac{1}{2} \cdot \sin(2\alpha)} - \cos\alpha\right]$$

$$y_{S,2} = -40\,\text{mm}\left[\frac{2}{3} \cdot \frac{\sin^3 60°}{\frac{1}{2}\pi - \frac{1}{2} \cdot \sin(2 \cdot 60°)} - \cos 60°\right]$$

$$y_{S,2} = -8,2\,\text{mm}$$

$$y_{S,1} = +20\,\text{mm}$$

$$A_1 = 5\,026,6\,\text{mm}^2$$

$$y_{S,2} = -8,2\,\text{mm}$$

$$A_2 = 982,7\,\text{mm}^2$$

$$A = A_1 - A_2$$

$$A = 4\,043,9 \text{ mm}^2$$

$$y_S = y_{S,1} \cdot \frac{A_1}{A} + y_{S,2} \cdot \frac{A_2}{A}$$

Hier bedarf es einer Überlegung.

Denken Sie bitte an den **Satz vom Resultierenden Moment.** Demnach dreht, bezogen auf die positive x-Richtung, das Flächenmoment zugehörig zur Fläche A_1 **positiv,** aber auch das Flächenmoment zugehörig zur Fläche A_2 **positiv**.

Aufgrund der gleichsinnigen Drehrichtung kommt das Plus-Zeichen für den zweiten Term in die Summenformel.

Das heißt aber, dass lediglich der Betrag der Schwerpunktkoordinate $y_{S,2}$ in die Summenformel eingesetzt werden darf, also '$+\,8,2\,\text{mm}$'.

$$y_S = +\,20\,\text{mm} \cdot \frac{5\,026,6\,\text{mm}^2}{4\,043,9\,\text{mm}^2} + 8,2\,\text{mm} \cdot \frac{982,7\,\text{mm}^2}{4\,043,9\,\text{mm}^2}$$

Zähler und Nenner durch 'mm^2' teilen

$$y_S = +\,20\,\text{mm} \cdot \frac{5\,026,6}{4\,043,9} + 8,2\,\text{mm} \cdot \frac{982,7}{4\,043,9}$$

eine Rechnereinstellung

$$\boxed{y_S = +\,26,9\,\text{mm}}$$

Schwerpunktkoordinate y_S

$$\boxed{S : \left(x_S ; y_S \right) = \left(+\,40\,\text{mm};\ +\,26,9\,\text{mm} \right)}$$

Lage des Schwerpunktes S

Aufgabe 47

Flächenschwerpunkt / Zusammengesetzte Fläche / Kreis / Kreis / (Kreisringstück (Zentriwinkel 180°))

x-Richtung: Überlegen / Hinschreiben
y-Richtung: zusammengesetzt / Summenformel

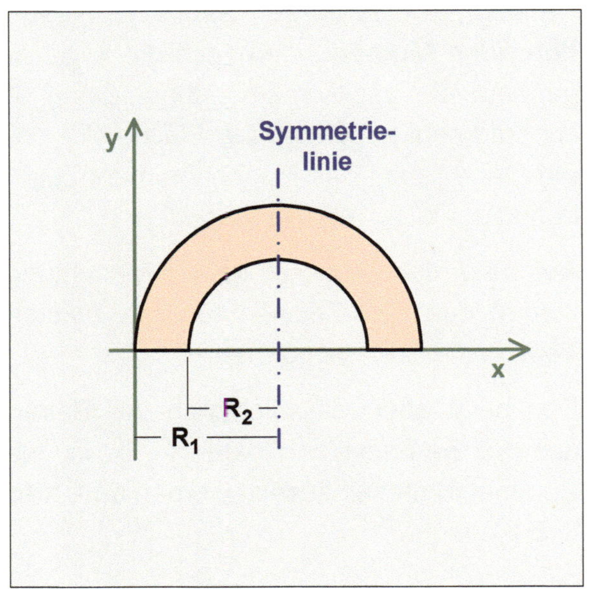

Nebenstehende Abbildung zeigt ein Kreisringstück, das sich dadurch auszeichnet, dass der Zentriwinkel 180° beträgt und die Symmetrielinie parallel zur y-Achse verläuft.

Gegeben

Das Kreisringstück ist durch die Radien R_1 und R_2 gegeben.

Gesucht

(1) Fläche A des Querschnitts.

(2) Geben Sie die Schwerpunktkoordinate x_S an (Überlegen / Hinschreiben).

(3) Berechnen Sie bezogen auf das (x-y)-Koordinatensystem mit Hilfe der Summenformel die Schwerpunktkoordinate y_S

(4) Geben Sie bitte die Schwerpunktkoordinaten in folgender Form an:

$$S: \left(x_S ; y_S\right) = (\ldots ; \ldots).$$

Ergebnis:

(1) $\quad A = \dfrac{1}{2}\pi\left(R_1^2 - R_2^2\right)$

(2) $\quad x_S = +R_1$

(3) $\quad y_S = +\dfrac{4}{3\pi}\cdot\dfrac{R_1^3 - R_2^3}{R_1^2 - R_2^2}$

(4) $\quad S:\left(x_S ; y_S\right) = \left(+R_1 \ ; \ +\dfrac{4}{3\pi}\cdot\dfrac{R_1^3 - R_2^3}{R_1^2 - R_2^2}\right)$

(1) Fläche A des Querschnitts

Die Fläche A des Querschnitts setzt sich zusammen aus einer Halbkreisfläche A_1 mit dem Radius R_1 und (vermindert um) einer Halbkreisfläche A_2 mit dem Radius R_2,

$A = A_1 - A_2$.

$$A_1 = \frac{1}{2}\,\pi \cdot R_1^2$$

Halbkreisfläche mit dem Radius R_1

$$A_2 = \frac{1}{2}\,\pi \cdot R_2^2$$

Halbkreisfläche mit dem Radius R_2

$A = A_1 - A_2$

$$A_1 = \frac{1}{2}\,\pi \cdot R_1^2 \quad \text{und}\quad A_2 = \frac{1}{2}\,\pi \cdot R_2^2$$

$$A = \frac{1}{2}\,\pi \cdot R_1^2 - \frac{1}{2}\,\pi \cdot R_2^2$$

$$\boxed{A = \frac{1}{2}\,\pi\left(R_1^2 - R_2^2\right)}$$

Fläche A

(2) Geben Sie die Schwerpunktkoordinate x_S an (Überlegen / Hinschreiben).

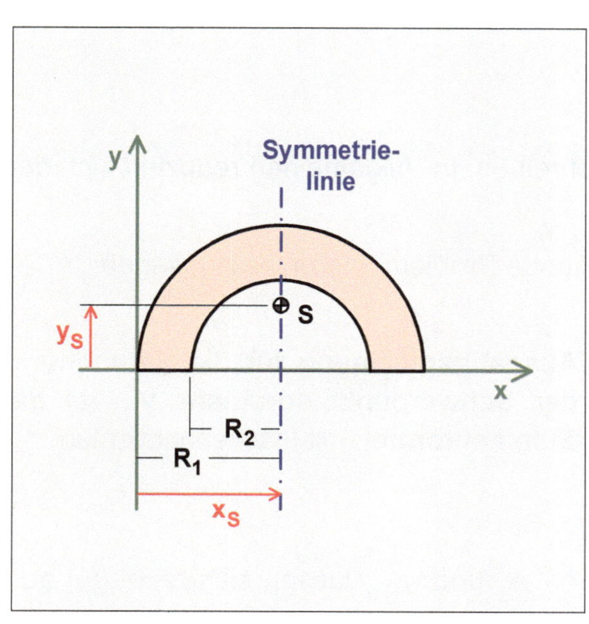

Das Kreisringstück ist im Wesentlichen charakterisiert durch einen Zentriwinkel von 180° sowie durch eine Symmetrielinie, die parallel zur y-Achse verläuft.

Der Schwerpunkt S liegt somit auf der Symmetrielinie.

Man erkennt, dass die Schwerpunktkoordinate x_S bei 'x_S gleich plus R_1' liegt, d. h. $x_S = +R_1$.

Symmetrielinie,

➜ Überlegen / Hinschreiben

Schwerpunktkoordinate x_S

$$\boxed{x_S = +R_1}$$

(3) **Berechnen Sie bezogen auf das (x-y)-Koordinatensystem mit Hilfe der Summenformel die Schwerpunktkoordinate y_S.**

Es handelt sich um eine zusammengesetzte Fläche, so dass man von der Summenformel ausgeht,

$$y_S \cdot A = \sum_i y_{S,i} \cdot A_i .$$ **Summenformel**

Die zusammengesetzte Fläche besteht aus zwei Flächen. Damit ist $i = 2$,

$$y_S \cdot A = y_{S,1} \cdot A_1 + y_{S,2} \cdot A_2 .$$ (ganz formal ausgeführt)

Man muss darauf achten, dass die zusammengesetzte Fläche sich aus einer Halbkreisfläche A_1 mit dem Radius R_1 und **(vermindert um)** einer Halbkreisfläche A_2 mit dem Radius R_2 ergibt.

Der Drehsinn der Flächenmomente ist entscheidend !

Ganz wichtig ist (bezogen auf die x-Achse)**:**

Im vorliegenden Fall ist der Drehsinn des Flächenmoments zugehörig zur Fläche A_1 positiv und der Drehsinn des Flächenmoments zugehörig zur Fläche A_2 negativ.

Das erklärt das Minus-Zeichen des 2. Terms.

$$y_S \cdot A = y_{S,1} \cdot A_1 - y_{S,2} \cdot A_2 .$$

Es empfiehlt sich die Flächen als Quotient zu schreiben. Im Allgemeinen reduziert sich der rechentechnische Aufwand erheblich.

Damit hat die Ausgangsgleichung für das vorliegende Problem folgendes Aussehen:

$$y_S = y_{S,1} \cdot \frac{A_1}{A} - y_{S,2} \cdot \frac{A_2}{A} .$$ **Ausgangsgleichung für die Berechnung der Schwerpunktkoordinate y_S ist die Summenformel** (mit Flächenquotienten)

Die in der Ausgangsgleichung stehenden Größen A_i und $y_{S,i}$ lassen sich recht gut aus der Grafik **Gesamtfläche / Differenz der Teilflächen** ermitteln.

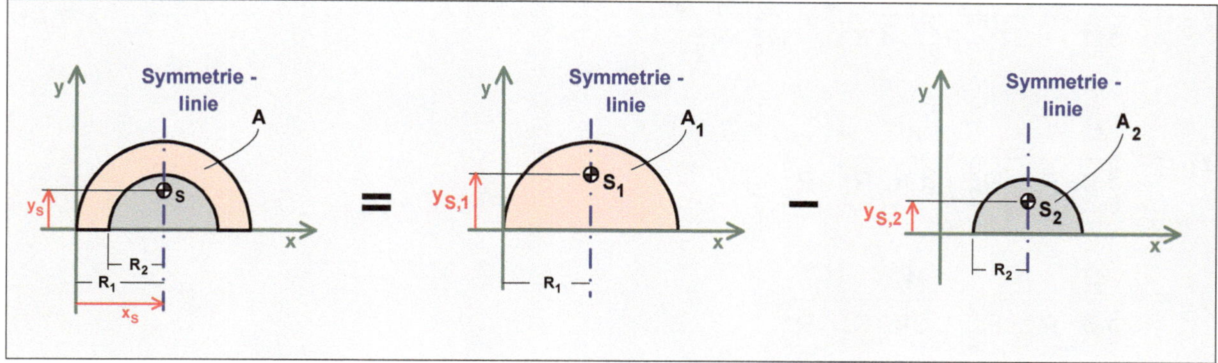

Gesamtfläche   **Differenz der Teilflächen**

$$A_1 = \frac{1}{2}\,\pi\,R_1^2 \qquad\qquad A_2 = \frac{1}{2}\,\pi\,R_2^2$$

$$A = A_1 - A_2$$

$$A = \frac{1}{2}\,\pi\cdot R_1^2 - \frac{1}{2}\,\pi\cdot R_2^2$$

$$A = \frac{1}{2}\,\pi\left(R_1^2 - R_2^2\right)$$

$$y_{S,1} = +\frac{4}{3\,\pi}\,R_1 \qquad\qquad y_{S,2} = +\frac{4}{3\,\pi}\,R_2$$

$$y_S = y_{S,1}\cdot\frac{A_1}{A} - y_{S,2}\cdot\frac{A_2}{A}$$

Hier noch einmal ein Hinweis.

Denken Sie bitte an den **Satz vom Resultierenden Moment**. Demnach dreht bezogen auf die positive x-Achse die Fläche A_1 **positiv** und die Fläche A_2 **negativ**.

Aufgrund der entgegengesetzten Drehrichtung kommt das Minus-Zeichen für den zweiten Term in die Summenformel.

$$y_S = +\frac{4}{3\,\pi}\,R_1\cdot\frac{\frac{1}{2}\,\pi\cdot R_1^2}{\frac{1}{2}\,\pi\left(R_1^2 - R_2^2\right)} - \frac{4}{3\,\pi}\,R_2\cdot\frac{\frac{1}{2}\,\pi\cdot R_2^2}{\frac{1}{2}\,\pi\left(R_1^2 - R_2^2\right)}$$

$$y_S = + \frac{4}{3\pi} R_1 \cdot \frac{R_1^2}{R_1^2 - R_2^2} - \frac{4}{3\pi} R_2 \cdot \frac{R_2^2}{R_1^2 - R_2^2}$$

$$y_S = + \frac{4}{3\pi} \cdot \frac{R_1^3}{R_1^2 - R_2^2} - \frac{4}{3\pi} \cdot \frac{R_2^3}{R_1^2 - R_2^2}$$

$$y_S = + \frac{4}{3\pi} \cdot \frac{R_1^3}{R_1^2 - R_2^2} - \frac{4}{3\pi} \cdot \frac{R_2^3}{R_1^2 - R_2^2}$$

$$\text{'} \frac{4}{3\pi} \cdot \frac{1}{R_1^2 - R_2^2} \text{' ausklammern}$$

$$y_S = + \frac{4}{3\pi} \cdot \frac{1}{R_1^2 - R_2^2} \left(R_1^3 - R_2^3 \right)$$

$$\boxed{y_S = + \frac{4}{3\pi} \cdot \frac{R_1^3 - R_2^3}{R_1^2 - R_2^2}}$$

Schwerpunktkoordinate y_S

(4) Geben Sie bitte die Schwerpunktkoordinaten in folgender Form an:

$$S : \left(x_S ; y_S \right) = (\ldots ; \ldots) .$$

$$\boxed{S : \left(x_S ; y_S \right) = \left(+R_1 ; \ + \frac{4}{3\pi} \cdot \frac{R_1^3 - R_2^3}{R_1^2 - R_2^2} \right)}$$

Schwerpunktkoordinaten x_S und y_S

Aufgabe 48

Flächenschwerpunkt / Zusammengesetzte Fläche (Sichel) / Halbkreis / Kreisausschnitt / Dreieck

x-Richtung: Überlegen / Hinschreiben
y-Richtung: zusammengesetzt / Summenformel

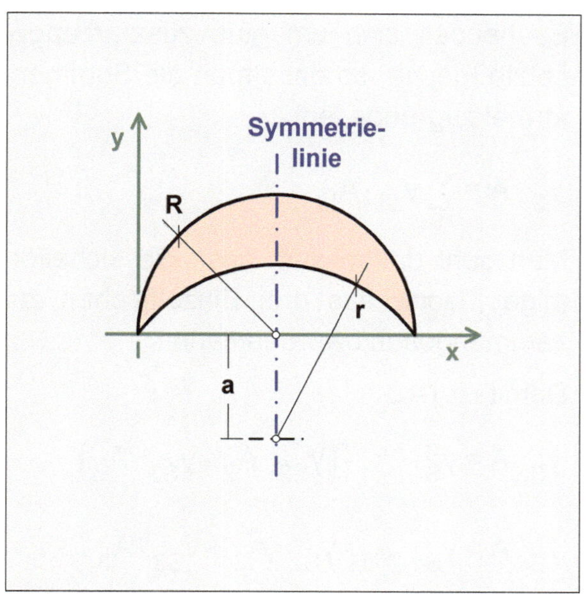

Nebenstehende Abbildung zeigt ein sichelförmiges Gebilde.

Es handelt sich um ein Schmuckelement. Zur weiteren Verarbeitung und Designgestaltung benötigt der Goldschmied die exakte Lage des Schwerpunktes.

Man sollte ihm helfen.

Gegeben

Charakteristische Querschnittsabmessungen:

$R = 24\,\text{mm}$;

$r = 30\,\text{mm}$;

$a = 18\,\text{mm}$.

Gesucht

Ermitteln Sie bitte bezogen auf das (x-y)-Koordinatensystem die Schwerpunktkoordinaten x_S und y_S und geben diese in folgender Form an:

$$S : \left(x_S;\ y_S\right) = (\ldots;\ \ldots).$$

Ergebnis: $\quad S : \left(x_S;\ y_S\right) = (+12{,}0;\ +14{,}4)\,mm$

Lösung

Ermitteln Sie bitte bezogen auf das (x-y)-Koordinatensystem die Schwerpunktkoordinaten x_S und y_S und geben diese in folgender Form an:

$$S: \left(x_S;\ y_S\right) = \left(\ldots;\ \ldots\right).$$

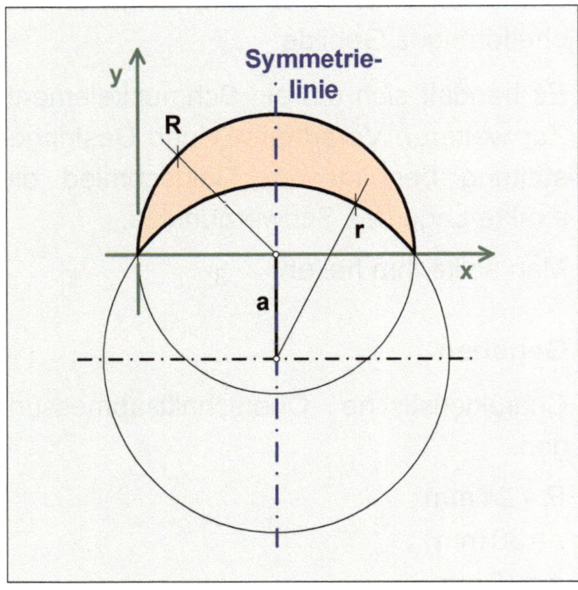

Es handelt sich um eine zusammengesetzte Fläche, so dass man die Summenformel zugrunde legt,

$$y_S \cdot A = \sum_i y_{Si} \cdot A_i \,.$$

Man geht davon aus, dass die sichelförmige Fläche aus drei Einzelflächen zusammengesetzt werden kann.

Damit ist $i = 3$.

$$y_S \cdot A = y_{S1} \cdot A_1 - \left(y_{S2} \cdot A_2 - y_{S3} \cdot A_3\right)$$

$$y_S \cdot A = y_{S1} \cdot A_1 - y_{S2} \cdot A_2 + y_{S3} \cdot A_3$$

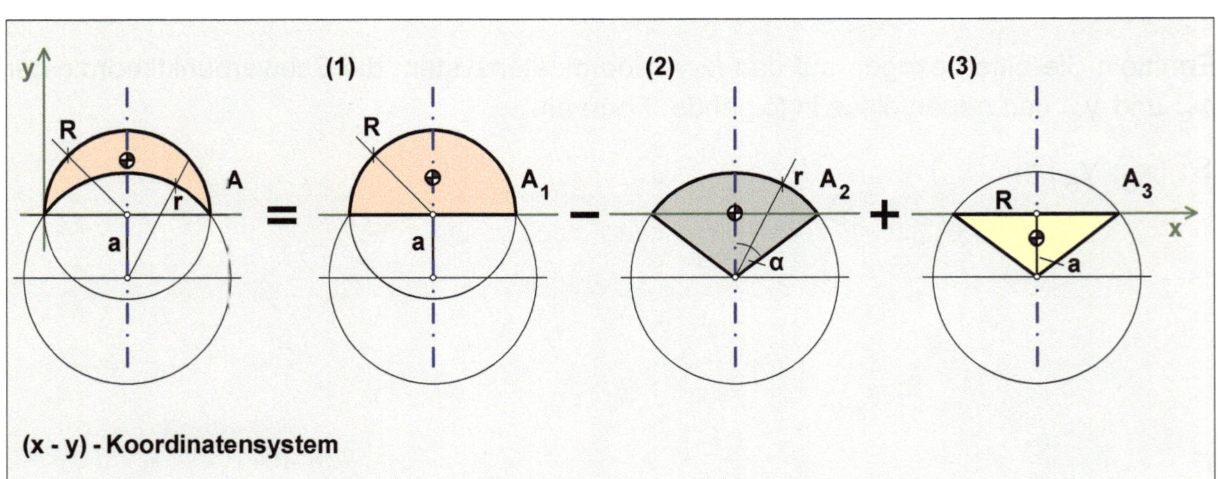

$$A = A_1 - \left(A_2 - A_3\right) \qquad A_1 = \frac{1}{2}\,\pi \cdot R^2 \qquad A_2 = \frac{r^2 \cdot \pi}{2 \cdot \pi}\,2 \cdot \widehat{\alpha} \qquad A_3 = \frac{1}{2} \cdot 2 \cdot R \cdot a$$

$$A_2 = r^2 \cdot \widehat{\alpha} \qquad\qquad A_3 = R \cdot a$$

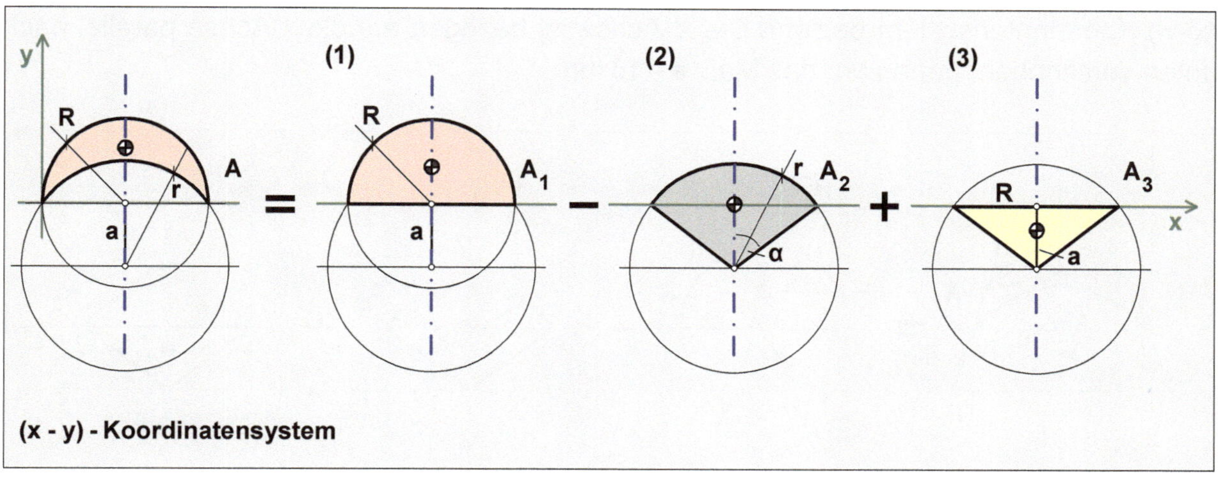

$$A = A_1 - \left(A_2 - A_3\right) \qquad A_1 = \frac{1}{2} \cdot \pi \cdot R^2 \qquad A_2 = r^2 \cdot \hat{\alpha} \qquad A_3 = R \cdot a$$

$$\text{mit } \hat{\alpha} = \arctan\left(\frac{R}{a}\right)$$

$$A_2 = r^2 \cdot \arctan\left(\frac{R}{a}\right)$$

$$\text{mit } R = 24\,\text{mm}\,;\ r = 30\,\text{mm}\,;$$
$$(\hat{\alpha} = 0{,}93\,)\,;\, a = 18\,\text{mm}$$

$$A_1 = \frac{1}{2}\,\pi\,24^2\,\text{mm}^2$$

$$\underline{A_1 = 904{,}78\,\text{mm}^2}$$

$$A_2 = 30^2\,\text{mm}^2 \cdot \arctan\left(\frac{24}{18}\right)$$

$$\underline{A_2 = 834{,}57\,\text{mm}^2}$$

$$A_3 = 24\,\text{mm}^2 \cdot 18\,\text{mm}^2$$

$$\underline{A_3 = 432{,}00\,\text{mm}^2}$$

$$A = A_1 - \left(A_2 - A_3\right)$$

$$A = 904{,}78\,\text{mm}^2 - \left(834{,}57\,\text{mm}^2 - 432{,}00\,\text{mm}^2\right)$$

$$\underline{A = 502{,}21\,\text{mm}^2}$$

Für die Ermittlung der y-Schwerpunktkoordinaten empfiehlt es sich, dass man sich auf das (x'-y')-Koordinatensystem bezieht. Die x'-Achse ist bezogen auf die x-Achse parallel nach unten verschoben, genau um das Maß $a = 18\,\text{mm}$.

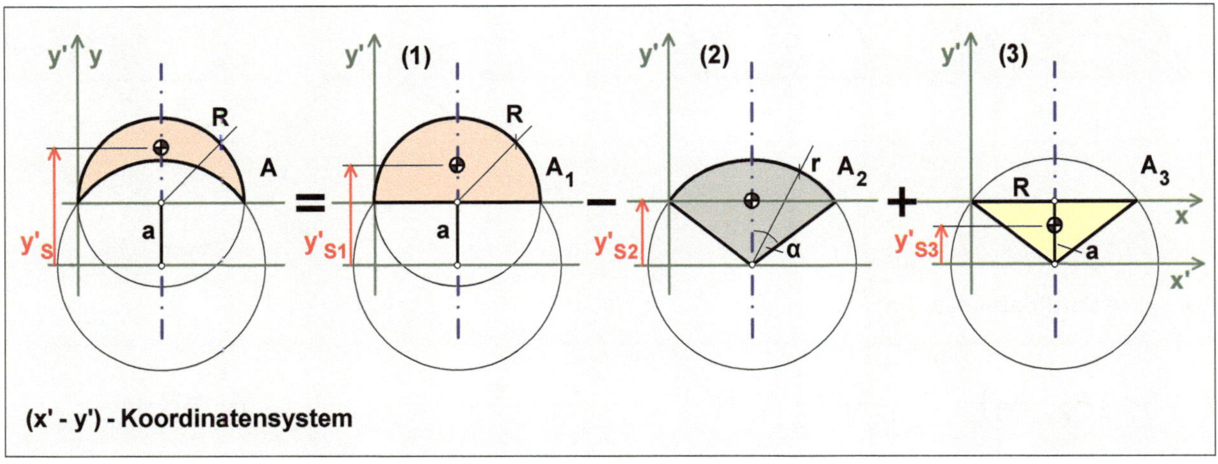

$y'_S = ?$

$$y'_{S1} = +\frac{4\,R}{3\,\pi} + a$$

$$y'_{S1} = +\frac{4 \cdot 24\,\text{mm}}{3\,\pi} + 18\,\text{mm}$$

$$\mathbf{y'_{S1} = +\,28{,}19\,\text{mm}}$$

$$y'_{S2} = +\frac{2\,r}{3\,\widehat{\alpha}} \cdot \sin\alpha$$

$$\text{mit } r \cdot \sin\alpha = R$$

$$y'_{S2} = +\frac{2\,R}{3 \cdot \arctan\left(\dfrac{R}{a}\right)}$$

$$y'_{S2} = +\frac{2 \cdot 24\,\text{mm}}{3 \cdot \arctan\left(\dfrac{24\,\text{mm}}{18\,\text{mm}}\right)}$$

$$\mathbf{y'_{S2} = +\,17{,}25\,\text{mm}}$$

$$y'_{S3} = +\frac{2}{3}\,a$$

$$y'_{S3} = +\frac{2}{3}\,18\,\text{mm}$$

$$\mathbf{y'_{S3} = +\,12{,}00\,\text{mm}}$$

Summenformel / angepasst auf das (x'-y')-Koordinatensystem

$$y'_S \cdot A = y'_{S1} \cdot A_1 - y'_{S2} \cdot A_2 + y'_{S3} \cdot A_3$$

$$y'_S = \frac{y'_{S1} \cdot A_1 - y'_{S2} \cdot A_2 + y'_{S3} \cdot A_3}{A}$$

$$y'_{S1} = +28,19\,mm \qquad A_1 = 904,78\,mm^2$$
$$y'_{S2} = +17,25\,mm \qquad A_2 = 834,57\,mm^2$$
$$y'_{S3} = +12,00\,mm \qquad A_3 = 432,00\,mm^2$$
$$A = 502,21\,mm^2$$

$$y'_S = \frac{+28,19\,mm \cdot 904,78\,mm^2 - 17,25\,mm \cdot 834,57\,mm^2 + 12,00\,mm \cdot 432,00\,mm^2}{502,21\,mm^2}$$

Zähler und Nenner durch 'mm^2' teilen

$$y'_S = \frac{+28,19 \cdot 904,78 - 17,25 \cdot 834,57 + 12,00 \cdot 432,00}{502,21}\,mm$$

eine Rechnereinstellung

$$\underline{y'_S = +32,44\,mm}$$

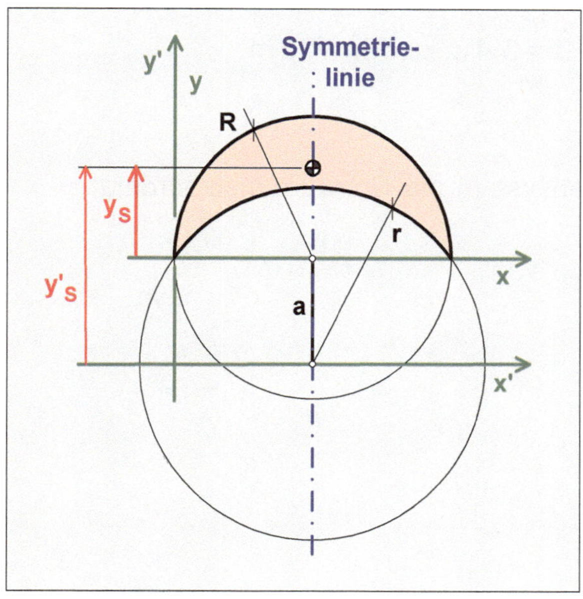

Die errechnete Schwerpunktkoordinate y'_S bezieht sich auf das (x'-y')-Koordinatensystem.

Man sollte hier nicht verkomplizierend von einer Koordinatentransformation sprechen, sondern, einfach nur auf die nebenstehende Skizze zu schauen,

$$y_S = y'_S - a,$$

$$y'_S = +32,44\,mm\,;\ a = 18,00\,mm$$

$$y_S = +32,44\,mm - 18,00\,mm,$$

$$\underline{\underline{y_S = +24,44\,mm}}$$

Die Schwerpunktkoordinate x_S kann direkt abgelesen werden. Sie ist $x_S = R/2$.

Schwerpunktkoordinaten x_S und y_S

$$\left(x_S\,;\,y_S \right) = \left(+12,00\,;\ +24,44 \right)\,mm$$

Aufgabe 49

Flächenschwerpunkt / Zusammengesetzte Fläche / Rechteck / Parabel

x-Richtung: zusammengesetzt / Summenformel
y-Richtung: zusammengesetzt / Summenformel

Nebenstehende Abbildung zeigt den Querschnitt für die Halterung eines Kunstobjekts.

Ein Künstler möchte genau diesen Querschnitt für eine ganz bestimmte Hängung haben.

Der Künstler benötigt dazu die exakte Lage des Schwerpunktes.

Man sollte ihm helfen.

$$y = \frac{h}{a^2} \cdot x^2$$

Gegeben

Charakteristische Querschnittsabmessungen:

$a = 3,4\,\mathrm{m}$ und $h = 4,0\,\mathrm{m}$.

Gesucht

Ermitteln Sie bezogen auf das (x-y)-Koordinatensystem die Schwerpunktkoordinaten x_S und y_S.

Geben diese bitte in folgender Form an:

$$S: \left(x_S;\ y_S \right) = (\ldots;\ \ldots).$$

Ergebnis: $\quad S: \left(x_S;\ y_S \right) = \left(+\frac{3}{4}\,a;\ +\frac{3}{10}\,h \right)$

$$S: \left(x_S;\ y_S \right) = (+2,6\,m;\ +1,2\,m)$$

Lösung

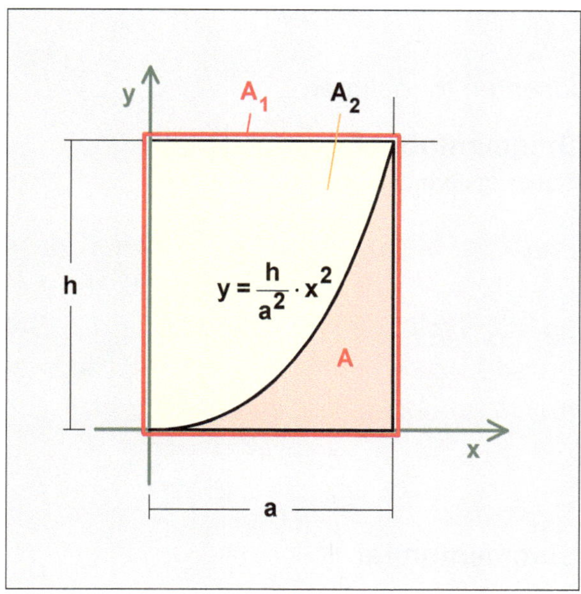

Die Zusammengesetzte Fläche A (rot) befindet sich in der Normallage. D. h. der 'westlichste Punkt' liegt auf der y-Achse und die 'südlichste Seite' auf der x-Achse.

Es empfiehlt sich, die Zusammengesetzte Fläche A als **Differenz** zweier Teilflächen zu betrachten. Damit kann die Zusammengesetzte Fläche A als eine aus zwei wohldefinierten Teilflächen zusammengesetzte Fläche betrachtet werden.

Es sind dies die Rechteckfläche A_1 (rot umrandet) sowie die oberhalb der Parabel liegenden Teilfläche A_2 (gelb).

Beide Teilflächen A_1 und A_2 werden **subtraktiv** zusammengesetzt.

Schaut man sich die Zusammengesetzte Fläche A (rot) in der Abbildung an, so ist weder eine Schwerelinie noch eine Symmetrielinie zu erkennen. Das bedeutet, dass hinsichtlich der Ermittlung der Schwerpunktkoordinaten x_S und y_S die Summenformel mit Flächenquotienten zur Anwendung kommt.

Innerhalb der Summenformel muss für das Flächenmoment zugehörig zur Teilfläche A_2 das **Minus**-Zeichen verwendet werden, **aufgrund des anderen Drehsinns.**

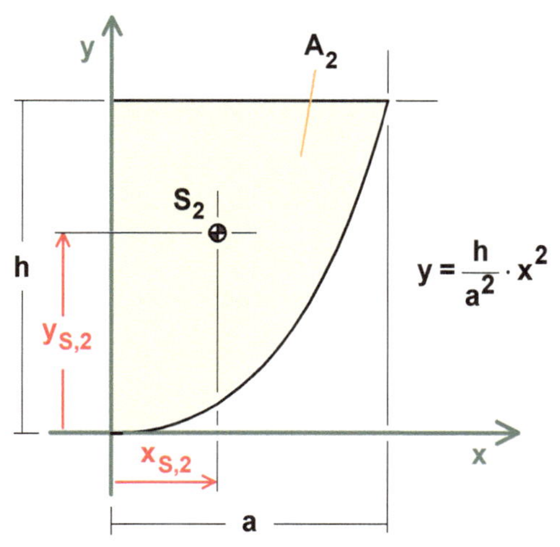

Etwas problematisch wird die Handhabung nebenstehender Teilfläche A_2 sein, wenn es darum geht, eine Aussage über die Fläche A_2 sowie über deren Schwerpunktkoordinaten $x_{S,2}$ und $y_{S,2}$ zu machen.

Man bedient sich des Tabellenwerks **Grundformen (27)** und findet dort für die nach oben offene Halbparabel entsprechende Angaben,

$$A_2 = \frac{2}{3} \cdot a \cdot h,$$

$$x_{S,2} = +\frac{3}{8} \cdot a,$$

$$y_{S,2} = +\frac{3}{5} \cdot h.$$

Schwerpunktkoordinate x_S

Die Summenformel lässt sich mit den Flächenquotienten formulieren,

$$x_S \cdot A = \sum_i x_{S,i} \cdot A_i .$$

Summenformel
Ausgangsformel

An dieser Stelle hat man zu bedenken, dass der Drehsinn des Flächenmoments zugehörig zur Teilfläche A_2 **negativ** ist, im Gegensatz zum Drehsinn des Flächenmoments zugehörig zur Teilfläche A_1.

$$x_S \cdot A = x_{S,1} \cdot A_1 - x_{S,2} \cdot A_2$$

$$x_S = x_{S,1} \cdot \frac{A_1}{A} - x_{S,2} \cdot \frac{A_2}{A}$$

Summenformel
mit Flächenquotienten

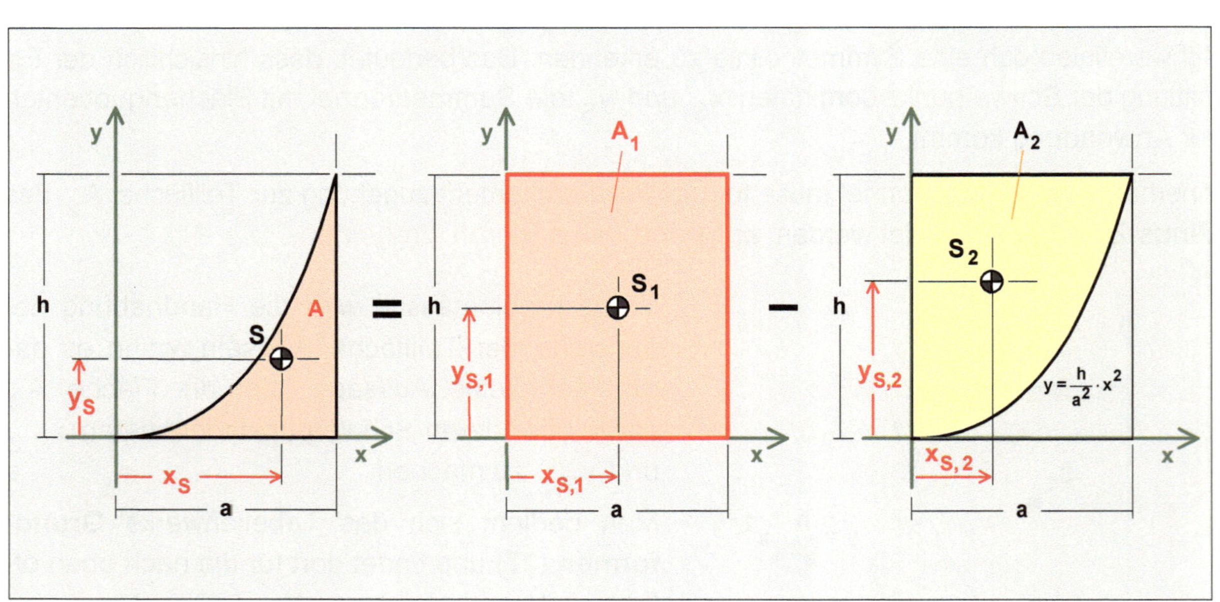

Gesamtfläche

Differenz der Teilflächen

$$A_1 = a \cdot h \qquad\qquad A_2 = \frac{2}{3} a \cdot h \qquad \text{(Grundform)}$$

$$A = A_1 - A_2 = a \cdot h - \frac{2}{3} a \cdot h = \frac{3}{3} a \cdot h - \frac{2}{3} a \cdot h = \frac{1}{3} a \cdot h$$

$$x_{S,1} = +\frac{1}{2}\,a \qquad\qquad x_{S,2} = +\frac{3}{8}\,a$$

$$y_{S,1} = +\frac{1}{2}\,h \qquad\qquad y_{S,2} = +\frac{3}{5}\,h$$

$$x_S = x_{S,1} \cdot \frac{A_1}{A} - x_{S,2} \cdot \frac{A_2}{A}$$

$$x_S = +\frac{1}{2}\,a \cdot \frac{a \cdot h}{\frac{1}{3}\,a \cdot h} - \frac{3}{8}\,a \cdot \frac{\frac{2}{3}\,a \cdot h}{\frac{1}{3}\,a \cdot h}$$

Zähler und Nenner durch '$a \cdot h$' teilen

$$x_S = +\frac{1}{2}\,a \cdot \frac{1}{\frac{1}{3}} - \frac{3}{8}\,a \cdot \frac{\frac{2}{3}}{\frac{1}{3}}$$

Zähler und Nenner mit '3' multiplizieren

$$x_S = +\frac{1}{2}\,a \cdot 3 - \frac{3}{8}\,a \cdot 2$$

einfache algebraische Umformungen

$$x_S = +\frac{3}{2}\,a - \frac{3}{4}\,a$$

Hauptnenner '4'

$$x_S = +\frac{6}{4}\,a - \frac{3}{4}\,a$$

$$\boxed{x_S = +\frac{3}{4}\,a}$$

Schwerpunktkoordinate x_S

mit $a = 3{,}4\,\text{m}$

$$x_S = +2{,}6\,\text{m}$$

Schwerpunktkoordinate y_S

Die Summenformel lässt sich mit den Flächenquotienten auch für die Schwerpunktkoordinate y_S formulieren.

Achten Sie bitte auch hier auf das Minus-Zeichen in der ausgeschriebenen Summenformel.

$$y_S = y_{S,1} \cdot \frac{A_1}{A} - y_{S,2} \cdot \frac{A_2}{A}$$

$$y_S = + \frac{1}{2} h \cdot \frac{\cancel{a \cdot h}}{\frac{1}{3} \cancel{a \cdot h}} - \frac{3}{5} h \cdot \frac{\frac{2}{3} \cancel{a \cdot h}}{\frac{1}{3} \cancel{a \cdot h}}$$

Zähler und Nenner durch 'a·h' teilen

$$y_S = + \frac{1}{2} h \cdot \frac{1}{\frac{1}{3}} - \frac{3}{5} h \cdot \frac{\frac{2}{3}}{\frac{1}{3}}$$

Zähler und Nenner mit '3' multiplizieren

$$y_S = + \frac{1}{2} h \cdot 3 - \frac{3}{5} h \cdot 2$$

einfache algebraische Umformungen

$$y_S = + \frac{3}{2} h - \frac{6}{5} h$$

Hauptnenner '10'

$$y_S = + \frac{15}{10} h - \frac{12}{10} h$$

$$\boxed{y_S = + \frac{3}{10} h}$$

Schwerpunktkoordinate y_S

mit $h = 4\,\text{m}$

$$y_S = + 1,2\,\text{m}$$

Geben Sie bitte die Schwerpunktkoordinaten x_S und y_S bezogen auf das eingezeichnete Koordinatensystem in folgender Form an: $S:\left(x_S;\, y_S\right) = (\ldots;\, \ldots)$.

$$S:\left(x_S;\, y_S\right) = \left(+\frac{3}{4} a;\, +\frac{3}{10} h\right)$$

Schwerpunktkoordinaten x_S und y_S

$$S:\left(x_S;\, y_S\right) = (+2,6\,\text{m};\, +1,2\,\text{m})$$

Schwerpunktkoordinaten x_S und y_S